唯美

中文版Photoshop CC 从入门到精通
（微课视频版）

339集视频讲解+**手机扫码**看视频+不定期**作者直播**

☑ 配色宝典 ☑ 构图宝典 ☑ 创意宝典 ☑ 商业设计宝典 ☑ Illustrator基础
☑ CorelDRAW基础 ☑ PPT课件 ☑ 素材资源库 ☑ 工具速查 ☑ 色谱表

唯美世界 瞿颖健 编著

U0217345

中国水利水电出版社
www.waterpub.com.cn
·北 京·

内 容 简 介

《中文版Photoshop CC从入门到精通（微课视频版）》是一本系统讲述Photoshop软件的Photoshop完全自学教程、Photoshop视频教程。主要讲述了Photoshop入门必备知识和PS抠图、修图、调色、合成、特效等核心技术，以及PS平面设计、淘宝美工、数码照片处理、网页设计、UI设计、手绘插画、服装设计、室内设计、建筑设计、园林景观设计、创意设计所必备的PS知识。

《中文版Photoshop CC从入门到精通（微课视频版）》分为4个部分：第一部分是Photoshop入门和基本操作；第二部分是Photoshop核心功能，如选区与填色、绘画与图像修饰、调色、照片处理、实用抠图技法、蒙版合成、图层混合与图层样式、矢量绘图、文字和滤镜等；第三部分为Photoshop辅助功能，如通道、网页切片与输出、创建3D立体效果、视频与动画、文档自动处理等；第四部分为经典实战案例，如数码照片处理实用技法、平面设计精粹、创意设计实战等。

《中文版Photoshop CC从入门到精通（微课视频版）》的各类学习资源有：

1. 339集同步视频+素材源文件+手机扫码看视频+不定期作者直播。

2. 赠《配色宝典》《构图宝典》《创意宝典》《商业设计宝典》《Illustrator基础》《CorelDRAW基础》等设计师必备知识的电子书。

3. 赠PPT课件、素材资源库、工具速查、色谱表等教学或者设计素材。

《中文版Photoshop CC从入门到精通（微课视频版）》使用Photoshop CC 2017软件编写， Photoshop CC及Photoshop CS6从入门到精通层次的读者均可使用。

图书在版编目（ＣＩＰ）数据

中文版Photoshop CC从入门到精通 ： 微课视频版 ：
唯美 / 唯美世界编著. -- 北京 ： 中国水利水电出版社，
2017.11（2024.3重印）
ISBN 978-7-5170-5651-5

Ⅰ. ①中… Ⅱ. ①唯… Ⅲ. ①图像处理软件 Ⅳ.
①TP391.413

中国版本图书馆CIP数据核字(2017)第181143号

丛 书 名	唯美
书 名	中文版Photoshop CC从入门到精通（微课视频版） ZHONGWENBAN Photoshop CC CONG RUMEN DAO JINGTONG（WEIKE SHIPIN BAN）
作 者	唯美世界 瞿颖健 编著
出版发行	中国水利水电出版社 （北京市海淀区玉渊潭南路1号D座 100038） 网址：www.waterpub.com.cn E-mail：zhiboshangshu@163.com 电话：（010）62572966-2205/2266/2201（营销中心）
经 售	北京科水图书销售有限公司 电话：（010）68545874、63202643 全国各地新华书店和相关出版物销售网点
排 版	北京智博尚书文化传媒有限公司
印 刷	北京富博印刷有限公司
规 格	203mm×260mm 16开本 35.25印张 1511千字 4插页
版 次	2017年11月第1版 2024年3月第34次印刷
印 数	363001—366000册
定 价	99.80元

第5章　调色
练习实例：制作梦幻效果海的女儿

第3章　选区与填色
使用椭圆选框工具制作人像海报

第5章　调色
练习实例：复古色调婚纱照

第20章 创意设计实战
20.6 大自然的疑问

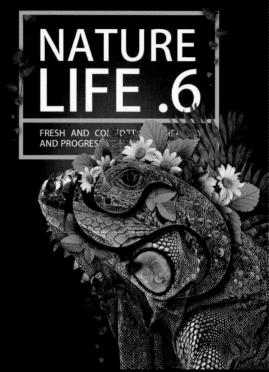

第20章 创意设计实战
20.3 自然主题创意合成

第8章 蒙版与合成
综合实例：使用多种蒙版制作箱包创意广告

第8章 蒙版与合成
练习实例：使用图层蒙版制作汽车广告

第20章　创意设计实战
20.5　帽子上的世界

第20章　创意设计实战
20.4　卡通风格娱乐节目海报

第19章　平面设计精粹
19.2　炫彩风格舞会海报

第7章　实用抠图技法
练习实例　使用色彩范围制作 中国风招贴

LOVE
RISE

第7章　实用抠图技法
练习实例　使用魔术橡皮擦工具去除人像背景

第8章　蒙版与合成
练习实例　使用剪贴蒙版制作人像海报

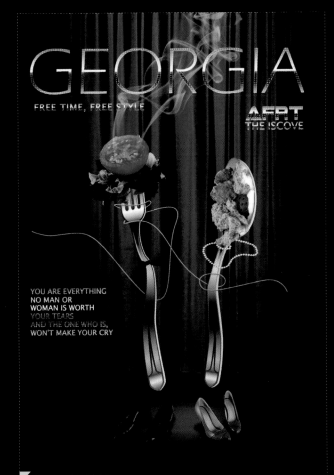

第20章 创意设计实战
20.1 餐具的舞会

第10章 矢量绘图
综合实例 甜美风格女装招贴

第8章 蒙版与合成
练习实例 使用蒙版制作古典婚纱版式

第11章 文字
练习实例 创建段落文字制作男装宣传页

第9章 图层混合与图层样式
练习实例 制作 对比效果

第12章 滤镜
练习实例 使用海报边缘滤镜制作涂鸦感绘画

第11章 文字
练习实例 创建文字路径制作烟花字

第9章 图层混合与图层样式
练习实例 使用混合模式制作暖色夕阳

第9章　图层混合与图层样式
练习实例　使用颜色叠加图层样式

第9章　图层混合与图层样式
练习实例　使用混合模式制作梦幻色彩

第7章　实用抠图技法
练习实例　使用魔棒工具去除背景制作数码产品广告

前　言
Preface

　　Photoshop（简称"PS"）软件是Adobe公司研发的世界顶级、最著名、使用最广泛的图像处理软件。她的每一次更新版本都会引起万众瞩目。十多年前，Photoshop 8版本改名为Adobe Photoshop CS（Creative Suite，创意性的套件），此后几年里CS版本不断升级至CS6。2013年，Adobe公司推出了最新版本Photoshop CC（Creative Cloud，创意性的云）。据了解，Adobe公司已经宣布不再销售盒装版的CS，而是将工作的重心放在Creative Cloud云服务上，这意味着大家熟悉的CS系列就要被 CC取代了。本书就是采用Photoshop CC 2017版本编写，同时也建议读者安装Photoshop CC 2017版本进行学习和练习。

　　Photoshop在日常设计中应用非常广泛，平面设计、淘宝美工、数码照片处理、网页设计、UI设计、手绘插画、服装设计、室内设计、建筑设计、园林景观设计、创意设计等都要用到它，它几乎成了各种设计的必备软件。

本书显著特色

1.配套视频讲解，手把手教您学习

　　本书配备了大量的同步教学视频，涵盖全书几乎所有实例，如同老师在身边手把手教您，可以让学习更轻松、更高效！

2.二维码扫一扫，随时随地看视频

　　章首页、重点、难点、知识点等多处设置了二维码，通过微信扫一扫，可以随时随地在手机上看视频。（若个别手机不能播放，可下载后在电脑上观看）

3.订制学习内容，短期内快速上手

　　Photoshop功能强大、命令繁多，全部掌握需要较多时间。如想在短期内学会用PS进行淘宝修图、数码照片处理、网页设计、平面设计等，不必耗时费力学习PS全部功能，只需根据本书的建议学习部分内容即可。

4.内容极为全面，注重学习规律

　　本书涵盖了Photoshop CC 2017几乎所有工具、命令常用的相关功能，是市场上内容最全面的图书之一。同时采用"知识点+理论实践+实例练习+综合实例+技术拓展+技巧提示"的模式编写，也符合轻松易学的学习规律。

5.实例极为丰富，强化动手能力

　　"动手练"便于读者动手操作，在模仿中学习。"举一反三"可以巩固知识，在练习某个功能时触类旁通。"练习实例"用来加深印象，熟悉实战流程。大型商业案例则是为将来的设计工作奠定基础。

6.案例效果精美，注重审美熏陶

　　PS只是工具，设计好的作品一定要有美的意识。本书实例案例效果精美，目的是加强对美感的熏陶和培养。

7.配套资源完善，便于深度广度拓展

　　除了提供几乎覆盖全书的配套视频和素材源文件外。本书还根据设计师必学的内容赠送了大量教学与练习资源。

软件学习资源包括：

《新手必看——Photoshop基础视频教程》《10天Photoshop快速入门指南》《Photoshop CC 2017 常用快捷键速查》《Photoshop CC 2017 工具速查》《Illustrator基础》《CorelDRAW基础》。

设计理论及色彩技巧资源包括：

《配色宝典》《构图宝典》《商业设计宝典》《色彩速查宝典》《行业色彩应用宝典》。

练习资源包括：

实用设计素材、Photoshop 资源库、常用颜色色谱表，以及本书的PPT课件等。

8.专业作者心血之作，经验技巧尽在其中

作者系艺术学院讲师、Adobe® 创意大学专家委员会委员、Corel中国专家委员会成员。设计、教学经验丰富，大量的经验技巧融在书中，可以提高学习效率，少走弯路。

9.提供在线服务，随时随地可交流

提供公众号、QQ群等多渠道互动、答疑、下载服务。

本书服务

1. Photoshop CC 2017软件获取方式

本书提供的下载文件包括教学视频和素材等，教学视频可以演示观看。要按照书中实例操作，必须安装Photoshop CC 2017软件之后，才可以进行。您可以通过如下方式获取Photoshop CC简体中文版：

（1）登录adobe官方网站http://www.adobe.com/cn/查询。

（2）可到当地电脑城的软件专卖店咨询。

（3）可到网上咨询、搜索购买方式。

2. 关于本书资源下载

（1）登录网站xue.bookln.cn，输入书名，搜索到本书后下载。

（2）加入本书学习QQ群：1006150447（请根据加群提示加入对应的群），根据群公告提示下载。

3.关于本书的服务

（1）在学习本书的过程中遇到任何问题，可以扫描本书的专属微信公众号获得回复。

（2）还可以访问本书的QQ群：1006150447咨询并关注群公告，我们及时为您服务。

关于作者

本书由唯美世界组织编写，瞿颖健和曹茂鹏担任主要编写工作，其他参与编写的人员还有荆爽、瞿玉珍、瞿雅婷、林钰森、董辅川、王萍、孙晓军、韩雷、靳国娇、孙长继、李淑丽、孙敬敏、杨力、刘彩杰、邢军、胡立臣、刘井文、刘新苹、刘彩艳、邢芳芳、胡海侠、张书亮、曲玲香、刘彩华、石志庆、曹元俊、曹元美、孙翠莲、张吉太、张玉秀、朱于凤、张久荣、瞿君业、曹元杰、张连春、冯玉梅、张玉芬、唐玉明、闫凤芝、张吉孟、瞿强业、石志兰、曹元钢、朱美娟、瞿红弟、朱美华、陈吉国、瞿云芳、张桂玲、张玉美、魏修荣、孙云霞、郗桂霞、荆延军、曹金莲、朱保亮、赵国涛、张凤辉、仲米华、瞿学统、谭香从、李兴凤、李芳、瞿学儒、李志瑞、李晓程、尹聚忠、邓霞、尹高玉、瞿秀芳、尹菊兰、杨宗香、尹玉香、邓志云、尹文斌、瞿秀英、瞿学严、马会兰、韩成孝、瞿玲、朱菊芳、韩财孝、瞿小艳、王爱花、马世英、何玉莲等。本书部分插图素材购买于摄图网，在此一并表示感谢。

编 者

目 录
Contents

339集 大型高清视频讲解

目 录

实战案例：本书赠送Photoshop数码照片处理、平面设计和创意设计方面共19个应用案例（包括电子书、视频和源文件），读者可根据需要下载（下载方法见"前言"）。

Chapter

1

第 1 章

扫一扫，看视频

Photoshop入门

本章内容简介：

　　本章主要讲解Photoshop的一些基础知识，包括认识Photoshop工作区；在Photoshop中进行新建、打开、置入、存储、打印等文件基本操作；学习在Photoshop中查看图像细节的方法；学习操作的撤销与还原方法；了解一部分常用的Photoshop设置。

重点知识掌握：

- 熟悉Photoshop的工作界面
- 掌握"新建""打开""置入""存储""存储为"命令的使用
- 掌握"缩放工具""抓手工具"的使用方法
- 熟练掌握"前进一步""后退一步"的使用以及快捷键
- 熟练掌握"历史记录"面板的使用

通过本章学习，我能做什么？

　　通过本章的学习，我们应该熟练掌握新建、打开、置入、存储文件等功能。通过这些功能，我们能够将多个图片添加到一个文档中，制作出简单的拼贴画，或者为照片添加一些装饰元素等。

正式开始学习Photoshop的具体功能之前，初学者肯定有好多问题想问。比如：Photoshop是什么？能干什么？对我有用吗？我能用Photoshop做什么？学Photoshop难吗？怎么学？这些问题将在本节中解答。

1.1.1 Photoshop是什么

大家口中所说的PS，也就是Photoshop，全称是Adobe Photoshop，是由Adobe Systems开发并发行的一款图像处理软件。

为了更好地理解Adobe Photoshop CC，可以把这3个词分开来解释。Adobe就是Photoshop所属公司的名称；Photoshop是软件名称，常被缩写为PS；CC是这款Photoshop的版本号，如图1-1所示。就像"腾讯QQ 2016"一样，"腾讯"是企业名称；QQ是产品的名称；2016是版本号，如图1-2所示。

Adobe Photoshop CC

图1-1

腾讯 QQ 2016

图1-2

提示：关于Photoshop的版本号

额外介绍一些"冷知识"。Photoshop 版本号中的 CS 和 CC 究竟是什么意思呢？CS 是 Creative Suite 的首字母缩写。Adobe Creative Suite（Adobe 创意套件）是 Adobe systems 公司出品的一个图形设计、影像编辑与网络开发的软件产品套装。CS 套装的第一个版本于 2002 年推出。从那以后，Adobe 公司的创意设计软件的名称，由原来的版本号结尾（如 Photoshop 8.0）变成以 CS 结尾（如 Photoshop CS）。2013 年，Adobe 在 MAX 大会上推出了 Photoshop CC。CC 即 Creative Cloud 的缩写，从字面上可以翻译为"创意云"，至此 Photoshop 进入了"云"时代。如图 1-3 所示为 Adobe CC 套装中包括的软件。

图1-3

随着技术的不断发展，Photoshop的技术团队也在不断对软件功能进行优化。从20世纪九十年代至今，Photoshop经历了多次版本的更新。比较早期的是Photoshop 5.0、Photoshop 6.0、Photoshop 7.0，前几年的Photoshop CS4、Photoshop CS5、Photoshop CS6，时至今日的Photoshop CC、Photoshop CC 2015、Photoshop CC 2017等。如图1-4所示为不同版本Photoshop的启动界面。

图1-4

目前，Photoshop的多个版本都拥有数量众多的用户群。每个版本的升级都会有性能的提升和功能上的改进，但是在日常工作中并不一定非要使用最新版本。因为，新版本虽然会有功能上的更新，但是对设备的要求也会有所提升，在软件的运行过程中就可能会消耗更多的资源。如果在使用新版本（比如Photoshop CC 2015）的时候感觉运行起来特别"卡"，操作反应非常慢，非常影响工作效率，这时就要考虑下是否因为计算机配置较低，无法更好地满足Photoshop的运行要求。可以尝试使用低版本的Photoshop，比如Photoshop CS5。如果卡顿的问题得以解决，那么就安心地使用这个版本吧！虽然是较早期的版本，但是功能也非常强大，与最新版本之间并没有特别大的差别，几乎不会影响到日常工作。如图1-5和图1-6所示为Photoshop CC以及Photoshop CS5的操作界面，不仔细观察甚至都很难发现两个版本的差别。因此，即使学习的是Photoshop CC 2017版本的教程，使用低版本去练习也不是完全不可以的，除去几个小功能上的差别，几乎不影响使用。

图1-5　　　　　　　　　　　　　　　　　　　图1-6

 提示：选择合适的版本。

　　虽然老版本对设备要求较低，运行相对流畅，但是也不要一味追求软件的"低能耗"而使用 Photoshop 5.0、Photoshop 6.0 这样的"古董级"版本，除非你使用的是一台同样"古董级"的电脑；否则生活在"Adobe CC 时代"的你会发现，20 个世纪末的软件操作起来还真是有些别扭呢！如图 1-7 所示为 Photoshop 5.0 操作界面。

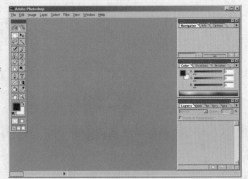

图1-7

1.1.2　Photoshop的第一印象：图像处理

　　前面提到了Photoshop是一款"图像处理"软件，那么什么是"图像处理"呢？简单来说，图像处理就是指围绕数字图像进行的各种各样的编辑修改过程。比如把原本灰蒙蒙的风景照变得鲜艳明丽、瘦瘦脸或者美美白、裁切掉证件照中的多余背景等，都可以被称为图像处理，如图1-8~图1-12所示。

图1-8　　　　　　　　　　　　　　　　　　　图1-9

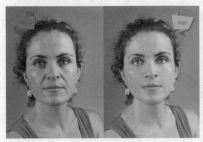

图1-10　　　　　　　　　图1-11　　　　　　　　　图1-12

其实Photoshop图像处理功能的强大远不止于此。对于摄影师来说，Photoshop绝对是集万千功能于一身的"数码暗房"。模特闭眼了？没问题！场景乱七八糟？没问题！商品脏了？没问题！外景写真天气不好？没问题！风光照片游人入画？没问题！集体照缺了个人？还是没问题！有了Photoshop，再加上你熟练的操作，这些问题统统搞定，如图1-13和图1-14所示。

图1-13   图1-14

充满创意的你肯定会有很多想法。想要和大明星"合影"？想要去火星"旅行"？想生活在童话里？想美到没朋友？想炫酷到爆炸？想变身机械侠？想飞？想上天？统统没问题！在Photoshop的世界中，只有你的"功夫"不到位，否则没有实现不了的画面，如图1-15~图1-18所示。

图1-15   图1-16   图1-17   图1-18

当然，Photoshop可不只是用来"玩"的，在各种设计制图领域里也少不了Photoshop的身影。下面就来看一下设计师的必备利器——Photoshop！

1.1.3 设计师不可不会的Photoshop

Photoshop并不仅仅是一款图像处理软件，更是设计师的必备工具之一。我们知道，设计作品呈现在世人面前时，设计师往往要绘制大量的草稿、设计稿、效果图等。在没有计算机的年代里，这些操作都需要在纸张上进行。如图1-19所示为传统广告，需要依据摆设好的模特与道具绘制出广告画面。

而在计算机技术蓬勃发展的今天，无纸化办公、数字化图像处理早已融入到设计师，甚至是我们每个人的日常生活中，数字技术给人们带来太多的便利。Photoshop既是画笔，又是纸张，我们可以在Photoshop中随意地绘画，随意地插入漂亮的照

图1-19   图1-20

片、图片、文字。掌握了Photoshop，无疑是获得了一把"利剑"，数字化的制图过程不仅节省了很多时间，更能够实现精准制图。如图1-20所示为在Photoshop中制作海报。

当前设计行业有很多分支，除了平面设计，还有室内设计、景观设计、UI设计、服装设计、产品设计、游戏设计、动画设计等。而每一分支还可以进一步细分，比如上面看到的例子更接近平面设计师的工作之一—海报设计。除了海报设计之外，标志设计、书籍装帧设计、广告设计、包装设计、卡片设计等也属于平面设计的范畴。虽然不同的设计师所做的工作内容不同，但这些工作中几乎都少不了Photoshop的身影。

平面设计师自不用说，除海报设计之外，标志设计、书籍装帧设计、广告设计、包装设计、卡片设计等从草稿到完整效果图都可以使用Photoshop来完成，如图1-21~图1-24所示。

图1-21

图1-22

图1-23

图1-24

摄影师与Photoshop的关系之紧密是人所共知的。在传统暗房的年代，人们想要实现某些简单的特殊效果，往往需要运用很繁琐的技法和漫长时间的等待。而在Photoshop中可能只需要执行一个命令，瞬间就能够实现某些特殊效果。Photoshop为摄影师提供了极大的便利和艺术创作的可能性。尤其对于商业摄影师而言，Photoshop技术更是提升商品照片品质的有力保证，如图1-25和图1-26所示。

室内设计师通常会利用Photoshop进行室内效果图的后期美化处理，如图1-27所示。景观设计师的效果图有很大一部分工作也可以在Photoshop中进行，如图1-28所示。

对于服装设计师而言，在Photoshop中不仅可以进行服装款式图、服装效果图的绘制，还可以进行成品服装的照片美化，如图1-29~图1-32所示。

图1-25

图1-26

图1-27

图1-28

图1-29

图1-30

图1-31

图1-32

产品设计要求尺寸精准，比例正确，所以Photoshop很少用于平面图的绘制，而是更多地用来绘制产品概念稿或者效果图，如图1-33和图1-34所示。

图1-33

图1-34

游戏设计是一项工程量庞大的综合项目，涉及工种较多，不仅需要程序开发人员，还需要美术设计人员。Photoshop在其中主要应用在游戏界面、角色设定、场景设定、材质贴图绘制等方面。虽然Photoshop也具有3D功能，但在目前的游戏设计中几乎不会用到Photoshop的3D功能，游戏设计中的3D部分主要使用Autodesk 3ds Max、Autodesk Maya等软件来完成，如图1-35和图1-36所示。

图1-35

图1-36

动画设计与游戏设计相似，虽然不能使用Photoshop制作动画片，但是可以使用Photoshop进行角色设定、场景设定等"平面""静态"绘图方面的工作，如图1-37和图1-38所示。

图1-37

图1-38

插画设计并不算是一个新的行业，但是随着数字技术的普及，插画绘制的过程更多地从纸上转移到计算机上。数

字绘图不仅可以任意地在油画、水彩画、国画、版画、素描画、矢量画、像素画等多种绘画模式之间进行切换，还可以轻松消除绘画过程中的"失误"，创造出前所未有的视觉效果，更好地为印刷行业服务。Photoshop是数字插画师常用的绘画软件。除此之外，Painter、Illustrator也是插画师常用的工具。如图1-39~图1-42所示为优秀的插画作品。

图1-39

图1-40

图1-41

图1-42

1.1.4　我不是设计师，Photoshop对我有用吗

Photoshop可不只是为设计师服务的。如你所见，越来越多的人把Photoshop挂在嘴边。看到80岁老太太的照片酷似18岁少女，我们会说："P的吧？"看到灵异照片，我们会想"P得好真实"。重要的合影里朋友闭眼，我们的第一反应是把眼睛"P睁开"。会一点Photoshop的你，也肯定遇到过朋友求你把照片"P得美点"的要求。

的确，随着数字技术的普及，原本是专业人员手中的制图工具也逐渐走下"神坛"，设计制图软件的操作方式也越来越贴近大众。一代又一代的"傻瓜式"的修图软件早已成为人们手机中的必备APP了，图像编修思路的大众化带动了全民修图的热潮，"修图"似乎已经成为像打电话、发短信一样简单而普通的事情。然而手机中的修图APP毕竟功能有限，能够实现的效果仅限于软件内置的几十种大家都在用的"滤镜"效果。如果有一天你对这些雷同感到厌恶了，那么请记得，Photoshop带给图像的将是无限的可能！如图1-43~图1-46所示为可以使用Photoshop制作的作品。

图1-43

图1-44

图1-45

图1-46

但是你可能会问：我不是设计师，学的不是艺术专业，从事的工作也与美术毫无关系，那我学习Photoshop有什么用？的确，Photoshop对于设计从业人员来说可以算作是谋生工具。但是，对更多的人来说，Photoshop能做的事却不仅仅是专业的设计，更多的时候它既是一个便利的工具，又是一种能给我们带来快乐的方式。例如，借助于Photoshop强大而简单易操作的图像处理功能，可以轻松地为自己做一个"最美证件照"，如图1-47所示；重要的证件材料需要以电子形式存储时，可以用手机拍照并用Photoshop处理成扫描仪扫描出的效果；文艺的你，一定会在旅行归来的第一时间将照片导入到Photoshop中进行处理，如图1-48所示；重要的时刻再也不用担心影楼把最爱的人处理成千人一面的效果，如图1-49所示。除此之外，Photoshop还给了我们一个能够像艺术家一样进行"创作"的机会。相信我们每个人都有想要告诉世界却无法说出口的"话"，不妨通过Photoshop以图像的形式展示出来，如图1-50所示。

图1-47　　　　　　　图1-48　　　　　　　图1-49　　　　　　　图1-50

如果能够很好地掌握Photoshop的操作技能，也许会为我们提供新的工作机会。如果能够熟练地使用Photoshop修饰照片，那么可以尝试影楼后期处理的工作；技术更进一步的，可以尝试广告公司的商业摄影后期修图工作；如果能够熟练地使用Photoshop进行图像、文字、版面的编排，则可以尝试广告设计、排版设计、书籍设计、企业形象设计等工作；此外，淘宝网店美工也是近年来比较热门的职业，如图1-51~图1-54所示。当然，如果你现在是一个"门外汉"，想要进入任何一个行业都不能只靠一个工具。Photoshop可以作为一个"敲门砖"，但入门之后仍需要不断学习才行。

   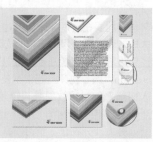

图1-51　　　　　　　　　图1-52　　　　　　图1-53　　　　　　　图1-54

除了使用Photoshop之外，还有几款软件也是平面设计师的必备工具，Adobe Illustrator（简称AI）与Adobe InDesign（简称ID）。Adobe Illustrator是一款矢量制图软件，Adobe InDesign是一款排版软件。这两款软件与Photoshop同属Adobe公司，在操作方式上非常相似，所以有了Photoshop的基础，再学习这两款软件也是非常简单的。如图1-55所示为Adobe Illustrator的操作界面，如图1-56所示为Adobe InDesign的操作界面，是不是与Photoshop非常相似呢？

 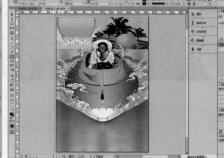

图1-55　　　　　　　　　　　　　　图1-56

1.1.5　如果你也想当个设计师

设计师可以使用Photoshop轻松地进行工作，而非专业人员或者初学者同样可以借助Photoshop这块"敲门砖"，圆一个设计师的梦。其实仔细想来，普通人与设计师的区别在哪里？一是不具备设计表现能力，二是艺术设计理论的欠缺。

目前的艺术设计从业人员大部分毕业于艺术设计专业院校，而这部分人的前身就是日常所说的"艺术生"。艺术生在进入高校开始系统的专业课学习之前，都经历过几年的素描、色彩等绘画教育。这些绘画方面的课程主要训练人们的绘画造型能力以及色彩的运用，这是作为一个设计师必备的技能。

但是作为非专业人员的我们想要成为设计师，可能无法再花费几年时间把绘画的基本功搞好。那么，不会画画，无法画出设计稿的人就没有可能成为设计师了吗？当然不是！Photoshop的出现可以说在一定程度上弥补了绘画功底缺失的问题，毕竟有了Photoshop，传统广告设计中需要绘制的部分直接调用素材或者进行处理就可以得到。很多时候平面设计师的工作可以被简化为idea+Photoshop，当然，如果具备绘画功底或者商业摄影功底，那么进入平面设计行业就会更容易些。

理论同样很重要。艺术设计理论知识的学习可以说是无止境的，几乎没有任何一个设计师敢大声说出："我精通全部的设计理论！"因为我们都知道，任何一项技术的理论的学习都是长期而深入的。读完几本艺术设计方面的理论教材，可以说是刚刚跨进设计世界的门槛，接下来的路需要不停地通过设计项目的磨炼，才能使自己提升，成为真正优秀的设计师。虽然学海无涯，但是我们也不要因此而害怕。因为艺术是人类的精神家园，艺术设计是创造美的行为。而艺术设计的学习就是在无数"美"的陪伴下，感知"美"，学习"美"，制造"美"，使我们成为"美"的缔造者。

【重点】1.1.6　Photoshop不难学

千万别把学Photoshop想得太难！Photoshop其实很简单，就像玩手机一样。手机可以用来打电话、发短信，也可以用来聊天、玩游戏、看电影。同样的，Photoshop可以用来工作赚钱，也可以给自己修美照，或者恶搞好朋友的照片……因此，在学习Photoshop之前希望大家一定要把Photoshop当成一个有趣的玩具。首先你得喜欢去"玩"，想要去"玩"，这样学习的过程将会是愉悦而快速的。

前面铺垫了很多，相信大家对Photoshop已经有一定的认识了，下面开始真正地告诉大家如何有效地学习Photoshop。

（1）短教程，快入门。

如果非常急切地要在最短的时间内达到能够简单使用Photoshop的程度，建议你看一套非常简单而基础的教学视频。恰好本书配备了这样一套视频教程：《新手必看——Photoshop必备知识点视频精讲》。这套视频教程选取了Photoshop中最常用的功能，每个视频讲解一个或者几个小工具，时间都非常短，短到在你感到枯燥之前就结束了讲解。视频虽短，但是建议你一定要打开Photoshop，跟着视频一起尝试使用。

由于"入门级"的视频教程时长较短，所以部分参数的解释无法完全在视频中讲解到。在练习的过程中如果遇到了问题，马上翻开书找到相应的小节，阅读对应内容即可。

当然，一分努力一分收获，学习没有捷径。2小时与200小时的学习效果肯定是不一样的，只学习了简单视频内容是无法参透Photoshop的全部功能的。不过，到了这里你应该能够做一些简单的操作了。比如照片调色、祛斑祛痘去瑕疵，或做个名片、标志、简单广告等，如图1-57~图1-60所示。

图1-57　　　　　　图1-58　　　　　　图1-59　　　　　　图1-60

（2）翻开教材+打开Photoshop=系统学习。

经过基础视频教程的学习后，看上去似乎学会了Photoshop。但是实际上，之前的学习只接触到了Photoshop的皮毛而已，很多功能只是做到了"能够使用"，而不一定能够达到"了解并熟练应用"的程度。因此，接下来要做的就是开始系统地学习Photoshop。本书以操作为主，在翻开教材的同时，打开Photoshop，边看书边练习。因为Photoshop是一门应用型技术，单

中文版Photoshop CC从入门到精通（微课视频版）

纯的理论灌输很难使我们熟记功能操作；而且Photoshop的操作是"动态"的，每次鼠标的移动或点击都可能会触发指令，所以在动手练习过程中能够更直观有效地理解软件功能。

（3）勇于尝试，一试就懂。

在软件学习过程中，一定要"勇于尝试"。在使用Photoshop中的工具或者命令时，我们总能看到很多参数或者选项设置。面对这些参数，看书的确可以了解参数的作用，但是更好的办法是动手去尝试。比如随意勾选一个选项；把数值调到最大、最小、中档，分别观察效果；移动滑块的位置，看看有什么变化。例如，Photoshop中的调色命令可以实时显示参数调整的预览效果，试一试就能看到变化，如图1-61所示。从中不难看出，动手试试更容易，也更直观。

图1-61

（4）别背参数，没用。

另外，在学习Photoshop的过程中，切记不要死记硬背书中的参数。同样的参数在不同的情况下得到的效果各不相同。比如同样的画笔大小，在较大尺寸的文档中绘制出的笔触会显得很小，而在较小尺寸的文档中则可能显得很大。所以在学习过程中，我们需要理解参数为什么这么设置，而不是记住特定的参数。

其实，Photoshop的参数设置并不复杂。在独立制图的过程中，涉及到参数设置时可以多次尝试各种不同的参数，肯定能够得到看起来很舒服的效果。如图1-62和图1-63所示为同样参数在不同图片上的效果对比。

图1-62 　　　　　　　　　图1-63

（5）抓住重点快速学。

为了更有效地快速学习，需要抓住重点。在本书的目录中可以看到部分内容被标注为重点，那么这部分知识就需要优先学习。在时间比较充裕的情况下，可以将非重点的知识一并学习。此外，书中的练习案例非常多。案例的练习是非常重要的，通过案例的操作不仅可以练习本章节所讲的内容，还能够复习之前学习过的知识。在此基础上还能够尝试使用其他章节的功能，为后面章节的学习做铺垫。

（6）在临摹中进步。

经过上述阶段的学习后，相信读者已经掌握了Photoshop的常用功能。接下来，就需要通过大量的制图练习提升我们的技术水平。如果此时恰好有需要完成的设计工作或者课程作业，那么这将是非常好的练习过程。如果没有这样的机会，那么建议在各大设计网站欣赏优秀的设计作品，并选择适合自己水平的优秀作品进行"临摹"。仔细观察优秀作品的构图、配色、元素的应用以及细节的表现，尽可能一模一样地绘制出来。在这个过程中并不是教大家去抄袭优秀作品的创意，而是通过对画面内容无限接近的临摹，尝试在没有教程的情况下，培养、锤炼独立思考、独立解决制图过程中遇到的技术问题的能力，以此来提升我们的"Photoshop功力"。如图1-64和图1-65所示为难度不同的作品临摹。

图1-64 　　　　　　　　　图1-65

（7）网上一搜，自学成才。

当然，在独立作图的时候，肯定会遇到各种各样的问题。比如临摹的作品中出现了一个火焰燃烧的效果，这个效果可能是我们之前没有接触过的，怎么办呢？这时"百度一下"就是最便捷的方式了，如图1-66和图1-67所示。网络上有非常多的教学资源，善于利用网络自主学习是非常有效的自我提升途径。

（8）永不止步地学习。

好了，到这里Photoshop软件技术对于我们来说已经不是问题了。克服了技术障碍，接下来就可以

图1-66

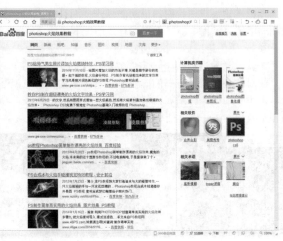
图1-67

尝试独立设计了。有了好的创意和灵感，可以通过Photoshop在画面中准确有效地表达，才是我们的终极目标。要知道，在设计的道路上，软件技术学习的结束并不意味着设计学习的结束。对国内外优秀作品的学习、新鲜设计理念的吸纳，以及设计理论的研究都应该是永不止步的。

想要成为一名优秀的设计师，自学能力是非常重要的。学校或者老师无法把全部知识塞进我们的脑袋，很多时候网络和书籍更能够帮助我们。

> 💡 **提示：快捷键背不背？**
>
> 为了提高操作效率，很多初学者执着于背诵快捷键。的确，熟练掌握快捷键后操作起来很方便，但面对快捷键速查表中列出的众多快捷键，要想全部背下来可能会花费很长时间。并不是所有的快捷键都适合我们使用，有的工具命令在实际操作中几乎用不到。建议大家先不用急着背快捷键，不断尝试使用 Photoshop，在使用的过程中体会哪些操作是常用的，然后再看下这个命令是否有快捷键。
>
> 其实快捷键大多是很有规律的，很多命令的快捷键都是与命令的英文名称相关。例如"打开"命令的英文是 OPEN，而快捷键就选取了首字母 O 并配合 Ctrl 键使用；"新建"命令则是 Ctrl+N（NEW 首字母）。这样记忆就容易多了。

1.2 开启Photoshop之旅

接下来，就让我们带着一颗坚定的心，开始美妙的Photoshop之旅吧。首先来了解一下如何安装Photoshop。不同版本的安装方式略有不同，本书讲解的是Photoshop CC（2017），所以在这里介绍的也是Photoshop CC （2017）的安装方式。如果想安装其他版本的Photoshop，可以在网络上搜索一下具体方法，非常简单。完成安装后，有必要认识并了解熟悉一下Photoshop的工作界面，为后面的学习做准备。

1.2.1 安装Photoshop CC 2017

步骤 01 想要使用Photoshop，首先要做的就是将其安装到计算机中。从CC版本开始，Photoshop开始了一种基于订阅的服务，我们需要通过Adobe Creative Cloud将Photoshop CC （2017）下载下来。首先打开Adobe的官方网站"www.adobe.com/cn/"，单击右上角的"菜单"按钮，如图1-68所示。接着在弹出的页面中单击"查看全部"按钮，如图1-69所示。

步骤 02 在打开的网页中向下滚动，找到Creative Cloud，单击"下载"按钮，如图1-70所示。接着在弹出的页面中注册一个Adobe ID（如果已有Adobe ID，则单击"登录"按钮登录），如图1-71所示。在注册页面中输入基本信息，如图1-72所示。完成注册后登录Adobe ID，如图1-73所示。

图1-68 图1-69

桌面应用程序
创造精美绝伦的作品
Ps
Photoshop
Lr
Lightroom
Ai
Illustrator
向下滚动
Pl
Prelude
Sc
Scout
Creative Cloud
下载试用版
下载
下载

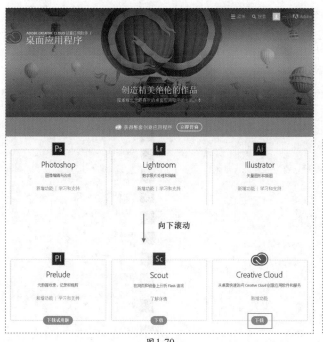

图1-70

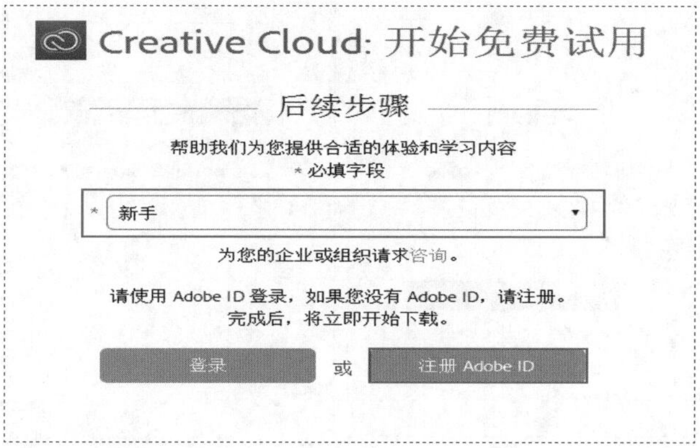

Creative Cloud: 开始免费试用
后续步骤
帮助我们为您提供合适的体验和学习内容
* 必填字段
新手
为您的企业或组织请求咨询。
请使用 Adobe ID 登录，如果您没有 Adobe ID，请注册。
完成后，将立即开始下载。
登录
或
注册 Adobe ID

图1-71

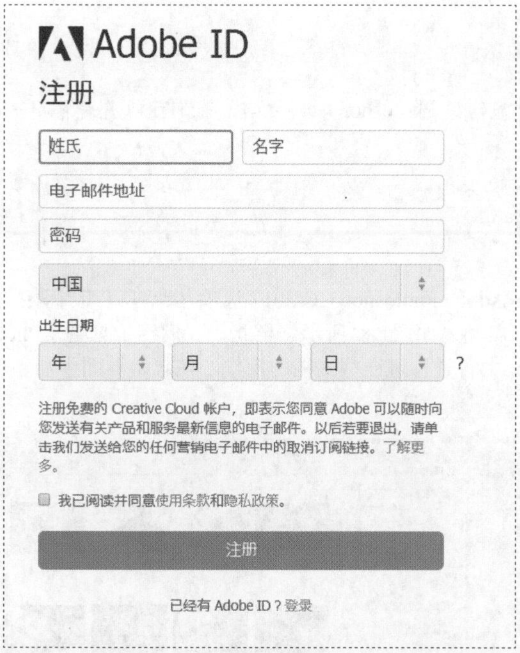

Adobe ID
注册
姓氏
名字
电子邮件地址
密码
中国
出生日期
年
月
日
注册免费的 Creative Cloud 帐户，即表示您同意 Adobe 可以随时向您发送有关产品和服务最新信息的电子邮件。以后若要退出，请单击我们发送给您的任何营销电子邮件中的取消订阅链接。了解更多。
我已阅读并同意使用条款和隐私政策。
注册
已经有 Adobe ID？登录

图1-72

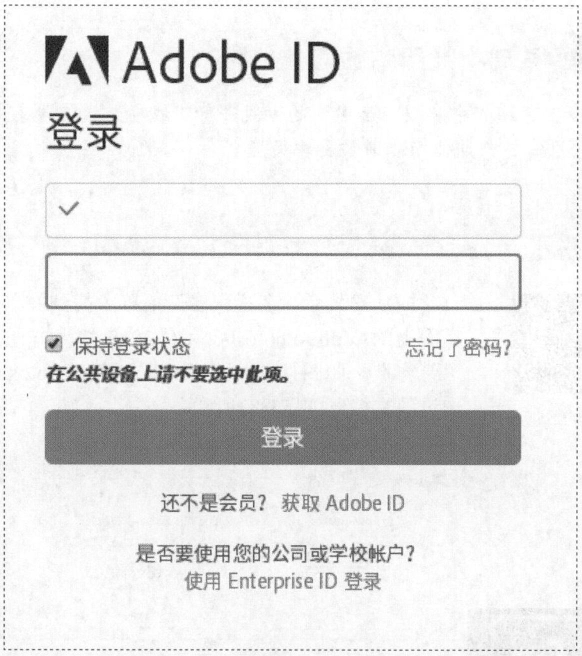

Adobe ID
登录
保持登录状态
忘记了密码？
在公共设备上请不要选中此项。
登录
还不是会员？ 获取 Adobe ID
是否要使用您的公司或学校帐户？
使用 Enterprise ID 登录

图1-73

步骤 03 接着Creative Cloud的安装程序将会被下载到当前计算机，如图1-74所示。双击安装程序进行安装，如图1-75所示。安装成功后，双击该程序快捷方式，启动Adobe Creative Cloud，如图1-76所示。

CreativeCloudSet-Up.exe

图1-74

Adobe 安装程序
正在初始化安装程序
2% 完成

图1-75

Adobe Creative Cloud

图1-76

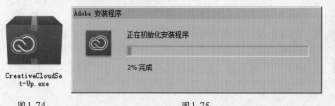

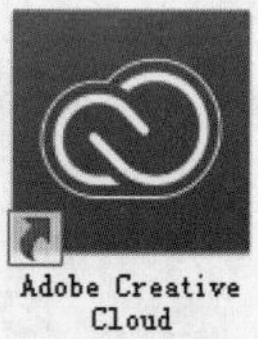

步骤04 启动Adobe Creative Cloud后，单击"登录"按钮，如图1-77所示。接着输入刚刚注册过的Adobe ID，如图1-78所示。然后在下一个页面中单击顶部的Apps超链接，如图1-79所示。在弹出的页面中出现了软件列表，从中可以找到要安装的软件Photoshop CC（2017），然后单击其后方的"试用"按钮，如图1-80所示。

图1-77

图1-78

图1-79

图1-80

 提示：试用与购买。

在上述过程中是以"试用"的方式进行下载安装，在没有付费购买 Photoshop 软件之前，我们可以免费使用一小段时间；如果需要长期使用，则需要购买。

【重点】1.2.2 认识一下Photoshop

扫一扫，看视频

成功安装后，在"程序"菜单中找到并单击Adobe Photoshop CC 2017 选项，即可将其启动；或者双击桌面上的Adobe Photoshop CC 2017 快捷方式来启动，如图1-81所示。至此，我们终于见到了Photoshop的"芳容"，如图1-82所示。如果之前在Photoshop中曾进行过一些文档的操作，在起始界面中会显示之前操作过的文档，如图1-83所示。

图1-81　　　　　　　　　　　图1-82　　　　　　　　　　　　　　　　图1-83

虽然打开了Photoshop，但此时所看到的却不是它的完整样貌，因为当前的软件中并没有能够操作的文档，所以很多功能都没有显示出来。为了便于学习，可以在这里打开一张图片。单击"打开"按钮，在弹出的"打开"窗口中选择一张图片，然后单击"打开"按钮，如图1-84所示。接着文档被打开，Photoshop的全貌才得以呈现，如图1-85所示。Photoshop的工作界面由菜单栏、选项栏、标题栏、工具箱、状态栏、文档窗口以及多个面板组成。

图1-84　　　　　　　　　　　　　　　　　　　图1-85

1.菜单栏

Photoshop的菜单栏中包含多个菜单项，单击某个菜单项，即可打开相应的菜单。每个下拉菜单中都包含多个命令，其中某些命令后方带有▶符号，表示该命令还包含多个子命令；某些命令后方带有一连串的"字母"，这些字母就是Photoshop的快捷键。例如，"文件"下拉菜单中的"关闭"命令后方显示了"Ctrl+W"，那么同时按下键盘上的Ctrl键和W键，即可快速执行该命令，如图1-86所示。

对于菜单命令，本书采用诸如"执行'图像>调整>曲线'命令"，换句话说，就是要首先单击菜单栏中的"图像"菜单项，接着将光标向下移动到"调整"命令处，在弹出的子菜单中单击"曲线"命令，如图1-87所示。

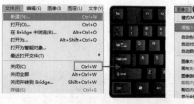

图1-86　　　　　　　　　　　　　图1-87

 提示：自定义命令的快捷键

在实际操作中，使用快捷键是非常方便、快捷的。不过，有的命令并没有快捷键，比如"亮度/对比度"命令。在Photoshop中可以为没有快捷键的命令设置一个快捷键，当然也可以更改已有命令的快捷键。

执行"编辑>键盘快捷键"命令，打开"键盘快捷键和菜单"对话框。在该对话框中找到需要设置快捷键的命令，其右侧有一个用于定义快捷键的文本框，单击使之处于输入的状态，如图1-88所示。此时在键盘上按下想要设置的快捷键即可，如同时按住Ctrl键、Shift键和M键，此时文本框中会出现Ctrl+Shift+M组合键，然后单击"确定"按钮完成操作，如图1-89所示。在此要注意的是，在为命令配置快捷键时，只能在键盘上进行操作，不能手动输入快捷键的字母。

图1-88　　　　　　　　　　　　　图1-89

2.文档窗口

执行"文件>打开"命令，在弹出的"打开"窗口中随意选择一张图片，单击"打开"按钮，如图1-90所示。这张图片就会在Photoshop中被打开，在文档窗口的标题栏中就可以看到关于这个文档的相关信息了（名称、格式、窗口缩放比例以及颜色模式等），如图1-91所示。

3.状态栏

状态栏位于文档窗口的下方，可以显示当前文档的大小、文档尺寸、当前工具和测量比例等信息。在状态栏中单击 按钮，在弹出的菜单栏中选择相应的命令，可以设置要显示的内容，如图1-92所示。

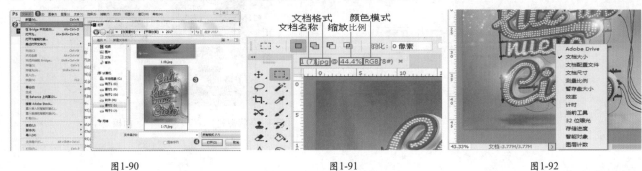

图1-90　　　　　　　　　　图1-91　　　　　　　　　　图1-92

4.工具箱与工具选项栏

工具箱位于Photoshop工作界面的左侧，其中以小图标的形式提供了多种实用工具。有的图标右下角带有 标记，表示这是个工具组，其中可能包含多个工具。右键单击（简称右击）工具组图标，即可看到该工具组中的其他工具；将光标移动到某个工具上单击，即可选择该工具，如图1-93所示。

选择了某个工具后，在其选项栏中对相关参数选项进行设置。不同工具的选项栏也不同，如图1-94所示。

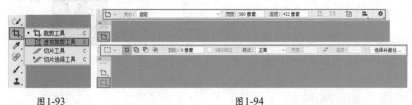

图1-93　　　　　　　　　　　图1-94

提示：双排显示工具箱。

当工具箱无法在Photoshop中完全显示时，可以将单排显示的工具箱折叠为双排显示。单击工具箱顶部的折叠按钮 可以将其折叠为双栏，单击 按钮则可还原回展开的单栏模式，如图1-95所示。

图1-95

5.面板

面板主要用来配合图像的编辑、对操作进行控制以及设置参数等。默认情况下，面板堆栈位于文档窗口的右侧，如图1-96所示。面板可以堆叠在一起，单击面板名称（标签）即可切换到相对应的面板。将光标移至面板名称（标签）上方，按住鼠标左键拖曳即可将面板与窗口进行分离，如图1-97所示。如果要将面板堆栈在一起，可以拖曳该面板到界面上方，当出现蓝色边框后松开鼠标，即可完成堆栈操作，如图1-98所示。

图1-96

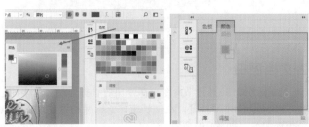

图1-97　　　　　　　　　　　图1-98

中文版Photoshop CC从入门到精通（微课视频版）

在面板右上角单击 ◄◄/►► 按钮，可以展开或折叠面板，如图1-99所示。在每个面板的右上角都有一个"面板菜单"按钮 ≡，单击该按钮可以打开该面板的相关设置菜单，如图1-100所示

提示：如何让工作界面恢复默认状态？

完成这一节的学习后，难免打开了一些不需要的面板，或者一些面板并没有"规规矩矩"地堆栈在原来的位置，一个一个地重新拖曳调整费时又费力。这时执行"窗口>工作区>复位基本功能"命令，就可以把凌乱的界面恢复到默认状态。

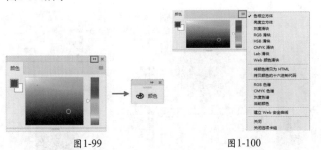

图1-99　　　　　　　　　图1-100

在Photoshop中有很多的面板，通过在"窗口"菜单中选择相应的命令，即可将其打开或关闭，如图1-101所示。例如，执行"窗口>信息"命令，即可打开"信息"面板，如图1-102所示。如果在命令前方带有 ✔ 标记，则说明这个面板已经打开了，再次执行该命令可将这个面板关闭。

1.2.3　退出Photoshop

当不需要使用Photoshop时，就可以将其关闭了。在Photoshop工作界面中单击窗口右上角的"关闭"按钮 ✕ ，即可将其关闭；也可以执行"文件>退出"命令（快捷键Ctrl+Q）来退出Photoshop，如图1-103所示。需要注意的是，退出Photoshop之前，可能涉及到文件的存储问题，详见1.3.9节。

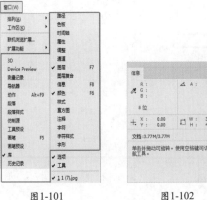

图1-101　　　　　　　　　图1-102

图1-103

1.2.4　选择合适的工作区域

Photoshop为有着不同制图需求的不同用户提供了多种工作区。执行"窗口>工作区"命令，在弹出的子菜单中可以切换工作区类型，如图1-104所示。不同工作区的差别主要在于"面板"的显示。例如，3D工作区显示3D面板和"属性"面板，而"绘画"工作区则更侧重于显示颜色选择以及画笔设置等的面板，如图1-105和图1-106所示。

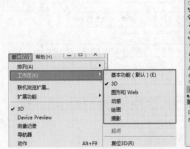

图1-104

图1-105　　　　　　　　　图1-106

在实际操作中，我们可能会发现有的面板比较常用，而有的面板则几乎不会用到。可以在"窗口"菜单中选择相应的命令来关闭部分面板，只保留必要的面板，如图1-107所示。执行"窗口>工作区>新建工作区"菜单命令，可以将当前界面状态存储为随时可用的"工作区"。在弹出的对话框中为工作区设置一个名称，接着单击"存储"按钮，即可存储当前工作区，如图1-108所示。执行"窗口>工作区"命令，在弹出的子菜单中可以选择前面自定义的工作区，如图1-109所示。

图1-107

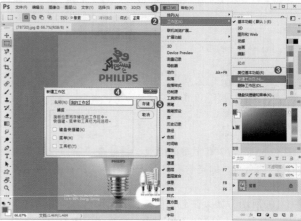

图1-108

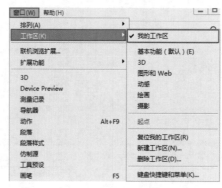

图1-109

 提示：删除自定义的工作区。

执行"窗口>工作区>删除工作区"命令，在弹出的窗口中选择需要删除的工作区即可。

1.3 文件操作

熟悉了Photoshop的工作界面后，下面就可以开始正式接触Photoshop的功能了。不过，打开Photoshop之后，我们会发现很多功能都无法使用，这是因为当前的Photoshop中没有可供操作的文件。这时就需要新建文件，或者打开已有的图像文件。在对文件进行编辑的过程中，还会经常用到"置入"操作（Photoshop CC 2017中有两种置入命令）。文件制作完成后需要对文件进行"存储"，而存储文件时涉及到文件格式的选择。上述基本操作流程如图1-110所示。下面就来学习一下这些知识。

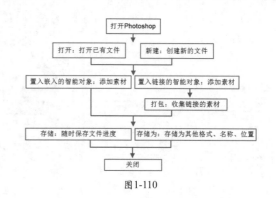

图1-110

【重点】1.3.1　在Photoshop中新建文件

打开了Photoshop，此时界面中一片空白，什么都没有。要进行设计作品的制作，首先要通过执行"文件>新建"命令来新建一个文档。

新建文档之前，我们要考虑几个问题：我要新建一个多大的文件？分辨率要设置为多少？颜色模式选择哪一种？这一系列问题都可以在"新建"窗口中得到解答。

步骤01 启动Photoshop之后，在起始界面中单击左侧的"新建"按钮，或者执行"文件>新建"命令（快捷键Ctrl+N），如图1-111所示，打开"新建文档"。这个窗口大体可以分为3个部分：顶端是预设的尺寸选项卡；左侧是预设选项或最近使用过的项目；右侧是自定义选项设置区域，如图1-112所示。

图1-111　　　　　　　　　　　　　　　　　　　　　　　　图1-112

步骤02 如果要选择系统内置的一些预设文档尺寸，可以选择顶端的预设尺寸选项卡，在左侧的列表框中选择一种合适的尺寸，然后单击"创建"按钮，即可完成新建。例如，要新建一个A4大小的空白文档，选择"打印"选项卡，然后在左侧列表框中选择A4选项，即可在右侧区域查看相应的尺寸。接着单击"创建"按钮即可完成文件的新建，如图1-113所示。如果要制作比较特殊的尺寸，则需要自己进行设置，直接在窗口右侧进行"宽度""高度"等参数的设置即可，如图1-114所示。

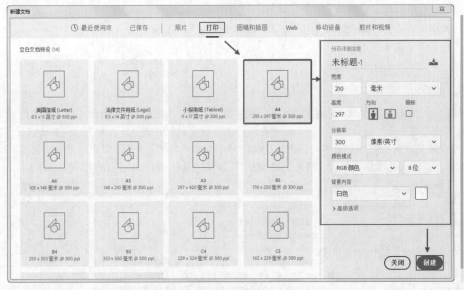

图1-113　　　　　　　　　　　　　　　　　　　　　　　　图1-114

17

根据不同行业的不同需要，Photoshop 将常用的尺寸进行了分类。用户可以根据需要在预设中找到合适的尺寸。例如，如果用于排版、印刷，那么选择"打印"选项卡，即可在左下方列表框中看到常用的打印尺寸，如图 1-115 所示。如果你是一名 UI 设计师，那么选择"移动设备"选项卡，在左下方列表框中就可以看到时下最流行的电子移动设备的常用尺寸，如图 1-116 所示。

图1-115

图1-116

- **宽度/高度**：设置文件的宽度和高度，其单位有"像素""英寸""厘米""毫米"等多种。
- **分辨率**：用来设置文件的分辨率大小，其单位有"像素/英寸"和"像素/厘米"两种。新建文件时，文档的宽度与高度通常与实际印刷的尺寸相同（超大尺寸文件除外）。而在不同情况下，对分辨率需要进行不同的设置。通常来说，图像的分辨率越高，印刷出来的质量就越好；但也并不是任何场合都需要将分辨率设置为较高的数值。一般印刷品分辨率为150~300dpi，高档画册分辨率为350dpi 以上，大幅的喷绘广告1米以内分辨率为 70~100dpi，巨幅喷绘分辨率为25dpi，多媒体显示图像为72dpi。当然，分辨率的数值并不是一成不变的，需要根据计算机以及印刷精度等实际情况进行设置。
- **颜色模式**：设置文件的颜色模式以及相应的颜色深度。
- **背景内容**：设置文件的背景内容，有"白色""背景色"和"透明"3个选项。
- **高级选项**：展开该选项组，在其中可以进行"颜色配置文件"以及"像素长宽比"的设置。

在 Photoshop CC 2017 以前的版本中，"新建"窗口还比较"迷你"，如图 1-117 所示。在该窗口中同样可以进行宽度、高度、分辨率、颜色模式、背景内容的设置，在"预设"下拉列表框中也可以选择特定的照片尺寸、打印尺寸、Web 尺寸等。在 Photoshop CC 2017 中，也可以使用旧版的"新建"界面，执行"编辑 > 首选项 > 常规"命令，在弹出的"首选项"对话框中选中"使用旧版'新建文档'界面"复选框，单击"确定"按钮即可，如图 1-118 所示。

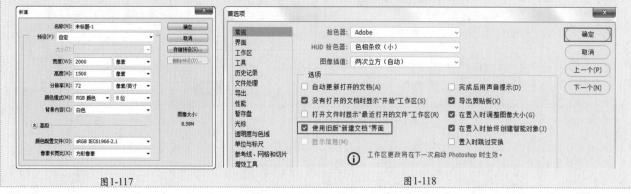

图1-117   图1-118

中文版Photoshop CC从入门到精通（微课视频版）

【重点】1.3.2 在Photoshop中打开图像文件

　　想要处理数码照片，或者继续编辑之前的设计方案，需要在Photoshop中打开已有的文件。执行"文件>打开"命令（快捷键Ctrl+O），在弹出的"打开"窗口中找到文件所在的位置，单击选择需要打开的文件，接着单击"打开"按钮，如图1-119所示。即可在Photoshop中打开该文件，如图1-120所示。

扫一扫，看视频

图1-119

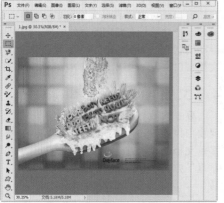

图1-120

 提示：找不到想要打开的文件怎么办？

　　有时在"打开"窗口中已经找到了图片所在的文件夹，却没看到要打开的图片，这是为什么？

　　遇到这种情况时，首先查看一下"打开"窗口底部，"文件名"下拉列表框的右侧是否显示的是 所有格式 ▼。如果显示为"所有格式"则表明此时所有 Photoshop 支持的格式文件都可以被显示。一旦此处显示为某种特定格式，那么其他格式的文件即使存在于文件夹中，也无法被显示。解决办法就是单击下拉箭头，设置为"所有格式"就可以了。

　　如果还是无法显示要打开的文件，那么可能这个文件并不是 Photoshop 所支持的格式。如何知道 Photoshop 支持那些格式呢？可以在"打开"窗口底部单击格式下拉列表框，查看一下其中包含的文件格式。

1.3.3 多文档操作

1.打开多个文档

　　在"打开"窗口中可以一次性选择多个文档，同时将其打开。可以按住鼠标左键拖曳，框选多个文档；也可以按住Ctrl键逐个单击多个文档。然后单击"打开"按钮，如图1-121所示。接着被选中的多张图片就都被打开了，但默认情况下只能显示其中一张图片，如图1-122所示。

扫一扫，看视频

图1-121

图1-122

2.多个文档间的切换

虽然一次性打开了多个文档，但在文档窗口中只能显示一个文档。单击标题栏上的文档名称，即可切换到相应的文档窗口，如图1-123所示。

3.切换文档浮动模式

默认情况下，打开多个文档时，多个文档均合并到文档窗口中。除此之外，文档窗口还可以脱离界面呈现"浮动"的状态。其方法是将光标移动至文档名称上方，按住鼠标左键向界面外拖曳，如图1-124所示。松开鼠标后，文档即呈现为浮动的状态，如图1-125所示。若要恢复为堆栈的状态，可以将浮动的窗口拖曳到文档窗口上方，当出现蓝色边框后松开鼠标即可完成堆栈，如图1-126所示。

4.多文档同时显示

要一次性查看多个文档，除了让窗口浮动之外还有一个办法，就是通过设置"窗口排列方式"来查看。执行"窗口>排列"命令，在弹出的子菜单中可以看到多种文档的显示方式，选择适合自己的方式即可，如图1-127所示。例如，打开了3张图片，想要同时看到，可以选择"三联垂直"方式，效果如图1-128所示。

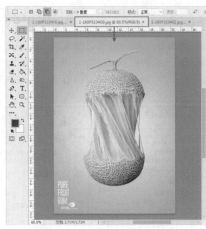

图1-123

图1-124

图1-125

图1-126

图1-127

图1-128

中文版Photoshop CC从入门到精通（微课视频版）

提示：将文件打开为智能对象。

　　执行"文件＞打开为智能对象"命令，然后在弹出的对话框中选择一个文件将其打开，此时该文件将以智能对象的形式被打开。

1.3.4　打开最近使用过的文件

　　启动Photoshop后，在起始界面中会显示最近打开文档的缩览图，单击缩览图即可打开相应的文档，如图1-129所示。若已经在Photoshop中打开了文档，那么这种方法便行不通了。此时可以通过"最近打开文件"命令来使用过的文件，执行"文件＞最近打开文件"命令，在弹出的子菜单中单击文件名即可将其在Photoshop中打开。选择底部的"清除最近的文件列表"命令可以删除历史打开记录，如图1-130所示。

图1-129

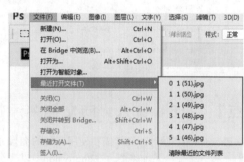

图1-130

 提示：以列表的形式显示最近打开的文档。

　　单击"列表视图"按钮 ☰，可以列表的形式显示最近打开的文档，如图1-131所示。单击"缩览图视图"按钮 ▦，则可以缩览图的形式显示最近打开的文档。

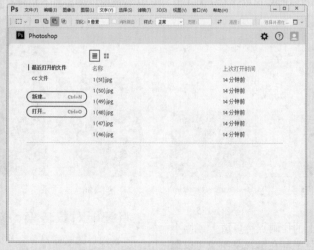

图1-131

1.3.5　打开为：打开扩展名不匹配的文件

如果要打开扩展名与实际格式不匹配的文件，或者没有扩展名的文件，可以执行"文件>打开为"命令（如图1-132所示），在弹出的"打开"窗口中选择文件，然后在格式下拉列表框中为它指定正确的格式，单击"打开"按钮，如图1-133所示。如果文件不能打开，则选取的格式可能与文件的实际格式不匹配，或者文件已经损坏。

图1-132

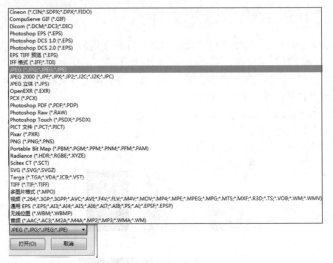

图1-133

【重点】1.3.6　置入：向文档中添加其他图片

使用Photoshop制图时，经常需要使用其他的图像元素来丰富画面效果。前面学习了"打开"命令，但"打开"命令只能将图片在Photoshop中以一个独立文件的形式打开，并不能添加到当前的文件中，而通过"置入"操作可以将对象添加到当前文件中。

扫一扫，看视频

1.置入嵌入的智能对象

在已有的文件中执行"文件>置入嵌入的智能对象"命令，然后在弹出的"置入嵌入对象"窗口中选择要置入的文件，单击"置入"按钮，如图1-134所示。随即选择的对象就会被置入到当前文档内。此时置入的对象边缘处带有定界框和控制点，如图1-135所示。

作非常接近，具体操作方法详见2.5.1节，如图1-136所示。调整完成后按Enter键即可完成置入操作，此时定界框会消失。在"图层"面板中也可以看到新置入的智能对象图层（智能对象图层右下角带有图标），如图1-137所示。

图1-134　　　　　图1-135

按住鼠标左键拖曳定界框上的控制点可以放大或缩小图像，还可将其进行旋转。按住鼠标左键拖曳图像可以调整置入对象的位置（缩放、旋转等操作与"自由变换"操

图1-136　　　　　图1-137

2.将智能对象转换为普通图层

置入后的素材对象会作为智能对象。"智能对象"有几点好处，可以对图像进行缩放、定位、斜切、旋转或变形

操作且不会降低图像的质量。但是对"智能对象"无法直接进行内容的编辑（例如删除局部、用画笔工具在上方进行绘制等）。如果想要对智能对象的内容进行编辑，需要在该图层上单击鼠标右键，在弹出的菜单栏中选择"栅格化图层"命令（如图1-138所示），将智能对象转换为普通对象后再进行编辑，如图1-139所示。

图1-138　　　　图1-139

提示：栅格化智能对象。

　　如果在操作过程中出现如图1-140所示"无法完成请求，因为智能对象不能直接进行编辑"的提示，那么一定要查看一下"图层"面板中所选的图层是否为智能对象。如果是，则需要在该图层上单击鼠标右键，在弹出的快捷菜单中选择"栅格化图层"命令，将智能对象转换为普通对象后再进行编辑。

图1-140

3. 置入链接的智能对象

　　在Photoshop中置入图片有两种方式：嵌入和链接。

　　"嵌入"是将置入的素材图片完整地添加到当前Photoshop文档中，和这个文档中的其他元素一起组成一个完整的文件。当素材的原始文件内容、名称或存储位置改变时，Photoshop文档不会发生变化。

　　执行"文件>置入链接的智能对象"命令，在弹出的"置入连接对象"窗口中选择素材图片，如图1-141所示。单击"置入"按钮，素材就会以"链接"的形式置入到当前文件中，如图1-142所示。以"链接"形式置入的素材并不是真正地存在于Photoshop文档中，仅仅是通过链接在Photoshop中显示。原始图片经过修改后，Photoshop文档中的该素材效果也会发生变化，如图1-143所示。如果链接的文件存储位置或名称发生了变动，Photoshop文档则可能出现素材丢失的问题。因此，移动文件位置时，要注意链接的素材图像也需要一起移动。"链接"形式的优势在于其素材不存储在文档中，所以不会为Photoshop文档增添过多的负担。

图1-141　　　　　　　　　　　图1-142　　　　　　　　　　图1-143

　　（1）如果对链接素材的源文件进行了编辑，执行"图层>智能对象>更新所有修改的内容"命令，可以将素材的变化体现在当前文档中。

　　（2）执行"图层>智能对象>嵌入链接的智能对象"命令，可以将链接的智能对象转换为嵌入的形式，使之存在于当前文档中。即使素材文件被移动或删除，也不会影响到其在Photoshop文档中的效果。

　　（3）想要嵌入文档中全部的链接图片，可以执行"图层>智能对象>嵌入所有链接的智能对象"命令。

　　（4）想要更换链接的图片，可以执行"图层>智能对象>重新链接到文件"命令，并重新选择一个图片文件。

　　（5）如果对链接的图片执行"图层>智能对象>栅格化"命令，则可以将该图片嵌入并转换为普通图层。

提示：使用早期Photoshop版本如何"置入"文件？

如果读者使用的是 Photoshop CC 或者更早一些的版本，可能会发现"文件"菜单中并没有"置入嵌入的智能对象"或"置入链接的智能对象"命令。这是因为早期版本中，图片都是以"嵌入"的形式被置入到文件中的，所以只需要执行"文件 > 置入"命令即可。

1.3.7 打包

"打包"命令用于收集当前文档中使用过的以"链接"形式置入的素材图片，并将其收集在一个文件夹中，便于用户存储和传输文件。当文档中包含"链接"的素材图片时，最好在文档制作完成后使用"打包"命令，将可能散落在计算机各个位置中的素材整理出来，避免素材的丢失。

首先需要准备一个带有链接文件的文档，然后保存为PSD格式，如图1-144所示。接着执行"文件>打包"命令，在弹出的"浏览文件夹"窗口中找到合适的位置，单击"确定"按钮，如图1-145所示。随即就可以进行打包。打包完成后，找到相应的文件夹，即可看见PSD格式的文档以及链接的素材文件夹，如图1-146所示。

图1-144

图1-145

图1-146

提示：旧版本Photoshop中没有"打包"功能。

因为较早期的版本中没有"链接"功能，也就不需要"打包"功能了。

1.3.8 复制文件

对于已经打开的文件，可以执行"图像>复制"命令，将当前文件复制出一份来，如图1-147和图1-148所示。想要一个原始效果作为对比时，可以使用该命令复制出当前效果的文档，然后在另一个文档上进行操作。

图1-147

图1-148

【重点】1.3.9 存储文件

扫一扫，看视频

对某一文档进行了编辑后，可能需要将当前操作保存到当前文档中。这时需要执行"文件>存储"命令（快捷键Ctrl+S）。如果文档存储时没有弹出任何窗口，则默认以原始位置进行存储。存储时将保留所做的更改，并且会替换掉上一次保存的文件。

如果是第一次对文档进行存储，可能会弹出"存储为"窗口，从中可以重新选择文件存储位置，并设置文件存储格式以及文件名。

如果要将已经存储过的文档更换位置、名称或者格式后再次存储，可以执行"文件>存储为"命令（快捷键

Shift+Ctrl+S），在弹出的"另存为"窗口中，对存储位置、文件名、保存类型等进行设置，然后单击"保存"按钮，如图1-149所示。

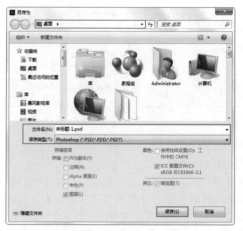

图1-149

- 文件名：设置保存的文件名。
- 保存类型：选择文件的保存格式。
- 作为副本：选中该复选框时，可以另外保存一个副本文件。
- 注释/Alpha通道/专色/图层：可以选择是否存储注释、Alpha通道、专色和图层。
- 使用校样设置：将文件的保存格式设置为EPhotoshop或PDF时，该复选框才可用。选中该复选框后，可以保存打印用的校样设置。
- ICC配置文件：可以保存嵌入在文档中的ICC配置文件。
- 缩览图：为图像创建并显示缩览图。

【重点】1.3.10　存储格式的选择

存储文件时，在弹出的"另存为"窗口的"保存类型"下拉列表框中可以看到有多种格式可供选择，如图1-150所示。但并不是每种格式都经常使用，选择哪种格式才是正确的呢？下面就来认识几种常见的图像格式。

图1-150

1.PSD：Photoshop源文件格式，保存所有图层内容

在存储新建的文件时，我们会发现默认的格式为"Photoshop（*.PSD;*.PDD;*.PSDT）"。PSD格式是Photoshop的默认储存格式，能够保存图层、蒙版、通道、路径、未栅格化的文字、图层样式等。在一般情况下，保存文件都采用这种格式，以便随时进行修改。

选择该格式，然后单击"保存"按钮，在弹出的"Photoshop格式选项"对话框中选中"最大兼容"复选框，可以保证在其他版本的Photoshop中能够正确打开该文档。在这里单击"确定"按钮即可。也可以选中"不再显示"复选框，接着单击"确定"按钮，就可以每次都采用当前设置，并不再显示该对话框，如图1-151所示。

图1-151

 提示：非常方便的PSD格式。

PSD格式文件可以应用在多款Adobe软件中，在实际操作中也经常会直接将PSD格式文件置入到Illustrator、InDesign等平面设计软件中。除此之外，After Effects、Premiere等影视后期制作软件也是可以使用PSD格式文件的。

2.GIF：动态图片、网页元素

GIF格式是输出图像到网页最常用的格式。GIF格式采用LZW压缩，支持透明背景和动画，被广泛应用在网络中。网页切片后常以GIF格式进行输出。除此之外，我们常见的动态QQ表情、搞笑动图也是GIF格式的。选择这种格式，在弹出的"索引颜色"对话框中可以进行"调板""颜色"等设置。选中"透明度"复选框，可以保存图像中的透明部分，如图1-152所示。

图1-152

3.JPEG：最常用的图像格式，方便存储、浏览、上传

JPEG格式是平时最常用的一种图像格式。它是一种最有效、最基本的有损压缩格式，支持绝大多数的图形处理软件。JPEG格式常用于对质量要求并不是特别高，而且需要上传网络、传输给他人或者在计算机上随时查看的情况。例如，做了一个标志设计的作业、修了张照片等。对于有极高要求的图像输出打印，最好不使用JPEG格式，因为它是以损坏图像质量来提高压缩质量的。

存储时选择JPEG格式，会将文档中的所有图层合并，并进行一定的压缩，存储为一个在绝大多数计算机、手机等电子设备上可以轻松预览的图像格式。在选择格式时可以看到保存类型显示为JPEG(*.JPG;*.JPEG;*.JPE)。JPEG是这种图像格式的名称，而这种图像格式的后缀名可以是JPG或JPEG。

选择此格式并单击"保存"按钮之后，在弹出的"JPEG选项"对话框中可以进行图像品质的设置。品质数值越大，图像质量越高，文件大小也就越大。如果对图像文件的大小有要求，那么可以参考右侧的文件大小数值来调整图像的品质。设置完成后单击"确定"按钮，如图1-153所示。

图1-153

4.TIFF：高质量图像，保存通道和图层

TIFF格式是一种通用的图像文件格式，可以在绝大多数制图软件中打开并编辑，而且也是桌面扫描仪扫描生成的图像格式。TIFF格式最大的特点就是能够最大程度地保持图像质量不受影响，而且能够保存文档中的图层信息以及Alpha通道。但TIFF并不是Photoshop特有的格式，所以有些Photoshop特有的功能（如调整图层、智能滤镜）就无法被保存下来。这种格式常用于对图像文件质量要求较高，而且还需要在没有安装Photoshop的计算机上预览或使用。例如，制作了一个平面广告，需要发送到印刷厂。选择该格式后，在弹出的"TIFF选项"对话框中可以对"图像压缩"等内容进行设置。如果对图像质量要求很高，可以选中"无"单选按钮，然后单击"确定"按钮，如图1-154所示。

图1-154

5.PNG：透明背景、无损压缩

当图像文件中有一部分区域是透明时，存储为JPG格式会发现透明的部分被填充上了颜色。存储为PSD格式又不方便打开，而储存成TIFF格式文件又比较大。这时不要忘了"PNG格式"。PNG是一种是专门为Web开发的，用于将图像压缩到Web上的文件格式。与GIF格式不同的是，PNG格式支持244位图像并产生无锯齿状的透明背景。PNG格式由于可以实现无损压缩，并且背景部分是透明的，因此常用来存储背景透明的素材。选择该格式后，在弹出的"PNG选项"对话框中对压缩方式进行设置后，单击"确定"按钮完成操作，如图1-155所示。

图1-155

6.PDF：电子书

PDF是由Adobe Systems创建的一种文件格式，允许在屏幕上查看电子文档，也就是通常所说的"PDF电子书"，此外，PDF文件还可被嵌入到Web的HTML文档中。这种格式常用于多页面的排版。选择这种格式后，在弹出的"存储Adobe PDF"对话框中可以选择一种高质量或低质量的"Adobe PDF预设"，也可以通过左侧不同的选项卡进行压缩、输出等设置，如图1-156所示。

图1-156

中文版Photoshop CC从入门到精通（微课视频版）

除了以上的几种图像格式外，在"保存类型"下拉列表框中还可以看到其他几种格式。这些格式对大部分用户来说不是很常用，可以简单了解一下。

- **PSB**：PSB格式是一种大型文档格式，可以支持高达300000像素的超大图像文件。它支持Photoshop所有的功能，可以保存图像的通道、图层样式和滤镜效果，但是只能在Photoshop中打开。

- **BMP**：由微软开发的一种固有格式，这种格式被大多数软件所支持。BMP格式采用了一种名为RLE的无损压缩方式，对图像质量不会产生什么影响。 BMP格式主要用于保存位图图像，支持RGB、位图、灰度和索引颜色模式，但是不支持Alpha通道。

- **DICOM**：常用于传输和保存医学图像，如超声波和扫描图像。DICOM 格式文件包含图像数据和标头，其中存储了有关医学图像的信息。

- **EPS**：EPS是为了在PostScript打印机上输出图像而开发的一种文件格式，是处理图像工作中最重要的格式之一。它被广泛应用在Mac和PC环境下的图形设计和版面设计中，几乎所有的图形、图表和页面排版程序都支持这种格式。如果仅仅是保存图像，建议不要使用EPS格式。如果文件要用无PostScript的打印机打印，为避免出现打印错误，最好也不要使用EPS格式，可以用TIFF格式或JPEG格式来代替。

- **IFF格式**：由Commodore公司开发。由于该公司已退出计算机市场，因此IFF格式也将逐渐被废弃。

- **DCS格式**：由Quark公司开发的EPS格式的变种，主要在支持这种格式的QuarkXPress、PageMaker和其他应用软件上工作。DCS便于分色打印；在Photoshop中使用DCS格式时，必须转换成CMYK颜色模式。

- **PCX**：DOS模式下的古老程序PC PaintBrush固有格式的扩展名，目前并不常用。

- **RAW**：一种灵活的文件格式，主要用于在应用程序与计算机平台之间传输图像。RAW格式支持具有Alpha通道的CMYK、RGB和灰度模式，以及无Alpha通道的多通道、Lab、索引和双色调模式。

- **PXR**：一种专门为高端图形应用程序设计的文件格式，支持具有单个Alpha通道的RGB和灰度图像。

- **SCT**：支持灰度图像、RGB图像和CMYK图像，但是不支持Alpha通道，主要用于Scitex计算机上的高端图像处理。

- **TGA**：专用于使用Truevision视频板的系统，它支持一个单独Alpha通道的32位RGB文件，以及无Alpha通道的索引、灰度模式，并且支持16位和24位的RGB文件。

- **PBM便携位图格式**：PBM格式，支持单色位图（即1位/像素），可以用于无损数据传输。因为许多应用程序都支持这种格式，所以可以在简单的文本编辑器中编辑或创建这类文件。

1.3.11　快速导出为某种格式

执行"文件>导出>快速导出为PNG"命令，可以非常快速地将当前文件导出为PNG格式。此外，利用"文件>导出"命令，还可以快速将文件导出为其他格式。执行"文件>导出>导出首选项"命令，在弹出的"首选项"对话框中可以设置快速导出的格式，如JPG、GIF、SVG格式，如图1-157所示。选择不同的格式，然后可对其相应参数进行设置。例如，设置为JPG，设置完成后在"文件>导出"菜单下就出现了"快速导出为JPG"命令，如图1-158所示。

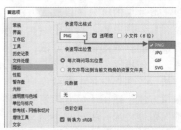
图1-157

图1-158

1.3.12　导出为特定格式、特定尺寸

利用"导出为"命令可以方便地将文件导出为特定格式、特定尺寸的图像文件。对要导出的文件执行"文件>导出>导出为"命令，在弹出的对话框中可以对导出文件的格式、图像大小、画布大小等参数进行设置。随着参数的设置，还可以在预览窗口中查看导出效果。设置完毕后，单击"全部导出"按钮即可，如图1-159所示。

图1-159

- **格式**：在该下拉列表框中可以选择PNG、JPG、GIF或SVG。如果选择PNG，需要指定是要导出启用了透明度的资源（32 位），还是要导出更小的图像（8

位）。如果选择 JPEG，需要指定所需的图像品质（0~100%）。GIF 图像在默认情况下为透明。

- 宽度/高度：指定图像资源的宽度和高度。默认情况下，宽度与高度被锁定。更改宽度时会自动按相应比例更改高度。

- 缩放：指定导出图像的缩放比例，用于导出具有较大或较小分辨率的图片。需要注意的是，修改"缩放"数值会影响图像大小。

- 重新采样：在该下拉列表中选择调整图像大小时更改图像数据量的方式。选择"两次线性"，可以通过平均周围像素的颜色值来增加像素，此方法会产生中等质量的结果。选择"两次立方"，可以将周围像素值的分析结果作为依据，速度较慢，但精度较高。"两次立方（较平滑）"是一种基于两次立方插值，能够产生更平滑效果的有效图像放大方法。"两次立方（较锐利）"是一种可以基于两次立方插值同时又能增强锐化的有效图像缩小方法。选择"两次立方（自动）"，可以为图像自动选择合适的两次立方取样方法。"邻近"是一种速度快但精度低的图像像素模拟方法，适用于包含未消除锯齿边缘的图像，能够保留硬边缘并生成较小的文件。选择"保留细节"，能够更大程度地保留图像的细节和锐化程度。

- 画布大小：设置导出后文档的画布尺寸。数值大于图像大小则会在周围留白，如图1-160所示；数值小于图像大小则会对图像进行裁切，如图1-161所示。

图1-160

图1-161

- 元数据：指定是否要将元数据（版权和联系信息）嵌入到导出的资源中。

- 色彩空间：设置是否将导出的资源转换为 sRGB 色彩空间（此单选按钮默认为已选中），是否要将颜色配置文件嵌入导出的资源。

1.3.13 关闭文件

执行"文件>关闭"命令（快捷键Ctrl+W），可以关闭当前所选的文件，如图1-162所示。单击文档窗口右上角的"关闭"按钮，也可关闭所选文件，如图1-163所示。执行"文件>关闭全部"命令，或按快捷键Alt+Ctrl+W，可以关闭所有打开的文件。

图1-162

图1-163

提示：关闭并退出Photoshop。

执行"文件＞退出"命令或者单击程序窗口右上角的"关闭"按钮，可以关闭所有的文件并退出 Photoshop。

练习实例：使用"置入嵌入的智能对象"命令制作拼贴画

文件路径	资源包\第1章\练习实例：使用"置入嵌入的智能对象"命令制作拼贴画
难易指数	★★★★★
技术掌握	"打开"命令、"置入嵌入的智能对象"命令、栅格化智能图层

案例效果

案例效果如图1-164所示。

图1-164

操作步骤

步骤01 执行"文件>打开"命令，在弹出的"打开"窗口中找到素材位置，选择素材"1.jpg"，单击"打开"按钮，如图1-165所示。此时可以看到素材图像中带有参考线方便用户进行操作，如图1-166所示。

扫一扫，看视频

图1-165   图1-166

步骤02 执行"文件>置入嵌入的智能对象"命令，在打开的"置入嵌入对象"窗口中找到素材位置，选择素材"2.jpg"，单击"置入"按钮，如图1-167所示，结果如图1-168所示。

步骤03 接着将素材图像2.jpg向左移动，如图1-169所示。按Enter键，完成置入操作，如图1-170所示。

步骤04 此时置入的对象为智能对象，可以将其栅格化。选择智能图层，然后单击鼠标右键，在弹出的快捷菜单中选择"栅格化图层"命令，如图1-171所示。此时智能图层变为普通图层，如图1-172所示。

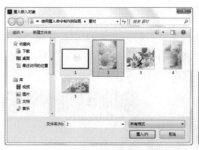

图1-167   图1-168

图1-169   图1-170

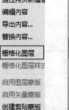   

图1-171   图1-172

步骤05 以同样的方式依次置入其他素材，最终效果如图1-173所示。

图1-173

 提示：置入嵌入的智能对象。

置入对象后会显示定界框，即使不需要调整大小，也要按Enter键才能完成置入操作，因为定界框会影响到下一步的操作。

举一反三：利用置入功能制作有趣儿童照

　　至此，虽然只学了"新建""打开""置入嵌入的智能对象""关闭""存储"这几项功能，但可别小看这几个功能，有了它们，我们便能完成一些比较简单的任务了。比如"打开"一张照片，如图1-174所示。想不想为照片添加一个可爱的相框？可以尝试在网上搜索一些PNG素材（因为PNG素材通常都是透明背景的），比如可以搜索关键词"相框 PNG"，把搜到的有趣的透明背景的素材保存起来，如图1-175所示。然后通过"置入嵌入的智能对象"命令，将相框素材置入到照片文件中，并适当调整大小，如图1-176所示。怎么样？一张有趣的儿童照就完成了，如图1-177所示。

图1-174　　　　　　　图1-175　　　　　　　图1-176　　　　　　　图1-177

举一反三：置入标签素材制作网店商品图

　　如果你是个淘宝店主或者想要尝试淘宝美工的工作，那么"置入嵌入的智能对象"命令还能够帮助你轻松打造一款"新品"。例如，在Photoshop中打开一张产品的照片，如图1-178所示。接下来，搜索标签素材（可以搜索"标签 PNG"等关键词），找到一款适合的角标PNG素材，如图1-179所示。将其置入到当前文件中，如图1-180所示。这些比较常用的PNG素材或者制作好的可以批量使用的PSD文件，建议大家留存起来，以备今后使用。

图1-178　　　　　　　　图1-179　　　　　　　　图1-180

1.4　查看图像

　　在Photoshop中编辑图像文件的过程中，有时需要观看画面整体，有时需要放大显示画面的某个局部，这时就要用到工具箱中的"缩放工具"以及"抓手工具"。除此之外，"导航器"面板也可以帮助我们方便地定位到画面某个部分。

【重点】1.4.1　缩放工具：放大、缩小、看细节

扫一扫，看视频

　　进行图像编辑时，经常需要对画面细节进行操作，这就需要将画面的显示比例放大一些。此时可以使用工具箱中的"缩放工具"来完成。单击工具箱中的"缩放工具"按钮，将光标移动到画面中，单击鼠标左键即可放大图像显示比例（如图1-181所示）；如需放大多倍，可以多次单击，如图1-182所示。此外，也可以直接按快捷键Ctrl+"+"放大图像显示比例。

　　"缩放工具"既可以放大，也可以缩小显示比例。在"缩放工具"选项栏中可以切换该工具的模式，单击"缩小"按钮可以切换到缩小模式，在画布中单击鼠标左键可以缩小图像，如图1-183所示。此外，也可以直接按快捷键Ctrl+"−"缩小图像显示比例。

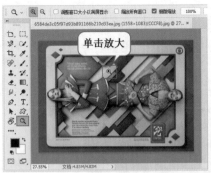
图1-181

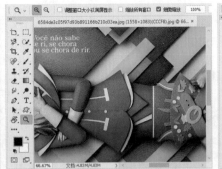
图1-182

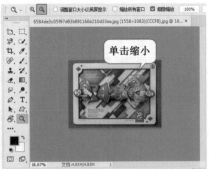
图1-183

 提示："缩放工具"不改变图像本身大小。

使用"缩放工具"放大或缩小的只是图像在屏幕上显示的比例，图像的真实大小是不会随之发生改变的。

在"缩放工具"选项栏中可以看到其他一些选项设置，如图1-184所示。

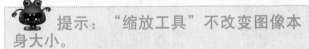
图1-184

- □ 调整窗口大小以满屏显示：选中该复选框后，在缩放窗口的同时自动调整窗口的大小。
- □ 缩放所有窗口：如果当前打开了多个文档，选中该复选框后可以同时缩放所有打开的文档窗口。
- ☑ 细微缩放：选中该复选框后，在画面中按住鼠标左键向左侧或右侧拖动，能够以平滑的方式快速放大或缩小窗口。
- 100%：单击该按钮，图像将以实际像素的比例进行显示。
- 适合屏幕：单击该按钮，可以在窗口中最大化显示完整的图像。
- 填充屏幕：单击该按钮，可以在整个屏幕范围内最大化显示完整的图像。

【重点】1.4.2 抓手工具：平移画面

当画面显示比例比较大的时候，有些局部可能就无法显示。这时可以选择工具箱中的"抓手工具"🖐️，在画面中按住鼠标左键拖动，如图1-185所示。画面中显示的图像区域随之产生了变化，如图1-186所示。

扫一扫，看视频

图1-185

图1-186

 提示：快速切换到"抓手工具"。

在使用其他工具时，按住Space键（即空格键）即可快速切换到"抓手工具"状态，此时在画面中按住鼠标左键拖动即可平移画面。松开Space键时，会自动切换回之前使用的工具。

1.4.3 使用导航器查看画面

"导航器"面板用于缩放图像的显示比例，以及查看图像特定区域。打开一幅图像，执行"窗口>导航器"命令，打开"导航器"面板。在"导航器"面板中，以缩览图的形式显示了当前文档窗口中的内容，如图1-187所示。将光标移动至缩览图上方，当它变为抓手形状时，按住鼠标左键拖动，即可移动图像画面，如图1-188所示。

图1-187 图1-188

- "缩放"文本框 ：在其中可以输入缩放数值，然后按Enter键确认操作。如图1-189和图1-190所示为不同缩放数值的对比效果。

图1-189 图1-190

- "缩小"按钮 ___/"放大"按钮 ___：单击"缩小"按钮 ___可以缩小图像的显示比例；单击"放大"按钮 ___可以放大图像的显示比例，如图1-191和图1-192所示。

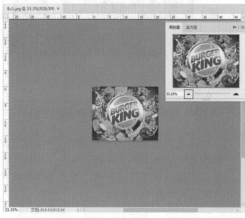

图1-191 图1-192

中文版Photoshop CC从入门到精通（微课视频版）

- 缩放滑块 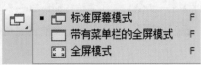 ：拖曳缩放滑块可以放大或缩小窗口，如图1-193和图1-194所示。

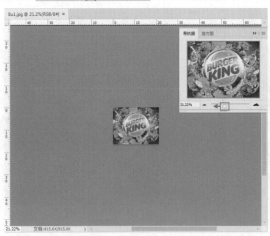

图1-193

图1-194

1.4.4 旋转视图工具

右键单击"抓手工具"按钮，在弹出的工具组中单击"旋转视图工具"按钮 ，接着在画面中按住鼠标左键拖动，即可看到整个图像画面发生了旋转，如图1-195所示。也可以在该工具选项栏中设置特定的旋转角度，如图1-196所示。此外，"旋转视图工具"旋转的是画面的显示角度，而不是对图像本身进行旋转。

图1-195

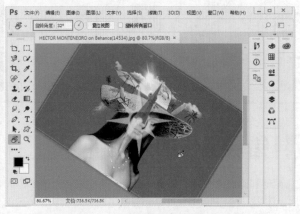

图1-196

1.4.5 使用不同的屏幕模式

单击工具箱底部的"切换屏幕模式"按钮 ，在弹出的菜单中可以选择屏幕模式（标准屏幕模式、带有菜单栏的全屏模式和全屏模式），如图1-197所示。虽然平时操作时切换不同的屏幕模式很少见，但是有时会因为不小心启用了某种屏幕模式，而使工作界面产生变化，这时便要懂得如何将屏幕模式切换回之前的状态。

图1-197

- 标准屏幕模式：这是默认的屏幕显示模式，可以显示菜单栏、标题栏、滚动条和其他屏幕元素，如图1-198所示。在"标准屏幕模式"下按Tab键可以切换为只显示菜单栏的界面，如图1-199所示。再次按下Tab键即可恢复标准屏幕模式。

- 带有菜单栏的全屏模式：这种模式可以显示菜单栏、50%的灰色背景、无标题栏和滚动条的全屏窗口，如图1-200所示。

- 全屏模式：全屏模式也被称为"大师模式"，菜单栏、工具箱、面板全部隐藏，只显示黑色背景和图层窗口，如图1-201所示。在这种模式下需要通过快捷键操作，如果需要临时使用面板、菜单栏、工具箱等内容，可以按Tab键进行切换。如果要退出全屏模式，可以按Esc键。

图1-198

图1-199

图1-200

图1-201

1.5 错误操作的处理

使用画笔和画布绘画时，如果画错了，需要很费力地擦掉或者盖住；在暗房中冲洗照片，一旦出现失误，照片可能就无法挽回了。相比之下，使用Photoshop等数字图像处理软件最大的便利之处就在于能够"重来"。操作出现错误，没关系，简单一个命令，就可以轻轻松松地"回到从前"。

【重点】1.5.1 撤销与还原操作

执行"编辑>还原"命令（快捷键Ctrl+Z），可以撤销最近的一次操作，将其还原到上一步操作状态。如果想要取消还原操作，可以执行"编辑>重做"命令。这两个命令仅限于一个操作步骤的还原与重做，所以使用得并不多。

扫一扫，看视频

很多时候，在操作中需要对之前执行的多个步骤进行撤销，这时就需要用到"编辑>后退一步"命令（快捷键Alt+Ctrl+Z）。默认情况下，这个命令可以后退最后执行的20个步骤，多次使用该命令即可逐步后退操作；如果要取消后退的操作，可以连续执行"编辑>前进一步"命令（快捷

键Shift+Ctrl+Z）来逐步恢复被后退的操作。后退一步与前进一步是最常用的操作，所以一定要学会使用快捷键，以便快速、高效地完成，如图1-202所示。

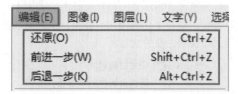
图1-202

提示：增加可返回的步骤数目。

默认情况下，Photoshop能够撤销20步历史操作。如果想要增多，可以执行"编辑>首选项>性能"命令，在弹出的"首选项"对话框中将"历史记录状态"的数值改大，然后单击"确定"按钮即可，如图1-203所示。但要注意将"历史记录状态"数值设置得越大，就会占用越多的系统内存。

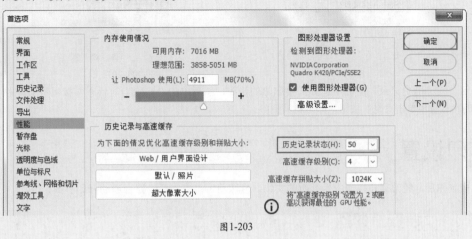

图1-203

1.5.2 "恢复"文件

对某一文件进行了一些操作后，执行"文件>恢复"命令，可以直接将该文件恢复到最后一次保存时的状态。如果一直没有进行过存储操作，则可以返回到刚打开文件时的状态。

【重点】1.5.3 使用"历史记录"面板还原操作

在Photoshop中，对文档进行过的编辑操作被称为"历史记录"。而"历史记录"面板就是用来记录文件操作历史的。执行"窗口>历史记录"命令，打开"历史记录"面板，如图1-204所示。当对文档进行一些编辑操作时，我们会发现"历史记录"面板中会出现刚刚进行的操作条目。单击其中某一项历史记录操作，就可以使文档返回之前的编辑状态，如图1-205所示。

扫一扫，看视频

图1-204

图1-205

"历史记录"面板还有一项功能，即快照。这项功能可以为某个操作状态快速"拍照"，将其作为一项"快照"，留在"历史记录"面板中，以便在多个操作步骤之后还能返回到之前某个重要的状态。选择需要创建快照的状态，然后单击"创建新快照"按钮 ，如图1-206所示。即可生成一个新的快照，如图1-207所示。

图1-206 　　　　　　　　　　　　　　图1-207

　　如需删除快照，在"历史记录"面板中选择需要删除的快照，然后单击"删除当前状态"按钮 🗑 或将快照拖曳到该按钮上，接着在弹出的对话框中单击"是"按钮，即可将其删除。

1.6　打印设置

　　设计作品完成制作后，经常需要打印成为纸质的实物。打印前，首先需要设置合适的打印参数。

【重点】1.6.1　设置打印选项

步骤01　执行"文件>打印"命令，在弹出的"Photoshop打印设置"对话框中可以进行打印参数的设置。首先需要在右侧顶部设置要使用的打印机，输入打印份数，选择打印版面。单击"打印设置"按钮，可以在弹出的对话框中设置打印纸张的尺寸。

步骤02　接着可以在"位置和大小"选项组中设置文档位于打印页面的位置和缩放大小（也可以直接在左侧打印预览图中调整图像大小）。选中"图像居中"选项，可以将图像定位于可打印区域的中心；取消选中"图像居中"选项，可以在"顶"和"左"文本框中输入数值来定位图像，也可以在预览区域中移动图像进行自由定位，从而打印部分图像。选中"缩放以适合介质"选项，可以自动缩放图像到适合纸张的可打印区域；取消选中"缩放以适合介质"选项，可以在"缩放"选项中输入图像的缩放比例，或在"高度"和"宽度"文本框中设置图像的尺寸。选中"打印选定区域"复选框可以启用对话框中的裁剪控制功能，移动定界框或缩放图像，如图1-208所示。

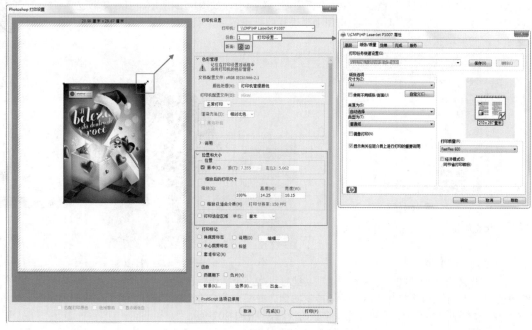

图1-208

步骤 03 展开"色彩管理"选项组，可以进行颜色的设置，如图1-209所示。

图1-209

- **颜色处理**：设置是否使用色彩管理。如果使用色彩管理，则需要确定将其应用在程序中还是打印设备中。
- **打印机配置文件**：选择适用于打印机和将要使用的纸张类型的配置文件。
- **渲染方法**：指定颜色从图像色彩空间转换到打印机色彩空间的方式，包括"可感知""饱和度""相对比色""绝对比色"4种。可感知渲染将尝试保留颜色之间的视觉关系，色域外颜色转变为可重现颜色时，色域内的颜色可能会发生变化。因此，如果图像的色域外颜色较多，可感知渲染是最理想的选择。相对比色渲染可以保留较多的原始颜色，是色域外颜色较少时的最理想选择。

步骤 04 在"打印标记"选项组中可以指定页面标记，如图1-210所示。

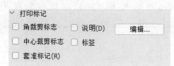

图1-210

- **角裁剪标志**：在要裁剪页面的位置打印裁剪标记。可以在角上打印裁剪标记。在PostScript打印机上，选中该复选框也将打印星形色靶。
- **说明**：打印在"文件简介"对话框中输入的任何说明文本（最多约300个字符）。
- **中心裁剪标志**：在要裁剪页面的位置打印裁切标记。可以在每条边的中心打印裁切标记。
- **标签**：在图像上方打印文件名。如果打印分色，则将分色名称作为标签的一部分进行打印。
- **套准标记**：在图像上打印套准标记（包括靶心和星形靶）。这些标记主要用于对齐PostScript 打印机上的分色。

步骤 05 展开"函数"选项组，如图1-211所示。

- **药膜朝下**：使文字在药膜朝下（即胶片或像纸上的感光层背对）时可读；而在正常情况下，打印在纸上的图像是药膜朝上打印的，感光层正对时文字可

读；而打印在胶片上的图像通常采用药膜朝下的方式打印。

图1-211

- **负片**：打印整个输出（包括所有蒙版和任何背景色）的反相版本。
- **背景**：选择要在页面上的图像区域外打印的背景色。
- **边界**：在图像周围打印一个黑色边框。
- **出血**：在图像内而不是在图像外打印裁剪标记。

步骤 06 全部设置完成后，单击"打印"按钮即可打印文档。单击"确定"按钮，将保存当前的打印设置。

1.6.2　打印一份

执行"文件>打印一份"命令，即可按之前所做的打印设置快速打印当前文档。

1.6.3　创建颜色陷印

肉眼观察印刷品时，会出现一种深色距离较近、浅色距离较远的错觉。因此，在处理陷印时，需要使深色下的浅色不露出来，而保持上层的深色不变。"陷印"又称"扩缩"或"补漏白"，主要是为了弥补因印刷不精确而造成的相邻的不同颜色之间留下的无色空隙，如图1-212所示。只有当图像的颜色为CMYK颜色模式时，"陷印"命令才可用。执行"图像>陷印"命令，打开"陷印"对话框。其中"宽度"选项表示印刷时颜色向外扩张的距离（图像是否需要陷印一般由印刷商决定。如果需要陷印，印刷商会告诉用户要在"陷印"对话框中输入的数值），如图1-213所示。

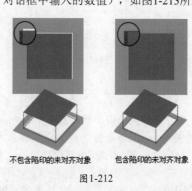

不包含陷印的未对齐对象　　包含陷印的未对齐对象

图1-212

图1-213

1.7 Photoshop设置

执行"编辑>首选项"命令，在弹出的子菜单中可以看到一系列针对Photoshop本身的设置选项，如图1-214所示。选择某一项，即可打开相应的"首选项"对话框。在该对话框左侧选择不同的选项卡，也可以切换"首选项"设置界面，如图1-215所示。首选项的参数设置选项非常多，日常操作中很少会全部用到，下面介绍几个常用的设置。

图1-214

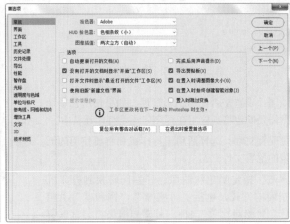

图1-215

1.7.1 界面颜色设置

默认情况下的Photoshop工作界面呈现为深色。如果不习惯深色，也可以更改界面颜色。执行"编辑>首选项>界面"命令，打开"首选项"对话框，在"外观"选项组的在"颜色方案"列表中单击，即可设置界面颜色。本书为了方便读者阅读，使用的是最浅色的界面方案，如图1-216所示。

图1-216

1.7.2 界面与文字大小设置

在较大尺寸或较高分辨率的屏幕上运行Photoshop时，可以尝试增大Photoshop界面以及文字的显示大小，更加便于观看。执行"编辑>首选项>界面"命令，打开"首选项"对话框，在"文本"选项组中可以设置"用户界面字体大小"和"UI缩放"（如果想要较大比例显示Photoshop界面，则可以设置UI缩放为200%），在下次打开Photoshop时就可以看到界面的变化，如图1-217所示。

1.7.3 自动保存

在使用Photoshop制图过程中如果出现断电、计算机崩溃等情况，非常容易导致图像文件破损、丢失等情况的出现。为了避免前功尽弃，Photoshop的"自动保存"功能要好好使用起来。执行"编辑>首选项>文件处理"命令，在弹出的对话框中进行相应的设置，默认情况下"自动存储恢复信息的间隔"为10分钟，如果制作的文件非常重要，也可以将时间缩短，使自动保存频率更高一些，如图1-218所示。当然，如果频率过高也可能会影响到操作的流畅度。

图1-217

图1-218

1.7.4 给Photoshop更多的内存

在运行Photoshop时，可能会出现运行卡顿的情况。造成这种情况的原因非常多，在无法升级计算机性能的前提下可进行的操作也比较少。此时可以适当增大Photoshop可使用的内存量。执行"编辑>首选项>性能"命令，打开"首选项"对话框，在"内存使用情况"选项组中可以对"让Photoshop使用"进行设置，如图1-219所示。在制作较为复杂的文件时，可以适当增大Photoshop使用内存；但也应该注意在不需要的时候将Photoshop使用内存设置到合理范围内，否则可能会造成除Photoshop以外的其他软件内存不足、运行缓慢的情况。

图1-219

1.7.5 暂存盘已满

在使用Photoshop制图过程中，有时会出现"不能完成

请求，因为暂存盘已满"的提示，接着可能无法进行任何操作，如图1-220所示。这是因为默认选择的Photoshop暂存盘所在的磁盘分区没有空间了。执行"文件>首选项>暂存盘"命令，打开"首选项"对话框，在"暂存盘"选项组中可以看到当前选择的暂存盘以及后方的空闲空间，从中可以选择一个或多个空闲空间较大的磁盘（尽量不要选择系统盘所在的C盘），如图1-221所示。

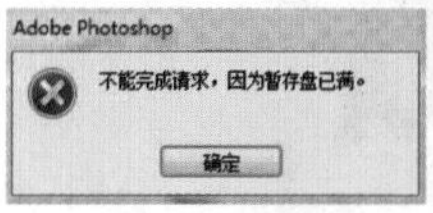

图1-220 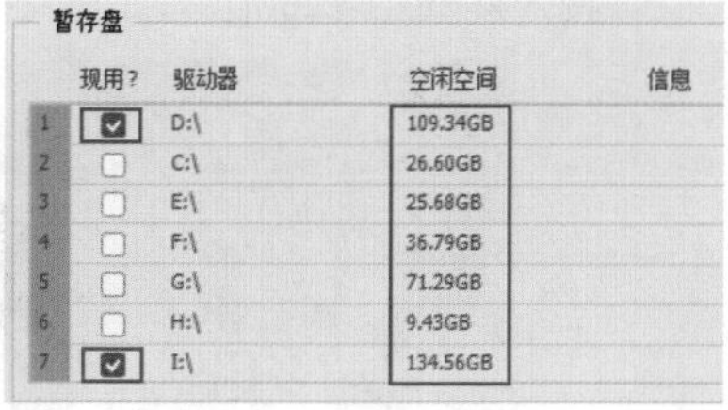　　　　　　　　　图1-221

提示：强大的"搜索"功能。

当我们想要使用某个功能，却无法在 Photoshop 中找到它时，可以执行"编辑 > 搜索"命令，在弹出的窗口中输入要查找的功能，然后单击 Photoshop 标签（即选择 Photoshop 选项卡），将搜索范围限定在 Photoshop 功能中。接下来，在下方列表中就可以看到搜索结果，如图 1-222 所示。单击搜索结果，即可打开相应的对话框，如图 1-223 所示。

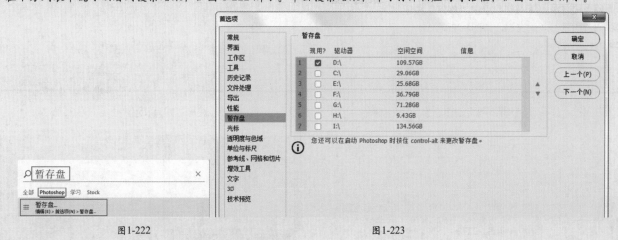

图1-222　　　　　　　　　　　　　　　　　图1-223

1.8 清理内存

应定期清理在Photoshop制图过程中产生的还原操作、历史记录、剪贴板以及视频高速缓存，以缓解因编辑图像的操作过多导致Photoshop运行速度变慢的问题，如图1-224所示。执行"编辑>清理"命令，在弹出的子菜单中选择相应的命令，在弹出的对话框中单击"确定"按钮，即可完成清理，如图1-225所示。

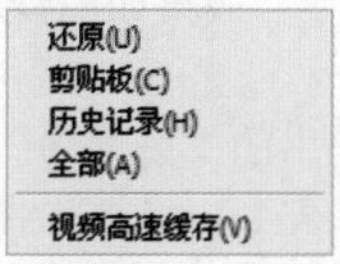

图1- 224

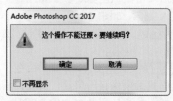

图1-225

综合实例：使用"新建""置入嵌入的智能对象""存储"命令制作饮品广告

文件路径	资源包\第1章\综合实例：使用"新建""置入嵌入的智能对象""存储"命令制作饮品广告
难易指数	★★★★★
技术掌握	"新建"命令、"置入嵌入的智能对象"命令、"存储"命令

案例效果

案例效果如图1-226所示。

图1-226

操作步骤

步骤01 执行"文件>新建"命令或按快捷键Ctrl+N，在弹出的"新建文档"窗口中选择"打印"选项卡，在"空白文档预设"列表框中选择A4选项，接着单击🔒按钮，单击"创建"按钮，如图1-227所示。新建文档，如图1-228所示。

图1-227

步骤02 执行"文件>置入嵌入的智能对象"命令，在打开的"置入嵌入对象"窗口中找到素材位置，选择素材"1.jpg"，单击"置入"按钮，如图1-229所示。接着将光标移动到素材右上角处，按住快捷键Shift+Alt的同时按住鼠标左键向右上角拖动，等比例扩大素材，如图1-230所示。然后双击鼠标左键或者按Enter键，此时定界框消失，完成置入操作，如图1-231所示。

步骤03 以同样的方式置入素材"2.png"，效果如图1-232所示。

步骤04 执行"文件>存储"命令，在弹出的"另存为"窗口中找到要保存的位置，设置合适的文件名，设置"保存类型"为PhotoShop(*.PSD;*.PDD)，单击"保存"按钮，如

图1-233所示。在弹出的"Photoshop格式选项"对话框中单击"确定"按钮，即可完成文件的存储，如图1-234所示。

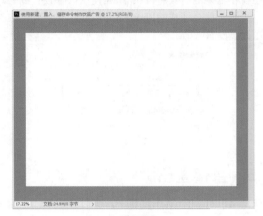

图1-228

图1-229

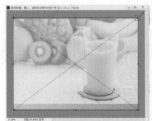

图1-230

图1-231

图1-232

中文版Photoshop CC从入门到精通（微课视频版）

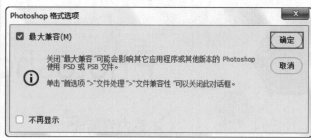

图1-233

图1-234

步骤 05 在没有安装特定的看图软件和Photoshop的计算机上，PSD格式的文档可能会难以打开并预览效果。为了方便预览，在此将文档存储一份JPEG格式。执行"文件>存储为"命令，在弹出的窗口中找到要保存的位置，设置合适的文件名，设置"保存类型"为JPEG(*.JPG;*.JPEG;*.JPE)，单击"保存"按钮，如图1-235所示。在弹出的"JPEG选项"对话框中设置"品质"为10，单击"确定"按钮，完成设置，如图1-236所示。

图1-235

图1-236

扫一扫，看视频

Chapter 2

第 2 章

Photoshop基本操作

本章内容简介：

通过上一章的学习，我们已经能够在Photoshop中打开图片或创建新的文件，并且能够向已有的文件中添加一些漂亮的装饰素材。本章将要学习一些最基本的操作。由于Photoshop是典型的图层制图软件，所以在学习其他操作之前必须要充分理解"图层"的概念，并熟练掌握图层的基本操作方法。在此基础上学习画板、剪切/拷贝/粘贴图像、图像的变形以及辅助工具的使用方法等。

重点知识掌握：

- 掌握"图像大小"命令的使用方法
- 熟练掌握"裁剪工具"的使用方法
- 熟练掌握图层的选择、新建、复制、删除、移动等操作
- 熟练掌握剪切、拷贝与粘贴
- 熟练掌握自由变换操作

通过本章学习，我能做什么？

通过本章的学习，我们将适应Photoshop的图层化操作模式，为后面的操作奠定坚实的基础。在此基础上，通过2.1小节的学习，我们可对数码照片的尺寸进行调整，能够将图像调整为所需的尺寸，能够随意裁切、保留画面中的部分内容。对象的变形操作也是本章的重点内容，想要使对象"变形"有多种方式，最常用的是"自由变换"。通过本章的学习，我们可熟练掌握该命令，并将图层变换为所需的形态。

2.1 调整图像的尺寸及方向

当图像的尺寸及方向无法满足要求时，就需要进行调整，例如，证件照需要上传到网上的报名系统，要求尺寸在高度500像素以内，如图2-1所示；将相机拍摄的照片作为手机壁纸，需要将横版照片裁剪为竖版照片，如图2-2所示；想要将图片的大小限制在1MB以下等。学完本节后，这些问题就都能轻松解决了。

图2-1　　　　　　　　　　图2-2

【重点】2.1.1　调整图像尺寸

步骤01 要想调整图像尺寸，可以使用"图像大小"命令来完成。选择需要调整尺寸的图像文件，执行"图像>图像大小"命令，打开"图像大小"窗口，如图2-3所示。

扫一扫，看视频

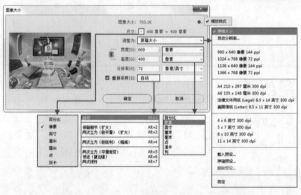

图2-3

- 尺寸：显示当前文档的尺寸。单击 ˅ 按钮，在弹出的下拉菜单中可以选择尺寸单位。

- 调整为：在该下拉列表框中可以选择多种常用的预设图像大小。例如，想要将图像制作为适合A4大小的纸张，则可以在该下拉列表框中选择"A4 210×297毫米300dpi"。

- 宽度/高度：文本框中输入数值，即可设置图像的宽度或高度。输入数值之前，需要在右侧的单位下拉列表框中选择合适的单位，其中包括"像素""英寸""厘米"等。

- ：启用"约束长宽比"按钮 ，对图像大小进行调整后，图像还会保持之前的长宽比， 未启用时，可以分别调整宽度和高度的数值。

- 分辨率：用于设置分辨率大小。输入数值之前，也需要在右侧的单位下拉列表框中选择合适的单位。需要注意的是，即使增大"分辨率"数值也不会使模糊的图片变清晰，因为原本就不存在的细节只通过增大分辨率是无法"画出"的。

- 重新采样：在该下拉列表框中可以选择重新取样的方式。

- 缩放样式：单击窗口右上角的 ❖ 按钮，在弹出的菜单中选择"缩放样式"命令，此后，对图像大小进行调整时，其原有的样式会按照比例进行缩放。

步骤02 调整图像大小时，首先一定要设置好正确的单位，接着在"宽度"和"高度"文本框中输入数值。默认情况下启用"约束长宽比" ，修改"宽度"数值或"高度"数值时，另一个数值也会随之发生变化。该按钮适用于需要将图像尺寸限定在某个特定范围内的情况。例如，作品要求尺寸最大边长不超过1000像素。首先设置单位为"像素"；然后将"宽度"（也就是最长的边）数值改为1000像素，"高度"数值也会随之发生变化；最后单击"确定"按钮，如图2-4所示。

图2-4

步骤03 如果要输入的长宽比与现有图像的长宽比不同，则需要单击 按钮，使之处于未启用的状态 。此时可以分别调整"宽度"和"高度"的数值；但修改了数值之后，可能会造成图像比例错误的情况。

例如，要求照片尺寸为宽300像素、高500像素（宽高比3:5），而原始图像宽度为600像素、长度为800像素（宽高比为3:4），那么修改了图像大小之后，照片比例会变得很怪，如图2-5所示。此时应该先启用"约束长宽比" ，按照要求输入较长的边（也就是"高度"）数值，使照片大小缩放到比较接近的尺寸，然后利用"裁剪工具"进行裁切，如图2-6所示。

图2-5

图2-6

练习实例：通过修改图像大小制作合适尺寸的图片

文件路径	资源包\第2章\练习实例：通过修改图像大小制作合适尺寸的图片
难易指数	★★★★★
技术掌握	"图像大小"命令

案例效果

案例效果如图2-7所示。

图2-7

操作步骤

步骤01 执行"文件>打开"命令，打开素材"1.jpg"，如图2-8所示。执行"图像>图像大小"命令，打开"图像大小"窗口，可以看到图像的原始尺寸较大，如图2-9所示。本案例需要得到一个宽度、高度均为500像素的图像，而且大小要在200KB以下。

扫一扫，看视频

图2-8　　　　　　　　图2-9

步骤02 单击"约束长宽比"按钮⑧，取消限制长宽比；设置"宽度"为500像素，"高度"为500像素；单击"确定"按钮，如图2-10所示。

步骤03 执行"文件>存储"命令，在弹出的"另存为"窗口中对保存位置、文件名，在"保存类型"下拉列表框选择"JPEG(*.JPG;*JPFG;*JPE)"，单击"保存"按钮。为了减小文档的大小，便于网络传输，在弹出的"JPEG选项"对话框中设置"品质"为8（此时的文档大小符合我们的要求），单击"确定"按钮，如图2-11所示。

图2-10　　　　　　　　图2-11

【重点】2.1.2　动手练：修改画布大小

扫一扫，看视频

执行"图像>画布大小"命令，在弹出的"画布大小"窗口中可以调整可编辑的画面范围。在"宽度"和"高度"文本框中输入数值，可以设置修改后的画布尺寸。如果选中"相对"复选框，"宽度"和"高度"数值将代表实际增加或减少的区域的大小，而不再代表整个文档的大小。输入正值表示增加画布，输入负值则表示减小画布。如图2-12所示为原始图片，如图2-13所示为"画布大小"窗口。

图2-12　　　　　　　　图2-13

- 定位：主要用来设置当前图像在新画布上的位置。如图2-14和图2-15所示为不同定位位置的对比效果。

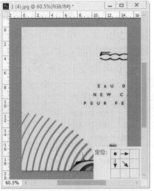

图2-14　　　　　　　　图2-15

- 画布扩展颜色：当"新建大小"大于"当前大小"（即原始文档尺寸）时，在此处可以设置扩展区域的填充颜色。如图2-16和图2-17所示分别为使用"前景色"与"背景色"填充扩展颜色的效果。

图2-16　　　　　　　　图2-17

"画布大小"与"图像大小"的概念不同，"画布"指的是整个可以绘制的区域而非部分图像区域。例如，增大"图像大小"，会将画面中的内容按一定比例放大；而增大"画布大小"则在画面中增大了部分空白区域，原始图像没有变大，如图2-18所示。如果缩小"图像大小"，画面内容会按一定比例缩小；缩小"画布大小"，图像则会被裁掉一部分，如图2-19所示。

600像素*600像素　　　图像大小：1000像素*1000像素　　　画布大小：1000像素*1000像素

图2-18

600像素*600像素　　　图像大小：300像素*300像素　　　画布大小：300像素*300像素

图2-19

练习实例：通过修改画布大小制作照片边框

文件路径	资源包\第2章\练习实例：通过修改画布大小制作照片边框
难易指数	⭐⭐⭐⭐⭐
技术掌握	设置画布大小

案例效果

案例效果如图2-20所示。

图2-20

操作步骤

扫一扫，看视频

步骤01▶执行"文件>打开"命令，在弹出的"打开"窗口中找到素材位置，选择素材"1.jpg"，单击"打开"按钮，如图2-21所示。接着素材即可在Photoshop中打开，如图2-22所示。

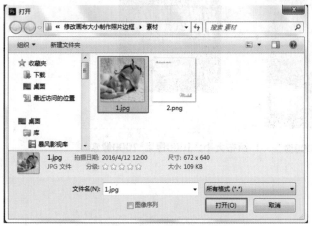

图2-21

图2-22

步骤02▶执行"图像>画布大小"命令，在弹出的"画布大小"窗口中选中"相对"复选框，设置"宽度"和"高度"均为50像素，设置"画布扩展颜色"为白色，单击"确定"按钮完成设置，如图2-23所示。此时画布四周出现白色边缘，效果如图2-24所示。

图2-23　　　　　　　　图2-24

步骤03▶执行"文件>置入嵌入的智能对象"命令，在弹出的"置入嵌入对象"窗口中找到素材位置，选择素材"2.png"，单击"置入"按钮，如图2-25所示。接着将置入对象调整到合适的大小、位置，然后按Enter键完成置入操作。最终效果如图2-26所示。

图2-25　　　　　　　　图2-26

【重点】2.1.3　动手练：使用"裁剪工具"

扫一扫，看视频

想要裁剪掉画面中的部分内容，最便捷的方法就是在工具箱中选择"裁剪工具" 🔲，直接在画面中绘制出需要保留的区域即可。如图2-27所示为该工具选项栏。

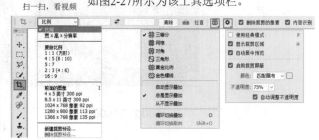

图2-27

步骤01 选择工具箱中的"裁剪工具" 乜，如图2-28所示。在画面中按住鼠标左键拖动，绘制一个需要保留的区域，如图2-29所示。接下来还可以对这个区域进行调整，将光标移动到裁剪框的边缘或者四角处，按住鼠标左键拖动，即可调整裁剪框的大小，如图2-30所示。

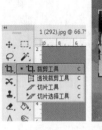  

图2-28 图2-29 图2-30

步骤02 若要旋转裁剪框，可将光标放置在裁剪框外侧，当它变为带弧线的箭头形状时，按住鼠标左键拖动即可，如图2-31所示。调整完成后，按Enter键确认，如图2-32所示。

图2-31 图2-32

步骤03 "裁剪工具"也能够用于放大画布。当需要放大画布时，若在选项栏中选中"内容识别"复选框，则会自动补全由于裁剪造成的画面局部空缺，如图2-33所示；若取消选中该复选框，则以背景色进行填充，如图2-34所示。

图2-33 图2-34

步骤04 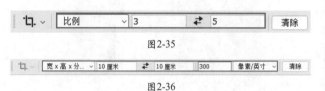：该下拉列表框用于设置裁切的约束方式。如果想要按照特定比例进行裁剪，可以在该下拉列表框中选择"比例"选项，然后在右侧文本框中输入比例数值即可，如图2-35所示。如果想要按照特定的尺寸进行裁剪，则可以在该下拉列表框中选择"宽×高×分辨率"选项，在右侧文本框中输入宽、高和分辨率的数值，如图2-36所示。想要随意裁剪的时候则需要单击"清除"按钮，清除长宽比。

图2-35

图2-36

步骤05 在工具选项栏中单击"拉直" 按钮，在图像上按住鼠标左键画出一条直线，松开鼠标后，即可通过将这条线校正为直线来拉直图像，如图2-37和图2-38所示。

 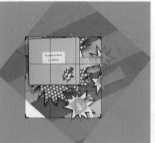

图2-37 图2-38

步骤06 如果在工具选项栏中选中"删除裁剪的像素"复选框，裁剪之后会彻底删除裁剪框外部的像素数据，如图2-39所示。如果取消选中该复选框，多余的区域将处于隐藏状态，如图2-40所示。如果想要还原到裁切之前的画面，只需要再次选择"裁剪工具"，然后随意操作，即可看到原文档。

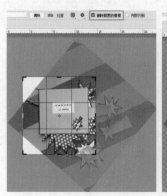 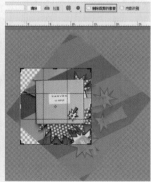

图2-39 图2-40

练习实例：使用"裁剪工具"裁剪出封面背景图

文件路径	资源包\第2章\练习实例：使用"裁剪工具"裁剪出封面背景图
难易指数	★★★★★
技术掌握	裁剪工具

案例效果

案例处理前后的效果对比如图2-41和图2-42所示。

图2-41　　　　　　图2-42

操作步骤

步骤01 执行"文件>打开"命令，在弹出的"打开"窗口中找到素材位置，选择素材"1.jpg"，单击"打开"按钮，如图2-43所示。素材文件就被打开了，如图2-44所示。

扫一扫，看视频

图2-43　　　　　　图2-44

步骤02 单击工具箱中的"裁剪工具"按钮 ，在画布上按住鼠标左键拖曳出一个矩形区域，选择要保留的部分，如图2-45所示。然后按Enter键或双击鼠标左键，即可完成裁剪。此时可以看到矩形区域以外的部分被裁剪掉了，如图2-46所示。

图2-45　　　　　　图2-46

步骤03 执行"文件>置入嵌入的智能对象"命令，在打开的"置入嵌入对象"窗口中找到素材位置，选择素材"2.png"，

单击"置入"按钮，如图2-47所示。将素材摆放在合适位置上，按Enter键完成置入操作。最终效果如图2-48所示。

图2-47　　　　　　图2-48

2.1.4　动手练：使用"透视裁剪工具"

"透视裁剪工具" 可以在对图像进行裁剪的同时调整图像的透视效果，常用于去除图像中的透视感，或者在带有透视感的图像中提取局部，还可以用来为图像添加透视感。

例如，打开一幅带有透视感的图像，然后右键单击工具箱中的"裁剪工具"按钮，在弹出的工具组中选择"透视裁剪工具"，在建筑的一角处单击鼠标左键，如图2-49所示。接着将光标依次移动到带有透视感的建筑的其他点上，如图2-50所示。绘制出4个点即可，如图2-51所示。

图2-49　　　　　　图2-50

图2-51

按Enter键完成裁剪，可以看到原本带有透视感的建筑被"拉"成平面了，如图2-52所示。

图2-52

中文版Photoshop CC从入门到精通（微课视频版）

如果以当前图像透视的反方向绘制裁剪框（如图2-53所示），则能够起到强化图像透视的作用，如图2-54所示。

图2-53

图2-54

提示："透视裁剪工具"的应用范围。

针对整个图像进行的透视校正，可以使用"透视裁剪工具"；如果是针对单独图层添加透视或者去除透视，则需要使用"自由变换"命令，在后面小节会进行讲解。

练习实例：使用"透视裁剪工具"去除透视感

文件路径	资源包\第2章\练习实例：使用"透视裁剪工具"去除透视感
难易指数	★★★★★
技术掌握	透视裁剪工具

扫一扫，看视频

案例效果

案例处理前后的效果对比如图2-55和图2-56所示。

图2-55

图2-56

操作步骤

步骤01 执行"文件>打开"命令，在弹出的"打开"窗口中找到素材位置，选择素材"1.jpg"，单击"打开"按钮，如图2-57所示。接着素材即可在Photoshop中打开，如图2-58所示。

图2-57

图2-58

步骤02 原图中的广告牌整体呈现出一种带有透视感的效果，需要去除这种透视感。单击工具箱中的"透视裁剪工具"按钮，接着在广告牌的左上角单击，然后将光标移动至右上角单击，如图2-59所示。继续在右下角处单击，然后在左下角处单击，完成裁剪框的绘制，如图2-60所示。

步骤03 最后双击画布，完成裁剪。此时广告牌的透视效果被去除，并且裁剪框以外的内容也被删除掉了。最终效果如图2-61所示。

图2-61

图2-59

图2-60

2.1.5 使用"裁剪"与"裁切"命令

"裁剪"命令与"裁切"命令都可以对画布大小进行一定的修整；但是两者存在很明显的不同，"裁剪"命令可以基于选区或裁剪框裁剪画布，而"裁切"命令可以根据像素颜色差别裁剪画布。

步骤01 打开一幅图像，然后使用"矩形选框工具"绘制一个选区，如图2-62所示。接着执行"图像>裁剪"命令，此时选区以外的像素将被裁剪掉，如图2-63所示。

图2-62

图2-63

步骤02 在不包含选区的情况下，执行"图像>裁切"命令，在弹出的"裁切"窗口中可以选择基于哪个位置的像素的颜色进行裁切，然后设置裁切的位置。若选中"左上角像素颜色"单选按钮，则将画面中与左上角颜色相同的像素裁切掉，如图2-64和图2-65所示。

图2-64

图2-65

步骤 03 "裁切"命令最有趣的地方，就是可以用来裁剪透明像素。如果图像内存在如图2-66所示的透明区域（画面中灰白栅格部分代表没有像素，也就是透明），执行"图像>裁切"命令，在弹出的如图2-67所示"裁切"窗口中选中"透明像素"单选按钮，然后单击"确定"按钮，就可以看到画面中透明像素被裁剪掉，如图2-68所示。

总结一下：无论是使用"裁剪工具""裁切"或者"裁剪"命令，裁剪后的画布都是矩形的。

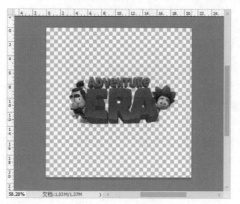
图2-66

图2-67

图2-68

练习实例：使用"裁切"命令去除多余的像素

文件路径	资源包\第2章\练习实例：使用"裁切"命令去除多余的像素
难易指数	★★★★★
技术掌握	"裁切"命令

案例效果

案例处理前后的效果对比如图2-69和图2-70所示。

图2-69

图2-70

操作步骤

步骤 01 执行"文件>打开"命令，在弹出的"打开"窗口中找到素材位置，选择素材"1.jpg"，单击"打开"按钮，如图2-71所示。素材文件就被打开了，如图2-72所示。

扫一扫，看视频

图2-71

图2-72

步骤 02 执行"图像>裁切"命令，在弹出的"裁切"窗口中选中"左上角像素颜色"单选按钮，单击"确定"按钮，如图2-73所示。此时与画面左上角的黄色相同的颜色区域就被裁切掉了，如图2-74所示。

图2-73

图2-74

【重点】2.1.6 旋转画布

使用相机拍摄照片时，有时会由于相机朝向使照片产生横向或竖向效果。这些问题可以通过"图像>图像旋转"子菜单中的相应命令来解决，如图2-75所示。如图2-76所示为原图"180度""顺时针90度""逆时针90度""水平翻转画布""垂直翻转画布"的对比效果。

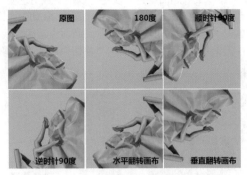

图2-75 图2-76

执行"图像>图像旋转>任意角度"命令，在弹出的"旋转画布"窗口中输入特定的旋转角度，并设置旋转方向为"度顺时针"或"度逆时针"，如图2-77所示。如图2-78所示为顺时针旋转60度的效果。旋转之后，画面中多余的部分被填充为当前的背景色。

举一反三：旋转照片角度

将相机中的照片导入到计算机中时，经常会出现照片"立起来"或者"躺下"的问题，如图2-79所示。此时可以可以执行"图像>图像旋转>逆时针90度"命令，使照片角度恢复正常，效果如图2-80所示。

图2-77 图2-78 图2-79 图2-80

2.2 掌握"图层"的基本操作

Photoshop是一款以"图层"为基础操作单位的制图软件。换句话说，"图层"是在Photoshop中进行一切操作的载体。顾名思义，图层就是图+层，图即图像，层即分层、层叠。简而言之，就是以分层的形式显示图像。

扫一扫，看视频

来看一幅漂亮的Photoshop作品，在鲜花盛开的草地上，一只甲壳虫漫步其间，身上还背着一部老式电话机，如图2-81所示。该作品实际上就是通过将不同图层上大量不相干的元素按照顺序依次堆叠形成的。每个图层就像一块透明玻璃，最顶部的"玻璃板"上是话筒和拨盘，中间的"玻璃板"上贴着甲壳虫，最底部的"玻璃板"上有草地花朵。将这些"玻璃板"（图层）按照顺序依次堆叠摆放在一起，就呈现出了完整的作品。

在"图层"模式下，操作起来非常方便、快捷。如要在画面中添加一些元素，可以新建一个空白图层，然后在新的图层中绘制内容。这样新绘制的图层不仅可以随意移动位置，还可以在不影响其他图层的情况下进行内容的编辑。如图2-82所示为打开的一张图片，其中包含一个背景图层。接着在一个新的图层上绘制了一些白色的斑点，如图2-83所示。由于白色斑点在另一个图层上，所以可以单独移动这些白色斑点的位置，或者对其大小和颜色等进行调整，如图2-84所示。所有的这些操作都不会影响到原图内容，如图2-85所示。

除了方便操作以及图层之间互不影响外，Photoshop的图层之间还可以进行"混合"。例如，上方的图层降低了不透明度，逐渐显现出下方图层，如图2-86所示；或者通过设

中文版Photoshop CC从入门到精通（微课视频版）

置特定的"混合模式"，使画面呈现出奇特的效果，如图2-87所示。这些内容将在后面的章节学习。

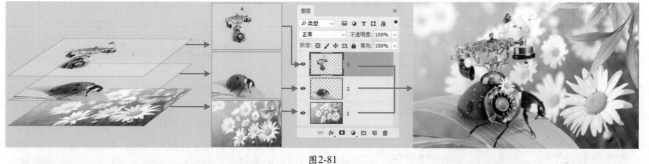

图2-81

图2-82

图2-83

图2-84

图2-85

图2-86

图2-87

了解图层的特性后，我们来看一下它的"大本营"——"图层"面板。执行"窗口>图层"命令，打开"图层"面板，如图2-88所示。"图层"面板常用于新建图层、删除图层、选择图层、复制图层等，还可以进行图层混合模式的设置，以及添加和编辑图层样式等。

其中各项介绍如下。

- 图层过滤 ○ 类型 □ ◎ T □ ᇢ：用于筛选特定类型的图层或查找某个图层。在左侧的下拉列表框中可以选择筛选方式，在其列表右侧可以选择特殊的筛选条件。单击最右侧的 按钮，可以启用或关闭图层过滤功能。
- 锁定锁定：⊠ ✓ ✦ ⊠ ᇢ：选中图层，单击"锁定透明像素"按钮⊠，可以将编辑范围限制为只针对图层的不透明部分；单击"锁定图像像素"按钮，可以防止使用绘画工具修改图层的像素；单击"锁定位置"按钮，可以防止图层的像素被移动；单击按钮，可以防止在画板内外自动套嵌；单击"锁定全部"按钮，可以锁定透明像素、图像像素和位置，处于这种状态下的图层将不能进行任何操作。

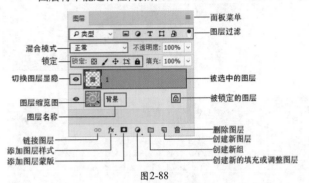

图2-88

- 设置图层混合模式 正片叠底：用来设置当前图层的混合模式，使之与下面的图像产生混合。在该下拉列表框中提供了很多的混合模式，选择不同的混合模式，产生的图层混合效果不同。具体使用方法将在第9章中进行讲解。

- 设置图层不透明度 不透明度：100%：用来设置当前图层的不透明度。具体使用方法将在第9章中进行讲解。

- 设置填充不透明度 填充：100%：用来设置当前图层的填充不透明度。该选项与"不透明度"选项类似，但是不会影响图层样式效果。具体使用方法将在第9章进行讲解。

- 处于显示/隐藏状态的图层 ◉/▢：当该图标显示为◉时表示当前图层处于可见状态，而显示为▢时则处于不可见状态。单击该图标，可以在显示与隐藏之间进行切换。

- 链接图层 GO：选择多个图层后，单击该按钮，所选的图层会被链接在一起。被链接的图层可以在选中其中某一图层的情况下进行共同移动或变换等操

作。当链接好多个图层以后，图层名称的右侧就会显示链接标志，如图2-89所示。

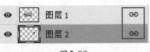

图2-89

- 添加图层样式 fx：单击该按钮，在弹出的菜单中选择一种样式，可以为当前图层添加该样式。图层样式的使用方法将在第9章中进行讲解。

- 创建新的填充或调整图层 ◉：单击该按钮，在弹出的菜单中选择相应的命令，即可创建填充图层或调整图层。此按钮主要用于创建调色调整图层，具体使用方法将在第5章中进行讲解。

- 创建新组 🗁：单击该按钮，即可新建一个图层组，详见2.2.11节。

- 创建新图层 🗔：单击该按钮，即可在当前图层的上一层新建一个图层，详见2.2.2节。

- 删除图层 🗑：选中图层后，单击该按钮，可以删除该图层。

【重点】2.2.1 图层操作第一步：选择图层

在使用Photoshop制图的过程中，文档中经常会包含很多图层，所以选择正确的图层进行操作就非常重要了；否则可能会出现明明想要删除某个图层，却错误地删掉了其他对象。

1.选择一个图层

当打开一张JPG格式的图片时，在"图层"面板中将自动生成一个"背景"图层，如图2-91所示。此时该

图层处于被选中的状态，所有操作也都是针对这个图层进行的。如果当前文档中包含多个图层（例如，在当前的文档中执行"文件>置入嵌入的智能对象"命令，置入一张图片），此时，"图层"面板中就会显示两个图层。在图层面板中单击新建的图层，即可将其选中，如图2-92所示。在"图层"面板空白处单击鼠标左键，即可取消选择所有图层，如图2-93所示。没有选中任何图层时，图像的编辑操作就无法进行。

图2-91　　　　　　　　图2-92　　　　　　　　图2-93

2.选择多个图层

　　想要对多个图层同时进行移动、旋转等操作时，就需要同时选中多个图层。在"图层"面板中首先单击选中一个图层，然后按住Ctrl键的同时单击其他图层（单击名称部分即可，不要单击图层的缩览图部分），即可选中多个图层，如图2-94和图2-95所示。

图2-94　　　　　　　　　　图2-95

【重点】2.2.2　新建图层

　　如要向图像中添加一些绘制的元素，最好创建新的图层，这样可以避免绘制失误而对原图产生影响。

　　在"图层"面板底部单击"创建新图层"按钮🔲，即可在当前图层的上一层新建一个图层，如图2-96所示。单击某一个图层即可选中该图层，然后在其中进行绘图操作，如图2-97所示。

图2-96　　　　　　　　　　图2-97

　　当文档中的图层比较多时，可能很难分辨某个图层。为了便于管理，我们可以对已有的图层进行命名。将光标移动至图层名称处并双击鼠标左键，图层名称便处于激活的状态，如图2-98所示。接着输入新的名称，按Enter键确定，如图2-99所示。

图2-98　　　　　　　　　　图2-99

【重点】2.2.3　删除图层

　　选中图层，单击"图层"面板底部的"删除图层"按钮🗑，如图2-100所示。在弹出的对话框中单击"是"按钮，即可删除该图层（选中"不再显示"复选框，可以在以后删除图层时省去这一步骤），如图2-101所示。如果画面中没有选区，直接按Delete键也可以删除所选图层。

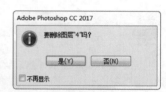

图2-100　　　　　　　　　　图2-101

　　　　提示：删除隐藏的图层。

　　执行"图层 > 删除图层 > 隐藏图层"命令，可以删除所有隐藏的图层。

【重点】2.2.4　复制图层

　　想要复制某一图层，可以在该图层上单击鼠标右键，在弹出的快捷菜单中选择"复制图层"命令，如图2-102所示。在弹出的"复制图层"对话框中对复制的图层命名，然后单击"确定"按钮即可完成复制，如图2-103所示。此外，也可以选中图层后，通过快捷键Ctrl+J来快速复制图层。如果包含选区，则可以快速将选区中的内容复制为独立图层。

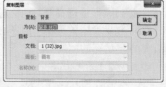

图2-102　　　　　　　　　　图2-103

【重点】2.2.5 调整图层顺序

在"图层"面板中，位于上方的图层会遮挡住下方的图层，如图2-104所示。在制图过程中经常需要调整图层堆叠的顺序。例如，置入一个新的背景素材时，默认情况下背景素材显示在最顶部。这时就可以在"图层"面板中单击选择该图层，按住鼠标左键向下拖曳，如图2-105所示。松开鼠标后，即可完成图层顺序的调整，此时画面的效果也会发生改变。

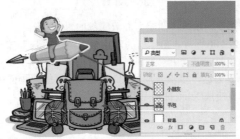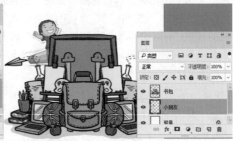

图2-104　　　　　　　　　　　　　　　　　　　　图2-105

提示：使用菜单命令调整图层顺序。

选中要移动的图层，然后执行"图层>排列"子菜单中的相应命令，也可以调整图层的排列顺序。

【重点】2.2.6 移动图层

如要调整图层的位置，可以使用工具箱中的"移动工具" ✦ 来实现。如要调整图层中部分内容的位置，可以使用选区工具绘制出特定范围，然后使用"移动工具" ✦ 进行移动。

1.使用"移动工具"

（1）在"图层"面板中选择需要移动的图层（"背景"图层无法移动），如图2-106所示。接着选择工具箱中的"移动工具" ✦ ，如图2-107所示。然后在画面中按住鼠标左键拖曳，该图层的位置就会发生变化，如图2-108所示。

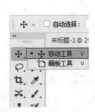

图2-106　　　　　　　　　　　图2-107　　　　　　　　　　　图2-108

（2）☑ 自动选择：图层 ▾：在工具选项栏中选中"自动选择"复选框时，如果文档中包含多个图层或图层组，可以在后面的下拉列表框中选择要移动的对象。如果选择"图层"选项，使用"移动工具"在画布中单击时，可以自动选择"移动工具"下面包含像素的最顶层的图层；如果选择"组"选项，在画布中单击时，可以自动选择"移动工具"下面包含像素的最顶层的图层所在的图层组。

（3）☑ 显示变换控件：在工具选项栏中选中"显示变换控件"复选框后，选择一个图层时，就会在图层内容的周围显示定界框，如图2-109所示。通过定界框可以进行缩放、旋转、切变等操作（操作方式与"自由变换"功能相同，具体使用方法参见2.5.1节），变换完成后按Enter键确认，如图2-110所示。

中文版Photoshop CC从入门到精通（微课视频版）

图 2-109　　　　　　　图2-110

提示：水平移动、垂直移动。

在使用"移动工具"移动对象的过程中，按住 Shift 键可以沿水平或垂直方向移动对象。

2.移动并复制

在使用"移动工具"移动图像时，按住Alt键拖曳图像，可以复制图层。当图像中存在选区时，按住Alt键的同时拖动选区中的内容，则会在该图层内部复制选中的部分，如图2-111和图2-112所示。

图2-111　　　　　　　图2-112

提示：旧版本Photoshop中的"移动工具"。

在旧版本的 Photoshop 中，"移动工具"同样位于工具箱的第一位，但是图标为▸▧。如果使用的是旧版本Photoshop，单击工具箱中的▸▧按钮即可，使用方法是一样的。

3.在不同的文档之间移动图层

在不同文档之间使用"移动工具"▣▸，可以将图层复制到另一个文档中。在一个文档中按住鼠标左键，将图层拖曳至另一个文档中，松开鼠标即可将该图层复制到另一个文档中，如图2-113和图2-114所示。

图2-113　　　　　　　图2-114

提示：移动选区中的像素。

当图像中存在选区时，选中普通图层，使用"移动工具"进行移动时，选中图层内的所有内容都会移动，且原选区显示透明状态。当选中的是背景图层，使用"移动工具"进行移动时，选区部分将会被移动且原选区位置被填充背景色。

练习实例：使用移动复制的方法制作欧式花纹服装面料

文件路径	资源包\第2章\练习实例，使用移动复制的方法制作欧式花纹服装面料
难易指数	★★★★★
技术掌握	移动工具、移动复制

案例效果

案例效果如图2-15所示。

图2-115

操作步骤

步骤01 执行"文件>打开"命令，打开"1.psd"文件。其中包含两个图层，图层1为花纹图层，"背景"图层为面料的底色，如图2-116和图2-117所示。本例需要通过多次复制花纹图层，并将这些图层整齐地排列起来，制作出华丽的欧式风格服装面料的纹样效果。

扫一扫，看视频

图2-116　　　　　　　图2-117

步骤02▶复制图层的方法很多，如按快捷键Ctrl+J即可复制所选图层。具体到本例，由于要将花纹图层复制多次，并且每次复制出的花纹图层都需要移动到不同位置上，这时使用"移动工具"进行移动复制便是很好的选择。首先单击工具箱中的"移动工具"按钮✛，在"图层"面板中，选中图层1，然后在画面中按住鼠标左键并向左上角拖动，将花纹图层移动到画面左上角的位置，如图2-118所示。接下来，需要通过"移动复制"的方法复制出另外一个花纹。仍然使用"移动工具"，在画面中按住鼠标左键的同时，按住Alt键向右拖动该花纹，即可复制出一个相同的花纹图层。将其移动到与原始花纹左侧贴齐的位置，如图2-119所示。由于默认开启了"智能参考线"，所以移动复制的过程中会出现参考线和移动的具体数值，通过观察能够确定是否水平移动（在需要垂直或水平移动时，配合Shift键可以保证在水平或垂直方向移动）。

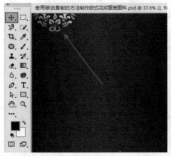

图2-118　　　　　　　图2-119

步骤03▶以同样的方法，继续多次使用"移动工具"，在画面中按住鼠标左键的同时，按住Alt键向右移动复制一整排花纹，如图2-120所示。在"图层"面板中按住Ctrl键加选这3个图层，如图2-121所示。然后继续使用"移动工具"，按住鼠标左键的同时，按住Alt键向左下移动复制这3个花纹，如图2-122所示。

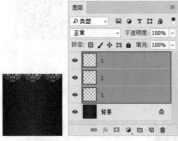

图2-120　　　　图2-121　　　　图2-122

步骤04▶此时第二排花纹由于错落排列，所以右侧有一部分空缺。选择最右侧的花纹，并进行移动复制（复制过程中注意观察智能参考线以及移动的数值是否准确），如图2-123所示。接下来，在"图层"面板中选中这两排花纹图层（如图2-124所示），向下移动复制，如图2-125所示。

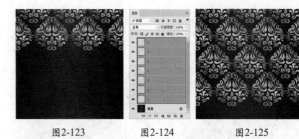

图2-123　　　　图2-124　　　　图2-125

步骤05▶最后重新选中第一排的3个花纹（如图2-126所示），向下移动复制，最终效果如图2-127所示。

图2-126　　　　　　　图2-127

2.2.7　导出图层内容

1.快速导出为PNG

"快速导出为PNG"命令非常适合快速将图层内容提取为独立文件的操作。选择一个或多个图层，单击鼠标右键，在弹出的快捷菜单中选择"快速导出为PNG"命令，如图2-128所示。在弹出的窗口中设置一个输出的路径并单击"确定"按钮，接着就可以看到被选中的图层被快速地导出了，如图2-129和2-130所示。

图2-128　　　　图2-129　　　　图2-130

> **提示：设置图层快速导出格式。**
>
> 默认情况下，此处命令显示为"快速导出为PNG"。如果需要快速将图层导出为其他格式，可以通过执行"文件>导出>导出首选项"命令，在弹出的"首选项"对话框中设置快速导出的格式，如图2-131所示。

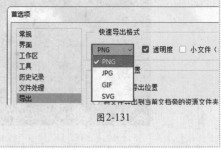

图2-131

2.导出为

"导出为"命令可以方便地将所选的图层导出为特定格式、特定尺寸的图像文件。选择一个或多个图层，单击鼠标右键，在弹出的快捷菜单中选择"导出为"命令，如图2-132所示。在弹出的"导出为"对话框中，首先需要在左侧图层列表中选择需要导出的图层（按住Ctrl键单击可以加选多个图层）；在图层列表的上方进行图像缩放比例的设置；在"文件设置"选项组的"格式"下拉列表框中选择需要导出的格式，如果选择JPG格式，则需要对图像"品质"进行设置；然后为图像指定"图像大小"以及"画布大小"。全部设置完成后，单击右下角的"全部导出"按钮，完成操作，如图2-133所示。

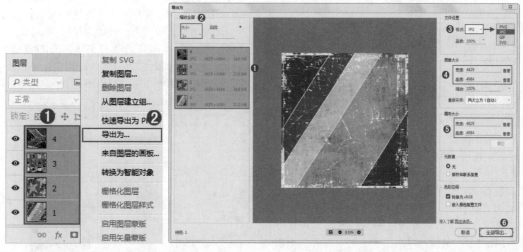

图2-132　　　　　　　　　　　　　　　　　　图2-133

举一反三：快速导出文档中所用到的素材

步骤01 若要导出文件中所用的素材，使用"快速导出"命令最合适不过了。例如，"背景"图层这种占据整幅内容的图层可以导出为JPG格式，而一些带有透明像素的图层可以导出为PNG格式，如图2-134所示。首先按住Ctrl键单击加选需要快速导出素材的图层，然后单击鼠标右键，在弹出的快捷菜单中选择"快速导出为PNG"命令，如图2-135所示。

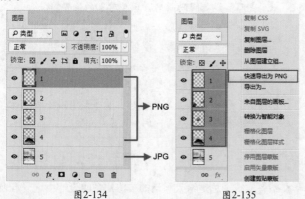

图2-134　　　　　　　图2-135

步骤02 在弹出的"选择文件夹"窗口中选择一个合适的导出位置，然后单击"确定"按钮，如图2-136所示。导出完成后，在选择的文件夹中就会看到刚刚导出的素材，如图2-137所示。

步骤03 选择需要导出为JPG格式的图层，单击鼠标右键，

在弹出的快捷菜单中选择"导出为"命令，如图2-138所示。在弹出的"导出为"对话框中设置合适的格式，单击"全部导出"按钮，如图2-139所示。

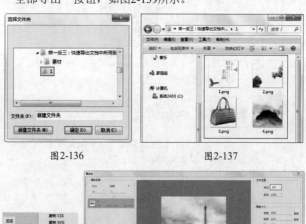

图2-136　　　　　　　　　图2-137

图2-138　　　　　　　　　图2-139

步骤04 在弹出的如图2-140所示"导出"窗口中找到一个

合适的导出位置，并设置合适的文件名，然后单击"保存"按钮，即可完成导出操作，效果如图2-141所示。

图2-140　　　　　　　　图2-141

【重点】2.2.8　动手练：对齐图层

在版面的编排中，有一些元素是必须要进行对齐的，如界面设计中的按钮、版面中的一些图案。那么如何快速、精准地进行对齐呢？使用"对齐"功能可以将多个图层对象排列整齐。

在对图层操作之前，先要选择图层，在此按住Ctrl键加选多个需要对齐的图层。接着选择工具箱中的"移动工具"，在其选项栏中单击对齐按钮，即可进行对齐，如图2-142所示。例如，单击"水平居中对齐"按钮，效果如图2-143所示。

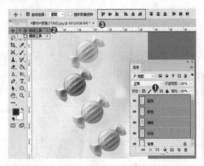

图2-142　　　　　　　　图2-143

 提示：对齐按钮。

- 顶对齐：将所选图层最顶端的像素与当前图层最顶端的中心像素对齐。
- 垂直居中对齐：将所选图层的中心像素与当前图层垂直方向的中心像素对齐。
- 底对齐：将所选图层最底端的像素与当前图层最底端的中心像素对齐。
- 左对齐：将所选图层的中心像素与当前图层左边的中心像素对齐。
- 水平居中对齐：将所选图层的中心像素与当前图层水平方向的中心像素对齐。
- 右对齐：将所选图层的中心像素与当前图层右边的中心像素对齐。

【重点】2.2.9　动手练：分布图层

多个对象已排列整齐了，那么怎么才能让每两个对象之间的距离是相等的呢？这时就可以使用"分布"功能。使用该功能可以将所选的图层以上下、左右两端的对象为起点和终点，将所选图层在这个范围内进行均匀的排列，得到具有相同间距的图层。在使用"分布"命令时，文档中必须包含多个图层（至少为3个图层，"背景"图层除外）。

首先加选需要进行分布的图层，然后在工具箱中选择"移动工具"，在其选项栏中单击分布按钮，即可进行分布，如图2-144所示。例如，单击"垂直居中分布"按钮，效果如图2-145所示。

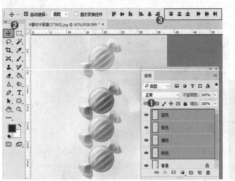

图2-144　　　　　　　　图2-145

提示：分布按钮。

- 垂直顶部分布：单击该按钮时，将平均每一个对象顶部基线之间的距离，调整对象的位置。
- 垂直居中分布：单击该按钮时，将平均每一个对象水平中心基线之间的距离，调整对象的位置。
- 底部分布：单击该按钮时，将平均每一个对象底部基线之间的距离，调整对象的位置。
- 左分布：单击该按钮时，将平均每一个对象左侧基线之间的距离，调整对象的位置。
- 水平居中分布：单击该按钮时，将平均每一个对象垂直中心基线之间的距离，调整对象的位置。
- 右分布：单击该按钮时，将平均每一个对象右侧基线之间的距离，调整对象的位置。

举一反三：对齐、分布制作网页导航

整齐、统一总是给人和谐的美感。在UI设计中这一点表现得尤为突出，很多网页、手机界面都会将按钮或图标摆放得规规矩矩，尤其是那种形态相似、大小相等的图标。这时我们就可以使用对齐与分布功能进行调整。

步骤01 首先将制作好的图标放置在相应的位置，并大致调整它们的间距，如图2-146所示。接下来，对其细节进行调

中文版Photoshop CC从入门到精通（微课视频版）

整。选中图标图层，然后选择"移动工具"，在其选项栏中单击"垂直居中对齐"按钮 ⫴ （因为图标需要横向对齐），效果如图2-147所示。

图2-146   图2-147

步骤 02 接着调整图标直接的间距。在加选图层的状态下，单击"水平居中分布"按钮 ⫼，效果如图2-148所示。对齐与分布操作完成后，就可以对图标的大小及位置进行调整了，效果如图2-149所示。

图2-148   图2-149

举一反三：对齐、分布制作整齐版面

步骤 01 在版式设计中，对齐与分布功能的应用也非常广泛。在图2-150中，图片只是置入到了文档内，还没有进行调整。在"图层"面板中加选图片图层，如图2-151所示。

图2-150   图2-151

步骤 02 选择"移动工具"，在其选项栏中单击"水平居中对齐"按钮 ♣，效果如图2-152所示。接着单击"垂直居中分布"按钮，效果如图2-153所示。最后效果如图2-154所示。

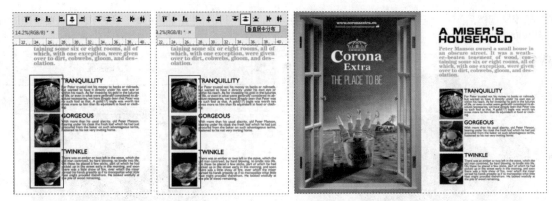

| 图2-152 | 图2-153 | 图2-154 |

2.2.10 锁定图层

"锁定"功能可以起到保护图层透明区域、图像像素和位置的作用,在"图层"面板的上半部分有多个锁定按钮,如图2-155所示。使用这些按钮可以根据需要完全锁定或部分锁定图层,以免因操作失误而对图层的内容造成破坏。

步骤01 打开一个文档,可以看到"人像"图层内存在透明区域,如图2-156所示。

| 图2-155 | 图2-156 |

步骤02 选择"人像"图层,然后单击"锁定透明像素"按钮,如图2-157所示。选择工具箱中的"画笔工具",在画面中按住鼠标左键涂抹。此时可以看到人物上方出现了画笔涂抹后的痕迹,但是透明位置并没有。这是因为我们刚刚将透明像素位置锁定了,所以该区域受到了保护,如图2-158所示。

| 图2-157 | 图2-158 |

提示:如何取消锁定状态?

单击相应的按钮可以进行锁定,再次单击可以取消锁定。因此,在操作下一步之前,需再次单击"锁定透明像素"按钮取消锁定。

步骤03 单击"锁定图像像素"按钮 ✏️，选择"画笔工具"，在画面中按住鼠标左键拖曳，弹出一个警告对话框，提示因为锁定不能进行编辑，如图2-159所示。单击"确定"按钮，然后使用"移动工具"拖曳人物，发现能够移动，如图2-160所示。可见激活该功能后，是不能对该图层进行绘画、擦除等操作的，但是可以移动。

图2-159　　　　　　　　　图2-160

步骤04 单击"锁定位置"按钮 ✛，选择"画笔工具"，在画面中按住鼠标左键涂抹，可以看到画笔涂抹的痕迹，如图2-161所示。但是如果使用"移动工具"进行移动，则会弹出警告对话框，如图2-162所示。可见激活该功能后，图层将不能移动。该功能对于设置了精确位置的图像非常有用。

图2-161

图2-162

步骤05 "防止在画板内外自动套嵌"是在有多个画板的情况下进行操作。例如，要将"人像"图层从"画板1"中移动至"画板2"中，如图2-163所示。在未启用该功能的情况下，使用"移动工具"拖曳就能够移动，并且"人像"图层会移动到"画板2"中，如图2-164所示；但是如果选择"人像"图层，然后单击 ✛ 按钮，将"人像"向"画板2"中拖曳，虽然此时移动了人物的位置，但是它并未出现在"画板

2"中，如图2-165所示。该功能不仅能够针对图层，还能够针对整个画板。

图2-163

图2-164

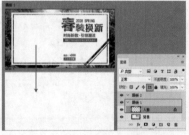

图2-165

步骤06 "锁定全部"这个功能非常好理解，单击"锁定全部"按钮 🔒，对该图层将不能进行任何操作。

> 🐸 **提示：为什么锁定状态有空心的和实心的？**
>
> 当图层被完全锁定之后，图层名称的右侧会出现一个实心的锁 🔒，如图2-166所示；当图层只有部分属性被锁定时，图层名称的右侧会出现一个空心的锁 🔓，如图2-167所示。

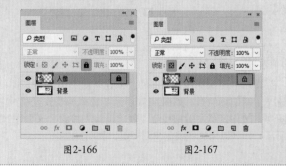

图2-166　　　　　　　　图2-167

2.2.11 动手练：使用"图层组"管理图层

"图层组"就像一个"文件袋"。在办公时如果有很多文件，我们会将同类文件放在一个文件袋中，并在文件袋上标明信息。而在Photoshop中制作复杂的图像效果时也是一样的，"图层"面板中经常会出现数十个图层，把它们分门别类地"收纳"起来是个非常好的习惯，在后期操作中可以更加便捷地对画面进行处理。如图2-168所示为一个书籍设计作品中所使用的图层，如图2-169所示为借助"图层组"整理后的"图层"面板。

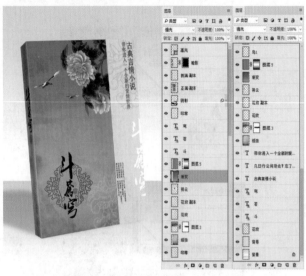

图2-168

图2-169

1.创建"图层组"

单击"图层"面板底部的"创建新组"按钮，即可创建一个新的图层组，如图2-170所示。选择需要放置在组中的图层，按住鼠标左键拖曳至"创建新组"按钮上（如图2-171所示），则以所选图层创建图层组，如图2-172所示。

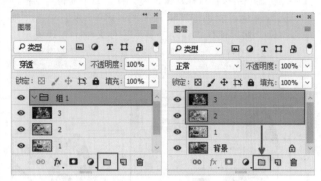

图2-170　　　　　　　　图2-171

图2-172

提示：尝试创建一个"组中组"。

图层组中还可以套嵌其他图层组。将创建好的图层组移到其他组中，即可创建出"组中组"。

2.将图层移入或移出图层组

步骤01 选择一个或多个图层，按住鼠标左键拖曳到图层组内，如图2-173所示。松开鼠标就可以将其移入到该组中，如图2-174所示。

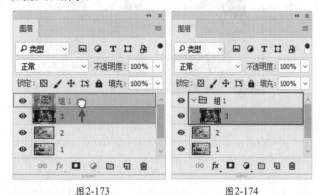

图2-173　　　　　　　　图2-174

步骤02 将图层组中的图层拖曳到组外（如图2-175所示），就可以将其从图层组中移出，如图2-176所示。

图2-175　　　　　　　　　图2-176

3.取消图层编组

在图层组名称上单击鼠标右键，在弹出的快捷菜单中选择"取消图层编组"命令，如图2-177所示。图层组消失，而组中的图层并未被删除，如图2-178所示。

图2-177　　　　　　　　　图2-178

【重点】2.2.12　合并图层

合并图层是指将所有选中的图层合并成一个图层。例如，多个图层合并前如图2-179所示，将"背景"图层以外的图层进行合并后如图2-180所示。经过观察可以发现，画面的效果并没有什么变化，只是多个图层变为了一个。

图2-179　　　　　　　　　图2-180

1.合并图层

想要将多个图层合并为一个图层，可以在"图层"面板中单击选中某一图层，然后按住Ctrl键加选需要合并的图层，执行"图层>合并图层"命令或按快捷键

Ctrl+E。

2.合并可见图层

执行"图层>合并可见图层"命令，或按快捷键Ctrl+Shift+E，可以将"图层"面板中的所有可见图层合并为"背景"图层。

3.拼合图像

执行"图层>拼合图像"命令，即可将全部图层合并到"背景"图层中。如果有隐藏的图层则会弹出一个提示对话框，询问用户是否要扔掉隐藏的图层。

4.盖印

盖印可以将多个图层的内容合并到一个新的图层中，同时保持其他图层不变。选中多个图层，然后按快捷键Ctrl+Alt+E，可以将这些图层中的图像盖印到一个新的图层中，而原始图层的内容保持不变。按快捷键Ctrl+Shift+Alt+E，可以将所有可见图层盖印到一个新的图层中。

【重点】2.2.13　栅格化图层

在Photoshop中新建的图层为普通图层。除此之外，Photoshop中还有几种特殊图层，如使用文字工具创建出的文字图层、置入后的智能对象图层、使用矢量工具创建出的形状图层、使用3D功能创建出的3D图层等。与智能对象非常相似，可以移动、旋转、缩放这些特殊图层，但是不能对其内容进行编辑。想要编辑这些特殊对象的内容，就需要将它们转换为普通图层。

"栅格化"图层就是将"特殊图层"转换为"普通图层"的过程。选择需要栅格化的图层，然后执行"图层>栅格化"子菜单中的相应命令，或者在"图层"面板中选中该图层，单击鼠标右键，在弹出的快捷菜单中选择"栅格化图层"命令，如图2-181所示。随即可以看到"特殊图层"已转换为"普通图层"，如图2-182所示。

图2-181　　　　　　　　　图2-182

2.3 画板

在近几个版本的Photoshop中新增了"画板"功能，而稍早期的版本（如Photoshop CC）中并没有"画板"这一概念。在旧版本的Photoshop中想要制作多页面的文档，通常需要创建多个文件；而在新的Photoshop CC 2017中，可以在一个文档中创建出多个画板。这样既方便多页面的同步操作，也能很好地观察整体效果，如图2-183所示。

图2-183

2.3.1 从图层新建画板

打开一张图片，默认情况下文档中是不带画板的。如果想要创建一个与当前画面等大的画板，可以通过"图层>新建>来自图层的画板"命令来完成。

步骤01▶首先选择一个普通图层，然后执行"图层>新建>来自图层的画板"命令，或者在图层上单击鼠标右键，在弹出的快捷菜单中选择"来自图层的画板"命令，如图2-184所示。弹出如图2-185所示"从图层新建画板"窗口，在"名称"文本框中为画板命名，然后设置"宽度"与"高度"的数值，单击"确定"按钮，即可新建一个画板，如图2-186所示。

图2-184　　　　　　　　　　图2-185　　　　　　　　　　图2-186

步骤02▶单击画板边缘的"添加新画板"按钮，可以新建一个与当前画板等大的新画板，如图2-187所示。例如，单击画板右侧的按钮，即可在现有画板的右侧新建画板，如图2-188所示。

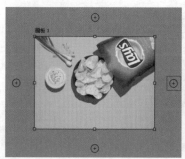

图2-187	图2-188

2.3.2 使用"画板工具"

1.使用"画板工具"新建画板

选择工具箱中的"画板工具" ，在其选项栏中设置画板的"宽度"与"高度"，接着单击"添加新画板"按钮 （如图2-189所示），然后在空白区域单击，即可新建画板，如图2-190所示。

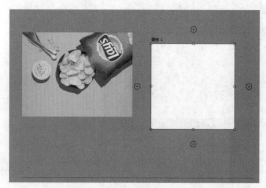

图2-189	图2-190

2.使用"画板工具"移动画板

选择工具箱中的"画板工具"，然后将光标移动至画板定界框上，如图2-191所示。接着按住鼠标左键拖曳，即可移动画板，如图2-192所示。

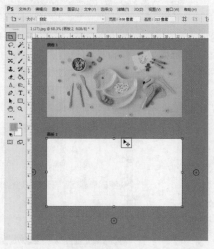

图2-191	图2-192

3.使用"画板工具"编辑画板

步骤01 按住鼠标左键并拖曳画板定界框上的控制点，能够调整画板的大小，如图2-193所示。

图2-193

步骤02 还可在"画板工具"选项栏中更改画板的纵横。如果当前画板是横版（如图2-194所示），那么单击"制作纵版"按钮 ⬚ 即可将横版更改为纵版，如图2-195所示；反之，如果当前画板是纵版，那么单击"制作横版"按钮 ⬚ 即可将横版更改为纵版。

图2-194   图2-195

举一反三：使用"画板工具"制作杂志的基础版式

在杂志版式设计中，页眉、页脚的版式都是统一的。既然可以利用画板功能在一个文档内新建多个画面，那么就可以制作一个带有页眉和页脚的"基础版式"，然后将该版式复制到其他画板中，在"基础版式"之上制作每个页面的内容。

步骤01 首先新建文件，然后在文档中将"基础版式"制作好，如图2-196所示。接着选择版式背景所在的图层（如果它是"背景"图层，需要将其转换为普通图层），然后单击鼠标右键，在弹出的快捷菜单中选择"来自图层的画板"命令，如图2-197所示。

图2-196   图2-197

步骤02 在弹出的"从图层新建画板"对话框中设置合适的"名称"（因为我们选择的图层就是画板所需要的尺寸，所以"宽度"与"高度"的数值不用更改），接着单击"确定"按钮，如图2-198所示。随即得到"画板1"，然后单击"画板1"将其拖曳至"创建新图层"按钮上方，如图2-199所示。

图2-198   图2-199

步骤03 松开鼠标，即可完成"画板1"的复制，新的带有基础版式的画板自动出现在右侧，如图2-200所示。使用该方法可以再复制几个画板，如图2-201所示。

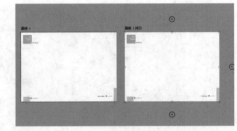

图2-200

图2-201

步骤04 随着复制的进行，可以看到画板依次向右排列。如果要调整画板的位置，可以选择工具箱中的"画板工具"，在某一画板的边缘处单击选择该画板，然后在图层面板中按住Ctrl键单击加选其他画板，接着拖曳调整位置，效果如图2-202所示。

图2-202

中文版Photoshop CC从入门到精通（微课视频版）

2.4 剪切/拷贝/粘贴图像

剪切、拷贝（也称复制）、粘贴相信大家都不陌生，剪切是将某个对象暂时存储到剪贴板中备用，并从原位置删除；拷贝是保留原始对象并复制到剪贴板中备用；粘贴则是将剪贴板中的对象提取到当前位置。

扫一扫，看视频

对于图像也是一样。想要使不同位置出现相同的内容，需要使用"拷贝""粘贴"命令；想要将某个部分的图像从原始位置去除并移动到其他位置，需要使用"剪切""粘贴"命令。

【重点】2.4.1 剪切与粘贴

"剪切"就是将选中的像素暂时存储到剪贴板中备用，而原始位置的像素则会消失。通常"剪切"与"粘贴"命令一同使用。

步骤01 选择一个普通图层（非"背景"图层），然后选择工具箱中的"矩形选框工具" ，按住鼠标左键拖曳，绘制一个选区，如图2-203所示。执行"编辑>剪切"命令或快捷键Ctrl+X，可以将选区中的内容剪切到剪贴板上，此时原始位置的图像消失了，如图2-204所示。

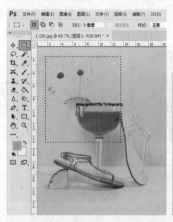

图2-203　　　　　　　图2-204

提示：为什么有时剪切后的区域不是透明的？

当被选中的图层为普通图层时，剪切后的区域为透明区域。如果被选中的图层为"背景"图层，那么剪切后的区域会被填充为当前背景色。如果选中的图层为智能图层、3D图层、文字图层等特殊图层，则不能够进行剪切操作。

步骤02 执行"编辑>粘贴"命令或按快捷键Ctrl+V，可以将剪切的图像粘贴到画布中并生成一个新的图层，如图2-205和图2-206所示。

图2-205　　　　　　　图2-206

【重点】2.4.2 拷贝

创建选区后，执行"编辑>拷贝"命令或按快捷键Ctrl+C，可以将选区中的图像拷贝到剪贴板中，如图2-207所示。然后执行"编辑>粘贴"命令或按快捷键Ctrl+V，可以将拷贝的图像粘贴到画布中并生成一个新的图层，如图2-208所示。

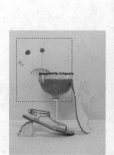

图2-207　　　　　　　图2-208

举一反三：使用"拷贝""粘贴"命令制作产品细节展示效果

在网购商城中经常能够看到产品细节展示的拼图，顾客从中可以清晰地了解到产品的细节。其制作方法非常简单，下面以在版面右侧黄色矩形位置添加产品细节展示效果为例进行说明。

步骤01 选中产品图层，使用"矩形选框工具"在需要表达细节的位置绘制一个矩形选区，然后按快捷键Ctrl+C进行复制，如图2-209所示。按快捷键Ctrl+V粘贴，然后按快捷键Ctrl+T调出定界框，再按住Shift键拖曳控制点将其等比放大，如图2-210所示。

图2-209　　　　　　　　　图2-210

步骤02 按Enter键，确认变换操作，如图2-211所示。使用同样的方法制作另外一处细节图，最终效果如图2-212所示。

图2-211　　　　　　　　　图2-212

2.4.3　合并拷贝

合并拷贝就是将文档内所有可见图层拷贝并合并到剪贴板中。打开一个含有多个图层的文档，执行"选择>全选"命令或按快捷键Ctrl+A全选当前图像，然后执行"编辑>选择性拷贝>合并拷贝"命令或按快捷键Ctrl+Shift+C，将所有可见图层拷贝并合并到剪贴板中，如图2-213所示。接着新建一个空白文档，按快捷键Ctrl+V，可以将合并拷贝的图像粘贴到当前文档或其他文档中，如图2-214所示。

图2-213　　　　　　　　　图2-214

2.5　变换与变形

在"编辑"菜单中提供了多种对图层进行变换/变形的命令："内容识别缩放""操控变形""透视变形""自由变换""变换"（"变换"命令与"自由变换"的功能基本相同，使用"自由变换"更方便一些）"自动对齐图层""自动混合图层"，如图2-220所示。

图2-220

【重点】2.4.4　清除图像

使用"清除"命令可以删除选区中的图像。清除图像分为两种情况，一种是清除普通图层中的像素，另一种是清除"背景"图层中的像素，两种情况遇到的问题和结果是不同的。

步骤01 打开一张图片，在"图层"面板中自动生成一个"背景"图层。使用"矩形选框工具"绘制一个矩形选区，然后执行"编辑>清除"命令或者按Delete键进行删除，如图2-215所示。在弹出的"填充"窗口中设置填充的内容，如选择"背景色"，然后单击"确定"按钮，如图2-216所示。此时可以看到选区中原有的像素消失了，而以"背景色"进行填充，如图2-217所示。

图2-215　　　　　　　图2-216　　　　　　　图2-217

步骤02 如果选择一个普通图层，然后绘制一个选区，接着按Delete键进行删除，如图2-218所示。随即可以看到选区中的像素消失了，如图2-219所示。

图2-218　　　　　　　　　图2-219

提示："背景"图层无法进行变换。

打开一张图片后，有时会发现无法使用"自由变换"命令，这可能是因为打开的图片只包含一个"背景"图层。此时需要按住Alt键的同时并双击"背景"图层，将其转换为普通图层，然后就可以使用"编辑>自由变换"命令了。

【重点】2.5.1 自由变换：缩放、旋转、斜切、扭曲、透视、变形

在制图过程中，经常需要调整图层的大小、角度，有时也需要对图层的形态进行扭曲、变形，这些都可以通过"自由变换"命令来实现。选中需要变换的图层，执行"编辑>自由变换"命令（快捷键Ctrl+T）。此时对象进入自由变换状态，四周出现了定界框，4个角点处以及4条边框的中间都有控制点，如图2-221所示。完成变换后，按Enter键确认。如果要取消正在进行的变换操作，可以按Esc键。

图2-221

1.放大、缩小

按住鼠标左键并拖曳定界框上、下、左、右边框上的控制点，可以进行横向或纵向上的放大或缩小，如图2-222所示。按住鼠标左键并拖曳角点处的控制点，可以同时对横向和纵向进行放大或缩小，如图2-223所示。

图2-222　　　　　　图2-223

按住Shift键的同时拖曳定界框4个角点处的控制点，可以进行等比缩放，如图2-224所示。如果按住Shift+Alt键的同时拖曳定界框4个角点处的控制点，能够以中心点作为缩放中心进行等比缩放，如图2-225所示。

图2-224　　　　　　图2-225

2.旋转

将光标移动至4个角点处的任意一个控制点上，当其变为弧形的双箭头形状 ↰ 后，按住鼠标左键拖动即可进行旋转，如图2-226所示。

图2-226

3.斜切

在自由变换状态下，单击鼠标右键，在弹出的快捷菜单中选择"斜切"命令，然后按住鼠标左键拖曳控制点，即可看到变换效果，如图2-227所示。

图2-227

4.扭曲

在自由变换状态下，单击鼠标右键执行"扭曲"命令，按住鼠标左键拖曳上、下控制点，可以进行水平方向的扭曲，如图2-228所示；按住鼠标左键拖曳左、右控制点，可以进行垂直方向的扭曲，如图2-229所示。

图2-228　　　　　　图2-229

5.透视

在自由变换状态下，单击鼠标右键执行"透视"命令，拖曳一个控制点即可产生透视效果，如图2-230和图2-231所示。此外，也可以选择需要变换的图层，执行"编辑>变换>透视"命令。

图2-230　　　　　　　　图2-231

6.变形

在自由变换状态下，单击鼠标右键执行"变形"命令，拖曳网格线或控制点即可进行变形操作，如图2-232所示。此外，也可以在调出变形定界框后，在工具选项栏的"变形"下拉列表框中选择一个合适的形状，然后设置相关参数，效果如图2-233所示。

图2-232　　　　　　　　图2-233

7.旋转180度、顺时针旋转90度、逆时针旋转90度、水平翻转、垂直旋转

在自由变换状态下，单击鼠标右键，在弹出的快捷菜单的底部还有5个旋转的命令，即"旋转180度""顺时针旋转90度""逆时针旋转90度""水平翻转"与"垂直旋转"命令，如图2-234所示。顾名思义，根据这些命令的名字我们就能够判断出它们的用法。

图2-234

8.复制并变换图像

选择一个图层，按快捷键Ctrl+Alt+T调出定界框，在"图层"面板中将自动复制出一个相同的图层。此时进入自此时进入自由变换并复制的状态，接着就可以对这个图层进行变换，如图2-235和图2-236所示。

图2-235　　　　　　　　图2-236

9.复制并重复上一次变换

如要制作一系列变换规律相似的元素，可以使用"复制并重复上一次变换"功能来完成。在使用该功能之前，需要先设定好一个变换规律。

首先确定一个变换规律；然后按快捷键Ctrl+Alt+T调出定界框，将"中心点"拖曳到定界框左下角的位置，如图2-237所示；接着对图像进行旋转和缩放，按Enter键确认，如图2-238所示；最后多次按快捷键Shift+Ctrl+Alt+T，可以得到一系列规律的变换效果，如图2-239所示。

图2-237　　　　　　　　图2-238

图2-239

练习实例：使用"自由变换"功能等比例缩放卡通形象

扫一扫，看视频

文件路径	资源包\第2章\练习实例：使用"自由变换"功能等比例缩放卡通形象
难易指数	★★★★★
技术掌握	"自由变换"命令、"快速选择"工具

中文版Photoshop CC从入门到精通（微课视频版）

案例效果

案例处理前后的效果对比如图2-240所示。

图2-240

制作步骤

步骤01 执行"文件>打开"命令,在弹出的"打开"窗口找到素材的位置,单击选择素材"1.jpg",然后单击"打开"按钮,如图2-241所示。随即素材在Photoshop中被打开,如图2-242所示。

图2-241

图2-242

步骤02 单击工具箱中的"快速选择工具"按钮 ,在其选项栏中单击"添加到选区"按钮,将笔尖设置为35像素,然后将光标移到企鹅上,按住鼠标左键拖动,即可得到部分选区,如图2-243所示。继续进行拖曳,得到企鹅的选区,如图2-244所示。

图2-243　　　　　　　　图2-244

步骤03 按快捷键Ctrl+J,将选区复制到独立图层。按快捷键Ctrl+D取消选区。按快捷键Ctrl+T调出定界框,将光标移动到右上角处,按住Shift键向左下角拖曳,进行等比缩放,如图2-245所示。缩放完成后,按Enter键确认。在工具箱中选择"移动工具",在该图层上按住鼠标左键向左拖曳,效果如图2-246所示。

图2-245　　　　　　　　图2-246

练习实例:使用"变换"命令制作立体书籍

文件路径	资源包\第2章\练习实例:使用"变换"命令制作立体书籍
难易指数	★★★★★
技术掌握	"变换"命令

案例效果

案例效果如图2-247所示。

图2-247

操作步骤

步骤01 执行"文件>打开"命令,在弹出的"打开"窗口中找到素材位置,选择素材"1.jpg",单击"打开"按钮,如图2-248所示。随即素材在Photoshop中被打开,如图2-249所示。

扫一扫,看视频

图2-248　　　　　　　　图2-249

步骤 02 执行"文件>置入嵌入的智能对象"命令，在弹出的"置入嵌入对象"窗口中找到素材位置，选择素材"2.jpg"，单击"置入"按钮。如图2-250所示。将置入对象调整到合适的位置，然后按Enter键完成置入操作，如图2-251所示。

图2-250 　　　　　　　　 图2-251

步骤 03 选择该图层，单击鼠标右键，在弹出的快捷菜单中选择"栅格化图层"命令，如图2-252所示。即可将智能图层转换为普通图层。为了更好地进行变形，可以降低该图层的不透明度。选择该图层，设置其"不透明度"为20%，如图2-253所示。效果如图2-254所示。

图2-252 　　　　 图2-253 　　　　 图2-254

步骤 04 执行"编辑>变换>扭曲"命令，调出定界框（也可以执行"编辑>自由变换"命令，在画面中单击鼠标右键，在弹出的快捷菜单中选择"扭曲"命令），接着将光标移动至右上角的控制点上，按住鼠标左键将控制点拖曳至封面右上角

处，如图2-255所示。继续将剩余3个控制点拖曳至相应位置，如图2-256所示。

图2-255 　　　　　　　　 图2-256

步骤 05 调整完成后按下Enter键，完成变换操作，如图2-257所示。接着将图层2的"不透明度"设置为100%，如图2-258所示。

图2-257 　　　　　　　　 图2-258

步骤 06 使用同样的方法制作书脊部分，最终效果如图2-259所示。

图2-259

练习实例：使用复制并重复变换制作放射状背景

文件路径	资源包\第2章\练习实例：使用复制并重复变换制作放射状背景
难易指数	★★★★★
技术掌握	复制并重复变换

案例效果

案例效果如图2-260所示。

图2-260

扫一扫，看视频

操作步骤

步骤 01 执行"文件>打开"命令，在弹出的"打开"窗口中找到素材位置，选择素材"1.jpg"，单击"打开"按钮，如图2-261所示。打开背景素材后，按快捷键Ctrl+R调出标尺，然后创建参考线，如图2-262所示。

图2-261 　　　　　　　　 图2-262

步骤02 在"图层"面板中在单击"创建新图层"按钮,创建一个新图层,如图2-263所示。单击工具箱中的"矩形选框工具"按钮,在画布上按住鼠标左键拖动,绘制一个矩形选区,如图2-264所示。

图2-263　　　　　　　　　图2-264

步骤03 单击工具箱中的"前景色设置"按钮,在弹出的"拾色器"窗口中设置合适的颜色,单击"确定"按钮,如图2-265所示。按快捷键Alt+Delete为矩形填充颜色;按快捷键Ctrl+D取消选区,如图2-266所示。

图2-265　　　　　　　　　图2-266

步骤04 选择该图层,按快捷键Ctrl+T调出定界框,然后单击鼠标右键,在弹出的快捷菜单中选择"透视"命令,如图2-267所示。将自由变换中心点移动到右侧边缘处,接着将矩形右上角的控制点向下拖曳至中心位置,按Enter键完成透视,如图2-268所示。

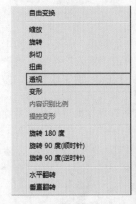

图2-267　　　　　　　　　图2-268

步骤05 在"图层"面板中单击"创建新组"按钮,新建"组1",如图2-269所示。选择三角形图层,将其移动到新建的组中,如图2-270所示。

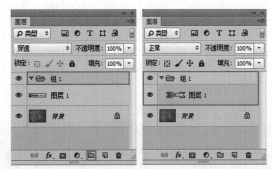

图2-269　　　　　　　　　图2-270

步骤06 执行"编辑>自由变换"命令,将中心点移动到最右侧中心,然后在工具选项栏中设置"旋转角度"为15度,如图2-271所示。按Enter键完成变换,效果如图2-272所示。

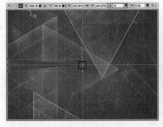

图2-271　　　　　　　　　图2-272

步骤07 多次按快捷键Ctrl+Shift+Alt+T,旋转并复制出多个三角形,构成一个放射状背景,如图2-273所示。接着在"图层"面板中选择"组1",单击鼠标右键,在弹出的快捷菜单中选择"合并组"命令,将"组1"变为一个普通图层,如图2-274所示。

图2-273　　　　　　　　　图2-274

步骤08 在"图层"面板中选择图层"组1",设置其"混合模式"为"划分","不透明度"为40%,如图2-275所示。效果如图2-276所示。

图2-275　　　　　　　　　图2-276

步骤 09 继续调整放射状背景。选择该图层，按快捷键Ctrl+T调出定界框，然后将光标放在右上角处，按住快捷键Shift+Alt键拖曳控制点，将其以中心点作为缩放中心进行等比放大，如图2-277所示。最后按Enter键确认变换操作，效果如图2-278所示。

图2-277　　　　　　　　图2-278

步骤 10 执行"文件>置入嵌入的智能对象"命令，在弹出的"置入嵌入对象"窗口中找到素材位置，选择素材"2.png"，单击"置入"按钮，如图2-279所示。按Enter键完成置入操作。最终效果如图2-280所示。

图2-279　　　　　　　　图2-280

练习实例：使用复制并自由变换制作创意翅膀

文件路径	资源包\第2章\练习实例：使用复制并自由变换制作创意翅膀
难易指数	★★★★★
技术掌握	置入嵌入的智能对象、复制图层、自由变换

案例效果

案例效果如图2-281所示。

扫一扫，看视频

图2-281

操作步骤

步骤 01 执行"文件>打开"命令，或按快捷键Ctrl+O，在弹出的"打开"窗口中选择素材"1.jpg"，单击"打开"按钮，如图2-282所示。

步骤 02 执行"文件>置入嵌入的智能对象"命令，在弹出的窗口中选择素材"10.png"，单击"置入"按钮，将素材旋转并缩放，移动到适当位置，按Enter键完成置入并栅格化该图层，如图2-283所示。选择该素材，执行"图层>复制图层"命令，然后按快捷键Ctrl+T调出定界框，将

图2-282

其旋转、移动、放大，按Enter键完成变换，如图2-284所示。

图2-283　　　　　　　　图2-284

步骤 03 按快捷键Ctrl+Alt+Shift+T，复制并重复上一次变换，如图2-285所示。继续按快捷键Ctrl+Alt+Shift+T，复制并重复上一次变换，如图2-286所示。多次按快捷键Ctrl+Alt+Shift+T，得到具有相同变换规律的图像效果，如图2-287所示。

图2-285　　　　图2-286　　　　图2-287

步骤 04 执行"文件>置入嵌入的智能对象"命令，在弹出的窗口中选择素材"11.png"，单击"置入"按钮，将素材旋转并缩放，移动到适当位置，按Enter键完成置入，如图2-288所示。接着继续自由变换，对其进行旋转和移动；然后通过快捷键Ctrl+Alt+Shift+T，有规律地进行复制并旋转，效果如图2-289所示。

图2-288　　　　　　　　图2-289

步骤 05 执行"文件>置入嵌入的智能对象"命令，在弹出的窗口中选择素材"12.png"，单击"置入"按钮，将素材旋转并缩放，移动到适当位置（摆放在最外侧，"背景"图层的上方），按Enter键完成置入，如图2-290所示。继续使用上述同样的方法有规律地进行复制并旋转，效果如图2-291所示。

图2-290   图2-291

步骤 06 依次置入其他素材并对其进行复制和变换，制作出翅膀的形态，如图2-292~图2-294所示。

图2-292   图2-293   图2-294

步骤 07 单击"图层"面板底部的"创建新组"按钮，然后将新建的图层组改名为"右侧翅膀"，将翅膀的所有图层移至该组内，如图2-295所示。执行"图层>新建调整图层>曲线"命令，在弹出的"属性"面板中将曲线底部的定位点向右移动，调整画面明暗，然后单击"此调整剪切到此图层"按钮，如图2-296所示。效果如图2-297所示。

图2-295   图2-296

图2-297

步骤 08 在"图层"面板中选择"右侧翅膀"图层组，执行"图层>复制组"命令，然后将复制得到的图层组更名为"左侧翅膀"。按快捷键Ctrl+E，将其合并为一个图层。选择该图层，按快捷键Ctrl+T调出定界框；单击鼠标右键，在弹出的快捷菜单中"水平翻转"命令，效果如图2-298所示。接着将其向左移动并缩小，放置在适当位置，如图2-299所示。

由于"自由变换"操作时，中心点位置、旋转角度、位移距离的不同，都会导致后面进行复制并自由变换操作时产生随机的效果。所以，在进行本案例练习时，无须严格按照本案例最终效果进行操作。只需掌握自由变换以及复制并重复上一次变换操作即可。

图2-298   图2-299

步骤 09 下面添加主体人物。执行"文件>置入嵌入的智能对象"命令，在弹出的窗口中选择素材"20.png"，单击"置入"按钮，将素材旋转并缩放，移动到适当位置，按Enter键完成置入，执行"图层>栅格化>智能对象"命令，将该图层"栅格化"为普通图层，如图2-300所示。

图2-300

步骤 10 接下来添加文字。在工具箱中选择"横排文字工具"，在其选项栏中设置合适的字体、字号以及填充颜色，在画面中单击并输入文字（按Enter键换行），完成后单击空白区域，如图2-301所示。

I can meet a person in
a minute, like a person
in an hour and love
a person in a day,
but it will take me
a whole life to forget you

图2-301

步骤11 制作矩形文字分割线。新建图层，在工具箱中选择"矩形工具"，在其选项栏中设置"绘制模式"为像素，设置"前景色"为浅灰色，在画面左上角文字处按住鼠标左键拖曳绘制形状，如图2-302所示。使用同样的方法再制作两条文字分割线，如图2-303所示。

图2-302　　　　　　　　　　图2-303

步骤12 继续添加文字。在工具箱中选择"横排文字工具"，在其选项栏中设置合适的"字体""字号""填充"，在画面中单击并输入文字，如图2-304所示。使用同样的方法输入右下角文字，如图2-305所示。

图2-304　　　　　　　图2-305

2.5.2　内容识别缩放

在变换图像时我们经常要考虑是否等比的问题，因为很多不等比的变形是不美观、不专业、不能用的。但是对于一些图形，等比缩放确实能够保证画面效果不变形，但是图像尺寸可能就不尽如人意了。那有没有一种方法既能保证画面效果不变形，又能不等比地调整大小呢？答案是有的，可以使用"内容识别缩放"命令进行缩放操作。

扫一扫，看视频

提示：旧版本Photoshop中的"内容识别缩放"。

在较早期的Photoshop版本中，"内容识别缩放"命令的名称为"内容识别比例"，但使用方法没有区别。

步骤01 在图2-306中，可以看到画面非常宽。如果需要将这个素材用在A4大小的画布中，图像比例明显不合适。如果按快捷键Ctrl+T调出定界框，然后横向缩放，画面中的图形就变形了，如图2-307所示。若执行"编辑>内容识别缩放"命令调出定界框，然后进行横向的缩放，随着拖曳可以看到画面中的主体并未发生变形，而颜色较为统一的位置则进行了缩放，如图2-308所示。

图2-306

图2-307　　　　　　　图2-308

提示："内容识别缩放"命令的适用范围。

"内容识别缩放"命令适用于处理图层和选区，图像可以是RGB、CMYK、Lab和灰度颜色模式以及所有位深度；但不适用于处理调整图层、图层蒙版、各个通道、智能对象、3D图层、视频图层、图层组，或者同时处理多个图层。

步骤02 如果要缩放人像图片（如图2-309所示），可以在执行完"内容识别缩放"命令之后，单击工具选项栏中的"保护肤色"按钮，然后进行缩放。这样可以最大程度地保证人物比例，如图2-310所示。

图2-309　　　　　　　图2-310

提示：工具选项栏中的"保护"选项的用法。

选择要保护的区域的Alpha通道。如果要在缩放图像时保留特定的区域，"内容识别缩放"命令允许在调整大小的过程中使用Alpha通道来保护内容。

练习实例：使用"内容识别缩放"命令制作迷你汽车

文件路径	资源包\第2章\练习实例：使用"内容识别缩放"命令制作迷你汽车
难易指数	★★★★★
技术掌握	"内容识别缩放"命令

案例效果

案例处理前后的效果对比如图2-311和图2-312所示。

图2-311　　　　　图2-312

操作步骤

扫一扫，看视频

步骤01 执行"文件>打开"命令，在弹出的"打开"窗口中找到素材位置，选择素材"1.jpg"，单击"打开"按钮。随即素材在Photoshop中被打开，如图2-313所示。为了保护原图层，可以先进行备份。选择"背景"图层，按Ctrl+J组合键进行复制，然后将复制得到的图层命名为"内容识别缩放"，如图2-314所示。

图2-313　　　　　图2-314

步骤02 在"图层"面板中选择"内容识别缩放"图层，执行"编辑>内容识别缩放"命令，将光标移动到右侧中心位置，按住鼠标左键向左拖动，随着拖动可以看到绿色背景产生了缩放，而画面主体仍然保持正常比例，如图2-315所示。按Enter键完成变换，最终效果如图2-316所示。

图2-315　　　　　图2-316

2.5.3 操控变形

"操控变形"命令通常用来修改人物的动作、发型、缠绕的藤蔓等。该功能通过可视网格，以添加控制点的方法扭曲图像。下面就使用这一功能来更改人物动作。

步骤01 选择需要变形的图层，执行"编辑>操控变形"命令，图像上将会布满网格，如图2-317所示。在网格上单击添加"图钉"，这些"图钉"就是控制点，拖曳图钉才能进行变形操作，如图2-318所示。

图2-317　　　　　图2-318

 提示：要添加多少个图钉才能完成变形。

图钉添加得越多，变形的效果越精确。添加一个图钉并拖曳，可以进行移动，达不到变形的效果。添加两个图钉，会以其中一个图钉作为"轴"进行旋转。当然，添加图钉的位置也会影响到变形的效果。例如，在图2-318中，在身体位置添加的图钉就是用来固定身体，使其在变形时不移动的。

步骤02 接下来，拖曳图钉就能进行变形操作了，如图2-319所示。调整完成后按Enter键确认，效果如图2-320所示。

图2-319　　　　　图2-320

 提示："操控变形"命令的应用范围。

除了图像图层、形状图层和文字图层之外，还可以对图层蒙版和矢量蒙版应用"操控变形"命令。如果要以非破坏性的方式变形图像，需要先将图像转换为智能对象。

中文版Photoshop CC从入门到精通（微课视频版）

提示："操控变形"的选项栏。

在"操控变形"的选项栏中可以进行相关参数的设置，如图 2-321 所示。

图2-321

- 模式：共有"刚性""正常"和"扭曲"3种模式。选择"刚性"模式时，变形效果比较精确，但是过渡效果不是很柔和；选择"正常"模式时，变形效果比较准确，过渡也比较柔和；选择"扭曲"模式时，可以在变形的同时创建透视效果。

- 浓度：共有"较少点""正常"和"较多点"3个选项。选择"较少点"选项时，网格点数量比较少，同时可添加的图钉数量也较少，图钉之间需要间隔较大的距离；选择"正常"选项时，网格点数量比较适中；选择"较多点"选项时，网格点非常细密，当然可添加的图钉数量也更多，如图2-322所示。

- 扩展：用来设置变形效果的衰减范围。如果设置较大的像素值，变形网格的范围也会相应地向外扩展，变形之后，图像的边缘会变得更加平滑；如果设置较小的像素值（可以设置为负值），图像的边缘变化效果会显得很生硬。

较少点　　　正常　　　较多点

图2-322

- 显示网格：控制是否在变形图像上显示出变形网格。

- 图钉深度：选择一个图钉以后，单击"将图钉前移"按钮，可以将图钉向上层移动一个堆叠顺序；单击"将图钉后移"按钮，可以将图钉向下层移动一个堆叠顺序。

- 旋转：共有"自动"和"固定"两个选项。选择"自动"选项时，在拖曳"图钉"变形图像时，系统会自动对图像进行旋转处理（按住Alt键，将光标放置在"图钉"范围之外，即可显示出旋转变形框）；如果要设定精确的旋转角度，可以选择"固定"选项，然后在后面的文本框中输入旋转度数即可。

练习实例：使用"操控变形"命令制作有趣的长颈鹿

文件路径	资源包\第2章\练习实例：使用"操控变形"命令制作有趣的长颈鹿
难易指数	⭐⭐⭐⭐⭐
技术掌握	操控变形命令、变换命令

案例效果

案例处理前后的效果对比如图2-323和图2-324所示。

图2-323

图2-324

操作步骤

步骤01 执行"文件>打开"命令，在弹出的"打开"窗口中找到素材位置，选择素材"1.psd"，单击"打开"按钮。素材文件就被打开了，如图2-325所示。在"图层"面板中选择"图层1"，按快捷键Ctrl+J对其进行复制，如图2-326所示。

扫一扫，看视频

图2-325

图2-326

步骤02 选择"图层1拷贝"图层，执行"编辑>操控变形"命令，图像上将布满网格，通过单击添加多个图钉，如图2-327所示。依次在图钉上按住鼠标左键拖动，即可移动图钉位置，使图像产生变形，如图2-328所示。调整完成后按Enter键，完成变形操作。

图2-327

图2-328

步骤 03 选择"图层1拷贝"图层，执行"编辑>变换>水平翻转"命令，并向右移动到合适位置，然后按Enter键确认。最终效果如图2-329所示。

图2-329

2.5.4 透视变形

"透视变形"命令可以根据控制点对图像现有的透视关系进行变形。

步骤 01 首先打开一张图片，如图2-330所示。执行"编辑>透视变形"命令，然后在画面中单击或者按住鼠标左键拖曳，绘制透视变形网格，如图2-331所示。

扫一扫，看视频

图2-330　　　　　图2-331

 提示：旧版本Photoshop中没有"透视变形"。

在较早期的 Photoshop 版本中，比如 Photoshop CC 版本中没有"透视变形"功能，想要校正带有透视的图像，可以通过"自由变换"命令来完成。

步骤 02 根据透视关系拖曳控制点，调整透视变形网格的形状，如图2-332所示。继续对控制点进行调整，如图2-333所示。

图2-332　　　　　图2-333

步骤 03 单击选项栏中的"变形"按钮，然后拖曳控制点进行变形。随着控制点的调整，画面中的透视也在发生着变化，如图2-334所示。变形完成后按Enter键确认，效果如图2-335所示。

图2-334　　　　　　　　　图2-335

举一反三：使用"透视变形"命令更改空间关系

在一个画面中可以添加多个透视变形网格。打开图片，如图2-336所示。执行"编辑>透视变形"命令，绘制透视变形网格，如图2-337所示。接着拖曳控制点进行变形，如图2-338所示。变形完成后按Enter键确认，效果如图2-339所示。

图2-336　　　　　　图2-337

图2-338　　　　　　图2-339

2.5.5 自动对齐图层

爱好摄影的朋友们可能会遇到这样的情况：在拍摄全景图时，由于拍摄条件的限制，可能要拍摄多张照片，然后通过后期进行拼接。使用"自动对齐图层"命令可以快速将单张图片组合成一张全景图。

步骤01 新建一个空白文档，然后置入素材。接着将置入的图层栅格化，如图2-340所示。然后适当调整图像的位置，图像与图像之间必须要有重合的区域，如图2-341所示。

图2-340

图2-341

> **提示：该新建一个多大的空白文档？**
>
> 如果不知道该新建多大的文档，可以先打开一张图片，然后将背景图层转换为普通图层，使用"裁剪工具"扩大画布。

步骤02 按住Ctrl键单击加选图层，然后执行"编辑>自动对齐图层"命令，打开"自动对齐图层"窗口。选择"自动"，单击"确定"按钮，如图2-342所示。得到的画面效果如图2-343所示。在自动对齐之后，可能会出现透明像素，可以使用"裁剪工具"进行裁剪。

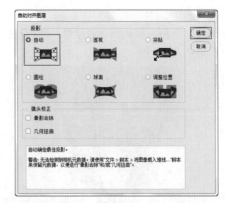

图2-342

图2-343

- 自动：通过分析源图像，应用"透视"或"圆柱"版面。

- 透视：通过将源图像中的一张图像指定为参考图像来创建一致的复合图像，然后变换其他图像，以匹配图层的重叠内容。

- 圆柱：通过在展开的圆柱上显示各个图像来减少"透视"版面中出现的"领结"扭曲，同时图层的重叠内容仍然相互匹配。

- 球面：将图像与宽视角对齐（垂直和水平）。指定某个源图像（默认情况下是中间图像）作为参考图像后，对其他图像执行球面变换，以匹配重叠的内容。

- 拼贴：对齐图层并匹配重叠内容，不更改图像中对象的形状（如圆形将仍然保持为圆形）。

- 调整位置：对齐图层并匹配重叠内容，但不会变换（伸展或斜切）任何源图层。

- 晕影去除：对导致图像边缘（尤其是角落）比图像中心暗的镜头缺陷进行补偿。

- 几何扭曲：补偿桶形、枕形或鱼眼失真。

练习实例：使用"自动对齐"命令制作宽幅风景照

文件路径	资源包\第2章\练习实例：使用"自动对齐"命令制作宽幅风景照
难易指数	★★★★★
技术掌握	自动对齐命令、裁剪工具

案例效果

案例效果如图2-344所示。

扫一扫，看视频

图2-344

操作步骤

步骤 01 执行"文件>新建"命令或按快捷键Ctrl+N，在弹出的"新建文档"窗口中设置"宽度"为1000像素，"高度"为451像素，"分辨率"为96像素/英寸，然后单击"创建"按钮，如图2-345和图2-346所示。

图2-345   图2-346

步骤 02 执行"文件>置入嵌入的智能对象"命令，在弹出的"置入嵌入对象"窗口中找到素材位置，选择素材"1.jpg"，单击"置入"按钮，如图2-347所示。接着将置入对象移动到画面的左侧，按住Shift键拖曳控制点将其等比放大，如图2-348所示。

图2-347   图2-348

步骤 03 调整完成后按Enter键，完成置入操作。使用同样的方法置入素材"2.jpg"，然后调整图片位置与大小（在调整位置时"素材2"要与"素材1"有重叠的区域），如图2-349所示。继续置入另外两个素材，如图2-350所示。

图2-349   图2-350

步骤 04 按住Ctrl键加选4个图层，单击鼠标右键，在弹出的快捷菜单中选择"栅格化图层"命令，将智能图层转换为普通图层，如图2-351所示。

图2-351

步骤05 在加选图层的状态下，执行"编辑>自动对齐图层"命令，在弹出的窗口中选择"自动"，单击"确定"按钮，如图2-352所示。此时原本不连续的4张图片被连接在一起了，效果如图2-353所示。

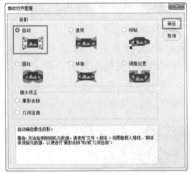

图2-352　　　　　　　　　　图2-353

步骤06 单击工具箱中的"裁剪工具"按钮，在画布上绘制一个裁剪框，如图2-354所示。完成裁剪后按Enter键确认，最终效果如图2-355所示。

图2-354

图2-355

2.5.6　自动混合图层

"自动混合图层"功能可以自动识别画面内容，并根据需要对每个图层应用图层蒙版，以遮盖过度曝光、曝光不足的区域或内容差异。使用"自动混合图层"命令可以缝合或者组合图像，从而在最终图像中获得平滑的过渡效果。

步骤01 打开一张素材图片，如图2-356所示。接着置入一张素材，并将置入的图层栅格化，如图2-357所示。

图2-356　　　　　　　　　图2-357

步骤02 按住Ctrl键加选两个图层，然后执行"编辑>自动混合图层"命令，在弹出的"自动混合图层"窗口中选中"堆叠图像"，单击"确定"按钮，如图2-358所示。此时画面效果如图2-359所示。

图2-358　　　　　　　　　图2-359

- 全景图：将重叠的图层混合成全景图。
- 堆叠图像：混合每个相应区域中的最佳细节。对于已对齐的图层，该选项最适用。

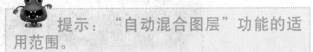

提示："自动混合图层"功能的适用范围。

"自动混合图层"功能仅适用于RGB或灰度图像，不适用于智能对象、视频图层、3D图层或"背景"图层。

中文版Photoshop CC从入门到精通（微课视频版）

文件路径	资源包\第2章\练习实例：使用"自动混合图层"命令制作清晰的图像
难易指数	⭐⭐⭐⭐⭐
技术掌握	自动混合图层命令

案例效果

案例效果如图2-360所示。

图2-360

操作步骤

步骤01 执行"文件>打开"命令，在弹出的"打开"窗口中找到素材位置，选择素材"1.jpg"，单击"打开"按钮，如图2-361所示。随即素材在Photoshop中被打开，如图2-362所示。

扫一扫，看视频

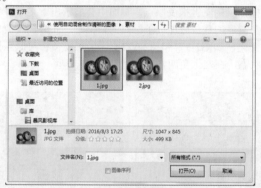

图2-361

图2-362

步骤02 按住Alt键双击"背景"图层，将其转换为普通图层，如图2-363所示。将该图层更名为"1"，如图2-364所示。

图2-363　　　　　　图2-364

步骤03 执行"文件>置入嵌入的智能对象"命令，在弹出的"置入嵌入对象"窗口中找到素材位置，选择素材"2.jpg"，单击"置入"按钮。如图2-365所示。按Enter键，完成置入操作，如图2-366所示。

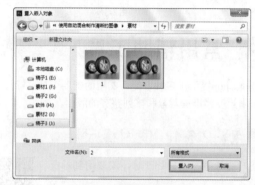

图2-365

图2-366

步骤04 此时置入的对象为智能对象，不能进行自动混合，需要将图层进行栅格化。选择图层2，单击鼠标右键，在弹出的快捷菜单中选择"栅格化图层"命令，如图2-367所示。

图2-367

步骤05 按住Ctrl键单击,加选图层1、2;执行"编辑>自动混合图层"命令,在弹出的窗口中设置"混合方法"为"堆叠图像",然后单击"确定"按钮,如图2-368所示。最终效果如图2-369所示。

图2-368

图2-369

2.6 常用辅助工具

Photoshop提供了多种方便、实用的辅助工具:标尺、参考线、智能参考线、网格、对齐等。使用这些工具,用户可以轻松制作出尺度精准的对象和排列整齐的版面。

【重点】2.6.1 使用标尺

在对图像进行精确处理时,就要用到标尺工具了。

扫一扫,看视频

1.开启标尺

执行"文件>打开"命令,打开一张图片。执行"视图>标尺"命令(快捷键Ctrl+R),在文档窗口的顶部和左侧出现标尺,如图2-370所示。

图2-370

2.调整标尺原点

虽然标尺只能在窗口的左侧和上方,但是可以通过更改

原点(也就是零刻度线)的位置来满足使用需要。默认情况下,标尺的原点位于窗口的左上方。将光标放置在原点上,然后按住鼠标左键拖曳原点,画面中会显示出十字线。释放鼠标左键后,释放处便成了原点的新位置,同时刻度值也会发生变化,如图2-371和图2-372所示。想要使标尺原点恢复默认状态,在左上角两条标尺交界处双击即可。

图2-371

图2-372

3.设置标尺单位

在标尺上单击鼠标右键,在弹出的快捷菜单中选择相应的单位,即可设置标尺的单位,如图2-373所示。

图2-373

【重点】2.6.2　使用参考线

"参考线"是一种很常用的辅助工具，在平面设计中尤为适用。例如，制作对齐的元素时，徒手移动很难保证元素整齐排列；如果有了参考线，则可以在移动对象时自动"吸附"到参考线上，从而使版面更加整齐，如图2-374所示。除此之外，在制作一个完整的版面时，也可以先使用参考线将版面进行分割，之后再进行元素的添加，如图2-375所示。

扫一扫，看视频

图2-374　　　　　　图2-375

"参考线"是一种显示在图像上方的虚拟对象（打印和输出时不会显示），用于辅助移动、变换过程中的精确定位。执行"视图>显示>参考线"命令，可以切换参考线的显示和隐藏状态。

1.创建参考线

首先按快捷键Ctrl+R，打开标尺。将光标放置在水平标尺上，然后按住鼠标左键向下拖曳，即可拖出水平参考线，如图2-376所示；将光标放置在左侧的垂直标尺上，然后按住鼠标左键向右拖曳，即可拖出垂直参考线，如图2-377所示。

图2-376　　　　　　图2-377

2.移动和删除参考线

如果要移动参考线，单击工具箱中的"移动工具"按钮，然后将光标放置在参考线上，当其变成分隔符形状时，按住鼠标左键拖动，即可移动参考线，如图2-378所示。如果使用"移动工具"将参考线拖曳出画布之外，可以删除这条参考线，如图2-379所示。

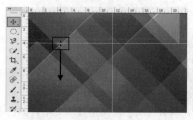　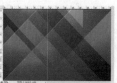

图2-378　　　　　　图2-379

 提示：参考线可对齐或任意放置。

在创建、移动参考线时，按住 Shift 键可以使参考线与标尺刻度对齐；在使用其他工具时，按住 Ctrl 键可以将参考线放置在画布中的任意位置，并且可以让参考线不与标尺刻度对齐。

3.删除所有参考线

如要删除画布中的所有参考线，可以执行"视图>清除参考线"命令。

2.6.3　智能参考线

"智能参考线"是一种在绘制、移动、变换等情况下自动出现的参考线，可以帮助用户对齐特定对象。例如，使用"移动工具"移动某个图层，如图2-380所示。移动过程中与其他图层对齐时就会显示出洋红色的智能参考线，而且还会提示图层之间的间距，如图2-381所示。

图2-380　　　　　　图2-381

同样，缩放图层到某个图层一半尺寸时也会出现智能参考线，如图2-382所示。绘制图形时也会出现，如图2-383所示。

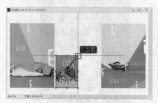　

图2-382　　　　　　图2-383

2.6.4 网格

网格主要用来对齐对象。借助网格可以更精准确定绘制对象的位置，尤其是在制作标志、绘制像素画时，网格更是必不可少的辅助工具。在默认情况下，网格显示为不打印出来的线条。打开一张图片，如图2-384所示。接着执行"视图>显示>网格"命令，就可以在画布中显示出网格，如图2-385所示。

图2-384

图2-385

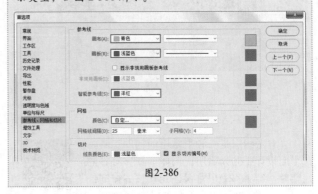

图2-386

2.6.5 对齐

在移动、变换或者创建新图形时，经常会感受到对象自动被"吸附"到另一个对象的边缘或者某些特定位置，这是因为开启了"对齐"功能。"对齐"有助于精确地放置选区、裁剪选框、切片、形状和路径等。执行"视图>对齐"命令，可以切换"对齐"功能的开启与关闭。在"视图>对齐到"菜单下可以设置可对齐的对象，如图2-387所示。

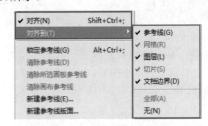

图2-387

综合实例：复制并自由变换制作暗调合成

文件路径	资源包\第2章\综合实例：复制并自由变换制作暗调合成
难易指数	★★★★★
技术掌握	图层组的使用、自由变换、复制并重复变换

案例效果

案例效果如图2-388所示。

图2-388

操作步骤

步骤01 执行"文件>打开"命令，在弹出的"打开"窗口中找到素材位置，选择素材"1.jpg"，单击"打开"按钮，如图2-389所示。素材文件就被打开了，如图2-390所示。

扫一扫，看视频

中文版Photoshop CC从入门到精通（微课视频版）

图2-389

图2-394

图2-395

图2-390

步骤 02 在"图层"面板中单击"创建新组"按钮，新建"组1"，如图2-391所示。选中"组1"，执行"图层>重命名组"命令，将该组重命名为"旋转复制"，如图2-392所示。

步骤 04 在"图层"面板中单击选择置入的素材图层，单击鼠标右键，在弹出的快捷菜单中选择"栅格化图层"命令，如图2-396所示。此时智能图层变为普通图层，如图2-397所示。

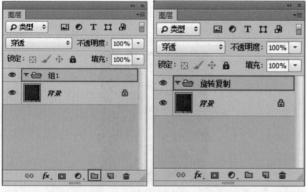

图2-391

图2-392

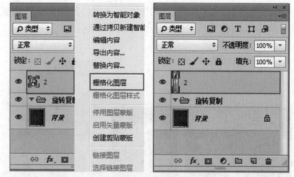

图2-396

图2-397

步骤 03 执行"文件>置入嵌入的智能对象"命令，在弹出的"置入嵌入对象"窗口中找到素材位置，选择素材"2.png"，单击"置入"按钮，如图2-393所示。接着将光标移动到素材右上角处，按住快捷键Shift+Alt的同时按住鼠标左键向左下角拖动，等比例缩小素材，如图2-394所示。然后双击鼠标左键完成置入操作，如图2-395所示。

步骤 05 在"图层"面板中将该图层移动到"旋转复制"组中，如图2-398所示。

图2-398

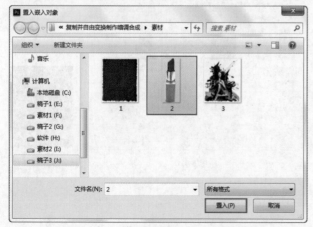

图2-393

步骤 06 选择口红所在图层，执行"编辑>自由变换"命令，将中心点向下移动，如图2-399所示。然后在选项栏中设置"旋转"为15度，如图2-400所示，按Enter键完成操作。

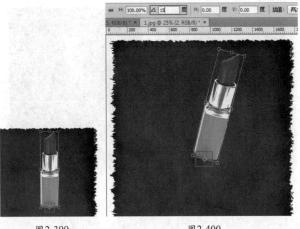

键Ctrl+T调出定界框，将光标定位到右上角的控制点处，然后按住快捷键Shift+Alt的同时拖曳控制点，以中心点作为缩放中心进行等比放大，如图2-407所示。调整完成后按Enter键，完成变换操作。在"图层"面板中设置"合并-放大"图层的"混合模式"为"滤色"，"不透明度"为20%，如图2-408所示。效果如图2-409所示。

| 图2-399 | 图2-400 |

步骤07 按快捷键Ctrl+Shift+Alt+T，按照之前的变换规律旋转并复制出一个口红，如图2-401所示。通过该快捷键多次进行旋转并复制，效果如图2-402所示。选择"旋转复制"图层组，单击鼠标右键，在弹出的快捷菜单中选择"合并组"命令，如图2-403所示。

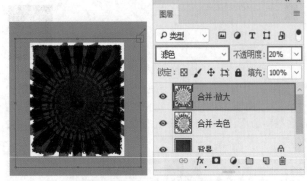

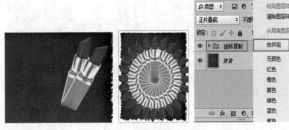

图2-401　　　　图2-402　　　　图2-403

步骤08 选择"旋转复制"图层，设置其"混合模式"为"正片叠底"，如图2-404所示。效果如图2-405所示。

步骤09 在"图层面板"中选中"旋转复制"图层，执行"图像>调整>去色"命令。此时该图层变为黑白效果，如图2-406所示。

图2-407　　　　　　　　　图2-408

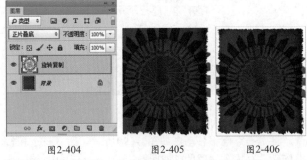

图2-404　　　　图2-405　　　　图2-406

步骤10 选择该图层，按快捷键Ctrl+J对其进行复制。按快捷

图2-409

步骤11 执行"文件>置入嵌入的智能对象"命令，在弹出的"置入嵌入对象"窗口中找到素材位置，选择素材"3.png"，单击"置入"按钮，如图2-410所示。将素材调整到合适位置，然后按Enter键确认。最终效果如图2-411所示。

图2-410　　　　　　　　　图2-411

扫一扫，看视频

Chapter 3

第3章

选区与填色

本章内容简介：

　　本章主要讲解了最基本也是最常见的选区绘制方法，并学习选区的基本操作，例如移动、变换、显隐、储存等操作，在此基础上学习选区形态的编辑。学会了选区的使用方法后，我们可以对选区进行颜色、渐变以及图案的填充。

重点知识掌握：

- 掌握使用选框工具和套索工具创建选区的方法
- 掌握颜色的设置以及填充方法
- 掌握渐变的使用方法
- 掌握选区的基本编辑操作

通过本章学习，我能做什么？

　　通过本章的学习，我们能够轻松的在画面中绘制一些简单的选区，例如长方形选区、正方形选区、椭圆选区、正圆选区、细线选区、随意的选区以及随意的带有尖角的选区等。有了选区后就可以对选区内的部分进行单独的操作，可以复制为单独的图层，也可以删除这部分内容，还可以为选区内部填充颜色等。

在创建选区之前，首先我们来了解一下什么是"选区"。我们可以将"选区"理解为一个限定处理范围的"虚线框"，当画面中包含选区时，选区边缘显示为闪烁的黑白相间的虚线框，如图3-1所示。进行的操作只会对选区以内的部分起作用，如图3-2所示。

扫一扫，看视频

图3-1　　　　　　　图3-2

选区功能的使用非常普遍，无论是照片修饰或者平面设计制图过程中，经常遇到要对画面局部进行处理、在特定范围内填充颜色或者将部分区域删除的情况。这些操作都可以创建出选区，然后对选区进行操作。在Photoshop中包含多种选区制作工具，本节将要介绍的是一些最基本的选区绘制工具，通过这些工具可以绘制长方形选区、正方形选区、椭圆选区、正圆选区、细线选区、随意的选区以及随意的带有尖角的选区等，如图3-3所示。除了这些工具，还有一些用于"抠图"的选区制作工具和技法，将在后面的章节进行讲解。

图3-3

【重点】3.1.1　动手练：矩形选框工具

"矩形选框工具" 🔲 可以创建出矩形选区与正方形选区。

步骤01 单击工具箱中的"矩形选框工具" 🔲，将光标移动到画面中，按住鼠标左键并拖动即可出现矩形的选区，松开光标后完成选区的绘制，如图3-4所示。在绘制过程中，按住Shift键的同时按住鼠标左键拖动可以创建正方形选区，如图3-5所示。

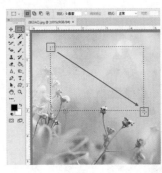 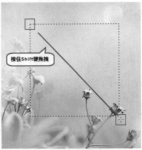

图3-4　　　　　　　图3-5

步骤02 在"矩形选框工具"的选项栏中可以看到选区运

算的按钮 🔲🔲🔲🔲。选区的运算是指选区之间的"加"和"减"。在绘制选区之前首先要注意此处的设置。如果想要创建出一个新的选区，那么需要单击"新选区"按钮 🔲，然后绘制选区。如果已经存在选区，那么新创建的选区将替代原来的选区。如图3-6所示。如果之前包含选区，单击"添加到选区"按钮 🔲 可以将当前创建的选区添加到原来的选区中（按住Shift键也可以实现相同的操作），如图3-7所示；如果之前包含选区，单击"从选区减去"按钮 🔲 可以将当前创建的选区从原来的选区中减去（按住Alt键也可以实现相同的操作），如图3-8所示；如果之前包含选区，单击"与选区交叉"按钮 🔲，接着绘制选区时只保留原有选区与新创建的选区相交的部分（按住快捷键Shift+Alt也可以实现相同的操作），如图3-9所示。

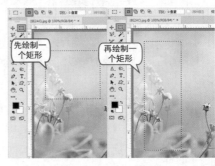

先绘制一个矩形　　　再绘制一个矩形

图3-6　　　　　　　图3-7

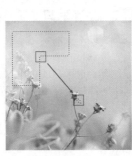 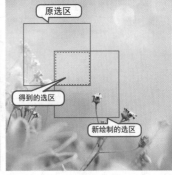

原选区

得到的选区

新绘制的选区

图3-8　　　　　　　图3-9

步骤03 在选项栏中可以看到"羽化"选项，"羽化"选项主要用来设置选区边缘的虚化程度。若要绘制"羽化"的选区，需要先在控制栏中设置参数，然后按住鼠标左键拖曳进行绘制，选区绘制完成后可能看不出有什么变化，如图3-10所示。可以将前景色设置为某一彩色，然后使用前景色填充快捷键Alt+Delete进行填充，然后使用快捷键Ctrl+D取消选区的选择，此时就可以看到羽化选区填充后的效果，如图3-11所示。羽化值越大，虚化范围越宽，反之羽化值越小，虚化范围越窄。如图3-12所示为羽化数值为30像素的羽化效果。

中文版Photoshop CC从入门到精通（微课视频版）

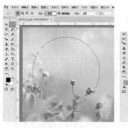
图3-10

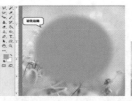
图3-11

图3-12

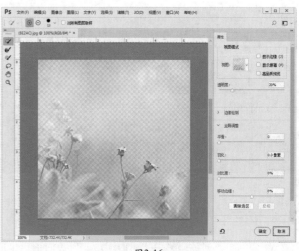
图3-16

提示：选区警告。

当设置的"羽化"数值过大，以至于任何像素都不大于50%选择时，Photoshop会弹出一个警告对话框，提醒用户羽化后的选区将不可见（选区仍然存在），如图3-13所示。

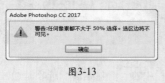
图3-13

步骤 04 "样式"选项是用来设置矩形选区的创建方法。当选择"正常"选项时，可以创建任意大小的矩形选区；当选择"固定比例"选项时，可以在"右侧"的"宽度"和"高度"文本框输入数值，以创建固定比例的选区。比如，设置"宽度"为1、"高度"为2，那么创建出来的矩形选区的高度就是宽度的2倍，如图3-14所示。当选择"固定大小"选项时，可以在右侧的"宽度"和"高度"文本框中输入数值，然后单击鼠标左键，即可创建一个固定大小的选区（单击"高度和宽度互换"按钮可以切换"宽度"和"高度"的数值），如图3-15所示。

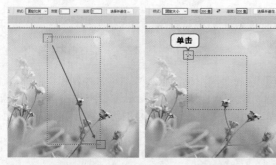
图3-14　　　　　图3-15

步骤 05 如果在选项栏中单击"选择并遮住"按钮，则可以打开"选择并遮住"窗口，在该窗口中可以对选区进行平滑、羽化等处理（具体内容将在3.6.2节中进行讲解）。若打开了该窗口，想要关闭该窗口并且不做出更改，单击窗口右下角的"取消"按钮即可，如图3-16所示。

举一反三：巧用选区运算绘制镂空文字

镂空文字能够露出下方图案，给人一种空间感。

步骤 01 选择需要制作镂空文字的图层，如图3-17所示。因为要制作文字，可以先建立辅助线，如图3-18所示。

图3-17

图3-18

步骤 02 选择"矩形工具"，单击选项栏中"添加到选区"按钮，然后参照参照线位置绘制一个选区，如图3-19所示。接着继续在左侧绘制一个矩形选区，如图3-20所示。

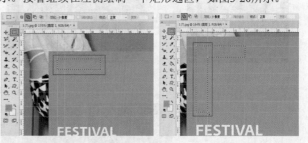
图3-19　　　　　图3-20

步骤 03 继续绘制选区，组合成字母E，如图3-21所示。接着选中蓝色矩形图层，按Delete键删除选区中的像素。然后使用快捷键Ctrl+D取消选区的选择，效果如图3-22所示。

图3-21　　　　　　　　　　图3-22

举一反三：利用羽化选区制作暗角效果

　　"暗角"一词是摄影中常用的词语。当我们拍摄出的画面四角有变暗的现象，叫做"失光"，俗称"暗角"。在设计中，"暗角"能够将视线向画面中心引导，从而突出主题。

步骤01 打开图片，如图3-23所示。新建一个图层，将其填充为黑色。然后单击工具箱中的"椭圆工具"，在选项栏中设置"羽化"为100像素，然后绘制一个椭圆选区，如图3-24所示。

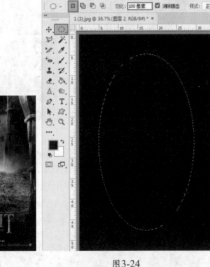

图3-23　　　　　　　　　　图3-24

步骤02 按Delete键，删除选区中的像素，此时暗角效果已经产生。如果觉得颜色太深，可以多次按Delete键删除，如图3-25所示。最后使用快捷键Ctrl+D取消选区的选择，如图3-26所示。

图3-25　　　　　　图3-26

　　"椭圆选框工具"主要用来制作椭圆选区和正圆选区。

步骤01 右键单击工具箱中的"选框工具组"按钮，在弹出的工具组列表中单击选择"椭圆选框工具"。将光标移动到画面中，按住鼠标左键并拖动即可出现椭圆形的选区，松开光标后完成选区的绘制。如图3-27所示。在绘制过程中按住Shift键的同时按住鼠标左键拖动，可以创建正圆选区，如图3-28所示。

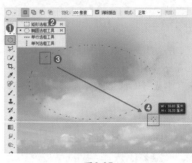

图3-27　　　　　　　　　　图3-28

步骤02 选项栏中的"消除锯齿"选项是通过柔化边缘像素与背景像素之间的颜色过渡效果，来使选区边缘变得平滑。如图3-29所示是未勾选"消除锯齿"选项时的图像边缘效果，如图3-30所示是勾选了"消除锯齿"选项时的图像边缘效果。由于"消除锯齿"只影响边缘像素，因此不会丢失细节，这在剪切、拷贝和粘贴选区图像时非常有用。其他选项与"矩形选框工具"相同，这里不再重复讲解。

图3-29　　　　　　　　　　图3-30

举一反三：巧用选区运算绘制卡通云朵

步骤01 选择"椭圆选区工具"，单击控制栏中的"添加到选区"按钮，然后按住鼠标左键拖曳绘制一个圆形选区，如图3-31所示。继续绘制另外几个圆形选区，如图3-32和图3-33所示。

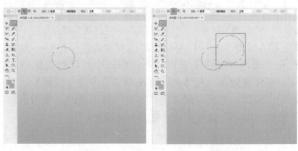

图3-31　　　　　　　　　　图3-32

图3-33

步骤02 将选区填充为白色，如图3-34所示。还可以继续丰富云朵的细节，完成效果如图3-35所示。

图3-34 　　　　　　　图3-35

举一反三：制作同心圆图形

步骤01 如果想要制作多层次的同心圆图形，首先需要使用"椭圆选框工具"，按住Shift键绘制一个正圆选区，如图3-36所示。接着设置合适的前景色，在新的图层中使用快捷键Alt+Delete进行填充，如图3-37所示。继续新建图层并绘制彩色正圆，如图3-38所示。

练习实例：使用椭圆选框工具制作人像海报

文件路径	资源包\第3章\练习实例：使用椭圆选框工具制作人像海报
难易指数	★★★★★
技术掌握	椭圆形选框工具、填充颜色、反向选择

案例效果

案例效果如图3-42所示。

图3-42

扫一扫，看视频

操作步骤

步骤01 执行"文件>打开"命令，打开素材"1.jpg"，如图3-43所示。新建图层，单击工具箱中的"椭圆形选框"工具，同时按住Shift键和鼠标左键拖曳绘制一个正圆选区，如图3-44所示。

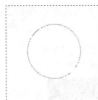

图3-36 　　　　图3-37 　　　　图3-38

步骤02 多次重复这样的操作，在不同的图层上绘制不同颜色的正圆形，如图3-39所示。绘制完成后我们会发现这些圆形很难对齐。所以可以按住Ctrl键加选这些图层，然后单击选项栏中的"水平居中对齐"和"垂直居中对齐"按钮进行对齐，如图3-40所示。应用效果如图3-41所示。

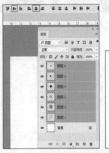

图3-39 　　　　图3-40 　　　　图3-41

图3-43 　　　　　　　图3-44

步骤02 设置前景色为紫灰色，按下快捷键Alt+Delete填充前景色，按下快捷键Ctrl+D取消选区，如图3-45所示。执行"文件>置入嵌入的智能对象"命令，置入素材"2.jpg"，然后按Enter键完成置入操作，接着将该图层栅格化，如图3-46所示。

图3-45 　　　　　　　图3-46

步骤03 选中新置入的素材图层，然后使用"椭圆形选框"在人物头部绘制一个正圆选区，如图3-47所示。按快捷键Ctrl+Shift+I将选区反选，然后按下Delete键删除选区中的像素，使用快捷键Ctrl+D取消选择，如图3-48所示。

步骤04 用同样的方式制作顶部两个较小的圆形照片，如图3-49所示。最后置入前景装饰，接着将置入对象调整到合适的大小、位置，然后按Enter键完成置入操作，最终效果如图3-50所示。

图3-47　　　　　　图3-48

图3-49　　　　　　图3-50

3.1.3　单行/单列选框工具：1像素宽/1像素高的选区

"单行选框工具"、"单列选框工具"主要用来创建高度或宽度为1像素的选区，常用来制作分割线以及网格效果。

步骤01 右键单击工具箱中的"选框工具组"按钮，在弹出的工具组列表中单击选择"单行选框工具"。选择工具箱中的"单行选框工具"，如图3-51所示。接着在画面中单击，即可绘制1像素高的横向选区，如图3-52所示。

颜色褪去、偏黄、饱和度低、模糊、残缺不全等。利用"单列选框工具"可以为画面增加一些细节缺失的效果。选择工具箱中的"单列选框工具"，接着在画面中单击即可绘制纵向的选区，如图3-55所示。单击工具箱中的"添加到选区"按钮，多次单击绘制多个单列选区，如图3-56所示。新建一个图层，然后将选区填充为白色，使用快捷键Ctrl+D取消选区的选择，效果如图3-57所示。

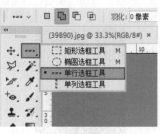 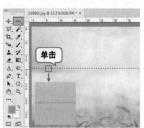

图3-51　　　　　　图3-52

步骤02 右键单击工具箱中的"选框工具组"按钮，在弹出的工具组列表中单击选择"单列选框工具"，如图3-53所示。接着在画面中单击，即可绘制1像素宽的纵向选区，如图3-54所示。

图3-55　　　　　　图3-56

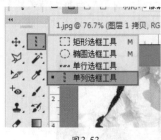 

图3-53　　　　　　图3-54

举一反三：年代感做旧效果

具有年代感的照片或者电影最显著的特点有以下几种：

图3-57

中文版Photoshop CC从入门到精通（微课视频版）

【重点】 3.1.4 套索工具：绘制随意的选区

使用"套索工具" ♀ 可以绘制出不规则形状的选区。例如需要随意选择画面中的某个部分，或者绘制一个不规则的图形，都可以使用"套索工具"。

步骤01 单击工具箱中的"套索工具" ♀，将光标移动至画面中，按住鼠标左键拖曳，如图3-58所示。最后将光标定位到起始位置时，松开鼠标即可得到闭合选区，如图3-59所示。

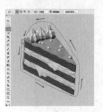 

图3-58   图3-59

步骤02 如果在绘制中途松开鼠标左键，Photoshop会在该点与起点之间建立一条直线以封闭选区，如图3-60和图3-61所示。

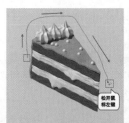 

图3-60   图3-61

> **提示：从"套索工具"快速切换到"多边形套索工具"。**
>
> 当使用"套索工具"绘制选区时，如果在绘制过程中按住 Alt 键，松开鼠标左键以后（不松开 Alt 键），Photoshop 会自动切换到"多边形套索工具"。

【重点】 3.1.5 多边形套索工具：创建带有尖角的选区

"多边形套索工具" 能够创建带有尖角的选区，例如绘制楼房、书本等对象的选区。

步骤01 选择工具箱中的"多边形套索工具" ，接着在画面中单击确定起点，如图3-62所示。接着移动到第二个位置单击，如图3-63所示。

步骤02 继续通过单击的方式进行绘制，当绘制到起始位置时，光标变为 后单击，如图3-64所示。随即会得到选区，如图3-65所示。

图3-64   图3-65

图3-62   图3-63

> **提示："多边形套索工具"的使用技巧。**
>
> 在使用"多边形套索工具"绘制选区时，按住 Shift 键，可以在水平方向、垂直方向或45°方向上绘制直线。另外，按 Delete 键可以删除最近绘制的直线。

3.2 选区的基本操作

对创建完成的"选区"可以进行一些操作，如移动、全选、反选、取消选择、重新选择、储存与载入等。

扫一扫，看视频

【重点】 3.2.1 取消选区

当我们绘制了一个选区后，会发现操作都是针对选区内部的图像进行。如果不需要对局部进行操作了，就可以取消选区。执行"选择>取消选择"命令或按快捷键Ctrl+D，可以取消选区状态。

3.2.2　重新选择

如果刚刚错误地取消了选区，可以将选区"恢复"回来。要恢复被取消的选区，可以执行"选择>重新选择"命令。

【重点】3.2.3　动手练：移动选区位置

创建完的选区可以进行移动，但是选区的移动不能使用"移动工具"，而要使用选区工具，否则移动的内容将是图像，而不是选区。

步骤01 选择一个选框工具，设置选区运算模式为"新选区" □，接着将光标移动至选区内，光标变为 ▷﹃ 状后，按住鼠标左键拖曳，如图3-66所示。拖曳到相应位置后松开鼠标，完成移动操作，如图3-67所示。

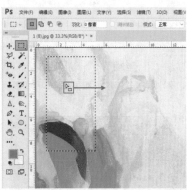

图3-66　　　　　　　图3-67

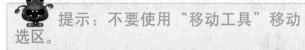 提示：不要使用"移动工具"移动选区。

如果使用"移动工具"，那么移动的将是选区中的内容，而不是选区本身。

步骤02 使用选框工具创建选区时，在松开鼠标左键之前，按住Space键（即空格键）拖曳光标，可以移动选区，如图3-68所示。在包含选区的状态下，按键盘上的→、←、↑、↓键可以以1像素的距离移动选区。

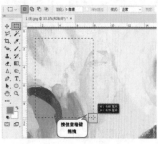

图3-68

【重点】3.2.4　全选

"全选"能够选择当前文档边界内的全部图像。执行"选择>全部"命令或按快捷键Ctrl+A即可进行全选，如图3-69所示。

图3-69

【重点】3.2.5　反选

通过前面的学习，我们已经能够创建出多种的选区，但是如果想要创建出与当前选择内容相反的选区。需要怎么做呢？其实很简单，首先创建出中间部分的选区（为了便于观察，此处图中网格的区域为选区内部），如图3-70所示，然后执行"选择>反向选择"命令（快捷键Shift+Ctrl+I），即可选择反向的选区，也就是原本没有被选择的部分，如图3-71所示。

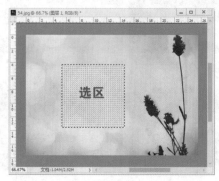

图3-70

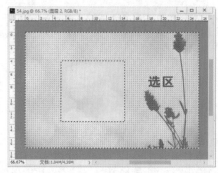

图3-71

中文版Photoshop CC从入门到精通（微课视频版）

3.2.6　隐藏选区、显示选区

在制图过程中，有时画面中的选区边缘线可能会影响我们观察画面效果。执行"视图>显示>选区边缘"菜单命令（快捷键Ctrl+H）可以切换选区的显示与隐藏状态。

3.2.7　动手练：储存选区、载入储存的选区

在Photoshop中选区是一种"虚拟对象"，无法直接被储存在文档中，而且一旦取消，选区就不复存在了。如果在制图过程中，某个选区需要多次使用，则可以借助"通道"功能将选区"储存"起来。

步骤01 执行"窗口>通道"命令，打开"通道"面板。此时如果画面中包含选区，如图3-72所示。在"通道"面板底部单击"将选区储存为通道"按钮 ▫ ，可以将选区存储为"Alpha通道"，如图3-73所示。

图3-74　　　　　　图3-75

图3-72

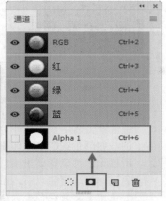

图3-73

步骤02 以通道形式进行储存的选区，可以在"通道"面板中按住Ctrl键的同时单击储存选区的通道蒙版缩略图，如图3-74所示，即可重新载入储存起来的选区，如图3-75所示。

【重点】3.2.8　载入当前图层的选区

在操作过程中经常需要得到某个图层的选区。例如在文档内有两个图层，如图3-76所示。此时可以在"图层"面板中按住Ctrl键的同时单击该图层缩略图，即可载入该图层选区，如图3-77所示。

图3-76　　　　　　　图3-77

3.3　颜色设置

当我们想要画一幅画时，首先想到的是纸、笔、颜料。在Photoshop中，"文档"就相当于纸，"画笔工具"是笔，"颜料"则需要通过颜色的设置得到。需要注意的是：设置好的颜色不是仅用于"画笔工具"，在"渐变工具""填充命令""颜色替换画笔"甚至是滤镜中都可能涉及到颜色的设置。如图3-78~图3-80所示为使用到颜色的设计作品。

在Photoshop中可以从内置的色板中选择合适的颜色，也可以随意选择任何颜色，还可以从画面中选择某个颜色，本节就来学习几种颜色设置的方法。

图3-78　　　　　图3-79　　　　　图3-80

【重点】3.3.1 认识"前景色"与"背景色"

在学习颜色的具体设置方法之前，首先我们来认识一下"前景色"和"背景色"。在工具箱的底部可以看到前景色和背景色设置按钮（默认情况下，前景色为黑色，背景色为白色），如图3-81所示。单击"前景色"/"背景色"按钮，可以在弹出的"拾色器"对话框中选取一种颜色作为前景色/背景色。单击 按钮可以切换所设置的前景色和背景色（快捷键为X），如图3-82所示。单击 按钮可以恢复默认的前景色和背景色（快捷键为D），如图3-83所示。

扫一扫，看视频

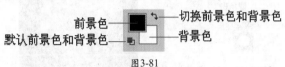

图3-81

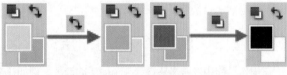

图3-82   图3-83

通常前景色使用的情况更多些，前景色通常被用于绘制图像、填充某个区域以及描边选区等。如图3-84所示。而背景色通常起到"辅助"的作用，常用于生成渐变填充和填充图像中被删除的区域（例如使用橡皮擦擦除背景图层时，被擦除的区域会呈现出背景色）。一些特殊滤镜也需要使用前景色和背景色，例如"纤维"滤镜和"云彩"滤镜等，如图3-85所示。

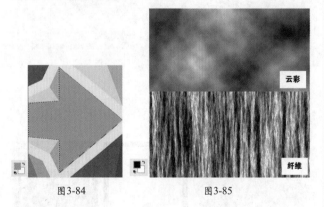

图3-84   图3-85

【重点】3.3.2 在"拾色器"中选取颜色

认识了前景色与背景色之后，可以尝试单击前景色或背景色的小色块，接下来就会弹出"拾色器"。"拾色器"是Photoshop中最常用的颜色设置工具，不仅在设置前/背景色时使用，很多颜色设置（如文字颜色、矢量图形颜色等）都需要使用它。以设置"前景色"为例，首先单击工具箱底部的"前景色"按钮，接着弹出"拾色器（前景色）"窗口，首先可以拖动颜色滑块到相应的色相范围内，然后将光标放在左侧色的"色域"中，单击即可选择颜色，设置完毕后单击"确定"按钮完成操作，如图3-86所示。如果想要设定精确数值的颜色，也可以在"颜色值"处输入数字。设置完毕后，前景色随之发生了变化，如图3-87所示。

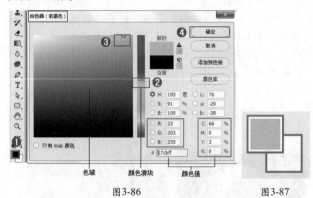

图3-86   图3-87

- 溢色警告 ⚠：由于HSB、RGB以及Lab颜色模式中的一些颜色在CMYK印刷模式中没有等同的颜色，所以无法准确印刷出来，这些颜色就是常说的"溢色"。出现警告以后，可以单击警告图标下面的小颜色块，将颜色替换为CMYK颜色中与其最接近的颜色。

- 非Web安全色警告 ⬢：这个警告图标表示当前所设置的颜色不能在网络上准确显示出来。单击警告图标下面的小颜色块，可以将颜色替换为与其最接近的Web安全颜色。

- 只有Web颜色：勾选该选项以后，只在色域中显示Web安全色。

- 添加到色板：单击该按钮，可以将当前所设置的颜色添加到"色板"面板中。

- 颜色库：单击该按钮，可以打开"颜色库"对话框。

3.3.3 动手练：使用"色板"面板选择颜色

制图过程中经常会遇到不知道用什么颜色合适的时候，这时不妨到"色板"面板中找找灵感！执行"窗口>色板"命令。打开"色板"面板，在其中默认情况下包含一些系统预设的颜色。

中文版Photoshop CC从入门到精通（微课视频版）

1.使用"色板"设置前景色/背景色

执行"窗口>色板"菜单命令,打开"色板"面板,单击颜色块即可将其设置为前景色,如图3-88所示。按住Ctrl键单击颜色块即可将其设置为背景色,如图3-89所示。色板面板最顶部会显示近期使用过的颜色,方便我们查找,如图3-90所示。

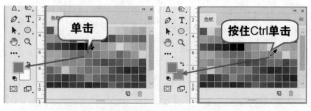

图3-88　　　　　　　　图3-89

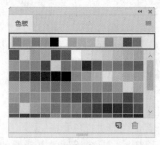

图3-90

先设置一个前景色,然后单击"创建前景色的新色板"按钮 ,在弹出的"色板名称"窗口中对新建的颜色进行命名,然后单击"确定"按钮,随即可以将当前的前景色添加到"色板"面板中,如图3-91所示。如果要删除某一个颜色块,可以在该色块上按住鼠标左键的同时将其拖曳到"删除色板"按钮 上即可,如图3-92所示。

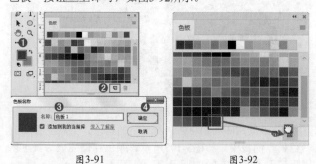

图3-91　　　　　　　　图3-92

2.使用其他色板

单击 图标,可以打开"色板"面板的菜单,其中包括大量的内置色板库。"色板库"是指系统预设的一系列色板合集。"色板"面板的菜单中包括多种色板库,如图3-93所示。执行这些命令时,Photoshop会弹出一个提示对话框,如果单击"确定"按钮,载入的色板将替换到当前的色板;如果单击"追加"按钮,载入的色板将追加到当前色板的后面,如图3-94所示。如图3-95所示为ANPA颜色。

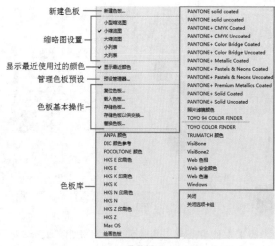

图3-93

图3-94

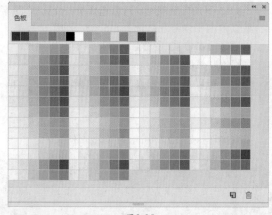

图3-95

【重点】3.3.4　吸管工具:选取画面中的颜色

"吸管工具" 可以吸取图像的颜色作为前景色或背景色。但是使用"吸管工具"只能够吸取一种颜色,可以通过取样大小设置采集颜色的范围。

扫一扫,看视频

在工具箱中单击"吸管工具"按钮 ,在选项栏中设置"取样大小"为"取样点"、"样本"为"所有图层",并勾选"显示取样环"选项。然后使用"吸管工具"在图像中单击,此时拾取的颜色将作为前景色,如图3-96所示。按住Alt键,然后单击图像中的区域,此时拾取的颜色将作为背景色,如图3-97所示。

图3-96　　　　　　　　　　图3-97

提示：吸管工具使用技巧。

如果在使用绘画工具时需要暂时使用"吸管工具"拾取前景色，可以按住 Alt 键将当前工具切换到"吸管工具"，松开 Alt 键后即可恢复到之前使用的工具。

使用"吸管工具"采集颜色时，按住鼠标左键并将光标拖曳出画布之外，可以采集 Photoshop 的界面和界面以外的颜色信息。

- **取样大小**：设置吸管取样范围的大小。选择"取样点"选项时，可以选择像素的精确颜色。选择"3×3 平均"选项时，可以选择所在位置3个像素区域以内的平均颜色；选择"5×5平均"选项时，可以选择所在位置5个像素区域以内的平均颜色。其他选项依此类推。
- **样本**：可以从"当前图层"或"所有图层"中采集颜色。
- **显示取样环**：勾选该选项以后，可以在拾取颜色时显示取样环。如图3-98所示为"取样环"。

图3-98

提示：为什么"显示取样环"选项无法启用？

如果"显示取样环"选项处于不可用状态，可以执行"编辑＞首选项＞性能"菜单命令，在"图形处理器设置"选项组下勾选"使用图形处理器"选项（如果此选项不可用，那么可能是设备不支持或者显卡驱动的问题）。在下一次打开文档时就可以勾选"显示取样环"选项，如图3-99所示。

图3-99

举一反三：从优秀作品中提取颜色

配色在一个设计作品中的地位非常重要，这项技能是靠长期的经验积累，配合敏锐的视觉得到的。但是对于很多新手来说，自己搭配出的颜色总是不尽如人意，这时可以通过借鉴优秀设计作品的色彩进行色彩搭配。

步骤 01 打开一张图片，在这张图片中粉色系的色彩搭配很漂亮，可以从中拾取颜色进行借鉴。单击工具箱中的"吸管工具"按钮 ，在需要拾取颜色的位置单击，如图3-100所示。然后打开"色板"，接着将刚刚设置的前景色存储在"色板"面板中，如图3-101所示。

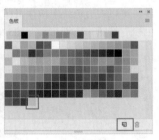

图3-100　　　　　　　　　图3-101

步骤 02 继续在画面中单击进行颜色的拾取，并将其存储到"色板"面板中，如图3-102所示。颜色存储完成后就可以进行应用了，如图3-103所示。

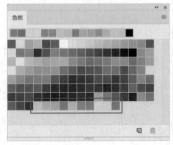

图3-102　　　　　　　　　图3-103

3.3.5 "颜色"面板

执行"窗口>颜色"菜单命令,打开"颜色"面板。"颜色"面板中显示了当前设置的前景色和背景色,可以在该面板中设置前景色和背景色。

在颜色面板中可以单击前/背景色图标,接着设置颜色即可。在面板菜单中可以看到多种"颜色"面板的显示方式,默认情况下以"色相立方体"的模式显示,这种方式与"拾色器"非常相似。除此之外,还可以在菜单中选择其他的显示方式,如图3-104所示。如果执行"建立Web安全颜色"命令,在该"颜色"的状态下,设置的颜色能够在不同的显示设备和操作系统上表现基本一致,是适合于网页设计的选色方式,如图3-105所示。

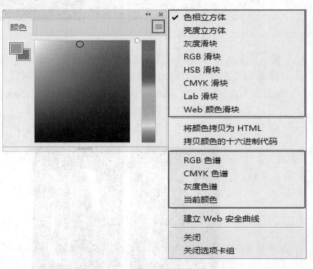

图3-104　　　　　　　　　　　　　　　　图3-105

练习实例:填充合适的前景色制作运动广告

文件路径	资源包\第4章\练习实例:填充合适的前景色制作运动广告
难易指数	★★★★★
技术掌握	填充前景色

案例效果

案例效果如图3-106所示。

图3-106

操作步骤

步骤 01 执行"文件>新建"命令,新建一个A4大小的空白文档。单击工具箱中的"前景色"按钮会弹出"拾色器"窗口。在窗口中间的颜色带上选择黄色,接着在左侧的色域中单击中黄色,单击"确定"按钮完成设置,如图3-107所示。此时前景色被设置为中黄色,按下快捷键Alt+Delete为当前画面填充前景色,如图3-108所示。

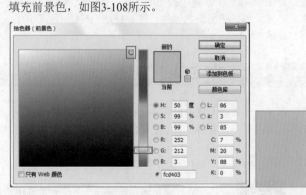

图3-107　　　　　　　　　图3-108

步骤 02 执行"文件>置入嵌入的智能对象"命令,置入素材"1.jpg"。将置入对象调整到合适的大小、位置,按Enter

键完成置入操作。然后选中该图层，执行"图层>栅格化>智能对象"命令，将该图层栅格化，如图3-109所示。

图3-112　　　　　　　　图3-113

步骤05 执行"文件>置入嵌入的智能对象"命令，置入人像素材"2.jpg"，按Enter键确定置入操作。然后执行"图层>栅格化>智能对象"命令，将该图层栅格化，如图3-114所示。单击工具箱中的"多边形套索"工具，在画布左上角上绘制一个三角形选区，如图3-115所示。

图3-109

步骤03 单击工具箱中的"多边形套索工具"，在画布左边缘单击确定起点，移动到右侧边缘单击，接着向下移动一些，再次在右侧边缘单击，回到左侧边缘单击，最后回到起点处单击，绘制出一个平行四边形选区，如图3-110所示。继续使用"多边形套索工具"，在选项栏上单击"添加到选区"按钮 ，并在画布上绘制另外一个平行四边形选框，以及底部的选区，如图3-111所示。

图3-114　　　　　　图3-115

步骤06 新建图层，为选区填充黄色，如图3-116所示。最后置入前景素材"3.png"，执行"图层>栅格化>智能对象"命令，最终效果如图3-117所示。

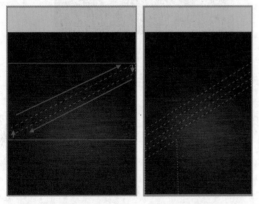

图3-110　　　　　　　　图3-111

步骤04 在图层面板上单击"创建新图层"按钮创建新图层，如图3-112所示。选中新建的图层，按快捷键Alt+Delete填充之前设置好的前景色颜色，随后按快捷键Ctrl+D取消选择，如图3-113所示。

图3-116　　　　　　图3-117

3.4　填充与描边

　　有了选区后，不仅可以删除画面中选区内的部分，还可以对选区内部进行填充，在Photoshop中有多种填充方式，可以填充不同的内容，需要注意的是没有选区也是可以进行填充的。除了填充，在包含选区的情况下还可用来为选区边缘进行描边。

【重点】3.4.1　快速填充前景色/背景色

扫一扫，看视频

　　前景色或背景色的填充是非常常用的，所以我们通常都使用快捷键进行操作。选择一个图层或者绘制一个选区，如图3-118所示。设置合适的前景色，并使用前景色填充快捷键Alt+Delete进行填充，效果如图3-119所示；设置合适的背景色，并使用背景色填充快捷键Ctrl+Delete进行填充，效果如图3-120所示。

中文版Photoshop CC从入门到精通（微课视频版）

图3-118

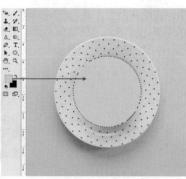

图3-119

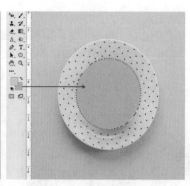

图3-120

练习实例：使用矩形选框工具制作照片拼图

文件路径	资源包\第3章\练习实例：使用矩形选框工具制作照片拼图
难易指数	★★★★★
技术掌握	矩形选框工具、颜色填充

案例效果

案例效果如图3-121所示。

图3-121

扫一扫，看视频

操作步骤

步骤01 新建一个"宽度"为3716像素、"高度"为2306像素的新文档。使用快捷键Ctrl+R打开标尺，在标尺上按住鼠标左键并向画面中拖动，创建出多条参考线，如图3-122所示。单击工具箱中的"矩形选框工具"按钮，参照参考线的位置绘制一个矩形选区，如图3-123所示。

图3-122   图3-123

步骤02 新建图层，设置前景色为浅绿色，使用快捷键Alt+Delete进行填充，如图3-124所示。使用同样的方法制作另外几个浅绿色矩形，如图3-125所示。

图3-124   图3-125

步骤03 再次新建一个图层，用同样的方式，使用"矩形选框工具"绘制其他的矩形选区，并为其填充合适的颜色，如图3-126所示。执行"文件>置入嵌入的智能对象"命令，置入素材"1.jpg"，调整到合适的大小后按Enter键确定置入，然后将该图层栅格化。使用"矩形选框工具"参照参考线的位置绘制一个矩形选区，如图3-127所示。

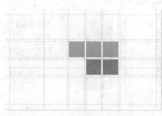

图3-126   图3-127

步骤04 按下快捷键Ctrl+Shift+I将选区反选，如图3-128所示。选择该图层，然后按Delete键删除选区中的像素，并按快捷键Ctrl+D取消选区，如图3-129所示。

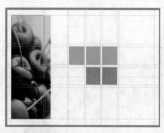

图3-128   图3-129

步骤05 继续置入素材"2.jpg"，调整到合适大小后按一下Enter键确定置入操作，然后将该图层栅格化，如图3-130所示。

图3-130

步骤 06 单击工具箱中的"矩形选框工具"按钮，在选项栏上单击"添加到选区"按钮，然后参照参考线的位置绘制矩形选区，如图3-131所示。继续进行选区的绘制，如图3-132所示。

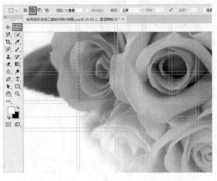

步骤 08 以同样的方式继续置入素材"3.jpg"，放置在画面的右侧，效果如图3-135所示。

图3-135

步骤 09 单击工具箱中的"横排文字工具"按钮，在选项栏上设置合适的字体、字号，单击"右对齐"按钮，并设置"文本颜色"为白色。在画布上单击并输入文字，输入完成后单击选项栏右侧的 ✔ 按钮，完成文字的输入，如图3-136所示。以同样的方式依次输入其他文字，最终效果如图3-137所示。

步骤 07 使用快捷键Ctrl+Shift+I将选区反选，如图3-133所示。按Delete键删除选区中的像素，然后使用快捷键Ctrl+D取消选区，如图3-134所示。

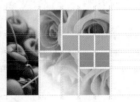

图3-131　　　　　　图3-132

图3-133　　　　　　图3-134

图3-136　　　　　　图3-137

扫一扫，看视频

【重点】3.4.2　动手练：使用"填充"命令

"填充"是指使画面整体或者部分区域被覆盖上某种颜色或者图案，如图3-138和图3-139所示。在Photoshop中有多种可供"填充"的方式，例如使用"填充"命令或"油漆桶工具"等。

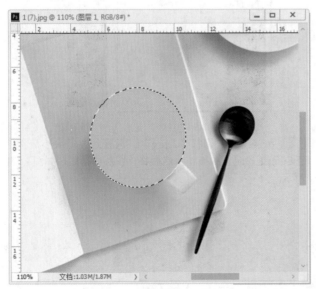

图3-138

图3-139

中文版Photoshop CC从入门到精通（微课视频版）

106

用"填充"命令可以为整个图层或选区内的部分填充颜色、图案、历史记录等,在填充的过程中还可以使填充的内容与原始内容产生混合效果。

执行"编辑>填充"命令(快捷键Shift+F5),打开"填充"窗口,如图3-140所示。在这里首先需要设置填充的内容,接着还可以进行混合的设置,设置完成后单击"确定"按钮进行填充。需要注意的是对文字图层、智能对象等特殊图层以及被隐藏的图层不能使用"填充"命令。

图3-140

- 内容:用来设置填充的内容。包含前景色、背景色、颜色、内容识别、图案、历史记录、黑色、50%灰色和白色。
- 模式:用来设置填充内容的混合模式。混合模式就是此处的填充内容与原始图层中的内容的色彩叠加方式,其效果与"图层"混合模式相同,具体每种混合模式将在第9章中讲解。如图3-141所示为"变暗"模式效果;如图3-142所示为"叠加"模式效果。

图3-141　　　　　　　　图3-142

- 不透明度:用来设置填充内容的不透明度。数值为100%时为完全不透明,如图3-143所示;数值为50%时为半透明,如图3-144所示;数值为0%时为完全透明,如图3-145所示。

图3-143　　　图3-144　　　图3-145

- 保留透明区域:勾选该选项以后,只填充图层中包含像素的区域,而透明区域不会被填充。

1.填充颜色

填充颜色是指以纯色进行填充,在"填充"内容列表中有"前景色""背景色"和"颜色"3个选项可用于填充颜色的按钮,如图3-146所示。其中"前景色"和"背景色"两个选项很好理解,就是将前景色或背景色进行填充。当设置"内容"为"颜色"时,弹出"拾色器"窗口,设置合适的颜色,单击"确定"按钮,完成填充操作,如图3-147所示。填充效果如图3-148所示。

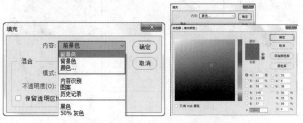

图3-146　　　　　　　　　　图3-147

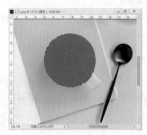

图3-148

2.填充内容识别

"内容识别"是一个非常智能的填充方式,它能够通过感知该选区周围的内容进行填充,填充的结果自然、真实。"内容识别"更像是一款去除瑕疵的工具。首先在需要填充的位置绘制一个选区,这个选区不用非常精确,如图3-149所示。打开"填充"窗口,设置内容为"内容识别",勾选"颜色适应"选项,让选区边缘的颜色融合得更加自然。设置完成后单击"确定"按钮,如图3-150所示。选区中的内容被自动去除,填充为周围相似的内容,效果如图3-151所示。

图3-149　　　　　图3-150　　　　　图3-151

3.填充图案

选区中不仅可以填充纯色,还能够填充图案。选择需要填充的图层或选区,打开"填充"窗口,设置"内容"

为"图案"，然后单击"自定图案"后侧的 按钮，在下拉面板中单击选择一个图案，单击"确定"按钮，如图3-152所示。填充效果如图3-153所示。

图3-152　　　　　　　　　图3-153

4.填充历史记录

设置"内容"为"填充历史记录"选项，即可填充历史记录面板中所标记的状态。

5.填充黑色/50%灰色/白色

当设置"内容"为"黑色"时，即可填充为黑色，如图3-154所示；当设置"内容"为"50%灰色"时，即可填充为灰色，如图3-155所示；当设置"内容"为"白色"时，即可填充为白色，如图3-156所示。

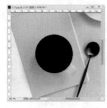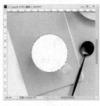

图3-154　　　　　图3-155　　　　　图3-156

3.4.3　动手练：油漆桶工具

"油漆桶工具" 可以用于填充前景色或图案。如果创建了选区，填充的区域为当前选区；如果没有创建选区，填充的就是与鼠标单击处颜色相近的区域。

1.使用"油漆桶工具"填充前景色

右键单击工具箱中的"渐变工具组"按钮，在其中选择"油漆桶工具" 。在选项栏中设置填充模式为"前景色"，"容差"为120，其他参数使用默认值即可，如图3-157所示。更改前景色，然后在需要填充的位置单击即可填充颜色，如图3-158所示。由此可见，使用"油漆桶工具"进行填充无需先绘制选区，而是通过"容差"数值控制填充区域的大小。容差值越大，填充范围越大；容差值越小，填充范围也就越小。如果是空白图层，则会完全填充到整个图层中。

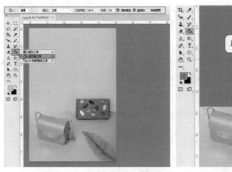

图3-157　　　　　　　　　图3-158

- 模式：用来设置填充内容的混合模式。
- 不透明度：用来设置填充内容的不透明度。
- 容差：用来定义必须填充的像素的颜色的相似程度与选取颜色的差值，例如调到32，会以单击处颜色为基准，把范围上下浮动32以内的颜色都填充。设置较低的"容差"值会填充颜色范围内与鼠标单击处像素非常相似的像素；设置较高的"容差"值会填充更大范围的像素。如图3-159和图3-160所示为容差5与容差20的对比效果。

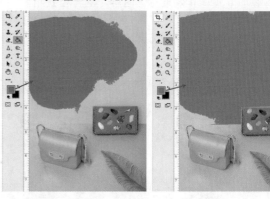

图3-159　　　　　　　　　图3-160

- 消除锯齿：平滑填充选区的边缘。
- 连续的：勾选该选项后，只填充图像中处于连续范围内的区域；关闭该选项后，可以填充图像中的所有相似像素。
- 所有图层：勾选该选项后，可以对所有可见图层中的合并颜色数据填充像素；关闭该选项后，仅填充当前选择的图层。

2.使用"油漆桶工具"填充图案

选择"油漆桶工具"，在选项栏中设置填充模式为"图案"，单击图案后侧的 按钮，在下拉面板中单击选择一个图案，如图3-161所示。在画面中单击进行填充，效果如图3-162所示。

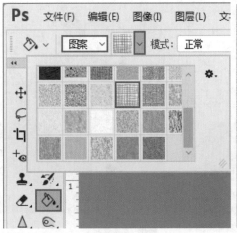

图3-161 图3-162

练习实例：使用油漆桶工具为背景填充图案

文件路径	资源包\第4章\练习实例：使用油漆桶工具为背景填充图案
难易指数	★★★★★
技术掌握	油漆桶工具

案例效果

案例效果如图产3-163所示。

图3-163

操作步骤

步骤01 执行"文件>打开"命令，打开素材"1.jpg"，如图3-164所示。

扫一扫，看视频

图3-164

步骤02 执行"编辑>预设>预设管理器"命令，在弹出的窗口中设置"预设类型"为"图案"，单击"载入"按钮，在弹出的窗口中找到素材位置，选中素材"2.pat"，单击"载入"按钮完成设置，如图3-165所示。在"预设管理器"窗口中单击"完成"按钮，如图3-166所示。

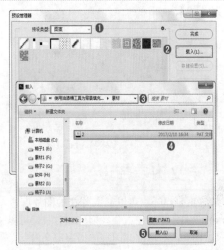

图3-165

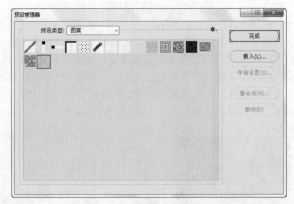

图3-166

步骤03 选择工具箱中的"油漆桶工具"，在选项栏设置填充模式为"图案"，选择刚刚载入的图案，设置"模式"为"正常"，"不透明度"为100%，"容差"为20，如图3-167所示。然后在素材图层中的绿色背景上单击，此时绿色背景上出现了新置入的黄色图案，如图3-168所示。

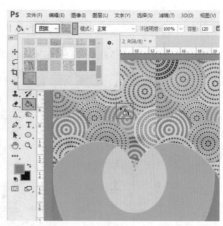

图3-167　　　　　　　　图3-168

步骤04 执行"文件>置入嵌入的智能对象"命令置入素材"3.png"，将置入对象调整到合适的大小、位置，然后按Enter键完成置入操作，执行"图层>栅格化>智能对象"命令，进行栅格化。案例完成效果如图3-169所示。

图3-169

3.4.4　定义图案预设

虽然在Photoshop中可以载入外挂的图片库素材，但有可能载入的图案并不一定适合我们。这时我们可以"自己动手，丰衣足食"，将图片或图片的局部定义为一个可以随时使用的"图案"。

打开一个图像，如果想要图像中的局部作为图案，那么可以框选出这个部分，如图3-170所示。执行"编辑>定义图案"菜单命令，在弹出的"图案名称"窗口中设置一个合适的名称，单击"确定"按钮完成图案的定义，如图3-171所示。选择工具箱中的"油漆桶工具"，在选项栏中设置填充模式为"图案"，然后在下拉面板的最底部选择刚刚定义的图案，单击即可以该图案进行填充，如图3-172所示。

图3-170　　　　　　　　图3-171

图3-172

提示：定义的图案在Photoshop中是通用的。

使用快捷键Shift+F5打开"填充"窗口，设置"内容"为"图案"，在"自定图案"下拉列表中可以看到刚刚定义的图案，如图3-173所示。

图3-173

举一反三：制作服装面料图案

步骤01 首先准备好一个图案，如图3-174所示。执行"编辑>定义图案"命令，在弹出的"图案名称"窗口中设置一个合适的名称，然后单击"确定"按钮完成定义操作，如图3-175所示。

图3-174　　　　　　　　图3-175

步骤02 单击工具箱中的"油漆桶工具"，在选项栏中设置填充模式为"图案"，然后在下拉面板的最底部选择刚刚定义的图案，单击进行填充，如图3-176所示。可以继续定义图案进行填充，效果如图3-177所示。

中文版Photoshop CC从入门到精通（微课视频版）

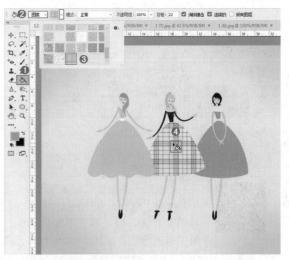

图3-176

图3-177

举一反三：使用图案制作微质感纹理

"微质感"是一种常用的取代单一颜色的填充方式，与单一颜色相比，"微质感"细节更丰富。"微质感"纹理应用非常广泛，主要用于制作背景。

步骤 01 新建一个5×5像素，背景内容为透明的新文件，如图3-178所示。按住Alt键的同时向前滚动鼠标中轮将画布放大，将前景色设置为黑色，选择"铅笔工具" ，设置笔尖大小为1像素，然后在画面中以对角线的方式绘制一条直线，如图3-179所示。

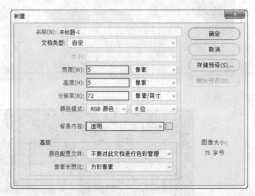

图3-178

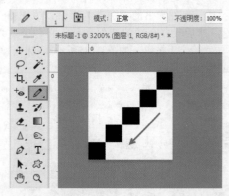

图3-179

步骤 02 接着执行"编辑>定义图案"命令，设置合适的名称，单击"确定"按钮，如图3-180所示。新建一个空白文档，调出"填充"窗口，设置"内容"为"图案"，"自定图案"为刚刚定义的图案。单击"确定"按钮，如图3-181所示。画面效果如图3-182所示。

图3-180

图3-181

图3-182

3.4.5 "图案"的存储与载入

定义的图案能够存储为".PAT"格式的独立文件,方便储存、传输和调用。

`步骤01` 在"油漆桶工具"选项栏中打开"图案"下拉面板,因为"存储图案"命令存储的图案是整个面板中的图案,我们可以先将不需要的图案删除。在不需要的图案上单击执行"删除图案"命令即可将图案删除,如图3-183所示。

`步骤02` 单击面板右上角的 ✿ 按钮并执行"存储图案"命令,如图3-184所示。在弹出的"另存为"窗口中选择一个合适的位置,然后设置合适的文件名称,文件类型为".PAT",单击"确定"按钮,如图3-185所示。此时,就可以在存储位置看到该文件了,如图3-186所示。

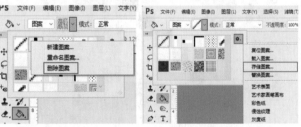

图3-183　　　　　　　图3-184

图3-185　　　　　　　图3-186

`步骤03` 若要载入图案库,可以打开"图案"下拉面板,单击 ✿ 按钮并执行"载入图案"命令,如图3-187所示。在弹出的"载入"窗口中找到图案库的位置,选择图案库,然后单击"载入"按钮完成载入,如图3-188所示。

图3-187　　　　　　　图3-188

【重点】3.4.6　动手练:渐变工具

扫一扫,看视频

"渐变"是指由多种颜色过渡而产生的一种效果。渐变是设计制图中非常常用的一种填充方式,使用渐变不仅能够制作出缤纷多彩的颜色,如图3-189所示作品中的背景,还能够使"单一颜色"也能产生不那么单调的感觉。如图3-190所示的背景虽然看起来是蓝色的,但是仔细观察能够发现其实是不同亮度的蓝色的渐变。除此之外"渐变"还能够制作出带有立体感的效果,如图3-191所示的按钮的凸起效果也是靠渐变的使用。"渐变工具" ▬ 可以在整个文档或选区内填充渐变色,并且可以创建多种颜色间的混合效果。

图3-189　　　　　　　图3-190

图3-191

1.渐变工具的使用方法

`步骤01` 选择工具箱中的"渐变工具" ▬ ,然后单击选项栏中"渐变色条"右侧的 ⌄ 按钮,在下拉面板有一些预设的渐变颜色,单击即可选中渐变色。单击选择后,渐变色条变为选择的颜色,用来预览。在不考虑选项栏中其他选项的情况下,就可以进行填充了。选择一个图层或者绘制一个选区,按住鼠标左键拖曳,如图3-192所示。松开鼠标完成填充操作,效果如图3-193所示。

中文版Photoshop CC从入门到精通(微课视频版)

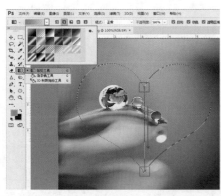

图3-192　　　　　　　　图3-193

2.编辑合适的渐变颜色

预设中的渐变颜色是远远不够用的，大多数时候我们都需要通过"渐变编辑器"窗口自定义适合自己的渐变颜色。

步骤 02 选择好渐变颜色后，需要设置渐变类型。选项栏中 这五个选项是用来设置渐变类型，如图3-194所示。单击"线性渐变"按钮■，可以以直线方式创建从起点到终点的渐变；单击"径向渐变"按钮■，可以以圆形方式创建从起点到终点的渐变；单击"角度渐变"按钮■，可以创建围绕起点以逆时针扫描方式的渐变；单击"对称渐变"按钮■，可以使用均衡的线性渐变在起点的任意一侧创建渐变；单击"菱形渐变"按钮■，可以以菱形方式从起点向外产生渐变，终点定义为菱形的一个角。

步骤 01 首先单击选项栏中的"渐变色条"■■■，弹出"渐变编辑器"，如图3-199所示。接着可以在渐变编辑器的上半部分看到很多"预设"效果，单击即可选择某一种渐变效果，如图3-200所示。

图3-194

步骤 03 选项栏中的"模式"是用来设置应用渐变时的混合模式；"不透明度"用来设置渐变色的不透明度。选择一个带有像素的图层，然后在选项栏中设置"模式"和"不透明度"，然后拖曳进行填充，就可以看到相应的效果。如图3-195所示为设置"模式"为"正片叠底"的效果；如图3-196所示为设置"不透明度"为50%的效果。

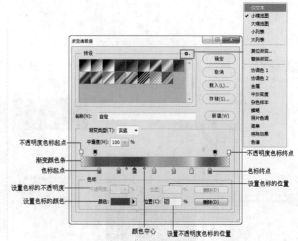

图3-199

图3-195　　　　　　　图3-196

步骤 04 "反向"选项用于转换渐变中的颜色顺序，以得到反方向的渐变结果，如图3-197和图3-198所示分别是正常渐变和反向渐变效果。勾选"仿色"选项时，可以使渐变效果更加平滑，此选项主要用于防止打印时出现条带化现象，但在计算机屏幕上并不能明显地体现出来。

图3-200

提示：预设渐变的使用方法。

先设置合适的前景色与背景色，然后打开"渐变编辑器"窗口，单击预设渐变中第一个渐变颜色，即可快速编辑一个由前景色到背景色的渐变颜色，如图3-201所示；单击第二个渐变颜色，即可快速编辑由前景色到透明的渐变颜色，如图3-202所示；单击 ✿ 按钮，在菜单底部有多种预设渐变，如图3-203所示。

| 图3-201 | 图3-202 | 图3-203 |

步骤 02 如果没有适合的渐变效果，可以在下方渐变色条中编辑合适的渐变效果。双击渐变色条底部的色标●，在弹出的"拾色器"中设置颜色，如图3-204所示。如果色标不够可以在渐变色条下方单击，添加更多的色标，如图3-205所示。

| 图3-204 | 图3-205 |

步骤 03 按住色标并左右拖动可以改变调色色标的位置，如图3-206所示。拖曳颜色"颜色中心"滑块◆，可以调整两种颜色的过渡效果，如图3-207所示。

| 图3-206 | 图3-207 |

步骤 04 若要制作出带有透明效果的渐变颜色，可以单击渐变色条上的色标。然后在"不透明度"数值框内设置参数，如图3-208所示。若要删除色标，可以选中色标后按住鼠标左键将其向渐变色条外侧拖曳，松开鼠标即可删除色标，如图3-209所示。

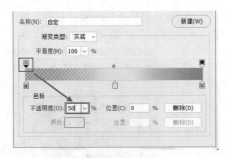

图3-208

图3-209

步骤05 渐变分为杂色渐变与实色渐变两种，在此之前我们所编辑的渐变颜色都为实色渐变，在"渐变编辑器"中设置"渐变类型"为"杂色"，可以得到由大量色彩构成的渐变，如图3-210所示。

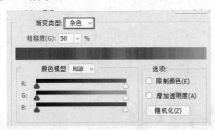

图3-210

- **粗糙度**：用来设置渐变的平滑程度，数值越高颜色层次越丰富，颜色之间的过渡效果越鲜明。如图3-211所示为不同参数的对比效果。

图3-211

- **颜色模型**：在下拉列表中选择一种颜色模型用来设置渐变，包括RGB、HSB和LAB。接着拖曳滑块，可以调整渐变颜色，如图3-212所示。

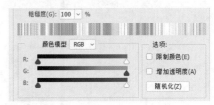

图3-212

- **限制颜色**：将颜色限制在可以打印的范围内，以免颜色过于饱和。
- **增加透明度**：可以向渐变中添加透明度像素，如图3-213所示。

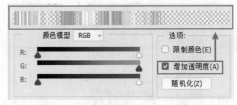

图3-213

- **随机化**：单击该按钮可以产生一个新的渐变颜色。

练习实例：使用渐变工具制作果汁广告

文件路径	资源包\第4章\练习实例：使用渐变工具制作果汁广告
难易指数	★★★★★
技术掌握	渐变工具

案例效果

案例效果如图3-214所示。

图3-214

操作步骤

步骤01 新建一个"宽度"为30厘米、"高度"为21厘米的空白文档。单击工具箱中的"渐变工具"按钮，在选项栏上单击打开"渐变编辑器"，在弹出的"渐变编辑器"窗口中双击右侧滑块色标，在弹出的"拾色器"中设置颜色为黄色，如图3-215所示。接着拖动左侧的滑块设置颜色为白色，单击"确定"按钮完成设置，如图3-216所示。

扫一扫，看视频

第3章 选区与填色

115

图3-215 图3-216

步骤 02 在选项栏上单击"径向渐变"按钮，在画布右下角按住鼠标左键并向左上角拖动，如图3-217所示。松开鼠标，背景被填充为黄色系渐变，如图3-218所示。

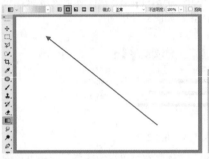

图3-217 图3-218

步骤 03 执行"文件>置入嵌入的智能对象"命令，置入素材1.jpg，接着将置入对象调整到合适的大小、位置，然后按Enter键完成置入操作。执行"图层>栅格化>智能对象"命令，将该图层栅格化，如图3-219所示。

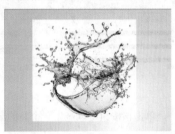

图3-219

步骤 04 在图层面板选中新置入的素材图层，设置"混合模式"为"线性加深"，如图3-220所示。效果如图3-221所示。

图3-220 图3-221

步骤 05 继续置入素材"3.png"，将置入对象调整到合适的

大小、位置，然后按Enter键完成置入操作，执行"图层>栅格化>智能对象"命令，效果如图3-222所示。

图3-222

步骤 06 单击工具箱中的"横排文字工具"按钮，在选项栏上设置合适的字体、字号，设置"文本颜色"为绿色，在画布右下角处单击输入文字，输入完成后按快捷键Ctrl+Enter完成文字的输入，如图3-223所示。以同样的方式绘制另一段文字，最终效果如图3-224所示。

图3-223 图3-224

3.4.7 动手练：创建纯色/渐变/图案填充图层

填充图层是一种比较特殊的图层，可以使用纯色、渐变或图案填充图层。与普通图层相同，填充图层也可以设置混合模式、不透明度、图层样式以及编辑蒙版等操作。执行"图层>新建填充图层"命令，在子菜单中可以看到纯色、渐变、图案3个子命令。

1.创建纯色填充图层

执行"图层>新建填充图层>纯色"菜单命令，可以打开"新建图层"窗口，在该窗口中可以设置填充图层的名称、颜色、混合模式和不透明度，如图3-225所示。在"新建图层"窗口中设置好相关选项以后，单击"确定"按钮，打开"拾色器"窗口，如图3-226所示。然后拾取一种颜色，单击"确定"按钮即可创建一个纯色填充图层，如图3-227所示。

图3-225

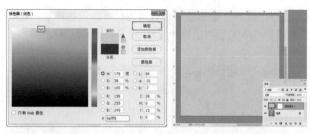

图3-226　　　　　　　图3-227

创建出了新的填充图层后，双击该图层的缩览图，还能够对填充内容进行编辑，如图3-228和图3-229所示。

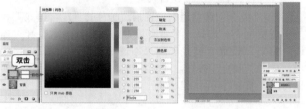

图3-228　　　　　　　图3-229

2.创建渐变填充图层

执行"图层>新建填充图层>渐变"命令，在弹出的"新建图层"窗口中设置合适的名称、颜色、混合模式和不透明度，然后单击"确定"按钮，如图3-230所示。弹出"渐变填充"窗口，单击渐变色条可以打开"渐变编辑器"，然后编辑一个合适的颜色，单击"确定"按钮完成颜色的设置。继续在"渐变填充"窗口中设置渐变颜色的样式、角度、缩放等参数进行设置，最后单击"确定"按钮，如图3-231所示。渐变填充图层新建完成，效果如图3-232所示。

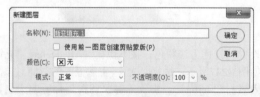

图3-230

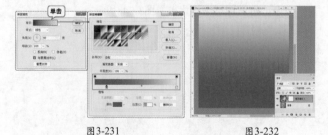

图3-231　　　　　　　图3-232

3.创建图案填充图层

执行"图层>新建填充图层>图案"命令，在弹出的"新建图层"窗口单击"确定"按钮，如图3-233所示。弹出"图案填充"窗口，在该窗口中单击图案右侧的"倒三

角"按钮，在下拉面板中单击选择一个合适的图案，接着对图案的缩放、与图层链接等参数进行设置。设置完成后单击"确定"按钮，如图3-234所示。图案填充图层新建完成，效果如图3-235所示。

图3-233

图3-234　　　　　　　图3-235

【重点】3.4.8　动手练：描边

"描边"指为图层边缘或者选区边缘添加一圈彩色边线的操作。使用"编辑>描边"命令可以在选区、路径或图层周围创建彩色的边框效果。"描边"操作通常用于"突出"画面中某些元素，如图3-236所示。或者用于使某些元素与背景中的内容"隔离"开，如图3-237所示。

扫一扫，看视频

图3-236

图3-237

步骤01 首先绘制选区，如图3-238所示。执行"编辑>描边"菜单命令，打开"描边"窗口，如图3-239所示。

图3-238

图3-239

提示：描边的小技巧。

在有选区的状态下，使用"描边"命令可以沿选区边缘进行描边；在没有选区状态下，使用"描边"命令可以沿画面边缘进行描边。

步骤02 设置描边选项。"宽度"选项用来控制描边的粗细，如图3-240所示为"宽度"为10像素的效果。"颜色"选项用来设置描边的颜色。单击"颜色"按钮，在弹出的"拾色器"窗口中设置合适的颜色，单击"确定"按钮，如图3-241所示，描边效果如图3-242所示。

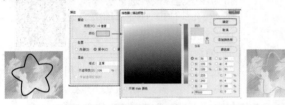

图3-240　　　　图3-241　　　　图3-242

步骤03 "位置"选项能够设置描边位于选区的位置，包括"内部""居中"和"居外"3个选项，如图3-243所示为不同位置的效果。

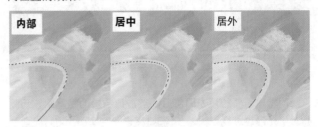

图3-243

步骤04 "混合"选项用来设置描边颜色的"混合模式"和"不透明度"。选择一个带有像素的图层，然后打开"描边"窗口，设置"模式"和"不透明度"，如图3-244所示。单击"确定"按钮，此时描边效果如图3-245所示。如果勾选"保留透明区域"选项，则只对包含像素的区域进行描边。

图3-244　　　　　　　　图3-245

练习实例：使用填充与描边制作剪贴画人像

文件路径	资源包\第4章\练习实例：使用填充与描边制作剪贴画人像
难易指数	★★★★★
技术掌握	吸管工具、填充、描边

案例效果

案例效果如图3-246所示。

扫一扫，看视频

图3-246

操作步骤

步骤01 执行"文件>新建"命令，新建一个A4大小的文

件。设置前景色为淡粉色，按下快捷键Alt+Delete填充前景色，如图3-247所示。执行"文件>置入嵌入的智能对象"命令置入素材"1.jpg"，将置入对象调整到合适的大小、位置，按Enter键完成置入操作。执行"图层>栅格化>智能对象"命令，将该图层栅格化，如图3-248所示。

图3-247　　　　图3-248

步骤02 新建图层。单击工具箱中的"多边形套索工具"按

钮，在画面上沿着人像绘制一个大致的选区，如图3-249所示。然后单击工具箱中的"吸管工具"，在文字上单击吸取颜色作为前景色，如图3-250所示。

步骤04 保留之前绘制的选区，执行"编辑>描边"命令，在弹出的窗口中设置"宽度"为5像素，"颜色"为白色，单击"确定"按钮完成设置，如图3-253所示。按下取消选择快捷键Ctrl+D。最终效果如图3-254所示。

图3-249　　　　　　图3-250

步骤03 按下快捷键Alt+Delete填充颜色，如图3-251所示。然后将该图层移动至人物所在图层的下方，如图3-252所示。

图3-251　　　图3-252

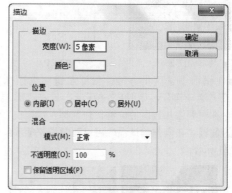

图3-253

图3-254

3.5 焦点区域

　　"焦点区域"命令能够自动识别画面中处于拍摄焦点范围内的图像，并制作该部分的选区。使用"焦点区域"命令可以快速获取图像中最清晰部分的选区，常用来进行"抠图"操作。

步骤01 首先打开一张图片，如图3-255所示。执行"选择>焦点区域"命令打开"焦点区域"窗口，如图3-256所示。此时无需设置，稍等片刻画面中即可创建出选区，如图3-257所示。

扫一扫，看视频

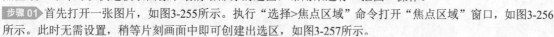

图3-255　　　　　　　　　图3-256　　　　　　　　　图3-257

步骤02 创建的选区范围可以通过"焦点对准范围"进行调整，数值越大范围越广，但是通过这种方法调整的选区有时并不能令人满意，会出现多选或者少选的情况，如图3-258所示。通过"添加选区工具" 和"减去选区工具" 手动调整选区的大小。首先单击"减去选区工具" ，在选项栏中可以设置笔尖的大小，如图3-259所示。

图3-258　　　　　　　图3-259

步骤03 在画面中选区上方按住鼠标左键拖曳涂抹即可从选区中减去这一部分，如图3-260所示。单击"添加选区工具" ，在需要添加选区的位置按住鼠标左键拖曳，选中需要选中的位置。在操作的过程中可以随时调整笔尖的大小，如图3-261所示。

图3-260　　　　　　　图3-261

步骤04 选区调整满意以后，就需要进行"输出"了。单击"输出到"按钮，在下拉菜单中可以选择一种选区保存的方式，如图3-262所示。为了方便后期的编辑处理，在这里选择"图层蒙版"，单击"确定"按钮，即可创建图层蒙版，如图3-263所示。此时抠像已经提取完成，最后可以更换背景进行合成，效果如图3-264所示。

图3-262　　　　图3-263　　　　图3-264

- 视图：用来显示被选择的区域，默认的视图方式为"闪烁虚线"，即选区。单击"视图"右侧的倒三角按钮可以看到"闪烁虚线""叠加""黑底""白底""黑白""图层"和"显示图层"，如图3-265所示。如图3-266所示为"叠加"视图模式，如图3-267所示为"黑底"视图模式。

图3-265　　　　　　图3-266　　　　　　图3-267

- 焦点对准范围：用来调整所选范围。数值越大选择范围越大。
- 图像杂色级别：在包含杂色的图像中选定过多背景时增加图像杂色级别。
- 输出到：用来设置选区的范围的保存方式。包括"选区""新建图层""新建带有图层蒙版的图层""新建文档"和"新建带有图层蒙版的文档"选项。
- 选择并遮住：单击"选择并遮住"按钮即可打开"选择并遮住"窗口。
- 添加选区工具 ：按住鼠标左键拖曳可以扩大选区。
- 减去选区工具 ：按住鼠标左键拖曳可以缩小选区。

提示：旧版本中没有"焦点区域"。

在较早期版本的 Photoshop 中没有"焦点区域"这一功能。

3.6 选区的编辑

"选区"创建完成后，可以对已有的选区进行一定的编辑操作，例如缩放选区、旋转选区、调整选区边缘、创建边界选区、平滑选区、扩展与收缩选区、羽化选区、扩大选取、选取相似等，熟练掌握这些操作可以快速选择我们所需要的部分。

【重点】3.6.1 变换选区：缩放、旋转、扭曲、透视、变形

"选区"也可以像图像一样进行"变换"，但选的变换不能使用"自由变换"命令，此时需要使用"变换选区"命令。如果在包含选区的情况下使用"自由变换"命令，那么变换的将是选区中的图像内容部分，而不是选区部分。

步骤01 首先绘制一个选区，如图3-268所示。执行"选择>变换选区"命令调出定界框，如图3-269所示。拖曳控制点即可对选区进行变形，如图3-270所示。

图3-268　　　　　　图3-269　　　　　　图3-270

步骤02 在选区变换状态下，在画布中单击鼠标右键，还可以在菜单中选择其他变换方式，如图3-271所示。变换完成之后，按Enter键即可完成变换，如图3-272所示。

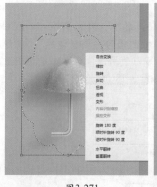

图3-271　　　　　　　　图3-272

 提示：变换选区的其他方法。

在选择选框工具的状态下，在选区内单击鼠标右键并执行"变换选区"命令即可调出变换选区定界框，如图3-273所示。

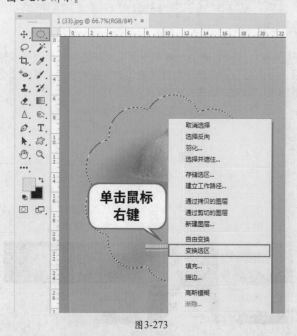

图3-273

举一反三：变换选区制作投影

步骤01 首先获取需要添加投影图形的选区，如图3-274所示。接着在图形下方新建一个图层，如图3-275所示。

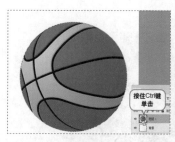

图3-274　　　　　　　　　图3-275

步骤02 执行"选择>变换选区"命令调出定界框，然后拖曳控制点对选区进行变形，如图3-276所示。变换完成后按Enter键确定变换操作。然后为选区填充颜色，适当降低"不透明度"，然后使用快捷键Ctrl+D取消选区的选择。可以对阴影图层进行一定的"模糊"处理，使阴影更真实，效果如图3-277所示。

图3-276　　　　　　　　图3-277

【重点】3.6.2　选择并遮住：细化选区

"选择并遮住"命令是一个既可以对已有选区进行进一步编辑，又可以重新创建选区的功能。该命令可以用于对选区进行边缘检测，调整选区的平滑度、羽化、

扫一扫，看视频

对比度以及边缘位置。由于"选择并遮住"命令可以智能的细化选区，所以常用于长发、动物或细密的植物的抠图，如图3-278和图3-279所示。

图3-278　　　　　　　　图3-279

步骤01 首先使用快速选择工具创建选区，如图3-280所示。然后执行"选择>选择并遮住"菜单命令，此时Photoshop界面发生了改变，如图3-281所示。左侧为一些用于调整选区以及视图的工具，左上方为所选工具的选项，右侧为选区编辑选项。

图3-280　　　　　　　　图3-281

- **快速选择工具** ✔️：通过按住鼠标左键拖曳涂抹，软件会自动查找和跟随图像颜色的边缘创建选区。
- **调整半径工具** ✔️：精确调整发生边缘调整的边界区域。制作头发或毛皮选区时可以使用"调整半径工具"柔化区域以增加选区内的细节。
- **画笔工具** ✔️：通过涂抹的方式添加或减去选区。单击"画笔工具"，在选项栏中单击"添加到选区"按钮 ◉，单击 ◉ 按钮在下拉面板中设置笔尖的"大小""硬度"和"距离"选项，在画面中按住鼠标左键拖曳进行涂抹，涂抹的位置就会显示出像素，也就是在原来选区的基础上添加了选区，如图3-282所示。若单击"从选区减去"按钮 ◉，在画面中涂抹，即可对选区进行减去，如图3-283所示。

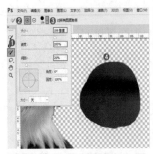

图3-282　　　　　　　　图3-283

- **套索工具组** ◯：在该工具组中有"套索工具"和"多边形套索工具"两种工具。使用该工具可以在选项栏中设置选区运算的方式，如图3-284所示。例如选择"套索工具"，设置运算方式为"添加到选区" ◻，然后在画面中绘制选区，效果如图3-285所示。

图3-284　　　　　　　　图3-285

🐸 **提示**：旧版本中的"选择并遮住"。

在较早期版本的 Photoshop 中（例如 Photoshop CC 版本）"选择并遮住"功能被翻译为"调整边缘"。执行"选择 > 调整边缘"命令，可以使用该命令，但是功能上与本书所述有些许差别，如图 3-286 所示。

图3-286

步骤02 在界面右侧的"视图模式"选项组中可以进行视图显示方式的设置。单击视图列表，在下拉列表中选择一个合适的视图模式，如图3-287所示。

图3-287

- **视图**：在"视图"下拉列表中可以选择不同的显示效果。如图3-288所示为各种方式的显示效果。

图3-288

- **显示边缘**：显示以半径定义的调整区域。
- **显示原稿**：可以查看原始选区。
- **高品质预览**：勾选该选项，能够以更好的效果预览选区。

步骤03 此时图像对象边缘仍然有黑色的像素，可以设置"边缘检测"的"半径"选项进行调整。"半径"选项确定发生边缘调整的选区边界的大小。对于锐边，可以使用较小的半径；对于较柔和的边缘，可以使用较大的半径。如图3-289和图3-290所示为将半径分别设置为3和29时的对比效果。

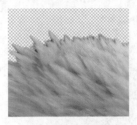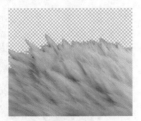

图3-289   图3-290

- **智能半径**：自动调整边界区域中发现的硬边缘和柔化边缘的半径。

步骤04 "全局调整"选项组主要用来对选区进行平滑、羽化和扩展等处理，如图3-291所示。因为羽毛边缘柔和所以适当调整"平滑"和"羽化"选项，如图3-292所示。

图3-291   图3-292

- **平滑**：减少选区边界中的不规则区域，以创建较平滑的轮廓。如图3-293和图3-294所示为不同参数的对比效果。

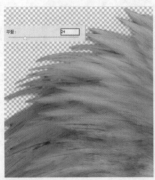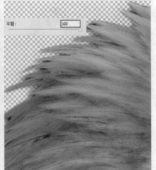

图3-293   图3-294

- **羽化**：模糊选区与周围的像素之间过渡效果。
- **对比度**：锐化选区边缘并消除模糊的不协调感。在通常情况下，配合"智能半径"选项调整出来的选区效果会更好。
- **移动边缘**：当设置为负值时，可以向内收缩选区边界；当设置为正值时，可以向外扩展选区边界。
- **清除选区**：单击该按钮可以取消当前选区。
- **反相**：单击该选项，即可得到反向的选区。

步骤05 此时选区调整完成，接下来需要进行"输出"，在"输出"选项组中可用来设置区边缘的杂色以及设置选区的输出方式。设置"输出到"为"选区"，单击"确定"按钮，如图3-295所示。即可得到选区，如图3-296所示。使用快捷键Ctrl+J将选区复制到独立图层，然后为其更换背景，效果如图3-297所示。

图3-295   图3-296   图3-297

- **净化颜色**：将彩色杂边替换为附近完全选中的像素颜色。颜色替换的强度与选区边缘的羽化程度是成正比的。
- **输出到**：设置选区的输出方式，单击"输出到"按钮，在下拉列表中可以选择相应的输出方式，如图3-298所示。

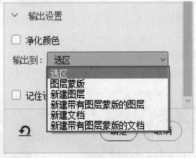

图3-298

- **记住设置**：选中该选项，在下次使用该命令的时候会默认显示上次使用的参数。
- **复位工作区**：单击该按钮可以使当前参数恢复默认效果。

> 提示：单击"选择并遮住"按钮打开"选择并遮住"窗口。
>
> 在画面中有选区的状态下，在选项栏中单击 选择并遮住... 按钮即可打开"选择并遮住"窗口。

文件路径	资源包\第3章\练习实例：使用"选择并遮住"为长发模特换背景
难易指数	★★★★★
技术掌握	选择并遮住、快速选择

案例效果

案例处理前后效果如图3-299和图3-300所示。

图3-299

图3-300

操作步骤

步骤01▶打开背景素材"1.jpg"，如图3-301
所示。执行"文件>置入嵌入的智能对象"命
令，将人像素材"2.jpg"置入到文件中，调整
到合适大小、位置后按Enter键完成置入操作，
并将其栅格化，如图3-302所示。

扫一扫，看视频

图3-301

图3-302

步骤02▶单击工具箱中的"快速选择工具"，在人像区域按
住鼠标左键并拖动光标，制作出人物部分的大致选区，单击
选项栏中的"选择并遮住"按钮，如图3-303所示。

图3-303

步骤03▶为了便于观察，首先在"选择并遮住"窗口中设置
视图模式为"黑底"，如图3-304所示。此时在画面中可以
看到选区以内的部分显示，选区以外的部分被半透明的黑色

遮挡，如图3-305所示。

图3-304

图3-305

步骤04▶单击界面左侧的"调整边缘画笔工具"按钮 ✔，在
人物左侧头发部分按住鼠标左键涂抹，可以看到头发边缘的
选区逐步变得非常精确，如图3-306所示。继续处理右侧的
头发部分，效果如图3-307所示。

图3-306

图3-307

步骤05▶单击界面右下角的"确定"按钮得到选区，如图3-308
所示。对当前选区使用快捷键Ctrl+Shift+I将选区反向选择，
得到背景部分选区，如图3-309所示。

图3-308

图3-309

步骤06▶然后选中人像图层，按下Delete键将背景部分删
除，如图3-310所示。使用快捷键Ctrl+D取消选区。最
后执行"文件>置入嵌入的智能对象"命令，置入素材
"3.png"，最终效果如图3-311所示。

图3-310　　　　　　　　图3-311

【重点】3.6.3　创建边界选区

　　"边界"命令作用于已有的选区，可以将选区的边界向内或向外进行扩展，扩展后的选区边界将与原来的选区边界形成新的选区。首先创建一个选区，如图3-312所示。执行"选择>修改>边界"菜单命令，在弹出的窗口中设置"宽度"（数值宽度越大，新选区越宽），设置完成后单击"确定"按钮，如图3-313所示。边界选区效果如图3-314所示。

图3-312　　　　　　图3-313　　　　　　图3-314

【重点】3.6.4　平滑选区

　　使用"平滑"命令可以将参差不齐的选区边缘平滑化。首先绘制一个选区，如图3-315所示。执行"选择>修改>平滑"菜单命令，在弹出的"平滑选区"窗口设置取样半径选项（数值越大，选区越平滑），设置完成后单击"确定"按钮，如图3-316所示。此时选区效果如图3-317所示。

图3-315　　　　　　图3-316　　　　　　图3-317

举一反三："优化"随手绘制的选区

　　首先使用"多边形套索工具"沿着对象边缘绘制选区。接着执行"选择>修改>平滑"命令，在弹出的"平滑选区"窗口中设置合适的"取样半径"，设置完成后单击"确定"按钮，如图3-318所示。此时选区效果如图3-319所示。就可

练习实例：扩展选区制作不规则图形的底色

文件路径	资源包\第3章\练习实例：扩展选区制作不规则图形的底色
难易指数	⭐⭐⭐⭐⭐
技术掌握	扩展选区

以将选中的对象进行应用了，效果如图3-320所示。

图3-318　　　　　　　图3-319

图3-320

【重点】3.6.5　扩展选区

　　"扩展"命令可以将选区向外延展，以得到较大的选区。首先绘制一个选区，如图3-321所示。执行"选择>修改>扩展"菜单命令，打开"扩展选区"窗口，通过设置"扩展量"控制选区向外扩展的距离（数值越大距离越远），参数设置完成后单击"确定"按钮，如图3-322所示。扩展选区效果如图3-323所示。

图3-321　　　　　　图3-322　　　　　　图3-323

扫一扫，看视频

案例效果

案例效果如图3-324所示。

图3-324

操作步骤

步骤01 执行"文件>打开"命令，打开素材"1.jpg"，如图3-325所示。执行"文件>置入嵌入的智能对象"命令置入素材"2.png"，并将其栅格化，如图3-326所示。

图3-325　　　　　　图3-326

步骤02 按住Ctrl键同时鼠标左键单击图层1的图层缩览图，如图3-327所示，载入图层选区，如图3-328所示。

图3-327　　　　　　图3-328

步骤03 执行"选择>修改>扩展"命令，在弹出的窗口中设置"扩展量"为40像素，单击"确定"按钮完成设置，如图3-329所示。此时得到一个稍大一些的选区，如图3-330和图3-331所示。

图3-329　　　　　　图3-330

图3-331

步骤04 新建一个图层，设置前景色为白色，按下快捷键Alt+Delete为选区填充颜色，按快捷键Ctrl+D取消选择，最终效果如图3-332所示。接着在图层面板中将该图层移动到背景图层的上方，如图3-333所示。

图3-332　　　　　　图3-333

【重点】3.6.6　收缩选区

"收缩"命令可以将选区向内收缩，使选区范围变小。首先绘制一个选区，如图3-334所示。执行"选择>修改>收缩"菜单命令，在弹出的"收缩选区"窗口中，通过设置"收缩量"选项控制选区的收缩大小（数值越大收缩范围越大），设置完成后单击"确定"按钮，如图3-335所示。选区效果如图3-336所示。

图3-334　　　　图3-335　　　　图3-336

【重点】举一反三：去除抠图之后的像素残留

在抠图的时候会留下一些残存的像素，这时可以通过"收缩"命令将残存像素删除。

步骤01 白色浴缸边缘留有其他颜色的像素，如图3-337所示。先获取图像的选区，如图3-338所示。

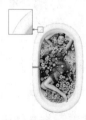

图3-337　　　　　　图3-338

步骤02 执行"选择>修改>收缩"菜单命令，在弹出的"收缩选区"窗口中设置合适的"收缩量"，设置完成后单击"确定"按钮，如图3-339所示。此时选区效果如图3-340所示。

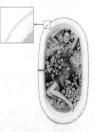

图3-339　　　　　　　　　图3-340

步骤03 使用快捷键Ctrl+Shift+I将选区反选，如图3-341所示。按Delete键删除选区的像素，然后使用快捷键Ctrl+D取消选区的选择，效果如图3-342所示。

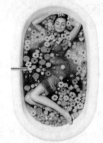

图3-341　　　　　　　　　图3-342

3.6.7　羽化选区

"羽化"命令可以将边缘较"硬"的选区变为边缘比较"柔和"的选区。羽化半径越大，选区边缘越柔和。"羽化"命令是通过建立选区和选区周围像素之间的转换边界来模糊边缘，使用这种模糊方式将丢失选区边缘的一些细节。

首先绘制一个选区，如图3-343所示。执行"选择>修改>羽化"命令（快捷键Shift+F6）打开"羽化选区"窗口，在该窗口中"羽化半径"选项用来设置边缘模糊的强度（数值越高边缘模糊范围越大），参数设置完成后单击"确定"按钮，如图3-344所示。此时选区效果如图3-345所示。按Delete键删除选区中的像素，可以查看羽化效果，如图3-346所示。

图3-343　　　　　图3-344　　　　　图3-345　　　图3-346

练习实例：羽化选区制作可爱儿童照

文件路径	资源包\第3章\练习实例：羽化选区制作可爱儿童照
难易指数	★★★★★
技术掌握	套索工具、羽化选区、选择反向选区

案例效果

案例效果如图3-347所示。

扫一扫，看视频

图3-347

操作步骤

步骤01 执行"文件>打开"命令，打开素材"1.jpg"，如图3-348所示。执行"文件>置入嵌入的智能对象"命令置入素材"2.jpg"，按Enter键确定置入操作。将该图层栅格化，如图3-349所示。

图3-348　　　　　　　　　图3-349

步骤02 单击工具箱中的"套索工具"，在画布上围绕婴儿绘制一个选区，如图3-350所示。执行"选择>修改>羽化"命令，在弹出的窗口中设置"羽化半径"为50像素，单击"确定"按钮完成设置，如图3-351所示。此时选区的外形发生了变化，如图3-352所示。

图3-350　　　　　图3-351　　　　　图3-352

步骤03 使用快捷键Ctrl+Shift+I将选区反选，然后按下Delete键删除这部分内容，如图3-353所示。最后置入前景素材"3.png"，调整到合适位置后按Enter键完成置入。最终效果如图3-354所示。

图3-353　　　　　　　　　图3-354

3.6.8 扩大选取

"扩大选取"命令基于"魔棒工具" 选项栏中指定的"容差"范围来决定选区的扩展范围。

首先绘制选区，如图3-355所示。选择工具箱中的"魔棒工具"，在选项栏中设置"容差"数值，该数值越大所选取的范围越广，如图3-356所示。设置完成后执行"选择>扩大选取"菜单命令（没有参数设置窗口），接着Photoshop会查找并选择那些与当前选区中像素色调相近的像素，从而扩大选择区域，如图3-357所示。如图3-358所示为将"容差"数值设置为5像素后的选取效果。

图3-355　　　　　　　　图3-356

图3-357　　　　　　　　图3-358

3.6.9 选取相似

"选取相似"也是基于"魔棒工具"选项栏中指定的"容差"数值来决定选区的扩展范围的。首先绘制一个选区，如图3-359所示。执行"选择>选取相似"菜单命令后，Photoshop同样会查找并选择那些与当前选区中像素色调相近的像素，从而扩大选择区域，如图3-360所示。

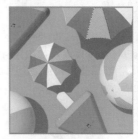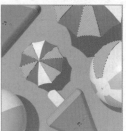

图3-359　　　　　　　　图3-360

> 提示："选取相似"与"扩大选取"的区别。
>
> "扩大选取"命令和"选取相似"这两个命令的最大共同点就是它们都是扩大选区区域。但是"扩大选取"命令只针对当前图像中连续的区域，非连续的区域不会被选择；而"选取相似"命令针对的是整张图像，意思就是说该命令可以选择整张图像中处于"容差"范围内的所有像素。如图3-361所示为选区的位置，如图3-362所示为使用"扩大选取"命令得到的选区；如图3-363所示为使用"选取相似"得到的选区。

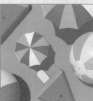

图3-361　　　　图3-362　　　　图3-363

综合实例：使用套索与多边形套索制作手写感文字标志

文件路径	资源包\第3章\综合实例：使用套索与多边形套索制作手写感文字标志
难易指数	★★★★★
技术掌握	套索工具、多边形套索、矩形选框工具、前景色填充

案例效果

案例效果如图3-364所示。

图3-364

操作步骤

扫一扫，看视频

步骤 01 打开背景素材"1.jpg"，如图3-365所示。执行"文件>置入嵌入的智能对象"命令，将素材"2.png"置入到文件中，将置入对象调整到合适的大小、位置，然后按Enter键完成置入操作，如图3-366所示。

中文版Photoshop CC从入门到精通（微课视频版）

图3-365　　　　　　　　　图3-366

步骤02 使用"多边形套索工具"绘制"字母H"选区。新建图层，单击工具箱中的"多边形套索工具"按钮，然后在画面中单击，然后在下一个位置单击，继续通过单击的方法进行绘制，如图3-367所示。继续单击，完成字母H的绘制，如图3-368所示。

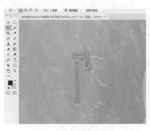

图3-367　　　　　　　　　图3-368

步骤03 将前景色设置为黑色，然后使用快捷键Alt+Delete键将选区填充为黑色（无需取消选区），如图3-369所示。新建图层，将前景色设置为黄色，使用Alt+Delete进行填充，使用"移动工具"将黄色字母向左移动。此时文字呈现出立体的效果，如图3-370所示。

图3-369　　　　　　　　　图3-370

步骤04 新建图层，单击工具箱中的"矩形选框工具"按钮，在选项栏上单击"添加到到选区"按钮，在字母上绘制4个矩形选框，如图3-371所示。设置前景色为深灰色，使用快捷键Alt+Delete键填充前景色，如图3-372所示。

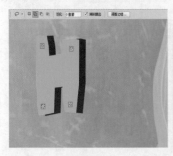

图3-371　　　　　　　　　图3-372

步骤05 下面开始制作字母上的"光泽"。新建图层，单击工具箱中的"套索工具"，在字母左侧绘制一个细长的选区，如图3-373所示。设置前景色为浅黄色，使用快捷键Alt+Delete进行填充，如图3-374所示。使用同样的方法绘制另外两处的光泽，如图3-375所示。

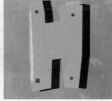

图3-373　　　　图3-374　　　　图3-375

步骤06 用同样的方式制作其他立体效果的字母，如图3-376所示。

图3-376

步骤07 新建图层，单击工具箱中的"套索工具"按钮，按照文字的外形绘制稍大一些的文字轮廓选区，如图3-377所示。设置前景色为深棕色，按快捷键Alt+Delete为选区填充颜色，如图3-378所示。在"图层"面板中将该图层移动至全部文字图层的下方，效果如图3-379所示。

图3-377　　　　图3-378　　　　图3-379

步骤08 在保留棕色图形选区的状态下，执行"选择>修改>扩展"命令，在弹出的窗口中设置"扩展量"为38像素，单击"确定"按钮完成设置，如图3-380所示。这样在画布上会出现一个比之前的图形大的轮廓选区，如图3-381所示。

图3-380　　　　　　　　　图3-381

步骤 09 在底部新建一个图层，设置前景色为更深的棕色，使用快捷键Alt+Delete填充前景色，如图3-382所示。最后置入素材"3.png"，将置入对象调整到合适的大小、位置，按Enter键完成置入操作，最终效果如图3-383所示。

图3-382

图3-383

中文版Photoshop CC从入门到精通（微课视频版）

Chapter 4

第4章

扫一扫，看视频

绘画与图像修饰

本章内容简介：

　　本章内容主要为两大部分：数字绘画与图像修饰。数字绘画部分主要使用到"画笔工具""橡皮擦工具"以及"画笔"面板。而图像修饰部分涉及的工具较多，可以分为两大类："仿制图章工具""修补工具""污点修复画笔工具""修复画笔工具"等工具主要是用于去除画面中的瑕疵，而"模糊工具""锐化工具""涂抹工具""加深工具""减淡工具""海绵工具"则是用于图像局部的模糊、锐化、加深、减淡等美化操作。

重点知识掌握：

- 熟练掌握"画笔工具"和"橡皮擦工具"的使用方法
- 掌握"画笔"面板的使用方法
- 熟练掌握"仿制图章工具""修补工具""污点修复画笔工具""修复画笔工具"的使用方法
- 熟练掌握对画面局部进行模糊、锐化、加深、减淡的方法

通过本章学习，我能做什么？

　　通过本章的学习，我们应该掌握使用Photoshop进行数字绘画的方法。但会用画笔工具并不代表就能够画出精美绝伦的"鼠绘"作品，想要画好画，最重要的不是工具，而是绘画功底。没有绘画基础的我们也可以尝试使用Photoshop绘制一些简单有趣的画作，说不定就突然发掘出了自己的绘画天分！我们还应该能够"去除"照片中地面上的杂物或者不应入镜的人物，能够去除人物面部的斑斑痘痘、皱纹、眼袋、杂乱发丝、服装上多余的褶皱等。还可以对照片局部的明暗以及虚实程度进行调整，以实现凸出强化主体物弱化环境背景的目的。

4.1 绘画工具

数字绘画是Photoshop的重要功能之一，在数字绘画的世界中无需使用不同的画布、不同的颜料就可以绘制出油画、水彩画、铅笔画、钢笔画等。只要你有强大的绘画功底，这些统统可以在Photoshop中模拟出来！在Photoshop中提供了非常强大的绘制工具以及方便的擦除工具，这些工具除了在数字绘画中能够使用到，在修图或者平面设计、服装设计等方向也一样经常使用，如图4-1～图4-4所示为使用绘画工具制作出的作品。

图4-1

图4-2

图4-3

图4-4

【重点】4.1.1　动手练：画笔工具

扫一扫，看视频

当我们想要在画面中画点什么的时候，首先肯定想到的就是要找一支"画笔"。在Photoshop的工具箱中看一下，果然有一个毛笔形状的图标 ✒.——"画笔工具"。"画笔工具"是以"前景色"作为"颜料"在画面中进行绘制的。绘制的方法也很简单，如果在画面中单击，能够绘制出一个圆点（因为默认情况下的画笔工具笔尖为圆形），如图4-5所示。在画面中按住鼠标左键并拖动，即可轻松绘制出线条，如图4-6所示。

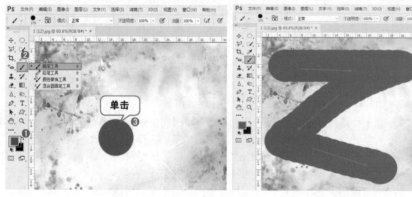

图4-5　　　　　　　　　　　　　　　　　图4-6

此时绘制出的线条并没有什么特别的，想要绘制出"不一样"的笔触可以通过选项栏进行设置。在"画笔工具"选项栏中可以看到很多选项设置，单击 ● 按钮可以打开"画笔预设选取器"，在"画笔预设选取器"中可以看到多个不同类型的画笔笔尖，如图4-7所示。单击笔尖图标即可选中，接着可以在画面中尝试绘制，观察效果，如图4-8所示。

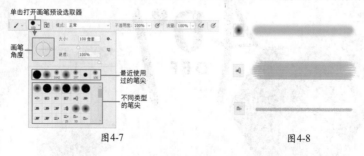

图4-7　　　　　　　　　　　　　　　　　图4-8

中文版Photoshop CC从入门到精通（微课视频版）

- 角度/圆度：画笔的角度用于指定画笔的长轴在水平方向旋转的角度，如图4-9所示。圆度是指画笔在Z轴（垂直于画面，向屏幕内外延伸的轴向）上的旋转效果，如图4-10所示。

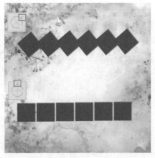
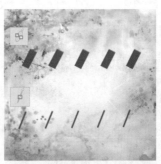

图4-9　　　　　　　　　　　　　　　　　　图4-10

- 大小：通过设置数值或者移动滑块可以调整画笔笔尖的大小。在英文输入法状态下，可以按 [键和] 键来快速减小或增大画笔笔尖的大小，如图4-11和图4-12所示。

图4-11　　　　　　　　　　　　　　　　　　图4-12

- 硬度：当使用圆形的画笔时，硬度数值可以调整。数值越大画笔边缘越清晰；数值越小画笔边缘越模糊，如图4-13～图4-15所示。

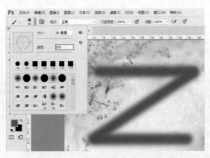
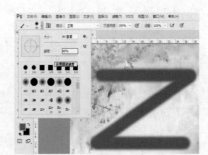

图4-13　　　　　　　　　　　　　　　　　　图4-14

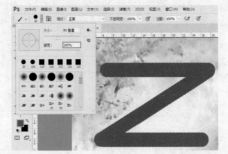

图4-15

- 模式：设置绘画颜色与下面现有像素的混合方法，如图4-16和图4-17所示。

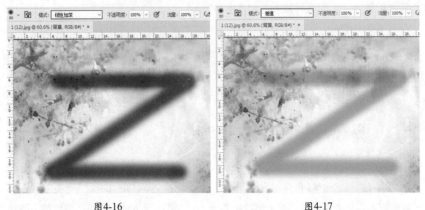

图4-16   图4-17

- 画笔面板▤：单击该按钮即可打开"画笔面板"，关于画笔面板的使用方法将在4.2小节中进行讲解。
- 不透明度：设置画笔绘制出来的颜色的不透明度。数值越大，笔迹的不透明度越高，如图4-18所示；数值越小，笔迹的不透明度越低，如图4-19所示。

图4-18   图4-19

 提示：设置画笔"不透明度"的快捷键。

在使用"画笔工具"绘画时，可以按数字键0～9来快速调整画笔的"不透明度"，数字1代表10%，数值9则代表90%的"不透明度"，0代表100%。

- 流量：设置当将光标移到某个区域上方时应用颜色的速率。在某个区域上方进行绘画时，如果一直按住鼠标左键，颜色量将根据流动速率增大，直至达到"不透明"设置。

- ✍：激活该按钮以后，可以启用喷枪功能，Photoshop会根据鼠标左键的单击方式来确定画笔笔迹的填充数量。例如，关闭喷枪功能时，每单击一次会绘制一个笔迹，如图4-20所示；而启用喷枪功能以后，按住鼠标左键不放，即可持续绘制笔迹，如图4-21所示。

图4-20

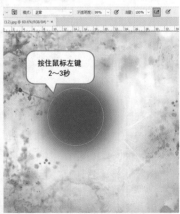

图4-21

中文版Photoshop CC从入门到精通（微课视频版）

- ：在使用带有压感的手绘板时，启用该项则可以对"不透明度"使用"压力"。在关闭时，由"画笔预设"控制压力。

- ：在使用带有压感的手绘板时，启用该项则可以对"大小"使用"压力"。在关闭时，由"画笔预设"控制压力。

> **提示：使用"画笔工具"时，画笔的光标不见了怎么办？**
>
> 　　在使用"画笔工具"绘画时，如果不小心按下了键盘上的Caps Lock大写锁定键，画笔光标就会由圆形○（或者其他画笔的形状）变为无论怎么调整大小都没有变化的"十字星"┼。这时只需要再按一下键盘上的Caps Lock大写锁定键，即可恢复成可以调整大小的带有图形的画笔效果。

举一反三：使用硬毛刷画笔绘制可爱毛球

步骤01 本案例主要通过巧妙利用画笔笔刷以及深浅不同的颜色，绘制出"蓬松柔软"的可爱毛球。新建一个图层，单击工具箱中的"画笔工具"按钮，在"画笔预设选取器"中选择"圆扇形细硬笔尖"，设置其"大小"为60像素，如图4-22所示。接着设置"前景颜色"为深绿色，在画布上绘制出毛球的外轮廓，如图4-23所示。更改前景色为稍浅一些的绿色，用同样的方式继续在上面绘制，如图4-24所示。

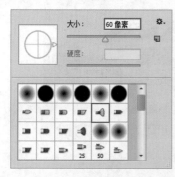

图4-22　　　　　　　　　　　　图4-23　　　　　　　　　　　　图4-24

步骤02 接着设置"前景颜色"为更浅一些的绿色，继续在毛球的轮廓内绘制，如图4-25所示。继续使用"画笔工具"，设置"前景色"为更浅一些的黄绿色，在毛球表面绘制，使毛球更加丰满，如图4-26所示。可以置入卡通的五官素材，使毛球更有趣，效果如图4-27所示。

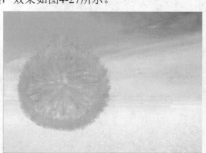

图4-25　　　　　　　　　　　　图4-26　　　　　　　　　　　　图4-27

举一反三：使用画笔工具为画面增添朦胧感

　　"画笔工具"的操作非常灵活，经常可以用来进行润色、修饰画面细节。还可以用来为画面添加暗角效果。

步骤01 打开一张素材图片，我们可以通过使用"画笔工具"进行润色。首先按下键盘上的I键，切换到"吸管工具"，在浅色花朵的位置单击拾取颜色。选择工具箱中的"画笔工具"，接着在选项栏中设置较大的笔尖大小，设置"硬度"为0。这样设置笔尖的边缘为柔角，绘制出的效果才能柔和自然。为了让绘制出的效果更加朦胧，可以适当降低"不透明度"的数值，如图4-28和图4-29所示。

图4-28　　　　　　　　　　图4-29

步骤02 接着在画面中按住鼠标左键拖曳进行绘制，先绘制画面中的四个角点，然后利用柔角画笔的虚边在画面边缘进行绘制，效果如图4-30所示。最后可以为画面添加一些艺术字元素作为装饰，完成效果如图4-31所示。

图4-30　　　　　　　　　　图4-31

练习实例：使用画笔工具绘制阴影增强画面真实感

文件路径	资源包\第4章\练习实例：使用画笔工具绘制阴影增强画面真实感
难易指数	★★★★★
技术掌握	画笔工具

案例效果

案例处理前后对比效果如图4-32和图4-33所示。

图4-32　　　　　　　　　　图4-33

操作步骤

步骤01 执行"文件>打开"命令，打开素材"1.jpg"，如图4-34所示。接着执行"文件>置入嵌入的智能对象"命令，置入汽车素材"2.png"，调整到合适位置、大小，按一下Enter键确定置入操作。然后执行"图层>栅格化>智能对象"命令，将该图层栅格化，如图4-35所示。此时的汽车虽然被"摆"在了画面中，但是地面上并没有出现汽车的阴影，所以显得比较"假"。

扫一扫，看视频

图4-34　　　　　　　　　　图4-35

步骤02 接下来为汽车添加阴影。单击工具箱中的"画笔工具"按钮，在选项栏中设置一种圆形柔角画笔，设置其大小为100像素，"硬度"为0%，"模式"为"正常"，"不透明度"为100%，在汽车的图层下面新建一个图层，设置"前景色"为黑色，在汽车的下面按住鼠标左键拖曳绘制，如图4-36所示。同样的方式绘制汽车前侧的阴影，如图4-37所示。

图4-36

图4-37

 提示：设置画笔属性的快捷方法。

选择"画笔工具"以后，在画布中单击鼠标右键，也可以打开"画笔预设选取器"。

步骤03 继续绘制阴影，选择"画笔工具"，在选项栏上设置画笔大小为247像素，硬度为0，"不透明度"为30%，如图4-38所示。接着在左下角的位置涂抹进行绘制，使底部的地面变暗一些，最终效果如图4-39所示。

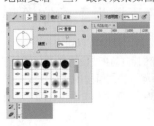

图4-38　　　　　　　　　　图4-39

中文版Photoshop CC从入门到精通（微课视频版）

4.1.2　铅笔工具

　　"铅笔工具"位于"画笔工具组"中。在工具箱中右键单击"画笔工具"按钮，在弹出的工具组列表中可看到"铅笔工具"按钮，如图4-40所示。"铅笔工具"主要用于绘制硬边的线条（并不常用）。"铅笔工具"的使用方法与"画笔工具"非常相似，都是可以在选项栏中单击打开"画笔预设选取器"，接着选择一个笔尖样式并设置画笔大小（对于"铅笔工具"，硬度为0%或者100%都是一样的效果）；然后可以在选项栏中设置模式和不透明度；接着在画面中按住鼠标左键进行拖动绘制即可。如图4-41所示为铅笔工具绘制出的笔触。无论使用哪种笔尖，绘制出的线条边缘都非常硬，很有风格感。"铅笔工具"常用于制作像素画、像素风格图标等。

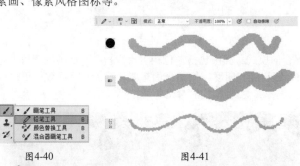

图4-40　　　　　　　　图4-41

 提示：铅笔工具的"自动抹除"功能。

　　在选项栏中勾选"自动抹除"选项后，如果将光标中心放置在包含前景色的区域上，可以将该区域涂抹成背景色；如果将光标中心放置在不包含前景色的区域上，则可以将该区域涂抹成前景色。注意，"自动抹除"选项只适用于原始图像，也就是只能在原始图像上才能绘制出设置的前景色和背景色。如果是在新建的图层中进行涂抹，则"自动抹除"选项不起作用。

举一反三：像素画

　　从"80后"玩游戏的"红白机"，到早期的黑白屏幕的手机，再到如今的计算机，像素画一直没有离开我们的视野。如今，像素画更多的是作为一种绘画风格，更强调清晰的轮廓、明快的色彩，造型比较卡通，得到很多朋友的喜爱，如图4-42和图4-43所示。

图4-42　　　　　　　　图4-43

步骤01 想要绘制像素画非常简单，只需要使用"铅笔工具"就可以实现。首先我们新建一个非常小的尺寸的文档，例如这里创建了一个长宽均为20像素的文件，然后将背景图层隐藏。同时按住Alt键和滚动鼠标中轮将画布放大，放大后可以看到画布上的像素网格，通过像素网格可以进行绘制，如图4-44所示。设置一个合适的前景色，新建一个图层。接着选择"铅笔工具"，设置"大小"为1像素。然后在画面中按住Shift键绘制一段直线，如图4-45所示。

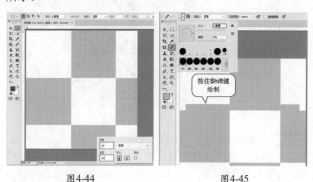

图4-44　　　　　　　　图4-45

步骤02 继续进行绘制，在绘制时要考虑所绘制图形的位置，此时绘制出的内容均为一个一个的小方块，如图4-46和图4-47所示。接着可以在绘制出图形的基础上进行装饰，完成效果如图4-48所示。

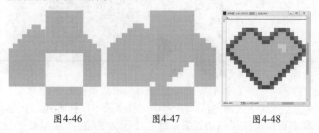

图4-46　　　　　图4-47　　　　　图4-48

4.1.3　动手练：颜色替换工具

步骤01 "颜色替换工具"位于"画笔工具组"中，工具箱中右键单击"画笔工具"按钮，在弹出的工具组列表中可看到"颜色替换工具"。"颜色替换工具"能够以涂抹的形式更改画面中的部分颜色。更改颜色之前首先需要设置合适的前景色，例如想要将图像中的蓝色部分更改为紫红色，那么就需要将前景色设置为目标颜色，如图4-49所示。在不考虑选项栏中其他参数的情况下，按住鼠标左键拖曳进行涂抹。能够看到光标经过的位置颜色发生了变化，效果如图4-50所示。

扫一扫，看视频

图4-49　　　　　　　　　　　　　　　　　　　　　图4-50

步骤02 在选项栏中的"模式"列表下选择前景色与原始图像相混合的模式。其中包括"色相""饱和度""颜色"和"明度"。如果选择"颜色"模式时，可以同时替换涂抹部分的色相、饱和度和明度。例如我们想要使紫色与目标颜色更加接近，可以选择为"颜色"，如图4-51所示。如图4-52～图4-54所示为选择其他3种模式的对比效果。

图4-51　　　　　　　图4-52　　　　　　　图4-53　　　　　　　图4-54

步骤03 接下来需要从 中选择合适的取样方式。单击"取样:连续"按钮 ，在画面中涂抹时可以随时对颜色进行取样。也就是光标移动到哪，就可以更改与光标十字星处⊕颜色接近的区域（这种方式便于对照片中的局部颜色进行替换，也是最常用的一种方式），如图4-55所示；单击"取样:一次"按钮 ，在画面中涂抹时只替换包含第一次单击的颜色区域中的目标颜色，如图4-56所示；单击"取样:背景色板"按钮 ，在画面中涂抹时只替换包含当前背景色的区域，如图4-57所示。

图4-55　　　　　　　　　　　　　图4-56　　　　　　　　　　　　　图4-57

步骤04 下面需要在选项栏中的"限制"列表中进行选择。选择"不连续"选项时，可以替换出现在光标下任何位置的样本

中文版Photoshop CC从入门到精通（微课视频版）

颜色，如图4-58所示；选择"连续"选项时，只替换与光标下的颜色接近的颜色，如图4-59所示；选择"查找边缘"选项时，可以替换包含样本颜色的连接区域，同时保留形状边缘的锐化程度，如图4-60所示。

| 图4-58 | 图4-59 | 图4-60 |

步骤05 选项栏中的"容差"数值对替换效果影响非常大，"容差值"控制着可替换的颜色区域的大小，容差值越大，可替换的颜色范围越大，如图4-61所示。由于要替换的部分的颜色差异不是很大，所以在这里我们将容差值设置为30%，设置完成后在画面中按住鼠标左键并拖动，可以看到画面中的颜色发生变化，效果如图4-62所示。容差值的设置没有固定数值，同样的数值对于不同的图片产生的效果也不相同，所以可以将数值设置成中位数，然后多次尝试并修改，得到合适效果。

| 图4-61 | 图4-62 |

 提示：方便好用的"取样:连续"方式。

当"颜色替换工具"的取样方式设置为"取样:连续"使用 时，替换颜色非常方便。但需要注意光标中央十字星 的位置是取样的位置，所以在涂抹过程中要注意光标十字星的位置不要碰触到不想替换的区域，而光标圆圈部分覆盖到其他区域也没有关系，如图4-63所示。

图4-63

练习实例：使用颜色替换工具更改局部颜色

文件路径	资源包\第4章\练习实例：使用颜色替换工具更改局部颜色
难易指数	★★★★★
技术掌握	颜色替换工具

案例效果

案例效果前后对比如图4-64和图4-65所示。

| 图4-64 | 图4-65 |

操作步骤

步骤01 执行"文件>打开"命令，打开素材1.jpg，如图4-66所示。本例将使用"颜色替换工具"对画面中的局部颜色进行更改。设置前景色为橙色。选择工具箱中的"颜色替换工具"，在选项栏上设置画笔"大小"为90像素，"模式"为"颜色"，单击"连续:取样"按钮，设置"限制"为"连续"，设置"容差"为30%。移动光标至画面中的橘子上按住鼠标左键拖曳，此时橘子变为了橙色，如图4-67所示。

扫一扫，看视频

图4-66　　　　　　　　图4-67

步骤 02 继续进行涂抹，效果如图4-68所示。用同样的方式继续绘制另一个橘子，最终效果如图4-69所示。

图4-68　　　　　　　　图4-69

4.1.4　混合器画笔：照片变绘画

"混合器画笔工具"位于"画笔工具组"中。"混合器画笔工具"可以像传统绘画过程中混合颜料一样混合像素。使用"混合器画笔工具"可以轻松模拟真实的绘画效果，并且可以混合画布颜色和使用不同的绘画湿度。

打开一张图片，如图4-70所示。在"画笔工具"按钮单击鼠标右键，在弹出的工具组列表中单击选择"混合器画笔" 。接着在选项栏中先设置合适的笔尖大小，单击预设按钮，在下拉列表中有12种预设方式，随便选择一种，然后在画面中按住鼠标左键涂抹。如图4-71所示为"非常潮湿，深混合"效果。

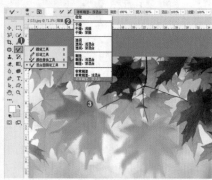

图4-70　　　　　　　　图4-71

- **自动载入** ☑：启用"自动载入"选项能够以前景色进行混合。
- **清理** ☒：启用"清理"选项可以清理油彩。
- **潮湿**：控制画笔从画布拾取的油彩量。较高的设置会产生较长的绘画条痕，如图4-72和图4-73所示分别是"潮湿"为100%和50%时的条痕效果。

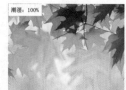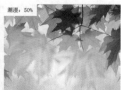

图4-72　　　　　　　　图4-73

- **载入**：指定储槽中载入的油彩量。载入速率较低时，绘画描边干燥的速度会更快。
- **混合**：控制画布油彩量与储槽油彩量的比例。当混合比例为100%时，所有油彩将从画布中拾取；当混合比例为0%时，所有油彩都来自储槽。
- **流量**：控制混合画笔的流量大小。
- **对所有图层取样**：拾取所有可见图层中的画布颜色。

【重点】4.1.5　橡皮擦工具

扫一扫，看视频

既然Photoshop中有"画笔"可以绘画，那么有没有橡皮能擦除呢？当然有！Photoshop中有3种可供"擦除"的工具："橡皮擦工具""魔术橡皮擦"和"背景橡皮擦"。"橡皮擦工具"是最基础也最常用的擦除工具。直接在画面中按住鼠标左键并拖动就可以擦除对象。而"魔术橡皮擦"和"背景橡皮擦"则是基于画面颜色的差异，擦除特定区域范围内的图像。这两个工具常用于"抠图"，将在后面的章节中讲解。

"橡皮擦工具" 位于橡皮擦工具组中，在"橡皮擦工具"按钮单击鼠标右键，然后在弹出的工具组列表中单击选择"橡皮擦工具"。接着选择一个普通图层，在画面中按住鼠标左键拖曳，光标经过的位置像素被擦除了，如图4-74所示。若选择了"背景"图层，使用"橡皮擦工具"进行擦除，则擦除的像素将变成背景色，如图4-75所示。

图4-74　　　　　　　　图4-75

- **模式**：选择橡皮擦的种类。选择"画笔"选项时，可以创建柔边擦除效果；选择"铅笔"选项时，可以创建硬边擦除效果；选择"块"选项时，擦除的效果为块状，如图4-76所示。
- **不透明度**：用来设置"橡皮擦工具"的擦除强度。

设置为100%时，可
以完全擦除像素。
当设置"模式"设
置为"块"时，该
选项将不可用。如
图4-77所示为设置不
同"不透明度"数
值的对比效果。

- 流量：用来设置"橡
皮擦工具"的涂抹速
度。如图4-78所示为
设置不同"流量"的
对比效果。

图4-76

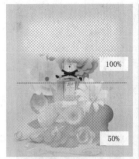 

图4-77　　　　　图4-78

- 抹到历史记录：勾选该选项以后，"橡皮擦工具"的
作用相当于"历史记录画笔工具"。

练习实例：使用橡皮擦工具擦除多余部分制作炫光人像

文件路径	资源包\第4章\练习实例：使用橡皮擦工具擦除多余部分制作炫光人像
难易指数	★★★★★
技术掌握	橡皮擦工具

案例效果

案例效果前后对比如图4-79和图4-80所示。

图4-79　　　　　图4-80

操作步骤

步骤01 执行"文件>打开"命令，打开
素材"1.jpg"，如图4-81所示。执行"文
件>置入嵌入的智能对象"命令置入素材
"2.jpg"，接着将置入对象调整到合适的
大小、位置，然后按Enter键完成置入操
作，接着执行"图层>栅格化>智能对象"命令，将该图层
栅格化，如图4-82所示。

扫一扫，看视频

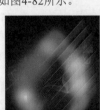 

图4-81　　　　　图4-82

步骤02 选中新置入的素材图层，单击工具箱中的"橡皮擦工
具"按钮，在选项栏中设置一种柔边圆笔尖，设置其大小为
200像素，"硬度"为0%，然后在人物背景处按住鼠标左键拖
曳进行擦除。此人像的黑色背景逐渐被擦除，显现出底部的
背景图，如图4-83所示。继续擦除背景，效果如图4-84所示。

图4-83　　　　　图4-84

步骤03 置入素材"3.jpg"，并执行"图层>栅格化>智能对
象"命令，将其栅格化，如图4-85所示。

图4-85

步骤04 在图层面板中选择新置入的素材图层，设置"混合模
式"为"滤色"，如图4-86所示。最终效果如图4-87所示。

图4-86　　　　　图4-87

举一反三：巧用橡皮擦融合两张图像

对于一些不需要十分精确抠图的对象，使用"橡皮擦工具"擦除多余像素进行合成。首先打开素材，接着根据图片的大小将画板进行适当放大，如图4-88所示。接着置入另外一张风景素材，别忘记栅格化图层，如图4-89所示。

图4-88

图4-89

接着选择"橡皮擦工具"，为了让合成效果自然，适当的将笔尖调大一些，"硬度"一定要设置为0%，这样才能让擦除的过渡效果自然，还可以适当降低"不透明度"。接着在风景素材边缘按住鼠标左键拖曳进行擦除。如果拿捏不准位置，可以先在图层面板中适当降低不透明度，在擦除完成后再调整为正常即可，如图4-90所示。

图4-90

4.2 "画笔"面板：笔尖形状设置

画笔除了可以绘制出单色的线条外，还可以绘制出虚线、同时具有多种颜色的线条、带有图案叠加效果的线条、分散的笔触、透明度不均的笔触，如图4-91所示。想要绘制出这些效果都需要借助"画笔"面板。"画笔"面板并不是只针对"画笔"工具属性的设置，而是针对大部分以画笔模式进行工作的工具。例如画笔工具、铅笔工具、仿制图章工具、历史记录画笔工具、橡皮擦工具、加深工具、模糊工具等。如图4-92和图4-93所示为能够使用到画板并配合"画笔"面板制作的作品。

图4-91　　　　图4-92　　　　图4-93

【重点】4.2.1　认识"画笔"面板

扫一扫，看视频

在前面的小节中，我们学习了"画笔""铅笔""颜色替换画笔""混合器画笔"以及"橡皮擦"，这些工具的使用方法都比较相似，都是直接在画面中按住鼠标左键并拖动光标。除了这些工具外，"加深工具""减淡工具""模糊工具"等多种工具的操作方式也是类似"画笔"的涂抹绘制过程。而涉及到"绘制"就需要考虑下绘制出的笔触形态。

在选项栏中可以单击打开"画笔预设选取器"，在"画笔预设选取器"能设置笔尖样式、画笔大小、角度以及硬度。但是各种绘制类工具的笔触形态属性可不仅仅是这些。执行"窗口>画笔"命令（快捷键F5），打开"画笔"面板，在这里可以看到非常多的参数设置，最底部显示着当前笔尖样式的预览效果。此时默认显示的是"画笔笔尖形状"页面，如图4-94所示。

在面板左侧列表还可以启用画笔的各种属性，例如形状动态、散布、纹理、双重画笔、颜色动态、传递、画笔笔势等。想要启用某种属性，需要在这些选项名称前单击，使之呈现出启用状态✅。接着单击选项的名称，即可进入该选项设置页面，如图4-95所示。

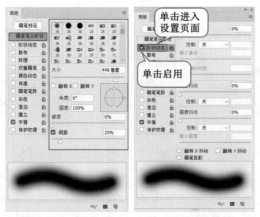

图4-94　　　　　　　图4-95

提示：为什么"画笔"面板不可用？

有的时候打开了"画笔"面板，却发现面板上的参数都是"灰色的"，无法进行调整。这可能是因为当前所使用的工具无法通过"画笔"面板进行参数设置。而"画笔"面板又无法单独对画面进行操作，它必须通过使用"画笔工具"等绘制工具才能够实施操作。所以要想使用"画笔"面板，首先需要单击"画笔工具"或者其他绘制工具。

- 画笔预设：单击面板左上角的"画笔预设"按钮，可以打开"画笔预设"面板。
- 启用/关闭选项：处于勾选状态的选项代表启用状态；处于未勾选状态的选项代表关闭状态。
- 锁定/未锁定：图标代表该选项处于锁定状态；🖰图标代表该选项处于未锁定状态。锁定与解锁操作可以相互切换。
- 面板菜单：单击▾▤图标，可以打开"画笔"面板的菜单。
- ✐切换实时笔尖预览：使用毛刷笔尖时，如图4-96所示，可以在画布中实时显示笔尖的样式，如图4-97所示。

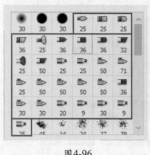
图4-96

图4-97

- 打开预设管理器 ：打开"预设管理器"对话框。
- 创建新画笔🖿：将当前设置的画笔保存为一个新的预设画笔。

提示："画笔"面板用处多。

"画笔""铅笔""颜色替换画笔""混合器画笔""橡皮擦""加深工具""减淡工具""模糊工具"等多种工具都可以通过"画笔"面板进行参数设置。

【重点】4.2.2　笔尖形状设置

执行"窗口>画笔"命令（快捷键F5），打开"画笔"面板。默认情况下"画笔"面板显示着"画笔笔尖形状"设置页面，这里可以对画笔的形状、大小、硬度等常用参数进行设置，除此之外还可以对画笔的角度、圆度以及间距进行设置。这些参数选项非常简单，随意调整数值，就可以在底部看到当前画笔的预览效果，如图4-98所示。通过设置当前页面的参数可以制作出如图4-99和图4-100所示的各种效果。

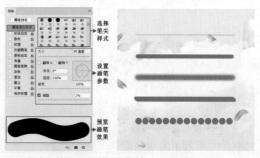

图4-98　　　　　　　图4-99

图4-100

- 大小 ：控制画笔的大小，可以直接输入像素值，也可以通过拖动大小滑块来设置画笔大小。调整不同的画笔大小，绘制效果如图4-101所示。

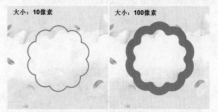

图4-101

- 翻转X/Y □ 翻转X □ 翻转Y：将画笔笔尖在其X轴或Y轴上进行翻转，如图4-102所示为无翻转、翻转X、翻转Y的画笔预览效果。使用圆形画笔时更改翻转看不到效果。为了效果明显，例图中选择了一种"草叶"形状的笔尖。

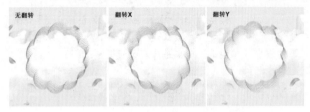

图4-102

- 角度 角度: 0° ：指定笔尖的长轴在水平方向旋转的角度，如图4-103所示为不同角度的效果。

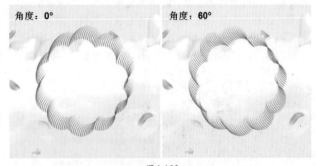

图4-103

- 圆度 圆度: 100% ：设置画笔短轴和长轴之间的比率。可以简单地理解为画笔的"压扁"程度，"圆度"值为100%时，画笔未被"压扁"；当"圆度"介于0%～100%之间的"圆度"值，画笔呈现出"压扁"状态，如图4-104所示。

图4-104

- 硬度 硬度 100% ：硬度数值只在使用圆形画笔时可用，用来控制画笔硬度中心的大小。数值越小，画笔的柔和度越高，如图4-105所示。

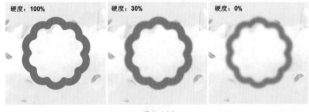

图4-105

- 间距 间距 150% ：控制描边中两个画笔笔迹之间的距离。数值越高，笔迹之间的间距越大，如图4-106所示。

图4-106

举一反三：调整间距制作斑点相框

使用"画笔工具"直接绘制即可绘制出连续的直线，而通过在"画笔"面板中增大"间距"数值，则可以绘制出"虚线"效果。

步骤01 首先打开图片，从画面中吸取一个颜色作为前景色。接着使用快捷键F5调出"画笔"面板，接着向右拖曳"间距"滑块增加间距数值，增大"间距"的数值。接着按住Shift键拖曳绘制直线，如图4-107和图4-108所示。

图4-107   图4-108

步骤02 再次从画面中吸取另外一个对比比较明显的颜色作为前景色。然后把光标放在圆点中间的缝隙处，按住鼠标左键并按住Shift键拖曳绘制直线，如图4-109和图4-110所示。

图4-109   图4-110

步骤03 接着可以选择斑点图层，复制一份并移动到画面的下方，然后添加艺术字装饰。完成效果如图4-111所示。

图4-111

举一反三：橡皮擦+调整画笔间距=邮票

"橡皮擦工具"也可以通过"画笔"面板进行笔尖的设置。在这个案例中可以通过"橡皮擦工具"，通过调整画笔间距进行擦除，制作出邮票边缘的锯齿效果。

选择邮票图层，单击"橡皮擦工具"，按F5键调出"画笔"面板，选择一个硬角的画笔，设置合适的笔尖大小，然后增加"间距"数值，如图4-112和图4-113所示。接着按住Shift键拖曳进行擦除。如图4-114所示。继续进行擦除，完成效果如图4-115所示。

图4-112　　　　　　图4-113

图4-114　　　　　　图4-115

【重点】4.2.3　形状动态

执行"窗口>画笔"命令，打开"画笔"面板。在左侧列表中单击"形状动态"前端的方框，使之变为启用状态✔，接着单击"形状动态"，进入形状动态设置页面，如图4-116所示。"形状动态"页面用于设置绘制出带有大小不同、角度不同、圆度不同笔触效果的线条。在"形状动态"页面中可以看到"大小抖动""角度抖动""圆度抖动"，此处的"抖动"就是指某项参数在一定范围内随机变换。数值越大，变化范围也就越大。如图4-117所示为通过当前页面设置可以制作出的效果。

- **大小抖动** ████ 39%：指定描边中画笔笔迹大小

的改变方式。数值越高，图像轮廓越不规则，如图4-118和图4-119所示。

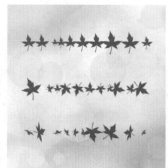

图4-116　　　　　　图4-117

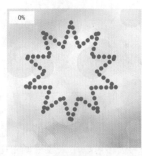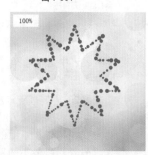

图4-118　　　　　　图4-119

- 控制：钢笔斜度 ▼：："控制"下拉列表中可以设置"大小抖动"的方式。其中，"关"选项表示不控制画笔笔迹的大小变换；"渐隐"选项是按照指定数量的步长在初始直径和最小直径之间渐隐画笔笔迹的大小，使笔迹产生逐渐淡出的效果；如果计算机配置有绘图板，可以选择"钢笔压力""钢笔斜度""光笔轮"或"旋转"选项，然后根据钢笔的压力、斜度、钢笔位置或旋转角度来改变初始直径和最小直径之间的画笔笔迹大小，如图4-120和图4-121所示。

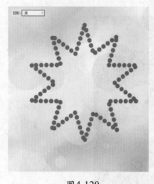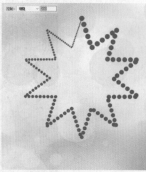

图4-120　　　　　　图4-121

- 最小直径：当启用"大小抖动"选项以后，通过该选项可以设置画笔笔迹缩放的最小缩放百分比。数值越高，笔尖的直径变化越小，如图4-122和图4-123所示。

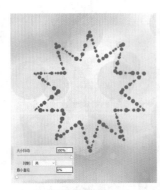
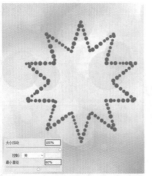

图4-122　　　　　　　　　图4-123

尖在其X轴或Y轴上进行翻转。

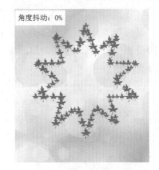
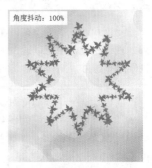

图4-124　　　　　　　　　图4-125

- 倾斜缩放比例：当"大小抖动"设置为"钢笔斜度"选项时，该选项用来设置在旋转前应用于画笔高度的比例因子。

- 角度抖动/控制：用来设置画笔笔迹的角度。如果要设置"角度抖动"的方式，可以在下面的"控制"下拉列表中进行选择。如图4-124和图4-125所示为不同参数的效果。

- 圆度抖动/控制/最小圆度：用来设置画笔笔迹的圆度在描边中的变化方式。如果要设置"圆度抖动"的方式，可以在下面的"控制"下拉列表中进行选择。另外，"最小圆度"选项可以用来设置画笔笔迹的最小圆度。如图4-126和图4-127所示。

- 翻转X/Y抖动　☐ 翻转 X 抖动　☐ 翻转 Y 抖动：将画笔笔

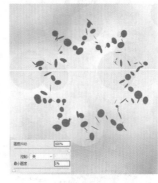
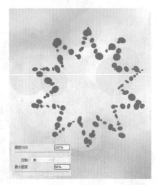

图4-126　　　　　　　　　图4-127

- 画笔投影 ☐ 画笔投影：用绘图板绘图时，勾选该选项，可以根据画笔的压力改变笔触的效果。

练习实例：使用形状动态与散布制作绚丽光斑

文件路径	资源包\第4章\练习实例：使用形状动态与散布制作绚丽光斑
难易指数	★★★★★
技术掌握	画笔工具、画笔面板

案例效果

案例最终效果如图4-128所示。

图4-128

扫一扫，看视频

图4-129所示。执行"编辑>预设>预设管理器"命令，在弹出的窗口中设置"预设类型"为"画笔"，然后单击"载入"按钮，在弹出的窗口中找到素材位置，选择素材"2.abr"，单击"载入"按钮，载入画笔。然后在预设管理器窗口中单击"完成"按钮，完成操作，如图4-130所示。

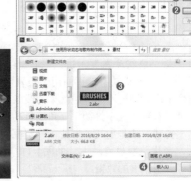

操作步骤

步骤 01 执行"文件>打开"命令，打开素材"1.jpg"，如

图4-129　　　　　　　　　图4-130

步骤 02 单击工具箱中的"画笔工具"按钮，执行"窗口>画笔"命令，打开"画笔"面板，单击"画笔笔尖形状"，选择载入的"星形笔尖"，设置"大小"为50像素，"间距"为100%，如图4-131所示。接着单击勾选"形状动态"，设置"大小抖动"为60%，如图4-132所示。

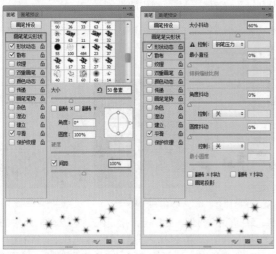

图4-131　　　　　　　　图4-132

步骤 03 勾选"散布"，设置"散布"为200%，如图4-133所示。新建一个图层，将前景色设置为白色，然后在画面上按住鼠标左键并拖动。此时画面中出现了大量的不规则分布的光斑，如图4-134所示。

图4-133　　　　　　　　图4-134

步骤 04 再次新建一个图层，继续在画笔面板上设置稍小一些的画笔，在画面上绘制，如图4-135所示。用同样的方式继续新建一个图层，绘制稍大一些的星形光斑，最终效果如图4-136所示。

图4-135　　　　　　　　图4-136

练习实例：设置形状动态绘制天使翅膀

文件路径	资源包\第4章\练习实例：设置形状动态绘制天使翅膀
难易指数	★★★★★
技术掌握	画笔工具、画笔面板

案例效果

案例处理前后对比效果如图4-137和图4-138所示。

图4-137　　　　　　　　图4-138

操作步骤

步骤 01 执行"文件>打开"命令，打开素材"1.jpg"，如图4-139所示。单击工具箱中的"画笔工具"按钮，执行

"窗口>画笔"命令，在弹出的"画笔"面板中选择一个柔边圆笔尖，设置"大小"为15像素，"硬度"为0%，"间距"为100%，如图4-140所示。

扫一扫，看视频

图4-139　　　　　　　　图4-140

步骤 02 勾选"形状动态"，设置"大小抖动"为100%，如图4-141所示。新建图层，设置"前景色"为白色，接着在画面上按住鼠标左键并拖动，绘制翅膀形状，如图4-142所示。

图4-141　　　　　　　图4-142

示。"散布"页面用于设置描边中笔迹的数目和位置，使画笔笔迹沿着绘制的线条扩散。在"散布"页面中可以对散布的方式、数量和散布的随机性进行调整。数值越大，变化范围也就越大。在制作随机性很强的光斑、星光或树叶纷飞的效果时，"散布"选项是必须设置的，如图4-148和图4-149所示是设置"散布"选项制作的效果。

步骤03 新建图层，接着在画面中单击鼠标右键，在弹出的窗口中将画笔大小调小一些，如图4-143所示。在蝴蝶翅膀的内部绘制翅膀细节图案，如图4-144所示。

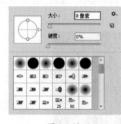

图4-143　　　　　　　图4-144

步骤04 再次新建一个图层，在"画面"面板取消勾选"形状动态"，然后设置"大小"为30像素，间距为1%，如图4-145所示。设置前景色为白色，接着在选项栏中设置"不透明度"为20%。接着在翅膀边缘的位置上绘制白色光晕，最终效果如图4-146所示。

图4-145　　　　　　　图4-146

【重点】 4.2.4　散布

　　执行"窗口>画笔"命令，打开"画笔"面板。在左侧列表中单击"形状动态"前端的方框，使之变为启用状态 ，接着勾选"散布"，进入散布设置页面，如图4-147所

图4-147　　　　　图4-148　　　　　图4-149

- 散布/两轴/控制 ▁▁▁▁：指定画笔笔迹在描边中的分散程度，该值越高，分散的范围越广。当勾选"两轴"选项时，画笔笔迹将以中心点为基准，向两侧分散。如果要设置画笔笔迹的分散方式，可以在下面的"控制"下拉列表中进行选择。如图4-150和图4-151所示为将参数分别设置为0%和449%时绘画的对比效果。

图4-150　　　　　　　图4-151

- 数量 1：指定在每个间距间隔应用的画笔笔迹数量。数值越高，笔迹重复的数量越大，如图4-152和图4-153所示。

图4-152　　　　　　　图4-153

- 数量抖动/控制 数量抖动 0%：指定画笔笔迹的数量如何针对各种间距间隔产生变化，如图4-154和图4-155所示为不同参数的对比效果。如果要设置"数量抖动"的方式，可以在下面的"控制"下拉列表中进行选择。

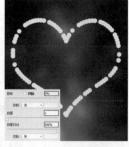

图4-154　　　　　　　图4-155

4.2.5 纹理

执行"窗口>画笔"命令，打开"画笔"面板。在左侧列表中单击"纹理"前端的方框，使之变为启用状态☑，接着单击"纹理"处，才能够进入纹理设置页面，如图4-156所示。"纹理"页面用于设置画笔笔触的纹理，使之可以绘制出带有纹理的笔触效果。在"纹理"页面中可以对图案的大小、亮度、对比度、混合模式等选项进行设置。如图4-157所示为添加了不同纹理的笔触效果。

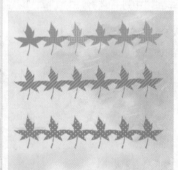

图4-156　　　　　　　　图4-157

- 设置纹理/反相 ▇ □反相：单击图案缩览图右侧的倒三角图标，可以在弹出的"图案"拾色器中选择一个图案，并将其设置为纹理，如图4-158所示。绘制出的笔触就会带有纹理，如图4-159所示。如果勾选"反相"选项，可以基于图案中的色调来反转纹理中的亮点和暗点，如图4-160所示。

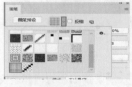

图4-158　　　　图4-159　　　　图4-160

- 缩放 缩放 62%：设置图案的缩放比例。数值越小，纹理越多越密集，如图4-161和图4-162所示为不

同参数对比效果。

图4-161　　　　　　　图4-162

- 为每个笔尖设置纹理 ☑为每个笔尖设置纹理：将选定的纹理单独应用于画笔描边中的每个画笔笔迹，而不是作为整体应用于画笔描边。如果关闭"为每个笔尖设置纹理"选项，下面的"深度抖动"选项将不可用。
- 模式 模式：：设置用于组合画笔和图案的混合模式。如图4-163和图4-164所示分别是"正片叠底"和"减去"模式。

图4-163　　　　　　　图4-164

- 深度 模式：：设置油彩渗入纹理的深度。数值越大，渗入的深度越大，如图4-165和图4-166所示。

图4-165　　　　　　　图4-166

- 最小深度：当"深度抖动"下面的"控制"选项设置为"渐隐""钢笔压力""钢笔斜度"或"光笔轮"选项，并且勾选了"为每个笔尖设置纹理"选项时，"最小深度"选项用来设置油彩可渗入纹理的最小深度。
- 深度抖动/控制 深度抖动 41%：当勾选"为每个笔尖设置纹理"选项时，"深度抖动"选项用来设置深度的改变方式，如图4-167所示。然后要指定如何控制画笔笔迹的深度变化，这可以从下面的"控制"下拉列表中进行选择，如图4-168所示。

图4-167　　　　　　　　图4-168

4.2.6　双重画笔

执行"窗口>画笔"命令，打开"画笔"面板，如图4-169所示。在左侧列表中单击"双重画笔"前端的方框，使之变为启用状态☑，接着单击"双重画笔"，才能够进入双重画笔设置页面。在"双重画笔"设置页面中，可设置绘制的线条呈现出两种画笔混合的效果。在对"双重画笔"设置前，需要先设置"画笔笔尖形状"主画笔参数属性，再启用"双重画笔"选项。在最顶部的"模式"是指选择从主画笔和双重画笔组合画笔笔迹时要使用的混合模式。然后从"双重画笔"选项中选择另外一个笔尖（即双重画笔）。其参数非常简单，大多与其他选项中的参数相同。如图4-170所示为不同双重画笔的效果。

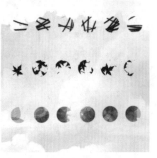

图4-169　　　　　　　　图4-170

【重点】4.2.7　颜色动态

执行"窗口>画笔"命令，打开"画笔"面板。在左侧列表中单击"颜色动态"，使之变为启用状态☑，接着单击"颜色动态"处，才能够进入颜色动态设置页面，如图4-171所示。"颜色动态"页面用于设置绘制出颜色变化的效果，在设置颜色动态之前，需要设置合适的前景色与背景色，然后在颜色动态设置页面进行其他参数选项的设置。在之前做过的"举一反三"案例中，如果勾选"颜色动态"选项可以绘制出颜色随机性很强的波点效果，如图4-172所示。

图4-171　　　　　　　　图4-172

- **应用每笔尖** 应用每笔尖：勾选该选项后，每个笔触都会带有颜色，如果要设置"颜色动态"那么必须勾选该选项。
- **前景/背景抖动/控制**：用来指定前景色和背景色之间的油彩变化方式。数值越小，变化后的颜色越接近前景色；数值越大，变化后的颜色越接近背景色，如图4-173和图4-174所示。如果要指定如何控制画笔笔迹的颜色变化，可以在下面的"控制"下拉列表中进行选择。

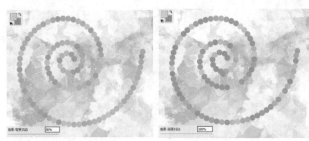

图4-173　　　　　　　　图4-174

- **色相抖动** 色相抖动 0%：设置颜色变化范围。数值越小，颜色越接近前景色；数值越高，色相变化越丰富，如图4-175和图4-176所示。

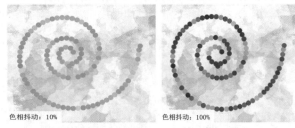

色相抖动：10%　　　　　　　色相抖动：100%

图4-175　　　　　　　　图4-176

- **饱和度抖动** 饱和度抖动 48%：设置颜色的饱和度变化范围。数值越小，色彩的饱和度变化越小；数值越高，色彩的饱和度变化越大，如图4-177和图4-178所示。

中文版Photoshop CC从入门到精通（微课视频版）

饱和度抖动: 10%　　　　　　　饱和度抖动: 100%

图4-177　　　　　　　　图4-178

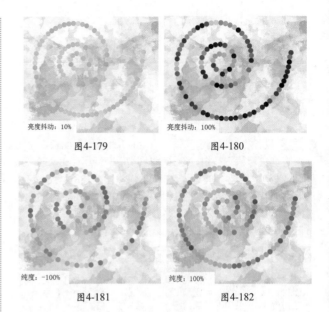

亮度抖动: 10%　　　　　　　亮度抖动: 100%

图4-179　　　　　　　　图4-180

纯度: -100%　　　　　　　纯度: 100%

图4-181　　　　　　　　图4-182

- 亮度抖动 亮度抖动 `49%`：设置颜色亮度的随机性。数值越大随机性越强，如图4-179和图4-180所示。
- 纯度 纯度 `+100%`：用来设置颜色的纯度。数值越小，笔迹的颜色越接近于黑白色，如图4-181所示；数值越高，颜色饱和度越高，如图4-182所示。

练习实例：使用颜色动态制作缤纷花朵

文件路径	资源包\第4章\练习实例：使用颜色动态制作缤纷花朵
难易指数	★★★★
技术掌握	画笔工具、载入画笔、画笔面板

案例效果

案例效果如图4-183所示。

图4-183

操作步骤

步骤01 执行"文件>打开"命令，打开素材"1.jpg"，如图4-184所示。单击工具箱中的"画笔工具"按钮，设置前景色为黄色，背景色为白色，如图4-185所示。

扫一扫，看视频

图4-184

图4-185

步骤02 在选项栏中打开"画笔预设选取器"，单击右上角的菜单按钮 ✿，接着执行"特殊效果画笔"命令，如图4-186所示。在弹出窗口中单击"追加"按钮，即可载入"特殊效果画笔"，如图4-187所示。

图4-186　　　　　　　　　　图4-187

步骤 03 执行"窗口>画笔"命令，打开"画笔"面板。单击"画笔笔尖形状"按钮，选择"杜鹃花串"画笔，设置"大小"为150像素，"间距"为100%，如图4-188所示。勾选"形状动态"，设置"大小抖动"为100%，"角度抖动"为100%，如图4-189所示。再次勾选"散布"选项，设置"散布"为1000%，如图4-190所示。

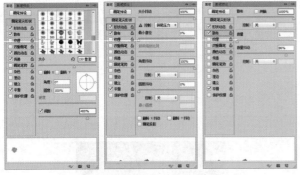

图4-188　　　　　　图4-189　　　　　　图4-190

步骤 04 继续勾选"颜色动态"，设置"前景/背景抖动"为100%，如图4-191所示。接着勾选"传递"，设置"不透明度抖动"为80%，如图4-192所示。

图4-191　　　　　　　　图4-192

步骤 05 新建一个图层，在画面上按住鼠标左键拖动，绘制大小不同颜色不同的花朵，如图4-193所示。接着适当将笔尖调大，绘制一些稍大的花朵，最终效果如图4-194所示。

图4-193　　　　　　　　图4-194

【重点】4.2.8　传递

执行"窗口>画笔"命令，打开"传递"面板。在左侧列表中单击"传递"前端的方框，使之变为启用状态✓，接着单击"传递"处，才能够进入传递设置页面，如图4-195所示。"传递"选项用于设置笔触的不透明度、流量、湿度、混合等数值，以用来控制油彩在描边路线中的变化方式。"传递"选项常用于光效的制作，在绘制光效的时候，光斑通常带有一定的透明度，所以需要勾选"传递"选项进行参数的设置，以增加光斑的透明度的变化。效果如图4-196所示。

图4-195　　　　　　　　图4-196

- **不透明度抖动/控制**：指定画笔描边中油彩不透明度的变化方式，最高值是选项栏中指定的不透明度值，如图4-197所示。如果要指定如何控制画笔笔迹的不透明度变化，可以从下面的"控制"下拉列表中进行选择，如图4-198所示。

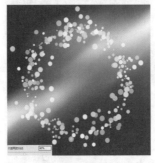　　

图4-197　　　　　　　　图4-198

- **流量抖动/控制**：用来设置画笔笔迹中油彩流量的变化程度。如果要指定如何控制画笔笔迹的流量变化，可以从下面的"控制"下拉列表中进行选择。
- **湿度抖动/控制**：用来控制画笔笔迹中油彩湿度的变化程度。如果要指定如何控制画笔笔迹的湿度变化，可以从下面的"控制"下拉列表中进行选择。
- **混合抖动/控制**：用来控制画笔笔迹中油彩混合的变化程度。如果要指定如何控制画笔笔迹的混合变化，可以从下面的"控制"下拉列表中进行选择。

4.2.9　画笔笔势

执行"窗口>画笔"命令，打开"传递"面板。在左侧列表中单击"画笔笔势"前端的方框，使之变为启用状态 ✅，勾选"画笔笔势"，才能够进入画笔笔势设置页面，如图4-199所示。"画笔笔势"页面用于设置毛刷画笔笔尖、侵蚀画笔笔尖的角度。如图4-200所示为毛刷画笔。

图4-199　　　　　　　　图4-200

选择一个毛刷画笔，在窗口的左上角有笔刷的缩览图。如图4-201所示，接着在"画笔"面板中画笔笔势设置页面进行参数的设置。如图4-202所示。设置完成后按住鼠标左键拖曳进行绘制，效果如图4-203所示。

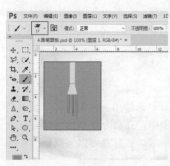

图4-201　　　　　　　　图4-202

图4-203

- 倾斜X/倾斜Y：使笔尖沿X轴或Y轴倾斜。
- 旋转 ：设置笔尖旋转效果。

- 压力 压力 100%：压力数值越高绘制速度越快，线条效果越粗犷。

4.2.10　其他选项

执行"窗口>画笔"命令，打开"传递"面板。"画笔"面板中还有"杂色""湿边""建立""平滑"和"保护纹理"这5个选项，这些选项不能调整参数，如果要启用其中某个选项，将其勾选即可，如图4-204所示。

图4-204

- 杂色：为个别画笔笔尖增加额外的随机性，如图4-205和图4-206所示分别是关闭与开启"杂色"选项时的笔迹效果。当使用柔边画笔时，该选项最有效。

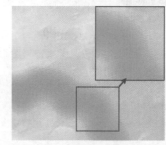
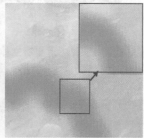

图4-205　　　　　　　　图4-206

- 湿边：沿画笔描边的边缘增大油彩量，从而创建出水彩效果，如图4-207和图4-208所示分别是关闭与开启"湿边"选项时的笔迹效果。

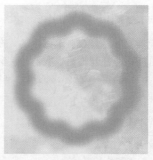
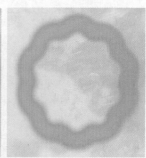

图4-207　　　　　　　　图4-208

- 建立：模拟传统的喷枪技术，根据鼠标按键的单击程度确定画笔线条的填充数量。
- 平滑：在画笔描边中生成更加平滑的曲线。当使用压感笔进行快速绘画时，该选项最有效。
- 保护纹理：将相同图案和缩放比例应用于具有纹理的所有画笔预设。勾选该选项后，在使用多个纹理画笔绘画时，可以模拟出一致的画布纹理。

举一反三：使用画笔工具制作卡通蛇

步骤01 先设置合适的前景色与背景色，接着选择画笔工具。打开"画笔"面板，选择一个圆形笔尖，然后调整一定的"间距"参数，设置笔触的间距。因为希望颜色变化丰富些，所以勾选"颜色动态"，切换到参数设置页面，然后勾选"应用每笔尖"选项，接着设置"前景/背景抖动""饱和度抖动"选项，如图4-209所示。设置完成后新建图层，然后按住鼠标左键拖曳进行绘制，效果如图4-210所示。

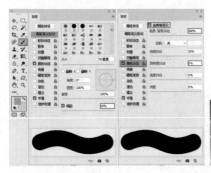

图4-209　　　　　　图4-210

步骤02 为了让图形更有立体感，可以选择该图层执行"图层>图层样式>斜面和浮雕"命令，在弹出的"图层样式"窗

口中进行设置，如图4-211所示。效果如图4-212所示。

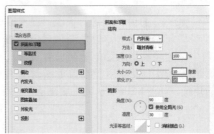

图4-211　　　　　　　图4-212

步骤03 接着可以绘制一些白色和黑色的圆点，作为卡通蛇的眼睛，如图4-213所示。使用同样的方式，调整不同前景色与背景色绘制其他卡通蛇，效果如图4-214所示。

图4-213　　　　　　　图4-214

4.3 使用不同的画笔

在"画笔预设选取器"中可以看到有多种可供选择的画笔笔尖类型，我们可以使用的只有这些吗？并不是。Photoshop还内置了多种类的画笔可供挑选，但其默认状态为隐藏，需要通过载入才能使用。除了内置的画笔，还可以在网络上搜索下载有趣的"画笔库"，并通过"预设管理器"载入到Photoshop中进行使用。除此之外，还可以将图像"定义"为画笔，帮助我们绘制出奇妙的效果。

4.3.1 动手练：使用其他内置的笔尖

在Photoshop中有一些画笔类型是隐藏在画笔库内的，在画笔选取器中可以将其进行载入，然后使用。首先选择"画笔工具"，单击选项栏中的倒三角按钮，打开画笔选取器。接着单击右上角的 按钮，显示命令菜单，在命令菜单的底部就是画笔库，如图4-215所示。选择一个画笔库，在弹出的对话框中单击"追加"按钮，如图4-216所示。随即就可以将画板库中的画笔添加到画笔选取器中，如图4-217所示。

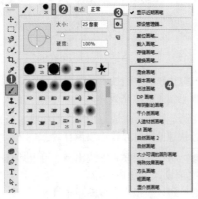

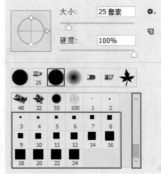

图4-215　　　　　　　　　图4-216　　　　　　　　　图4-217

中文版Photoshop CC从入门到精通（微课视频版）

【重点】4.3.2 动手练：自己定义一个"画笔"

Photoshop允许用户将图片或者图片中的部分内容"定义"为画笔笔尖，方便我们在使用画笔工具、橡皮擦工具、加深工具、减淡工具等工具时使用。

步骤01 定义画笔的方式非常简单，选择要定义成笔尖的图像，如图4-218所示。执行"编辑>定义画笔预设"菜单命令，接着在弹出的"画笔名称"对话框中设置画笔名称，并单击"确定"按钮，完成画笔的定义，如图4-219所示。在预览图中能够看到定义的画笔笔尖只保留了图像的明度信息，而没有色彩信息。这是因为画笔工具是以当前的"前景色"进行绘制的，所以定义画笔的图像色彩就没有必要存在了。

图4-218　　　　　　　　图4-219

步骤02 定义好笔尖以后，在"画笔预设选取器"中可以看到新定义的画笔，如图4-220所示。选择自定义的笔尖后，就可以像使用系统预设的笔尖一样进行绘制了。通过绘制我们能够看到，原始用于定义画笔的图像中黑色的部分为不透明的部分，白色部分为透明部分，而灰色则为半透明，如图4-221所示。

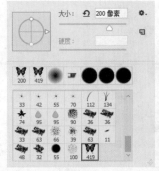

图4-220　　　　　　　　图4-221

4.3.3 使用外挂画笔资源

网络上有很多笔刷资源，例如羽毛笔刷、睫毛笔刷、头发笔刷等。在网络上下载笔刷后，通过"预设管理器"可以将外挂笔刷载入到Photoshop中进行绘制。

步骤01 执行"编辑>预设>预设管理器"命令，打开"预设管理器"窗口。接着设置"预设类型"为"画笔"，单击"载入"按钮，如图4-222所示。在弹出的"载入"窗口中找到外挂画笔的位置，单击选择外挂画笔（格式为".abr"），接着单击"载入"按钮，如图4-223所示。随即可以在"预设管理器"中看到载入的画笔，单击"完成"按钮，如图4-224所示。

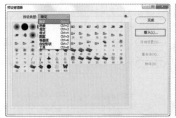

图4-222　　　　　　　　图4-223

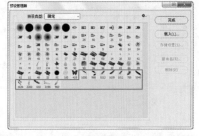

图4-224

步骤02 接着选择"画笔工具"，在画笔选取器的底部可以看到刚刚载入的画笔，如图4-225所示。接着就可以选择载入的画笔进行绘制。效果如图4-226所示。

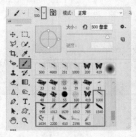

图4-225　　　　　　　　图4-226

 提示："预设管理器"都能管理什么？

执行"编辑>预设>预设管理器"菜单命令，打开"预设管理器"。在"预设类型"中提供了8种预设的库可供选择，其中包括画笔、色板、渐变、样式、图案、等高线、自定形状和工具，如图4-227所示。通过"预设管理器"可以载入不同类型的"库"，载入方法都是相同的。

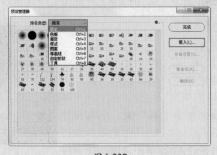

图4-227

4.3.4 将画笔储存为方便传输的画笔库文件

我们可以将一些常用的笔刷进行存储，以便于以后调用，或者传输到其他设备上使用。通过"预设管理器"可以将画笔进行存储。首先执行"编辑>预设>预设管理器"命令，打开"预设管理器"窗口。接着设置"预设类型"为"画笔"，单击需要存储的画笔，然后单击"存储设置"按钮，如图4-228所示。接着会弹出"另存为"窗口，在该窗口中选择一个合适的位置，然后设置文件名称，单击"保存"按钮完成存储操作，如图4-229所示。最后在存储位置即可看见外挂笔刷，如图4-230所示。

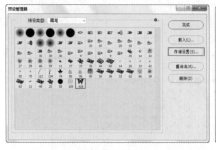
图4-228

图4-229

图4-230

4.4 瑕疵修复

"修图"一直是Photoshop最为人所熟知的强项之一。通过其强大的功能，Photoshop可以轻松去除人物面部的斑斑点点、环境中的杂乱物体，甚至想要"偷天换日"也不在话下。更重要的是这些工具的使用方法非常简单！只需要我们熟练掌握，并且多练习就可以实现这些神奇的效果啦，如图4-231和图4-232所示。下面我们就来学习一下这些功能吧！

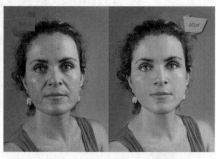

图4-231

图4-232

【重点】4.4.1 动手练：仿制图章工具

扫一扫，看视频

"仿制图章工具" 可以将图像的一部分通过涂抹的方式，"复制"到图像中的另一个位置上。"仿制图章工具"常用来去除水印、消除人物脸部斑点皱纹、去除背景部分不相干的杂物、填补图片空缺等。

步骤01 打开一张需要修复的图片，我们可以尝试通过"仿制图章工具"将图4-233中的热气球去除。在工具箱中单击"仿制图章工具" ，接着设置合适的笔尖大小，然后在需要修复位置的附近按住Alt键单击，进行像素样本的拾取，如图4-234所示。

图4-233

图4-234

中文版Photoshop CC从入门到精通（微课视频版）

- 对齐：勾选该选项以后，可以连续对像素进行取样，即使释放鼠标以后，也不会丢失当前的取样点。
- 样本：从指定的图层中进行数据取样。

步骤02 在热气球上单击，可以看到刚刚拾取的像素覆盖住了热气球，如图4-235所示。因为要考虑到图像周围的环境，所以要根据实际情况随时拾取像素，并进行覆盖，使效果更加自然。最终效果如图4-236所示。

图4-235 　　　　　 图4-236

提示：使用"仿制图章工具"进行操作会遇到的问题。

在使用仿制图章工具时，经常会出现绘制出了重叠的效果，如图4-237所示。造成这种情况可能是由于取样的位置太接近需要修补的区域，此时可以重新取样并进行覆盖操作。

图4-237

通过"仿制源"面板可以调整取样对象的大小、角度等参数。执行"窗口>仿制源"命令，打开"仿制源"面板。在该面板中可以设置复制对象的大小、位置、旋转角度等选项。单击"仿制源"的图章按钮，然后设置合适的高度与宽度，如图4-238所示。按住Alt键在热气球上单击进行拾取，如图4-239所示。接着将光标移动到画面中的其他位置，按住鼠标左键拖曳进行涂抹，随即可以绘制出被放大的内容，效果如图4-240所示。

图4-238 　　　　　 图4-239

图4-240

- 仿制源：激活"仿制源"按钮以后，按住Alt键的同时使用图章工具或图像修复工具在图像中单击，可以设置取样点。单击下一个"仿制源"按钮，还可以继续取样。
- 位移：指定X轴和Y轴的像素位移，可以在相对于取样点位置的精确位置进行仿制。
- W/H：输入W（宽度）或H（高度）值，可以缩放所仿制的源。
- 旋转：在文本输入框中输入旋转角度，可以旋转仿制的源。
- 翻转：单击"水平翻转"按钮，可以水平翻转仿制源；单击"垂直翻转"按钮，可垂直翻转仿制源。
- "复位变换"按钮：将W、H、角度值和翻转方向恢复到默认的状态。
- 帧位移/锁定帧：在"帧位移"中输入帧数，可以使用与初始取样的帧相关的特定帧进行仿制。输入正值时，要使用的帧在初始取样的帧之后；输入负值时，要使用的帧在初始取样的帧之前。如果勾选"锁定帧"，则总是使用初始取样的相同帧进行仿制。
- 显示叠加：勾选"显示叠加"选项，并设置了叠加方式以后，可以在使用图章工具或修复工具时，更好地查看叠加以及下面的图像。"不透明度"用来设置叠加图像的不透明度；"自动隐藏"选项可以在应用绘画描边时隐藏叠加；"已剪切"选项可将叠加剪切到画笔大小；如果要设置叠加的外观，可以从下面的叠加下拉列表中进行选择；"反相"选项可反相叠加中的颜色。

练习实例：使用仿制图章净化照片背景

文件路径	资源包\第4章\练习实例：使用仿制图章净化照片背景
难易指数	★★★★☆
技术掌握	仿制图章工具

案例效果

案例处理前后对比效果如图4-241和图4-242所示。

图4-241　　　　　　　　图4-242

操作步骤

步骤01 执行"文件>打开"命令，打开素材"1.jpg"。由于图像素材的后面背景建筑不美观，所以我们要将建筑背景抹除，如图4-243所示。单击工具箱中"仿制图章工具"按钮，在选项栏中选择一种柔边圆笔尖

扫一扫，看视频

形状，设置其大小为80像素，硬度为0%，"模式"为"正常"，"不透明度"为100%。在天空位置按住Alt键单击进行取样，如图4-244所示。

图4-243　　　　　　　　　　图4-244

步骤02 接着在人物右侧背景楼房上按住鼠标左键并拖动，遮盖远处的建筑，如图4-245所示。继续进行涂抹，效果如图4-246所示。

图4-245　　　　　　　　图4-246

步骤03 使用同样的方法处理人物左侧背景，案例完成效果如图4-247所示。

图4-247

举一反三：克隆出多个蝴蝶

执行"窗口>仿制源"命令，打开"仿制源"面板。单击仿制源按钮，单击"水平翻转"按钮，然后设置合适的大小、旋转角度，如图4-248所示。接着选择"仿制图章工具"，在蝴蝶上方按住Alt键单击进行拾取，如图4-249所示。接着在画面中其他花朵上方按住鼠标左键涂抹，绘制出另外一个稍小一些的蝴蝶，效果如图4-250所示。

图4-248　　　　　图4-249　　　　　图4-250

4.4.2 动手练：图案图章工具

鼠标右键单击"仿制工具组"，在工具列表中选择"图案图章工具"，该工具可以使用"图案"进行绘画。在选项栏中设置合适的笔尖大小，选择一个合适的图案，如图4-251所示。接着在画面中按住鼠标左键涂抹，随即可以看到绘制效果，如图4-252所示。

图4-251　　　　　　　　图4-252

- 对齐：勾选该选项以后，可以保持图案与原始起点的连续性，即使多次单击鼠标也不例外，如图4-253所示；关闭选择时，则每次单击鼠标都重新应用图案，如图4-254所示。

中文版Photoshop CC从入门到精通（微课视频版）

图4-253　　　　　　　图4-254

- 印象派效果：勾选该项以后，可以模拟出印象派效果的图案，如图4-255和图4-256所示分别是关闭和勾选

"印象派效果"选项时的效果。

图4-255　　　　　　　图4-256

练习实例：使用图案图章工具制作服装印花

文件路径	资源包\第4章\练习实例：使用图案图章工具制作服装印花
难易指数	★★★★★
技术掌握	图案图章工具

案例效果

案例处理前后对比效果如图4-257和图4-258所示。

图4-257　　　　　　　图4-258

操作步骤

步骤 01 执行"文件>打开"命令，打开素材"1.jpg"，如图4-259所示。本案例需要使用"图案图章工具"在左侧女孩的服装上添加漂亮的图案。执行"编辑>预设>预设管理器"命令，在弹出的窗口中设置"预设类型"为"图案"，单击单击"载入"按钮，在弹出的载入窗口中找到素材位置，选中素材"2.pat"，单击"载入"按钮完成载入，如图4-260所示。

扫一扫，看视频

图4-259　　　　　　　图4-260

步骤 02 然后单击"完成"按钮，完成载入图案，如图4-261所示。选择工具箱中的"图案图章工具"，在选项栏上画笔大小为60像素，"硬度"为40%，"模式"为"正片叠底"（如果不设置混合模式，图案会完全覆盖在服装上而无法透出原始服装的褶皱，这样会显得非常"假"），"不透明度"为100%，接着在图案列表中选择新载入的粉色图案，如图4-262所示。

图4-261　　　　　　　图4-262

步骤 03 按住鼠标左键在画面中左侧女孩的白衣服上拖动。此时衣服上会出现图案，如图4-263所示。接着继续在女孩衣服上绘制，直至将图案布满衣服上。最终效果如图4-264所示。

图4-263　　　　　　　图4-264

【重点】4.4.3　污点修复画笔工具

使用"污点修复画笔工具"可以消除图像中的小面积的瑕疵，或者去除画面中看起来比较"特殊的"对象。例如去除人物面部的斑点、皱纹、凌乱发丝，或者去除画面中细小的杂物等。"污点修复画笔工具"不需要设置取样点，因为它可以自动从所修饰区域的周围进行取样。

扫一扫，看视频

步骤 01 打开素材文件，如图4-265所示。在"修补工具组"上单击鼠标右键，在工具列表中选择"污点修复画笔"工具。在选项栏中设置合适的笔尖大小，设置"模式"为

"正常"，"类型"为"内容识别"，然后在需要去除的位置按住鼠标左键拖曳，如图4-266所示。

图4-265

图4-266

步骤02 松开鼠标后可以看到涂抹位置的皱纹消失了，如图4-267所示。同样的方法，可以继续为人像去皱以及去除周围凌乱的发丝，完成效果如图4-268所示。

- 模式：用来设置修复图像时使用的混合模式。除"正常""正片叠底"等常用模式以外，还有一个"替换"模式，这个模式可以保留画笔描边的边缘处的杂色、胶片颗粒和纹理。

- 类型：用来设置修复的方法。选择"近似匹配"选项时，可以使用选区边缘周围的像素来查找要用作选定区域修补的图像区域；选择"创建纹理"选项时，可以使用选区中的所有像素创建一个用于修复该区域的纹理；选择"内容识别"选项时，可以使用选区周围的像素进行修复。

图4-267

图4-268

练习实例：使用污点修复画笔为女孩去斑

文件路径	资源包\第4章\练习实例：使用污点修复画笔为女孩去斑
难易指数	★★★★★
技术掌握	污点修复画笔工具

案例效果

案例处理前后对比效果如图4-269和图4-270所示。

图4-269　　　　　　　图4-270

操作步骤

步骤01 执行"文件>打开"命令，打开素材"1.jpg"，如图4-271所示。由于女孩面部有一些斑点。我们可以使用"污点修复画笔工具"将斑去除掉。如图4-272所示为细节图。

扫一扫，看视频

图4-271　　　　　　　图4-272

步骤02 单击工具箱中的"污点修复画笔工具"按钮，在选项栏上设置"画笔大小"为10像素，"模式"为"正常"，在类型中单击"内容识别"按钮，如图4-273所示。然后将光标移动到女孩的脸上，在女孩脸上的斑上单击，去除斑点，如图4-274所示。

图4-273　　　　　　　图4-274

中文版Photoshop CC从入门到精通（微课视频版）

步骤 03 继续使用"污点修复画笔工具"，女孩的脸上的斑点上依次单击将斑点去除。最终效果如图4-275所示。

图4-275

【重点】4.4.4 动手练：修复画笔工具

"修复画笔工具" 也可以用图像中的像素作为样本进行绘制，以修复画面中的瑕疵。

扫一扫，看视频

拍摄照片时，难免会有一些小的缺陷，例如照片中会有其他人入镜，如图4-276所示。通过"修复画笔工具"可以进行修复。在修复工具组上单击鼠标右键，在弹出的工具组列表中选择"修复画笔工具" ，接着设置合适的笔尖大小，在选项栏中设置"源"为"取样"，接着在没有瑕疵的位置按住Alt键单击取样，如图4-277所示。接着在缺陷位置单击或按住鼠标左键拖曳进行涂抹，松开鼠标，画面中多余的内容会被去除，效果如图4-278所示。

图4-276

图4-278

图4-277

- **源**：设置用于修复像素的源。选择"取样"选项时，可以使用当前图像的像素来修复图像；选择"图案"选项时，可以使用某个图案作为取样点。
- **对齐**：勾选该选项以后，可以连续对像素进行取样，即使释放鼠标也不会丢失当前的取样点；关闭"对齐"选项以后，则会在每次停止并重新开始绘制时使用初始取样点中的样本像素。
- **样本**：用来设置指定的图层中进行数据取样。选择"当前和下方图层"，可从当前图层以及下方的可见图层中取样；选择"当前图层"是仅从当前图层中进行取样；选择"所有图层"可以从可见图层中取样。

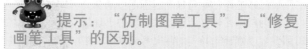

提示："仿制图章工具"与"修复画笔工具"的区别。

与"仿制图章工具"不同的是，"修复画笔工具"可将样本像素的纹理、光照、透明度和阴影与所修复的像素进行匹配，从而使修复后的像素不留痕迹地融入图像的其他部分。

读书笔记

练习实例：修复画笔工具去除画面多余内容

文件路径	资源包\第4章\练习实例：修复画笔工具去除画面多余内容
难易指数	★★★★★
技术掌握	修复画笔工具

案例效果

案例处理前后对比效果如图4-279和图4-280所示

图4-279

图4-280

操作步骤

步骤 01 执行"文件>打开"命令，打开素材"1.jpg"，如

图4-281所示。本案例将使用"修复画笔工具"对画面右下角的文字部分进行去除。选择工具箱中的"修复画笔工具"，接着在选项栏中设置笔尖为70像素，"模式"为"正常"，"源"为"取样"，接着按住Alt键的同时在文字下方的区域单击，进行取样，如图4-282所示。

扫一扫，看视频

图4-281

图4-282

中文版Photoshop CC从入门到精通（微课视频版）

步骤02 然后将光标移动到画面中的文字上，按住鼠标左键并拖动涂抹。涂抹过的区域被覆盖上了取样的内容，松开光标后，文字部分被去除掉了，如图4-283所示。继续进行涂抹，直至文字全部被覆盖。案例完成效果如图4-284所示。

图4-283　　　　　　　图4-284

【重点】4.4.5　动手练：修补工具

"修补工具" ▣ 可以利用画面中的部分内容作为样本，修复所选图像区域中不理想的部分。"修补工具"通常用来去除画面中的部分内容。

扫一扫，看视频

步骤01 在"修补工具组"上方单击鼠标右键，在工具列表中单击"修补工具" ▣。修补工具的操作是在选区的基础上，所以在选项栏中有一些关于选用运算的操作按钮。在选项栏中设置修补模式为"内容识别"，其他参数保持默认。将光标移动至缺陷的位置，按住鼠标左键拖曳沿着缺陷边缘进行绘制，如图4-285所示。松开鼠标得到一个选区，将光标放置在选区内，向其他位置拖曳，拖曳的位置是将选区中像素替代的位置，如图4-286所示。移动到目标位置后松开鼠标，稍等片刻就可以查看到修补效果，如图4-287所示。

图4-285　　　　图4-286　　　　图4-287

- 结构：是用来控制修补区域的严谨程度，数值越高边缘效果越精准。如图4-288和图4-289所示为不同参数的对比效果。

图4-288　　　　　　　图4-289

- 颜色：用来调整可修改源色彩的程度。如图4-290和图4-291所示为不同参数的对比效果。

图4-290　　　　　　　图4-291

将"修补"设置为"正常"时，可以选择图案进行修补。设置"修补"为"正常"，单击图案后侧的倒三角按钮，在下拉面板中选择一个图案，单击"使用图案"按钮，随即选区中就将以图案进行修补，如图4-292所示。

图4-292

- 源 源 ：选择"源"选项时，将选区拖动到要修补的区域以后，松开鼠标左键就会用当前选区中的图像修补原来选中的内容，如图4-293所示。
- 目标 目标 ：选择"目标"选项时，则会将选中的图像复制到目标区域，如图4-294所示。

图4-293　　　　　　　图4-294

- 透明：勾选该选项以后，可以使修补的图像与原始图像产生透明的叠加效果，该选项适用于修补具有清晰分明的纯色背景或渐变背景。

练习实例：使用修补工具去除背景中的杂物

文件路径	资源包\第4章\练习实例：使用修补工具去除背景中的杂物
难易指数	★★★★★
技术掌握	修补工具

案例效果

案例处理前后对比效果如图4-295和图4-296所示。

图4-295　　　　　　　　　图4-296

操作步骤

步骤01 执行"文件>打开"命令，打开素材"1.jpg"，如图4-297所示。本案例需要去除画面右侧的杂草。单击工具箱中的"修补工具"按钮，在选项栏设置"修补"为"内容识别"，"结构"为4，然后沿着杂草绘制选区，如图4-298所示。

扫一扫，看视频

图4-297　　　　　　　　　图4-298

步骤02 接着将光标移动到选区内，按住鼠标左键向左移动。如图4-299所示。松开光标后杂草被去除掉了，接着按下快捷键Ctrl+D，最终效果如图4-300所示。

图4-299　　　　　　　　　图4-300

举一反三：去水印

画面右下角位置有文字水印，如图4-301所示。选择工具箱中的"修补工具" ，在选项栏中设置"修补"为"内容识别"，然后按住鼠标左键在文字位置绘制选区。然后按住鼠标左键向上拖曳选区，松开鼠标完成修复工作，如图4-302所示。最后使用快捷键Ctrl+D取消选区的选择，效果如图4-303所示。

图4-301　　　　　图4-302　　　　　图4-303

也可以使用"仿制图章工具" 去水印。选择工具箱中的"仿制图章工具"，在选项栏中设置合适的笔尖大小，接着在文字上方按住Alt键单击拾取，如图4-304所示。接着在文字上按住鼠标左键涂抹，以拾取的像素覆盖住文字，如图4-305所示。

图4-304　　　　　　　　　图4-305

4.4.6　动手练：内容感知移动工具

使用"内容感知移动工具" 移动选区中的对象，被移动的对象将会自动将影像与四周的影物融合在一块，而对原始的区域则会进行智能填充。在需要改变画面中某一对象的位置时，可以尝试使用该工具。

扫一扫，看视频

步骤01 打开图像，在"修补工具组"上方单击鼠标右键，在工具列表中选择"内容感知移动工具" ，接着在选项栏中设置"模式"为"移动"，然后使用该工具在需要移动的对象上方按住鼠标左键拖曳绘制选区，如图4-306所示。接着将光标移动至选区内部，按住鼠标左键向目标位置拖曳，松开鼠标即可移动该对象，并带有一个定界框，如图4-307所示。最后按Enter键确定移动操作，然后使用快捷键Ctrl+D取消选区的选择，移动效果如图4-308所示。

图4-306　　　　　图4-307　　　　　图4-308

步骤02 如果在选项栏中设置"模式"为"扩展"，则会将选区中的内容复制一份，并融入于画面中。效果如图4-309所示。

图4-309

练习实例：使用内容感知移动工具移动人物位置

文件路径	资源包\第4章\练习实例：使用内容感知移动工具移动人物位置
难易指数	★★★★★
技术掌握	内容感知移动工具

案例效果

案例处理效果如图4-310和图4-311所示。

图4-310　　　　　　　图4-311

操作步骤

步骤01 执行"文件>打开"命令，打开素材"1.jpg"。本案例需要使用"内容感知移动工具"将左边的小女孩移动到画面左侧。选择工具箱中的"内容感知移动工具"，在选项栏上设置"模式"为"移动"，"结构"为4，然后在画面上沿着左侧小女孩的边缘按住鼠标左键绘制选区，如图4-312所示。然后按住绘制的选区，向左移动至合适的位置。松开光标后人物从原位置消失，移动到了画面左侧，如图4-313所示。

扫一扫，看视频

图4-312　　　　　　　图4-313

步骤02 按下快捷键Ctrl+D取消选择。最终效果如图4-314

所示。

图4-314

4.4.7　动手练：红眼工具

"红眼"是指在暗光时拍摄人物、动物，瞳孔会放大让更多的光线通过，当闪光灯照射到人眼、动物眼的时候，瞳孔会出现变红的现象。使用"红眼工具"可以去除"红眼"现象。打开带有"红眼"问题的图片，在修复工具组上单击鼠标右键，在工具列表中选择"红眼工具" 🔴。然后使用选项栏中的默认值即可，接着将光标移动至眼睛的上方单击鼠标左键，即可去除"红眼"，如图4-315所示。在另外一个眼睛上单击，完成去红眼的操作，效果如图4-316所示。

图4-315　　　　　　　图4-316

- 瞳孔大小：用来设置瞳孔的大小，即眼睛暗色中心的大小。
- 变暗量：用来设置瞳孔的暗度。

提示：红眼工具的使用误区。

红眼工具只能够去除"红眼"，而由于闪光灯闪烁产生的白色光点是无法使用该工具去除的。

4.5　历史记录画笔工具组

"历史记录画笔"工具组中有两个工具"历史记录画笔"和"历史记录艺术画笔"，这两个工具是以"历史记录"面板中"标记"的步骤作为"源"，然后再在画面中绘制。绘制出的部分会呈现出标记的历史记录的状态。"历史记录画笔"会完全真实的呈现历史效果，而"历史记录艺术画笔"则会将历史效果进行一定的"艺术化"，从而呈现出一种非常有趣的艺术绘画效果。

4.5.1　动手练：历史记录画笔

"画笔工具"是以"前景色"为"颜料"，在画面中绘画。而"历史记录画笔"则是以"历史记录"为"颜料"，在画面中绘画。被绘制的区域就会回到历史操作的状态下。那么以哪一步历史记录进行绘制呢？这就需要执行"窗口>历史记录"命令，打开"历史记录"面板，在想要作为绘制内容的步骤前单击，使之出现 即可完成历史记录的设定，如图4-317所示。然后单击工具箱中的"历史记录画笔"工具按钮 ，适当调整画笔大小，在画面中进行适当涂抹（绘制方法与"画笔工具"相同），被涂抹的区域将还原为被标记的历史记录效果，如图4-318所示。

扫一扫，看视频

图4-317

图4-318

4.5.2　历史记录艺术画笔

"历史记录艺术画笔工具" 可以将标记的历史记录状

态或快照用作源数据，然后以一定的"艺术效果"对图像进行修改。"历史记录艺术画笔工具"常用于为图像创建不同的颜色和艺术风格时使用。在工具箱中选项"历史记录艺术画笔工具" ，在选项栏中先对笔尖大小、样式、不透明度进行设置。接着单击"样式"按钮，在下拉列表中选择一个样式。"区域"用来设置绘画描边所覆盖的区域，数值越高覆盖的区域越大，描边的数量也越多。"容差"限定可应用绘画描边的区域，如图4-319所示。设置完毕后在画面中进行涂抹，效果如图4-320所示。

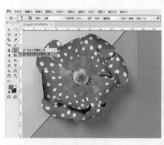

图4-319　　　　　　　　图4-320

- 样式：选择一个选项来控制绘画描边的形状，包括"绷紧短""绷紧中"和"绷紧长"等，如图4-321所示。如图4-322和图4-323所示分别是"松散长"和"绷紧卷曲"效果。

图4-321　　　　　　图4-322　　　　　　图4-323

4.6　图像的简单修饰

在Photoshop中可用于图像局部润饰的工具有："模糊工具" 、"锐化工具" 和"涂抹工具" ，这些工具从名称上就能看出来对应的功能，可以对图像进行模糊、锐化和涂抹处理；"减淡工具" 、"加深工具" 和"海绵工具" 可以对图像局部的明暗、饱和度等进行处理。这些工具位于工具箱的两个工具组中，如图4-324所示。这些工具的使用方法都非常简单，都是在画面中按住鼠标左键并拖动（就像使用"画笔工具"一样）即可。想要对工具的强度等参数进行设置，需要在选项栏中调整。这些工具能制作出的效果如图4-325所示。

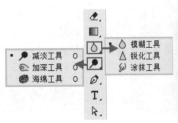

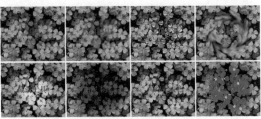

图4-324 图4-325

【重点】4.6.1 动手练：模糊工具

"模糊工具"可以轻松对画面局部进行模糊处理，其使用方法非常简单，单击工具箱中的"模糊工具"按钮 ，接着在选项栏中可以设置工具的"模式"和"强度"，如图4-326所示。"模式"包括"正常""变暗""变亮""色相""饱和度""颜色"和"明度"。如果仅需要使画面局部模糊一些，那么选择"正常"即可。选项栏中的"强度"选项是比较重要的选项，该选项用来设置"模糊工具"的模糊强度。如图4-327所示为不同参数下在画面中涂抹一次的效果。

图4-326 图4-327

除了设置强度外，如果想要使画面变得更模糊，也可以多次在某个区域中涂抹以加强效果，如图4-328所示。

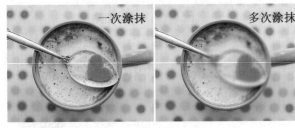

图4-328

 读书笔记

练习实例：使用模糊工具虚化背景

文件路径	资源包\第4章\练习实例：使用模糊工具虚化背景
难易指数	★★★★★
技术掌握	模糊工具

案例效果

案例处理效果前后对比如图4-329和图4-330所示。

图4-329 图4-330

操作步骤

步骤01 执行"文件>打开"命令，打开素材"1.jpg"。由于画面中的环境部分较为突出，我们可以对环境部分进行模糊，使主体人物凸显出来。单击工具箱中的"模糊工具"按钮，在选项栏中设置"画笔大小"为200像素，"强度"为50%，如图4-331所示。接着在画面上将光标移

扫一扫，看视频

动到画面的石头上按住鼠标左键拖动。涂抹过的区域明显变模糊了，如图4-332所示。

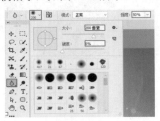 

图4-331 图4-332

步骤02 继续进行模糊处理，如图4-333所示。涂抹过程中需要注意，越远处的背景越需要多次涂抹，才能变得更加模糊，也更符合"近实远虚"的规律，完成效果如图4-334所示。

图4-333 图4-334

中文版Photoshop CC从入门到精通（微课视频版）

举一反三：用模糊工具打造柔和肌肤

光滑柔和的皮肤质感是大部分人像修图需要实现的效果。除了运用复杂的磨皮技法，"模糊工具"也能够进行进行简单的"磨皮"处理，特别适合新手操作。在图4-335中，人物额头和面部有密集的雀斑，而且颜色比较淡，通过"模糊工具"将其进行模糊可以使斑点模糊，并且使肌肤变得柔和。选择工具箱中的"模糊工具"，在选项栏中选择一个柔角画笔，这样涂抹的效果边缘会比较柔和、自然，然后设置合适的画笔笔尖，"强度"为50%，然后在皮肤的位置按住鼠标左键涂抹，随着涂抹可以发现像素变得柔和，雀斑颜色也变浅了，如图4-336所示。继续涂抹，完成效果如图4-337所示。

图4-335　　　　　图4-336　　　　　图4-337

【重点】4.6.2　动手练：锐化工具

"锐化工具"可以通过增强图像中相邻像素之间的颜色对比，来提高图像的清晰度。"锐化工具"与"模糊工具"的大部分选项相同，操作方法也相同。右键单击工具组按钮，在工具列表中选择工具箱中的"锐化工具"。在选项栏中设置"模式"与"强度"，勾选"保护细节选项"选项后，在进行锐化处理时，将对图像的细节进行保护。接着在画面中按住鼠标左键涂抹锐化。涂抹的次数越多，锐化效果越强烈，如图4-338所示。值得注意的是如果反复涂抹锐化过度，会产生噪点和晕影，如图4-339所示。

图4-338　　　　　　　　图4-339

练习实例：使用锐化工具使主体物变清晰

文件路径	资源包\第4章\练习实例：使用锐化工具使主体物变清晰
难易指数	★★★★★
技术掌握	锐化工具

案例效果

案例处理前后对比效果如图4-340和图4-341所示。

图4-340　　　　　　　图4-341

操作步骤

执行"文件>打开"命令，打开素材"1.jpg"，由于素材中的动物图像不是很清晰，我们可以使用"锐化"工具将动物的纹理变得清晰。单击工具箱中的"锐化工具"按钮，在选项栏上设置"画笔大小"为90像素，"模式"为正常，"强度"为50%，取消勾选"对所有图层取样"，勾选"保护细节"，接着按住鼠标左键在大象鼻子上拖动，随着拖动光标，对应位置的像素变得清晰，如图4-342所示。接着继续按住光标在动物的身上拖动，最终效果如图4-343所示。

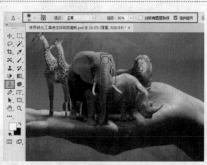

图4-342　　　　　　　图4-343

4.6.3　动手练：涂抹工具

"涂抹工具"可以模拟手指划过湿油漆时所产生的效果。选择工具箱中的"涂抹工具"，其选项栏与"模糊工具"选项栏相似，设置合适的"模式"

和"强度"，接着在需要变形的位置按住鼠标左键拖曳进行涂抹，光标经过的位置，图像发生了变形，如图4-344所示。如图4-345和图4-346所示为不同"强度"的对比效果。若在选项栏中勾选"手指绘图"选项，可以使用前景颜色进行涂抹绘制。

图4-344   强度：100%   图4-345   强度：60%   图4-346

【重点】4.6.4 动手练：减淡工具

"减淡工具" 可以对图像"亮部""中间调""阴影"分别进行减淡处理。选择工具箱中的"减淡工具"，在选项栏中单击"范围"按钮可以选择需要减淡处理的范围，有"亮部""中间调""阴影"3个选项。因为需要调整人物肤色，所以设置"范围"为"中间调"。接着设置"曝光度"，该参数是用来设置减淡的强度。如果勾选"保护色调"可以保护图像的色调不受影响，如图4-347所示。设置完成后，调整合适的笔尖，在人物皮肤的位置按住鼠标左键进行涂抹，光标经过的位置亮度会有所提高。若在某个区域上方绘制的次数越多，该区域就会变得越亮，如图4-348所示。如图4-349所示为设置不同"曝光度"进行涂抹的对比效果。

图4-347   图4-348

曝光度：30%   曝光度：100%

图4-349

 提示：如何区分"中间调""高光"和"阴影"？

"中间调""高光"和"阴影"在后面的学习中还会经常用到。要区分"中间调""高光"和"阴影"也很简单，画面中颜色明度高的地方为"高光"，面中颜色明度低的地方为"阴影"，其他位置为"中间调"，如图4-350所示。

图4-350

中文版Photoshop CC从入门到精通（微课视频版）

练习实例：使用减淡工具减淡肤色

文件路径	资源包\第4章\练习实例：使用减淡工具减淡肤色
难易指数	★★★★★
技术掌握	减淡工具

案例效果

案例处理前后对比效果如图4-351和图4-352所示。

图4-351　　　　　　图4-352

操作步骤

步骤01 执行"文件>打开"命令，打开素材"1.jpg"。单击工具箱中的"减淡工具"，在选项栏上设置"大小"为100像素，"范围"为中间调，"曝光度"为50，取消勾选"保护色调"，如图4-353所示。接着将光标移动至脸部，按住鼠标左键在脸上拖动，将皮肤颜色提亮，如图4-354所示。

扫一扫，看视频

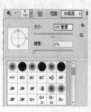

图4-353　　　　　　图4-354

步骤02 同样的方法对脸部其他区域进行亮度提升，最终效果如图4-355所示。

图4-355

举一反三：使眼睛更有神采

眼球分为眼白与眼球的部分，通常眼白与眼球的明度对比增大，人物会显得比较有神采。首先打开图片，选择"减淡工具"，因为眼白为画面中的高光部分，所以在选项栏中设置"范围"为"高光"。因为曝光度越高效果越强烈，但也是越容易"曝光"，所以参数无需设置过高。在这里设置"曝光度"为30%，接着设置合适笔尖大小。然后在眼白的位置按住鼠标左键进行涂抹以提高亮度，如图4-356所示。接着可以对黑眼球处进行处理，设置"范围"为中间调，适当增大曝光度，然后在黑眼球的边缘部分涂抹，提亮黑眼球上的反光感，完成效果如图4-357所示。

图4-356　　　　　　图4-357

举一反三：制作纯白背景

如果要将图4-358更改为白色背景，首先要观察图片，在这张图片中可以看到主体对象边缘为白色，其他位置为浅灰色，所以我们就可以使用"减淡工具"把灰色的背景经过"减淡"处理使其变为白色即可。选择"减淡工具"，设置一个稍大一些的笔尖，设置"硬度"为0%，这样涂抹的效果过渡自然。因为灰色在画面中为"高光"区域，所以设置"范围"为"高光"。为了快速使灰色背景变为白色背景，所以设置"曝光度"为100%，设置完成后在灰色背景上按住鼠标左键涂抹，如图4-359所示。继续进行涂抹，完成效果如图4-360所示。

图4-358

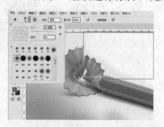

图4-359　　　　　　图4-360

【重点】4.6.5 动手练：加深工具

与"减淡工具"相反，"加深工具" 可以对图像进行加深处理。使用"加深工具"，在画面中按住鼠标左键并拖动，光标移动过的区域颜色会加深。

扫一扫，看视频

右键单击该工具组，在工具列表中选择"加深工具"（"加深工具"的选项栏与"减淡工具"的选项栏完全相同，因此这里不再讲解），如图4-361所示。设置完成后在画面中按住鼠标左键涂抹，加深效果如图4-362所示。

图4-361　　　　　　　　　　图4-362

练习实例：使用加深工具加深背景

文件路径	资源包\第4章\练习实例：使用加深工具加深背景
难易指数	★★★★★
技术掌握	加深工具

案例效果

案例处理前后对比效果如图4-363和图4-364所示。

图4-363　　　　　　　　　图4-364

操作步骤

步骤01 执行"文件>打开"命令，打开素材"1.jpg"。本案例需要对画面背景进行加深处理，使主体人物更加突出。选择工具箱中的"加深工具"，在选项栏中设置"画笔大小"为180像素，"硬度"为18%，"范围"为"中间调"，"曝光度"为50%，取消勾选"保护色调"，如图4-365所示。移动光标至画面的背景上按住鼠标拖动，将背景颜色加深，如图4-366所示。

扫一扫，看视频

图4-365　　　　　　　　　图4-366

步骤02 由于背景中有两块比较亮的部分，通过刚才的设置无

法将这部分调暗，所以需要在选项栏中设置"范围"为"高光"，"曝光度"为50，取消勾选"保护色调"，如图4-367所示。移动光标至画面的背景处偏亮部分进行涂抹，降低此处的亮度，最终效果如图4-368所示。

图4-367　　　　　　　　　图4-368

举一反三：制作纯黑背景

在图4-369中人物背景并不是纯黑色，可以通过使用"加深工具"在灰色的背景上涂抹，将灰色通过"加深"的方法使其变为黑色。选择工具箱中的"加深工具"，设置合适的笔尖大小，因为深灰色在画面中为暗部，所以在选项栏中设置"范围"为"阴影"。因为灰色不需要考虑色相问题，所以直接设置"曝光度"为100%。取消勾选"保护色调"，这样能够快速的进行去色。设置完成后在画面中背景位置按住鼠标左键涂抹，进行加深，效果如图4-370所示。

图4-369　　　　　　　　　图4-370

【重点】4.6.6　动手练：海绵工具

"海绵工具" 可以增加或降低彩色图像中布局内容的饱和度。如果是灰度图像，使用该工具则可以用于增加或降低对比度。

右键单击该工具组，在工具列表中选择"海绵工具" 。在选项栏中单击"模式"按钮，有"加色"与"去色"两个模式，当要降低颜色饱和度时选择"去色"，当需要提高颜色饱和度时选择"加色"。设置"流量"，流量数值越大加色或去色的效果越明显。在画面中按住鼠标左键进行涂抹，被涂抹的位置颜色就会降低，如图4-371所示。如图4-372所示为设置"模式"为"加色"模式的效果。

若勾选"自然饱和度"选项，可以在增加饱和度的同时防止颜色过度饱和而产生溢色现象；如果要将颜色变为黑白，那么需要取消勾选该选项。如图4-373所示为勾选与未勾选"自然饱和度"进行去色的对比效果。

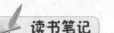

图4-373

图4-371　　　　　　　图4-372

读书笔记

练习实例：使用海绵工具进行局部去色

文件路径	资源包\第4章\练习实例：使用海绵工具进行局部去色
难易指数	★★★★★
技术掌握	海绵工具

案例效果

案例处理前后对比效果如图4-374和图4-375所示。

图4-374　　　　　　　图4-375

操作步骤

步骤01 执行"文件>打开"命令，打开素材1.jpg，如图4-376所示。本案例将使用"海绵工具"去除人像嘴部以外区域的饱和度。

步骤02 选择工具箱中的"海绵工具"，在选项栏上设置"画笔大小"为160像素，"硬度"为53%，"模式"为"去色"，如图4-377所示。接着在画面上按住鼠标左键拖动，光标经过的位置颜色变为了灰色，如图4-378所示。

图4-376

图4-377　　　　　　图4-378

步骤03 继续在画面上拖动，将画面中嘴唇以外的部分都变成黑白的，如图4-379所示。接着单击鼠标右键在弹出窗口中设置"画笔大小"为30像素，如图4-380所示。

图4-379　　　　　图4-380

步骤04 继续沿着嘴唇外边缘涂抹，去除边缘皮肤的颜色饱

和度，如图4-381所示。继续进行涂抹，最终效果如图4-382所示。

图4-381　　　　　图4-382

综合实例：使用绘制工具制作清凉海报

文件路径	资源包\第4章\综合实例：使用绘制工具制作清凉海报
难易指数	★★★★★
技术掌握	画笔工具、橡皮擦工具、画笔面板

案例效果

案例最终效果如图4-383所示。

图4-383

操作步骤

步骤01 执行"文件>新建"命令，创建一个A4尺寸的新文档。执行"文件>置入嵌入的智能对象"命令，置入素材文件"1.jpg"，将其放置在画面顶部。选中该图层，执行"图层>栅格化>智能对象"命令，如图4-384所示。置入海水素材文件"2.jpg"，执行"图层>栅格化>智能对象"命令，调整大小及位置，如图4-385所示。

扫一扫，看视频

步骤02 首先编辑海水部分。单击工具箱中的"橡皮擦工具"按钮，在选项栏中设置一种柔角边画笔，擦除上侧的海水画面，如图4-386所示。设置前景色为深蓝色，单击工具箱中的"画笔工具"按钮，在选项栏中设置一种柔角边画笔，设置画笔不透明度为50%，在画面底部海水周边进行涂抹，加深周边海水颜色效果，如图4-387所示。

图4-386　　　　　图4-387

步骤03 设置前景色为淡一点的蓝色，使用圆角画笔在海水中心位置进行涂抹，如图4-388所示。在选项栏中适当降低画笔的不透明度，继续在海水平面上进行涂抹，如图4-389所示。

图4-384　　　　　图4-385

图4-388　　　　　图4-389

步骤04 设置前景色为白色，单击工具箱中的"画笔工具"，执行"窗口>画笔"命令，打开"画笔"面板。选择一种圆形画笔，设置画笔大小为25像素，硬度为100%，增大画笔间距，如图4-390所示。在左侧列表中勾选"形状动态"，设置"大小抖动"为100%，如图4-391所示。勾选"散布"选项，设置散布数值为100%，如图4-392所示。

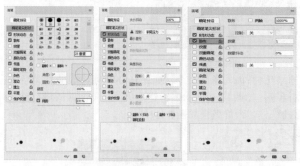

| 图4-390 | 图4-391 | 图4-392 |

步骤05 勾选"传递"选项，设置"不透明度抖动"为100%，如图4-393所示。然后在画面中按住鼠标左键并拖动，绘制气泡，如图4-394所示。

| 图4-393 | 图4-394 |

步骤06 下面开始制作文字部分。单击工具箱中的"横排文字工具"按钮，在选项栏中设置合适的字体及大小，输入红色字母"E"，如图4-395所示。按快捷键Ctrl+T自由变换，适当调整文字角度，按Enter键结束操作，如图4-396所示。

| 图4-395 | 图4-396 |

步骤07 选择文字图层，执行"图层>图层样式>描边"命

令，在弹出的面板中设置"大小"为15像素，"位置"为"外部"，"颜色"为白色，如图4-397所示。在左侧样式列表中勾选"内发光"选项，设置"混合模式"为"正常"，"不透明度"为100%，颜色为深一点的红色，"大小"为95像素，如图4-398所示。

| 图4-397 | 图4-398 |

步骤08 勾选"投影"选项，设置"混合模式"为"正常"，颜色为灰色，"不透明度"为100%，"角度"为120度，"距离"为35像素，如图4-399所示。单击"确定"按钮完成操作，此时文字效果如图4-400所示。

| 图4-399 | 图4-400 |

步骤09 为文字添加光泽感。按住Ctrl键单击文字图层的缩略图，载入文字图层选区。新建图层，设置前景色为白色，使用快捷键Alt+Delete为选区填充白色，如图4-401所示。在图层面板上设置图层"不透明度"为50%，如图4-402所示。单击"橡皮擦工具"按钮，使用硬角边的橡皮擦在文字左侧进行涂抹，隐藏多余的部分，如图4-403所示。

| 图4-401 | 图4-402 | 图4-403 |

步骤10 新建图层，使用圆角边画笔单击绘制一个白色圆点，如图4-404所示。使用自由变换快捷键Ctrl+T调整圆点形状，如图4-405所示。将调整过的圆点调整角度，放置在文字左侧，如图4-406所示。

| 图4-404 | 图4-405 | 图4-406 |

步骤 11 多次复制光斑，放置在字母的不同位置，如图4-407所示。用同样方法制作其他文字及其光泽，如图4-408所示。

图4-407 　　　　　　　　　　　　　　　　　　　图4-408

步骤 12 置入前景素材"3.png"，调整大小及位置，执行"图层>栅格化>智能对象"命令，如图4-409所示。设置前景色为白色，使用"画笔工具"，在"画笔预设选取器"中选择一种合适的画笔，如图4-410所示。新建图层，在画面四周进行涂抹，为了绘制比较自然的效果，可以切换多种画笔类型，制作效果丰富的外框，最终效果如图4-411所示。

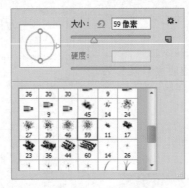

图4-409 　　　　　　　　　　图4-410 　　　　　　　　　　图4-411

Chapter
5
第 5 章

扫一扫，看视频

调色

本章内容简介：

调色是数码照片编修中非常重要的功能，图像的色彩在很大程度上能够决定图像的"好坏"，与图像主题相匹配的色彩才能够正确传达图像的内涵。对于设计作品也是一样，正确的使用色彩对设计作品而言也是非常重要的。不同的颜色往往带有不同的情感倾向，对于消费者心理产生的影响也不相同。在Photoshop中我们不仅要学习如何使画面的色彩"正确"，还可以通过调色技术的使用，制作各种各样风格化的色彩。

重点知识掌握：

- 熟练掌握"调色"命令与调整图层的方法
- 能够准确分析图像色彩方面存在的问题并进行校正
- 熟练调整图像明暗、对比度问题
- 熟练掌握图像色彩倾向的调整
- 综合运用多种调色命令进行风格化色彩的制作

通过本章学习，我能做什么？

通过本章的学习，我们将学会十几种调色命令的使用方法。通过这些调色命令的使用，可以校正图像的曝光问题以及偏色问题。例如，图像偏暗、偏亮、对比度过低/过高、暗部过暗导致细节缺失、画面颜色暗淡、天不蓝、草不绿、人物皮肤偏黄偏黑、图像整体偏蓝、偏绿、偏红等。还可以综合运用多种调色命令以及混合模式等功能制作出一些风格化的色彩。例如，小清新色调、复古色调、高彩色调、电影色、胶片色、反转片色、LOMO色等。调色命令的数量虽然有限，但是通过这些命令能够制作出的效果却是"无限的"。还等什么？一起来试一下吧！

5.1 调色前的准备工作

对于摄影爱好者来说，调色是数码照片后期处理的"重头戏"。一张照片的颜色能够在很大程度上影响观者的心里感受。比如同样一张食物的照片（图5-1），哪张看起来更美味一些（美食照片通常饱和度高一些看起来会美味）？的确，"色彩"能够美化照片，同时色彩也具有强大的"欺骗性"。同样一张"行囊"的照片（图5-2），以不同的颜色进行展示，迎接它的将是轻松愉快的郊游，还是充满悬疑与未知的探险？

图5-1   图5-2

调色技术不仅在摄影后期中占有重要地位，在平面设计中也是不可忽视的一个重要组成部分。平面设计作品中经常用到各种各样的图片元素，而图片元素的调色与画面是否匹配也会影响到设计作品的成败。调色不仅要使元素变"漂亮"，更重要的是通过色彩的调整使元素"融合"到画面中。通过图5-3和图5-4可以看到部分元素与画面整体"格格不入"，而经过了颜色的调整，则会使元素不再显得突兀，画面整体气氛更统一。

图5-3   图5-4

色彩的力量无比强大，想要"掌控"这个神奇的力量，Photoshop这一工具必不可少。Photoshop的调色功能非常强大，不仅可以对错误的颜色（即色彩方面不正确的问题，例如曝光过度、亮度不足、画面偏灰、色调偏色等）进行校正，如图5-5所示，更能够通过调色功能的使用增强画面视觉效果，丰富画面情感，打造出风格化的色彩，如图5-6所示。

图5-5   图5-6

5.1.1 调色关键词

在进行调色的过程中，我们经常会听到一些关键词：例如"色调""色阶""曝光度""对比度""明度""纯度""饱和度""色相""颜色模式""直方图"等，这些词大部分都与"色彩"的基本属性有关。下面就来简单了解一下"色彩"。

在视觉的世界里，"色彩"被分为两类：无彩色和有彩色，如图5-7所示。无彩色为黑、白、灰，有彩色则是除黑、白、灰以外的其他颜色。如图5-8所示，每种有彩色都有三大属性：色相、明度、纯度（饱和度），无彩色只具有明度这一个属性。

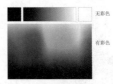

图5-9   图5-10

2.色调

"色调"也是我们经常提到的一个词语，指的是画面整体的颜色倾向。如图5-11所示为青绿色调图像，如图5-12所示为紫色调图像。

图5-7   图5-8

1.色温（色性）

颜色除了色相、明度、纯度这3大属性外，还具有"温度"。色彩的"温度"也被称为色温、色性，指色彩的冷暖倾向。越倾向于蓝色的颜色或画面为冷色调，如图5-9所示；越倾向于橘色的为暖色调，如图5-10所示。

图5-11   图5-12

3.影调

对摄影作品而言，"影调"，又称为照片的基调或调子，指画面的明暗层次、虚实对比和色彩的色相明暗等之间的关系。由于影调的亮暗和反差的不同，通常以"亮暗"将图像分为"亮调""暗调"和"中间调"。也可以"反差"将图像分为"硬调""软调"和"中间调"等多种形式。如图5-13所示为亮调图像，如图5-14所示为暗调图像。

图5-13

图5-14

4.颜色模式

"颜色模式"是指千千万万的颜色表现为数字形式的模型。简单来说，可以将图像的"颜色模式"理解为记录颜色的方式。在Photoshop中有多种"颜色模式"。执行"图像>模式"命令，我们可以将当前的图像更改为其他颜色模式：RGB模式、CMYK模式、HSB模式、Lab颜色模式、位图模式、灰度模式、索引颜色模式、双色调模式和多通道模式，如图5-15所示。设置颜色时，在拾色器窗口中可以选择不同的颜色模式进行颜色的设置，如图5-16所示。

图5-15

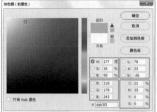
图5-16

虽然图像可以有多种颜色模式，但并不是所有的颜色模式都经常使用。通常情况下，制作用于显示在电子设备上的图像文档时使用RGB颜色模式。涉及到需要印刷的产品时需要使用CMYK颜色模式。而Lab颜色模式是色域最宽的色彩模式，也是最接近真实世界颜色的一种色彩模式，通常使用在将RGB转换为CMYK过程中，可以先将RGB图像转换为Lab模式，然后再转换为CMYK。

 提示：认识一下各种颜色模式。

　　位图模式：使用黑色、白色两种颜色值中的一个来表示图像中的像素。将一幅彩色图像转换为位图模式时，需要先将其转换为灰度模式，删除像素中的色相和饱和度信息之后才能执行"图像>模式>位图"命令，将其转换为位图。

　　灰度模式：灰度模式是用单一色调来表现图像，将彩色图像转换为灰度模式后会扔掉图像的颜色信息。

　　双色调模式：双色调模式不是指由两种颜色构成图像的颜色模式，而是通过1~4种自定油墨创建的单色调、双色调、三色调和四色调的灰度图像。想要将图像转换为双色调模式，首先需要先将图像转换为灰度模式。

　　索引颜色模式：索引颜色是位图像的一种编码方法，可以通过限制图像中的颜色总数来实现有损压缩。索引颜色模式的位图较其他模式的位图占用更少的空间，所以索引颜色模式位图广泛用于网络图形、游戏制作中，常见的格式有GIF、PNG-8等。

　　RGB模式：RGB颜色模式是进行图像处理时最常使用到的一种模式，RGB模式是一种"加光"模式。RGB分别代表Red（红色）、Green（绿色）、Blue（蓝）。RGB颜色模式下的图像只有在发光体上才能显示出来，例如显示器、电视等，该模式所包括的颜色信息（色域）有1670多万种，是一种真色彩颜色模式。

　　CMYK模式：CMYK颜色模式是一种印刷模式，也叫"减光"模式，该模式下的图像只有在印刷品上才可以观察到。CMY是3种印刷油墨名称的首字母，C代表Cyan（青色）、M代表Magenta（洋红）、Y代表Yellow（黄色），而K代表Black（黑色）。CMYK颜色模式包含的颜色总数比RGB模式少很多，所以在显示器上观察到的图像要比印刷出来的图像亮丽一些。

　　Lab模式：Lab颜色模式是由L（照度）和有关色彩的a、b这3个要素组成，L表示Luminosity（照度），相当于亮度；a表示从红色到绿色的范围；b表示从黄色到蓝色的范围。

　　多通道模式：多通道颜色模式图像在每个通道中都包含256个灰阶，对于特殊打印时非常有用。将一张RGB颜色模式的图像转换为多通道模式的图像后，之前的红、绿、蓝3个通道将变成青色、洋红、黄色3个通道。多通道模式图像可以存储为PSD、PSB、EPS和RAW格式。

5.直方图

"直方图"是用图形来表示图像的每个亮度级别的像素数量。在直方图中横向代表亮度，左侧为暗部区域，中部为中间调区域，右侧为高光区域。纵向代表像素数量，纵向越高表示分布在这个亮度级别的像素越多，如图5-17所示。

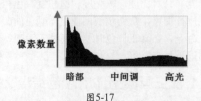
图5-17

那么直方图究竟是用来做什么的呢？直方图常用于观测当前画面是否存在曝光过度或曝光不足的情况。虽然我们在为数码照片进行调色时，经常是通过"观察"去判定画面是否偏亮、偏暗。但很多时候由于显示器问题或者个人的经验不足，经常会出现"误判"。而"直方图"却总是准确直接的告诉我们，图像是否曝光"正确"或曝光问题主要出在了哪里。首先我们打开一张照片，如图5-18所示。执行"窗口>直方图"菜单命令，打开"直方图"面板，设置"通道"为RGB。我们来观看一下当前图像的直方图，如图5-19所示。画面在直方图中显示着偏暗的部分较多，而亮部区域较少。与之相对的观察画面效果也是如此，画面整体更倾向于中、暗调。

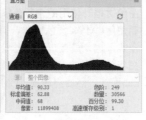

图5-18　　　　　　　　　　图5-19

如果大部分较高的竖线集中在直方图右侧，左侧几乎没有竖线。则表示当前图像亮部较多，暗调几乎没有。该图像可能存在曝光过度的情况，如图5-20所示。如果大部分较高的竖线集中在直方图左侧，图像更有可能是曝光不足的暗调效果，如图5-21所示。

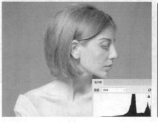

图5-20　　　　　　　　　　图5-21

通过这样的分析我们能够发现图像存在的问题，接下来就可以在后面的操作中对图像问题进行调整。一张曝光正确的照片通常应当是大部分色阶集中在中间调区域，亮部区域和暗部区域也应有适当的色阶。但是需要注意的是：我们并不是一味追求"正确"的曝光。很多时候画面的主题才是控制图像是何种影调的决定因素。

5.1.2　如何调色

在Photoshop的"图像"菜单中包含多种可以用于调色的命令，其中大部分位于"图像>调整"子菜单中，还有3个自动调色命令位于"图像"菜单下，这些命令可以直接作用于所选图层，如图5-22所示。执行"图层>新建调整图层"命令，如图5-23所示。在子菜单中可以看到与"图像>调整"子菜单中相同的命令，这些命令起到的调色效果是相同的，但是其使用方式略有不同，后面将进行详细讲解。

图5-22　　　　　　　　　　图5-23

从上面的这些调色命令的名称上来看，大致能猜到这些命令的作用。所谓的"调色"是通过调整图像的明暗（亮度）、对比度、曝光度、饱和度、色相、色调等几大方面来进行调整，从而实现图像整体颜色的改变。但如此多的调色命令，在真正调色时要从何处入手呢？很简单，只要把握住以下几点即可。

1.校正画面整体的颜色错误

处理一张照片时，通过对图像整体的观察，最先考虑到的就是图像整体的颜色有没有"错误"。比如偏色（画面过于偏向暖色调/冷色调，偏紫色、偏绿色等）、画面太亮（曝光过度）、太暗（曝光不足）、偏灰（对比度低，整体看起来灰蒙蒙的）、明暗反差过大等。如果出现这些问题，首先要对以上问题进行处理，使图像变为一张曝光正确、色彩正常的图像，如图5-24和图5-25所示。

图5-24　　　　　　　　　　图5-25

如果在对新闻图片进行处理时，可能无需对画面进行美化，需要最大程度的保留画面真实度，那么图像的调色可能就到这里结束了。如果想要进一步美化图像，接下来再进行别的处理。

2.细节美化

通过第一步整体的处理，我们已经得到了一张"正常"的图像。虽然这些图像是基本"正确"的，但是仍然可能存在一些不尽如人意的细节。比如想要重点突出的部分比较暗，如图5-26所示；照片背景颜色不美观，如图5-27所示。

图5-26　　　　　　　　　　图5-27

我们常想要制作同款产品的不同颜色的效果图，如图5-28所示，或改变头发、嘴唇、瞳孔的颜色，如图5-29所示。对这些"细节"进行处理也是非常必要的。因为画面的重点常常就集中在一个很小的部分上。使用"调整图层"非常适合处理画面的细节。

图5-28　　　　　　　　　图5-29

3.帮助元素融入画面

在制作一些平面设计作品或者创意合成作品时，经常需要在原有的画面中添加一些其他元素，例如在版面中添加主体人像；为人物添加装饰物；为海报中的产品周围添加一些陪衬元素；为整个画面更换一个新背景等。当后添加的元素出现在画面中时，可能会感觉合成得很"假"，或颜色看起来很奇怪。除去元素内容、虚实程度、大小比例、透视角度等问题，最大的可能性就是新元素与原始图像的"颜色"不统一。例如环境中的元素均为偏冷的色调，而人物则偏暖，如图5-30所示。这时就需要对色调倾向不同的内容进行调色操作了。

图5-30

例如新换的背景颜色过于浓艳，与主体人像风格不一致时，也需要进行饱和度以及颜色倾向的调整，如图5-31所示。

图5-31

4.强化气氛，辅助主题表现

通过前面几个步骤，画面整体、细节以及新增的元素的颜色都被处理"正确"了。但是单纯"正确"的颜色是不够的，很多时候我们想要使自己的作品脱颖而出，需要的是超越其他作品的"视觉感受"。所以，我们需要对图像的颜色进行进一步的调整，而这里的调整考虑的是与图像主题相契合，如图5-32和图5-33所示为表现不同主题的不同色调作品。

图5-32　　　　　　　　　图5-33

5.1.3　调色必备"信息"面板

"信息"面板看似与调色操作没有关系，但是在"信息"面板中可以显示画面中取样点的颜色数值，通过数值的比对，能够分析出画面的偏色问题。执行"窗口>信息"菜单命令，打开"信息"面板。

右键单击工具箱中吸管工具组，在工具组中选择"颜色取样器"工具，如图5-34所示，在画面中本应是黑、白、灰的颜色处单击设置取样点。在信息面板中可以到当前取样点的颜色数值。也可以在此单击创建更多的取样点（最多可以创建10个取样点），以判断画面是否存在偏色问题。因为无彩色的R、G、B数值应该相同或接近相同的，而某个数字偏大或偏小，则很容易判定图像的偏色问题。

例如我们在本该是白色的瓷瓶上单击取样。在"信息"面板中可以看到RGB的数值分别是201、189、185，如图5-35所示。既然本色是白色/淡灰色的对象，那么在不偏色的情况下，呈现出的RGB数值应该是一致的，而此时看

到的数值中R（红）明显偏大，所以可以判断，画面存在偏红的问题。

图5-34　　　　　　　　　图5-35

提示：信息面板功能多。

在"信息"面板中还可以快速准确地查看例如光标所处的坐标、颜色信息、选区大小、定界框的大小和文档大小等信息。

【重点】5.1.4　动手练：使用调色命令调色

步骤01 调色命令的种类虽然很多，但是其使用方法都比较相似。首先选中需要操作的图层，如图5-36所示。单击"图像"菜单按钮，将光标移动到"调整"命令上，在子菜单中可以看到很多调色命令，例如"色相/饱和度"，如图5-37所示。

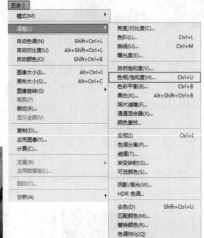

图5-36　　　　　　　　图5-37

步骤02 大部分调色命令都会弹出参数设置窗口，在此窗口中可以进行参数选项的设置（反向、去色、色调均化命令没有参数调整窗口）。如图5-38所示为"色相/饱和度"窗口，在此窗口中可以看到很多滑块，尝试拖动滑块的位置，画面颜色产生了变化，如图5-39所示。

图5-38　　　　　　　　图5-39

步骤03 很多调整命令中都有"预设"，所谓的"预设"就是软件内置的一些设置好的参数效果。我们可以通过在预设列表中选择某一种预设，快速为图像施加效果。例如在"色相/饱和度"窗口中单击"预设"，在预设列表中单击某一项，即可观察到效果，如图5-40和图5-41所示。

图5-40

图5-41

步骤04 很多调色命令都有"通道"列表/"颜色"列表可供选择，例如默认情况下显示的是RGB，此时调整的是整个画面的效果。如果单击列表会看到红、绿、蓝，选择某一项，即可针对这种颜色进行调整，如图5-42和图5-43所示。

图5-42　　　　　　　　图5-43

> 😀 **提示：快速还原默认参数。**
>
> 　　使用图像调整命令时，如果在修改参数之后，还想将参数还原成默认数值，可以按住 Alt 键，对话框中的"取消"按钮会变为"复位"按钮，单击该"复位"按钮即可还原原始参数，如图 5-44 所示。
>
>
>
> 图5-44

【重点】5.1.5 动手练：使用调整图层调色

前面提到了"调整命令"与"调整图层"能够起到的调色效果是相同的，但是"调整命令"是直接作用于原图层的，而"调整图层"则是将调色操作以"图层"的形式，存在于图层面板中。既然具有"图层"的属性，那么调整图层就具有以下特点：可以随时隐藏或显示调色效果；可以通过蒙版控制调色影响的范围；可以创建剪贴蒙版；可以调整透明度以减弱调色效果；可以随时调整图层所处的位置；可以随时更改调色的参数。相对来说，使用调整图层进行调色，可以操作的余地更大一些。

扫一扫，看视频

步骤01 选中一个需要调整的图层，如图5-45所示。接着执行"图层>新建调整图层"命令，在子菜单中可以看到很多命令，执行其中某一项，如图5-46所示。

图5-45　　　　　　图5-46

>
> **提示：使用"调整"面板。**
>
> 执行"窗口>调整"命令，打开"调整"面板，在调整面板中排列的图标，与"图层>新建调整图层"菜单中的命令是相同的。可以在这里单击调整面板中的按钮创建调整图层，如图5-47所示。
>
>
> 图5-47
>
> 另外，在"图层"面板底部单击"创建新的填充或调整图层"按钮，然后在弹出的菜单中选择相应的调整命令。

步骤02 弹出一个新建图层的窗口，在此处可以设置调整图层的名称，单击"确定"即可，如图5-48所示。接着在图层面板中可以看到新建的调整图层，如图5-49所示。

图5-48　　　　　　图5-49

步骤03 与此同时"属性"面板中会显示当前调整图层的参数设置（如果没有出现"属性"面板，可以双击该调整图层的缩览图，即可重新弹出"属性"面板），随意调整参数，如图5-50所示。此时画面颜色发生了变化，如图5-51所示。

图5-50　　　　　　图5-51

步骤04 在"图层"面板中能够看到每个调整图层都自动带有一个"图层蒙版"。在调整图层蒙版中可以使用黑、白色来控制受影响的区域。白色为受影响，黑色为不受影响，灰色为受到部分影响。例如想要使刚才创建的"色彩平衡"调整图层只对画面中的下半部分起作用，那么则需要在蒙版中使用黑色画笔涂抹不想要受调色命令影响的上半部分。单击选中"色彩平衡"调整图层的蒙版，然后设置前景色为黑色，单击"画笔工具"，设置合适的大小，在天空的区域涂抹黑色，如图5-52所示。被涂抹的区域变为了调色之前的效果，如图5-53所示。（关于图层蒙版的原理以及相关知识，请参阅本书8.3小节。）

图5-52　　　　　　图5-53

>
> **提示：其他可以用于调色的功能。**
>
> 在Photoshop中进行调色时，不仅可以使用调色命令或者调整图层，还有很多可以辅助调色的功能，例如通过对纯色图层设置图层"混合模式"或"不透明度"改变画面颜色；或者使用画笔工具，颜色替换画笔、加深工具、减淡工具、海绵工具等对画面局部颜色进行更改。

5.2　自动调色命令

在"图像"菜单下有3个用于自动调整图像颜色问题的命令："自动对比度""自动色调"和"自动颜色"，如图5-54所示。这3个命令无无需进行参数设置，执行命令后，Photoshop会自动计算图像颜色和明暗中存在的问题并进行校正，适合于处理一些数码照片常见的偏色或者偏灰、偏暗、偏亮等问题。

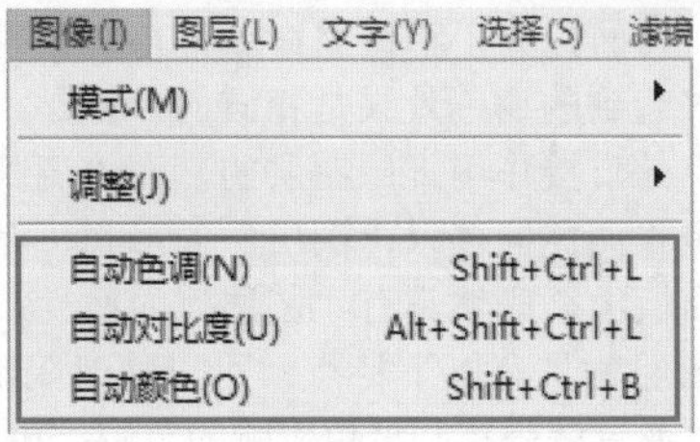

图像(I)	图层(L)	文字(Y)	选择(S)	滤镜
模式(M)				▶
调整(J)				▶
自动色调(N)			Shift+Ctrl+L	
自动对比度(U)			Alt+Shift+Ctrl+L	
自动颜色(O)			Shift+Ctrl+B	

图5-54

5.2.1　自动对比度

"自动对比度"命令常用于校正图像对比过低的问题。打开一张对比度偏低的图像，画面看起来有些"灰"，如图5-55所示。执行"图像>自动对比度"命令，偏灰的图像会被自动提高对比度，效果如图5-56所示。

图5-55　　　　　图5-56

5.2.2　自动色调

"自动色调"命令常用于校正图像常见的偏色问题。打开一张略微有些偏色的图像，画面看起来有些偏黄，如图5-57所示。执行"图像>自动色调"命令，过多的黄色成分被去除了，效果如图5-58所示。

图5-57　　　　　图5-58

5.2.3　自动颜色

"自动颜色"主要用于校正图像中颜色的偏差，例如图5-59所示的图像中，灰白色的背景偏向于红色，执行"图像>自动颜色"命令，可以快速减少画面中的红色，效果如图5-60所示。

图5-59 　　　　　图5-60

5.3　调整图像的明暗

在"图像>调整"菜单中有很多种调色命令，其中一部分调色命令主要针对图像的明暗进行调整。提高图像的明度可以使画面变亮，降低图像的明度可以使画面变暗；增强亮部区域的明亮程度并降低画面暗部区域的亮度则可以增强画面对比度，反之则会降低画面对比度，如图5-61和图5-62所示。

图5-61 　　　　　图5-62

【重点】5.3.1　亮度/对比度

扫一扫，看视频

"亮度/对比度"命令常用于使图像变得更亮、变暗一些、校正"偏灰"（对比度过低）的图像、增强对比度使图像更"抢眼"或弱化对比度使图像柔和，如图5-63和图5-64所示。

图5-63　　　　　图5-64

打开一张图像，如图5-65所示。执行"图像>调整>亮度/对比度"命令，打开"亮度/对比度"窗口，如图5-66所示。执行"图层>新建调整图层>亮度/对比度"命令，可创建一个"亮度/对比度"调整图层。

图5-65　　　　　　　　　　图5-66

- 亮度：用来设置图像的整体亮度。如数值由小到大变化，为负值时，表示降低图像的亮度；为正值时，表示提高图像的亮度，如图5-67所示。

图5-67

- 对比度：用于设置图像亮度对比的强烈程度。如数值由小到大变化，为负值时，对比减弱；为正值时，图像对比度会增强，如图5-68所示。

图5-68

- 预览：勾选该选项后，在"亮度/对比度"对话框中调节参数时，可以在文档窗口中观察到图像的亮度变化。

- 使用旧版：勾选该选项后，可以得到与Photoshop CS3以前的版本相同的调整结果。

- 自动：单击"自动"按钮，Photoshop会自动根据画面进行调整。

【重点】5.3.2　动手练：色阶

"色阶"命令主要用于调整画面的明暗程度以及增强或降低对比度。"色阶"命令的优势在于可以单独对画面的阴影、中间调、高光以及亮部、暗部区域进行调整。

扫一扫，看视频

而且可以对各个颜色通道进行调整，以实现色彩调整的目的，如图5-69和图5-70所示。

图5-69　　　　　　　　　　图5-70

执行"图像>调整>色阶"菜单命令（快捷键Ctrl+L），可打开"色阶"对话框，如图5-71所示。执行"图层>新建调整图层>色阶"命令，可创建一个"色阶"调整图层，如图5-72所示。

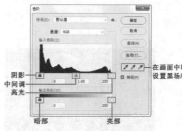 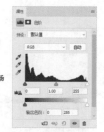

图5-71　　　　　　　　　　图5-72

步骤01 打开一张图像，如图5-73所示。执行"图像>调整>色阶"菜单命令，在"输入色阶"窗口中可以通过拖曳滑块来调整图像的阴影、中间调和高光，同时也可以直接在对应的输入框中输入数值。向右移动"阴影"滑块，画面暗部区域会变暗，如图5-74和图5-75所示。

 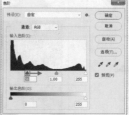

图5-73　　　　图5-74　　　　图5-75

步骤02 尝试向左移动"高光"滑块，画面亮部区域变亮，如图5-76和图5-77所示。

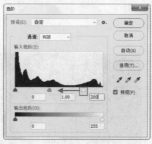 

图5-76　　　　　　　　　　图5-77

步骤03 向左移动"中间调"滑块，画面中间调区域会变亮，受其影响，画面大部分区域会变亮，如图5-78和图5-79所示。

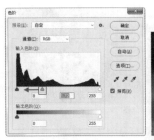

图5-78 图5-79

步骤 04 向右移动"中间调"滑块，画面中间调区域会变暗，受其影响，画面大部分区域会变暗，如图5-80和图5-81所示。

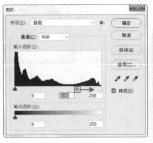

图5-80 图5-81

步骤 05 在"输出色阶"中可以设置图像的亮度范围，从而降低对比度。向右移动"暗部"滑块，画面暗部区域会变亮，画面会产生"变灰"的效果，如图5-82和图5-83所示。

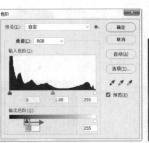

图5-82 图5-83

步骤 06 向左移动"亮部"滑块，画面亮部区域会变暗，画面同样会产生"变灰"的效果，如图5-84和图5-85所示。

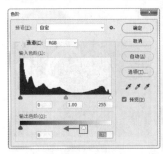

图5-84 图5-85

步骤 07 使用"在图像中取样以设置黑场" ✐吸管在图像中单击取样，可以将单击点处的像素调整为黑色，同时图像中比该单击点暗的像素也会变成黑色，如图5-86和图5-87所示。

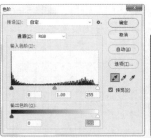

图5-86 图5-87

步骤 08 使用"在图像中取样以设置灰场" ✐吸管在图像中单击取样，可以根据单击点像素的亮度来调整其他中间调的平均亮度，如图5-88和图5-89所示。

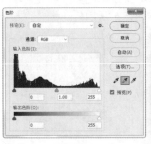

图5-88 图5-89

步骤 09 使用"在图像中取样以设置白场" ✐吸管在图像中单击取样，可以将单击点处的像素调整为白色，同时图像中比该单击点亮的像素也会变成白色，如图5-90和图5-91所示。

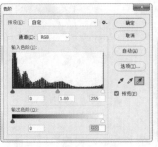

图5-90 图5-91

步骤 10 如果想要使用"色阶"命令对画面颜色进行调整，则可以在"通道"列表中选择某个"通道"，然后对该通道进行明暗调整，使某个通道变亮，如图5-92所示，画面则会更倾向于该颜色，如图5-93所示。而使某个通道变暗，则会减少画面中该颜色的成分，而使画面倾向于该通道的补色。

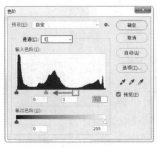

图5-92 图5-93

中文版Photoshop CC从入门到精通（微课视频版）

举一反三：巧用"在画面中取样设置黑场/白场"

在进行通道抠图时，首先需要复制一个主体物与背景黑白反差较大的通道，如图5-94所示。接下来就需要强化通道的黑白反差，而"在画面中取样设置黑场/白场"按钮正好能够派上用场。这里需要将背景变为黑色，主体物变为白色，使用"在画面中取样设置黑场"按钮单击背景部分，使用"在画面中取样设置白场"按钮单击主体物部分，如图5-95所示。

 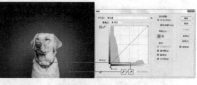

图5-94　　　　　　　图5-95

此时通道变为黑白反差非常大的效果，如图5-96所示。但是主体物中仍有部分区域为黑色，使用白色画笔进行涂抹即可，如图5-97所示。最后可以载入该通道选区，并为原图层添加蒙版，抠图完成，如图5-98所示。关于"通道抠图"的具体内容将在第7章中讲解。

图5-96　　　　图5-97　　　　图5-98

【重点】5.3.3　动手练：曲线

"曲线"命令既可用于对画面的明暗和对比度进行调整，又常用于校正画面偏色问题以及调出独特的色调效果，如图5-99和图5-100所示。

图5-99　　　　　　　图5-100

执行"曲线>调整>曲线"菜单命令（快捷键Ctrl+M），打开"曲线"对话框，如图5-101所示。在曲线窗口中左侧为曲线调整区域，在这里可以通过改变曲线的形态，调整画面的明暗程度。曲线段上部分控制画面的亮部区域；曲线中间段的部分控制画面中间调区域；曲线下半部分控制画面暗部区域。

在曲线上单击即可创建一个点，然后通过按住并拖动曲线点的位置调整曲线形态。将曲线上的点向左上移动则会使图像变亮，将曲线点向右下移动可以使图像变暗。

执行"图层>新建调整图层>曲线"命令，创建一个"曲线"调整图层，同样能够进行相同效果的调整，如

图5-102所示。

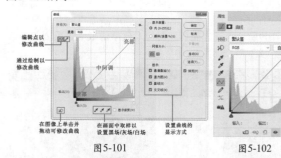

图5-101　　　　　　　图5-102

1.使用"预设"的曲线效果

在"预设"下拉列表中共有9种曲线预设效果。如图5-103和图5-104所示分别为原图与九种预设效果。

图5-103　　　　　　　图5-104

2.提亮画面

预设并不一定适合所有情况，所以大部分时候都需要我们自己对曲线进行调整。例如想让画面整体变亮一些，可以选择在曲线的中间调区域按住鼠标左键，并向左上拖动，如图5-105所示，此时画面就会变亮，如图5-106所示。因为通常情况下，中间调区域控制的范围较大，所以想要对画面整体进行调整时，大多会选择在曲线中间段部分进行调整。

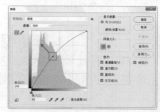 

图5-105　　　　　　　图5-106

3.压暗画面

想要使画面整体变暗一些，可以在曲线上中间调的区域上按住鼠标左键并向右下移动曲线，如图5-107所示，效果如图5-108所示。

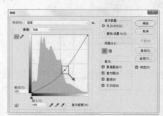 

图5-107　　　　　　　图5-108

4.调整图像对比度

想要增强画面对比度，则需要使画面亮部变得更亮，而暗部变得更暗。那么则需要将曲线调整为"S"形，在曲线上半段添加点向左上移动，在曲线下半段添加点向右下移动，如图5-109所示。反之想要使图像对比度降低，则需要将曲线调整为"Z"形，如图5-110所示。

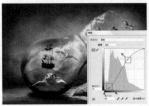

图5-109　　　　　图5-110

5.调整图像的颜色

使用曲线可以校正偏色情况，也可以使画面产生各种各样的颜色倾向。例如图5-111所示的画面倾向于红色，那么在调色处理时，就需要减少画面中的"红"。所以可以在通道列表中选择"红"，然后调整曲线形态，将曲线向右下调整。此时画面中的红色成分减少，画面颜色恢复正常，如图5-112所示。当然如果想要为图像进行色调的改变，则可以调整单独通道的明暗来使画面颜色改变。

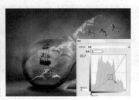

图5-111　　　　　图5-112

练习实例：使用曲线一步打造清新色调

文件路径	资源包\第5章\练习实例：使用曲线一步打造清新色调
难易指数	★★★★★
技术掌握	曲线

案例效果

案例处理前后对比效果如图5-113和图5-114所示。

图5-113　　　　　图5-114

操作步骤

扫一扫，看视频

步骤01 执行"文件>打开"命令，在打开窗口中选择背景素材"1.jpg"，单击"打开"按钮，如图5-115所示。

图5-115

步骤02 下面我们就对这张照片进行调色。执行"图层>新建调整图层>曲线"命令，在弹出的属性面板中单击RGB按钮，在下拉菜单中选择"绿"。在曲线上选择底部的控制点，按住鼠标左键向上拖曳。改变"绿"曲线可以增加

画面的绿色，使画面具有轻快感，如图5-116所示。效果如图5-117所示。

图5-116　　　　　图5-117

步骤03 继续单击RGB按钮，在下拉菜单中选择"蓝"，在曲线上选择底部的控制点，沿着轴向按住鼠标左键向上拖曳，改变"蓝"曲线可以增加画面的蓝色，使画面产生夏日的清新感，如图5-118所示。效果如图5-119所示。

图5-118　　　　　图5-119

中文版Photoshop CC从入门到精通（微课视频版）

练习实例：使用曲线打造朦胧暖调

文件路径	资源包\第5章\练习实例：使用曲线打造朦胧暖调
难易指数	⭐⭐⭐⭐⭐
技术掌握	曲线、镜头光晕

案例效果

案例处理前后对比效果如图5-120和图5-121所示。

图5-120　　　　　　图5-121

操作步骤

步骤01 执行"文件>打开"命令，在打开窗口中选择背景素材"1.jpg"，单击"打开"按钮，如图5-122所示。

扫一扫，看视频

图5-122

步骤02 首先为画面增添一些"朦胧感"。在图层面板中选择该背景图层，右键执行"复制图层"命令。接着对复制

的图层执行"滤镜>模糊>高斯模糊"命令，在弹出的"高斯模糊"窗口中设置"半径"为50像素，单击确定按钮完成设置，如图5-123所示。效果如图5-124所示。

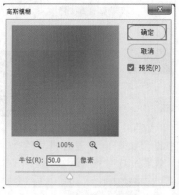

图5-123　　　　　　图5-124

步骤03 在图层面板中选择模糊的图层，单击图层面板底部的"添加图层蒙版"按钮。选择图层的蒙版，接着单击"工具箱"中的"画笔工具"，设置合适的"大小"，"硬度"为0%，画笔"不透明度"为50%。在图层蒙版中人物部分和背景区域简单涂抹，图层蒙版如图5-125所示。显露出底部清晰的人物和部分背景，如图5-126所示。

图5-125　　　　　　图5-126

步骤04 接着我们要制作画面的暖色调。执行"图层>新建调整图层>曲线"命令，在弹出的属性面中RGB曲线上半部分单击添加控制点并按住鼠标左键向上拖曳。继续在曲线下半部分单击添加控制点，并按住鼠标左键向上拖曳，通过改变曲线形状提高画面的亮度，如图5-127所示。单击RGB按钮，在下拉列表中选择"红"，调整"红"通道的曲线形态，使画面暗部区域偏红，如图5-128所示。继续设置通道为"蓝"，在曲线上单击添加两个控制点，并按住鼠标左键向下拖曳，通过调整减少画面中的蓝色，如图5-129所示。效果如图5-130所示。

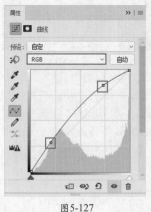
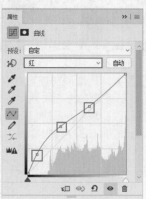

图5-127　　　　　　图5-128　　　　　　图5-129　　　　　　图5-130

步骤 05 接着制作镜头光晕。新建图层，设置"前景色"为黑色，使用快捷键Alt+Delete填充黑色，如图5-131所示。执行"滤镜>渲染>镜头光晕"命令，在弹出的镜头光晕面板中拖曳光晕中的十字标，对光晕的方向进行改变，设置"亮度"为100%，选择"50-300毫米变焦"，单击"确定"按钮完成设置，如图5-132所示。效果如图5-133所示。

图5-131　　　　图5-132　　　　图5-133

步骤 06 在图层面板中设置该图层"混合模式"为"滤色"，如图5-134所示。效果如图5-135所示。

图5-134　　　　图5-135

步骤 07 为了强化光晕效果，可以在图层面板中选择该光晕图层，右键执行"复制图层"命令，叠加增强效果，如图5-136所示。使用同样的方法再叠加一层，效果如图5-137所示。

图5-136　　　　　　　图5-137

步骤 08 使用"横排文字工具"添加艺术字，如图5-138所示。最后制作照片框，单击"圆角矩形工具"，在"选项栏"中设置"绘制模式"为"路径"，"半径"为50像素，在画面中按住鼠标左键拖曳绘制圆角矩形路径，然后使用快捷键Ctrl+Enter将路径转化为选区，接着使用反向快捷键Ctrl+Shift+I将选区反选，设置"前景色"为白色，使用Alt+Delete填充选区，按Enter键完成制作，取消选区，最终效果如图5-139所示。

图5-138　　　　　　　图5-139

练习实例：使用曲线柔化皮肤

文件路径	资源包\第5章\练习实例：使用曲线柔化皮肤
难易指数	★★★★★
技术掌握	黑白、曲线

案例效果

案例处理前后对比效果如图5-140和图5-141所示。

图5-140　　　　图5-141

操作步骤

步骤 01 执行"文件>打开"菜单命令或按Ctrl+O快捷键，打开素材1.jpg，如图5-142

扫一扫，看视频

所示。本案例利用"曲线"调整图层对皮肤进行磨皮。对人像素材进行处理时，如果将人像照片放大观察，经常可以看到皮肤细节存在的一些问题，例如斑点细纹，毛孔比较明显、皮肤表面明暗不均匀等。除此之外还存在面部立体感不足的问题。例如本案例中的一些问题，如图5-143和图5-144所示。

 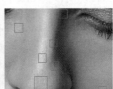 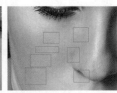

图5-142　　　　图5-143　　　　图5-144

步骤 02 斑点细纹问题可以利用"污点修复画笔""仿制图章"等工具进行去除，而本案例中的毛孔、明暗不均匀以及立体感不足的情况都可以利用曲线进行调整。毛孔明显可以通过将每个毛孔的暗部提亮，使之与亮部明暗接近即可。皮肤明暗不均匀，可以利用曲线将偏暗的局部提亮一些。要想增强面部立体感则需要强化五官和面颊处的暗部，提亮亮部即可。以上的操作都是基于对皮肤的明暗进行调整，减少了皮肤细节处的明暗反差，肌肤就会变得柔和很多，如图5-145所示为明暗不均匀的皮肤效果的校正。

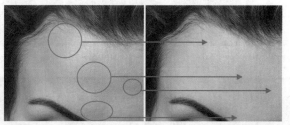

图5-145

步骤03 打开人像照片，如果不仔细观察的话可能很难看到皮肤上细小的明暗和瑕疵。这就为使用曲线调整图层进行调整的过程中造成了很大的麻烦，不能明确地看到瑕疵在哪里，就无法进行修饰。由于曲线操作主要针对明暗进行调整，所以为了能更加方便地修饰操作，在进行皮肤调整之前可以创建用于辅助的观察图层，使画面在黑白状态下，能够更清晰地看出画面的明暗。而有些细小的明暗可能很难分辨，所以可以适当增强画面的对比度，以便观察到明暗细节，如图5-146所示。皮肤细节处理的变化效果非常的微妙，需要放大进行仔细查看。

图5-146

步骤04 在使用"曲线"柔化皮肤之前要建立两个观察图层，方便我们在使用"曲线"调整时观察。执行"图层>新建调整图层>黑白"命令，在弹出的"属性"面板中设置"红色"为40，"黄色"为60，"绿色"为40，"青色"为60，"蓝色"为20，"洋红"为80，如图5-147所示，继续执行"图层>新建调整图层>曲线"命令，在弹出的"属性"面板中单击曲线创建控制点，拖动控制点向下，如图5-148所示。

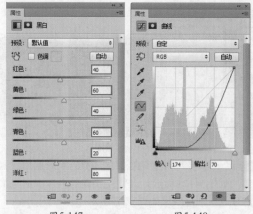

图5-147　　　　　　　　图5-148

步骤05 用于观察的图层创建完成，观察图层如图5-149所示。效果如图5-150所示。

图5-149　　　　　　　　图5-150

步骤06 在观察图层上可以看到人物面部黑白阴影分布不均，下面要使用曲线调整使人物皮肤黑白明确皮肤柔和。首先，对整体进行调整，执行"图层>新建调整图层>曲线"命令，在弹出的"属性"面板中单击曲线创建控制点，拖动控制点向上，如图5-151所示。设置"前景色"为黑色，单击该调整图层的"图层蒙版缩览图"并使用快捷键Alt+Delete为其填充黑色，如图5-152所示。

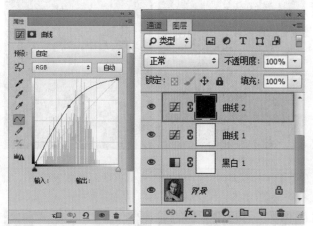

图5-151　　　　　　　　图5-152

步骤07 接着单击"工具箱"中的"画笔工具"，在"选项栏"中单击"画笔预设"下拉按钮，在"画笔预设"面板中设置"大小"为20像素，"硬度"为0%，"不透明度"为20%。然后放大额头处，可以看到额头处有明显的明暗不均匀处，如图5-153所示。可以使用设置好的半透明画笔在额头处偏暗的地方涂抹，被涂抹的区域中偏暗的部分被提亮，使得这部分区域的明暗均匀，如图5-154所示。

图5-153　　　　　　　　图5-154

步骤 08 隐藏两个观察图层，看一下彩色图片的对比效果，如图5-155和图5-156所示。

图5-155　　　　　　　　　图5-156

步骤 09 继续按照之前的操作，仔细观察皮肤上的明暗不均匀的地方，进行细致地涂抹。涂抹过程中需要根据要涂抹区域的大小调整画笔的大小。另外，为了便于观察还需要随时调整观察图层的参数。如图5-157和图5-158所示为在观察图层状态下的对比效果。

图5-157　　　　　　　　　图5-158

步骤 10 如图5-159所示为该曲线调整图层的蒙版效果，如图5-160所示为人像皮肤部分的效果。

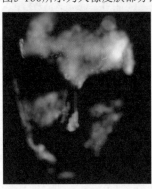 

图5-159　　　　　　　　　图5-160

步骤 11 接下来用同样的方法继续对面颊右侧进行处理。执行"图层>新建调整图层>曲线"命令，创建一个曲线调整图层，调整曲线形态，效果如图5-161所示。并使用半透明较小的画笔在蒙版中面颊右侧以及额头处的偏暗的部分进行涂抹，如图5-162所示。对比效果如图5-163所示。

步骤 12 同样对人像额头处进行处理，如图5-164和图5-165所示为额头处的对比效果。

图5-161　　　图5-162　　　　　图5-163

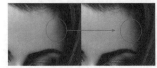 

图5-164　　　　　　　图5-165

步骤 13 最后，我们在人物脸部两侧添加阴影，使人物更有立体感。执行"图层>新建调整图层>曲线"命令，在弹出的"属性"面板中单击曲线创建控制点，拖动控制点向下，将画面压暗，如图5-166所示。同样先为"图层蒙版"填充为黑色，如图5-167所示。

图5-166　　　　　　　　　图5-167

步骤 14 接着使用同样的方法用白色半透明的圆形柔角"画笔工具"对人物脸部两侧边缘进行涂抹，显示曲线效果，如图5-168所示。如图5-169所示为蒙版效果，如图5-170所示为在观察图层下的画面效果，可以看到面颊两侧变暗了，人物面部显得更加立体了一些。

图5-168　　　　　　图5-169　　　　　图5-170

步骤 15 以上是对人物的全部调整，关闭观察图层，观察最终效果，如图5-171所示。人物皮肤变的柔和，而且面部立体感也有所增强，效果如图5-172所示。

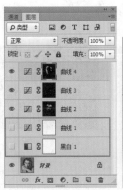
图5-171

图5-172

图5-173

图5-174

图5-175

图5-176

图5-177

步骤16 对比效果如图5-173所示。细节对比效果如图5-174、图5-175、图5-176和图5-177所示。由于人物皮肤质感精修的效果非常微妙，印刷效果可能不明显，请大家在下载的资源包中打开素材以及源文件，对比观察效果。

【重点】5.3.4 曝光度

"曝光度"命令主要用来校正图像曝光或过度、对比度过低或过高的情况。如图5-178所示为不同曝光程度的图像。

扫一扫，看视频

图5-178

打开一张图像，如图5-179所示。执行"图像>调整>曝光度"菜单命令，打开"曝光度"对话框，如图5-180所示（或执行"图层>新建调整图层>曝光度"命令，创建一个"曝光度"调整图层，如图5-181所示）。在这里可以对曝光度数值进行设置来使图像变亮或者变暗。例如适当增大"曝光度"数值，可以使原本偏暗的图像变亮一些，如图5-182所示。

图5-179

图5-180

图5-181

图5-182

- 预设：Photoshop预设了4种曝光效果，分别是"减1.0""减2.0""加1..0"和"加2.0"。
- 曝光度：向左拖曳滑块，可以降低曝光效果；向右拖曳滑块，可以增强曝光效果。如图5-183所示为不同参数的对比效果。

曝光度：-2　　　　曝光度：0　　　　曝光度：1

图5-183

- 位移：该选项主要对阴影和中间调起作用。减小数值可以使其阴影和中间调区域变暗，但对高光基本不会产生影响。如图5-184所示为不同参数的对比效果。

位移：-0.2　　　　　位移：0　　　　　位移：0.2

图5-184

- 灰度系数校正：使用一种乘方函数来调整图像灰度系数。滑块向左调整增大数值，滑块向右调整减小数值。如图5-185所示为不同参数的对比效果。

灰度系数校正：3　　　灰度系数校正：1　　　灰度系数校正：0.3

图5-185

【重点】5.3.5 阴影/高光

"阴影/高光"命令可以单独对画面中的阴影区域以及高光的区域的明暗进行调整。"阴影/高光"命令常用于恢复由于图像过暗造成的暗部细节缺失，以及图像过亮导致的亮部细节不明确等问题，如图5-186和图5-187所示。

扫一扫，看视频

图5-186　　　　　　　　图5-187

步骤01 打开一张图像，如图5-188所示。执行"图像>调整>阴影/高光"菜单命令，打开"阴影/高光"对话框，默认情况下只显示"阴影"和"高光"两个数值，如图5-189所示。增大阴影数值可以使画面暗部区域变亮，如图5-190所示。

图5-188　　　　图5-189　　　　　图5-190

步骤02 而增大"高光"数值则可以使画面亮部区域变暗，如图5-191和图5-192所示。

步骤03 "阴影/高光"可设置的参数并不只是这两个，勾选"显示更多选项"选项以后，可以显示"阴影/高光"的完整选项，如图5-193所示。阴影选项组与高光选项组的参数是相同的。

图5-191　　　　　　　　图5-192

图5-193

- 数量：数量选项用来控制阴影/高光区域的亮度。阴影的"数值"越大，阴影区域就越亮。高光的"数值"越大，高光越暗，如图5-194所示。

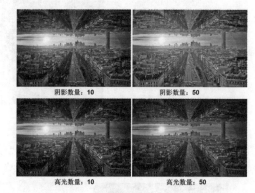

阴影数量：10　　　　　阴影数量：50

高光数量：10　　　　　高光数量：50

图5-194

- 色调：色调选项用来控制色调的修改范围，值越小，修改的范围越小。
- 半径：半径用于控制每个像素周围的局部相邻像素的范围大小。相邻像素用于确定像素是在阴影还是在高光中。数值越小，范围越小。
- 颜色：用于控制画面颜色感的强弱，数值越小，画面饱和度越低；数值越大，饱和度越高，如图5-195所示。

颜色：-100　　　　　颜色：0　　　　　颜色：+100

图5-195

中文版Photoshop CC从入门到精通（微课视频版）

- 中间调：用来调整中间调的对比度，数值越大，中间调的对比度越强，如图5-196所示。

中间调: -100　　　中间调: 0　　　中间调: +100

图5-196

- 修剪黑色：该选项可以将阴影区域变为纯黑色，数值的大小用于控制变化为黑色阴影的范围。数值越大，变为黑色的区域越大，画面整体越暗。最大数值为50%，过大的数值会使图像丧失过多细节，如图5-197所示。

修剪黑色: 0.01%　　　修剪黑色: 20%　　　修剪黑色: 50%

图5-197

- 修剪白色：该选项可以将高光区域变为纯白色，数值的大小用于控制变化为白色高光的范围。数值越大，变为白色的区域越大，画面整体越亮。最大数值为50%，过大的数值会使图像丧失过多细节，如图5-198所示。

修剪白色: 0.01%　　　修剪白色: 20%　　　修剪白色: 50%

图5-198

- 存储默认值：如果要将对话框中的参数设置存储为默认值，可以单击该按钮。存储为默认值以后，再次打开"阴影/高光"对话框时，就会显示该参数。

5.4 调整图像的色彩

对图像"调色"，一方面是针对画面明暗的调整，另外一方面是针对画面"色彩"的调整。在"图像>调整"命令中有十几种可以针对图像色彩进行调整的命令。通过使用这些命令既可以校正偏色的问题，又能够为画面打造出各具特色的色彩风格，如图5-199和图5-200所示。

图5-199　　　　图5-200

提示：学习调色时要注意的问题。

调色命令虽然很多，但并不是每一种都特别常用。或者说，并不是每一种都适合自己使用。其实在实际调色过程中，想要实现某种颜色效果，往往是既可以使用这种命令，又可以使用那种命令。这时千万不要纠结于书中或者教程中使用的某个特定命令，而去使用这个命令。我们只需要选择自己习惯使用的命令就可以。

【重点】5.4.1 自然饱和度

"自然饱和度"可以增加或减少画面颜色的鲜艳程度。"自然饱和度"常用于使外景照片更加明艳动人，或者打造出复古怀旧的低彩效果，如图5-201和图5-202所示。在"色相/饱和度"命令中也可以增加或降低画面的饱和度，但是与之相比，"自然饱和度"的数值调整更加柔和，不会因为饱和度过高而产生纯色，也不会因饱和度过低而产生完全灰度的图像。所以"自然饱和度"非常适用于数码照片的调色。

图5-201　　　　图5-202

打开图像文件，如图5-203所示。执行"图像>调整>自然饱和度"菜单命令，打开"自然饱和度"对话框，在这里可以对"自然饱和度"以及"饱和度"数值进行调整，如图5-204所示。执行"图层>新建调整图层>自然饱和度"命令，可以创建一个"自然饱和度"调整图层，如图5-205所示。

扫一扫，看视频

图5-203　　　　图5-204 　　　　图5-205

- 自然饱和度：向左拖曳滑块，可以降低颜色的饱和度；向右拖曳滑块，可以增加颜色的饱和度，如图5-206所示。

图5-206

- 饱和度：向左拖曳滑块，可以增加所有颜色的饱和度；向右拖曳滑块，可以降低所有颜色的饱和度，如图5-207所示。

图5-207

练习实例：制作梦幻效果海的女儿

文件路径	资源包\第5章\练习实例：制作梦幻效果海的女儿
难易指数	★★★★★
技术掌握	自然饱和度、曲线

案例效果

案例处理前后对比效果如图5-208和图5-209所示。

图5-208　　　　　图5-209

操作步骤

步骤01 执行"文件>打开"命令，打开人物素材"1.jpg"，如图5-210所示。单击图层面板下方的"新建图层"按钮。选中新建图层，单击工具箱中的"画笔"工具按钮，设置前景色为白色。在选项栏中选择圆形柔角画笔，设置合适的画笔大小，在图层四周涂抹，如图5-211所示。

扫一扫，看视频

图5-210　　　　　　图5-211

步骤02 执行"图层>新建调整图层>自然饱和度"命令，新建"自然饱和度1"调整图层，降低画面饱和度。设置"自然饱和度"数值为-50，如图5-212所示。单击工具箱中的"横排文字"工具 T，在选项栏中设置手写感的字体，在画面左下角输入文字，画面效果如图5-213所示。

步骤03 继续执行"图层>新建调整图层>曲线"命令，新建"曲线1"调整图层。选择"红"通道，调整曲线，如图5-214所示，使红色调在画面中减少，如图5-215所示。

步骤04 继续选择"绿"通道，按住鼠标左键拖动曲线，如图5-216所示。减少画面中的绿色成分，调整完成后画面效果如图5-217所示。

图5-212　　　　　　　图5-213

图5-214　　　　　　　图5-215

图5-216　　　　　　　图5-217

步骤05 选中"蓝"通道，使用同样的方法调整曲线，如图5-218所示。使画面暗部区域蓝色成分增加，调整完成后，画面倾向于偏冷的唯美青紫色，更有梦幻感，画面最终效果如图5-219所示。

图5-218　　　　　　　图5-219

中文版Photoshop CC从入门到精通（微课视频版）

提示：曲线的使用方法。

　　我们在调整曲线中某一通道时，向曲线上方拖动曲线，可以增加该颜色在画面中的成分，降低其互补色的成分；反之，向曲线下方拖动时，则降低该颜色在画面中的成分，增加其互补色的成分。

【重点】5.4.2　色相/饱和度

　　用"色相/饱和度"命令可以对图像整体或者局部的色相、饱和度以及明度进行调整，还可以对图像中的各个颜色（红、黄、绿、青、蓝、洋红）的色相、饱和度、明度分别进行调整。"色相/饱和度"命令常用于更改画面局部的颜色，或用于增强画面饱和度。

　　打开一张图像，如图5-220所示。执行"图像>调整>色相/饱和度"菜单命令（快捷键Ctrl+U），打开"色相/饱和度"对话框。默认情况下，可以对整个图像的色相、饱和度、明度进行调整，例如调整色相滑块，如图5-221所示（执行"图层>新建调整图层>色相/饱和度"命令，可以创建"色相/饱和度"调整图层，如图5-222所示）。画面的颜色发生了变化，如图5-223所示。

图5-220　　　　　　　　　　图5-221

图5-222　　　　　　图5-223

- 预设：在"预设"下拉列表中提供了8种色相/饱和度预设，如图5-224所示。

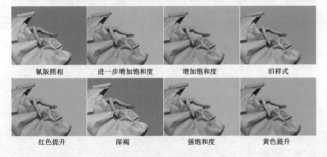

氙版照相　　　进一步增加饱和度　　　增加饱和度　　　旧样式

红色提升　　　深褐　　　强饱和度　　　黄色提升

图5-224

- 全图 通道下拉列表：在通道下拉列表中可以选择红色、黄色、绿色、青色、蓝色和洋红通道进行调整。如果想要调整画面某一种颜色的色相、饱和度、明度，可以在"颜色通道"列表中选择某一个颜色，然后进行调整，如图5-225所示。效果如图5-226所示。

图5-225　　　　　　　　图5-226

- 色相：调整滑块可以更改画面各个部分或者某种颜色的色相。例如将粉色更改为黄绿色，将青色更改为紫色，如图5-227所示。

色相：0　　　　　　　　　色相：85

图5-227

- 饱和度：调整饱和度数值可以增强或减弱画面整体或某种颜色的鲜艳程度。数值越大，颜色越艳丽，如图5-228所示。

饱和度：-100　　　　饱和度：0　　　　饱和度：100

图5-228

- 明度：调整明度数值可以使画面整体或某种颜色的明亮程度增加。数值越大越接近白色，数值越小越接近黑色，如图5-229所示。

| 明度：-100 | 明度：0 | 明度：100 |

图5-229

- 在🖐图像上单击并拖动可修改饱和度：使用该工具在图像上单击设置取样点，如图5-230所示。然后将光标向左拖曳鼠标可以降低图像的饱和度，向右拖曳鼠标可以增加图像的饱和度，如图5-231所示。

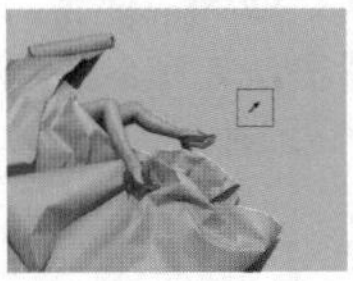

图5-230 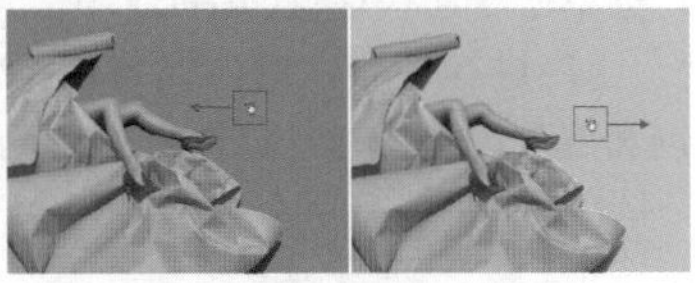　　　　图5-231

举一反三：使用色相/饱和度制作七色花

当我们有一朵单颜色的花朵时，可以尝试利用"色相/饱和度"对画面中的部分区域进行调色，以实现制作出多种颜色花瓣的效果。首先制作出花瓣的选区，如图5-234所示。执行"图层>新建调整图层>色相/饱和度"命令，接着设置色相和饱和度的数值，如图5-235所示，即可在画面中观察到效果，只有选区中的花瓣颜色发生改变，如图5-236所示。

图5-234　　　　　图5-235　　　　　图5-236

用同样的方法可以制作出其他花瓣的选区，并依次进行调色，如图5-237~图5-239所示。

图5-237　　　　　图5-238　　　　　图5-239

【重点】5.4.3　色彩平衡

"色彩平衡"命令是根据颜色的补色原理，控制图像颜色的分布。根据颜色之间的互补关系，要减少某个颜色就增加这种颜色的补色。所以可以利用"色彩平衡"命令进

扫一扫，看视频

- 着色：勾选该项以后，图像会整体偏向于单一的红色调，如图5-232所示。还可以通过拖曳3个滑块来调节图像的色调，如图5-233所示。

图5-232　　　　　图5-233

✏ 读书笔记

行偏色问题的校正，如图5-240和图5-241所示。

图5-240　　　　　图5-241

打开一张图像，如图5-242所示。执行"图像>调整>色彩平衡"菜单命令（快捷键Ctrl+B），打开"色彩平衡"对话框。首先设置"色调平衡"，选择需要处理的部分是阴影区域，或是中间调区域，还是高光区域。接着在可以在上方调整各个色彩的滑块，如图5-243所示。执行"图层>新建调整图层>色彩平衡"命令，可以创建一个"色彩平衡"调整图层，如图5-244所示。

 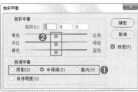 

图5-242　　　　　图5-243　　　　　图5-244

- 色彩平衡：用于调整"青色-红色"、"洋红-绿色"以及"黄色-蓝色"在图像中所占的比例，可以手动输入，也可以拖曳滑块来进行调整。比如，向左拖曳"青色-红色"滑块，可以在图像中增加青色，同时减少其补色红色，如图5-245所示。向右拖曳"青色-红色"滑块，可以在图像中增加红色，同时减少其补色青色，如图5-246所示。

中文版Photoshop CC从入门到精通（微课视频版）

图5-245　　　　图5-246

- **色调平衡**：选择调整色彩平衡的方式，包含"阴影""中间调"和"高光"3个选项，如图5-247所示分别是向"阴影""中间调"和"高光"添加蓝色以后的效果。

阴影　　　　中间调　　　　高光

图5-247

- **保持明度**：勾选"保持明度"选项，可以保持图像的色调不变，以防止亮度值随着颜色的改变而改变，如图5-248所示为对比效果。

启用"保持明度"　　　　不启用"保持明度"

图5-248

读书笔记

练习实例：使用色彩平衡制作唯美少女外景照片

文件路径	资源包\第5章\练习实例：使用色彩平衡制作唯美少女外景照片
难易指数	★★★★★
技术掌握	色彩平衡、混合模式

案例效果

案例处理前后对比效果如图5-249和图5-250所示。

图5-249　　　　　　　图5-250

操作步骤

扫一扫，看视频

步骤01 执行"文件>打开"命令，在打开窗口中选择背景素材"1.jpg"，单击"打开"按钮，如图5-251所示。

图5-251

步骤02 首先调整画面的色彩，使其呈现出需要的唯美感。执行"图层>新建调整图层>色彩平衡"命令，在弹出的属性面板中设置"色调"为"阴影"，设置数值为0，50和0，如图5-252所示。接着设置"色调"为"中间调"，设置数值为-17，+31和0，如图5-253所示。效果如图5-254所示。

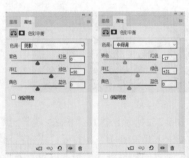

图5-252　　　　图5-253　　　　图5-254

步骤03 然后在画面中顶部添加光感，新建图层。单击"工具箱"中的"画笔工具"，在"选项栏"中设置"大小"为400像素，"硬度"为0%，"不透明度"为80%。设置"前景色"为黄色，接着在画面中顶部按住鼠标左键并拖曳涂抹，如图5-255所示。在图层面板中设置该图层的"混合模式"为"滤色"，如图5-256所示。效果如图5-257所示。

图5-255

图5-256

图5-257

步骤 04 最后添加光效素材，执行"文件>置入嵌入的智能对象"命令，在弹出的"置入嵌入对象"窗口中选择素材"2.jpg"，单击"置入"按钮，并放到适当位置，按Enter键完成置入。接着执行"图层>栅格化>智能对象"命令，将该图层栅格化为普通图层，如图5-258所示。在图层面板中设置"混合模式"为"滤色"，如图5-259所示。效果如图5-260所示。

图5-258

图5-259

图5-260

【重点】5.4.4 黑白

"黑白"命令可以去除画面中的色彩，将图像转换为黑白效果，在转换为黑白效果后还可以对画面中每种颜色的明暗程度进行调整。"黑白"命令常用于将彩色图像转换为黑白效果时，也可以使用"黑白"命令制作单色图像，如图5-261所示。

扫一扫，看视频

图5-261

打开一张图像，如图5-262所示。执行"图像>调整>黑白"菜单命令（快捷键Alt+Shift+Ctrl+B），打开"黑白"对话框，在这里可以对各个颜色的数值进行调整，以设置各个颜色转换为灰度后的明暗程度，如图5-263所示。执行"图层>新建调整图层>黑白"命令，创建一个"黑白"调整图层，如图5-264所示。画面效果如图5-265所示。

- 预设：在"预设"下拉列表中提供了多种预设的黑白效果，可以直接选择相应的预设来创建黑白图像。
- 颜色：这6个选项用来调整图像中特定颜色的灰色调。例如，减小青色数值，会使包含青色的区域变深；增大青色数值，会使包含青色的区域变浅。如图5-266所示。

图5-262

图5-263　图5-264

青色：-200　　　青色：300
图5-265　图5-266

- 色调：想要创建单色图像，可以勾选"色调"选项。接着单击右侧色块设置颜色；或者调整"色相"和"饱和度"数值来设置着色后的图像颜色，如图5-267所示。效果如图5-268所示。

中文版Photoshop CC从入门到精通（微课视频版）

图5-267　　　　　　　　　图5-268

5.4.5　动手练：照片滤镜

扫一扫，看视频

"照片滤镜"命令与摄影师经常使用的"彩色滤镜"效果非常相似，可以为图像"蒙"上某种颜色，以使图像产生明显的颜色倾向。"照片滤镜"命令常用于制作冷调或暖调的图像。

步骤01 打开一张图像，如图5-269所示。执行"图像>调整>照片滤镜"菜单命令，打开"照片滤镜"对话框。在"滤镜"下拉列表中可以选择一种预设的效果应用到图像中，例如选择"冷却滤镜"，如图5-270所示，此时图像变为冷调，如图5-271所示。执行"图层>新建调整图层>照片滤镜"命令，可以创建一个"照片滤镜"调整图层，如图5-272所示。

图5-269　　图5-270　　图5-271　　图5-272

步骤02 如果列表中没有适合的颜色，也可以直接勾选"颜色"选项，自行设置合适的颜色，如图5-273所示。效果如图5-274所示。

图5-273　　　　　　　图5-274

步骤03 设置"浓度"数值可以调整滤镜颜色应用到图像中的颜色百分比。数值越高，应用到图像中的颜色浓度就越大；数值越小，应用到图像中的颜色浓度就越低，如图5-275所示为不同浓度的对比效果。

浓度：20%　　　　浓度：40%　　　　浓度：80%

图5-275

5.4.6　通道混合器

使用"通道混合器"命令可以将图像中的颜色通道相互混合，能够对目标颜色通道进行调整和修复。常用于偏色图像的校正。

打开一张图像，如图5-276所示。执行"图像>调整>通道混合器"菜单命令，打开"通道混合器"窗口，首先在"输出通道"列表中选择需要处理的通道，然后调整各个颜色滑块，如图5-277所示（执行"图层>新建调整图层>通道混合器"命令，可以在打开的"通道混合器"面板中设置调整图层，如图5-278所示）。

扫一扫，看视频

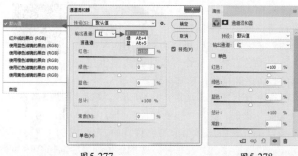

图5-276

图5-277　　　　　　　　图5-278

- 预设：Photoshop提供了6种制作黑白图像的预设效果。
- 输出通道：在下拉列表中可以选择一种通道来对图像的色调进行调整。
- 源通道：用来设置源通道在输出通道中所占的百分比。例如设置"输出通道"为"红"，增大红色数值，如图5-279所示，画面中红色的成分增加，如图5-280所示。

图5-279　　　　　　　　图5-280

- 总计：显示源通道的计数值。如果计数值大于100%，则有可能会丢失一些阴影和高光细节。
- 常数：用来设置输出通道的灰度值。负值可以在通道中增加黑色，正值可以通道中增加白色，如图5-281所示。

红通道常数：-50　　红通道常数：0　　红通道常数：50

图5-281

- 单色：勾选该选项以后，图像将变成黑白效果。可以通过调整各个通道的数值，调整画面的黑白关系，如图5-282和图5-283所示。

图5-282   图5-283

5.4.7 动手练：颜色查找

不同的数字图像输入或输出设备都有自己特定的色彩空间，这就导致了色彩在不同的设备之间传输时可能会出现不匹配的现象。"颜色查找"命令可以使画面颜色在不同的设备之间精确传递和再现。

扫一扫，看视频

选中一张图像，如图5-284所示。执行"图像>调整>颜色查找"命令，打开"颜色查找"窗口。在弹出的窗口中可以从以下方式中选择用于颜色查找的方式：3DLUT文件，摘要，设备链接。并在每种方式的下拉列表中选择合适的类型，如图5-285所示。

图5-284   图5-285

选择完成后，可以看到图像整体颜色发生了风格化的效果，画面效果如图5-286所示。执行"图层>新建调整图层>颜色查找"命令，可以创建"颜色查找"调整图层，如图5-287所示。

图5-286   图5-287

5.4.8 反相

"反相"命令可以将图像中的颜色转换为它的补色，呈现出负片效果。即：红变绿、黄变蓝、黑变白。

执行"图像>调整>反相"命令（快捷键

扫一扫，看视频

Ctrl+I），即可得到反相效果，对比效果如图5-288和图5-289所示。"反相"命令是一个可以逆向操作的命令。执行"图层>新建调整图层>反相"命令，创建一个"反相"调整图层，该调整图层没有参数可供设置。

图5-288   图5-289

举一反三：快速得到反向的蒙版

图层蒙版中是以黑白关系控制图像的显示与隐藏，黑色为隐藏，白色为显示。如果想要快速使隐藏的部分显示，使显示的部分隐藏，则可以对图层蒙版的黑白关系进行反向。选中图层的蒙版，如图5-290所示。执行"图像>调整>反相"命令，蒙版中黑白颠倒。原本隐藏的部分显示了出来，原本显示的部分被隐藏了，如图5-291所示。

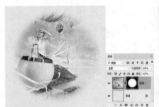
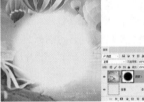

图5-290   图5-291

5.4.9 色调分离

扫一扫，看视频

"色调分离"命令可以通过为图像设定色调数目来减少图像的色彩数量。图像中多余的颜色会映射到最接近的匹配级别。选择一个图层，如图5-292所示。执行"图像>调整>色调分离"命令，打开"色调分离"对话框，如图5-293所示。在"色调分离"对话框中可以进行"色阶"数量的设置，设置的"色阶"值越小，分离的色调越多；"色阶"值越大，保留的图像细节就越多，如图5-294所示。执行"图层>新建调整图层>色调分离"命令，可以创建一个"色调分离"调整图层，如图5-295所示。

图5-292   图5-293   图5-294   图5-295

5.4.10　阈值

　　"阈值"命令可以将图像转换为只有黑白两色的效果。选择一个图层,如图5-296所示。执行"图像>调整>阈值"命令,打开"阈值"对话框,如图5-297所示。执行"图层>新建调整图层>阈值"命令,创建"阈值"调整图层,如图5-298所示。"阈值色阶"数值可以指定一个色阶作为阈值,高于当前色阶的像素都将变为白色,低于当前色阶的像素都将变为黑色,效果如图5-299所示。

图5-296

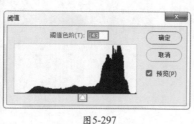

图5-297

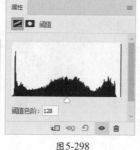

图5-298

图5-299

练习实例: 使用阈值制作涂鸦墙

文件路径	资源包\第5章\练习实例: 使用阈值制作涂鸦墙
难易指数	★★★★★
技术掌握	阈值、混合模式

案例效果

　　案例处理前后对比效果如图5-300和图5-301所示。

图5-300

图5-301

操作步骤

　　步骤 01 执行"文件>打开"命令,在打开窗口中选择背景素材"1.jpg",单击"打开"按钮,如图5-302所示。

图5-302

　　步骤 02 首先使用"阈值"制作出人物轮廓效果。执行"图层>新建调整图层>阈值"命令,在弹出的属性面板中设置"阈值色阶"为108,如图5-303所示。效果如图5-304所示。

图5-303

图5-304

　　步骤 03 在画面中添加文字,使用"横排文字工具"在画面中左下角添加合适的文字,如图5-305所示。

图5-305

步骤04 为人物和文字赋予水彩效果。执行"文件>置入嵌入的智能对象"命令，在弹出的"置入嵌入对象"窗口中选择素材"2.jpg"，单击"置入"按钮，并放到适当位置，按Enter键完成置入。接着执行"图层>栅格化>智能对象"命令，将该图层栅格化为普通图层，如图5-306所示。在图层面板中设置"混合模式"为"滤色"，如图5-307所示。此时画面中白色部分没有任何内容，而人物上的黑色部分和文字部分表面呈现出水彩效果，如图5-308所示。

步骤05 最后为背景添加墙面的纹理。执行"文件>置入嵌入的智能对象"命令，置入嵌入对象素材"3.jpg"。接着执行"图层>栅格化>智能对象"命令，将该图层栅格化为普通图层，如图5-309所示。在图层面板中设置"混合模式"为"正片叠底"，如图5-310所示。效果如图5-311所示。

图5-309

图5-310

图5-311

图5-306

图5-307

图5-308

【重点】5.4.11　动手练：渐变映射

　　"渐变映射"是先将图像转换为灰度图像，然后设置一个渐变，将渐变中的颜色按照图像的灰度范围一一映射到图像中。使图像中只保留渐变中存在的颜色。选择一个图层，如图5-312所示。执行"图像>调整>渐变映射"菜单命令，打开"渐变映射"对话框。单击"灰度映射所用的渐变"打开"渐变编辑器"，在该对话框中可以选择或重新编辑一种渐变应用到图像上，如图5-313所示，画面效果如图5-314所示。执行"图层>新建调整图层>渐变映射"命令，可以创建一个"渐变映射"调整图层，如图5-315所示。

图5-312

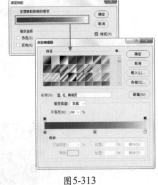
图5-313

图5-314

图5-315

- 仿色：勾选该选项以后，Photoshop会添加一些随机的杂色来平滑渐变效果。
- 反向：勾选该选项以后，可以反转渐变的填充方向，映射出的渐变效果也会发生变化。

练习实例：使用渐变映射打造复古电影色调

文件路径	资源包\第5章\练习实例：使用渐变映射打造复古电影色调
难易指数	★★★★★
技术掌握	渐变映射、横排文字工具

案例效果

　　案例处理前后对比效果如图5-316和图5-317所示。

图5-316

图5-317

操作步骤

步骤01 执行"文件>打开"命令，在打开窗口中选择背景素材1.jpg，单击"打开"按钮，如图5-318所示。

图5-318

步骤 02 执行"图层>新建调整图层>渐变映射"命令,在弹出的属性面板中单击"渐变色条"的下拉按钮,选择蓝色到红色到黄色渐变,如图5-319所示。此时画面变为蓝红黄三色效果,如图5-320所示。

图5-319

图5-323

步骤 03 设置该调整图层的"不透明度"为40%,如图5-321所示。此时画面中的蓝红黄三色被弱化,画面颜色看起来也"柔和"了一些,如图5-322所示。

步骤 05 为文字添加投影,执行"图层>图层样式>投影"命令,在弹出的图层样式窗口中设置"混合模式"为"正片叠底","投影颜色"为黑色,"不透明度"为75%,"角度"为30度,"距离"为5像素,"扩展"为0%,"大小"为0像素,单击确定按钮完成设置,如图5-325所示。效果如图5-326所示。

图5-324

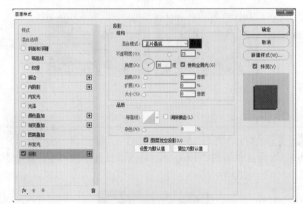

图5-321　　　　　图5-322

步骤 04 制作电影画面中常见的"遮幅"(即电影画面上下的"黑色长矩形")。单击"工具箱"中的"矩形选框工具",在选项栏中选择"添加到选区",接着在画面中上部按住鼠标左键拖曳绘制矩形选区,然后在画面底部按住鼠标左键拖曳绘制同样矩形选区。新建图层,设置"前景色"为黑色,使用快捷键Alt+Delete填充选区,如图5-323所示。下面在画面中添加文字。单击工具箱中的"横排文字工具",在选项栏中设置合适的字体、字号,"填充"为黑色,在画面底部单击输入文字,如图5-324所示。

图5-325

图5-326

【重点】5.4.12　可选颜色

"可选颜色"命令可以为图像中各个颜色通道增加或减少某种印刷色的成分含量。使用"可选颜色"命令可以非常方便的对画面中某种颜色的色彩倾向进行更改。

选择一个图层,如图5-327所示。执行"图像>调整>可选颜色"菜单命令,打开"可选颜色"对话框,首先选择需要处理的"颜色",然后调整下方的色彩滑块。此处对"红色"进行调整,减少其中青色的成分(相当于增多青色的补色:红色),增多其中黄色的成分,如图5-328所示。所以画面中包含红色的部分(如皮肤部分)被添加了红色和黄色,显得非常"暖",如图5-329所示。执行"图层>新建调整图层>可选颜色"命令,创建一个"可选颜色"调整图层,如图5-330所示。

图5-327 | 图5-328 | 图5-329 | 图5-330

- 颜色：在下拉列表中选择要修改的颜色，然后在下面的颜色进行调整，可以调整该颜色中青色、洋红、黄色和黑色所占的百分比。
- 方法：选择"相对"方式，可以根据颜色总量的百分比来修改青色、洋红、黄色和黑色的数量；选择"绝对"方式，可以采用绝对值来调整颜色。

练习实例：夏季变秋季

文件路径	资源包\第5章\练习实例：夏季变秋季
难易指数	⭐⭐⭐⭐⭐
技术掌握	曲线、可选颜色、自然饱和度

案例效果

案例处理前后对比效果如图5-331和图5-332所示。

图5-331 | 图5-332

操作步骤

步骤01 执行"文件>打开"命令，在打开窗口中选择背景素材"1.jpg"，单击"打开"按钮，如图5-333所示。

扫一扫，看视频

图5-333

步骤02 首先要提高画面的对比度。执行"图层>新建调整图层>曲线"命令，在曲线上添加两个点，调整曲线点的位置，使曲线呈现"S"状，如图5-334所示。效果如图5-335所示。

图5-334 | 图5-335

步骤03 接下来把绿色的草调整为秋季的颜色。执行"图层>新建调整图层>可选颜色"命令，在弹出的"属性"面板中设置为"颜色"为黄色，调整"青色"为-70%、"洋红"为+30%、"黄色"为-20%、"黑色"为+10%，如图5-336所示。设置"颜色"为绿色，调整"青色"为-70%、"洋红"为+50%、"黄色"为-66%、"黑色"为+20%，如图5-337所示。此时草地变为黄色，如图5-338所示（由于草地部分主要由黄和绿构成，所以主要针对这两个通道设置参数）。

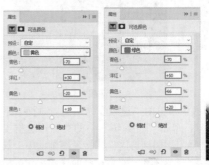

图5-336 | 图5-337 | 图5-338

步骤04 最后适当增强画面颜色感。执行"图层>新建调整图层>自然饱和度"命令，在弹出的"属性"面板中设置"自然饱和度"为60，如图5-339所示。效果如图5-340所示。

图5-339 | 图5-340

练习实例：使用"可选颜色"制作小清新色调

文件路径	资源包\第5章\练习实例：使用"可选颜色"制作小清新色调
难易指数	★★★★★
技术掌握	可选颜色

案例效果

案例处理前后对比效果如图5-341和图5-342所示。

图5-341　　　　　　图5-342

操作步骤

步骤01 执行"文件>打开"命令，打开素材"1.jpg"，如图5-343所示。执行"图层>新建调整图层>可选颜色"命令，随即弹出"属性"面板，如图5-344所示。

扫一扫，看视频

图5-343　　　　　　　图5-344

步骤02 在这里设置"颜色"为红色，继续设置"黄色"数值为100，如图5-345所示。使画面中皮肤的部分更倾向于黄色，画面效果如图5-346所示。

 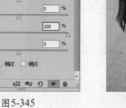

图5-345　　　　　　图5-346

步骤03 单击"颜色"下拉按钮，在下拉菜单中选择"黄色"，并设置"黄色"数值为-100，如图5-347所示。减少画面中的黄色成分，植物部分中的黄色成分减少，变为了青色，画面效果如图5-348所示。

图5-347　　　　　　图5-348

步骤04 继续设置"颜色"为"绿色"，调整"青色"数值为100，"黄色"数值为-100，如图5-349所示。使植物更倾向于青色，画面效果如图5-350所示。

图5-349　　　　　　图5-350

步骤05 设置"颜色"为"中性色"，调整"黄色"数值为-50，如图5-351所示。画面整体呈现出一种蓝紫色调，画面效果如图5-352所示。

图5-351　　　　　　图5-352

步骤06 设置颜色为"黑色"，调整"黄色"数值为-30，如图5-353所示。使画面的暗部区域更倾向于紫色，画面效果如图5-354所示，本案例中调色的部分就操作完成了。

图 5-353

图 5-354

步骤 07 新建图层并填充为黑色。执行"滤镜>渲染>镜头光晕"命令，在"镜头光晕"窗口中将光晕调整到右侧，设置"亮度"为165%，设置"镜头类型"为"50-300毫米变焦"，如图5-355所示。参数设置完成后单击"确定"按钮，画面效果如图5-356所示。

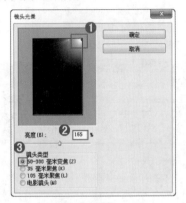

图 5-355

图 5-356

步骤 08 设置该图层的"混合模式"为"滤色"，如图5-357所示。画面效果如图5-358所示，本案例制作完成。

图 5-357　　　　图 5-358

练习实例：复古色调婚纱照

文件路径	资源包\第5章\练习实例：复古色调婚纱照
难易指数	★★★★★
技术掌握	曲线、色彩平衡、选取颜色

案例效果

案例处理前后对比效果如图5-359和图5-360所示。

图 5-359　　　　　　图 5-360

操作步骤

扫一扫，看视频

步骤 01 执行"文件>打开"命令，在打开窗口中选择背景素材"1.jpg"，单击"打开"按钮，如图5-361所示。

图 5-361

步骤 02 本案例想要制作的是偏暖的复古色调。首先我们对画面整体色彩进行调整，执行"图层>新建调整图层>色彩平

中文版Photoshop CC从入门到精通（微课视频版）

衡"命令，在弹出的"属性"面板中设置"色调"为"中间调"，"青色"为+30，"洋红"为0，"黄色"为-30，如图5-362所示。效果如图5-363所示。

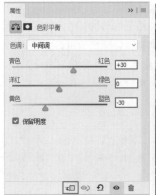

图5-362　　　　　　图5-363

步骤03 执行"图层>新建调整图层>曲线"命令，在弹出的属性面板中选择RGB，调整曲线形态，将画面压暗，如图5-364所示。接着单击RGB，在下拉菜单中选择"绿"，调整曲线，使画面亮部的绿色增加，暗部的绿色减少，如图5-365所示。单击RGB并在下拉菜单中选择"蓝"，调整曲线，如图5-366所示。效果如图5-367所示。

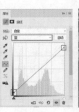

图5-364　　图5-365　　图5-366　　图5-367

步骤04 下面针对画面的暗部进行调整。执行"图层>新建调整图层>选取颜色"命令，在弹出的属性面板中设置"颜色"为"中性色"，调整"青色"为-20%、"洋红"为-20%、"黄色"为-20%、"黑色"为0%，如图5-368所示。设置更改"颜色"为"黑色"，调整"青色"为+10%、"洋红"为0%、"黄色"为-25%、"黑色"为+30%，如图5-369所示。此时画面中紫色成分增多，画面暗部也变暗了一些。效果如图5-370所示。

图5-368　　　　图5-369　　　　图5-370

5.4.13　动手练：使用HDR色调

"HDR色调"命令常用于处理风景照片，可以使画面增强亮部和暗部的细节和颜色感，使图像更具有视觉冲击力。

扫一扫，看视频

步骤01 选择一个图层，如图5-371所示。执行"图像>调整>HDR色调"菜单命令，打开"HDR色调"对话框，如图5-372所示。默认的参数增强了图像的细节感和颜色感，效果如图5-373所示。

图5-371　　　　图5-372　　　　图5-373

步骤02 在"预设"下拉列表中可以看到多种"预设"效果，如图5-374所示，单击即可快速为图像赋予该效果。如图5-375所示为不同的预设效果。

单色艺术效果　　　　更加饱和

图5-375

图5-374

步骤03 虽然预设效果有很多种，但是实际使用的时候会发现预设效果与我们实际想要的效果还是有一定距离的，所以可以选择一个与预期较接近的"预设"，然后适当修改下方的参数，以制作出合适的效果。

* 半径：边缘光是指图像中颜色交界处产生的发光效果。半径数值用于控制发光区域的宽度，如图5-376所示。

边缘光半径：20　　　边缘光半径：80

图5-376

* 强度：强度数值用于控制发光区域的明亮程度，如图5-377所示。

边缘光强度：20　　　边缘光强度：80

图5-377

- 灰度系数：用于控制图像的明暗对比。向左移动滑块，数值变大，对比度增强；向右移动滑块，数值变小，对比度减弱，如图5-378所示。

灰度系数：2　　　　　　灰度系数：0.2

图5-378

- 曝光度：用于控制图像明暗。数值越小，画面越暗；数值越大，画面越亮，如图5-379所示。

曝光度：-3　　　　曝光度：0　　　　曝光度：2

图5-379

- 细节：增强或减弱像素对比度以实现柔化图像或锐化图像。数值越小，画面越柔和；数值越大，画面越锐利，如图5-380所示。

细节：-100%　　　　细节：0%　　　　细节：300%

图5-380

- 阴影：设置阴影区域的明暗。数值越小，阴影区域越暗；数值越大，阴影区域越亮，如图5-381所示。

阴影：-100%　　　　　　阴影：0%

图5-381

- 高光：设置高光区域的明暗。数值越小，高光区域越暗；数值越大，高光区域越亮，如图5-382所示。

高光：-60%　　　　　　高光：60%

图5-382

- 自然饱和度：控制图像中色彩的饱和程度，增大数值可使画面颜色感增强，但不会产生灰度图像和溢色。

- 饱和度：可用于增强或减弱图像颜色的饱和程度，数值越大颜色纯度越高，数值为-100%时为灰度图像。

- 色调曲线和直方图：展开该选项组，可以进行"色调曲线"形态的调整，此选项与"曲线"命令的使用方法基本相同，如图5-383和图5-384所示。

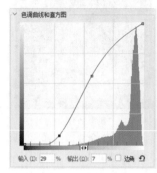

图5-383　　　　　　　图5-384

5.4.14　去色

扫一扫，看视频

"去色"命令无需设置任何参数，可以直接将图像中的颜色去掉，使其成为灰度图像。

打开一张图像，如图5-385所示，然后执行"图像>调整>去色"菜单命令（快捷键Shift+Ctrl+U），可以将其调整为灰度效果，如图5-386所示。

图5-385　　　　　　　图5-386

> 🐸 提示："去色"命令与"黑白"命令有什么不同？
>
> "去色"命令与"黑白"命令都可以制作出灰度图像。但是"去色"命令只能简单地去掉所有颜色；而"黑白"命令则可以通过参数的设置来调整各个颜色在黑白图像中的亮度，以得到层次丰富的黑白照片。

中文版Photoshop CC从入门到精通（微课视频版）

5.4.15 动手练：匹配颜色

"匹配颜色"命令可以将图像1中的色彩关系映射到图像2中，使图像2产生与之相同的色彩。使用"匹配颜色"命令可以便捷地更改图像颜色，可以在不同的图像文件中进行"匹配"，也可以匹配同一个文档中不同图层之间的颜色。

步骤01 首先打开需要处理的图像，图像1为青色调，如图5-387所示。将用于匹配的"源"图片置入，图像2为紫色调，如图5-388所示。

图5-387　　　　　　图5-388

步骤02 选择图像1所在的图层，隐藏其他图层，如图5-389所示。执行"图像>调整>匹配颜色"命令，弹出"匹配颜色"窗口，设置"源"为当前文档，然后选择紫色调的图像2所在图层，如图5-390所示。此时图像1变为了紫色调，如图5-391所示。

图5-389　　　　图5-390　　　　图5-391

步骤03 在"图像选项"中还可以进行"明亮度""颜色强度""渐隐"的设置，设置完成后单击"确定"按钮，如图5-392所示。效果如图5-393所示。

图5-392　　　　　　图5-393

- 明亮度："明亮度"选项用来调整图像匹配的明亮程度。
- 颜色强度："颜色强度"选项相当于图像的饱和度，因此它用来调整图像色彩的饱和度。数值越低，画面越接近单色效果。
- 渐隐："渐隐"选项决定了有多少源图像的颜色匹配到目标图像的颜色中。数值越大，匹配程度越低，越接近图像原始效果。
- 中和："中和"选项主要用来中和匹配后与匹配前的图像效果，常用于去除图像中的偏色现象。
- 使用源选区计算颜色：可以使用源图像中的选区图像

的颜色来计算匹配颜色。

- 使用目标选区计算调整：可以使用目标图像中的选区图像的颜色来计算匹配颜色（注意，这种情况必须选择源图像为目标图像）。

【重点】5.4.16　动手练：替换颜色

"替换颜色"命令可以修改图像中选定颜色的色相、饱和度和明度，从而将选定的颜色替换为其他颜色。如果要更改画面中某个区域的颜色，以常规的方法是先得到选区，然后填充其他颜色。而使用"替换颜色"命令可以免去很多麻烦，可以通过在画面中单击拾取的方式，直接对图像中指定颜色进行色相、饱和度以及明度的修改即可实现颜色的更改。

步骤01 选择需要调整的图层。执行"对象>调整>替换颜色"命令，打开"替换颜色"窗口。首先需要在画面中取样，以设置需要替换的颜色。默认情况下选择的是"吸管工具"，将光标移动到需要替换颜色的位置单击拾取颜色，此时缩览图中白色的区域代表被选中（也就是会被替换的部分）。在拾取颜色时，可以配合容差值进行调整，如图5-394所示。如果有未选中的位置，可以使用"添加到取样"工具在未选中的位置单击，直到需要替换颜色的区域全部被选中（在缩览图中变为白色），如图5-395所示。

图5-394　　　　　　图5-395

步骤02 接着在更改"色相""饱和度"和"明度"选项调整替换的颜色，"结果"色块显示出替换后的颜色效果，如图5-396所示。设置完成后单击"确定"按钮。

图5-396

- 本地化颜色簇：该选项主要用来同时在图像上选择多种颜色。
- 这3个工具用于在画面设置选中被替换的区

域。使用"吸管工具"在图像上单击，可以选中单击点处的颜色，同时在"选区"缩略图中也会显示出选中的颜色区域（白色代表选中的颜色，黑色代表未选中的颜色）。使用"添加到取样"在图像上单击，可以将单击点处的颜色添加到选中的颜色中。使用"从取样中减去"在图像上单击，可以将单击点处的颜色从选定的颜色中减去。

- 颜色容差：该选项用来控制选中颜色的范围。数值越大，选中的颜色范围越广。如图5-397所示为"颜色容差"为20的效果，如图5-398所示为"颜色容差"为80的效果。

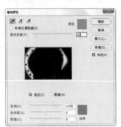 

图5-397　　　　　图5-398

- 选区/图像：选择"选区"方式，可以以蒙版方式进行显示，其中白色表示选中的颜色，黑色表示未选中的颜色，灰色表示只选中了部分颜色；选择"图像"方式，则只显示图像。
- 色相/饱和度/明度：用于设置替换后颜色的参数。

5.4.17　色调均化

"色调均化"命令可以将图像中全部像素的亮度值进行重新分布，使图像中最亮的像素变成白色，最暗的像素变成黑色，中间的像素均匀分布在整个灰度范围内。

扫一扫，看视频

综合实例：外景人像写真调色

文件路径	资源包\第5章\综合实例：外景人像写真调色
难易指数	★★★★★
技术掌握	色彩平衡、曲线、色相/饱和度、自然饱和度

案例效果

案例处理前后对比效果如图5-405和图5-406所示。

图5-405　　　　　图5-406

1.均化整个图像的色调

选择需要处理的图层，如图5-399所示。执行"图像>调整>色调均化"，使图像均匀地呈现出所有范围的亮度级，如图5-400所示。

图5-399　　　　　图5-400

2.均化选区中的色调

如果图像中存在选区，如图5-401所示。执行"色调均化"命令时会弹出一个对话框，用于设置色调均化的选项。如图5-402所示。

 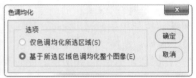

图5-401　　　　　图5-402

如果想要只处理选区中的部分，则选择选择"仅色调均化所选区域"，如图5-403所示。如果选择"基于所选区域色调均化整个图像"，则可以按照选区内的像素明暗，均化整个图像，如图5-404所示。

图5-403　　　　　图5-404

扫一扫，看视频

操作步骤

步骤01 执行"文件>打开"命令，在打开窗口中选择背景素材"1.jpg"，单击"打开"按钮，如图5-407所示。

图5-407

步骤02 在画面中可以看到背景的颜色与人物主体色彩过于相近，使主体人物显得很不突出。所以要对背景的草地进行调整，使其色彩鲜明。执行"图层>新建调整图层>色彩平衡"命令，在弹出的属性面板中设置"色调"为"中间调"，调整"青色"为84，"洋红"为-10，"黄色"为-71，如图5-408所示。此时画面整体都倾向于绿色，效果如图5-409所示。

图5-408　　　　　　　　图5-409

步骤 03 在画面中可以看到草地变得更葱绿，但同时也改变了人物的色彩。下面我们就对人物位置的调色效果进行去除。在图层面板中单击色彩平衡图层蒙版缩览图，单击工具箱中的"画笔工具"，在选项栏中设置合适的画笔大小，"硬度"为0%，设置"前景色"为黑色，接着在图层蒙版中人物部分进行涂抹，"图层蒙版缩览图"效果如图5-410所示。可以看到在背景颜色不变的情况下，只有人物的调色效果被去除了，效果如图5-411所示。

图5-410　　　　　　　　图5-411

步骤 04 执行"图层>新建调整图层>曲线"命令，在弹出的"属性"面板中调整曲线形态，如图5-412所示。增强画面对比度，如图5-413所示。

图5-412　　　　　　　　图5-413

步骤 05 此时可以看到画面顶部以及人物五官有些过于偏暗。需要在蒙版中还原这部分的明暗效果。在图层面板中单击曲线图层蒙版缩览图，单击工具箱中的"画笔工具"，使用黑色画笔涂抹图层蒙版中顶部和人物偏暗的部分，图层蒙版效果如图5-414所示。此时画面颜色如图5-415所示。

图5-414　　　　　　　　图5-415

步骤 06 接着我们要增强人物面部的对比度。执行"图层>新建调整图层>亮度/对比度"命令，在弹出的"属性"面板中设置"亮度"为0，"对比度"为53，如图5-416所示。效果如图5-417所示。

图5-416　　　　　　　　图5-417

步骤 07 在图层面板中选择"亮度/对比度"图层蒙版缩览图，设置"前景色"为黑色，使用快捷键Alt+Delete填充图层蒙版。接着使用白色画笔涂抹蒙版中皮肤的部分。图层蒙版效果如图5-418所示。此时只有皮肤部分的对比度被增强了，如图5-419所示。

图5-418　　　　　　　　图5-419

步骤 08 调整人物皮肤的颜色。执行"图层>新建调整图层>色相/饱和度"命令，在弹出的"属性"面板中单击下拉按钮选择红色，设置"明度"为30，如图5-420所示。皮肤部分变亮，效果如图5-421所示。

图5-420　　　　　　　　图5-421

步骤 09 接着在"色相/饱和度"图层蒙版中使用黑色画笔涂抹皮肤以外的部分，图层蒙版效果如图5-422所示。还原头发以及其他部分的颜色，如图5-423所示。

图5-422　　　　　　　　　　图5-423

步骤 10 下面减少皮肤中的颜色感。执行"图层>新建调整图层>自然饱和度"命令，在弹出的属性面板中设置"饱和度"为-9，如图5-424所示。效果如图5-425所示。

图5-424　　　　　　　　　　图5-425

步骤 11 在"自然饱和度"图层蒙版中使用黑色画笔涂抹皮肤以外的部分，图层蒙版效果如图5-426所示。画面效果如图5-427所示。

图5-426　　　　　　　　　　图5-427

步骤 12 调整人物头发的颜色。执行"图层>新建调整图层>色相/饱和度"命令，在弹出的属性面板中全图的"色相"设置为-7，如图5-428所示。效果如图5-429所示。

图5-428　　　　　　　　　　图5-429

步骤 13 在"色相/饱和度"图层蒙版中使用黑色画笔涂抹头发以外的部分，图层蒙版效果如图5-430所示。效果如图5-431所示。

图5-430　　　　　　　　　　图5-431

步骤 14 对画面中人物的眼睛和头顶部分进行提亮。新建图层，单击工具箱中的"画笔工具"，使用白色画笔绘制头顶和眼睛部分，如图5-432所示。在图层面板中设置"混合模式"为"柔光"，如图5-433所示。效果如图5-434所示。

图5-432　　　　　图5-433　　　　　图5-434

步骤 15 增强图像的锐利感。使用快捷键Ctrl+Alt+Shift+E盖印当前画面效果。对得到的图层执行"滤镜>其他>高反差保留"命令，在弹出的"高反差保留"窗口中设置"半径"为4，如图5-435所示。单击"确定"按钮完成设置，效果如图5-436所示。

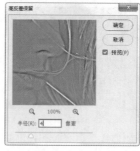 

图5-435　　　　　　　　　　图5-436

步骤 16 在图层面板中设置该图层的"混合模式"为"柔光"，如图5-437所示。效果如图5-438所示。

图5-437　　　　　　　　　　图5-438

步骤 17 制作左上角的光感。单击工具箱中的"渐变工具"，在选项栏中单击"渐变色条"，在"渐变编辑器"中编辑一个黄色到透明渐变，设置"渐变方式"为"线性渐变"。新建图层，接着在画面中按住鼠标左键拖曳填充渐变，效果如图5-439所示。在图层面板中设置该图层"混合模式"为"滤色"，"不透明度"为76%，如图5-440所示。效果如图5-441所示。

置前景色为墨绿色。新建图层，在画面右侧按住鼠标左键绘制，如图5-442所示。接着设置该图层"混合模式"为"叠加"，如图5-443所示。效果如图5-444所示。

图5-439　　　　图5-440　　　　图5-441

图5-442　　　　图5-443　　　　图5-444

步骤18 最后制作右下角的压暗效果。单击工具箱中的"画笔工具"，选择一个圆形柔角画笔，降低画笔不透明度，设

综合实例：打造清新淡雅色调

文件路径	资源包\第5章\综合实例：打造清新淡雅色调
难易指数	★★★★★
技术掌握	混合模式、自然饱和度、曲线、可选颜色、色彩平衡

案例效果

案例处理前后对比效果如图5-445和图5-446所示。

图5-445　　　　　　　　图5-446

操作步骤

步骤01 执行"文件>新建"命令，新建一个文档。设置前景色为浅米色，使用快捷键Alt+Delete进行填充，如图5-447所示。执行"文件>置入嵌入的智能对象"命令，置入人物素材"1.jpg"。执行"图层>栅格化>智能对象"命令，将人物图层栅格化为普通图层，如图5-448所示。

扫一扫，看视频

图5-447　　　　　　　　图5-448

步骤02 将"人像"图层复制一层，得到"人像 副本"图层。选择"人像 副本"图层，执行"图像>调整>去色"命令，得到一个灰色图层，效果如图5-449所示。设置该图层的"混合模式"为"柔光"，"不透明度"为50%，如图5-450

所示。画面效果如图5-451所示。

图5-449　　　　图5-450　　　　图5-451

步骤03 新建调整图层，增加画面饱和度。执行"图层>新建调整图层>自然饱和度"命令，新建一个"自然饱和度"调整图层，在"自然饱和度"属性面板中设置"自然饱和度"为100，如图5-452所示。画面效果如图5-453所示。

图5-452　　　　　　　　图5-453

步骤04 再次新建一个"自然饱和度"调整图层，在"自然饱和度"属性面板中设置"自然饱和度"为70，如图5-454所示。画面效果如图5-455所示。

图5-454　　　　　　　　图5-455

步骤05 此时的画面有些偏暗，接下来将画面调亮些。执行"图层>新建调整图层>曲线"命令，新建一个"曲线"调整图层，在"曲线"属性面板中调整曲线形状，如图5-456所

示。画面效果如图5-457所示。

图5-456　　　　　　　　图5-457

步骤06 接下来将左侧暗部调亮。新建一个"曲线"调整图层，调整曲线形状，如图5-458所示。继续调整"绿"通道曲线形状，如图5-459所示。此时画面效果如图5-460所示。

图5-458　　　　　图5-459　　　　　图5-460

步骤07 此时的画面暗部被调亮了，但是亮部却太亮了。下面使用"蒙版"还原亮部细节。单击调整图层蒙版缩览图，编辑一个黑白色系的渐变，在蒙版中进行填充，如图5-461所示。效果如图5-462所示。

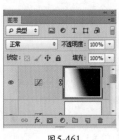 

图5-461　　　　　　　　图5-462

步骤08 人物的皮肤颜色还有些偏黄，需要调整。执行"图层>新建调整图层>可选颜色"命令。在"可选颜色"属性面板中，设置"颜色"为黄色，设置"黄色"数值为-62，"黑色"为-20，参数设置如图5-463所示。皮肤偏向于粉嫩的颜色，画面效果如图5-464所示。

图5-463　　　　　　　　图5-464

步骤09 此时人物的皮肤颜色变得白皙了，但是画面整体效果有些太亮。使用画笔工具，在蒙版中人物皮肤以外的部分，使用黑色进行涂抹。还原画面原有效果，如图5-465所示，画面效果如图5-466所示。

图5-465　　　　　　　　图5-466

步骤10 执行"文件>置入嵌入的智能对象"命令，置入天空素材"2.jpg"，执行"图层>栅格化>智能对象"命令，如图5-467所示。设置该图层的"混合模式"为"正片叠底"，如图5-468所示。

图5-467　　　　　　　　图5-468

步骤11 正片叠底效果如图5-469所示。单击添加"图层蒙版"按钮，为该图层添加图层蒙版，并使用黑色柔角画笔在蒙版中进行涂抹，隐藏遮挡住人物和椅子的部分，如图5-470所示。

图5-469　　　　　　　　图5-470

步骤12 执行"图层>新建调整图层>色彩平衡"命令，在"色彩平衡"属性面板中，设置"色调"为"阴影"，调整"黄色-蓝色"数值为50，取消勾选"保留明度"，参数设置如图5-471所示。画面效果如图5-472所示。

步骤13 新建图层组，将"背景"图层以外的图层移动至该图层组中，如图5-473所示。单击工具箱中形状工具组中的"圆角矩形工具"按钮，在选项栏中设置绘制模式为"路径"，设置合适的"半径"数值，在画布中按住鼠标左键并拖动，绘制一个圆角矩形路径，如图5-474所示。使用快捷键Ctrl+Enter得到选区，如图5-475所示。

图5-471

图5-472

图5-473

图5-474

图5-475

步骤14 选择图层组，单击图层面板底部的"添加图层蒙版"按钮，如图5-476所示。基于选区为图层组添加图层蒙版，使选区以外的部分被隐藏，形成相框效果，如图5-477所示。

图5-476

图5-477

步骤15 选中该图层组，执行"图层>图层样式>内发光"命令，在"内发光"窗口设置"混合模式"为"滤色"，"不透明度"为75%，"颜色"为白色，"方法"为"柔和"，"源"为"边缘"，"大小"为87像素，"范围"为50%，参数设置如图5-478所示。在左侧样式列表中勾选"投影"，设置"投影"的"混合模式"为"正片叠底"，设置合适的投影颜色，"不透明度"为75%，"角度"为120度，"距离"为8像素，"大小"为7像素。参数设置如图5-479所示。设置完成后，单击"确定"按钮，画面效果如图5-480所示。

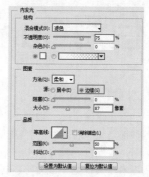
图5-478

图5-479

步骤16 执行"文件>置入嵌入的智能对象"命令，置入前景装饰素材"3.png"，执行"图层>栅格化>智能对象"命令，完成本案例的制作。效果如图5-481所示。

图5-480

图5-481

扫一扫，看视频

Chapter 6

第 6 章

使用Camera Raw处理照片

本章内容简介：

在掌握了Photoshop的调色功能之后，学习Camera RAW会容易很多，因为很多调色操作都是相通的。本章主要讲解使用Camera RAW处理数码照片的方法，如对图像的颜色、明暗、对比度、曝光度等参数进行调整、通过多种方式锐化图像，以及为图像添加镜头特效以增强其视觉冲击力等。对于细节处的调整，则主要是去除瑕疵、针对画面局部进行颜色调整。

重点知识掌握：

- 熟练使用Camera RAW进行色彩校正
- 掌握使用Camera RAW进行风格化调色的方法
- 熟练掌握使用Camera RAW处理图像细节瑕疵的方法

通过本章学习，我能做什么？

通过本章的学习，我们将掌握另外一种图像调整的方式，从"修瑕"到"校正偏色"到"风格化调色"到"锐化"再到"特效"都可以在一个窗口中进行，非常方便。有了Camera RAW，我们可以完成摄影后期处理的大部分操作，例如去除画面中的小瑕疵，对图像存在的偏色、曝光、对比度等问题进行校正，以及调整出独具特色的风格化颜色等。

6.1 认识Camera Raw

作为一款功能强大的RAW图像编辑工具软件，Adobe Camera Raw不仅可以处理RAW文件，也能够对JPG文件进行处理。Camera Raw主要是针对数码照片进行修饰、调色编辑，可在不损坏原片的前提下批量、高效、专业、快速地处理照片。简洁直观的工作界面，便捷、易用的操作方法，使其得到越来越多用户的青睐。Camera Raw可以解析相机原始数据文件，并使用有关相机的信息以及图像元数据来构建和处理彩色图像。在近几个版本的Photoshop中，Camera Raw不再以单独插件的形式存在，而是与Photoshop紧密结合在一起，通过"滤镜"菜单即可将其打开（该滤镜可以应用于普通图层以及数码照片文件）。

【重点】6.1.1 什么是RAW

提到RAW，爱好摄影的朋友可能不会感到陌生，在数码单反相机的照片存储设置中可以选择JPG或者RAW。但是即使拍照时选择了RAW，内存卡中的照片后缀名也并不是".raw"，如图6-1所示。

其实".raw"并不是一种图像格式的后缀名。RAW译为"原材料"或"未经处理的东西"，可以把它理解为照片在转换为图像之前的一系列数据信息。因此，准确地说RAW不是图像文件，而是一个数据包。这也是为什么用普通的看图软件无法预览RAW文件的原因。

不同品牌的相机拍摄出来的RAW文件格式也不相同，甚至同一品牌不同型号的相机拍摄的RAW文件也会有些许差别。例如，佳能为*.crw，*.cr2；尼康为*.nef；奥林巴斯为*.orf；宾得为*.ptx、*.pef；索尼为*.arw。早期用户想要处理RAW格式图片的时候，必须使用厂家提供的专门软件，而现在有了Adobe Camera Raw（如图6-2所示），一切就变得简单多了。

图6-1

图6-2

【重点】6.1.2 认识Camera Raw的工作界面

在Photoshop中打开一张RAW格式的照片会自动启动Camera Raw。对于其他格式的图像，执行"滤镜>Camera Raw"命令，也可以打开Camera Raw。Camera Raw的工作界面非常简单，主要分为工具箱、图像显示区、直方图、图像调整选项卡和参数设置区几个部分，如图6-3所示。如果是直接在Camera Raw中打开的文件，完成参数调整后单击"打开图像"按钮，即可在Photoshop中打开文件。如果是通过执行"滤镜>Camera Raw"命令打开的文件，则需要在右下角单击"确定"按钮完成操作。

图6-3

6.1.3 认识工具箱

在工作界面顶部的工具箱中提供了多种工具，用来对画面局部进行处理。下面就来简单了解一下。

- 缩放工具🔍：使用该工具在图像中单击，即可放大图像；按住Alt键单击，则可缩小图像；双击该工具按钮，可使图像恢复到100%。

- 抓手工具✋：当图像放大超出窗口显示时，选择该工具，在画面中按住鼠标左键拖动，可以调整预览窗口中的图像显示区域。

- 白平衡工具✏：如要调整白平衡，首先需要确定图像中应具有中性色（白色或灰色）的对象，然后调整图像中的颜色使这些对象变为中性色。例如，使用该工具在画面中本应是白色或灰色的图像内容上单击（如图6-4所示），可使此处在还原回白色或灰色的同时，校正照片的白平衡，如图6-5所示。

图6-4

图6-5

- 颜色取样器工具 ✎：可以检测指定颜色点的颜色信息。选择该工具后，在图像中单击，即可显示出该点的颜色信息，如图6-6所示。最多可以显示出9个颜色点。该工具主要用来分析图像的偏色问题。例如，将取样器定位在本应是灰色的区域，而得到的RGB数值中却有一项数值偏大，那就说明图像倾向于偏大数值所代表的颜色。

图6-6

- 目标调整工具 ✎：单击该按钮，然后在画面中单击确定取样颜色，按住鼠标左键拖动，即可改变图像中取样颜色的色相、饱和度、亮度等属性。

- 裁剪工具 ✄：单击该按钮，在画面中按住鼠标左键拖动绘制裁剪区域，双击即可裁剪图像，裁剪框以外的区域被隐藏。使用方法与Photoshop工具箱中的"裁剪工具"相同。

- 拉直工具 ▦：单击该按钮，在画面中按住鼠标左键拖动绘制一条线（图6-7），系统自动按当前线条的角度创建裁剪框（图6-8），双击鼠标左键即可进行裁剪，如图6-9所示。本工具适用于校正画面角度。

图6-7

图6-8

图6-9

- 变换工具 ▣：可以调整画面的扭曲、透视以及缩放，常用于校正画面的透视，或者为画面营造出透视感。单击该按钮，可以直接在界面右侧设置画面变换的相关参数；也可以手动调整，在画面中绘制出想要设定为水平线的线条（图6-10），接着绘制出垂直线（图6-11），松开鼠标后，两条线变为水平和垂直的线条，画面也随之被自动校正了，如图6-12所示。

图6-10

图6-11

图6-12

- 污点去除工具 ✎：可以使用另一区域中的样本修复图像中选中的区域。

- 红眼去除 ：其功能与Photoshop中的"红眼工具"相同，可以去除红眼。单击该按钮，在右侧的参数设置区可进行相应的设置。拖动"瞳孔大小"滑块可以增加或减少校正区域的大小，向右拖动"变暗"滑块可以使选区中的瞳孔区域和选区外的光圈区域变暗。

- 调整画笔 ✐：使用该工具在画面中限定出一个范围，然后在右侧参数设置区进行设置，以处理局部图像的曝光度、亮度、对比度、饱和度、清晰度等。

- 渐变滤镜 ▰：该工具能够以渐变的方式对画面的一侧进行处理，而另外一侧不进行处理，两个部分之间过渡柔和。选择该工具，在画面中拖动鼠标，会出现两条直线把图像分为两部分。在参数设置区调整一部分的颜色色调，另一部分不会改变，两条直线之间的部分为渐变过渡地带。两条直线的位置、角度都可以进行调整。

- 径向滤镜 ◯：该工具能够突出展示图像的特定部分。其功能与"光圈模糊"滤镜有些类似。

- 打开"Camera Raw首选项"对话框 ≡：单击该按钮，将打开"Camera Raw首选项"对话框。其功能与执行"编辑>首选项>Camera Raw"命令相同。

- 逆时针旋转图像90度 ↺：单击该按钮，可以使图像逆时针旋转90度。

- 顺时针旋转图像90度 ↻：单击该按钮，可以使图像顺时针旋转90度。

> 提示：为什么Camera Raw工具箱中的工具显示不全？
>
> 是不是突然发现自己计算机上的 Camera Raw 工具箱中显示的工具"缺了几个"？不要怕，Camera Raw 没有出问题，工具显示不同与当前打开图像的方式有关。如果将图像直接在 Camera Raw 中打开，而没有通过"滤镜 >Camera Raw"命令，那么工具箱中的工具会完整地显示出来；如果将图片在 Photoshop 中打开，之后执行"滤镜 >Camera Raw"命令打开Camera Raw，那么"裁剪工具"、"拉直工具"、"打开"Camera Raw 首选项"对话框"按钮、"逆时针旋转图像 90 度"按钮、"顺时针旋转图像 90 度"按钮就会被隐藏，如图 6-13 所示。不过没有关系，这几个功能使用 Photoshop 的工具箱以及"变换"命令都可以实现。

图6-13

6.1.4 认识图像调整选项卡

在Camera Raw工作界面的右侧集中了大量的图像调整命令，这些命令被分为多个组，以"选项卡"的形式展示在界面中，如图6-14所示。与常见的文字标签形式的选项卡不同，这里是以按钮的形式显示。其中包括多个按钮，每个按钮都针对不同的设置。单击某一按钮，即可切换到相应的选项卡，进行相关参数的设置。

- 基本 ◉：用来调整图像的基本色调与颜色品质。

- 色调曲线 ▦：用来对图像的亮度、阴影等进行调节。

- 细节 ▥：用来锐化图像与减少杂色。

- HSL/灰度 ▤：其功能类似于"色相/饱和度"命令，可以对各种颜色进行色相、饱和度、明度等设置。此外，还可通过该选项卡来制作灰度图像。

- 分离色调 ▤：可以分别对高光区域和阴影区域进行色相、饱和度的调整。

- 镜头校正 ▥：用来去除由于镜头原因造成的图像缺陷，如扭曲、晕影、紫边/绿边。

- 效果 𝒇𝓍：可以为图像添加或去除杂色，还可以用来制作晕影暗角特效。

图6-14

- 相机校准：不同相机都有自己的颜色与色调调整设置，拍摄出的照片颜色也会存在些许的偏差。在"相机校准"选项卡中，可以对这些带有普遍性的色偏问题进行校正。
- 预设：在该选项卡中可以将当前图像调整的参数设置存储为"预设"，然后使用该"预设"快速处理其他图像。
- 快照：用于保存图像调整过程中的特定状态，与"历史记录"面板中的快照功能相同。例如，在图像调色的过程中，想要保留当前状态，以便与之后调整的状态进行对比，则可以单击该按钮，在"快照"选项卡中，单击底部的"新建快照"按钮，创建一个新的快照。在之后的调整过程中，如果想要回到这一快照状态，只需在"快照"选项卡中单击某一快照条目即可，如图6-15所示。

图6-15

> **提示**：直接在Camera Raw中打开图像的设置方法。
>
> 默认情况下，在 Photoshop 中打开 RAW 照片时，会自动启动 Camera Raw，打开 JPG 图片时则不会。对于爱好摄影的朋友而言，在 Camera Raw 中进行简单调色是非常方便的。很多朋友在 Photoshop 中打开照片，就是为了使用 Camera Raw。如果是这样，可以通过以下设置使我们在打开图像时，自动启动 Camera Raw，并在其中打开。
>
> 执行"编辑 > 首选项 >Camera Raw"命令，打开"Camera Raw首选项"对话框，在"JPEG 和 TIFF 处理"选项组中将 JPEG 设置为"自动打开所有受支持的 JPEG"，如图 6-16 所示。这样一来，JPG 图像就能自动在 Camera Raw 中打开。如果不需要在 Camera Raw 中进行编辑，可以单击底部的"打开图像"按钮，如图 6-17 所示。

图6-16   图6-17

练习实例：简单调整儿童照片

文件路径	资源包\第6章\练习实例：简单调整儿童照片
难易指数	★★★★★
技术掌握	切换图像预览方式、图像基本属性的调整

案例效果

案例处理前后的效果对比如图6-18和图6-19所示。

图6-18   图6-19

操作步骤

扫一扫，看视频

步骤 01 执行"文件>打开"命令，打开素材文件，如图6-20所示。执行"滤镜>Camera RAW"命令，打开Camera RAW。在界面底部单击 按钮，使之变为 ，即可直观地对比查看原图与调整效果的对比，如图6-21所示。

步骤 02 从图6-21中可以看出画面整体偏灰，对比度较低。首先增大"对比度"数值，将其设置为57。此时图像对比度增强，画面颜色感更明显，如图6-22所示。增强对比度之后，亮部区域呈现出曝光的情况。接着将"高光"设置为−10，降低高光区域的亮度，如图6-23所示。

图6-20

图6-21

图6-22

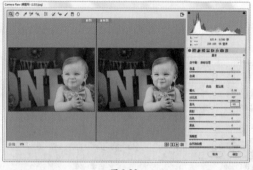

图6-23

步骤 03 为了使图像更具冲击力，可以增强"清晰度"，将其设置为10，如图6-24所示。最后设置"自然饱和度"为30，增强画面颜色感，如图6-25所示。颜色调整完成后，单击"确定"按钮，返回Photoshop界面。

图6-24

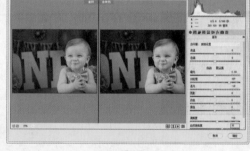

图6-25

【重点】6.2　设置图像基本属性

　　打开一张图片，执行"滤镜>Camera Raw"命令，打开Camera Raw。在工作界面的右侧，默认显示"基本"选项卡（即 按钮处于默认选中状态），如图6-26所示。其中包含大量常用参数，这些参数比较简单，即使没有讲解其使用方法，通过观察也能大致看懂（拖动滑块就能在图像显示区中看到变化），与前面章节学到的调色命令非常相似。按住Alt键"取消"按钮会变为"复位"按钮，单击该按钮即可使图像还原到最初效果。

扫一扫，看视频

图6-26

221

- "白平衡"下拉列表框：默认情况下显示的"原照设置"为相机拍摄此照片时所使用的原始白平衡设置；还可以选择使用相机的白平衡设置，或基于图像数据来计算白平衡的"自动"选项。

- 色温：色温是人眼对发光体或白色反光体的感觉。在实际拍摄照片时，如果光线色温较低或偏高，则可通过调整"色温"来校正。提高"色温"图像颜色会变得更暖（黄），降低"色温"图像颜色会变得更冷（蓝），如图6-27所示。

原图　　　　　　冷调　　　　　　暖调

图6-27

- 色调：可通过设置白平衡来补偿绿色或洋红色色调。减少"色调"可在图像中添加绿色；增加"色调"则在图像中添加洋红色，如图6-28所示。

色调：-60　　　　　　色调：60

图6-28

- 曝光：调整整体图像的亮度，对高光部分的影响较大。减少"曝光"会使图像变暗，增加则会使图像变亮，如图6-29所示。该值的每个增量等同于光圈大小。

曝光：-60　　　　　　曝光：60

图6-29

- 对比度：可以增加或减少图像对比度，主要影响中间色调。增加"对比度"时，中到暗图像区域会变得更暗，中到亮图像区域会变得更亮，如图6-30所示。

对比度：-100　　　　　　对比度：100

图6-30

- 高光：用于控制画面中高光区域的明暗。减小"高光"数值，高光区域变暗；增大"高光"数值，高

光区域变亮，如图6-31所示。

高光：-100　　　　　　高光：100

图6-31

- 阴影：用于控制画面中阴影区域的明暗。减小"阴影"数值，阴影区域变暗；增大"阴影"数值，阴影区域变亮，如图6-32所示。

阴影：-100　　　　　　阴影：100

图6-32

- 白色：指定哪些输入色阶将在最终图像中映射为白色。增加"白色"可以扩展映射为白色的区域，使图像的对比度看起来更高。它主要影响高光区域，对中间调和阴影影响较小。

- 黑色：指定哪些输入色阶将在最终图像中映射为黑色。增加"黑色"可以扩展映射为黑色的区域，使图像的对比度看起来更高。它主要影响阴影区域，对中间调和高光影响较小。

- 清晰度：通过增强或减弱像素差异控制画面的清晰程度，数值越小图像越模糊，数值越大图像越清晰，如图6-33所示。

清晰度：-100　　　　　　清晰度：100

图6-33

自然饱和度：-100　　　　　　自然饱和度：100

图6-34

- 自然饱和度：与"饱和度"相似，但是自然饱和度在增强或降低画面颜色的鲜艳程度时，不会产生过于饱和或者完全灰度的图像，如图6-34所示。
- 饱和度：控制画面颜色的鲜艳程度，数值越大，画面颜色感越强烈，如图6-35所示。

饱和度：-100　　　　　　饱和度：100

图6-35

6.3 处理图像局部

　　在对图像整体进行了颜色调整后，可以对其局部细节进行修饰。在Camera RAW的工具箱中提供了一些用于对图像细节进行修饰的工具。例如，"目标调整工具""调整画笔""渐变滤镜""径向滤镜"可以对画面局部进行调色，而"污点去除工具"可以去除画面细节处的瑕疵，如图6-36和图6-37所示。

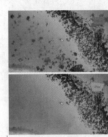

图6-36　　　　　图6-37

6.3.1 目标调整工具

　　"目标调整工具" 是一种非常好用的工具，可以直接通过在画面中单击确定取样颜色，然后按住鼠标拖动来改变图像中取样颜色的色相、饱和度、亮度等属性。

扫一扫，看视频

步骤 01 在"目标调整工具" 按钮上按下鼠标左键不放，在弹出的下拉菜单中可以选择要调整的选项。例如，选择"色相"，在工作界面的右侧将显示相应的"色相"面板，如图6-38所示。然后将光标移至画面中。按住鼠标左键向右拖动，可以看到画面中与光标取样点颜色相似的区域颜色都发生了变化，而且右侧的参数数值也随之发生变化，如图6-39所示。这是由于在画面中单击的取样点为蓝紫色，而我们设置的调整内容为"色相"，在移动光标的时候就相当于向右调整蓝色和紫色的色相数值，所以包含蓝色和紫色的部分颜色就发生了变化，例如变成了粉红色。同样的位置，按住鼠标左键向左拖动，则相当于向左调整蓝色和紫色的色相数值，效果如图6-40所示。

图6-38　　　　　　　　　　　图6-39

在"目标调整工具"按钮上按下鼠标左键不放，在弹出的下拉菜单中选择"明亮度"，在工作界面的右侧打开"明亮度"面板。在画面中按住鼠标左键向右拖动，可增大这部分的亮度，如图6-41所示。除了手动调整，还可以在右侧"明亮度"面板中修改数值。

图6-40

图6-41

【重点】6.3.2 污点去除工具：去除画面瑕疵

扫一扫，看视频

"污点去除工具"可以使用另一区域中的样本修复图像中选中的区域。单击"污点去除工具"按钮，设置"类型"为"仿制"，设置合适的"大小"数值，然后将光标移动至画面中需要修补的区域，当它变为蓝白相间的虚线形状时，在需要去除的位置按住鼠标左键拖动，如图6-42所示。松开鼠标，画面中会显示两种颜色的虚线椭圆。红色虚线区域代表所修改的区域，绿色虚线区域代表所仿制的区域，如图6-43所示。如果对当前修复效果不满意，可以移动绿色虚线框的位置，或者按Delete键删除此次修复，如图6-44所示。

图6-42

图6-43

图6-44

【重点】6.3.3 调整画笔：更改局部色彩与明暗

扫一扫，看视频

"调整画笔"用于对画面局部进行调色处理。使用该工具可以在画面中限定出一个受调整命令影响的范围。

首先单击Camera RAW工具箱中的"调整画笔"按钮，在界面右侧的"调整画笔"面板中进行相应的参数设置。然后将光标移动到画面中，按住鼠标左键进行涂抹（涂抹的区域为受调色影响的区域）。随着涂抹即可观察到效果，如图6-45所示。此外，还可以在右侧的"调整画笔"面板中修改参数值，使效果更加明显，如图6-46所示。由于此时绘制模式为"添加"，所以继续在画面中绘制也会使被绘制的区域受到当前参数的影响。如果绘制的范围大了，可以选中"清除"单选按钮，并涂抹要去除的区域。

图6-45

图6-46

步骤02 下面对另外一个区域进行调整。首先设置绘制模式为"新建",接着在画面中涂抹受影响的区域,并调整右侧参数,如图6-47所示。创建多个调整区域后,如果要删除其中的一个调整区域,则可单击该区域的图钉图标,然后按Delete键。调整完成后单击"打开图像"按钮,在Photoshop中打开文件。调整画笔的参数大部分与图像调整"基本"选项卡一致,不过也有几个比较特殊的,如图6-48所示。

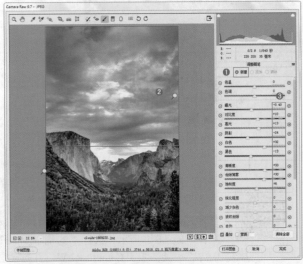

图6-47

- 清晰度:通过增加局部对比度来增加图像深度。向右拖动滑块可增强清晰度,向左拖动滑块可减弱清晰度。

- 去除薄雾:此功能可用于处理类似在薄雾中拍摄的照片,能够提高这类图像的对比度、清晰度以及色彩感,使图像内容的视觉感受得以增强,如图6-49和图6-50所示。

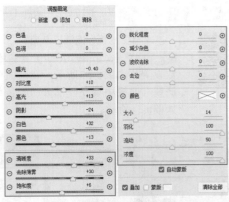

图6-48

图6-49　　　　　　　　　图6-50

- 饱和度:调整颜色鲜明度或颜色纯度。向右拖动滑块可增加饱和度,向左拖动滑块可减少饱和度。

- 锐化程度:可增强边缘清晰度以显示细节。向右拖动滑块可锐化细节,向左拖动滑块可模糊细节,如图6-51和图6-52所示。

图6-51　　　　　　　　　图6-52

- 减少杂色:设置减少画面杂色的程度,数值越大,杂色去除程度越大。

- 波纹去除:去除颜色波纹,波纹一般出现在图像密集区域。

- 去边:弱化由于锐化过度带来的边缘。

- 颜色:可以在选中的区域中叠加颜色。单击右侧的颜色块,可以修改颜色。

- 大小:用来指定绘制时画笔笔尖的直径,也可以在视图中按住鼠标右键拖动来调整画笔大小。

- 羽化:用来控制画笔描边的硬度。羽化值越高,画笔的边缘越柔和。

- 流动:设置绘制影响区域的速率。

- 浓度:设置绘制影响区域时笔触的透明度。

【重点】6.3.4　渐变滤镜：柔和过渡的调色

扫一扫，看视频

"渐变滤镜"能够以渐变的方式对画面的一侧进行处理，另外一侧不进行处理，两个部分之间过渡柔和。

步骤 01 单击Camera Raw工具箱中的"渐变滤镜"按钮，在右侧的"渐变滤镜"面板中调整相应的参数设置，如图6-53所示。在画面中按住鼠标左键拖动，会出现两条直线把图像分为两部分。在"渐变滤镜"面板中调整一部分的颜色色调，另一部分不会改变，两条直线之间的部分为渐变的过渡地带，如图6-54所示。

图6-53

图6-54

步骤 02 在画面中可以调整渐变的控制器位置以及形态，如图6-55所示。还可以创建多个渐变滤镜，分别调整不同部分的颜色，如图6-56所示。

图6-55

图6-56

练习实例：使用"渐变滤镜"为天空和地面分别调色

文件路径	资源包\第6章\练习实例：使用"渐变滤镜"为天空和地面分别调色
难易指数	
技术掌握	渐变滤镜、径向滤镜

案例效果

案例处理前后的效果对比如图6-57和图6-58所示。

图6-57

图6-58

操作步骤

扫一扫，看视频

步骤 01 执行"文件>打开"命令，打开素材文件，如图6-59所示。执行"滤镜>Camera RAW"命令，打开Camera RAW。首先设置"清晰度"为70，"自然饱和度"为80，此时画面颜色感以及细节感被增强，如图6-60所示。

步骤 02 单击工具箱中的"渐变滤镜"按钮，自上而下按住鼠标左键拖曳，然后在右侧修改参数，设置"色温"为-36，"去除薄雾"为-17，此时天空颜色感被增强，如图6-61所示。继续使用"渐变滤镜"，自下而上按住鼠标左键拖曳，在这部分区域对地面颜色进行调整，设置"色温"为42，"曝光"为1.00，"去除薄雾"为17，如图6-62所示。

图6-59

图6-60

图6-61

图6-62

步骤 03 单击工具箱中的"径向滤镜"按钮，在船的位置按住鼠标左键绘制一个椭圆形的区域，设置"曝光"为0.75，"清晰度"为100；单击"确定"按钮，如图6-63所示。最终效果如图6-64所示。

图6-63

图6-64

6.3.5　使用"径向滤镜"

"径向滤镜"〇与"渐变滤镜"的功能非常相似，其区别在于"渐变滤镜"是以线形渐变的方式进行过渡，而"径向滤镜"是以圆形径向渐变的方式进行过渡，而且"径向滤镜"可以设定对"内部"或"外部"进行调整。"径向滤镜"能够突出展示图像的特定部分，与"光圈模糊"滤镜有些类似。

扫一扫，看视频

步骤 01 单击Camera Raw工具箱中的"径向滤镜"按钮〇，在右侧的"径向滤镜"进行相应的参数设置，然后在画面中按住鼠标左键拖动，绘制一个椭圆选框，如图6-65所示。拖动选框的控制点可以调整控制框的大小，选中要突出的主题图像，如图6-66所示。

图6-65

图6-66

步骤02 "径向滤镜"可以通过"内部/外部"来指定编辑的区域。将右侧"径向滤镜"面板拖到最下方，在"效果"选项组中即可看到"外部"和"内部"。当选中"内部"单选按钮时，编辑区域为所绘圆形的内部；选中"外部"单选按钮时，则相反。如图6-67所示为编辑内部。

图6-67

练习实例：使用"径向滤镜"压暗环境

文件路径	资源包\第6章\练习实例：使用"径向滤镜"压暗环境
难易指数	☆☆☆☆☆
技术掌握	径向滤镜

案例效果

案例处理前后的效果对比如图6-68和图6-69所示。

图6-68   图6-69

操作步骤

步骤01 执行"文件>打开"命令，打开素材文件，如图6-70所示。选择"背景"图层，执行"滤镜>Camera RAW"命令，在Camera RAW中打开该图片。单击工具箱中的"径向滤镜"按钮，在圣诞老人的位置按住鼠标左键拖动，绘制出一个区域；设置"色温"为100，"曝光"为-4.00，"对比度"为100，如图6-71所示。

扫一扫，看视频

图6-70

步骤02 在"径向滤镜"面板底部选中"外部"单选按钮，使当前的调整效果应用于圆形控制框以外的区域，如图6-72所示。继续使用"径向滤镜"工具，在圣诞老人处绘制一个稍小的区域，设置"曝光"为-2，此时外部更暗了一些。单击"确定"按钮，如图6-73所示。

步骤03 回到Photoshop中，如图6-74所示。执行"文件>置入嵌入的智能对象"命令，选择素材2.png，将其置入到画面中并栅格化，效果如图6-75所示。

图6-71

图6-72

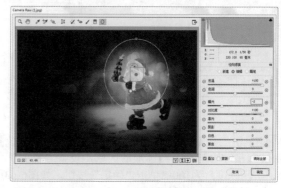

图6-73

图6-74

图6-75

6.4 图像调整

Camera Raw界面右侧集中了大量的图像调整命令，这些命令被分为多个组，以"选项卡"的形式展示在界面中。如图6-76所示。选项卡中有多个按钮，每个按钮都针对不同的设置。单击即可切换到各自页面进行相关参数选项的设置。

图6-76

【重点】6.4.1 色调曲线

单击Camera Raw窗口中的"色调曲线"按钮，进入"色调曲线"选项卡。"色调曲线"与Photoshop中的"图像>调整>曲线"命令的使用方法非常相似，都可以对图像的明暗程度进行调整，但是"色调曲线"有两种调整方式：参数曲线和点曲线。

扫一扫，看视频

步骤 01 在"色调曲线"选项卡中单击"参数"标签，进入"参数"子选项卡，从中可以拖动"高光""亮调""暗调"或"阴影"滑块来调整画面的明暗，如图6-77所示。例如，调整了"暗区"或"阴影"数值，此时曲线下半部分发生了明显变化，如图6-78所示。

步骤 02 单击"点"标签，进入"点"子选项卡。在曲线上单击添加点并调整曲线形态，其使用方法与"图像>调整>曲线"命令相同，如图6-79和图6-80所示。

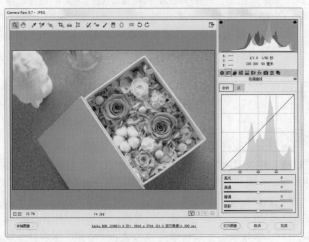

图6-77

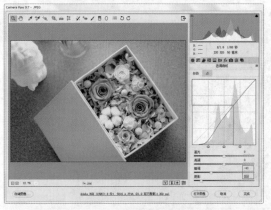

图6-78

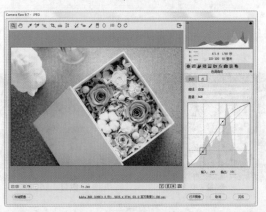

图6-79

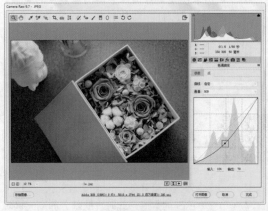

图6-80

【重点】6.4.2 细节：锐化与清晰度

单击Camera Raw窗口中的"细节"按钮，进入"细节"选项卡。该选项卡主要针对图像细节的清晰程度进行调整，拖动滑块或修改参数值即可，如图6-81所示。在对图像进行锐化的同时经常会产生噪点，锐化作用越强，所产生噪点就越多。因此，在调整"锐化"的同时，也要适当调整"减少杂色"的参数，以使图像呈现最佳状态。

图6-81

- 数量：锐化的"数量"越多锐化程度越强，该值为0时将关闭锐化。如图6-82所示为不同数值的对比效果。

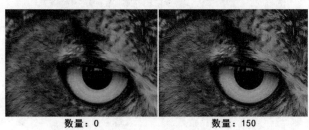

数量：0　　　　　　数量：150

图6-82

- 半径：用来决定进行边缘强调的像素点的宽度。如果"半径"值为1，则从亮到暗的整个宽度是2像素；如果"半径"值为2，则边缘两边各有2个像素

点，那么从亮到暗的整个宽度是4像素。半径越大细节的反差越强烈，但锐化的半径值过大会导致图像内容不自然。

- 细节：调整锐化影响的边缘区域的范围，它决定了图像细节的显示程度。较低的值将主要锐化边缘，以便消除模糊；较高的值则可以使图像中的纹理更清楚。如图6-83所示为不同数值的对比效果。

细节：0　　　　　　细节：100

图6-83

- 蒙版：Camera Raw是通过强调图像边缘的细节来实现锐化效果的。将"蒙版"设置为0时，图像中的所有部分均接受等量的锐化；设置为100时，可将锐化限制在饱和度最高的边缘附近，避免非边缘区域锐化。
- 明亮度：用于减少灰度的杂色。
- 明亮度细节：控制灰度杂色阈值。数值越大保留的细节就越多，但杂色也较多。数值越小，杂色越少，但会损失图像细节。
- 明亮度对比：控制灰度杂色的对比。数值越大，保留的对比度就越高，但可能会产生杂色的花纹或色斑；数值越小，产生的结果就越平滑，但也可能使对比度降低。
- 颜色：用于减少彩色的杂色。
- 颜色细节：控制彩色杂色阈值。数值越大，边缘就能保持得更细，色彩细节更多，但可能会产生彩色颗粒；数值越小，越能消除色斑，但可能会产生颜色溢出。
- 颜色平滑度：用于控制彩色杂色的平滑程度。

【重点】6.4.3 HSL/灰度：单独调整每种颜色

单击Camera Raw窗口中的"HSL/灰度"按钮，进入"HSL/灰度"选项卡。类似于"色相/饱和度"命令，在该选项卡中可以对各种颜色的色相、饱和度、明度进行设置，还可以用来制作灰度图像。

步骤01 打开一张图片，在Camera Raw窗口中单击"HSL/灰度"按钮，进入"HSL/灰度"选项卡。单击"饱和度"标签，进入"饱和度"子选项卡，如图6-84所示。降低"绿色"的数值，此时画面中绿色的成分饱和度降低，逐渐变为灰色，如图6-85所示。单击"明亮度"标签，在"明亮度"子选项卡中提高"橙色"的数值，此时皮肤部分的高光区域变得更亮了一些，如图6-86所示。

图6-84

图6-85

图6-86

步骤 02 如果选中"转换为灰度"复选框，画面将变为灰度图像，如图6-87所示。将彩色图像转换为黑白效果后，可以对各种颜色的数值进行设置，调整画面中各部分颜色转换为灰度之后的明暗程度，如图6-88所示。

图6-87

图6-88

【重点】6.4.4 分离色调：单独调整高光/阴影

单击Camera Raw窗口中的"分离色调"按钮 ，进入"色调分离"选项卡。在该选项卡中，可以分别对高光区域和阴影区域进行色相、饱和度的调整，如图6-89所示。

"高光"和"阴影"选项组中都包含"饱和度"和"色相"两个参数，其设置方法相同。如果想要更改阴影部分的颜色倾向，可以适当增大"饱和度"数值，然后拖动"色相"滑块（"饱和度"为0时，调整"色相"数值不起作用），如图6-90所示。调整"高光"选项组中的参数值，如图6-91所示。

扫一扫，看视频

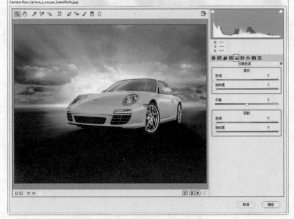

图6-89

图6-90

"平衡"用于控制画面中高光和暗部区域的大小。增大"平衡"数值可以增大画面中高光数值控制的范围，如图6-92所示；反之，则会增大暗部范围。

图6-91　　　　　　　　　　　　　　　图6-92

6.4.5　镜头校正：消除镜头畸变

　　单击Camera Raw窗口中的"镜头校正"按钮 ，进入"镜头校正"选项卡。该选项卡主要用于消除由于镜头原因造成的图像缺陷，如晕影、桶形扭曲、枕形扭曲等。其功能与"滤镜>镜头校正"非常相似。

　　在"镜头校正"选项卡中有两种校正方式："配置文件"和"手动"。单击"配置文件"标签，在"配置文件"子选项卡中选中"启用配置文件校正"复选框，然后设置设备的属性以及"校正量"，之后画面会自动进行校正，如图6-93所示。单击"手动"标签，在"手动"子选项卡中可以对"扭曲度""去边"以及"晕影"进行手动修改，如图6-94所示。

图6-93　　　　　　　　　　　　　　　图6-94

- 扭曲度：设置画面扭曲畸变度，"数量"为正值时向内凹陷，数值为负值时向外膨胀。
- 去边：在该选项组中通过拖动滑块修复紫边、绿边问题。
- 晕影："数量"为正值时使角落变亮，负值时使角落变暗。"中点"用于调整晕影的校正范围，向左拖动滑块可以使变亮区域向画面中心扩展；向右拖动则收缩变亮区域。

6.4.6　效果：去除薄雾、颗粒感、晕影

　　单击Camera Raw窗口中的"效果"按钮 fx，进入"效果"选项卡。在该选项卡中进行相应的参数值设置后，可以解决照片灰蒙蒙的问题，为照片添加胶片相机特有的"颗粒感"以及晕影暗角特效。

1.去除薄雾

　　"去除薄雾"功能可用于处理类似在薄雾中拍摄的照片，能够提高这类图像的对比度、清晰度以及色彩感，使图像内容

中文版Photoshop CC从入门到精通（微课视频版）

的视觉感受得以增强。单击Camera Raw窗口中的"效果"按钮*fx*，进入"效果"选项卡，如图6-95所示。在"去除薄雾"选项组中增大"数量"，原本灰蒙蒙的图像变得清晰又艳丽，如图6-96所示。

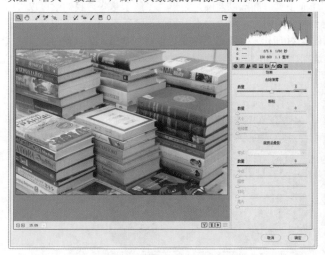

图6-95

图6-96

2.制作颗粒感

在"颗粒"选项组中，可以通过设置相应的参数为画面添加类似胶片相机拍摄出的颗粒效果。增大"数量"数值可以使画面中的颗粒数量增多；"大小"用于控制颗粒的尺寸；增大"粗糙度"数值可以使画面产生一种模糊做旧的效果，如图6-97所示。

图6-97

3.裁剪后晕影

在"裁剪后晕影"选项组中，可以通过设置相应的参数为画面四角添加暗角或者去除暗角。将"数量"滑块向左拖动，可以使画面四周变暗，产生暗角效果，如图6-98所示。将"数量"滑块向右拖动可以使四周变亮；数量调整到最大时，四周出现白色晕影，如图6-99所示。"中点""圆度"、"羽化"主要用于控制四角变暗的区域大小。

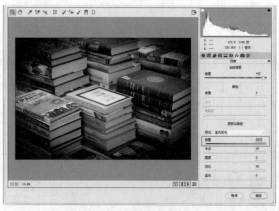

图6-98

图6-99

举一反三：巧用"晕影"制作照片边框

"晕影"功能虽然经常用于添加以及去除画面的晕影，

但是从画面效果上来看，它主要是通过对画面四周进行压暗和提亮来实现的。压暗到极致为黑色，提亮到极致为白色。压暗和提亮的范围可以通过"中点"和"圆度"数值控制，可以制作成正圆、椭圆以及圆角矩形。了解了这些，我们就可以借助这些参数制作一些特殊的效果。例如，增大"数量"，可以得到纯白的四边。将"中点"数值设置得小一些，"圆度"为最大，纯白的边缘范围就被调整到了一个正圆形以外的区域，如图6-100所示。如果适当增大"中点"数值，可以使白色区域减小；而将"圆度"数值减小很多，则可以制作出圆角矩形的外边框，如图6-101所示。

图6-100

图6-101

6.4.7 相机校准：校正相机偏色问题

不同相机都有自己的颜色与色调调整设置，拍摄出的照片颜色也会存在些许的偏差。可以"相机校准"  功能对这些带有普遍性的色偏问题进行纠正。单击Camera Raw窗口中的"相机校准"按钮 ⊙，进入"相机校准"选项卡。在这里可以通过对"阴影""红原色""绿原色"和"蓝原色"的"色相"及"饱和度"进行调整，来校正偏色问题，如图6-102所示。例如，增大"蓝原色"的"饱和度"，画面中蓝色成分的区域颜色艳丽了很多，如图6-103所示。

图6-102

图6-103

6.4.8 预设：自动处理图像

单击Camera Raw窗口中的"预设"按钮 ☰，进入"预设"选项卡。在该选项卡中，可以将当前图像调整的参数设置存储为"预设"，然后可以使用该"预设"快速处理其他图像。

步骤01 ▶ 首先对图像进行一定的颜色调整，如图6-104所示。然后单击"预设"按钮 ☰，在"预设"选项卡右下角单击"新建预设"按钮 ▣，在弹出的对话框中设置名称及所要保留项目，单击"确定"按钮，如图6-105所示。

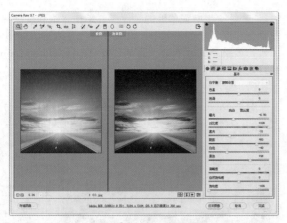

图6-104   图6-105

步骤02 此时在"预设"列表中出现了新建的预设，如图6-106所示。单击"打开图像"按钮，将图像在Photoshop中打开，可以进行进一步编辑。在Camera RAW中打开其他图像，进入"预设"选项卡，单击"预设"列表中之前新建的预设，即可使图像自动产生相同的颜色调整效果，如图6-107所示。

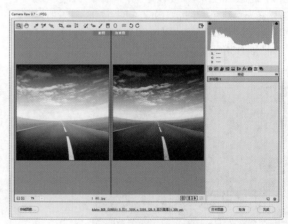

图6-106   图6-107

综合实例：使用Camera RAW处理风光照片

文件路径	资源包\第6章\综合实例：使用Camera RAW处理风光照片
难易指数	★★★★★
技术掌握	Camera RAW的使用

案例效果

案例处理前后的效果对比如图6-108和图6-109所示。

图6-108   图6-109

操作步骤

步骤01 执行"文件>打开"命令，打开素材文件。可以看

到图像偏灰、对比度较低、颜色感不足，暗部细节缺失，而且草地的颜色也不美观，如图6-110所示。执行"滤镜>Camera RAW"命令，在Camera RAW中打开该图像。在"基本"选项卡中，设置"白色"为52，"黑色"为100，"清晰度"为30，"自然饱和度"为70，此时图像的明暗被强化，颜色感和清晰度也都有所增强，如图6-111所示。

扫一扫，看视频

图6-110

图6-111

步骤02 对画面的细节进行调整。单击界面右侧的"细节"按钮,进入"细节"选项卡,设置"数量"为120,"半径"为2,"细节"为60,如图6-112所示。接着调整草地的颜色,使草地中黄色的部分变为草绿色。单击"HSL/灰度"按钮,进入"HSL/灰度"选项卡,在"色相"子选项卡中设置"黄色"为40,"绿色"为-20,如图6-113所示。

图6-112

图6-113

步骤03 进一步增强草地的颜色感。单击"饱和度"标签,在"饱和度"子选项卡中,设置"黄色"为30,如图6-114所示。调整完成后单击"确定"按钮,回到Photoshop中,最终效果如图6-115所示。

图6-114

图6-115

读书笔记

236

Chapter
7
第 7 章

扫一扫，看视频

实用抠图技法

本章内容简介：

　　抠图是设计作品制作中的常用操作。本章将详细讲解几种比较常见的抠图技法，包括基于颜色差异进行抠图、使用钢笔工具进行精确抠图、使用通道抠出特殊对象等。不同的抠图技法适用于不同的图像，所以在进行实际抠图操作前，首先要判断使用哪种方式更适合。

重点知识掌握：

- 掌握"快速选择工具""魔棒工具""磁性套索工具""魔术橡皮擦工具"的使用方法
- 熟练使用"钢笔工具"绘制路径并抠图
- 熟练掌握通道抠图

通过本章学习，我能做什么？

　　通过本章的学习，我们可以掌握多种抠图方式。通过这些抠图技法，我们能够实现绝大部分的图像抠图操作。使用"快速选择工具""魔棒工具""磁性套索工具""魔术橡皮擦工具""背景橡皮擦工具"以及"色彩范围"命令能够抠出具有明显颜色差异的图像；主体物与背景颜色差异不明显的图像可以使用"钢笔工具"抠出；除此之外，类似长发、长毛动物、透明物体、云雾、玻璃等特殊图像，可以通过"通道抠图"抠出。

7.1 基于颜色差异抠图

大部分的"合成"作品以及平面设计作品都需要很多元素，这些元素有些可以利用Photoshop提供的相应功能创建出来，而有的元素则需要从其他图像中"提取"。这个提取的过程就需要用到"抠图"。"抠图"是数码图像处理中的常用术语，指的是将图像中主体物以外的部分去除，或者从图像中分离出部分元素。如图7-1所示为抠图合成的过程。

图7-1

在Photoshop中抠图的方式有多种，如基于颜色的差异获得图像的选区、使用钢笔工具进行精确抠图、通过通道抠图等。本节主要讲解基于颜色的差异进行抠图的工具，Photoshop提供了多种通过识别颜色的差异创建选区的工具，如"快速选择工具"、"魔棒工具""磁性套索工具""魔术橡皮擦工具""背景橡皮擦工具"以及"色彩范围"命令等。这些工具分别位于工具箱的不同工具组中以及"选择"菜单中，如图7-2和图7-3所示。

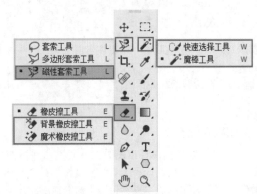

图7-2

图7-3

"快速选择工具""魔棒工具""磁性套索工具"以及"色彩范围"命令主要用于创建主体物或背景部分的选区，抠出具有明显颜色差异的图像，例如，获取了主体物的选区（图7-4），就可以将选区中的内容复制为独立图层，如图7-5所示；或者将选区反向选择，得到主体物以外的选区，删除背景，如图7-6所示。这两种方式都可以实现抠图操作。而"魔术橡皮擦工具"和"背景橡皮擦工具"则用于擦除背景部分。

图7-4

图7-5

图7-6

【重点】7.1.1 快速选择工具：通过拖动自动创建选区

"快速选择工具" ☑ 能够自动查找颜色接近的区域，并创建出这部分区域的选区。单击工具箱中的"快速选择工具"按钮 ☑ ，将光标定位在要创建选区的位置，然后在选项栏中设置合适的绘制模式以及画笔大小，在画面中按住鼠标左键拖动，即可自动创建与光标移动过的位置颜色相似的选区，如图7-7和图7-8所示。

扫一扫，看视频

图7-7   图7-8

如果当前画面中已有选区，想要创建新的选区，可以单击"新选区"按钮 ☑ ，然后在画面中按住鼠标左键拖动，如图7-9所示。如果第一次绘制的选区不够，可以单击选项栏中的"添加到选区"按钮 ☑ ，即可在原有选区的基础上添加新创建的选区，如图7-10所示。如果绘制的选区有多余的部分，可以单击"从选区减去"按钮 ☑ ，接着在多余的选区部分涂抹，即可在原有选区的基础上减去当前新绘制的选区，如图7-11所示。

图7-9   图7-10   图7-11

- 对所有图层取样：如果选中该复选框，在创建选区时会根据所有图层显示的效果建立选取范围，而不仅是只针对当前图层。如果只想针对当前图层创建选区，需要取消选中该复选框。
- 自动增强：降低选取范围边界的粗糙度与区块感。

练习实例：使用"快速选择工具"为饮品照片更换背景

文件路径	资源包\第7章\练习实例：使用快速选择为饮品照片更换背景
难易指数	★★★★★
技术掌握	快速选择工具

案例效果

案例处理前后的效果对比如图7-12和图7-13所示。

图7-12   图7-13

操作步骤

扫一扫，看视频

步骤 01 打开背景素材"1.jpg"，如图7-14所示。执行"文件>置入嵌入的智能对象"命令，置入素材"2.jpg"，按Enter键完成置入操作，然后将该图层栅格化，如图7-15所示。

步骤 02 在工具箱中选择"快速选择工具"，在其选项栏中单击"添加到选区"按钮，然后将光标移动到杯子上，在杯子上按住鼠标左键拖动，得到杯子的选区，如图7-16所示。按Ctrl+Shift+I组合键将选区反选，按Delete键删除选区中的像素，然后按Ctrl+D组合键取消选择，如图7-17所示。

步骤 03 最后置入前景素材"3.png"，并将置入对象调整

第7章 实用抠图技法

到合适的大小、位置，然后按Enter键完成置入操作。最终效果如图7-18所示。

图7-14

图7-15

图7-16

图7-17

图7-18

7.1.2　魔棒工具：获取容差范围内颜色的选区

"魔棒工具" 用于获取与取样点颜色相似部分的选区。使用"魔棒工具"在画面中单击，光标所处的位置就是"取样点"，而颜色是否"相似"则是由"容差"数值控制的，容差数值越大，可被选择的范围越大。

"魔棒工具"与"快速选择工具"位于同一个工具组中。打开该工具组，从中选择"魔棒工具"；在其选项栏中设置"容差"数值，并指定"选区绘制模式"（   ）以及是否"连续"等；然后，在画面中单击，如图7-19所示。随即便可得到与光标单击位置颜色相近区域的选区，如图7-20所示。

如果想要得到画面中多种颜色的选区，则需要在选项栏中单击"添加到选区"按钮，然后依次单击需要取样的颜色，便能够得到这几种颜色选区相加的结果，如图7-23和图7-24所示。

图7-19

图7-20

如果想要选中的是画面中的橙色区域，而此时得到的选区并没有覆盖全部的橙色部分，则需要适当增大"容差"数值，然后重新制作选区，如图7-21所示；反之，如果此时得到的选区覆盖到了该颜色以外的颜色，则需要考虑是否要减小"容差"数值，如图7-22所示。

图7-21

图7-22

图7-23

图7-24

- 取样大小：用来设置"魔棒工具"的取样范围。选择"取样点"，可以只对光标所在位置的像素进行取样；选择"3×3平均"，可以对光标所在位置3个像素区域内的平均颜色进行取样；其他的以此类推。
- 容差：决定所选像素之间的相似性或差异性，其取值范围为0~255。数值越低，对像素相似程度的要求越高，所选的颜色范围就越小；数值越高，对像素相似程度的要求越低，所选的颜色范围就越广，选区也就越大。如图7-25所示为不同"容差"值时的选区效果。
- 消除锯齿：默认情况下，"消除锯齿"复选框始终处于选中状态。选中此复选框，可以消除选区边缘的锯齿。

中文版Photoshop CC从入门到精通（微课视频版）

扫一扫，看视频

240

容差：30　　　　　　　　　容差130

图7-25

- 连续：当选中该复选框时，只选择颜色连接的区域；当取消选中该复选框时，可以选择与所选像素颜色接近的所有区域，当然也包含没有连接的区域。其效果对比如图7-26所示。

- 对所有图层取样：如果文档中包含多个图层，当选中该复选框时，可以选择所有可见图层上颜色相近的区域；当取消选中该复选框时，仅选择当前图层上颜色相近的区域。

选中"连续"复选框　　　取消选中"连续"复选框

图7-26

练习实例：使用"魔棒工具"去除背景制作数码产品广告

案例效果

案例处理前后的效果对比如图7-27和图7-28所示。

图7-27　　　　　　　　　　图7-28

操作步骤

扫一扫，看视频

步骤 01 打开背景素材"1.jpg"，如图7-29所示。执行"文件 > 置入嵌入式的智能对象"命令，置入将素材"2.jpg"，并摆放到合适位置，按Enter键完成置入，然后将该图层栅格化，如图7-30所示。

具箱中的"魔棒工具"按钮，在其选项栏中单击"添加到选区"按钮，设置"容差"为40像素，选中"消除锯齿"和"连续"复选框，然后在蓝色背景上单击，如图7-31所示。继续使用"魔棒工具"在背景处其他没有被选中的部分单击，直至背景被全部选中，如图7-32所示。

图7-31　　　　　　　　　图7-32

步骤 03 得到背景选区后，按Delete键删除背景部分，然后按Ctrl+D组合键取消选区，如图7-33所示。最后置入前景装饰素材，将其调整到合适位置后，按Enter键完成置入。最终效果如图7-34所示。

图7-29　　　　　　　　　　图7-30

步骤 02 在"图层"面板中选择新置入的素材图层；单击工

图7-33　　　　　　　　　图7-34

【重点】7.1.3 磁性套索工具：自动查找颜色差异边缘绘制选区

"磁性套索工具" ，能够自动识别颜色差别，并自动描边具有颜色差异的边界，以得到某个对象的选区。"磁性套索工具"常用于快速选择与背景对比强烈且边缘复杂的对象。

"磁性套索工具"工具位于套索工具组中。打开该工具组，从中选择"磁性套索工具" ，然后将光标定位到需要制作选区的对象的边缘处，单击确定起点，如图7-35所示。沿对象边界移动光标，对象边缘处会自动创建出选区的边线，如图7-36所示。继续移动光标到起点处单击，得到闭合的选区，如图7-37所示。

图7-35　　　　　　图7-36　　　　　　图7-37

- **宽度**："宽度"值决定了以光标中心为基准，光标周围有多少个像素能够被"磁性套索工具"检测到。如果对象的边缘比较清晰，可以设置较大的值；如果对象的边缘比较模糊，可以设置较小的值。

- **对比度**：主要用来设置"磁性套索工具"感应图像边缘的灵敏度。如果对象的边缘比较清晰，可以将该值设置得高一些；如果对象的边缘比较模糊，可以将该值设置得低一些。

- **频率**：在使用"磁性套索工具"勾画选区时，Photoshop会生成很多锚点。"频率"选项就是用来设置锚点的数量的。数值越高，生成的锚点越多，捕捉到的边缘越准确，但是可能会造成选区不够平滑，如图7-38所示为设置不同参数值时的对比效果。

频率：20　　　　　　频率：100

图7-38

- **钢笔压力** ：如果计算机配有数位板和压感笔，可以单击该按钮，Photoshop会根据压感笔的压力自动调节"磁性套索工具"的检测范围。

练习实例：使用"磁性套索工具"制作唯美人像合成

文件路径	资源包\第7章\练习实例：使用"磁性套索工具"制作唯美人像合成
难易指数	★★★★★
技术掌握	磁性套索工具

案例效果

案例处理前后的效果对比如图7-39和图7-40所示。

图7-39　　　　　　图7-40

操作步骤

步骤01 打开背景素材"1.jpg"，如图7-41所示。执行"文件>置入嵌入的智能对象"命令，置入素材"2.jpg"，并摆放到合适的位置，按Enter键完成置入；然后在该图层上单击鼠标右键，在弹出的快捷菜单中选择"栅格化>智能

对象"命令，效果如图7-42所示。

图7-41

图7-42

步骤02 单击工具箱中的"磁性套索工具"按钮 ，在人物手臂边缘单击确定起点，然后沿着人像边缘移动光标，此时人像边缘处会出现很多锚点，如图7-43所示。继续沿着人物边缘移动光标，如图7-44所示。移动到起始锚点处单击，即可得到人物的选区，如图7-45所示。

图7-43　　　　　　图7-44　　　　　　图7-45

图7-46　　　　　　　图7-47

图7-48　　　　　　　图7-49

步骤03 单击鼠标右键，在弹出的快捷菜单中选择"选择反向"命令，效果如图7-46所示。按Delete键删除选区中的像素，然后按Ctrl+D组合键取消选区的选择，如图7-47所示。

步骤04 使用同样的方法将胳膊位置的白色像素删除，效果如图7-48所示。继续执行"文件>置入嵌入的智能对象"命令，置入素材"3.png"。接着将置入对象调整到合适的大小、位置，然后按Enter键完成置入。最终效果如图7-49所示。

【重点】 7.1.4　魔术橡皮擦工具：擦除颜色相似区域

　　"魔术橡皮擦工具"可以快速擦除画面中相同的颜色，其使用方法与"魔棒工具"非常相似。"魔术橡皮擦工具"位于橡皮擦工具组中。打开该工具组，从中选择"魔术橡皮擦工具" ；在其选项栏中设置"容差"数值以及是否"连续"；然后在画面中单击，即可擦除与单击点颜色相似的区域，如图7-50和图7-51所示。

图7-50　　　　　　　图7-51

扫一扫，看视频

- 容差：此处的"容差"与"魔棒工具"选项栏中的"容差"功能相同，都是用来限制所选像素之间的相似性或差异性。在此主要用来设置擦除的颜色范围。"容差"值越小，擦除的范围相对越小；"容差"值越大，擦除的范围相对越大。如图7-52所示为设置不同参数值时的对比效果。

启用"消除锯齿"　　　未启用"消除锯齿"

图7-53

容差：15　　　　　　容差：50

图7-52

- 消除锯齿：可以使擦除区域的边缘变得平滑。如图7-53所示为选中和取消选中"消除锯齿"复选框的对比效果。

- 连续：选中该复选框时，只擦除与单击点像素相连接的区域。取消选中该复选框时，可以擦除图像中所有与单击点像素相近似的像素区域。其对比效果如图7-54所示。

启用"连续"　　　　未启用"连续"

图7-54

- **不透明度**：用来设置擦除的强度。数值越大，擦除的像素越多；数值越小，擦除的像素越少，被擦除的部分变为半透明。数值为100%时，将完全擦除像素。如图7-55所示为设置不同参数值时对比效果。

不透明度：100%　　不透明度：50%　　不透明度：20%

图7-55

练习实例：使用"魔术橡皮擦工具"去除人像背景

文件路径	资源包\第7章\练习实例：使用"魔术橡皮擦工具"去除人像背景
难易指数	★★★★★
技术掌握	魔术橡皮擦工具

案例效果

案例处理前后的效果对比如图7-56和图7-57所示。

图7-56　　　　　　　图7-57

操作步骤

步骤01　执行"文件>打开"命令，打开素材"1.jpg"，如图7-58所示。执行"文件>置入嵌入的智能对象"命令，置入素材"2.jpg"，然后将置入对象调整到合适的大小、位置，按Enter键完成置入操作。接着将该图层栅格化，如图7-59所示。

扫一扫，看视频

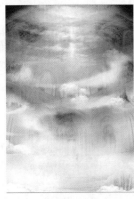

图7-58　　　　　　　图7-59

步骤02　选择人像素材图层，选择工具箱中的"魔术橡皮擦

工具"，在其选项栏中设置"容差"为20，取消选中"消除锯齿"和"连续"复选框，然后在头像上方的背景上单击，此时人像图层的部分背景被去掉了，如图7-60所示。继续在剩余的背景上多次单击，直到将所有的背景删除，如图7-61所示。

图7-60　　　　　　　图7-61

步骤03　最后置入前景素材"3.png"，并将其栅格化。最终效果如图7-62所示。

图7-62

7.1.5　背景橡皮擦工具：智能擦除背景像素

扫一扫，看视频

　　"背景橡皮擦工具"是一种基于色彩差异的智能化擦除工具，它可以自动采集画笔中心的色样，同时删除在画笔内出现的这种颜色，使擦除区域成为透明区域。

　　"背景橡皮擦工具"位于橡皮擦工具组中。打开该工具组，从中选择"背景橡皮擦工具" 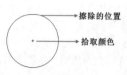。将光标移动到画面中，光标呈现出中心带有✛的圆形效果，其中圆形表示当前工具的作用范围，而圆形中心的✛则表示在擦除过程中自动采集颜色的位置，如图7-63所示。在涂抹过程中会自动擦除圆形画笔范围内出现的相近颜色的区域，如图7-64所示。

→ 擦除的位置

→ 拾取颜色

图7-63   图7-64

- 取样：用来设置取样的方式，不同的取样方式会直接影响到画面的擦除效果。激活"取样:连续"按钮 ，在拖动鼠标时可以连续对颜色进行取样，凡是出现在光标中心十字线以内的图像都将被擦除，如图7-65所示。激活"取样:一次"按钮 ，只擦除包含第1次单击处颜色的图像，如图7-66所示。激活"取样:背景色板"按钮 ，只擦除包含背景色的图像，如图7-67所示。

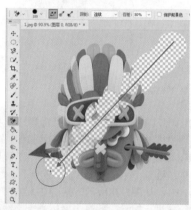
图7-65

图7-66

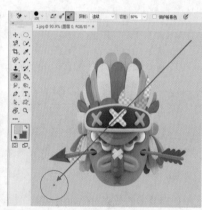
图7-67

提示：如何选择合适的"取样方式"？

- **连续取样**：这种取样方式会随画笔的圆形中心的✛位置的改变而更换取样颜色，所以适合在背景颜色差异较大时使用。
- **一次取样**：这种取样方式适合背景为单色或颜色变化不大的情况。因为这种取样方式只会识别画笔圆形中心的✛第一次在画面中单击的位置，所以在擦除过程中不必特别留意✛的位置。
- **背景色板取样**：由于这种取样方式可以随时更改背景色板的颜色，从而方便地擦除不同的颜色，所以非常适合当背景颜色变化较大，而又不想使用擦除程度较大的"连续取样"方式的情况下。

- **限制**：设置擦除图像时的限制模式。选择"不连续"选项时，可以擦除出现在光标下任何位置的样本颜色；选择"连续"选项时，只擦除包含样本颜色并且相互连接的区域；选择"查找边缘"选项时，可以擦除包含样本颜色的连接区域，同时更好地保留形状边缘的锐化程度，如图7-68所示。

不连续   连续   查找边缘

图7-68

- **容差**：用来设置颜色的容差范围。低容差仅限于擦除与样本颜色非常相似的区域，高容差可擦除范围更广的颜色，如图7-69所示。

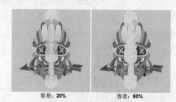

容差：20%   容差：80%

图7-69

- **保护前景色**：选中该复选框后，可以防止擦除与前景色匹配的区域。

举一反三：使用"背景橡皮擦工具"去除图像背景

步骤01 打开一张颜色艳丽的照片，从中可以看到背景与主体物颜色差别较大。选择工具箱中的"背景橡皮擦工具"，在其选项栏中设置"大小"为170像素，单击"取样:连续"按钮，设置"限制"为"连续"，"容差"为50%，如图7-70所示。然后在画布上将光标移动到红色雪糕的背景上，按住鼠标左键沿着雪糕边缘拖动（注意，光标的十字中心点不能接触到雪糕），被擦除的区域变为透明，如图7-71所示。

步骤02 依次将背景全部擦除，如图7-72所示。执行"文件>置入嵌入的智能对象"命令，置入背景素材"2.jpg"，按Enter键完成置入操作。接着将该图层移动到雪糕图层的下方，效果如图7-73所示。

图7-72

图7-73

图7-70

图7-71

练习实例：使用"背景橡皮擦工具"抠图合成人像海报

文件路径	资源包\第7章\练习实例：使用"背景橡皮擦工具"抠图合成人像海报
难易指数	★★★★★
技术掌握	背景橡皮擦工具

案例效果

案例处理前后的效果对比如图7-74、图7-75所示。

图7-74

图7-75

操作步骤

步骤01 执行"文件>打开"命令，或按Ctrl+O组合键，在弹出的"打开"窗口中选择素材"1.jpg"，单击"打开"按钮，如图7-76所示。执行"文件>置入嵌入的智能对象"命令，置入素材"2.jpg"，并将其调整到合适的大小、位置，按Enter键完成置入操作，然后将该图层栅格化，如图7-77所示。

图7-76

图7-77

步骤02 选择人物图层，单击工具箱中的"背景橡皮擦工具"按钮，在其选项栏中单击"画笔预设"下拉按钮，在弹出的画笔预设选取器中设置"大小"为100像素，"硬度"为0%，单击"取样:连续"按钮，设置"限制"为"连续"，"容差"为20%，如图7-78所示。接着在人物白色背景处按住鼠标左键涂抹进行擦除，此时光标中心十字线处颜色接近的图像都被擦除，如图7-79所示。

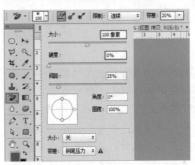
图7-78

图7-79

步骤03 继续对画面进行涂抹，可以看到人物左侧背景被去除，如图7-80所示。接下来处理头发边缘。此时可以将笔尖适当调小一些，按住鼠标左键拖动光标在头发边缘处涂抹，如图7-81所示。

图7-80

图7-81

中文版Photoshop CC从入门到精通（微课视频版）

步骤04 人物头发边缘被抹除后，可以看到头发内部还有一些白色背景。在"背景橡皮擦工具"选项栏中设置"大小"为30像素，在白色背景区域涂抹，如图7-82所示。继续使用"背景橡皮擦工具"将画面右侧擦除干净，如图7-83所示。

步骤05 此时在画面中可以看到，人物胳膊附近存在白色背景像素。在"背景橡皮擦工具"选项栏中设置"大小"为50像素，在人物胳膊处进行抹除，如图7-84所示。使用同样的方法，擦除其他部分的背景，效果如图7-85所示。

步骤06 最后置入素材"3.png"，调整到合适的大小和位置，按Enter键完成置入。最终效果如图7-86所示。

图7-82　　　　　图7-83　　　　　图7-84　　　　　图7-85　　　　　图7-86

7.1.6　色彩范围：获取特定颜色选区

　　"色彩范围"命令可根据图像中某一种或多种颜色的范围创建选区。执行"选择>色彩范围"命令，在弹出的"色彩范围"窗口中可以进行颜色的选择、颜色容差的设置，还可使用"添加到取样"吸管、"从选区中减去"吸管对选中的区域进行调整。

扫一扫，看视频

步骤01 打开一张图片，如图7-87所示。执行"选择>色彩范围"命令，弹出"色彩范围"窗口。在这里首先需要设置"选择"（取样方式）。打开该下拉列表框，可以看到其中有多种颜色取样方式可供选择，如图7-88所示。

图7-87

图7-88

- **图像查看区域**：其中包含"选择范围"和"图像"两个单选按钮。当选中"选择范围"单选按钮时，预览区中的白色代表被选择的区域，黑色代表未选择的区

域，灰色代表被部分选择的区域（即有羽化效果的区域）；当选中"图像"单选按钮时，预览区内会显示彩色图像。

- **选择**：用来设置创建选区的方式。选择"取样颜色"选项时，光标会变成 形状，将其移至画布中的图像上，单击即可进行取样；选择"红色""黄色""绿色""青色"等选项时，可以选择图像中特定的颜色；选择"高光""中间调"和"阴影"选项时，可以选择图像中特定的色调；选择"肤色"时，会自动检测皮肤区域；选择"溢色"选项时，可以选择图像中出现的溢色。

- **检测人脸**：当"选择"设置为"肤色"时，选中"检测人脸"复选框，可以更加准确地查找皮肤部分的选区。

- **本地化颜色簇**：选中此复选框，拖动"范围"滑块可以控制要包含在蒙版中的颜色与取样点的最大和最小距离。

- **颜色容差**：用来控制颜色的选择范围。数值越高，包含的颜色越多；数值越低，包含的颜色越少。

- **范围**：当"选择"设置为"高光""中间调"和"阴影"时，可以通过调整"范围"数值，设置"高光""中间调"和"阴影"各个部分的大小。

步骤02 如果选择"红色"、"黄色"、"绿色"等选项，在图像查看区域中可以看到，画面中包含这种颜色的区域会以白色（选区内部）显示，不包含这种颜色的区域以黑色（选区以外）显示。如果图像中仅部分包含这种颜色，则以灰色显示。例如，图像中粉色的背景部分包含红色，皮肤和服装上也是部分包含红色，所以这部分显示为明暗不同的灰色，如图7-89所示。也可以从"高光"、"中间调"和"阴影"中选择一种方式，如选择"阴影"在图像查看区域可以看到被选中的区域变为白色，其他区域为黑色，如图7-90所示。

图7-89

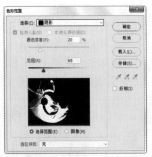
图7-90

步骤 03 如果其中的颜色选项无法满足我们的需求，则可以在"选择"下拉列表框中选择"取样颜色"，光标会变成 ∮ 形状，将其移至画布中的图像上，单击即可进行取样，如图7-91所示。在图像查看区域中可以看到与单击处颜色接近的区域变为白色，如图7-92所示。

图7-91

图7-92

步骤 04 此时如果发现单击后被选中的区域范围有些小，原本非常接近的颜色区域并没有在图像查看区域中变为白色，可以适当增大"颜色容差"数值，使选择范围变大，如图7-93所示。

图7-93

步骤 05 虽然增大"颜色容差"可以增大被选中的范围，但还是会遗漏一些区域。此时可以单击"添加到取样"按钮 ∮，在画面中多次单击需要被选中的区域，如图7-94所示。也可以在图像查看区域中单击，使需要选中的区域变白，如图7-95所示。

图7-94

图7-95

- ∮∮∮：在"选择"下拉列表中"取样颜色"选项时，可以对取样颜色进行添加或减去。使用"吸管工具" ∮ 可以直接在画面中单击进行取样。如果要添加取样颜色，可以单击"添加到取样"按钮 ∮，然后在预览图像上单击，以取样其他颜色。如果要减去多余的取样颜色，可以单击"从取样中减去"按钮 ∮，然后在预览图像上单击，以减去其他取样颜色。

- 反相：将选区进行反转，相当于创建选区后，执行了"选择>反选"命令。

步骤 06 为了便于观察选区效果，可以从"选区预览"下拉列表框中选择文档窗口中选区的预览方式。选择"无"选项时，表示不在窗口中显示选区；选择"灰度"选项时，可以按照选区在灰度通道中的外观来显示选区；选择"黑色杂边"选项时，可以在未选择的区域上覆盖一层黑色；选择"白色杂边"选项时，可以在未选择的区域上覆盖一层白色；选择"快速蒙版"选项时，可以显示选区在快速蒙版状态下的效果，如图7-96所示。

图7-96

步骤 07 最后单击"确定"按钮，即可得到选区，如图7-97所示。单击"存储"按钮，可以将当前的设置状态保存为选区预设；单击"载入"按钮，可以载入存储的选区预设文件，如图7-98所示。

图7-97

图7-98

练习实例：使用"色彩范围"命令制作中国风招贴

文件路径	资源包\第7章\练习实例：使用"色彩范围"命令制作中国风招贴
难易指数	★★★★★
技术掌握	色彩范围、"色相/饱和度"命令

案例效果

案例效果如图7-99所示。

图7-99

操作步骤

步骤01 打开背景素材"1.jpg"，如图7-100所示。执行"文件>置入嵌入的智能对象"命令，置入素材"2.jpg"，然后将其栅格化，如图7-101所示。

扫一扫，看视频

图7-100 　　　　　　　图7-101

步骤02 在"图层"面板中选择置入的素材图层，执行"选择>色彩范围"命令，在弹出的窗口中设置"颜色容差"为80，单击"添加到取样"按钮 ✐，然后在背景中单击。此时"选择范围"预览图中，背景区域大面积呈现白色，表明这部分区域被选中；但仍有部分灰色区域，如图7-102所示。单击"添加到取样"按钮 ✐，然后单击没有被选中的地方。当背景区域全部变为白色时，单击"确定"按钮完成设置，如图7-103所示。

图7-102

图7-103

步骤03 得到背景部分选区，如图7-104所示。按下Delete键删除选区中的像素，然后按Ctrl+D组合键取消选区，如图7-105所示。

图7-104 　　　　　　　图7-105

步骤04 置入素材"3.jpg"，并将其调整到合适的大小、位置，然后按Enter键完成置入，如图7-106所示。继续置入云朵素材"4.jpg"，并将其栅格化，如图7-107所示。

图7-106 　　　　　　　图7-107

步骤05 选择天空素材图层，执行"选择>色彩范围"命令，在弹出的窗口中设置"颜色容差"为120，然后单击素材中的云朵部分。第一次单击画面时可能会有遗漏的部分，此时单击"添加到取样"按钮，然后单击没有被选区覆盖到的地方。单击"确定"按钮完成设置，如图7-108所示。随即得到云朵的选区，如图7-109所示。

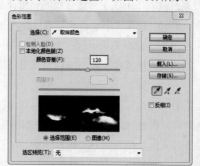

图7-108

图7-109

步骤06 选择该图层，单击"图层"面板底部的"添加图层蒙版"按钮，基于选区添加图层蒙版，如图7-110所示。此时画面效果如图7-111所示。

步骤07 由于此时云彩素材边缘还有蓝色痕迹，选中云彩图层，执行"图像>调整>色相/饱和度"命令，在弹出的窗口中设置"明度"为88，单击"确定"按钮，如图7-112所示。最终效果如图7-113所示。

图7-110

图7-111

图7-112

图7-113

7.2 钢笔精确抠图

扫一扫，看视频

虽然前面讲到的几种基于颜色差异的抠图工具可以进行非常便捷的抠图操作，但还是有一些情况无法处理。例如，主体物与背景非常相似的图像、对象边缘模糊不清的图像、基于颜色抠图后对象边缘参差不齐的情况等，这些都无法利用前面学到的工具很好地完成抠图操作。这时就需要使用"钢笔工具"进行精确路径的绘制，然后将路径转换为选区，删除背景或者单独把主体物复制出来，就完成抠图了，如图7-114所示。

原图　　　　钢笔绘制路径　　　　转换为选区　　　　提取主体物　　　　合成

图7-114

7.2.1 认识"钢笔工具"

"钢笔工具"是一种矢量工具，主要用于矢量绘图（关于矢量绘图的相关知识将在第10章进行讲解）。矢量绘图有3种不同的模式，其中"路径"模式允许我们使用"钢笔工具"绘制出矢量的路径。使用钢笔工具绘制的路径可控性极强，而且可以在绘制完毕后进行重复修改，所以非常适合绘制精细而复杂的路径。因此，"路径"可以转换为"选区"，有了选区就可以轻松完成抠图操作。因此，使用"钢笔工具"进行抠图是一种比较精确的抠图方法。

在使用"钢笔工具"抠图之前，先来认识几个概念。使用"钢笔工具"以"路径"模式绘制出的对象是"路径"。"路径"是由一些"锚点"连接而成的线段或者曲线。当调整"锚点"位置或弧度时，路径形态也会随之发生变化，如图7-115和图7-116所示。

"锚点"可以决定路径的走向以及弧度。"锚点"有两种：尖角锚点和平滑的锚点。如图7-117所示平滑的锚点上会显示一条或两条"方向线"（有时也被称为"控制棒""控制柄"），"方向线"两端为"方向点"，"方向线"和"方向点"的位置共同决定了这个锚点的弧度，如图7-118和图7-119所示。

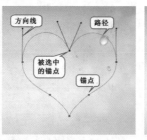

图7-115

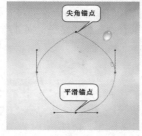

图7-117

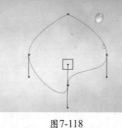

图7-118

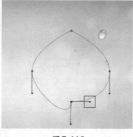

图7-119

在使用"钢笔工具"进行精确抠图的过程中，我们要用到钢笔工具组和选择工具组。其中包括"钢笔工具""自由钢笔工具""添加锚点工具""删除锚点工具""转换点工具""路径选择工具""直接选择工具"，如图7-120和图7-121所示。其中"钢笔工具"和"自由钢笔工具"用于绘制路径，而其他工具都是用于调整路径的形态。通常我们会使用"钢笔工具"尽可能准确地绘制出路径，然后使用其他工具进行细节形态的调整。

图7-120

图7-121

【重点】7.2.2 动手练：使用"钢笔工具"绘制路径

1.绘制直线/折线路径

单击工具箱中的"钢笔工具"按钮 ，在其选项栏中设置"绘制模式"为"路径"。在画面中单击，画面中出现一个锚点，这是路径的起点，如图7-122所示。接着在下一个位置单击，在两个锚点之间可以生成一段直线路径，如图7-123所示。继续以单击的方式进行绘制，可以绘制出折线路径，如图7-124所示。

图7-122

图7-123

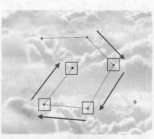

图7-124

 提示：终止路径的绘制。

如果要终止路径的绘制，可以在使用"钢笔工具"的状态下按 Esc 键；单击工具箱中的其他任意一个工具，·也可以终止路径的绘制。

2.绘制曲线路径

曲线路径由平滑的锚点组成。使用"钢笔工具"直接在画面中单击，创建出的是尖角的锚点。想要绘制平滑的锚点，需要按住鼠标左键拖动，此时可以看到按下鼠标左键的位置生成了一个锚点，而拖曳的位置显示了方向线，如图7-125所示。此时可以按住鼠标左键，同时上、下、左、右拖曳方向线，调整方向线的角度，曲线的弧度也随之发生变化，如图7-126所示。

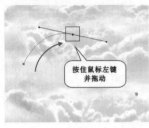 

图7-125　　　　　　　图7-126

3.绘制闭合路径

路径绘制完成后，将"钢笔工具"光标定位到路径的起点处，当它变为 形状时（图7-127），单击即可闭合路径，如图7-128所示。

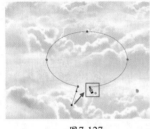 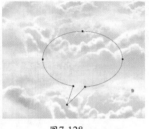

图7-127　　　　　　　图7-128

提示：如何删除路径？

路径绘制完成后，如果需要删除路径，可以在使用"钢笔工具"的状态下单击鼠标右键，在弹出的快捷菜单中选择"删除路径"命令。

4.继续绘制未完成的路径

对于未闭合的路径，如要继续绘制，可以将"钢笔工具"光标移动到路径的一个端点处，当它变为 形状时，单击该端点，如图7-129所示。接着将光标移动到其他位置进行绘制，可以看到在当前路径上向外产生了延伸的路径，如图7-130所示。

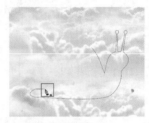 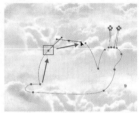

图7-129　　　　　　　图7-130

提示：继续绘制路径时的注意事项。

需要注意的是，如果光标变为 形状，那么此时绘制的是一条新的路径，而不是在之前路径的基础上继续绘制了。

7.2.3　编辑路径形态

1.选择路径、移动路径

单击工具箱中的"路径选择工具"按钮 ，在需要选中的路径上单击，路径上出现锚点，表明该路径处于选中状态，如图7-131所示。按住鼠标左键拖动，即可移动该路径，如图7-132所示。

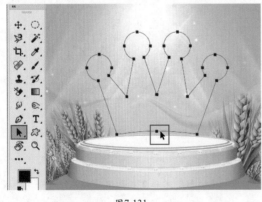 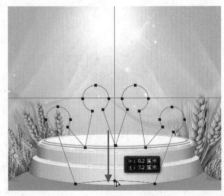

图7-131　　　　　　　　　　　　图7-132

2.选择锚点、移动锚点

右键单击选择工具组中的任意一工具按钮，在弹出的选择工具组中选择"直接选择工具" 。使用"直接选择工具"可以选择路径上的锚点或者方向线，选中之后可以移动锚点、调整方向线。将光标移动到锚点位置，单击可以选中其中某一个锚点，如图7-133所示。框选可以选中多个锚点，如图7-134所示。按住鼠标左键拖动，可以移动锚点位置，如图7-135所示。在使用"钢笔工具"状态下，按住Ctrl键可以切换为"直接选择工具"，松开Ctrl键会变回"钢笔工具"。

图7-133

图7-134

图7-135

 提示：快速切换"直接选择工具"。

在使用"钢笔工具"状态下，按住Ctrl键可以快速切换为"直接选择工具"。

3.添加锚点

如果路径上的锚点较少，细节就无法精细地刻画。此时可以使用"添加锚点工具" 在路径上添加锚点。

右键单击钢笔工具组中的任意一组工具按钮，在弹出的钢笔工具组中选择"添加锚点工具"按钮。将光标移动到路径上，当它变成形状时单击，即可添加一个锚点，如图7-136所示。在使用"钢笔工具"状态下，将光标放在路径上，光标也会变成形状，单击即可添加一个锚点，如图7-137所示。添加了锚点后，就可以使用"直接选择工具"调整锚点位置了，如图7-138所示。

图7-136

图7-137

图7-138

4.删除锚点

要删除多余的锚点，可以使用钢笔工具组中的"删除锚点工具"来完成。右键单击钢笔工具组中的任一工具，在弹出的钢笔工具组中选择"删除锚点工具"，将光标放在锚点上单击，即可删除锚点，如图7-139所示。在使用"钢笔工具"状态下，直接将光标移动到锚点上，当它变为形状时，单击也可以删除锚点，如图7-140所示。

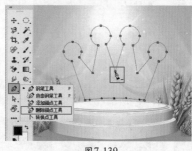
图7-139

图7-140

5.转换锚点类型

"转换点工具"可以将锚点在尖角锚点与平滑锚点之间进行转换。右键单击钢笔工具组中的任一工具按钮，在弹出的钢笔工具组中单击"转换点工具"，在平滑锚点上单击，可以使平滑的锚点转换为尖角的锚点，如图7-141所示。在尖角的锚点上按住鼠标左键拖动，即可调整锚点的形状，使其变得平滑，如图7-142所示。在使用"钢笔工具"状态下，按住Alt键可以切换为"转换点工具"，松开Alt键会变回"钢笔工具"。

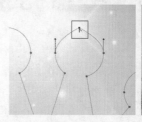
图7-141

图7-142

【重点】7.2.4　将路径转换为选区

路径已经绘制完了，想要抠图，最重要的一个步骤就是将路径转换为选区。在使用"钢笔工具"状态下，在路径上单击鼠标右键，在弹出的快捷菜单中选择"建立选区"命令，如图7-143所示。在弹出的"建立选区"窗口中可以进行"羽化半径"的设置，如图7-144所示。

键，可以迅速将路径转换为选区。

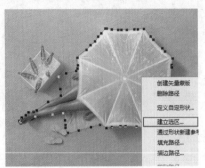

图7-143

"羽化半径"为0时，选区边缘清晰、明确；羽化半径越大，选区边缘越模糊，如图7-145所示。按Ctrl+Enter组合

图7-144

羽化半径：0像素　　羽化半径：7像素　　羽化半径：50像素

图7-145

举一反三：使用"钢笔工具"为人像抠图

钢笔抠图需要使用的工具已经学习过了，下面梳理一下钢笔抠图的基本思路：首先使用"钢笔工具"绘制大致轮廓（注意，绘制模式必须设置为"路径"），如图7-146所示；接着使用"直接选择工具""转换点工具"等工具对路径形态进行进一步调整，如图7-147所示，路径准确后转换为选区（在无需设置羽化半径的情况下，可以按Ctrl+Enter组合键），如图7-148所示；得到选区后选择反相删除背景或者将主体物复制为独立图层，如图7-149所示；抠图完成后可以更换新背景，添加装饰元素，完成作品的制作，如图7-150所示。

图7-146

图7-147

图7-148

图7-149

图7-150

1.使用"钢笔工具"绘制人物大致轮廓

步骤01　为了避免原图层被破坏，可以复制人像图层，并隐藏原图层。单击工具箱中的"钢笔工具"按钮，在其选项栏中设置"绘制模式"为"路径"，将光标移至人物边缘，单击生成锚点，如图7-151所示。将光标移至下一个转折点处，单击生成锚点，如图7-152所示。

中文版Photoshop CC从入门到精通（微课视频版）

图7-151　　　　　　　图7-152

步骤02 继续沿着人物边缘绘制路径，如图7-153所示。当绘制至起点处光标变为 形状时，单击闭合路径，如图7-154所示。

图7-153　　　　　　　图7-154

2.调整锚点位置

步骤01 在使用"钢笔工具"状态下，按住Ctrl键切换到"直接选择工具"。在锚点上按下鼠标左键，将锚点拖动至人物边缘，如图7-155所示。继续将临近的锚点移至人物边缘，如图7-156所示。

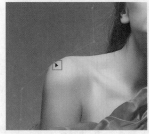

图7-155　　　　　　　图7-156

步骤02 继续调整锚点位置。若遇到锚点数量不够的情况，可以添加锚点，再继续移动锚点位置，如图7-157所示。在

工具箱中选择"钢笔工具"，将光标移至路径处，当它变为 形状时，单击即可添加锚点，如图7-158所示。

图7-157　　　　　　　图7-158

步骤03 若在调整过程中锚点过于密集，如图7-159所示，可以将"钢笔工具"光标移至需要删除的锚点的位置，当它变为 形状时，单击即可将锚点删除，如图7-160所示。

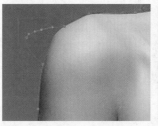

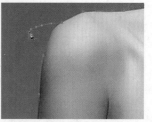

图7-159　　　　　　　图7-160

3.将尖角的锚点转换为平滑锚点

调整了锚点位置后，虽然锚点的位置贴合到人物边缘，但是本应是带有弧度的线条却呈现出尖角的效果，如图7-161所示。在工具箱中选择选择"转换点工具" ，在尖角的锚点上按住鼠标左键拖动，使之产生弧度，如图7-162所示。接着在方向线上按住鼠标左键拖动，即可调整方向线角度，使之与人物形态相吻合，如图7-163所示。

图7-161　　　　图7-162　　　　图7-163

4.将路径转换为选区

路径调整完成，效果如图7-164所示。按Ctrl+Enter组合键，将路径转换为选区，如图7-165所示。按Ctrl+Shift+I组合键将选区反向选择，然后按Delete键，将选区中的内容删除，此时可以看到手臂处还有部分背景，如图7-166所示。同样使用钢笔工具绘制路径，转换为选区后删除，如图7-167所示。

图7-164　　　　　　　图7-165　　　　　　　图7-166　　　　　　　图7-167

5.后期装饰

最后执行"文件>置入嵌入的智能对象"命令，为人物添加新的背景和前景，并摆放在合适的位置，完成合成作品的制作，如图7-168和图7-169所示。

图7-168　　　　　　　　　　图7-169

7.2.5　自由钢笔工具

"自由钢笔工具"也是一种绘制路径的工具，但并不适合绘制精确的路径。在使用"自由钢笔工具"状态下，在画面中按住鼠标左键随意拖动，光标经过的区域即可形成路径。

右键单击钢笔工具组中的任一工具按钮，在弹出的钢笔工具组中选择"自由钢笔工具"，在画面中按住鼠标左键拖动（图7-170），即可自动添加锚点，绘制出路径，如图7-171所示。

在选项栏中单击按钮，在弹出的下拉列表框中可以对磁性钢笔的"曲线拟合"数值进行设置。该数值用于控制绘制路径的精度。数值越大，路径越精确，如图7-172所示；数值越小，路径越平滑，如图7-173所示。

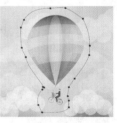

图7-170　　　　　　　　图7-171　　　　　　　　图7-172　　　　　　　　图7-173

7.2.6　磁性钢笔工具

"磁性钢笔工具"能够自动捕捉颜色差异的边缘以快速绘制路径。其使用方法与"磁性套索"非常相似，但是"磁性钢笔工具"绘制出的是路径，如果效果不满意可以继续对路径进行调整，常用于抠图操作中。"磁性钢笔工具"并不是一个独立的工具，需要在使用"自由钢笔工具"状态下，在其选项栏中选中"磁性的"复选框，才会将其切换为"磁性钢笔工具"⌇"。在画面中主体物边缘单击并沿轮廓拖动，可以看到磁性钢笔工具会自动捕捉颜色差异较大的区域来创建路径，如图7-174所示。继续拖动鼠标完成路径的绘制，此时可能会出现绘制的路径与主体物形态不符合的情况，如图7-175所示。可以继续使用钢笔工具组以及"直接选择工具"对其进行调整，如图7-176所示。

图7-174 图7-175 图7-176

练习实例：使用"自由钢笔工具"为人像更换背景

文件路径	资源包\第7章\练习实例：使用"自由钢笔工具"为人像更换背景
难易指数	★★★★★
技术掌握	自由钢笔工具

案例效果

案例效果如图7-177所示。

图7-177

操作步骤

步骤01 执行"文件>打开"命令，打开素材"1.jpg"，如图7-178所示。执行"文件>置入嵌入的智能对象"命令，置入素材"2.jpg"，并将其栅格化，如图7-179所示。

步骤02 选择人物图层，单击工具箱中的"自由钢笔工具"按钮，在其选项栏中选中"磁性的"复选框。接着在人像的边缘上单击确定起点，然后沿着人像边缘拖动绘制路径，如图7-180所示。继续沿着人物边缘拖动光标，当拖动到起始锚点后单击闭合路径，如图7-181所示。

步骤03 按Ctrl+Enter组合键得到路径的选区，然后按Ctrl+Shift+I组合键将选区反选，如图7-182所示。接着按Delete键删除选区中的像素，按Ctrl+D组合键取消选区，如图7-183所示。

步骤04 执行"文件>置入嵌入的智能对象"命令，置入素材"2.png"，按Enter键完成置入。最终效果如图7-184所示。

图7-178 图7-179 图7-180 图7-181

图7-182 图7-183 图7-184

扫一扫，看视频

"通道抠图"是一种比较专业的抠图技法，能够抠出其他抠图方式无法抠出的对象。对于带有毛发的小动物和人像、边缘复杂的植物、半透明的薄纱或云朵、光效等一些比较特殊的对象，我们都可以尝试使用通道抠图，如图7-185~图7-190所示。

图7-185

图7-186

图7-187

图7-188

图7-189

图7-190

【重点】7.3.1 通道与抠图

虽然通道抠图的功能非常强大，但并不难掌握，前提是要理解通道抠图的原理。首先，我们要明白以下几件事。

（1）通道与选区可以相互转化（通道中的白色为选区内部，黑色为选区外部，灰色可得到半透明的选区），如图7-191所示。

（2）通道是灰度图像，排除了色彩的影响，更容易进行明暗的调整。

（3）不同通道黑白内容不同，抠图之前找对通道很重要。

（4）不可直接在原通道上进行操作，必须复制通道。直接在原通道上进行操作，会改变图像颜色。

图7-191

总结来说，通道抠图的主体思路就是在各个通道中进行对比，找到一个主体物与环境黑白反差最大的通道，复制并进行操作；然后进一步强化通道黑白反差，得到合适的黑白通道；最后将通道转换为选区，回到原图中，完成抠图，如图7-192所示。

原图

复制主体物与环境反差大的通道

强化通道黑白反差

载入通道选区

回到原图层

抠图完成

图7-192

【重点】7.3.2 通道与选区

执行"窗口>通道"命令，打开"通道"面板。在"通道"面板中，最顶部的通道为复合通道，下方的为颜色通道，除此之外还可能包括Alpha通道和专色通道。通道的相关内容将在第13章进行详细的讲解。

默认情况下，颜色通道和Alpha通道显示为灰度，如图7-193所示。我们可以尝试单击选中任何一个灰度的通道，画面即变为该通道的效果；单击"通道"面板底部的"将通道作为选区载入"按钮 ⊞，即可载入通道的选区，如图7-194所示。通道中白色的部分为选区内部，黑色的部分为选区外部，灰色区域为羽化选区。

得到选区后，单击顶部的复合通道，回到原始效果，如图7-195所示。在"图层"面板中，将选区内的部分通过按Delete键删除，观察一下效果。可以看到有的部分被彻底删除，也有的部分变为半透明，如图7-196所示。

图7-193

图7-195

图7-194

图7-196

【重点】7.3.3 动手练：使用通道进行抠图

本节以一幅长发美女的照片为例进行讲解，如图7-197所示。如果想要将人像从背景中分离出来，使用"钢笔工具"抠图可以提取身体部分，而头发边缘处无法处理，因为发丝边缘非常细密。此时可以尝试使用通道抠图。

步骤01 ▶ 首先复制"背景"图层，将其他图层隐藏，这样可以避免破坏原始图像。选择需要抠图的图层，执行"窗口>通道"命令，在弹出的"通道"面板中逐一观察并选择主体物与背景黑白对比最强烈的通道。经过观察，"蓝"通道中头发与背景之间的黑白对比较为明显，如图7-198所示。因此选择"蓝"通道，单击鼠标右键在弹出的快捷菜单中选择"复制通道"命令，创建出"蓝 拷贝"通道，如图7-199所示。

图7-197

图7-198

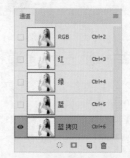

图7-199

步骤 02 利用调整命令来增强复制出的通道黑白对比，使选区与背景区分开来。单击选择"蓝 拷贝"通道，按Ctrl+M组合键，在弹出的"曲线"窗口中单击"在图像中取样以设置黑场"按钮，然后在人物皮肤上单击。此时皮肤部分连同比皮肤暗的区域全部变为黑色，如图7-200所示。单击"在图像中取样以设置白场"按钮，单击背景部分，背景变为全白，如图7-201所示。设置完成后，单击"确定"按钮。

图7-200   图7-201

步骤 03 将前景色设置为黑色，使用"画笔工具"将人物面部以及衣服部分涂抹成黑色，如图7-202所示。调整完毕后，选中该通道，单击"通道"面板下方的"将通道作为选区载入"按钮，得到人物的选区，如图7-203所示。

图7-202   图7-203

步骤 04 单击RGB复合通道，如图7-204所示。回到"图层"面板，选中复制的图层，按Delete键删除背景。此时人像以外的部分被隐藏，如图7-205所示。最后为人像添加一个新的背景，如图7-206所示。

图7-204   图7-205   图7-206

【重点】举一反三：通道抠图——动物皮毛

步骤 01 执行"文件>打开"命令，打开素材"1.jpg"，如图7-207所示。为了避免破坏原图像，按Ctrl+J组合键复制"背景"图层，如图7-208所示。

步骤 02 将"背景"图层隐藏，选择"图层1"。进入"通道"面板，观察每个通道前景色与背景色的对比效果，发现"绿"通道的对比较为明显，如图7-209所示。因此选择"绿"通道，将其拖动到"新建通道"按钮上，创建出"绿 拷贝"通道，如图7-210所示。

| 图7-207 | 图7-208 | 图7-209 | 图7-210 |

步骤 03 增强画面的黑白对比。按Ctrl+M组合键，在弹出的"曲线"窗口中单击"在画面中取样以设置白场"按钮，然后在小猫上单击，小猫变为了白色，如图7-211所示。单击"在画面中取样以设置黑场"按钮，在背景处单击，如图7-212所示。

| 图7-211 | 图7-212 |

步骤 04 设置完成后单击"确定"按钮，画面效果如图7-213所示。接着使用白色的画笔将小猫五官和毛毯涂抹成白色，但是需要保留毯子边缘，如图7-214所示。

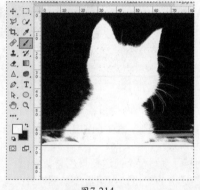

| 图7-213 | 图7-214 |

步骤 05 在工具箱中选择"减淡工具"，设置合适的笔尖大小，设置"范围"为"中间调"，"曝光度"为80%，然后在毛毯位置按住鼠标左键拖动进行涂抹，提高亮度，如图7-215所示。单击工具箱中的"加深工具"按钮，在其选项栏中设置"范围"为"阴影"，"曝光度"为50%，然后在灰色的背景处涂抹，使其变为黑色，如图7-216所示。

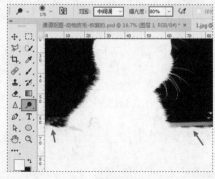
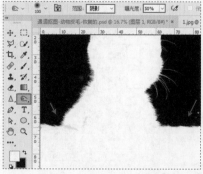

| 图7-215 | 图7-216 |

步骤 06 在"绿 拷贝"通道中，按住Ctrl键的同时单击通道缩略图得到选区。回到"图层"面板中，选中复制的图层，单击"添加图层蒙版"按钮，基于选区添加图层蒙版，如图7-217所示。此时画面效果如图7-218所示。

步骤 07 由于小猫的皮毛边缘还有黑色背景的颜色，所以需要进行一定的调色。执行"图层>新建调整图层>色相/饱和度"命令，在弹出的"属性"面板中设置"通道"为"全图"，"明度"为+80，单击"此调整剪切到此图层"按钮，如图7-219所示。效果如图7-220所示。

图7-217

图7-218

图7-219

图7-220

步骤 08 选择调整图层的图层蒙版，将前景色设置为黑色，然后按Alt+Delete组合键进行填充。接着使用白色的柔角画笔在小猫边缘拖动进行涂抹，蒙版涂抹位置如图7-221所示。涂抹完成后，边缘处的皮毛变为了白色，如图7-222所示。

步骤 09 执行"文件>置入嵌入的智能对象"命令，置入素材"2.jpg"，并将其移动到猫咪图层的下层。最终效果如图7-223所示。

图7-221　　　　　　　図7-222　　　　　　　図7-223

【重点】举一反三：通道抠图——透明物体

步骤 01 执行"文件>打开"命令，打开素材"1.jpg"，如图7-224所示。为了避免破坏原图像，按Ctrl+J组合键复制"背景"图层，如图7-225所示。

步骤 02 进入"通道"面板，观察每个通道前景色与背景色的对比效果，发现"红"通道的对比较为明显，如图7-226所示。因此选择"红"通道，将其拖动到"新建通道"按钮上，创建出"红 拷贝"通道，如图7-227所示。

图7-226　　　　　　　图7-227

步骤 03 使酒杯与其背景形成强烈的黑白对比，以便得到选区。按Ctrl+M组合键，打开"曲线"对话框，在阴影部分单击添加控制点，然后按住鼠标左键拖动，压暗画面的颜色，如图7-228所示。设置完成后单击"确定"按钮，画面效果如图7-229所示。

步骤 04 按Ctrl+I组合键将颜色反相，如图7-230所示。单击"通道"面板下方的"将通道作为选区载入"按钮，得到的选区如图7-231所示。

图7-224

图7-225

中文版Photoshop CC从入门到精通（微课视频版）

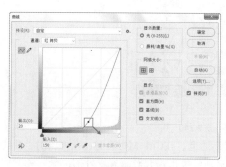

图7-228	图7-229	图7-230	图7-231

步骤05 回到"图层"面板,选中复制的图层,单击"添加图层蒙版"按钮,基于选区添加图层蒙版,如图7-232所示。此时酒杯以外的部分被隐藏,如图7-233所示。

图7-235	图7-236

图7-232	图7-233

步骤06 由于酒的颜色比较浅,选中复制的图层——图层1,多次按Ctrl+J组合键进行复制,如图7-234所示。此时画面效果如图7-235所示。

步骤07 执行"文件>置入嵌入的智能对象"命令,置入背景素材"2.jpg",并将其移动到"图层1"的下面。最终效果如图7-236所示。

【重点】举一反三:通道抠图——云雾

步骤01 具有一定透明属性的对象通常无法使用常规的方法进行提取。遇到这种情况时,可以在"通道"面板中查看一下各个通道中主体物与背景之间是否有明显的黑白差异,以判断是否可以利用通道抠图。执行"文件>打开"命令,打开素材"1.jpg",如图7-237所示。执行"文件>置入嵌入的智能对象"命令,置入云朵素材"2.jpg",并将该图层栅格化,如图7-238所示。

图7-237	图7-238

步骤02 隐藏"背景"图层,只显示云朵所在的图层。如果想要抠出云朵,基于颜色进行抠图的工具会使云朵边缘非常"硬",而云朵边缘需要很柔和,云朵本身也需要有一定的透明效果。因此对通道的处理,我们需要使天空部分为黑色,云朵部分为白色和灰色,云朵边缘需要保留灰色区域。打开"通道"面板,观察每个通道前景色与背景色的对比效

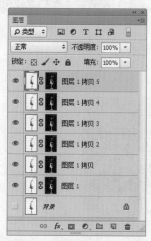

图7-234

果，发现"红"通道的对比较为明显，如图7-239所示。因此选择"红"通道，将其拖动到"新建通道"按钮上，创建出"红拷贝"通道，如图7-240所示。

图7-239   图7-240

步骤03 使云彩与其背景形成强烈的黑白对比，以便得到选区。选择"红 拷贝"通道，按Ctrl+M组合键，在弹出的"曲线"窗口中单击"在画面中取样以设置黑场"按钮，将光标移至画面中的灰色天空部分单击，此时云彩以外的部分将会变成黑色，如图7-241所示。单击"确定"按钮，完成设置。

步骤04 单击"通道"面板下方的"将通道作为选区载入"按钮 ○ ，得到的选区如图7-242所示。单击RGB复合通道，显示出完整的图像效果，如图7-243所示。

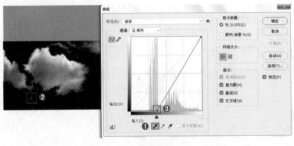

图7-241   图7-242

步骤05 回到"图层"面板，选择天空图层，单击"添加图层蒙版"按钮，基于选区添加图层蒙版，如图7-244所示。此时画面效果如图7-245所示。接着显示"背景"图层，此时画面效果如图7-246所示。

图7-243   图7-244   图7-245   图7-246

步骤06 最后对云朵进行调色。选择云朵所在的图层，执行"图层>新建调整图层>色相/饱和度"命令，在弹出的"属性"面板中设置"明度"为+100，单击"此调整剪切到此图层"按钮，如图7-247所示。此时，原本偏蓝的云朵变白了，如图7-248所示。

图7-247   图7-248

综合实例：使用抠图工具制作食品广告

文件路径	资源包\第7章\综合实例：使用抠图工具制作食品广告
难易指数	★★★★★
技术掌握	快速选择工具

案例效果

案例效果如图7-249所示。

图7-249

操作步骤

步骤01 执行"文件>新建"命令，新建一个横向的A4大小的空白文档，如图7-250所示。执行"文件>置入嵌入的智能对象"命令，置入素材"1.jpg"，并将其调整到合适的大小、位置，然后按Enter键完成置入，然后将该图层栅格化，如图7-251所示。

扫一扫，看视频

图7-250

图7-251

步骤02 继续置入素材"2.jpg"，并且将其栅格化，如图7-252所示。单击工具箱中的"快速选择工具"按钮，在其选项栏中单击"添加到选区"按钮，设置合适的笔尖大小；然后在蓝色背景上按住鼠标左键拖动，即可看到选区随着光标的移动不断扩大，如图7-253所示。

图7-252

图7-253

步骤03 继续按住鼠标左键拖动，得到蓝色背景的选区，如图7-254所示。按Delete键删除选区中的像素，然后按Ctrl+D组合键取消选区，如图7-255所示。

图7-254

图7-255

步骤04 使用"横排文字工具"在画面的左上角单击并输入文字，如图7-256所示。选择工具箱中的"直线工具"，在其选项栏中设置"绘制模式"为"形状"，"填充"为深黄色，"粗细"为1像素，然后在文字下方绘制一段直线，如图7-257所示。

图7-256　　　　　　　　　　　　　　　　　　　　图7-257

步骤 05 选择工具箱中的"矩形工具"，在其选项栏中设置"绘制模式"为"形状"，"填充"为黄色，然后在文字下方绘制一个矩形，如图7-258所示。继续使用"横排文字工具"输入画面中的其他文字，效果如图7-259所示。

图7-258　　　　　　　　　　　　　　　　　　　　图7-259

步骤 06 最后制作边框效果。新建图层，单击工具箱中的"圆角矩形工具"按钮，将前景色设置为黄色，在其选项栏中设置"绘制模式"为"像素"，"半径"为20像素，然后在画面中按住鼠标左键拖动，绘制一个圆角矩形，如图7-260所示。接着，选择工具箱中的"矩形选框工具"，在黄色圆角矩形上绘制一个矩形选区，如图7-261所示。

步骤 07 按Delete键删除选区中的像素，然后按Ctrl+D组合键取消选区。最终效果如图7-262所示。

图7-260　　　　　　　　　　　图7-261　　　　　　　　　　　图7-262

Chapter 8

第8章

蒙版与合成

本章内容简介：

"蒙版"原本是摄影术语，是指用于控制照片不同区域曝光的传统暗房技术。Photoshop中蒙版的功能主要用于画面的修饰与"合成"。Photoshop中共有4种蒙版：剪贴蒙版、图层蒙版、矢量蒙版和快速蒙版。这4种蒙版的原理与操作方式各不相同，本章主要讲解其在Photoshop中的使用方法。

重点知识掌握：

- 熟练掌握图层蒙版的使用方法
- 熟练掌握剪贴蒙版的使用方法

通过本章学习，我能做什么？

通过本章的学习，我们可以利用图层蒙版、剪贴蒙版等工具实现对图层部分元素"隐藏"的工作。这是一项平面设计以及创意合成中非常重要的一个步骤。在设计作品的制作过程中，经常需要对同一图层进行多次处理，也许版面中某个元素的变动，导致之前制作好的图层仍然需要调整。如果在之前的操作中直接对暂时不需要的局部图像进行了删除，一旦需要"找回"这部分内容时，将是非常麻烦的。而有了"蒙版"这一非破坏性的"隐藏"功能，就可以轻松实现非破坏性的编辑操作。

8.1 什么是"蒙版"

"蒙版"这个词语对于传统摄影爱好者来说，并不陌生。"蒙版"原本是摄影术语，是指用于控制照片不同区域曝光的传统暗房技术。Photoshop中蒙版的功能主要用于画面的修饰与"合成"。什么是"合成"呢？"合成"这个词的含义是：由部分组成整体。在Photoshop的世界中，就是由原本不在一张图像上的内容，通过一系列的手段进行组合拼接，使之出现在同一画面中，呈现出一张新的图像，如图8-1所示。看起来是不是很神奇？其实在前面的学习中，我们已经进行过一些简单的"合成"了。比如利用抠图工具将人像从原来的照片中"抠"出来，并放到新的背景中，如图8-2所示。

图8-1   图8-2

在这些"合成"的过程中，经常需要将图片的某些部分隐藏，以显示出特定内容。直接擦掉或者删除多余的部分是一种"破坏性"的操作，被删除的像素无法复原。而借助蒙版功能则能够轻松的隐藏或恢复显示部分区域。

Photoshop中共有4种蒙版：剪贴蒙版、图层蒙版、矢量蒙版和快速蒙版。这4种蒙版的原理与操作方式各不相同，下面我们简单了解一下各种蒙版的特性。

- **剪贴蒙版**：以下层图层的"形状"控制上层图层显示的"内容"。常用于合成中为某个图层赋予另外一个图层中的内容。
- **图层蒙版**：通过"黑白"来控制图层内容的显示和隐藏。图层蒙版是经常使用的功能，常用于合成中图像某部分区域的隐藏。
- **矢量蒙版**：以路径的形态控制图层内容的显示和隐藏。路径以内的部分被显示，路径以外的部分被隐藏。由于以矢量路径进行控制，所以可以实现蒙版的无损缩放。
- **快速蒙版**：以"绘图"的方式创建各种随意的选区。与其说是蒙版的一种，不如称之为选区工具的一种。

8.2 剪贴蒙版

扫一扫，看视频

"剪贴蒙版"需要至少两个图层才能够使用。其原理是通过使用处于下方图层（基底图层）的形状，限制上方图层（内容图层）的显示内容。也就是说"基底图层"的形状决定了形状，而"内容图层"则控制显示的图案。如图8-3所示为一个剪贴蒙版组。

图8-3

在剪贴蒙版组中，基底图层只能有一个，而内容图层则可以有多个。如果对基底图层的位置或大小进行调整，则会影响剪贴蒙版组的形态，如图8-4所示。而对内容图层进行增减或者编辑，则只会影响显示内容。如果内容图层小于基底图层，那么露出来的部分则显示为基底图层，如图8-5和图8-6所示。

中文版Photoshop CC从入门到精通（微课视频版）

剪贴蒙版常用于为图层内容表面添加特殊图案，以及调色中只对某个图层应用调整图层，如图8-7~图8-10所示。

图8-4

图8-5

图8-6

图8-7

图8-8

图8-9

图8-10

【重点】8.2.1　动手练：创建剪贴蒙版

步骤01　想要创建剪贴蒙版，必须有两个或两个以上的图层，一个作为基底图层，其他的图层可作为内容图层。例如这里我们打开了一个包含多个图层的文档，如图8-11所示。接着在上方的用作"内容图层"的图层上单击鼠标右键，执行"创建剪贴蒙版"命令，如图8-12所示。

步骤02　接着内容图层前方出现了▼符号，表明此时已经为下方的图层创建了剪贴蒙版，如图8-13所示。此时内容图层只显示了下方文字图层中的部分，如图8-14所示。

图8-11

图8-12

图8-13

图8-14

步骤03　如果有多个内容图层，可以将这些内容图层全部放在基底图层的上方，然后在图层面板中选中，单击鼠标右键执行"创建剪贴蒙版"命令，如图8-15所示。效果如图8-16所示。

步骤04　如果想要使剪贴蒙版组上出现图层样式，那么需要为"基底图层"添加图层样式，如图8-17和图8-18所示。否则附着于内容图层的图层样式可能无法显示。

图8-15

图8-16

图8-17

图8-18

步骤05　当对内容图层的"不透明度"和"混合模式"进行调整时，只有与基底图层混合效果发生变化，不会影响到剪贴蒙版中的其他图层，如图8-19所示。当对基底图层的"不透明度"和"混合模式"调整时，整个剪贴蒙版中的所有图层都会以设置不透明度数值以及混合模式进行进行混合，如图8-20所示。

图8-19 图8-20

提示：调整剪贴组中的图层顺序。

（1）剪贴蒙版组中的内容图层顺序可以随意调整，而如果基底图层调整了位置，原本剪贴蒙版组的效果会发生错误。

（2）内容图层一旦移动到基底图层的下方，就相当于释放剪贴蒙版。

（3）在已有剪贴蒙版的情况下，将一个图层拖动到基底图层上方，即可将其加入到剪贴蒙版组中。

举一反三：使用调整图层与剪贴蒙版进行调色

调整图层时，可以借助剪贴蒙版功能，使调色效果只针对一个图层起作用。例如某文档包括两个图层，如图8-21所示，在这里我们需要对图层1进行调色，创建一个"色相/饱和度"调整图层，参数如图8-22所示，此时画面整体颜色都产生了变化，如图8-23所示。

图8-21 图8-22 图8-23

由于调整图层只针对图层1进行调整，所以需要将该调整图层放在目标图层的上方，单击鼠标右键执行"创建剪贴蒙版"命令，如图8-24所示，此时背景图层不受影响，如图8-25所示。

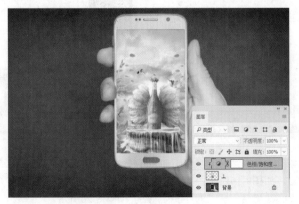

图8-24 图8-25

中文版Photoshop CC从入门到精通（微课视频版）

练习实例：使用剪贴蒙版制作多彩拼贴标志

文件路径	资源包\第8章\练习实例：使用剪贴蒙版制作多彩拼贴标志
难易指数	★★★★★
技术掌握	创建剪切蒙版

案例效果

案例最终效果如图8-26所示。

图8-26

操作步骤

步骤01 新建一个空白文档，使用快捷键Ctrl+R打开标尺，然后建立一些辅助线，如图8-27所示。单击工具箱中的"矩形工具"按钮，在选项栏上设置绘制模式为"形状"，设置"填充颜色"为浅粉色，在画面上绘制一个矩形，接着在选项栏上设置运算模式为"合并形状"，如图8-28所示。

扫一扫，看视频

图8-27

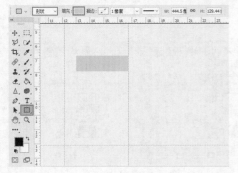

图8-28

步骤02 继续在画面上绘制其他的矩形，如图8-29所示。绘

制的这些图形位于同一图层中，如图8-30所示。

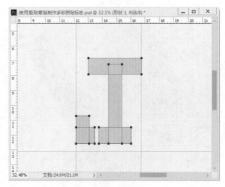

图8-29

图8-30

步骤03 新建一个图层，设置前景色为粉红色。单击工具箱中的"矩形选框工具"，绘制一个矩形选区。按快捷键Alt+ Delete键填充前景色，按快捷键Ctrl+D取消选区选择，如图8-31所示。用同样的方式绘制其他颜色的矩形，如图8-32所示。

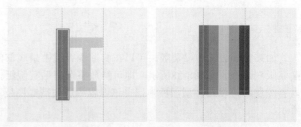

图8-31　　　　　　　图8-32

步骤04 按住Ctrl键单击加选彩色矩形图层，使用自由变换快捷键Ctrl+T调出定界框，然后适当旋转，如图8-33所示。按Enter键确定变换操作，接着在加选图层的状态下，执行"图层>创建剪贴蒙版"命令，超出底部图形的区域被隐藏，此时效果如图8-34所示。

步骤05 单击工具箱中的"横排文字工具"，在选项栏中设置合适的字体、字号，设置文本颜色为深灰色，在画面上单击输入文字，如图8-35所示。以同样的方式输入其他文字，如图8-36所示。

步骤06 执行"文件>置入嵌入的智能对象"命令，置入素材"1.jpg"，将该图层作为背景图层放置在构成标志图层的下方，最终效果如图8-37所示。

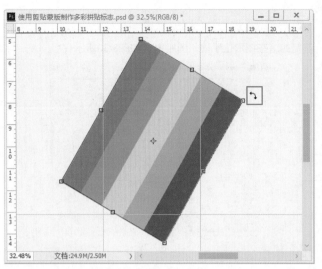

图8-33

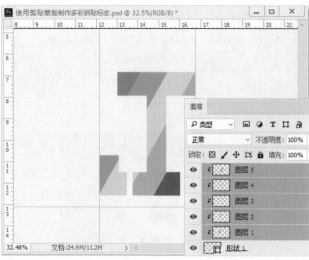

图8-34

图8-35

图8-36

图8-37

【重点】8.2.2　释放剪贴蒙版

如果想要去除剪贴蒙版，可以在剪贴蒙版组中最底部的内容图层上单击鼠标右键，然后在弹出的菜单中选择"释放剪贴蒙版"命令，如图8-38所示，即可释放整个剪贴蒙版组，如图8-39所示。如果在包含多个内容图层时，想要释放某一个内容图层，可以在图层面板中拖曳该内容图层到基底图层的下方，如图8-40所示，就相当于释放剪贴蒙版操作，如图8-41所示。

图8-38

图8-39

图8-40

图8-41

练习实例：使用剪贴蒙版制作用户信息页面

文件路径	资源包\第8章\练习实例：使用剪贴蒙版制作用户信息页面
难易指数	★★★★★
技术掌握	剪贴蒙版、矩形工具

案例效果

案例最终效果如图8-42所示。

图8-42

操作步骤

步骤01 执行"文件>新建"命令，在"新建"窗口中设置文件"宽度"为1500像素、"高度"为1500像素，设置"分辨率"为72，"颜色模式"为RGB颜色，"背景内容"为白色，单击"确定"按钮。单击"工具箱"中的"渐变工具"，在选项栏中单击"渐变色条"，在弹出的"渐变编辑器"中编辑一个蓝色系渐变，单击"确定"按钮完成编辑，设置"渐变类型"为"线性渐变"，如图8-43所示。在画面中按住鼠标左键并拖曳填充渐变颜色，如图8-44所示。

扫一扫，看视频

图8-43　　　　　　图8-44

步骤02 单击"工具箱"中的"圆角矩形工具"，在"选型栏"中设置"绘制模式"为"形状"，"填充"为深青色，"半径"为40像素，在画面中按住鼠标左键拖曳绘制圆角矩形，如图8-45所示。

步骤03 执行"文件>置入嵌入的智能对象"命令，在弹出的置入窗口中选择素材"1.jpg"，单击"置入"按钮完成置入。将素材移动到画面上方位置，按Enter键完成操作，如图8-46所示。单击工具箱中的"矩形选框工具"，在画面下半部分绘制矩形选区，新建图层，填充白色，如图8-47所示。接着继续新建图层，在下方绘制并填充另外3个矩形按钮的底色，如图8-48所示。

步骤04 在图层面板中选中这3个图层，单击鼠标右键执行

"图层>创建剪贴蒙版"命令，如图8-49所示。超出底部圆角矩形的部分都被隐藏了，效果如图8-50所示。

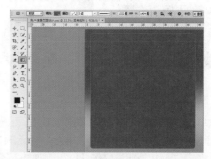

图8-45

图8-46　　　　　图8-47　　　　　图8-48

图8-49　　　　　　　　图8-50

步骤05 单击"工具箱"中的"椭圆工具"，设置"绘制模式"为"形状"，"填充"为白色，在画面中按住Shift键以及鼠标左键拖曳绘制正圆，如图8-51所示。执行"文件>置入嵌入的智能对象"命令，在弹出的置入窗口中选择素材"2.jpg"，单击"置入"按钮完成置入，并将其栅格化。按住Shift键将素材进行等比例缩放并移动到正圆位置，按Enter键完成操作，如图8-52所示。接着执行"图层>创建剪贴蒙版"命令，超出圆形的部分被隐藏，如图8-53所示。

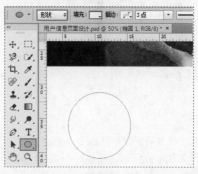

图8-51

273

图8-52　　　　　　　　　　　图8-53

图8-54　　　　　　　　　　图8-55

图8-56

步骤06 单击"工具箱"中的"椭圆工具"，在选项栏中设置"绘制模式"为"形状"，"填充"为无颜色，"描边"为灰色，"描边宽度"为8点，在画面中按住Shift键以及鼠标左键拖曳绘制正圆，如图8-54所示。单击"工具箱"中的"横排文字工具"，在选项栏中设置合适的字体、字号，"文本颜色"为蓝色，在画面中单击输入文字，如图8-55所示。

步骤07 执行"文件>置入嵌入的智能对象"命令，选择素材"3.png"，置入到当前文档中并栅格化，摆放在画面底部，最终效果如图8-56所示。

练习实例：使用剪贴蒙版制作人像海报

文件路径	资源包\第8章\练习实例：使用剪贴蒙版制作人像海报
难易指数	★★★★★
技术掌握	创建剪切蒙版、图层蒙版

案例效果

案例最终效果如图8-57所示。

图8-57

操作步骤

步骤01 执行"文件>打开"命令，打开素材"1.jpg"，如图8-58所示。新建一个图层，设置前景色为黑色。单击工具箱中的"多边形套索工具"按钮，在画面上绘制一个四边形选区，按快捷键Alt+Delete填充前景色，按快捷键Ctrl+D取消选区选择，如图8-59所示。

步骤02 用同样的方式绘制另两个四边形，如图8-60所示。继续新建图层，绘制另外几个四边形，如图8-61所示。

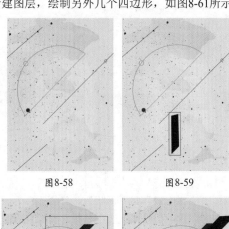

图8-58　　　　　　　　　　图8-59

图8-60　　　　　　　　　　图8-61

扫一扫，看视频

步骤 03 执行"文件>置入嵌入的智能对象"命令，置入素材"2.jpg"，按Enter键确定置入操作，将该图层栅格化，如图8-62所示。选择该图层，执行"图层>创建剪贴蒙版"命令，如图8-63所示。此时画面效果如图8-64所示。

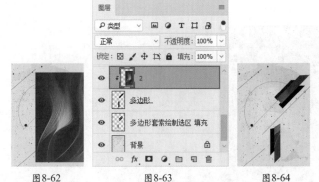

图8-62　　　图8-63　　　图8-64

步骤 04 新建一个图层，使用"椭圆选框工具"，按快捷键Shift+Alt绘制一个正圆选区，然后将选区填充黑色，如图8-65所示。继续绘制稍小些的圆形选区，按Delete键删除，得到圆环选区，按快捷键Ctrl+D取消选区选择，如图8-66所示。

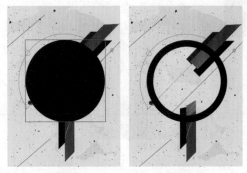

图8-65　　　　　　　图8-66

步骤 05 选择工具箱中的"多边形套索工具"，在圆环的右上角绘制一个四边形选区，然后按Delete键删除这部分内容，按快捷键Ctrl+D取消选区选择，如图8-67所示。使用同样的方法删除圆环下方的部分，效果如图8-68所示。

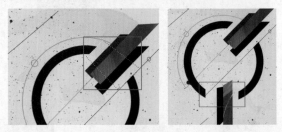

图8-67　　　　　　　图8-68

步骤 06 再次置入素材"2.jpg"，并将其栅格化，如图8-69所示。选择该图层，在图层面板上单击鼠标右键执行"创建剪贴蒙版"命令，如图8-70所示。此时画面效果如图8-71所示。

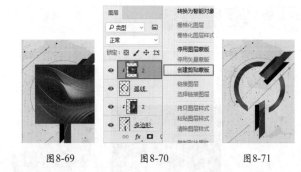

图8-69　　　图8-70　　　图8-71

步骤 07 新建一个图层，在图形中间位置绘制一个正圆选区并填充为黑色，如图8-72所示。接着使用"多边形套索工具"在正圆下方绘制一个四边形选区，然后将其填充黑色，按快捷键Ctrl+D取消选择，如图8-73所示。

步骤 08 置入人像素材"3.png"，并将该图层栅格化，如图8-74所示。选择人物图层，单击鼠标右键执行"创建剪贴蒙版"命令，如图8-75所示。

图8-72　　图8-73　　图8-74　　图8-75

步骤 09 选择人物图层，使用快捷键Ctrl+J复制图层，如图8-76所示。选中人像素材所在的图层，单击图层面板下方的"添加图层蒙版"按钮 ◘，如图8-77所示。选择图层蒙版，使用黑色的柔角画笔在人像脖子以下的位置来回涂抹将其隐藏，如图8-78所示。

图8-76　　　图8-77　　　图8-78

步骤 10 最后置入素材"4.png"。最终效果如图8-79所示。

图8-79

8.3 图层蒙版

"图层蒙版"是设计制图中非常常用的一项工具。该功能常用于隐藏图层的局部内容，来对画面局部修饰或者制作合成作品。这种隐藏而非删除的编辑方式是一种非常方便的非破坏性编辑方式。如图8-80～图8-83所示为可以使用到图层蒙版制作的作品。

图8-80   图8-81   图8-82   图8-83

与前面讲到的"剪贴蒙版"的原理不同，图层蒙版只应用于一个图层上。为某个图层添加"图层蒙版"后，可以通过在图层蒙版中绘制黑色或者白色来控制图层的显示与隐藏。图层蒙版是一种非破坏性的抠图方式。在图层蒙版中显示黑色的部分，其图层中的内容会变为透明，灰色部分变为半透明，白色则是完全不透明，如图8-84所示。

原图   图层蒙版   效果

图8-84

【重点】8.3.1 动手练：创建图层蒙版

创建图层蒙版有两种方式，在没有任何选区的情况下可以创建出空的蒙版，画面中的内容不会被隐藏。而在包含选区的情况下创建图层蒙版，选区内部的部分为显示状态，选区以外的部分会隐藏。

扫一扫，看视频

1.直接创建图层蒙版

选择一个图层，单击图层面板底部的"创建图层蒙版"按钮 ■ ，即可为该图层添加图层蒙版，如图8-85所示。该图层的缩览图右侧会出现一个图层蒙版缩览图的图标，如图8-86所示。每个图层只能有一个图层蒙版，如果已有图层蒙版，再次单击该按钮创建出的是矢量蒙版。图层组、文字图层、3D图层、智能对象等特殊图层都可以创建图层蒙版。

图8-85   图8-86

单击图层蒙版缩览图，接着可以使用画笔工具在蒙版中进行涂抹。在蒙版中只能使用灰度颜色进行绘制。蒙版中被绘制了黑色的部分，图像会隐藏，如图8-87所示。蒙版中被绘制了白色的部分，图像相应的部分会显示，如图8-88所示。图层蒙版中绘制了灰色的区域，图像相应的位置会以半透明的方式显示，如图8-89所示。

图8-87

图8-88

图8-89

还可以使用"渐变工具"或"油漆桶工具"对图层蒙版进行填充。单击图层蒙版缩览图，使用"渐变工具"在蒙版中填充从黑到白的渐变，白色部分显示，黑色部分隐藏。灰度的部分为半透明的过渡效果，如图8-90所示。使用"油漆桶工具"，在选项栏中设置填充类型为"图案"，然后选中一个图案，在图层蒙版中进行填充，图案内容会转换为灰度，如图8-91所示。

图8-90

图8-91

提示：图层蒙版小知识。

除了可以在图层蒙版中填充颜色以外，还可以在图层蒙版中应用各种滤镜以及一部分调色命令，来改变画面的明暗以及对比度。

2.基于选区添加图层蒙版

如果当前画面中包含选区，单击选中需要添加图层蒙版的图层，单击图层面板底部的"添加图层蒙版"按钮 ■，选区以内的部分显示，选区以外的图像将被图层蒙版隐藏，如图8-92和图8-93所示。

图8-92

图8-93

举一反三：使用图层蒙版轻松融图制作户外广告

户外巨型广告多是楼盘广告、建筑围挡等，这类广告中很多是宽幅画面，而我们通常使用的素材都是比较常规的比例，在保留画面内容以及比例的情况下很难构成画面的背景。所以通常可以将素材以外的区域以与素材相似的颜色进行填充，并将图像边缘部分利用图层蒙版"隐藏"。需要注意的是，想要更好地使图像素材融于背景色中，素材边缘的隐藏应该是非常柔和的过渡，可以使用从黑到白的渐变，也可以使用黑色柔角画笔在蒙版中涂抹。

步骤01 例如我们需要使用一个深蓝色的海洋素材制作一个宽幅的广告，而素材的长宽比并不满足要求，如图8-94所示。所以我们可以在素材中选取两种深浅不同的蓝色，为背景填充带有一些过渡感的渐变色彩，如图8-95所示。

图8-94　　　　　　　　　　　　　　图8-95

步骤02 由于当前的素材直接摆放在画面左侧，而照片的边缘线非常明显。所以需要为该素材图层添加图层蒙版，并使用从黑到白的柔和渐变填充蒙版，如图8-96所示。

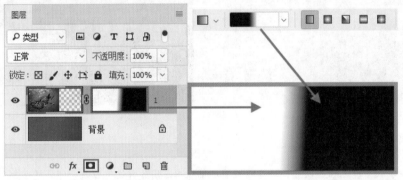

图8-96

步骤03 此时素材边缘被柔和地隐藏了一些，与渐变色背景融为一体，如图8-97所示。接着可以在广告上添加一些文字信息，如图8-98所示。

图8-97　　　　　　　　　　　图8-98

步骤04 最后可以将这些图层合并并自由变换，摆放在广告牌素材上，如图8-99和图8-100所示。

图8-99　　　　　　　　　图8-100

练习实例：使用图层蒙版制作阴天变晴天

文件路径	资源包\第8章\练习实例：使用图层蒙版制作阴天变晴天
难易指数	⭐⭐⭐⭐⭐
技术掌握	图层蒙版

案例效果

案例最终效果如图8-101所示。

图8-101

操作步骤

步骤01 执行"文件>打开"命令，打开素材
"1.jpg"，如图8-102所示。执行"文件>置
入嵌入的智能对象"命令置入"2.jpg"，按
Enter键完成置入操作，接着将该图层栅格化，
如图8-103所示。

扫一扫，看视频

图8-102　　　　　图8-103

步骤02 选择天空素材图层，设置"不透明度"为50%，如
图8-104所示。此时画面效果如图8-105所示。降低图层不透
明度的目的是为了在使用"图层蒙版"时可以清楚地看到下
方图层中山的位置。

图8-104

图8-105

步骤03 选择天空素材图层，单击图层面板底部的"添加图
层蒙版"按钮 ▢ ，即可为该图层添加图层蒙版，如图8-106
所示。单击工具箱中的"画笔工具"，设置合适的笔尖大
小，将前景色设置为黑色，然后在山峰的位置按住鼠标左键
拖曳进行涂抹，随着涂抹可以发现天空素材消失，露出下方

的山峰，如图8-107所示。

图8-106

图8-107

步骤04 继续在山峰的位置进行涂抹，效果如图8-108所示。
接着设置天空素材图层的不透明度为100%，效果如图8-109
所示。

图8-108　　　　　图8-109

步骤05 接着提亮天空的亮度。选择天空素材图层，执行
"图层>新建调整图层>曲线"命令，调整曲线形状如图8-110
所示。最终效果如图8-111所示。

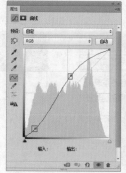 

图8-110　　　　　图8-111

【重点】8.3.2　编辑图层蒙版

对于已有的图层蒙版，可以暂时停用蒙版、删除蒙版、取消蒙版与图层之间的链接使图层和蒙版可以分别调整，还可以对蒙版进行复制或转移。图层蒙版的很多操作对于矢量蒙版同样适用。

1.停用图层蒙版

在图层蒙版缩览图上单击鼠标右键，执行"停用图层蒙版"命令，即可停用图层蒙版，使蒙版效果隐藏，原图层内容全部显示出来，如图8-112和图8-113所示。（对矢量蒙版操作相同）

图8-112

图8-113

提示：配合快捷键停用蒙版。

选择需要停用的图层蒙版，按住 Shift 键单击该蒙版，即可快速将该蒙版停用。如果想启用蒙版，继续按住 Shift 键单击该蒙版，即可快速启用蒙版。

2.启用图层蒙版

在停用图层蒙版以后，如果要重新启用图层蒙版，可以在蒙版缩略图上单击鼠标右键，然后选择"启用图层蒙版"命令，如图8-114和图8-115所示。（对矢量蒙版操作相同）

3.删除图层蒙版

如果要删除图层蒙版，可以在蒙版缩略图上单击鼠标右键，然后在弹出的菜单中选择"删除图层蒙版"命令，如图8-116所示。（对矢量蒙版操作相同）

图8-114

图8-115

图8-116

4.链接图层蒙版

默认情况下，图层与图层蒙版之间带有一个█链接图标，此时移动/变换原图层，蒙版也会发生变化。如果想在变换图层或蒙版时互不影响，可以单击链接 🔗 图标取消链接。如果要恢复链接，可以在取消链接的地方单击鼠标左键，如图8-117和图8-118所示。（对矢量蒙版操作相同）

图8-117　　　　　　　　　　　　　　　　图8-118

5.应用图层蒙版

"应用图层蒙版"可以将蒙版效果应用于原图层，并且删除图层蒙版。图像中对应蒙版中的黑色区域删除，白色区域保留下来，而灰色区域将呈半透明效果。在图层蒙版缩略图上单击鼠标右键，选择"应用图层蒙版"命令即可完成操作，如图8-119和图8-120所示。

图8-119　　　　　　　　　　　图8-120

6.转移图层蒙版

"图层蒙版"是可以在图层之间转移的。在要转移的图层蒙版缩略图按住鼠标左键并拖曳到其他图层上，如图8-121所示。松开鼠标后即可将该图层的蒙版转移到其他图层上，如图8-122所示。（对矢量蒙版操作相同）

图8-121　　　　　　　　　　　图8-122

7.替换图层蒙版

如果将一个图层蒙版移动到另外一个带有图层蒙版的图层上，则可以替换该图层的图层蒙版，如图8-123～图8-125所示。（对矢量蒙版操作相同）

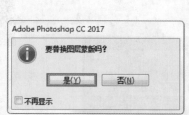

图8-123　　　　　　　　图8-124　　　　　　　　图8-125

8.复制图层蒙版

如果要将一个图层的蒙版复制到另外一个图层上，可以在按住Alt键的同时，将图层蒙版拖曳到目标图层上，如图8-126和图8-127所示。（对矢量蒙版操作相同）

9.载入蒙版的选区

蒙版可以转换为选区。按住Ctrl键的同时单击图层蒙版缩览图，蒙版中白色的部分为选区内，黑色的部分为选区以外，灰色为羽化的选区，如图8-128和图8-129所示。

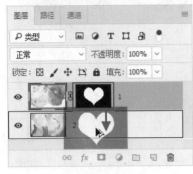
图8-126

图8-127

图8-128

图8-129

10.图层蒙版与选区相加减

图层蒙版与选区可以相互转换，已有的图层蒙版可以被当作选区，与其他选区进行选区运算。如果当前图像中存在选区，在图层蒙版缩略图上单击鼠标右键，可以看到3个关于蒙版与选区运算的命令，如图8-130所示。执行其中某一项命令，即可以添加图层蒙版到选区，与现有选区进行加减，如图8-131所示。

图8-130　　　　　添加蒙版到选区　　从选区中减去蒙版　　蒙版与选区交叉
图8-131

练习实例：使用蒙版制作古典婚纱版式

文件路径	资源包\第8章\练习实例：使用蒙版制作古典婚纱版式
难易指数	★★★★★
技术掌握	图层蒙版

案例效果

案例最终效果如图8-132所示。

图8-132

操作步骤

步骤01 新建一个横版的文件，设置前景色为深青色，使用快捷键Alt+Delete将背景填充为青色，如图8-133所示。新建图层并命名为"矩形"。使用"矩形选框"工具绘制矩形选区，并填充淡青色，如图8-134所示。

图8-133 图8-134

步骤 02 为淡青色"矩形"图层添加图层样式。选择该图层,执行"图层>图层样式>描边"命令,打开"图层样式"窗口。在"描边"选项组中设置"大小"为21像素,"位置"为"外部","混合模式"为"正常","填充类型"为"颜色","颜色"为黑色。参数设置如图8-135所示,画面效果如图8-136所示。

图8-135 图8-136

步骤 03 执行"文件>置入嵌入的智能对象"命令,置入木纹理素材"1.jpg",执行"图层>栅格化>智能对象"命令。设置"木纹理"图层的"混合模式"为"柔光","不透明度"为80%。参数设置如图8-137所示,画面效果如图8-138所示。

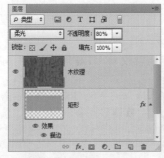

图8-137 图8-138

步骤 04 执行"文件>置入嵌入的智能对象"命令,置入人物素材"2.jpg"。执行"图层>栅格化>智能对象"命令。按住Ctrl键单击"矩形"图层缩览图,得到矩形选区,如图8-139所示。选择"1"图层,单击"添加图层蒙版"按钮,基于选区为"1"图层添加图层蒙版,画面效果如图8-140所示。

步骤 05 将前景色设置为黑色,单击工具箱中的"画笔工具"按钮。在画布中单击右键,在弹出的"画笔选取器"中设置合适的"大小","硬度"为0%,参数设置如图8-141所示。单击"人物"图层蒙版缩览图,进入图层蒙版编辑状态。使用黑色画笔在人物左上角和右侧涂抹,利用柔角画笔制作出柔和的过渡效果,如图8-142所示。

图8-139

图8-140

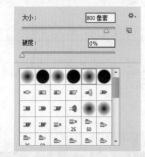

图8-141

图8-142

步骤06 执行"文件>置入嵌入的智能对象"命令，置入人物素材"3.jpg"。执行"图层>栅格化>智能对象"命令，将该图层命名为"2"。将其摆放在画面合适位置，如图8-143所示。单击工具箱中的"圆角矩形工具"按钮 ⬜，在选项栏中设置绘制模式为"路径"，"半径"为30像素。在相应位置绘制圆角矩形，如图8-144所示。

图8-143　　　　　　　图8-144

步骤07 圆角矩形绘制完成后使用快捷键Ctrl+Enter得到选区。使用快捷键Shift+F6打开"羽化选区"窗口，设置"羽化半径"为20像素，如图8-145所示。单击"确定"按钮。选区效果如图8-146所示。

图8-145　　　　　　　图8-146

练习实例：使用图层蒙版制作汽车广告

文件路径	资源包\第8章\练习实例：使用图层蒙版制作汽车广告
难易指数	★★★★★
技术掌握	图层蒙版

案例效果

案例最终效果如图8-150所示。

图8-150

步骤08 选择"2"图层，单击"添加图层蒙版"按钮，基于选区为"2"图层添加图层蒙版，如图8-147和图8-148所示。

图8-147　　　　　　　图8-148

步骤09 执行"文件>置入嵌入的智能对象"命令，置入装饰素材"4.png"，执行"图层>栅格化>智能对象"命令，完成本案例的制作，效果如图8-149所示。

图8-149

操作步骤

步骤01 执行"文件>打开"命令，打开素材"1.jpg"，如图8-151所示。执行"文件>置入嵌入的智能对象"命令，置入素材"2.jpg"，并将置入对象调整到合适的大小、位置，然后按Enter键完成置入操作，接着将该图层栅格化，如图8-152所示。

图8-151　　　　　　　图8-152

中文版Photoshop CC从入门到精通（微课视频版）

步骤 02 选择汽车图层，单击"添加图层蒙版"按钮■，为该图层添加图层蒙版，如图8-153所示。单击工具箱中的"钢笔工具"，在选项栏上设置绘制模式为"路径"，在画面上沿着汽车边缘绘制路径，如图8-154所示。

图8-153

图8-154

步骤 03 使用快捷键Ctrl+Enter将路径转换为选区，如图8-155所示。接着使用快捷键Ctrl+Shift+I将选区反选，选中汽车以外的区域，如图8-156所示。

图8-155   图8-156

步骤 04 单击汽车图层的图层蒙版，将前景色设置为黑色，然后按快捷键Alt+Delete填充前景色，再按快捷键Ctrl+D取消选择，如图8-157所示。此时画面效果如图8-158所示。

图8-157   图8-158

步骤 05 制作图层倒影部分。按住Ctrl键单击图层蒙版缩览图，得到汽车的选区。接着使用快捷键Ctrl+J 将选区中的像素复制到独立图层，然后将图层移动到汽车素材图层下方，如图8-159和图8-160所示。

图8-159   图8-160

步骤 06 选择该图层，执行"编辑>变换>垂直翻转"命令，将倒影向下移动，如图8-161所示。执行"编辑>变换>变形"命令，然后调整控制点来调整汽车倒影形态，如图8-162所示。调整完成后按Enter键确定变换操作，如图8-163所示。

图8-161   图8-162   图8-163

步骤 07 设置倒影图层的"不透明度"为57%，如图8-164所示。接着为倒影图层添加图层蒙版，然后使用黑色的柔角画笔在蒙版中倒影下方的部分涂抹，倒影效果如图8-165所示。

图8-164

图8-165

在"背景"图层上方新建图层，如图8-166所示。接着将前景色设置为黑色，单击工具箱中的"画笔工具"按钮，在选项栏中设置画笔"大小"为400像素，"硬度"为0%，在汽车的下面拖动绘制阴影，如图8-167所示。

图 8-167

图 8-166

步骤 09 最后置入素材"3.jpg"，按Enter键完成置入操作，然后将该图层栅格化，如图8-168所示。设置图层的"混合模式"为"滤色"，如图8-169所示。最终效果如图8-170所示。

图 8-168   图 8-169   图 8-170

8.4 矢量蒙版

扫一扫，看视频

矢量蒙版与图层蒙版较为相似，都是依附于某一个图层/图层组，差别在于矢量蒙版是通过路径形状控制图像的显示区域。路径范围以内的区域为显示，路径以外的部分为隐藏。矢量蒙版可以说是一款矢量工具，可以使用钢笔或形状工具在蒙版上绘制路径，来控制图像显示隐藏，还可以方便的调整形态，从而制作出精确的蒙版区域，如图8-171～图8-174所示为优秀的设计作品。

图 8-171

图 8-172

图 8-173

图 8-174

 提示：矢量蒙版的边缘。

由于是使用路径控制图层的显示与隐藏，所以默认情况下，带有矢量蒙版的图层边缘处均为锐利的边缘。如果想要得到柔和的边缘，可以选中矢量蒙版，在"属性"面板中设置"羽化数值"。

中文版Photoshop CC从入门到精通（微课视频版）

8.4.1 动手练：创建矢量蒙版

1.以当前路径创建矢量蒙版

想要创建矢量蒙版，首先可以在画面中绘制一个路径（路径是否闭合均可），如图8-175所示。然后执行"图层>矢量蒙版>当前路径"菜单命令，即可基于当前路径为图层创建一个矢量蒙版。路径范围内的部分显示，以外的部分隐藏，如图8-176所示。

图8-175　　　　　　　图8-176

2.创建新的矢量蒙版

按住Ctrl键，并单击"图层"面板底部的 ◻ 按钮，可以为图层添加一个新的矢量蒙版，如图8-177所示。当图层已有图层蒙版时，再次单击图层面板底部的 ◻ 按钮，则可以为该图层创建出一个矢量蒙版。第一个蒙版缩览图为图层蒙版。第二个蒙版缩览图为矢量蒙版，如图8-178所示。

矢量蒙版与图层蒙版非常相似，都可以进行断开链接、

停用启用、转移复制蒙版、删除蒙版等操作，这些操作在"编辑图层蒙版"小节中已经讲解过了，我们可以尝试使用，如图8-179所示。

图8-177　　　　　　　图8-178

创建矢量蒙版以后，单击矢量蒙版缩览图，接着可以使用钢笔工具或形状工具在矢量蒙版中绘制路径，如图8-180所示。针对矢量蒙版的编辑主要是对矢量蒙版中路径的编辑，除了可以使用钢笔、形状工具在矢量蒙版中绘制形状以外，还可以通过调整路径锚点的位置改变矢量蒙版的外形，或者通过变换路径调整其角度大小等。

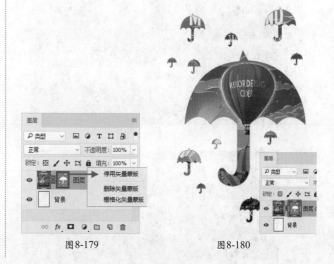

图8-179　　　　　　　图8-180

8.4.2 栅格化矢量蒙版

栅格化对于矢量蒙版而言，就是将矢量蒙版转换为图层蒙版，是一个从矢量对象栅格化为像素的过程。在"矢量蒙版"缩略图上单击鼠标右键，选择"栅格化矢量蒙版"命令，如图8-181所示。矢量蒙版即可变成图层蒙版，如图8-182所示。

图8-181　　　　　　　图8-182

8.5 动手练：使用快速蒙版创建选区

快速蒙版与其说是一种蒙版，不如称之为是一种选区工具。因为使用"快速蒙版"工具创建出的对象就是选区。但是"快速蒙版"工具创建选区的方式与其他选区工具的使用方式有所不同。

扫一扫，看视频

步骤01 单击"工具箱"底部的"以快速蒙版模式编辑"按钮 或按Q键，该按钮变为 ，表明已经处于"快速蒙版编辑模式"，如图8-183所示。在这种模式下可以使用"画笔工具""橡皮工具""渐变工具""油漆桶工具"等工具在当前的画面中进行绘制。快速蒙版下只能使用黑、白、灰进行绘制，使用黑色绘制的部分在画面中呈现出被半透明的红色覆盖的效果，使用白色画笔可以擦掉"红色部分"，如图8-184所示。

图8-183

图8-184

步骤02 绘制完成后再次单击工具箱中的"以标准模式编辑"按钮 或按Q键，退出快速蒙版编辑模式。得到红色以外部分的选区，如图8-185所示。接着可以为这部分选区填充颜色，观察效果，如图8-186所示。

步骤03 在快速蒙版状态下不仅可以使用绘制工具，甚至可以使用部分滤镜和调色命令对快速蒙版的内容进行调整。这种调整就相当于把快速蒙版作为一个黑白图像，被涂抹的区域为黑色，为选区以外；未被涂抹的区域为白色，为选区之内。所以，就相当于对快速蒙版这一"黑白图像"图像进行滤镜操作，可以得到各种各样的效果，如图8-187所示。相应的，快速蒙版的边缘也会发生变化，如图8-188所示。

图8-185

图8-186

图8-187

图8-188

中文版Photoshop CC从入门到精通（微课视频版）

步骤 04 退出快速蒙版状态后，选区边缘也发生变化，如图8-189所示。填充白色效果更加明显，如图8-190所示。

图8-189

图8-190

练习实例：使用快速蒙版制作有趣的斑点图

文件路径	资源包\第8章\练习实例：使用快速蒙版制作有趣的斑点图
难易指数	★★★★★
技术掌握	快速蒙版、彩色半调

案例效果

案例最终效果如图8-191
所示。

图8-191

操作步骤

步骤 01 执行"文件>新建"命令，新建一个
空白文档，如图8-192所示。执行"文件>置入
嵌入的智能对象"命令，置入素材"1.jpg"，
然后按Enter键完成置入操作，并将该图层栅格
化，如图8-193所示。

扫一扫，看视频

图8-192

图8-193

步骤 02 选中素材图层按下Q键进入快速蒙版模式，设置前
景色为黑色，接着使用"画笔工具"在画面中涂抹绘制出不
规则的区域，如图8-194所示。执行"滤镜>像素化>彩色半
调"命令，设置"最大半径"为50像素，"通道1"为108，
"通道2"为162，"通道3"为90，"通道4"为45，单击

"确定"按钮完成设置，如图8-195所示。此时可以看到快
速蒙版的边缘出现点状，如图8-196所示。

图8-194

图8-195

图8-196

步骤 03 按下"Q"键退出快速蒙版编辑模式，此时画面如
图8-197所示。按下键盘上的Delete键，删除选区中的部分，
如图8-198所示。

图8-197

图8-198

步骤 04 最后置入素材"2.png"，接着将置入对象调整到合
适的大小、位置，然后按Enter键完成置入操作。最终效果
如图8-199所示。

图8-199

8.6 使用"属性"面板调整蒙版

使用"属性"面板可以对很多对象进行调整，同样对于图层蒙版和矢量蒙版也可以进行一些编辑操作。执行"窗口>属性"命令打开"属性"面板。在图层面板中单击"图层蒙版"缩览图，此时"属性"面板中显示当前图层蒙版的相关信息，如图8-200所示。如果在图层面板中单击"矢量蒙版"缩览图，那么"属性"面板中显示当前矢量蒙版的相关信息，如图8-201所示。两种蒙版的可使用功能基本相同，差别在于面板右上角的"添加矢量蒙版"按钮和"添加图层蒙版"按钮上。

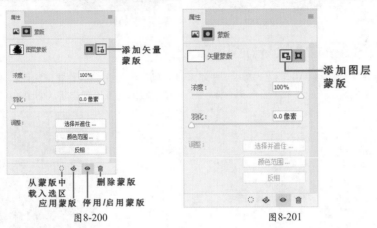

图8-200　　　　　　　　　　图8-201

- 添加图层蒙版 /添加矢量蒙版 ：单击"添加图层蒙版"按钮 ，可以为当前图层添加一个图层蒙版；单击"添加矢量蒙版"按钮 ，可以为当前图层添加一个矢量蒙版。
- 浓度：该选项类似于图层的"不透明度"，用来控制蒙版的不透明度，也就是蒙版遮盖图像的强度。如图8-202所示为不同浓度的对比效果。

浓度：100%　　　　　　浓度：60%　　　　　　浓度：10%

图8-202

- 羽化：用来控制蒙版边缘的柔化程度。数值越大，蒙版边缘越柔和；数值越小，蒙版边缘越生硬。如图8-203所示为不同程度羽化的对比效果。

羽化：0像素　　　　　　羽化：5像素　　　　　　羽化：25像素

图8-203

- 选择并遮住：单击该按钮，可以打开"选择并遮住"对话框。在该对话框中，可以修改蒙版边缘，也可以使用不同的背景来查看蒙版，其使用方法与"选择并遮住"对话框相同。该选项"矢量蒙版"不可用。
- 颜色范围：单击该按钮，可以打开"色彩范围"对话框。在该对话框中可以通过修改"颜色容差"来修改蒙版的被缘范围。该选项"矢量蒙版"不可用。
- 反相：单击该按钮，可以反转蒙版的遮盖区域，即蒙版中黑色部分会变成白色，而白色部分会变成黑色，未遮盖的图像将被调整为负片。该选项"矢量蒙版"不可用。
- 从蒙版中载入选区 ⬚：单击该按钮，可以从蒙版中生成选区。另外，按住Ctrl键单击蒙版的缩略图，也可以载入蒙版的选区。
- 应用蒙版 ⬙：单击该按钮可将蒙版应用到图像中，同时删除蒙版以及被蒙版遮盖的区域。
- 停用/启用蒙版 ◉：单击该按钮，可以停用或重新启用蒙版。停用蒙版后，在"属性"面板的缩览图和"图层"面板中的蒙版缩略图中都会出现一个红色的交叉×。
- 删除蒙版 🗑：单击该按钮，可以删除当前选择的蒙版。

综合实例：民族风海报

文件路径	资源包\第8章\综合实例：民族风海报
难易指数	★★★★★
技术掌握	图层蒙版、剪贴蒙版、画笔工具

案例效果

案例最终效果如图8-204所示。

图8-204

操作步骤

步骤01 执行"文件>打开"命令，打开素材"1.jpg"，如图8-205所示。执行"文件>置入嵌入的智能对象"命令，在弹出的"置入嵌入对象"窗口中选择素材"2.jpg"，单击"置入"按钮，按Enter键完成置入。执行"图层>栅格化>智能对象"命令，将该图层栅格化为普通图层，如图8-206所示。

扫一扫，看视频

步骤02 在面板中设置"混合模式"为"正片叠底"，如图8-207所示。效果如图8-208所示。

步骤03 执行"文件>置入嵌入的智能对象"命令，在弹出的"置入嵌入对象"窗口中选择素材"3.jpg"，单击"置入"按钮，并缩放到适当位置，按Enter键完成置入，接着执行"图层>栅格化>智能对象"命令，将该图层栅格化为普通图层，如图8-209所示。单击工具箱中的"多边形套索"，在画面中绘制出梯形选区，如图8-210所示。

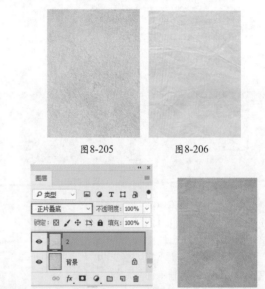

图8-205　　　　图8-206

图8-207　　　　图8-208

图8-209　　　　图8-210

步骤04 选择该图层，接着单击图层面板底部的"添加图层蒙版"按钮，以当前选区建立图层蒙版。在图层面板中设置"混合模式"为"正片叠底"，图层面板如图8-211所示。

效果如图8-212所示。

图8-211　　　　　　　　图8-212

步骤05 为此图形进行调色。执行"图层>新建调整图层>曲线"命令，在弹出的"属性"面板中的曲线上单击添加控制点并按住鼠标左键下拖曳，单击"此调整剪切到此图层"按钮，如图8-213所示。效果如图8-214所示。

图8-213　　　　　　　　图8-214

步骤08 在画面中三角形中间添加线条。单击工具箱中的"画笔工具"，在选项栏中"画笔预设"中设置"大小"为6像素，单击"切换画笔面板"按钮，在画笔面板中勾选"颜色动态"，设置"前景/背景抖动"为100%，"色相抖动"为100%，"饱和度抖动"为100%，"亮度抖动"为100%，"纯度"为100%。设置前景色与背景色为颜色对比较强的两种颜色，在画面中的三角形中间按住鼠标左键拖曳绘制线条，绘制出的线条颜色各不相同，如图8-218所示。

步骤06 添加主体装饰，单击工具箱中的"多边形套索工具"，在选项栏中选择"新选区"按钮，在画面中连续单击绘制三角形选区，如图8-215所示。设置前景色为紫色，使用快捷键Alt+Delete填充选区，效果如图8-216所示。

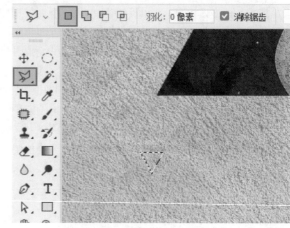

图8-215

步骤07 使用同样的方法制作彩色三角形，如图8-217所示。

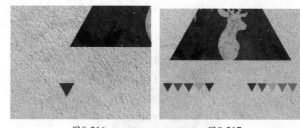

图8-216　　　　　　　　图8-217

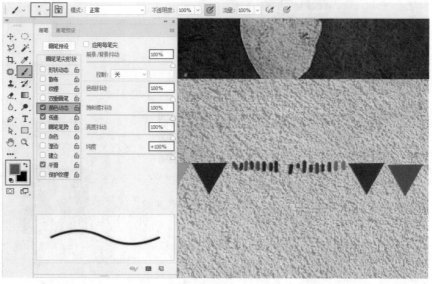

图8-218

步骤09 执行"文件>置入嵌入的智能对象"命令，在弹出的"置入嵌入对象"窗口中选择素材"4.jpg"，单击"置入"按钮，并缩放到适当位置，按Enter键完成置入。执行"图层>栅格化>智能对象"命令，将该图层栅格化为普通图层，如图8-219所示。单击工具箱中的"矩形选框工具"，绘制一个矩形选区，如图8-220所示。

图8-219　　　　　　　　　图8-220

步骤10　选择该图层，单击图层面板底部的"添加图层蒙版"按钮，以矩形选区为其建立图层蒙版，如图8-221所示。图层蒙版缩览图如图8-222所示。在图层面板中设置"混合模式"为"正片叠底"，效果如图8-223所示。

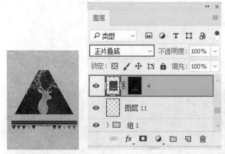

图8-221　　　　　　图8-222　　　　　　图8-223

步骤11　使用同样的方法添加素材，借助选区工具与图层蒙版隐藏多余的部分，制作出版面中的各个图形，如图8-224所示。继续使用画笔工具绘制一些线条装饰，使用"多边形套索工具"制作三角形装饰，摆放在合适的位置上，如图8-225所示。

图8-224　　　　　　　　　图8-225

步骤12　下面制作鹿。单击图层面板底部的"创建新组"命令，并将后面将要使用的与"鹿"相关的图层放在组中。执行"文件>置入嵌入的智能对象"命令，在弹出的"置入嵌入对象"窗口中选择素材"5.png"，单击"置入"按钮，并缩放到适当位置，按Enter键完成置入。执行

"图层>栅格化>智能对象"命令，将该图层栅格化为普通图层，如图8-226所示。单击图层面板底部的"添加图层蒙版"按钮，使用"画笔工具"，设置前景色为黑色，在图层蒙版中鹿身的位置进行涂抹，使之隐藏，如图8-227所示。

图8-226　　　　　　　　　图8-227

步骤13　执行"图层>新建调整图层>曲线"命令，在弹出的"属性"面板中的曲线上单击添加控制点并按住鼠标左键拖曳调整，并单击"此调整剪切到此图层"按钮，如图8-228所示。效果如图8-229所示。

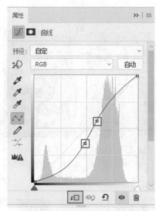

图8-228　　　　　　　　　图8-229

步骤14　新建图层，设置"前景色"为棕色，使用快捷键Alt+Delete填充颜色，如图8-230所示。选择该图层，单击右键执行"创建剪贴蒙版"命令，效果如图8-231所示。

图8-230　　　　　　　　　图8-231

步骤15 在图层面板中设置"混合模式"为"颜色",如图8-232所示。效果如图8-233所示。

图8-232　　　　　　图8-233

步骤16 新建图层,单击工具箱中的"画笔工具",在选项栏中设置合适的画笔大小,设置前景色为黄色,在画面中鹿头的位置按住鼠标左键拖曳绘制,如图8-234所示。在图层面板中设置"混合模式"为"正片叠底",如图8-235所示。效果如图8-236所示。

图8-234　　　　　图8-235　　　　　图8-236

步骤17 选择该图层,单击右键并执行"创建剪贴蒙版"命令,如图8-237所示。效果如图8-238所示。

图8-237　　　　　　图8-238

步骤18 使用同样的方法在画面中鹿的周围绘制彩线,并添加一些三角形装饰,如图8-239所示。至此,鹿的整体就做完了。在图层面板中选择"鹿"组,右键执行"复制组"命令。选择拷贝组,使用快捷键Ctrl+T调出定界框,单击右键执行"水平翻转"命令,并将其移动到画面右侧,如图8-240所示。

图8-239　　　　　　图8-240

步骤19 在画面中添加文字。单击工具箱中的"横排文字工具",在选项栏中设置合适的字体和字号。在画面中单击输入文字,如图8-241所示。执行"文件>置入嵌入的智能对象"命令,在弹出的"置入嵌入对象"窗口中选择素材"6.jpg",单击"置入"按钮,并缩放到适当位置,按Enter键完成置入。执行"图层>栅格化>智能对象"命令,将该图层栅格化为普通图层,如图8-242所示。

图8-241

图8-242

步骤20 栅格化后的图层,如图8-243所示,右键执行"创建剪贴蒙版"命令,如图8-243所示。效果如图8-244所示。

中文版Photoshop CC从入门到精通(微课视频版)

图8-243　　　　　　　　　　图8-244

图8-246　　　　　　　　　　图8-247

步骤21 最后对画面整体色彩调整。执行"图层>新建调整图层>曲线"命令，在弹出的"属性"面板中的曲线上单击添加控制点并按住鼠标左键拖曳，如图8-245所示。在图层面板中选择图层蒙版缩览图，单击工具箱中的"椭圆选框工具"，在选项栏中设置"羽化"为100%，在图层蒙版中按住鼠标左键拖曳绘制选区。设置前景色为黑色，按快捷键Alt+Delete填充选区，蒙版如图8-246所示。效果如图8-247所示。

步骤22 执行"图层>新建调整图层>自然饱和度"命令，在弹出的"属性"面板中设置"自然饱和度"为+64，如图8-248所示。效果如图8-249所示。

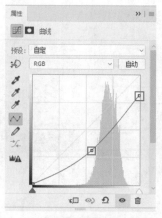

图8-245

图8-248

图8-249

综合实例：使用多种蒙版制作箱包创意广告

文件路径	资源包\第8章\综合实例：使用多种蒙版制作箱包创意广告
难易指数	★★★★★
技术掌握	图层蒙版、剪贴蒙版、高斯模糊

案例效果

案例最终效果如图8-250所示。

图8-250

操作步骤

步骤01 执行"文件>新建"命令，新建一个A4大小的空白文档，如图8-251所示。执行"文件>置入嵌入的智能对象"命令，置入风景素材"1.jpg"，如图8-252所示。

扫一扫，看视频

图8-251

图8-252

步骤 02 选择风景图层，单击图层面板底部的"添加图层蒙版"按钮 ▣ ，为该图层添加图层蒙版，如图8-253所示。单击工具箱中的"画笔工具"按钮，将前景色设置为黑色，选择一个柔角画笔，设置合适的画笔"大小"，设置"硬度"为0%，"不透明度"为50%，在画面的下方的草地上涂抹，如图8-254所示。

图8-253　　　　　　　　　　　　　图8-254

步骤 03 选中置入的素材图层，执行"滤镜>模糊>高斯模糊"命令，在弹出的窗口中设置"半径"为15像素，单击"确定"按钮完成设置，如图8-255所示。此时画面效果如图8-256所示。

步骤 04 执行"图层>新建调整图层>色相/饱和度"命令，在弹出的属性面板中设置"通道"为"全图"，色相为+139，单击"此调整剪切到此图层"按钮，如图8-257所示。此时画面效果如图8-258所示。

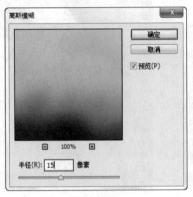

图8-255　　　　　　　图8-256　　　　　　　图8-257　　　　　　　图8-258

步骤 05 执行"图层>新建调整图层>曲线"命令，在打开的属性面板中单击中间调部分添加控制点，并向上轻移，如图8-259所示。此时画面效果如图8-260所示。

步骤 06 执行"文件>置入嵌入的智能对象"命令，置入素材"2.jpg"，如图8-261所示。选中素材"2.jpg"所在的图层，执行"图层>栅格化>智能对象"命令。在图层面板中单击"添加图层蒙版"按钮，如图8-262所示。

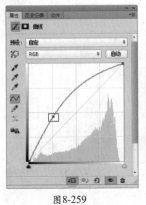

图8-259　　　　　　　图8-260　　　　　　　图8-261　　　　　　　图8-262

步骤 07 选择图层蒙版，使用黑色的柔角画笔，在画面中的云彩上方来回涂抹，将其多余的部分隐藏，使之与背景柔和过渡，如图8-263所示。

图8-263

步骤 08 执行"图层>新建调整图层>曲线"命令，在曲线中间调部分单击添加控制点并向上轻移，然后单击"此调整剪切到此图层"按钮，如图8-264所示。此时画面效果如图8-265所示。

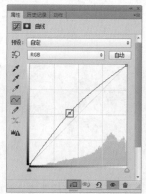 

图8-264　　　　　　　图8-265

步骤 09 置入素材"3.jpg"并将其栅格化。单击工具箱中的"快速选择工具"，在石头上按住鼠标左键拖曳得到选区，如图8-266所示。选择该图层，单击图层面板下方的"添加图层蒙版"按钮，基于选区添加图层蒙版，选区以外的部分被隐藏，如图8-267所示。

图8-266　　　　　　　图8-267

步骤 10 执行"图层>新建调整图层>曲线"命令，在中间调部分单击添加控制点并向上拖曳，然后在阴影部分单击添加控制点并向下轻移，如图8-268所示。此时画面效果如

图8-269所示。

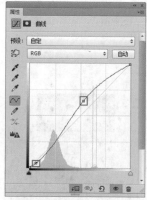 

图8-268　　　　　　　图8-269

步骤 11 置入素材"4.png"并将其栅格化，如图8-270所示。制作"包"的阴影部分。在包的图层下方新建一个图层，单击工具箱中的"画笔工具"按钮，使用黑色柔角画笔，设置画笔的"不透明度"为50%，然后在包的下面箭头所示位置按住鼠标左键向右拖动，如图8-271所示。

图8-270　　　　　　　图8-271

步骤 12 置入云雾素材"5.jpg"并将其栅格化，如图8-272所示。为该图层添加图层蒙版，使用黑色柔角画笔在蒙版中进行涂抹，隐藏云的上半部分，如图8-273所示。

图8-272　　　　　　　图8-273

步骤 13 置入前景植物素材"6.png"并将其栅格化，将置

入对象调整到合适的大小、位置，按Enter键完成置入操作，如图8-274所示。接下来制作高光部分。置入光效素材"7.jpg"并将其栅格化，如图8-275所示。

藏，效果如图8-282所示。

图8-274　　　　　　　　图8-275

步骤14 然后设置该图层的"混合模式"为"滤色"，如图8-276所示。此时画面效果如图8-277所示。

图8-276　　　　　　　　图8-277

步骤15 选中"光效"图层并为其添加图层蒙版，如图8-278所示。选中图层蒙版，使用黑色的柔角画笔在光效上进行涂抹，将主体光源以外的光效隐藏，效果如图8-279所示。

图8-278　　　　　　　　图8-279

步骤16 置入鹦鹉素材"8.jpg"并将该图层栅格化，如图8-280所示。单击工具箱中的"钢笔工具"按钮，设置绘制模式为"路径"，沿着鸟的边缘绘制一个路径，如图8-281所示。按下转换为选区快捷键Ctrl+Enter，选中鹦鹉所在图层，然后在图层面板上单击"添加图层蒙版"按钮，背景部分被隐

图8-280　　　　图8-281　　　　图8-282

步骤17 执行"图层>新建调整图层>曲线"命令，在打开的"属性"面板中单击中间调部分，并按住鼠标左键向上轻移，单击"此调整剪切到此图层"按钮，如图8-283所示。此时画面效果如图8-284所示。

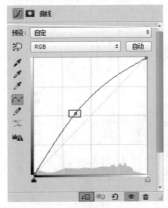

图8-283　　　　　　　　图8-284

步骤18 在图层面板上加选"鸟"图层和上方的曲线调整图层，复制并合并为独立图层，如图8-285所示。选中合并的图层，将其向右上角移动，按下自由变换快捷键Ctrl+T调出定界框并将其缩放，单击鼠标右键，执行"水平翻转"命令，按下Enter键完成变换。效果如图8-286所示。

图8-285　　　　　　　　图8-286

步骤19 制作文字部分。选中工具箱中"直排文字工具"，在选项栏上设置合适的字体、字号，设置文本颜色为白色，在画面单击并输入广告文字，如图8-287所示。单击图层面板下方的"创建新组"按钮，加选绘制的所有文字图层，移动到新建的组中，如图8-288所示。

图8-287　　　　　　　　图8-288

步骤20　置入图案素材"9.jpg"并将其栅格化，如图8-289所示。选中该图层，在该图层上单击鼠标右键，执行"创建剪贴蒙版"命令，使文字图层组出现图案效果。文字效果如图8-290所示。

图8-289　　　　　　　图8-290

步骤21　最后提亮文字的颜色。执行"图层>新建调整图层>曲线"命令，在中间调部分单击添加控制点并向上轻移，然后单击"此调整剪切到此图层"按钮，如图8-291所示。最终效果如图8-292所示。

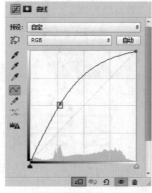

图8-291　　　　　　　图8-292

Chapter
9
第9章

扫一扫，看视频

图层混合与图层样式

本章内容简介：

本章讲解的是图层的高级功能：图层的透明效果、混合模式与图层样式。这几项功能是设计制图中经常需要使用的功能，"不透明度"与"混合模式"使用方法非常简单，常用在多图层混合中。而"图层样式"则可以为图层添加描边、阴影、发光、颜色、渐变、图案以及立体感的效果，其参数可控性较强，能够轻松制作出各种各样的常见效果。

重点知识掌握：

- 掌握图层不透明度的设置
- 掌握图层混合模式的设置
- 掌握图层样式的使用方法
- 使用多种图层样式制作特殊效果

通过本章学习，我能做什么？

通过本章图层透明度、混合模式的学习，我们能够轻松制作出多个图层混叠的效果，例如多重曝光、融图、为图像中增添光效、使苍白的天空出现蓝天白云、照片做旧、增强画面色感、增强画面冲击力等。当然，想要制作出以上效果，不仅需要设置好合适的混合模式，更需要找到合适的素材。掌握了"图层样式"，可以制作出带有各种"特征"的图层，如浮雕、描边、光泽、发光、投影等。通过多种图层样式的共同使用，可以为文字或形状图层模拟出水晶质感、金属质感、凹凸质感、钻石质感、糖果质感、塑料质感等。

9.1 为图层设置透明效果

透明度的设置是数字化图像处理最常用到的功能。在使用画笔绘图时可以进行画笔不透明度的设置，对图像进行颜色填充时也可以进行透明度的设置，而在图层中还可以针对每个图层进行透明效果的设置。顶部图层如果产生了半透明的效果，就会显露出底部图层的内容。透明度的设置常用于使多张图像/图层产生融合效果。如图9-1和图9-2所示为制作中需要设置透明效果的作品。

图9-1

图9-2

扫一扫，看视频

想要使图层产生透明效果，需要在图层面板中进行设置。由于透明效果是应用于图层本身的，所以在设置透明度之前需要在图层面板中选中需要设置的图层，此时在图层面板的顶部可以看到"不透明度"和"填充"这两个选项，默认数值为100%，表示图层完全不透明，如图9-3所示。可以在选项后方的数值框中直接输入数值以调整图层的透明效果。这两个选项都是用于制作图层透明效果的，数值越大图层越不透明；数值越小图层越透明，如图9-4所示。

图9-3

不透明度：100%

不透明度：50%

不透明度：0%

图9-4

【重点】9.1.1 动手练：设置"不透明度"

"不透明度"作用于整个图层（包括图层本身的形状内容、像素内容、图层样式、智能滤镜等）的透明属性，包括图层中的形状、像素以及图层样式。

步骤 01 例如我们对一个带有图层样式的图层设置不透明度，如图9-5所示。单击图层面板中的该图层，单击不透明度数值后方的下拉箭头，可以通过移动滑块来调整透明效果，如图9-6所示。还可以将光标定位在"不透明度"文字上，按住鼠标左键并向左右拖动，也可以调整不透明度效果，如图9-7所示。

图9-6

图9-7

图9-5

步骤 02 要想设置精确的透明参数，也可以直接设置数值，如图9-8所示设置为50%。此时图层本身以及图层的描边样式等属性也都变成半透明效果，如图9-9所示。

图9-8

图9-9

9.1.2 填充：设置图层本身的透明效果

与"不透明度"相似，"填充"也可以使图层产生透明效果。但是设置"填充"不透明度只影响图层本身内容，对附加的图层样式等效果部分没有影响。例如将"填充"数值调整为20%，图层本身内容变透明了，而描边等的图层样式还完整显示着，如图9-10和图9-11所示。

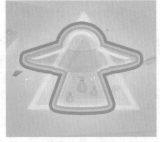

图9-10

图9-11

举一反三：利用"填充"不透明度制作透明按钮

当我们为一个按钮添加了很多图层样式后，可以看到按钮呈现出较为丰富的效果，如图9-12所示。如果想要使按钮产生一定的透明效果，直接修改"不透明度"会使整个按钮产生透明效果，而无法保留表面的凸起、描边和图案。所以我们可以在图层面板中减小"填充"数值，如图9-13所示。此时按钮变为半透明效果，如图9-14所示。

图9-12

图9-13

图9-14

练习实例：使用图层样式与填充不透明度制作对比效果

文件路径	资源包\第9章\练习实例：使用图层样式与填充不透明度制作对比效果
难易指数	★★★★★
技术掌握	图层样式、填充不透明度

案例效果

案例处理前后的对比效果如图9-15和图9-16所示。

图9-15

图9-16

操作步骤

步骤01 执行"文件>打开"命令，打开素材"1.jpg"，如图9-17所示。新建一个图层，设置前景色为黑色。单击工具箱中的"多边形套索工具"，在画面上绘制一个四边形选区，如

扫一扫，看视频

图9-18所示。

图9-17

图9-18

步骤02 按快捷键Alt+Delete填充前景色。按快捷键Ctrl+D

取消选择，如图9-19所示。选中"图层1"，执行"图层>图层样式>外发光"命令，在弹出的窗口中设置"不透明度"为75%，设置"颜色"为白色，"方法"为"柔和"，"大小"为136像素，"范围"为50%，单击"确定"按钮完成设置，如图9-20所示。此时画面效果如图9-21所示。

为50%，如图9-22所示。最终效果如图9-23所示。

图9-21

图9-19　　　　　　　　图9-20

图9-22　　　　　　　　图9-23

步骤03 在图层面板上选择绘制图形的图层，设置"填充"

9.2　图层的混合效果

扫一扫，看视频

图层的"混合模式"是指当前图层中的像素与下方图像之间像素的颜色混合方式。"混合模式"不仅使用在"图层"中，在使用绘图工具、修饰工具、颜色填充等情况下都可以使用到"混合模式"。图层混合模式的设置主要用于多张图像的融合、使画面同时具有多个图像中的特质、改变画面色调、制作特效等情况。而且不同的混合模式作用于不同的图层中往往能够产生千变万化的效果，所以对于混合模式的使用，不同的情况下并不一定要采用某种特定样式，我们可以多次尝试，有趣的效果自然就会出现，如图9-24～图9-27所示。

图9-24　　　　　　　图9-25　　　　　　　图9-26　　　　　　　图9-27

9.2.1　动手练：设置混合模式

想要设置图层的混合模式，需要在图层面板中进行。当文档中存在两个或两个以上的图层时（只有一个图层时设置混合模式没有效果），如图9-28所示，单击选中图层（背景图层以及锁定全部的图层无法设置混合模式），然后单击混合模式列表下拉按钮 ，单击选中某一个，接着当前画面效果将会发生变化，如图9-29所示。

图9-28　　　　　　　　　　　　　　　图9-29

在下拉列表中可以看到，很多种"混合模式"被分为6组，如图9-30所示。在选中了某一种混合模式后，保持混合模式按钮处于"选中"状态，然后滚动鼠标中轮，即可快速查看各种混合模式的效果，如图9-31所示。这样也方便我们找到一种合适的混合模式。

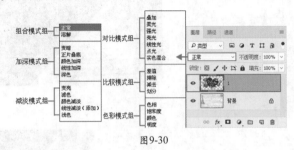

图9-30　　　　　　　　　　　　　　　　　　　　图9-31

 提示：为什么设置了混合模式却没有效果？

如果所选图层被顶部图层完全遮挡，那么此时设置该图层混合模式是不会看到效果的，需要将顶部遮挡图层隐藏后观察效果。当然也存在另一种可能性，某些特定色彩的图像与另外一些特定色彩即使设置混合模式也不会产生效果。

9.2.2　"组合"模式组

"组合"模式组中包括两种模式："正常"和"溶解"。默认情况下，新建的图层或置入的图层模式均为"正常"，这种模式下"不透明度"为100%时则完全遮挡下方图层，如图9-32和图9-33所示。降低该图层不透明度可以隐约显露出下方图层，如图9-34所示。

图9-32　　　　　　　　　　图9-33　　　　　　　　　　图9-34

"溶解"模式会使图像中透明区域的像素产生离散效果。"溶解"模式需要在降低图层的"不透明度"或"填充"数值才能起作用，这两个参数的数值越低，像素离散效果越明显，如图9-35所示。

不透明度：50%　　　　　　　　不透明度：80%

图9-35

【重点】9.2.3　"加深"模式组

"加深"模式组中包含5种混合模式，这些混合模式可以使当前图层的白色像素被下层较暗的像素替代，使图像产生变暗效果。

- 变暗：比较每个通道中的颜色信息，并选择基色或混合色中较暗的颜色作为结果色，同时替换比混合色亮的像素，而比混合色暗的像素保持不变，如图9-36所示。
- 正片叠底：任何颜色与黑色混合产生黑色，任何颜色与白色混合保持不变，如图9-37所示。

中文版Photoshop CC从入门到精通（微课视频版）

- 颜色加深：通过增加上下层图像之间的对比度来使像素变暗，与白色混合后不产生变化，如图9-38所示。
- 线性加深：通过减小亮度使像素变暗，与白色混合不产生变化，如图9-39所示。
- 深色：通过比较两个图像的所有通道数值的总和，然后显示数值较小的颜色，如图9-40所示。

图9-36　　　　　图9-37　　　　　图9-38　　　　　图9-39　　　　　图9-40

练习实例：使用混合模式制作暖色夕阳

文件路径	资源包\第9章\练习实例：使用混合模式制作暖色夕阳
难易指数	★★★★★
技术掌握	设置混合模式

案例效果

案例最终效果如图9-41所示。

图9-41

操作步骤

步骤01 执行"文件>打开"命令，打开素材"1.jpg"，如图9-42所示。执行"文件>置入嵌入的智能对象"命令置入天空素材"2.jpg"，按Enter键确定置入操作，接着将该图层栅格化，如图9-43所示。

扫一扫，看视频

图9-42　　　　　　　　图9-43

步骤02 选中天空图层，设置"混合模式"为"正片叠底"，"不透明度"为80%，如图9-44所示。此时画面效果如图9-45所示。

图9-44　　　　　　　图9-45

步骤03 选择"天空"图层，单击"添加图层蒙版"按钮，选中图层蒙版，如图9-46所示。使用黑色的柔角画笔在山和人物部分按住鼠标左键拖曳进行涂抹，蒙版中涂抹的位置如图9-47所示。画面效果如图9-48所示。

图9-46　　　　　　　　图9-47

图9-48

【重点】9.2.4　"减淡"模式组

"减淡"模式组包含5种混合模式。这些模式会使图像中黑色的像素被较亮的像素替换，而任何比黑色亮的像素都可能提亮下层图像。所以"减淡"模式组中的模式会使图像变亮。

- 变亮：比较每个通道中的颜色信息，并选择基色或混合色中较亮的颜色作为结果色，同时替换比混合色暗的像素，而比混合色亮的像素保持不变，如图9-49所示。
- 滤色：与黑色混合时颜色保持不变，与白色混合时产生白色，如图9-50所示。

- 颜色减淡：通过减小上下层图像之间的对比度来提亮底层图像的像素，如图9-51所示。
- 线性减淡（添加）：与"线性加深"模式产生的效果相反，可以通过提高亮度来减淡颜色，如图9-52所示。
- 浅色：比较两个图像的所有通道数值的总和，然后显示数值较大的颜色，如图9-53所示。

图9-49

图9-50

图9-51

图9-52

图9-53

练习实例：使用混合模式制作"人与城市"

文件路径	资源包\第9章\练习实例：使用混合模式制作"人与城市"
难易指数	★★★★★
技术掌握	混合模式、不透明度

案例效果

案例最终效果如图9-54所示。

图9-54

操作步骤

步骤01 执行"文件>打开"命令，在"打开"窗口中选择背景素材"1.jpg"，单击"打开"按钮，如图9-55所示。执行"文件>置入嵌入的智能对象"命令，在弹出的"置入嵌入对象"窗口中选择素材"2.jpg"，单击"置入"按钮，并放到适当位置，按Enter键完成置入。执行"图层>栅格化>智能对象"命令，将该图层栅格化为普通图层，如图9-56所示。

扫一扫，看视频

图9-55

图9-56

步骤02 要使人物侧影的头部显示出背景。在图层面板中设置"混合模式"为"滤色"，如图9-57所示。效果如图9-58所示。

图9-57

图9-58

步骤03 接下来调整不透明度。在图层面板中设置"不透明度"为90%，如图9-59所示。效果如图9-60所示。

图9-59

图9-60

步骤04 最后在画面中添加文字。单击"工具箱"中的"横排文字工具"，在"选项栏"中设置合适的字体、字号，"填充"为深紫色，在画面中右下角单击输入文字，如图9-61所示。

图9-61

练习实例：使用混合模式制作梦幻色彩

文件路径	资源包\第9章\练习实例：使用混合模式制作梦幻色彩
难易指数	★★★★★
技术掌握	混合模式、不透明度、渐变工具

案例效果

案例处理前后对比效果如图9-62和图9-63所示。

图9-62　　　　　　图9-63

操作步骤

步骤01　执行"文件>打开"命令，在"打开"窗口中选择背景素材"1.jpg"，单击"打开"按钮，如图9-64所示。新建图层，单击"工具箱"中的"渐变工具"，在"选项栏"中单击"渐变色条"，在弹出的"渐变编辑器"中编辑一个蓝色系渐变，单击"确定"按钮完成编辑。设置"渐变方式"为"线性渐变"，接着在画面中按住鼠标左键拖曳填充渐变，如图9-65所示。

扫一扫，看视频

图9-64　　　　　　　　　图9-65

步骤02　在图层面板中设置渐变颜色图层的"混合模式"为"滤色"，"不透明度"为65，如图9-66所示。效果如图9-67所示。

图9-66　　　　　　　图9-67

步骤03　在画面中可以看到上部过亮，接着我们对其调整。新建图层，设置前景色为蓝色，单击"工具箱"中的"画笔工具"，在选项栏中单击"画笔预设"下拉按钮，在"画笔预设"下拉面板中设置"大小"为350像素，"硬度"为0%，接着在画面中上部按住鼠标左键拖曳绘制，如图9-68所示。然后在图层面板中设置该图层的"混合模式"为"正片叠底"，如图9-69所示。效果如图9-70所示。

步骤04　最后添加艺术字。执行"文件>置入嵌入的智能对象"命令，在弹出的"置入嵌入对象"窗口中选择素材"2.png"，单击置入按钮，并放到适当位置，按Enter键完成置入。接着执行"图层>栅格化>智能对象"命令，将该图层栅格化为普通图层，如图9-71所示。

图9-68　　　　　　　　　图9-69

图9-70　　　　　　　图9-71

【重点】9.2.5　"对比"模式组

"对比"模式组包括7种模式，使用这些混合模式可以使图像中50%的灰色完全消失，亮度值高于50%灰色的像素都提亮下层的图像，亮度值低于50%灰色的像素则使下层图像变暗，以此加强图像的明暗差异。

- **叠加**：对颜色进行过滤并提亮上层图像，具体取决于底层颜色，同时保留底层图像的明暗对比，如图9-72所示。

- **柔光**：使颜色变暗或变亮，具体取决于当前图像的颜色。如果上层图像比50%灰色亮，则图像变亮；如果上层图像比50%灰色暗，则图像变暗，如图9-73所示。

- 强光：对颜色进行过滤，具体取决于当前图像的颜色。如果上层图像比50%灰色亮，则图像变亮；如果上层图像比50%灰色暗，则图像变暗，如图9-74所示。
- 亮光：通过增加或减小对比度来加深或减淡颜色，具体取决于上层图像的颜色。如果上层图像比50%灰色亮，则图像变亮；如果上层图像比50%灰色暗，则图像变暗，如图9-75所示。

图9-72　　　　　　　　　图9-73　　　　　　　　　图9-74　　　　　　　　　图9-75

- 线性光：通过减小或增加亮度来加深或减淡颜色，具体取决于上层图像的颜色。如果上层图像比50%灰色亮，则图像变亮；如果上层图像比50%灰色暗，则图像变暗，如图9-76所示。
- 点光：根据上层图像的颜色来替换颜色。如果上层图像比50%灰色亮，则替换比较暗的像素；如果上层图像比50%灰色暗，则替换较亮的像素，如图9-77所示。
- 实色混合：将上层图像的RGB通道值添加到底层图像的RGB值。如果上层图像比50%灰色亮，则使底层图像变亮；如果上层图像比50%灰色暗，则使底层图像变暗，如图9-78所示。

图9-76　　　　　　　　　　图9-77　　　　　　　　　　图9-78

举一反三：使用"强光"混合模式制作双重曝光效果

　　双重曝光是一种摄影中的特殊技法，通过对画面进行两次曝光，以取得重叠的图像。在Photoshop中也可以尝试制作双重曝光效果。首先将两个图片放在一个文档中，选中顶部的图层，设置"混合模式"为"强光"，如图9-79和图9-80所示。此时画面产生了重叠的效果，如图9-81所示。我们也可以尝试其他混合模式，观察效果。

图9-79　　　　　　　　　　图9-80　　　　　　　　　　图9-81

中文版Photoshop CC从入门到精通（微课视频版）

练习实例：使用混合模式制作彩绘嘴唇

文件路径	资源包\第9章\练习实例：使用混合模式制作彩绘嘴唇
难易指数	★★★★★
技术掌握	柔光混合模式

案例效果

案例处理前后对比效果如图9-82和图9-83所示。

图9-82　　　　　　　　图9-83

操作步骤

步骤01 执行"文件>新建"命令，建立一个背景为透明的竖版文档。执行"文件>置入嵌入的智能对象"命令，置入花纹素材"1.jpg"，调整合适的大小，放在画面的上方。执行"图层>栅格化>智能对象"命令，如图9-84所示。继续执行"文件>置入嵌入的智能对象"命令，置入人物素材"2.jpg"，执行"图层>栅格化>智能对象"命令。此时人物素材图层与背景图层重合，如图9-85所示。

步骤02 为了使背景中的花纹显现出来，我们需要创建出人物照片中背景部分的选区。选中人物图层，单击工具箱中的"钢笔工具"，沿着白色背景部分绘制路径，如图9-86所示。单击鼠标右键，在弹出的快捷菜单里选择"建立选区"命令，得到选区，如图9-87所示。

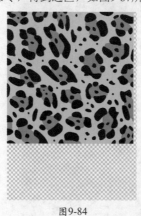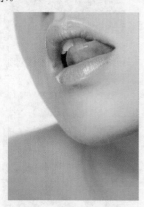

图9-84　　　　　　　　图9-85

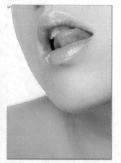

图9-86　　　　　　　　图9-87

步骤03 选中人物素材图层，按Delete键，删除背景，如图9-88所示。再次置入花纹素材"1.jpg"，放在下唇的位置，如图9-89所示。

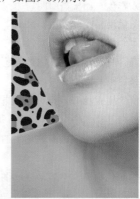

图9-88　　　　　　　　图9-89

步骤04 选中新置入的花纹素材，在图层面板设置"图层混合模式"为柔光。单击"添加图层蒙版"按钮，为该图层添加图层蒙版，如图9-90和图9-91所示。选中工具箱中的"画笔"工具，在选项栏中的画笔选项中选择硬角柔和的画笔，设置合适的笔尖大小，"不透明度"设置为28%。轻轻在图层蒙版中涂抹，擦除多余的部分，画面效果如图9-92所示。

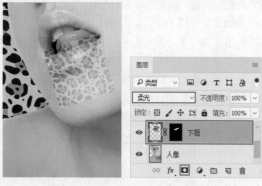

图9-90　　　　　　　　图9-91

步骤05 同样的制作上唇的效果，如图9-93所示。并在画面左下角添加文字装饰，最终效果如图9-94所示。

图9-92 图9-93 图9-94

9.2.6 "比较"模式组

"比较"模式组包含4种模式，这些混合模式可以对比当前图像与下层图像的颜色差别。将颜色相同的区域显示为黑色，不同的区域显示为灰色或彩色。如果当前图层中包含白色，那么白色区域会使下层图像反相，而黑色不会对下层图像产生影响。

- 差值：上层图像与白色混合将反转底层图像的颜色，与黑色混合则不产生变化，如图9-95所示。
- 排除：创建一种与"差值"模式相似，但对比度更低的混合效果，如图9-96所示。
- 减去：从目标通道中相应的像素上减去源通道中的像素值，如图9-97所示。
- 划分：比较每个通道中的颜色信息，然后从底层图像中划分上层图像，如图9-98所示。

图9-95 图9-96

图9-97 图9-98

9.2.7 "色彩"模式组

"色彩"模式组包括4种混合模式，这些混合模式会自动识别图像的颜色属性（色相、饱和度和亮度）。然后再将其中的一种或两种应用在混合后的图像中。

- 色相：用底层图像的明亮度和饱和度以及上层图像的色相来创建结果色，如图9-99所示。
- 饱和度：用底层图像的明亮度和色相以及上层图像的饱和度来创建结果色，在饱和度为0的灰度区域应用该模式不会产生任何变化，如图9-100所示。
- 颜色：用底层图像的明亮度以及上层图像的色相和饱和度来创建结果色，这样可以保留图像中的灰阶，对于为单色图像上色或给彩色图像着色非常有用，如图9-101所示。
- 明度：用底层图像的色相和饱和度以及上层图像的明亮度来创建结果色，如图9-102所示。

图9-99 图9-100

图9-101 图9-102

练习实例：制作运动鞋创意广告

文件路径	资源包\第9章\练习实例：制作运动鞋创意广告
难易指数	★★★★★
技术掌握	混合模式、不透明度

案例效果

案例处理前后对比效果如图9-103和图9-104所示。

图9-103　　　　　　　　图9-104

操作步骤

步骤 01 新建一个宽度为2500像素，高度为1800像素的文件，并将画布填充黑色。执行"文件>置入嵌入的智能对象"命令，置入素材"1.jpg"，执行"图层>栅格化>智能对象"命令，如图9-105所示。单击工具箱中的"魔术橡皮擦工具"按钮，在图片中白色处单击，将白色背景擦除，如图9-106所示。

图9-105　　　　　　　　图9-106

步骤 02 下面开始制作鞋上的花纹。执行"文件>置入嵌入的智能对象"命令，置入花朵素材"2.png"，并摆放在合适位置。执行"图层>栅格化>智能对象"命令，如图9-107所示。设置该图层的"混合模式"为"柔光"，如图9-108所示。效果如图9-109所示。

图9-107　　　　　　　　图9-108

图9-109

步骤 03 选择"花"图层，使用快捷键Ctrl+J将其复制到独立图层，并将该图层的"混合模式"设置为"明度"，进行适当缩放后摆放在鞋子上方，如图9-110所示。效果如图9-111所示。

图9-110　　　　　　　　图9-111

步骤 04 使用"橡皮擦工具"将多余的花瓣擦除，效果如图9-112所示。

步骤 05 执行"文件>置入嵌入的智能对象"命令，置入彩条素材"3.jpg"，摆放在合适位置，执行"图层>栅格化>智能对象"命令。设置该图层的"混合模式"为"颜色减淡"，"不透明度"为37%，如图9-113所示。将多余部分擦除，效果如图9-114所示。

图9-112　　　　　图9-113　　　　　图9-114

步骤 06 置入光效素材"4.jpg"，执行"图层>栅格化>智能对象"命令，设置该图层的"混合模式"为"滤色"，如图9-115所示。图像效果如图9-116所示。

图9-115　　　　　　　　图9-116

步骤 07 在"背景"图层上方新建图层，使用"画笔工具"通过更改画笔颜色绘制一些"光斑"，效果如图9-117所示。将"光斑"图层进行复制，将复制后的图层移动至合适位置，并设置该图层的"混合模式"为"溶解"，"不透明度"为6%，如图9-118所示。效果如图9-119所示。

扫一扫，看视频

图9-117

图9-118

图9-119

步骤08 置入背景装饰素材"5.png"，放置在"光斑"图层的上一层，执行"图层>栅格化>智能对象"命令，效果如图9-120所示。置入前景装饰素材并摆放至合适位置，完成本案例的制作，效果如图9-121所示。

图9-120

图9-121

9.3 为图层添加样式

"图层样式"是一种附加在图层上的"特殊效果"，比如浮雕、描边、光泽、发光、投影等。这些样式可以单独使用，也可以多种样式共同使用。图层样式在设计制图中应用非常广泛，例如制作带有凸起感的艺术字、为某个图形添加描边、制作水晶质感的按钮、模拟向内凹陷的效果、制作带有凹凸纹理效果、为图层表面赋予某种图案、制作闪闪发光的效果等，如图9-122和图9-123所示。

Photoshop中共有10种"图层样式"：斜面和浮雕、描边、内阴影、内发光、光泽、颜色叠加、渐变叠加、图案叠加、外发光与投影。从名称中就能够猜到这些样式是用来制造什么效果的。如图9-124所示为未添加样式的图层；如图9-125所示为这些图层样式单独使用的效果。

图9-122

图9-123

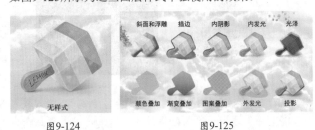

图9-124

图9-125

【重点】9.3.1 动手练：使用图层样式

扫一扫，看视频

1.添加图层样式

步骤01 想要使用图层样式，首先需要选中图层（不能是空图层），如图9-126所示。接着执行"图层>图层样式"命令，在子菜单中可以看到图层样式的名称以及图层样式的相关命令，如图9-127所示。单击某一项图层样式命令，即可弹出"图层样式"对话框。

图9-126

图9-127

中文版Photoshop CC从入门到精通（微课视频版）

步骤02 窗口左侧区域为图层样式列表，在某一项样式前单击，样式名称前面的复选框内有■标记，表示在图层中添加了该样式。接着单击样式的名称，才能进入该样式的参数设置页面。调整好相应的设置以后单击"确定"按钮，如图9-128所示。即可为当前图层添加该样式，如图9-129所示。

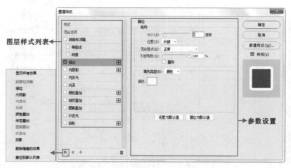

图9-128   图9-129

 提示：显示所有效果。

如果"图层样式"窗口左侧的列表中只显示了部分样式，那么可以单击左下角的■按钮，执行"显示所有效果"命令，如图9-130所示，即可显示其他未启用的命令，如图9-131所示。

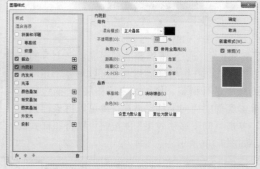

图9-130   图9-131

步骤03 对同一个图层可以添加多个图层样式，在左侧图层列表中可以单击多个图层样式的名称，即可启用该图层样式，如图9-132和图9-133所示。

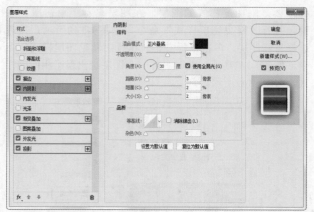

图9-132

图9-133

步骤04 有的图层样式名称后方带有一个■，表明该样式可以被多次添加，例如单击"描边"样式后方的■，在图层样式列表中出现了另一个"描边"样式，设置不同的描边大小和颜色，如图9-134所示。此时该图层出现了两层描边，如图9-135所示。

第 9 章　图层混合与图层样式

313

图9-134

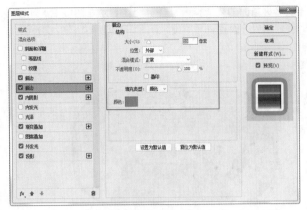

图9-135

步骤05 图层样式也会按照上下堆叠的顺序显示，上方的样式会遮挡下方的样式。在图层样式列表中可以对多个相同样式的上下排列顺序进行调整。例如选中该图层3个描边样式中的一个，单击底部的"向上移动效果" ▲可以将该样式向上移动一层，单击"向下移动效果" ▼按钮可以将该样式向下移动一层，如图9-136所示。

图9-136

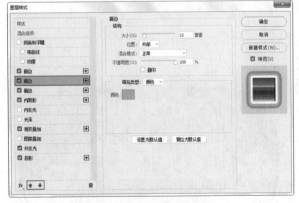

提示：为图层添加样式的其他方法。

　　也可以在选中图层后，单击图层面板底部的"添加图层样式"按钮 *fx*，接着在弹出的菜单中可以选择合适的样式，如图9-137所示。或在"图层"面板中双击需要添加样式的图层缩览图，也可以打开"图层样式"对话框。

图9-137

2.编辑已添加的图层样式

　　为图层添加了图层样式后，在"图层"面板中该图层上会出现已添加的样式列表，单击向下的小箭头 即可展开图层样式堆栈，如图9-138所示。在"图层"面板中双击该样式的名称，弹出"图层样式"面板，进行参数的修改即可，如图9-139所示。

图9-138　　　　　　　　　图9-139

3.拷贝和粘贴图层样式

　　当我们已经制作好了一个图层的样式，而其他图层或者其他文件中的图层也需要使用相同的样式，我们可以使用"拷贝图层样式"功能快速赋予该图层相同的样式。选择需要复制图层样式的图层，在图层名称上单击鼠标右键，执行"拷贝图层样式"命令，如图9-140所示。接着选择目标图层，单击鼠标右键，执行"粘贴图层样式"命令，如图9-141所示。此时另外一个图层也出现了相同的样式，如图9-142所示。

图9-140

中文版Photoshop CC从入门到精通（微课视频版）

图9-141　　　　　　　　　　　　　　　　图9-142

4.缩放图层样式

　　图层样式的参数大小很大程度上能够影响图层的显示效果。有时为一个图层赋予了某个图层样式后，可能会发现该样式的尺寸与本图层的尺寸不成比例，那么此时就可以对该图层样式进行"缩放"。展开图层样式列表，在图层样式上单击右键，执行"缩放效果"命令，如图9-143所示。然后可以在弹出的窗口中设置缩放数值，如图9-144所示。经过缩放的图层样式尺寸会产生相应的放大或缩小，如图9-145所示。

图9-143　　　　　　　　　图9-144　　　　　　　　　图9-145

5.隐藏图层效果

　　展开图层样式列表，在每个图层样式前都有一个可用于切换显示或隐藏的图标●，如图9-146所示。单击"效果"前的●按钮可以隐藏该图层的全部样式，如图9-147所示。单击单个样式前的●图标，则可以只隐藏对应的样式，如图9-148所示。

图9-146　　　　　　　　　　图9-147　　　　　　　　　图9-148

 提示：隐藏文档中的全部样式。

　　如果要隐藏整个文档中的图层的图层样式，可以执行"图层>图层样式>隐藏所有效果"菜单命令。

6.去除图层样式

　　想要去除图层的样式，可以在该图层上单击鼠标右键，执行"清除图层样式"命令，如图9-149所示。如果只想去除众多样式中的一种，可以展开样式列表，将某一样式拖曳到"删除图层"按钮圖上，就可以删除该图层样式，如图9-150所示。

图9-149　　　　　　　　图9-150

7.栅格化图层样式

与栅格化文字、栅格化智能对象、栅格化矢量图层相同，"栅格化图层样式"可以将"图层样式"变为普通图层的一个部分，使图层样式部分可以像普通图层中的其他部分一样进行编辑处理。在该图层上单击鼠标右键，执行"栅格化图层样式"命令，如图9-151所示。此时该图层的图层样式也出现在图层的本身内容中了，如图9-152所示。

图9-151　　　　　　　　图9-152

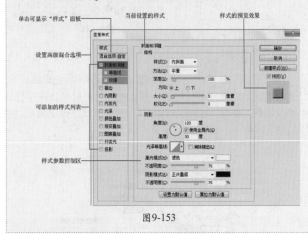

稍早期版本的Photoshop中的"图层样式"功能与现在有所不同，虽然样式的种类没有区别，但是早期版本不能同时为一个图层添加多个相同的样式，如图9-153所示为Photoshop CC版本的"图层样式"窗口。

图9-153

 读书笔记

练习实例：拷贝图层样式制作具有相同样式的对象

文件路径	资源包\第9章\练习实例：拷贝图层样式制作具有相同样式的对象
难易指数	★★★★★
技术掌握	斜面和浮雕、投影、渐变叠加、拷贝图层样式、粘贴图层样式

案例效果

案例最终效果如图9-154所示。

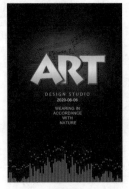

图9-154

操作步骤

步骤01 执行"文件>打开"命令，打开素材"1.jpg"，如图9-155所示。单击工具箱中的"横排文字工具"按钮，在选项栏上设置合适的字体、字号，设置文本颜色为黄色，在画面上单击并输入文字。文字输入完成后单击"提交所有当前编辑"按钮，效果如图9-156所示。

扫一扫，看视频

图9-155　　　　　　　图9-156

步骤02 选择文字图层，执行"图层>图层样式>描边"命令，在弹出的窗口中设置"大小"为6像素，"位置"为"外部"，"不透明度"为100%，"颜色"为红色，如图9-157所示。在样式列表中勾选"投影"，设置"混合模式"为"正片叠底"，"投影颜色"为黑色，"不透明度"为47%，"角度"为153度，"距离"为18像素，"大小"为6像素，单击"确定"按钮完成设置，如图9-158所示。此时画面效果如图9-159所示。

所示。继续在样式列表中勾选"投影"，设置"混合模式"为"正片叠底"，"颜色"为黑色，"不透明度为"47%，"角度"为153，"距离"为4像素，"大小"为3像素，如图9-163所示。此时画面效果如图9-164所示。

图9-162

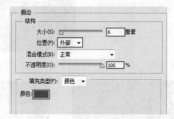

图9-157

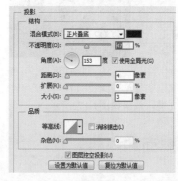

图9-158　　　　　　　图9-159

步骤03 选中文字图层，使用快捷键Ctrl+J复制选中的图层，单击鼠标右键执行"清除图层样式"命令，此时图层效果如图9-160所示。执行"图层>图层样式>斜面和浮雕"命令，设置"样式"为"内斜面"，"方法"为"平滑"，"深度"为399%，"方向"为"上"，"大小"为3像素，"软化"为4像素，"角度"为153度，"高度"为11度，如图9-161所示。

图9-163　　　　　　　图9-164

步骤05 制作另外两个字母需要通过复制图层样式的方法制作。输入字母"R"，如图9-165所示。选择字母T图层，单击鼠标右键，执行"拷贝图层样式"命令，如图9-166所示。

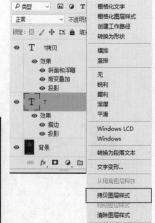

图9-160　　　　　　　图9-161

步骤04 继续在图层样式的样式列表下勾选"渐变叠加"，设置"混合模式"为"正常"，编辑一个黄色系渐变，样式为"线性"，"角度"为90，"缩放"为100%，如图9-162

图9-165　　　　　　　图9-166

步骤06 选择字母R图层，单击鼠标右键执行"粘贴图层样式"命令，如图9-167所示。此时文字效果如图9-168所示。

步骤08 选择字母R图层，使用快捷键Ctrl+J将该图层进行复制，得到"R拷贝"图层，然后将该图层的图层样式清除。

接着将"T拷贝"图层的图层样式复制给"R拷贝"图层，如图9-169所示。文字效果如图9-170所示。

图9-169　　　　　　　　　　图9-170

图9-167　　　　　　　　　　图9-168

图9-171　　　　　　　　　　图9-172

步骤 08 使用同样的方法制作字母A，如图9-171所示。继续使用文字工具输入下方的文字，效果如图9-172所示。

【重点】9.3.2　斜面和浮雕

使用"斜面和浮雕"样式可以为图层模拟从表面凸起的立体感。在"斜面和浮雕"样式中包含多种凸起效果，如"外斜面""内斜面""浮雕效果""枕状浮雕""描边浮雕"。"斜面和浮雕"样式主要通过为图层添加高光与阴影，使图像产生立体感，常用于制作立体感的文字或者带有厚度感的对象效果。选中图层，如图9-173所示。执行"图层>图层样式>斜面浮雕"命令，打开"斜面和浮雕"参数设置窗口，如图9-174所示。所选图层会产生凸起效果，如图9-175所示。

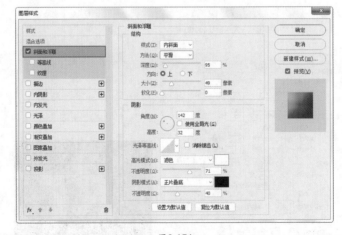

图9-173　　　　　　　　　　　　　　图9-174　　　　　　　　　　　　　　图9-175

- 样式：从列表中选择斜面和浮雕的样式，其中包括"外斜面""内斜面""浮雕效果""枕状浮雕""描边浮雕"。选择"外斜面"，可以在图层内容的外侧边缘创建斜面；选择"内斜面"，可以在图层内容的内侧边缘创建斜面；选择"浮雕效果"，可以使图层内容相对于下层图层产生浮雕状的效果；选择"枕状浮雕"，可以模拟图层内容的边缘嵌入到下层图层中产生的效果；选择"描边浮雕"，可以将浮雕应用于图层的"描边"样式的边界，如果图层没有"描边"样式，则不会产生效果。如图9-176所示为不同样式的效果。

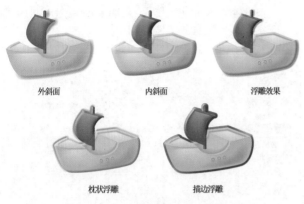

外斜面　　　　　内斜面　　　　　浮雕效果

枕状浮雕　　　　　　　描边浮雕

图9-176

- 方法：用来选择创建浮雕的方法。选择"平滑"可以得到比较柔和的边缘；选择"雕刻清晰"可以得到最精确的浮雕边缘；选择"雕刻柔和"可以得到中等水平的浮雕效果。如图9-177所示为不同方法的效果。

平滑　　　　　雕刻清晰　　　　　雕刻柔和

图9-177

- 深度：用来设置浮雕斜面的应用深度，该值越高，浮雕的立体感越强。如图9-178所示为不同参数的效果。

深度：20　　　　　深度：80　　　　　深度：120

图9-178

- 方向：用来设置高光和阴影的位置，该选项与光源的角度有关。如图9-179所示为不同参数的效果。

方向：上　　　　　　方向：下

图9-179

- 大小：该选项表示斜面和浮雕的阴影面积的大小。如图9-180所示为不同参数的效果。
- 软化：用来设置斜面和浮雕的平滑程度。如图9-181所示为不同参数的效果。

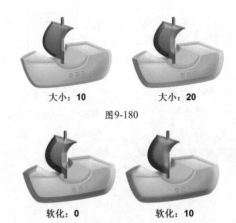

大小：10　　　　　大小：20

图9-180

软化：0　　　　　软化：10

图9-181

- 角度："角度"选项用来设置光源的发光角度。如图9-182所示为不同参数的效果。

角度：30°　　　角度：80°　　　角度：150°

图9-182

- 高度："高度"选项用来设置光源的高度。
- 使用全局光：如果勾选该选项，那么所有浮雕样式的光照角度都将保持在同一个方向。
- 光泽等高线：选择不同的等高线样式，可以为斜面和浮雕的表面添加不同的光泽质感，也可以自己编辑等高线样式。如图9-183所示为不同类型的等高线效果。

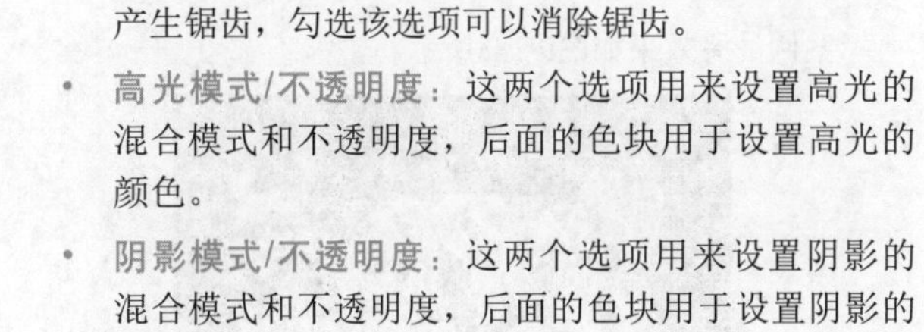

图9-183

- 消除锯齿：当设置了光泽等高线时，斜面边缘可能会产生锯齿，勾选该选项可以消除锯齿。
- 高光模式/不透明度：这两个选项用来设置高光的混合模式和不透明度，后面的色块用于设置高光的颜色。
- 阴影模式/不透明度：这两个选项用来设置阴影的混合模式和不透明度，后面的色块用于设置阴影的颜色。

1.等高线

在样式列表中"斜面浮雕"样式下方还有另外两个样

式："等高线"和"图案"。单击"斜面和浮雕"样式下面的"等高线"选项，切换到"等高线"设置面板，如图9-184所示。使用"等高线"可以在浮雕中创建凹凸起伏的效果，如图9-185所示。

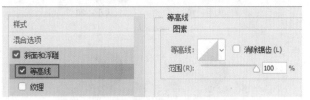

图9-184

图9-185

2.纹理

勾选图层样式列表中的"纹理"选项，启用该样式，单击并切换到"纹理"设置面板，如图9-186所示。"纹理"样式可以为图层表面模拟凹凸效果，如图9-187所示。

- 图案：单击"图案"，可以在弹出的"图案"拾色器中选择一个图案，并将其应用到斜面和浮雕上。
- 从当前图案创建新的预设▣：单击该按钮，可以将当

前设置的图案创建为一个新的预设图案，同时新图案会保存在"图案"拾色器中。

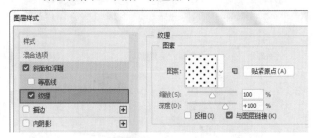

图9-186

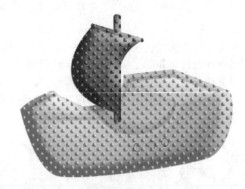

图9-187

- 贴紧原点：将原点对齐图层或文档的左上角。
- 缩放：用来设置图案的大小。
- 深度：用来设置图案纹理的使用程度。
- 反相：勾选该选项以后，可以反转图案纹理的凹凸方向。
- 与图层链接：勾选该项以后，可以将图案和图层链接在一起，这样在对图层进行变换等操作时，图案也会跟着一同变换。

练习实例：使用图层样式制作卡通文字

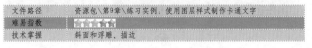

文件路径	资源包\第9章\练习实例：使用图层样式制作卡通文字
难易指数	★★★★★
技术掌握	斜面和浮雕、描边

案例效果

案例最终效果如图9-188所示。

图9-188

扫一扫，看视频

操作步骤

步骤01 执行"文件>新建"命令，新建一个空白文档。设置前景色为黑灰色，按快捷键Alt+Delete填充前景色，如图9-189所示。单击工具箱中的"横排文字工具"按钮，在选项栏上设置合适的字体、字号，设置文本颜色为中黄色，在画面上单击并输入文字，如图9-190所示。

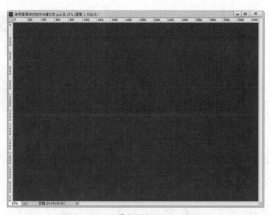
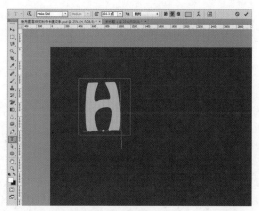

图9-189	图9-190

步骤 02 选中文字图层，执行"图层>图层样式>斜面和浮雕"命令，在弹出的窗口中设置"样式"为"内斜面"，"方法"为"平滑"，"深度"为100%，"方向"为上，"大小"为38像素，"软化"为7像素，"角度"为30度，"高度"为30度，设置"高光颜色"为土黄色，"阴影"为土红色，如图9-191所示。接着在样式列表下勾选"描边"，设置"大小"为24像素，"位置"为"外部"，"不透明度"为100%，设置描边"颜色"为白色，单击"确定"按钮完成设置，如图9-192所示。此时画面效果如图9-193所示。

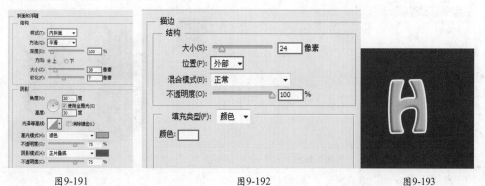

图9-191	图9-192	图9-193

步骤 03 选中文字，执行"编辑>自由变换"命令，在选项栏上设置"旋转角度"为-15度，按Enter键完成变换，如图9-194所示。用同样的方式输入其他文字，如图9-195所示。

步骤 04 选择字母H图层，单击鼠标右键执行"拷贝图层样式"命令，如图9-196所示。加选后输入的文字图层，单击鼠标右键执行"粘贴图层样式"命令，如图9-197所示。此时画面效果如图9-198所示。

图9-196

图9-194	图9-195

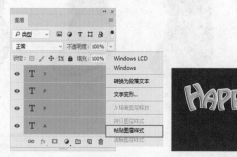

图9-197	图9-198

步骤 05 用同样的方式制作下方文字，效果如图9-199所

示。执行"文件>置入嵌入的智能对象"命令置入素材"2.png"，接着将置入对象调整到合适的大小、位置，然后按Enter键完成置入操作。最终效果如9-200图所示。

图9-199

图9-200

【重点】9.3.3 描边

　　"描边"样式能够在图层的边缘处添加纯色、渐变色以及图案的边缘。通过参数设置可以使描边处于图层边缘以内的部分、图层边缘以外的部分，或者使描边出现在图层边缘内外。选中图层，如图9-201所示。执行"图层>图层样式>描边"命令，在描边窗口中可以对描边大小、位置、混合模式、不透明度、填充类型以及填充内容进行设置，如图9-202所示。如图9-203所示为颜色描边、渐变描边、图案描边效果。

图9-201　　　　　　　　　图9-202

图9-203

- **大小**：用于设置描边的粗细。数值越大，描边越粗。
- **位置**：用于设置描边与对象边缘的相对位置，选择外部描边位于对象边缘以外；选择内部描边则位于对象边缘以内；选择"居中"，描边一半位于对象轮廓以外、一半位于轮廓以内，如图9-204所示。
- **混合模式**：用于设置描边内容与底部图层或本图层的混合方式。
- **不透明度**：用于设置描边的不透明度。数值越小，描边越透明。
- **叠印**：勾选此选项，描边的不透明度和混合模式会应用于原图层内容表面，如图9-205所示。

　外部　　　　　　居中　　　　　　内部　　　　　启用叠印　　　未启用叠印

　　　　　图9-204　　　　　　　　　　　　　　图9-205

- **填充类型**：在列表中可以选择描边的类型，包括"渐变""颜色""图案"。选择不同方式，下方的参数设置也不相同。
- **颜色**：当填充类型为"颜色"时，可以在此处设置描边的颜色。

【重点】9.3.4 内阴影

"内阴影"样式可以为图层添加从边缘向内产生的阴影样式，这种效果会使图层内容产生凹陷效果。选中图层，如图9-206所示。执行"图层>图层样式>内阴影"命令，在"内阴影"参数面板中可以对"内阴影"的结构以及品质进行设置，如图9-207所示。如图9-208所示为添加了"内阴影"样式后的效果。

 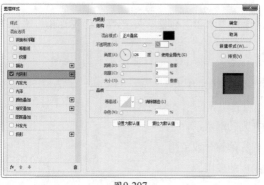 

图9-206   图9-207   图9-208

- 混合模式：用来设置内阴影与图层的混合方式。默认设置为"正片叠底"模式。
- 阴影颜色：单击"混合模式"选项右侧的颜色块，可以设置内阴影的颜色。
- 不透明度：设置内阴影的不透明度。数值越低，内阴影越淡。
- 角度：用来设置内阴影应用于图层时的光照角度，指针方向为光源方向，相反方向为投影方向。
- 使用全局光：当勾选该选项时，可以保持所有光照的角度一致；关闭该选项时，可以为不同的图层分别设置光照角度。
- 距离：用来设置内阴影偏移图层内容的距离。
- 阻塞：可以在模糊之前收缩内阴影的边界。"大小"选项与"阻塞"选项是相互关联的，"大小"数值越高，可设置的"阻塞"范围就越大。
- 大小：用来设置投影的模糊范围。数值越高，模糊范围越广，反之内阴影越清晰。
- 等高线：调整曲线的形状来控制内阴影的形状，可以手动调整曲线形状也可以选择内置的等高线预设。
- 消除锯齿：混合等高线边缘的像素，使投影更加平滑。该选项对于尺寸较小且具有复杂等高线的内阴影比较实用。
- 杂色：用来在投影中添加杂色的颗粒感效果。数值越大，颗粒感越强。

【重点】9.3.5 内发光

"内发光"样式主要用于产生从图层边缘向内发散的光亮效果。选中图层，如图9-209所示。执行"图层>图层样式>内发光"命令，如图9-210所示。在"内发光"参数面板中可以对"内发光"的结构、图素以及品质进行设置。效果如图9-211所示。

 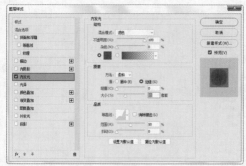 

图9-209   图9-210   图9-211

- 混合模式：设置发光效果与下面图层的混合方式。
- 不透明度：设置发光效果的不透明度。
- 杂色：在发光效果中添加随机的杂色效果，使光晕产生颗粒感。
- 发光颜色：单击"杂色"选项下面的颜色块，可以设置发光颜色；单击颜色块后面的渐变条，可以在"渐变编辑器"对话框中选择或编辑渐变色。
- 方法：用来设置发光的方式。选择"柔和"方法，发光效果比较柔和；选择"精确"选项，可以得到精确的发光边缘。
- 源：控制光源的位置。
- 阻塞：用来在模糊或清晰之前收缩内发光的边界。
- 大小：设置光晕范围的大小。
- 等高线：使用等高线可以控制发光的形状。
- 范围：控制发光中作为等高线目标的部分或范围。
- 抖动：改变渐变的颜色和不透明度的应用。

9.3.6　光泽

　　"光泽"样式可以为图层添加受到光线照射后，表面产生的映射效果。"光泽"通常用来制作具有光泽质感的按钮和金属。选中图层，如图9-212所示。执行"图层>图层样式>光泽"命令，如图9-213所示。在"光泽"参数面板中可以对"光泽"的颜色、混合模式、不透明度、角度、距离、大小、等高线进行设置，如图9-214所示。

图9-212

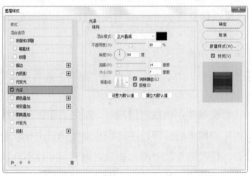
图9-213

图9-214

9.3.7　颜色叠加

　　"颜色叠加"样式可以为图层整体赋予某种颜色。选中图层，如图9-215所示。执行"图层>图层样式>颜色叠加"命令，在选项窗口中可以通过调整颜色的混合模式与透明度来调整该图层的效果，如图9-216所示。效果如图9-217所示。

图9-215

图9-216

图9-217

中文版Photoshop CC从入门到精通（微课视频版）

练习实例：使用"颜色叠加"图层样式

文件路径	资源包\第9章\练习实例：使用颜色叠加图层样式
难易指数	★★★★★
技术掌握	"颜色叠加"图层样式、自由变换

案例效果

案例最终效果如图9-218所示。

图9-218

操作步骤

扫一扫，看视频

步骤01 执行"文件>新建"命令，新建一个竖版的文件。设置前景色为青绿色，使用快捷键Alt+Delete填充颜色，如图9-219所示。首先制作左上角的角标，单击"工具箱"中的"横排文字工具"，在"选项栏"中设置合适的字体、字号，"填充"为墨绿色，在画面中右上角单击输入文字，如图9-220所示。

图9-219

图9-220

步骤02 使用同样的方法输入其他文字，如图9-221所示。单击"工具箱"中的"自定形状工具"，在选项栏中设置"绘制模式"为"形状"，"填充"为白色，"形状"为矩形框，在画面中左上角按住鼠标左键拖曳绘制形状，如图9-222所示。

图9-221

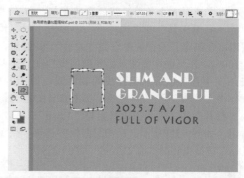

图9-222

步骤03 在"形状"中更改为音符形状，在画面中矩形框内按住鼠标左键拖曳绘制形状，如图9-223所示。继续使用"横排文字工具"在画面左上角单击输入文字，如图9-224所示。

图9-223

图9-224

步骤04 制作右上角的圆形文字标。单击"工具箱"中的"椭圆工具"，在选项栏中设置"绘制模式"为形状，"填充"为白色，在画面右上角按Shift键以及鼠标左键拖曳绘制正圆，如图9-225所示。接着单击"工具箱"中的"横排文字工具"，在"选项栏"中设置合适的字体、字号"填充"为墨绿色，在画面中正圆形状中间单击输入文字，如图9-226所示。

图9-225

图9-226

图9-228　　　　　　　图9-229

步骤05 制作画面中小条分界线。新建图层，单击"工具箱"中的"画笔工具"在"选项栏"中单击"画笔预设"下拉按钮，在画笔预设面板中设置"大小"为8像素，"硬度"为100%，在画面中按住鼠标左键拖曳绘制一条曲线，继续在画面中按住鼠标左键拖曳绘制曲线，如图9-227所示。执行"文件>打开"菜单命令，或按Ctrl+O组合键，在弹出的"打开"窗口中单击选择素材"1.psd"，单击"打开"按钮，如图9-228所示。在图层面板中选择苹果图层，按住鼠标左键拖曳到制作的文件中，如图9-229所示。

步骤06 更改苹果的颜色，执行"图层>图层样式>颜色叠加"命令，在弹出的"图层样式"面板中设置"混合模式"为"色相"，"叠加颜色"为绿色，"不透明度"为100%，单击"确定"按钮完成设置，如图9-230所示。效果如图9-231所示。

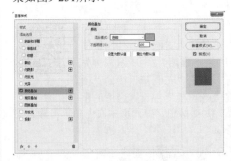

图9-230　　　　　　　图9-231

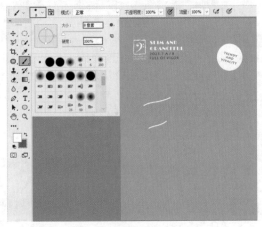

图9-227

步骤07 使用同样的方法将"1.psd"中的柠檬素材按住鼠标左键进行拖曳到制作的文件中，如图9-232所示。更改柠檬的颜色，执行"图层>图层样式>颜色叠加"命令，在弹出的"图层样式"面板中设置"混合模式"为"色相"，"叠加颜色"为黄色，"不透明度"为100%，单击"确定"按钮完成设置，如图9-233所示。效果如图9-234所示。

 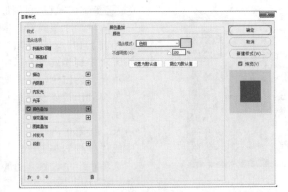 

图9-232　　　　　　　图9-233　　　　　　　图9-234

步骤08 使用同样的方法将"1.psd"中的香蕉图层按住鼠标左键拖曳到制作的文件中，如图9-235所示。更改香蕉的颜色，执行"图层>图层样式>颜色叠加"命令，在弹出的"图层样式"面板中设置"混合模式"为"色相"，"叠加颜色"为紫色，

"不透明度"为100%，单击"确定"按钮完成设置，如图9-236所示。效果如图9-237所示。

步骤09 继续使用同样的方法制作其他变色的水果，如图9-238所示。使用"横排文字工具"输入其他文字，最终效果如图9-239所示。

图9-235

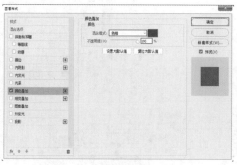
图9-236

图9-237

图9-238

图9-239

9.3.8 渐变叠加

"渐变叠加"样式与"颜色叠加"样式非常接近，都是以特定的混合模式与不透明度使某种色彩混合于所选图层，但是"渐变叠加"样式是以渐变颜色对图层进行覆盖。所以该样式主要用于使图层产生某种渐变色的效果。选中图层，如图9-240所示。执行"图层>图层样式>渐变叠加"命令，如图9-241所示。"渐变叠加"不仅仅能够制作带有多种颜色的对象，更能够通过巧妙的渐变颜色设置制作出突起、凹陷等三维效果以及带有反光的质感效果。在"渐变叠加"参数面板中可以对"渐变叠加"的渐变颜色、混合模式、角度、缩放等参数进行设置，效果如图9-242所示。

图9-240

图9-241

图9-242

练习实例：使用"渐变叠加"样式制作多彩招贴

文件路径	资源包\第9章\练习实例：使用渐变叠加样式制作多彩招贴
难易指数	★★★★★
技术掌握	为图层组添加图层样式、"渐变叠加"样式

案例效果

案例最终效果如图9-243所示。

图9-243

操作步骤

步骤01 新建一个A4大小的空白文档，接着单击工具箱中的"矩形选框工具"按钮，在画面上绘制一个矩形选区，如图9-244所示。使用快捷键Ctrl+Shift+I将选区反选，如图9-245所示。

扫一扫，看视频

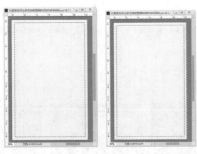

图9-244　　　　图9-245

步骤02 将前景色设置为黑色，按下Alt+Delete填充前景色。按快捷键Ctrl+D取消选区的选择，如图9-246所示。执行"文件>置入嵌入的智能对象"命令，置入素材"1.png"，将置入对象调整到合适的大小、位置，然后按Enter键完成置入操作。将该图层栅格化，如图9-247所示。

图9-246　　　　图9-247

步骤03 单击工具箱中的"横排文字工具"按钮，在选项栏上设置合适的字体、字号，设置文本颜色为文黑色，在画面上单击输入文字，如图9-248所示。用同样的方式输入其他文本字，如图9-249所示。

图9-248　　　　图9-249

步骤04 在图层面板上单击"创建新组"按钮 ▢ 新建图层组，将所有的图层加选并移动到组中，如图9-250所示。选中图层组，执行"图层>图层样式>渐变叠加"命令，在弹出的窗口中设置"混合模式"为"正常"，"不透明度"为100%，"渐变"为彩色系的渐变，"样式"为"线性"，"角度"为90度，"缩放"为100%，单击"确定"按钮完成设置，如图9-251所示。此时画面效果如图9-252所示。

图9-250

图9-251　　　　图9-252

9.3.9　图案叠加

"图案叠加"样式与前两种"叠加"样式的原理相似，"图案叠加"样式可以在图层上叠加图案。选中图层，如图9-253所示，执行"图层>图层样式>图案叠加"命令，如图9-254所示。在"图案叠加"参数面板中可以对"图案叠加"的图案、混合模式、不透明度等参数进行设置，如图9-255所示。

图9-253

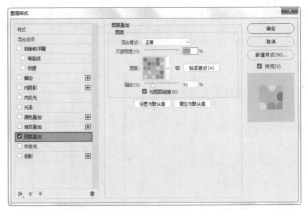

图9-254

图9-255

【重点】9.3.10　外发光

　　"外发光"样式与"内发光"非常相似,使用"外发光"样式可以沿图层内容的边缘向外创建发光效果。选中图层,如图9-256所示,执行"图层>图层样式>外发光"命令,弹出"图层样式"窗口,如图9-257所示。在"外发光"参数面板中可以对"外发光"的结构、图素以及品质进行设置,效果如图9-258所示。"外发光"效果可用于制作自发光效果,以及人像或者其他对象的梦幻般的光晕效果。

图9-256

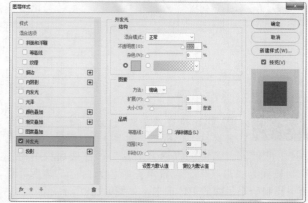

图9-257

图9-258

【重点】9.3.11　投影

　　"投影"样式与"内阴影"样式比较相似,"投影"样式是用于制作图层边缘向后产生的阴影效果。选中图层,如图9-259所示。执行"图层>图层样式>投影"命令,弹出"图层样式"窗口,如图9-260所示。接着可以通过设置参数来增强某部分层次感以及立体感,效果如图9-261所示。

图9-259

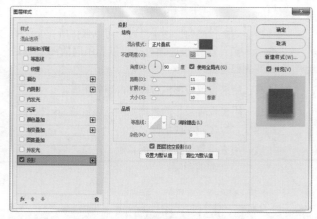

图9-260

图9-261

- 混合模式:用来设置投影与下面图层的混合方式,默认设置为"正片叠底"模式。
- 阴影颜色:单击"混合模式"选项右侧的颜色块,可以设置阴影的颜色。如图9-262所示为不同颜色的对比效果。

图9-262

- 不透明度：设置投影的不透明度。数值越低，投影越淡。
- 角度：用来设置投影应用于图层时的光照角度。指针方向为光源方向，相反方向为投影方向，如图9-263所示为不同角度的对比效果。

角度：30°　　　　　角度：90°　　　　　角度：150°

图9-263

- 使用全局光：当勾选该选项时，可以保持所有光照的角度一致；关闭该选项时，可以为不同的图层分别设置光照角度。
- 距离：用来设置投影偏移图层内容的距离。
- 大小：用来设置投影的模糊范围。该值越高，模糊范围越广，反之投影越清晰。
- 扩展：用来设置投影的扩展范围。注意，该值会受到"大小"选项的影响。

- 等高线：以调整曲线的形状来控制投影的形状，可以手动调整曲线形状也可以选择内置的等高线预设，如图9-264所示为不同参数的对比效果。

图9-264

- 消除锯齿：混合等高线边缘的像素，使投影更加平滑。该选项对于尺寸较小且具有复杂等高线的投影比较实用。
- 杂色：用来在投影中添加杂色的颗粒感效果，数值越大，颗粒感越强，如图9-265所示为不同参数的对比效果。

杂色：0%　　　　　杂色：50%　　　　　杂色：100%

图9-265

- 图层挖空投影：用来控制半透明图层中投影的可见性。勾选该选项后，如果当前图层的"填充"数值小于100%，则半透明图层中的投影不可见。

练习实例：制作透明吊牌

文件路径	资源包\第9章\练习实例：制作透明吊牌
难易指数	★★★★★
技术掌握	图层样式　不透明度设置

案例效果

案例最终效果如图9-266所示。

图9-266

操作步骤

扫一扫，看视频

步骤01 执行"文件>打开"命令，打开背景素材"1.jpg"，如图9-267所示。单击工具箱中的"钢笔工具"，在选项栏中设置绘制模式为"形状"，设置填充颜色为白色，然后再画面中绘制一个吊牌的主体形态，如图9-268所示。

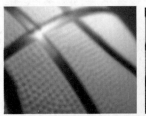

图9-267　　　　　　　　　图9-268

步骤02 选择"吊牌"图层，单击"添加图层蒙版"按钮，为该图层添加图层蒙版。如图9-269所示。单击工具箱中的

"圆角矩形"工具按钮，设置前景色为黑色，在选项栏中设置绘制模式为"像素"，"半径"为280像素。单击"吊牌"图层蒙版缩览图，在顶部绘制圆角矩形，使这部分镂空，效果如图9-270所示。

步骤03 使用同样方法在蒙版中进行绘制，如图9-271所示。画面效果如图9-272所示。"吊牌"中白色区域将要制作成透明效果。

图9-269

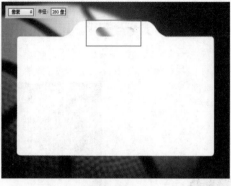
图9-270

图9-271

图9-272

步骤04 选择"吊牌"图层，执行"图层>图层样式>斜面与浮雕"命令，打开"图层样式"窗口。设置"样式"为"内斜面"，"方法"为"平滑"，"深度"为100%，"方向"为"上"，"大小"为33像素，"角度"为120度，"高度"为70度，选择合适的光泽等高线，"高光模式"为"滤色"，颜色为白色，"不透明度"为80%，"阴影模式"为"颜色加深"，颜色为黑色，"不透明度"为10%，参数设置如图9-273所示。在左侧列表中勾选"描边"，设置"大小"为5像素，"位置"为"外部"，"混合模式"为"正常"，"不透明度"为65%，"填充类型"为"渐变"，"渐变"为粉色系渐变，"样式"为"线性"，参数设置如图9-274所示。

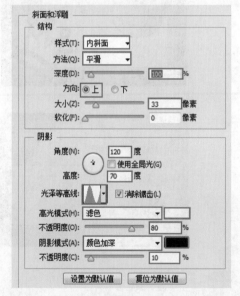
图9-273

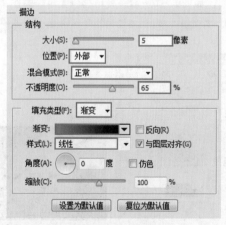
图9-274

步骤05 在左侧列表中勾选"内阴影"，设置"混合模式"为"正常"，颜色为白色，"不透明度"为100%，"角度"为120度，"大小"为25像素，参数设置如图9-275所示。在左侧列表中勾选"颜色叠加"，设置"混合模式"为"正常"，"不透明度"为15%，参数设置如图9-276所示。

步骤06 在左侧列表中勾选"投影"，在"投影"选项中，设置"混合模式"为"正片叠底"，"不透明度"为70%，"角度"为120度，"距离"为8像素，"扩展"为17%，"大小"为25像素，参数设置如图9-277所示。参数设置完成后，单击"确定"按钮。（此时画面没有发生明显变化）

内阴影
结构

混合模式(B):	正常
不透明度(O):	100 %
角度(A):	120 度 ☐使用全局光(G)
距离(D):	0 像素
阻塞(C):	0 %
大小(S):	25 像素

图9-275

颜色叠加
颜色

混合模式(B):	正常
不透明度(O):	15 %

设置为默认值 复位为默认值

图9-276

投影
结构

混合模式(B):	正片叠底
不透明度(O):	70 %
角度(A):	120 度 ☐使用全局光(G)
距离(D):	8 像素
扩展(R):	17 %
大小(S):	25 像素

图9-277

步骤 07 设置该图层的"填充"5%，如图9-278所示。画面效果如图9-279所示，"吊牌"的透明效果制作完成。

图9-278

图9-279

步骤 08 执行"文件>置入嵌入的智能对象"命令，置入条纹素材"2.png"，将"条纹"摆放至吊牌的上方，执行"图层>栅格化>智能对象"命令。单击选择"吊牌"图层蒙版，按住Alt键向上拖曳，将"吊牌"图层蒙版复制给"条纹"图层，如图9-280所示。使用黑色柔角画笔在蒙版中继续涂抹，将多出"吊牌"范围的条纹隐藏，画面效果如图9-281所示。

图9-280

图9-281

步骤 09 新建图层，使用"钢笔工具"绘制路径，转换选区后填充白色，效果如图9-282所示。

步骤 10 单击工具箱中的"自定义形状"工具按钮，在选项栏中设置绘制模式为"形状"，"填充"为黑色，选"皇冠2"形状。设置完成在画布中绘制形状，并将绘制完成的形状旋转合适角度后摆放至"吊牌"的右下角，如图9-283所示。设置该图层的"不透明度"为20%，画面效果如图9-284所示。

图9-282

图9-283

图9-284

步骤 11 选择该形状图层，执行"图层>创建剪贴蒙版"命令，使该形状图层只在吊牌范围内显示，效果如图9-285所示。

图9-285

中文版Photoshop CC从入门到精通（微课视频版）

步骤 12 接下来制作"吊牌"头像部分。新建图层，将该图层命名为"头像描边"，如图9-286所示。使用"椭圆选框工具"在画布相应位置绘制正圆选区后填充白色，如图9-287所示。

步骤 13 将"头像描边"图层复制，使用快捷键Ctrl+T调出定界框，按快捷键Shift+Alt进行缩放，并将该图层填充其他颜色，如图9-288所示。这个圆形将会作为头像的基底图层。置入头像素材"3.png"，将其摆放至合适位置。执行"图层>栅格化>智能对象"命令，选择该图层，执行"图层>创建剪贴蒙版"命令，使"头像"多余部分隐藏，效果如图9-289所示。

图9-286

图9-287

图9-288

图9-289

步骤 14 单击工具箱中的"横排文字工具"按钮，在选项栏中设置合适的字体、字号及文字颜色。在画布中单击并输入文字，如图9-290所示。选择该文字图层执行"图层>图层样式>投影"命令，打开"图层样式"窗口，在"投影"复选框中设置"混合模式"为"正片叠底"，颜色为粉红色，"不透明度"为75%，"角度"为139度，"距离"为15像素，"大小"为5像素，参数设置如图9-291所示。文字效果如图9-292所示。

图9-290

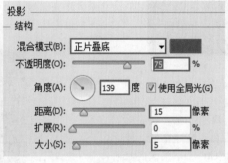

图9-291

图9-292

步骤 15 使用同样方法制作其他文字，效果如图9-293所示。置入带子素材"4.png"，并将其摆放在合适位置。执行"图层>栅格化>智能对象"命令，完成本案例的制作，效果如图9-294所示。

图9-293

图9-294

练习实例：动感缤纷艺术字

文件路径	资源包\第9章\练习实例：动感缤纷艺术字
难易指数	★★★★★
技术掌握	图层样式、渐变、钢笔工具

案例效果

案例最终效果如图9-295所示。

图9-295

操作步骤

步骤 01 执行"文件>打开"菜单命令，或按快捷键Ctrl+O，在弹出的"打开"窗口中选择素材"1.jpg"，单击"打开"按钮，如图9-296所示。接着制作渐变背景，新建图层，单击"工具箱"中的"渐变工具"，在"选项栏"中单击渐变色条，在

扫一扫，看视频

弹出的"渐变编辑器"中编辑一个黑色到紫色渐变，设置"渐变方式"为"线性渐变"，将光标定位在画面左上角，按住鼠标左键向右下角拖曳填充渐变，如图9-297所示。

图9-296　　　　　　　图9-297

步骤02 在图层面板上设置"不透明度"为90%，如图9-298所示。效果如图9-299所示。

图9-298　　　　　　　图9-299

步骤03 在画面中绘制一个云朵形状，单击工具箱中的"钢笔工具"，在选项栏中设置"绘制模式"为"路径"。在画面中绘制路径，如图9-300所示。使用快捷键Ctrl+Enter将路径转化为选区，设置"前景色"为白色，新建图层，使用快捷键Alt+Dleter填充选区，按快捷键Ctrl+D取消选区，如图9-301所示。

图9-300　　　　　　　图9-301

步骤04 为云朵添加立体效果。执行"图层>图层样式>斜面和浮雕"命令，在弹出的图层样式面板中设置"样式"为"内斜面"，"方法"为"平滑"，"深度"为258%，"方向"为"上"，"大小"为16像素，"软化"为0像素，"角度"为148度，"高度"为30度，"高光模式"为"滤色"，"高光"颜色为白色，"不透明度"为75%，"阴影模式"为"正片叠底"，"阴影颜色"为黑色，"不透明度"为75%，单击"确定"按钮完成设置，如图9-302

所示。效果如图9-303所示。

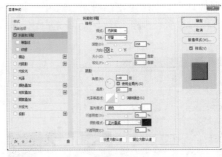

图9-302　　　　　　　图9-303

步骤05 单击工具箱中的"画笔工具"，在选项栏中设置"大小"为500像素，"硬度"为0像素，设置前景色为蓝色。新建图层，在画面中云朵的中间位置按住鼠标左键拖曳绘制，如图9-304所示。单击"工具箱"中的"椭圆选框工具"，在画面上部按住Shift键并鼠标左键拖曳绘制正圆选区。单击工具箱中的"渐变工具"，在"选项栏"中单击"渐变编辑色条"，在弹出的"渐变编辑器"中编辑一个白色到黄色渐变，单击"确定"按钮完成编辑，如图9-305所示。将光标移动到画面中圆形选区的上部，按住鼠标左键向下拖曳为选区填充渐变，如图9-306所示。

图9-304

 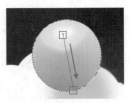

图9-305　　　　　　　图9-306

步骤06 单击工具箱中的"画笔工具"，在选项栏中设置"大小"为500像素，"硬度"为0%，设置"前景色"为橘黄色。新建图层，在画面中黄色圆形的位置单击绘制出圆形的暗部，如图9-307所示。

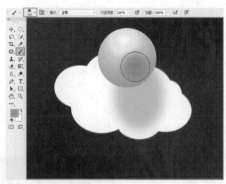

图9-307

步骤 07 在圆形中间制作立体投影文字。单击"工具箱"中的"横排文字工具",在"选项栏"中设置合适字体、字号,"填充颜色"为白色,在画面中单击并输入文字,如图9-308所示。使用自由变换快捷键Ctrl+T调出界定框,适当旋转,按Enter键完成变换,如图9-309所示。

图9-308　　　　　　　　图9-309

步骤 08 选择文字,执行"图层>图层样式>描边"命令,在弹出的图层样式面板中设置"大小"为3像素,"位置"为"居中","混合模式"为"正常","不透明度"为100%,"填充类型"为"颜色","颜色"为黄色,如图9-310所示。勾选"投影",设置"混合模式"为"正片叠底","阴影颜色"为橘黄色,"不透明度"为75%,"角度"为148度,"距离"为26像素,"扩展"为13%,"大小"为21像素,单击"确定"按钮完成设置,如图9-311所示。效果如图9-312所示。

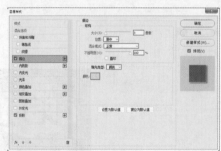

图9-310

步骤 09 单击工具箱中的"横排文字工具",在"选项栏"中设置合适的字体、字号,并填充颜色,在画面中单击输入文字,当输入到"S"更改填充颜色,继续输入,效果如图9-313所示。

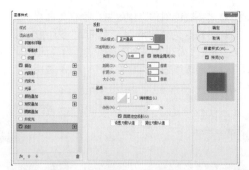

图9-311

图9-312　　　　　　　　图9-313

步骤 10 下面制作文字的底色。单击"工具箱"中的"多边形套索工具",沿着文字形状绘制选区,如图9-314所示。新建图层,设置"前景"为深蓝色,使用快捷键Alt+Delete填充颜色,效果如图9-315所示。

图9-314　　　　　　　　图9-315

步骤 11 继续使用"多边形套索工具"在文字底色图层中绘制多边形选区,如图9-316所示。单击"工具箱"中的"渐变工具"在"选项栏"中单击"渐变色条"在弹出的"渐变编辑器"中编辑一个蓝色系渐变,设置"渐变方式"为"线性渐变",将光标移动到选区上按住鼠标左键向下拖曳填充渐变,如图9-317所示。使用同样的方法制作其他渐变多边形,如图9-318所示。

图9-316

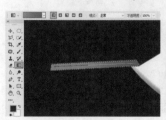

图9-317　　　　　　　　图9-318

步骤12▶ 为文字底色制作立体效果。执行"图层>图层样式>斜面和浮雕"命令，在弹出图层样式面板中设置"样式"为"内斜面"，"方法"为"平滑"，"深度"为100%，"方向"为"上"，"大小"为16像素，"软化"为0像素，"角度"为145度，"高度"为30度，"高光模式"为"滤色"，"高光颜色"为"白色"，"不透明度"为75%，"阴影模式"为"正片叠底"，"阴影颜色"为"黑色"，"不透明度"为75%，如图9-319所示。勾选等高线，"范围"为5%，单击确定按钮，如图9-320所示。效果如图9-321所示。

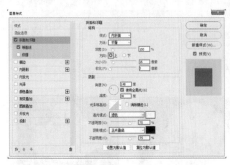
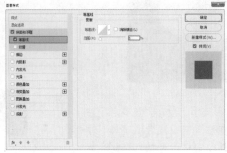

图9-319 　　　　　　　　　　　图9-320 　　　　　　　　　　　图9-321

步骤13▶ 执行"文件>置入嵌入的智能对象"命令，在打开的窗口中单击选择素材"2.png"，单击"置入"按钮，按Enter键完成置入。执行"图层>栅格化>智能对象"命令，将该图层栅格化，如图9-322所示。

步骤14▶ 为文字添加立体渐变效果，如图9-323所示。选中主体文字图层，将其移动到文字底色图层的上方。执行"图层>图层样式>斜面和浮雕"命令，设置"样式"为"内斜面"，"方法"为"雕刻清晰"，"深度"为83%，"方向"为"上"，"大小"为29像素，"软化"为1像素，如图9-324所示。勾选"等高线"，设置"范围"为57%，如图9-325所示。

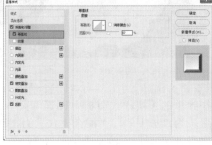

图9-322 　　　　　图9-323 　　　　　　　　　　图9-324 　　　　　　　　　　图9-325

步骤15▶ 继续勾选"渐变叠加"，设置"混合模式"为"正常"，"不透明度"为100%，"渐变"为青色系渐变，"样式"为"线性"，"角度"为-79度，"缩放"为100%，如图9-326所示。勾选"投影"，设置"混合模式"为"正片叠底"，"投影颜色"为黑色，"不透明度"为75%，"角度"为148度，"距离"为7像素，"扩展"为28%，"大小"为35像素，单击"确定"按钮完成设置，如图9-327所示。效果如图9-328所示。

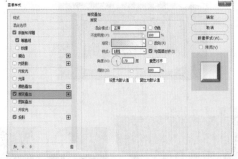
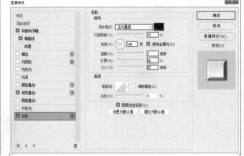

图9-326 　　　　　　　　　　图9-327 　　　　　　　　　　图9-328

步骤16▶ 为文字添加彩色光感效果。单击工具箱中的"画笔工具"，在选项栏中设置"大小"为100像素，"硬度"为0%，设置前景色为青色，在画面中文字位置绘制，如图9-329所示。在图层面板中设置"混合模式"为"叠加"，如图9-330所示。效果如图9-331所示。

图9-329   图9-330   图9-331

步骤 17 使用同样的方法制作深蓝色光影效果，如图9-332所示。将字母"S"更改为黄色系的渐变效果。选中主体文字中的字母"S"，将其复制为独立图层，如图9-333所示。

图9-332   图9-333

步骤 18 执行"图层>图层样式>斜面/浮雕"命令，设置"样式"为"内斜面"，"方法"为"雕刻清晰"，"深度"为83%，"方向"为"上"，"大小"为32像素，"软化"为1像素，如图9-334所示。勾选"渐变叠加"，设置"混合模式"为"正常"，"不透明度"为100%，"渐变"为黄色系渐变，"样式"为"线性"，"角度"为-69度，"缩放"为100%，单击"确定"按钮完成设置，如图9-335所示。效果如图9-336所示。

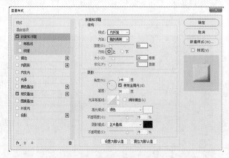

图9-334

图9-335

图9-336

步骤 19 单击工具箱中的"横排文字工具"，在"选项栏"中设置合适的字体、字号，"填充颜色"为紫色，在画面下部单击输入文字，如图9-337所示。用同样的方法输入其他文字，如图9-338所示。

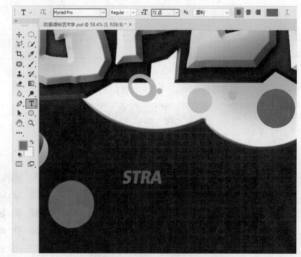

图9-337

图9-338

9.4 "样式"面板：快速应用样式

图层样式是平面设计中非常常用的一项功能。很多时候在不同的设计作品中又可能会使用到相同的样式，那么我们就可以将这个样式储存到"样式"面板中，以供调用。也可以载入外部的"样式库"文件，使用已经编辑好的漂亮样式。执行"窗口>样式"命令，打开"样式"面板。在"样式"面板中可以进行载入、删除、重命名等操作，如图9-339所示。

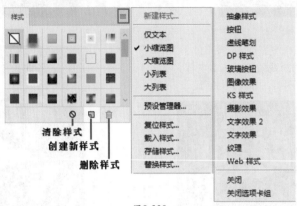

图9-339

- 清除样式：单击该按钮即可清除所选图层的样式。
- 创建新样式：如果要将效果创建为样式，可以在"图层"面板中选择添加了效果的图层，然后单击"样式"面板中的创建新样式按钮，打开"新建样式"对话框，设置选项并单击"确定"按钮即可创建样式。
- 删除样式：将"样式"面板中的一个样式拖动到删除样式按钮上，即可将其删除。按住Alt键单击一个样式，则可直接将其删除。

【重点】9.4.1 动手练：为图层快速赋予样式

选中一个图层，如图9-340所示。执行"窗口>样式"命令，打开"样式"面板，在其中单击一个图层样式，如图9-341所示。此时该图层上就会出现相应的图层样式，如图9-342所示。

图9-340

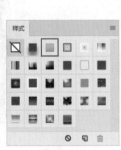

图9-341

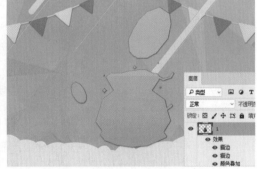

图9-342

9.4.2 动手练：载入其他的内置图层样式

默认情况下"样式"面板中只显示很少的样式供使用，但是在"样式"面板菜单的下半部分还包含着大量的预设样式库，如图9-343所示。单击菜单中的某一种样式库，系统会弹出一个提示对话框，如图9-344所示。单击"确定"按钮，可以载入样式库并替换掉"样式"面板中的所有样式。单击"追加"按钮，则该样式库会添加到原有样式的后面，如图9-345所示。

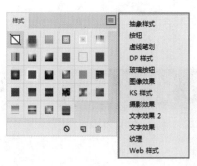

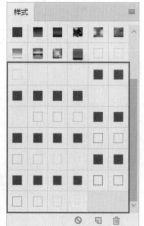

图9-343 图9-344 图9-345

 提示：如何将"样式"面板中的样式恢复到默认状态？

　　如果要将样式恢复到默认状态，可以在"样式"面板菜单中执行"复位样式"命令，然后在弹出的对话框中单击"确定"按钮。另外，在这里介绍一下如何载入外部的样式。执行面板菜单中的"载入样式"命令，可以打开"载入"对话框，选择外部样式即可将其载入到"样式"面板中。

9.4.3 创建新样式

　　对于一些比较常用的样式效果，我们可以将其储存在"样式"面板中以备调用。首先选中制作好的带有图层样式的图层，如图9-346所示。在"样式"面板下单击"创建新样式"按钮 ，如图9-347所示。

　　在弹出的"新建样式"对话框中为样式设置一个名称，如图9-348所示。勾选"包含图层混合选项"选项，创建的样式将具有图层中的混合模式。单击"确定"按钮后，新建的样式会保存在"样式"面板中，如图9-349所示。

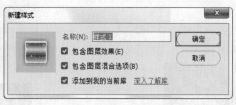

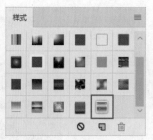

图9-346 图9-347 图9-348 图9-349

9.4.4 将样式储存为"样式库"

　　已经储存在"样式"面板中的"样式"在重新安装Photoshop或者重做电脑系统后可能都会"消失"。为了避免这种情况的发生，也为了能够在不同设备上轻松使用到之前常用的图层样式。我们可以将"样式"面板中的部分样式储存为独立的文件——样式库。执行"编辑>预设>预设管理器"命令，打开"预设管理器"，设置预设类型为"样式"，然后选择需要储存的样式（可以多选），单击"存储设置"按钮，如图9-350所示。选择一个存储路径即可完成，得到一个".asl"格式的样式库文档，如图9-351所示。

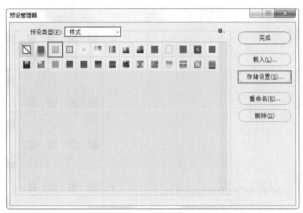

图9-350

图9-351

9.4.5　动手练：使用外挂样式库

上一节我们学会了将"样式"导出为".asl"的样式库文件，那么如何载入".asl"的样式库文件呢？

如果想要载入外部样式库素材文件，可以在样式面板菜单中执行"载入样式"命令，如图9-352所示。并选择".asl"格式的样式文件即可，如图9-353所示。

图9-352

图9-353

综合实例：制作炫彩光效海报

文件路径	资源包\第9章\练习实例：制作炫彩光效海报
难易指数	★★★★★
技术掌握	混合模式、图层样式

案例效果

案例最终效果如图9-354所示。

图9-354

图9-355　　　　图9-356

操作步骤

步骤 01　执行"文件>打开"命令，打开人物素材"1.jpg"，如图9-355所示。执行"文件>置入嵌入的智能对象"命令，置入纹理素材"2.jpg"并将其摆放在画面底部，执行"图层>栅格化>智能对象"命令，如图9-356所示。

中文版Photoshop CC从入门到精通（微课视频版）

步骤02 选择纹理图层，单击"添加图层蒙版"按钮 ，为该图层添加图层蒙版。编辑一个由黑到白的线性渐变进行填充，如图9-357所示。画面效果如图9-358所示。执行"文件>置入嵌入的智能对象"命令，置入素材"3.png"和"4.png"，并摆放至合适位置。执行"图层>栅格化>智能对象"命令，效果如图9-359所示。

图9-357

图9-358　　　　　　图9-359

步骤03 执行"文件>置入嵌入的智能对象"命令，置入光效素材"5.png"，将其摆放至合适位置。执行"图层>栅格化>智能对象"命令，设置该图层的"混合模式"为"线性减淡"，如图9-360所示。画面效果如图9-361所示。

图9-360　　　　　　图9-361

步骤04 单击工具箱中的"横排文字工具"按钮，在选项栏中设置合适的字体、字号，在画布中单击并输入文字，如图9-362所示。执行"图层>图层样式>渐变叠加"命令，打开"图层样式"窗口，在"渐变叠加"参数面板中设置"混合模式"为"正常"，"不透明度"为100%，设置合适的渐变色，"样式"为"线性"，"角度"为90度，参

数设置如图9-363所示。

图9-362　　　　　　图9-363

步骤05 勾选"外发光"选项，在"外发光"参数面板中设置"混合模式"为"滤色"，"不透明度"为50%，颜色为深青色，"方法"为"柔和"，"大小"为200像素，"范围"为50%，参数设置如图9-364所示。勾选"投影"样式，在"投影"参数面板中设置"混合模式"为"正常"，颜色为淡青色，"不透明度"为100%，"角度"为96度，"距离"为21像素，"大小"为21像素。设置合适的"等高线"形状，参数设置如图9-365所示。参数设置完成后，单击"确定"按钮，文字效果如图9-366所示。

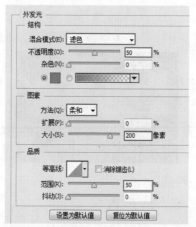

图9-364

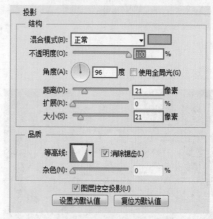

图9-365

图9-366

步骤 06 执行"文件>置入嵌入的智能对象"命令,置入光效素材"6.png"。执行"图层>栅格化>智能对象"命令,并将其摆放在文字上方。设置该图层的"混合模式"为"滤色",如图9-367所示。画面效果如图9-368所示。

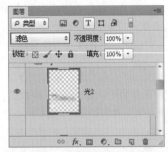

图9-367

图9-368

综合实例:游戏宣传页面

文件路径	资源包\第9章\综合实例:游戏宣传页面
难易指数	★★★★★
技术掌握	图层样式、混合模式

案例效果

案例最终效果如图9-372所示。

图9-372

步骤 07 使用同样方法制作文字部分,效果如图9-369所示。

图9-369

步骤 08 新建图层,使用"渐变工具" 编辑一个紫色系透明渐变,设置填充类型为"线性渐变",在画布中拖曳进行填充。设置该图层的"混合模式"为"滤色","不透明度"为40%,如图9-370所示。本案例制作完成,效果如图9-371所示。

图9-370　　　　　　　　图9-371

操作步骤

扫一扫,看视频

步骤 01 执行"文件>新建"命令,在弹出的新建窗口中设置"宽度"为1650像素,"高度"为1020像素,"分辨率"为72像素,"颜色模式"为RGB模式,"背景内容"为透明,单击"确定"按钮得到一个空文件。单击"工具箱"中的"渐变工具",在"选项栏"中编辑一种紫色系的渐变,设置"渐变类型"为"径向渐变",在画面中间位置按住鼠标左键并向外拖动,进行填充,效果如图9-373所示。

图9-373

步骤02 执行"文件>置入嵌入的智能对象"命令,在弹出的窗口中选择素材"1.png",单击"置入"按钮,并放到适当位置,按Enter键完成置入。执行"图层>栅格化>智能对象"命令,将该图层栅格化为普通图层,如图9-374所示。在图层面板中设置"混合模式"为"叠加",如图9-375所示。效果如图9-376所示。

图9-374   图9-375   图9-376

步骤03 执行"文件>置入嵌入的智能对象"命令,在弹出的"置入嵌入对象"窗口中选择素材"2.png",单击"置入"按钮,并放到适当位置,按Enter键完成置入。执行"图层>栅格化>智能对象"命令,将该图层栅格化为普通图层,如图9-377所示。在图层面板中设置"混合模式"为"颜色减淡",如图9-378所示。

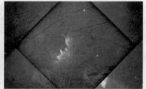
图9-377   图9-378

步骤04 执行"文件>置入嵌入的智能对象"命令,"置入嵌入对象"素材"3.jpg",单击"置入"按钮,并缩放并旋转到适当位置。执行"图层>栅格化>智能对象"命令,将该图层栅格化为普通图层,如图 9-379所示。在图层面板中设置"混合模式"为"变亮",如图9-380所示。效果如图9-381所示。

步骤05 单击图层面板底部的"添加图层蒙版"按钮,单击工具箱中的"画笔工具",在选项栏中设置"大小"为

150像素,"硬度"为0%,设置前景色为黑色,在图层蒙版中光线边缘处进行涂抹,如图9-382所示。图层蒙版缩览如图9-383所示。

图9-379   图9-380   图9-381

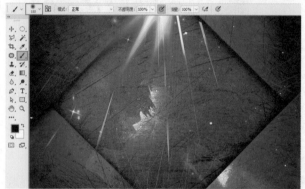
图9-382

图9-383

步骤06 在图层面板中选择该图层,单击右键执行"复制图层"命令。选择该拷贝图层并使用自由变换快捷键Ctrl+T调出界定框,将光标定位在控制点处,按住鼠标左键对其旋转,并移动到适当位置,如图9-384所示。

图9-384

步骤07 下面制作主体X图形。在制作之前单击图层面板底

部的"创建新组"命令，并命名该组为"X形状"，将下面制作的X形状图层创建在该组内。单击工具箱中的"钢笔工具"，在选项栏中设置"绘制模式"为"形状"，"填充"为"深紫色"，绘制X图形，如图9-385所示。

图9-385

步骤08 单击工具箱中的"矩形工具"，设置"绘制模式"为"形状"，"填充"为黄色，在画面中间按住鼠标左键并拖曳绘制矩形，如图9-386所示。使用自由变换快捷键Ctrl+T调出定界框，将光标定位在控制点处将其旋转，如图9-387所示。

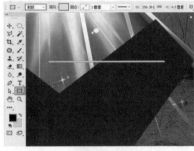 

图9-386   图9-387

步骤09 为该矩形添加发光效果。执行"图层>图层样式>内发光"命令，设置"混合模式"为"滤色"，"不透明度"为75%，"杂色"为0%，"发光颜色"为白色，"方法"为"柔和"，"源"为"边缘"，"阻塞"为0%，"大小"为2像素，如图9-388所示。勾选"外发光"，设置"混合模式"为"滤色"，"不透明度"为90%，"杂色"为0%，"发光颜色"为棕色，"方法"为"柔和"，"扩展"为10%，"大小"为13像素，单击"确定"按钮完成设置，如图9-389所示。效果如图9-390所示。

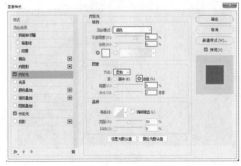

图9-388

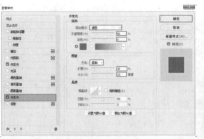

图9-389   图9-390

步骤10 在图层面板中选择该图层，单击右键执行"复制图层"命令，使用自由变换快捷键Ctrl+T调出定界框，将光标定位在控制点对其旋转并移动到适当位置，如图9-391所示。接着使用同样的方法复制并旋转移动到适当位置，如图9-392所示。

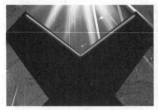 

图9-391   图9-392

步骤11 使用同样的方法制作短的矩形发光对象，如图9-393所示。

步骤12 为X图形中添加质感纹理，执行"文件>置入嵌入的智能对象"命令，在弹出的"置入嵌入对象"窗口中选择素材"4.jpg"，单击"置入"按钮，并放到适当位置，按Enter键完成置入。执行"图层>栅格化>智能对象"命令，将该图层栅格化为普通图层，如图9-394所示。单击工具箱中的"多边形套索工具"，在选项栏中单击"从选区减去"按钮，在画面中依次绘制外围的X图形以及X图形选区中的三角形选区，使之从选区中减去，如图9-395所示。选中该纹理图层，在图层面板中单击"图层蒙版缩览图"按钮，为选区创建图层蒙版，如图9-396所示。

图9-393   图9-394

图9-395   图9-396

步骤13 执行"图层>图层样式>内发光"命令，设置"混合模式"为"滤色"，"不透明度"为75%，"杂色"为0%，"发光颜色"为紫色，"方法"为"柔和"，"源"为"边缘"，"阻塞"为6%，"大小"为9像素，单击"确定"按钮完成设置，如图9-397所示。效果如图9-398所示。

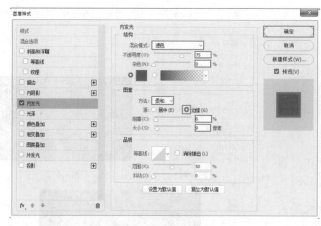
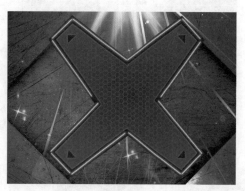

图9-397   图9-398

步骤14 制作X图形中的小装饰，单击工具箱中的"钢笔工具"，绘制模式为"形状"，"填充"为青色。在画面中间三角形空位置单击绘制三角形形状，如图9-399所示。选择该图层，执行"图层>图层样式>内发光"命令，设置"混合模式"为"滤色"，"不透明度"为75%，"杂色"为0%，"发光颜色"为青色，"方法"为"柔和"，"源"为"边缘"，"阻塞"为4%，"大小"为5像素，单击"确定"按钮完成设置，如图9-400所示。效果如图9-401所示。

图9-399   图9-400   图9-401

步骤15 在图层面板中选择该图层，单击右键执行"复制图层"命令，选择拷贝图层，使用自由变换快捷键Ctrl+T，将三角形旋转并放置在适当位置，如图9-402所示。使用同样的方法制作另外两个三角形，如图9-403所示。

图9-402   图9-403

步骤16 在画面中X图形转角处添加装饰形状，单击工具箱中的"椭圆工具"，设置绘制模式为"形状"，"填充"为黑色，在画面中间按Shift键并按住鼠标左键拖曳绘制正圆形，如图9-404所示。使用同样的方法制作其他正圆，如

图9-405所示。

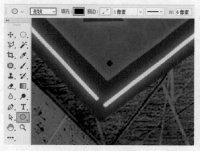

图9-404   图9-405

步骤17 在画面中可以看到X图形制作完成，下面要制作背景中的旋转的X图形效果。在图层面板中选择该组，单击右键执行"复制组"命令，选择拷贝组执行"合并组"命令。关闭X图形的原图层，选择合并的图层，使用自由变换快捷

键Ctrl+T，将其放大并放置在适当位置，如图9-406所示。执行"滤镜>模糊画廊>旋转模糊"命令，在弹出的模糊工具面板中设置"模糊角度"为18，单击"确定"按钮完成设置，如图9-407所示。

素材"5.jpg"，单击"置入"按钮，并缩放并旋转到适当位置。执行"图层>栅格化>智能对象"命令，将该图层栅格化为普通图层，如图9-414所示。在图层面板中设置"混合模式"为"滤色"，如图9-415所示。效果如图9-416所示。

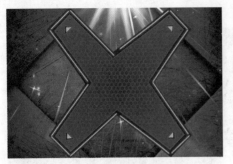

图9-406

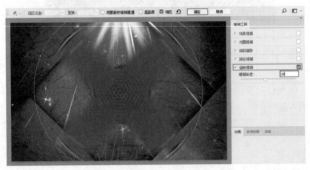

图9-407

步骤 18 继续使用同样的方法复制原图层，并放大，如图9-408所示。对该图进行调色，执行"图层>新建调整图层>曲线"命令，在弹出的"属性"面板中单击曲线添加控制点并向上拖曳，单击"此调整剪切到此图层"按钮，如图9-409所示。效果如图9-410所示。

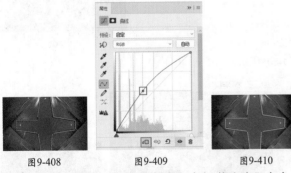

图9-408　　　　图9-409　　　　　图9-410

步骤 19 执行"图层>新建调整图层>色相/饱和度"命令，在弹出的"属性"面板中设置"色相"为+12，"饱和度"为+73，单击"此调整剪切到此图层"按钮，如图9-411所示。效果如图9-412所示。在图层面板中选择背景的纹理图层进行复制，并移动到该粉色X图形图层上，单击右键执行"创建剪贴蒙版"命令，使该图层上也出现纹理，如图9-413所示。

步骤 20 执行"文件>置入嵌入的智能对象"命令，"选择

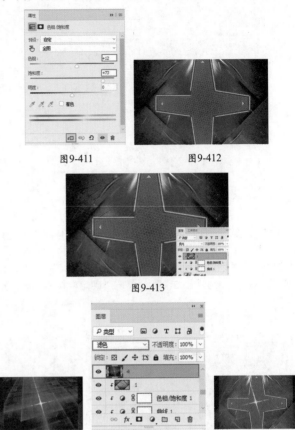

图9-411　　　　　　　　　图9-412

图9-413

图9-414　　　　图9-415　　　　图9-416

步骤 21 单击图层面板底部的创建图层蒙版按钮，为该图层创建图层蒙版。使用黑色画笔工具在图层蒙版四周涂抹，蒙版如图9-417所示。效果如图9-418所示。

图9-417　　　　　　　　图9-418

步骤 22 打开显示原X图形组，如图9-419所示。用同样的方法为该组叠加纹理，如图9-420所示。

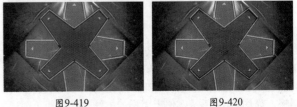

图9-419　　　　　　　　图9-420

步骤23 在画面中可以看到背景和主体部分基本制作完成了，下面制作立体炫彩文字。单击"工具箱"中的"圆角矩形工具"，在选项栏中设置绘制模式为"形状"，单击"填充"下拉面板中的"渐变"按钮，在"渐变色条"中编辑一个粉色到白色渐变，"渐变方式"为"线性渐变"，"渐变角度"为30。在画面中X图形下部按住鼠标左键拖曳绘制形状，如图9-421所示。使用同样的方法绘制紫色圆角矩形，如图9-422所示。

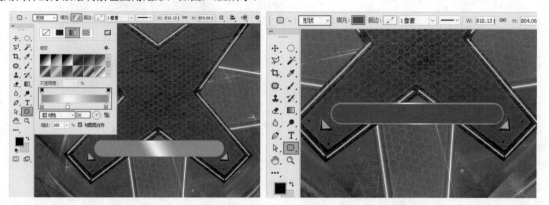

图9-421   图9-422

步骤24 单击工具箱中的"圆角矩形工具"，在选项栏中设置绘制模式为"形状"，"填充"为无，"描边"为黄色，"描边宽度"为6点，"描边类型"为"虚线"，在之前绘制的矩形上按住鼠标左键并拖曳绘制，如图9-423所示。

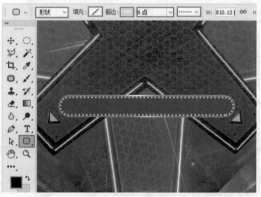

图9-423

步骤25 为该虚线框添加发光效果，执行"图层>图层样式>内发光"命令，设置"混合模式"为"滤色"，"不透明度"为75%，"杂色"为0%，"发光颜色"为白色，"方法"为"柔和"，"源"为"边缘"，"阻塞"为0%，"大小"为2像素，如图9-424所示。勾选"外发光"样式，设置"混合模式"为"滤色"，"不透明度"为75%，"杂色"为0%，"发光颜色"为白色，"方法"为"柔和"，"扩展"为0%，"大小"为4像素，单击"确定"按钮完成设置，如图9-425所示。效果如图9-426所示。

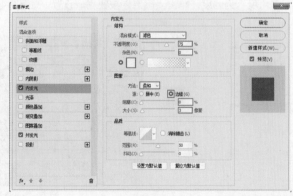

图9-424

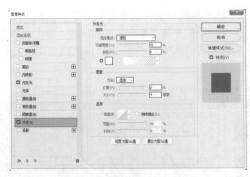

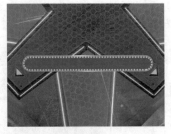

图9-425   图9-426

步骤 26 制作圆角矩形框上的文字，单击工具箱中的"横排文字工具"，在选项栏中设置合适的字体、字号，"填充"为黄色，在画面中输入文字，并移动到圆角矩形中，如图9-427所示。接下来为文字添加投影效果，执行"图层>图层样式>投影"命令，设置"混合模式"为"正片叠底"，"不透明度"为75%，"角度"为90度，"距离"为1像素，"扩展"为0%，"大小"为2像素，单击"确定"按钮完成设置，如图9-428所示。效果如图9-429所示。

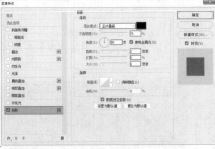

图9-427   图9-428   图9-429

步骤 27 使用同样的方法制作另两组文字，如图9-430所示。

步骤 28 制作主题的炫彩文字。单击工具箱中的"横排文字工具"，在选项栏中设置合适的字体、字号，"填充"为白色，在画面中分别输入3个字母，并分别旋转移动，如图9-431所示。调整完成后将这3个字母合并为一个图层。

图9-430   图9-431

步骤 29 执行"图层>图层样式>渐变叠加"命令，设置"混合模式"为"正常"，"不透明度"为100%，"渐变"为紫色黑色蓝色渐变，"样式"为"线性"，"角度"为90度，单击"确定"按钮完成设置，如图9-432所示。效果如图9-433所示。

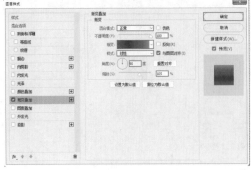

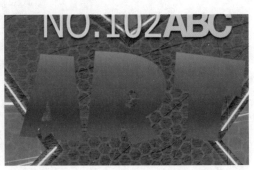

图9-432   图9-433

步骤 30 在图层面板中选择该图层，单击右键执行"复制图层"命令，使用自由变换快捷键Ctrl+T调出定界框，将其缩放并放置在适当位置。双击该图层已有的"渐变叠加"样式，在弹出的图层样式窗口中更改"渐变"为黄色到粉色的渐变。单击"确定"按钮完成更改，如图9-434所示。效果如图9-435所示。

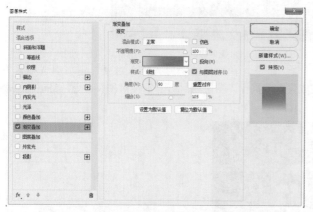

图9-434

图9-435

步骤 31 在图层面板中选择紫色系炫彩文字图层，单击右键执行"复制图层"命令。使用自由变换快捷键Ctrl+T调出定界框，将其缩放并放置在适当位置，如图9-436所示。使用同样的方法复制图层并缩放到适当位置，且在图层面板中更改"渐变叠加"为蓝色白色渐变，如图9-437所示。继续复制文字并更改颜色，此时文字呈现出多层次的效果，如图9-438所示。

图9-436

步骤 32 将主体文字的图层放在一个图层组中。在图层面板中选择背景的纹理图层进行复制，并移动到文字图层组上方，在该图层上单击右键执行"创建剪贴蒙版"命令，如图9-439所示。效果如图9-440所示。

图9-437

图9-438

图9-439

图9-440

步骤 33 使用同样的方法制作另外两组立体炫彩文字，如图9-441和图9-442所示。

图9-441

图9-442

步骤 34 最后添加前景素材，执行"文件>置入嵌入的智能对象"命令，在弹出的"置入嵌入对象"窗口中选择素材"6.png"，单击"置入"按钮，并放到适当位置，按Enter键完成置入。执行"图层>栅格化>智能对象"命令，将该图层栅格为普通图层，如图9-443所示。

图9-443

扫一扫，看视频

Chapter 10
第 10 章

矢量绘图

本章内容简介：

绘图是Photoshop的一项重要功能。除了使用画笔工具进行绘图外，矢量绘图也是一种常用的方式。矢量绘图是一种风格独特的插画，画面内容通常由颜色不同的图形构成，图形边缘锐利，形态简洁明了，画面颜色鲜艳动人。在Photoshop中有两大类可以用于绘图的矢量工具：钢笔工具以及形状工具。钢笔工具用于绘制不规则的形态，而形状工具则用于绘制规则的几何图形，例如椭圆形、矩形、多边形等。形状工具的使用方法非常简单，使用"钢笔工具"绘制路径并抠图的方法在前面的章节中进行过讲解，本章主要针对钢笔绘图以及形状绘图的方式进行讲解。

重点知识掌握：

- 掌握不同类型的绘制模式
- 熟练掌握使用形状工具绘制图形
- 熟练掌握路径的移动、变换、对齐、分布等操作

通过本章学习，我能做什么？

通过本章的学习，我们能够熟练掌握形状工具与钢笔工具的使用方法。使用这些工具可以绘制出各种各样的矢量插图，比如卡通形象插画、服装效果图插画、信息图等。也可以进行大幅面广告以及LOGO设计。这些工具在UI设计中也是非常常用的，由于手机APP经常需要在不同尺寸的平台上使用，所以使用矢量绘图工具进行UI设计可以更方便的放大和缩小界面元素，而且不会变得"模糊"。

矢量绘图是一种比较特殊的绘图模式。与使用"画笔工具"绘图不同，画笔工具绘制出的内容为"像素"，是一种典型的位图绘图方式。而使用"钢笔工具"或"形状工具"绘制出的内容为路径和填色，是一种质量不受画面尺寸影响的矢量绘图方式。Photoshop的矢量绘图工具包括钢笔工具和形状工具。钢笔工具主要用于绘制不规则的图形，而形状工具则是通过选取内置的图形样式绘制较为规则的图形。

从画面上看，"矢量绘图"比较明显的特点有：画面内容多以图形出现，造型随意不受限制，图形边缘清晰锐利，可供选择的色彩范围广，放大或缩小图像不会变模糊，但颜色使用相对单一。具有以上特点的矢量绘图常用于标志设计、户外广告、UI设计、插画设计、服装款式图绘制、服装效果图绘制等。如图10-1～图10-4所示为优秀的矢量绘图作品。

图10-1　　　　　　　　　　图10-2　　　　　　　　　　图10-3　　　　　　　　　　图10-4

10.1.1　认识矢量图

矢量图形是由一条条的直线和曲线构成的，在填充颜色时，系统将按照用户指定的颜色沿曲线的轮廓线边缘进行着色处理。矢量图形的颜色与分辨率无关，图形被缩放时，对象能够维持原有的清晰度以及弯曲度，颜色和外形也都不会发生偏差和变形。所以，矢量图经常用于户外大型喷绘或巨幅海报等印刷尺寸较大的项目中，如图10-5所示。

图10-5

与矢量图相对应的是"位图"。位图是由一个一个的像素点构成，将画面放大到一定比例，就可以看到这些"小方块"，每个"小方块"都是一个"像素"。通常所说的图片的尺寸为500像素×500像素，就表明画面的长度和宽度上均有500个这样的"小方块"。位图的清晰度与尺寸和分辨率有关，如果强行将位图尺寸增大，会使图像变模糊，影响质量，如图10-6所示。

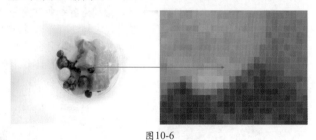

图10-6

10.1.2　路径与锚点

在矢量制图的世界中，我们知道图形都是由路径以及颜色构成的。那么什么是路径呢？路径是由锚点及锚点之间的连接线构成。两个锚点就可以构成一条路径，而3个锚点可以定义一个面。锚点的位置决定着连接线的动向。所以，可以说矢量图的创作过程就是创作路径、编辑路径的过程。

路径上的转角有的是平滑的，有的是尖锐的。转角的平滑或尖锐是由转角处的锚点类型构成的。锚点包含"平滑点"和"尖角点"两种类型，如图10-7所示。每个锚点都有控制棒，控制棒决定锚点的弧度，同时也决定了锚点两边的线段弯曲度，如图10-8所示。

图10-9

图10-7

图10-8

 提示：锚点与路径之间的关系。

平滑锚点能够连接曲线，还可以连接转角曲线以及直线，如图10-9所示。

路径有的是断开的，有的是闭合的，还有由多个部分构成的。这些路径可以被概括为3种类型：两端具有端点的开放路径、首尾相接的闭合路径以及由两个或两个以上路径组成的复合路径，如图10-10～图10-12所示。

图10-10

图10-11

图10-12

【重点】10.1.3 矢量绘图的几种模式

在使用"钢笔工具"或"形状工具"绘图前首先要在工具选项栏中选择绘图模式："形状""路径"和"像素"，如图10-13所示。如图10-14所示为3种绘图模式。注意，"像素"模式无法在"钢笔工具"状态下启用。

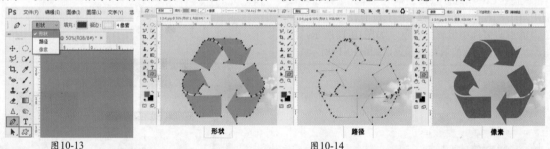
图10-13   图10-14

矢量绘图时经常使用"形状模式"进行绘制，因为可以方便、快捷地在选项栏中设置填充与描边属性。"路径"模式常用来创建路径后转换为选区，在前面章节进行过讲解。而"像素"模式则用于快速绘制常见的几何图形。

总结几种绘图模式的特点如下。

- 形状：带有路径，可以设置填充与描边。绘制时自动新建的"形状图层"，绘制出的是矢量对象。钢笔工具与形状工具皆可使用此模式。
- 路径：只能绘制路径，不具有颜色填充属性。无需选中图层，绘制出的是矢量路径，无实体，打印输出不可见，可以转换为选区后填充。钢笔工具与形状工具皆可使用此模式。
- 像素：没有路径，以前景色填充绘制的区域。需要选中图层，绘制出的对象为位图对象。形状工具可用此模式，钢笔工具不可用。

【重点】10.1.4 动手练：使用"形状"模式绘图

在使用"形状工具组"中的工具或"钢笔工具"时，都可将绘制模式设置为"形状"。在"形状"绘制模式下可以设置形状的填充，将其填充为"纯色""渐变""图案"或者无填充。同样还可以设置描边的颜色、粗细以及描边样式，如图10-15所示。

图10-15

步骤 01 选择工具箱中的"矩形工具"■，在选项栏中设置绘制模式为"形状"，然后单击"填充"下拉面板的"无"按钮☑，同样设置"描边"为"无"。"描边"下拉面板与"填充"下拉面板是相同的，如图10-16所示。接着按住鼠标左键拖曳图形，效果如图10-17所示。

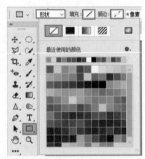

图10-16　　　　　图10-17

步骤 02 按快捷键Ctrl+Z进行撤销。单击"填充"按钮，在下拉面板中单击"纯色"按钮■，在下拉面板中可以看到多种颜色，单击即可选中相应的颜色，如图10-18所示。接着绘制图形，该图形就会被填充该颜色，如图10-19所示。

图10-18　　　　　图10-19

步骤 03 若单击"拾色器"按钮■，可以打开"拾色器"窗口，自定义颜色，如图10-20所示。图像绘制完成后，还可以双击形状图层的缩览图，在弹出的"拾色器"窗口中定义颜色，如图10-21所示。

步骤 04 如果想要设置填充为渐变，可以单击"填充"按钮，在下拉面板中单击"渐变"按钮■，然后在下拉面板中编辑渐变颜色，如图10-22所示。渐变编辑完成后绘制图形，效果如图10-23所示。此时双击形状图层缩览图可以弹出"渐变填充"窗口，在该窗口中可以重新定义渐变颜色，如图10-24所示。

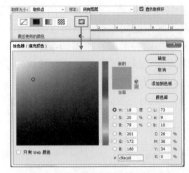

图10-20

图10-21

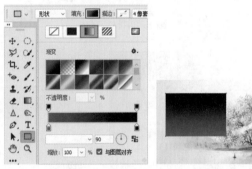

图10-22　　　　　图10-23

图10-24

步骤 05 如果要设置填充为图案，可以单击"填充"按钮，在下拉面板中单击"图案"按钮▨，在下拉面板中单击选择一个图案，如图10-25所示。接着绘制图形，该图形效果如图10-26所示。双击形状图层缩览图可以填充"图案填充"窗口，在该窗口中可以重新选择图案，如图10-27所示。

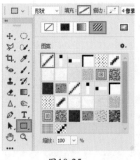
图10-25

图10-26

图10-27

 提示：使用形状工具绘制时需要注意的小状况。

　　当我们先绘制一个形状，需要绘制第二个不同属性的形状时。如果直接在选项栏中设置参数，可能会把第一个形状图层的属性更改了。这时可以在更改属性之前，在图层面板中的空白位置单击，取消对任何图层的选择。然后在属性栏中设置参数，进行第二个图形的绘制，如图 10-28 所示。

图10-28

步骤06 接着设置描边颜色，然后调整描边粗细，如图10-29所示。单击"描边类型"按钮，在下拉列表中可以选择一种描边线条的样式，如图10-30所示。

有"内部" ▯、"居中" ▣ 和"外部" ▯ 3个选项，如图10-31所示。"端点"选项可以用来设置开放路径描边端点位置的类型，有"端面" ▮、"圆形" ▮ 和"方形" ▮ 3种，如图10-32所示。角点选项可以用来设置路径转角处的转折样式，有"斜接" ▮、"圆形" ▮ 和"斜面" ▮ 3种，如图10-33所示。

图10-29

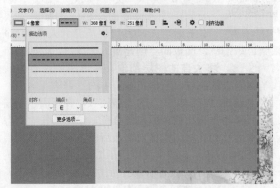
图10-30

步骤07 在"对齐"选项中可以设置描边的位置，分别

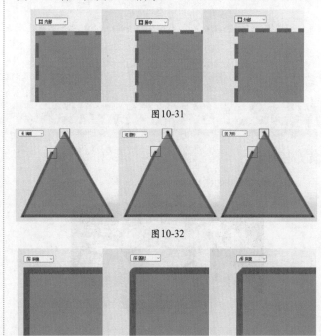
图10-31

图10-32

图10-33

步骤08 单击"更多选项"按钮，可以弹出"描边"窗口。在该窗口中，可以对描边选项进行设置。还可以勾选"虚线"选项，然后在"虚线"与"间隙"数值框内设置虚线的间距，如图10-34所示。效果如图10-35所示。

图10-34　　　　　　　　　　图10-35

提示：编辑形状图层。

形状图层带有▣标志，它具有填充、描边等属性。在形状绘制完成后，还可以进行修改。选择形状图层，接着单击工具箱中的"直接选择工具"、"路径选择工具"、"钢笔工具"或者形状工具组中的工具，随即会在选项栏中显示当前形状的属性，如图10-36所示。接着在选项栏中进行修改即可，如图10-37所示。

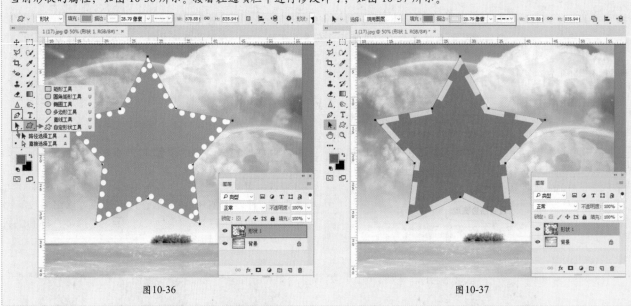

图10-36　　　　　　　　　　　　　　　　　　　　　　　图10-37

练习实例：使用"钢笔工具"制作圣诞矢量插画

文件路径	资源包\第10章\练习实例：使用钢笔工具制作圣诞矢量插画
难易指数	★★★★★
技术掌握	钢笔工具、自由钢笔工具、转换为选区

案例效果

案例最终效果如图10-38所示。

图10-38

扫一扫，看视频

操作步骤

步骤01 执行"文件>新建"命令，创建一个背景为透明的文档。本案例主要制作圣诞老人，我们将圣诞老人分为3个部分来做。单击图层面板的"创建新组"按钮，创建新组并命名为头部，将头部的图层都建立在该组中。首先我们制作圣诞老人的脸部。单击工具箱中的"钢笔工具"，在选项栏中设置"绘制模式"为"路径"，在画面中单击确定起点，移动光标按住鼠标左键拖曳，绘制路径上第二个锚点。继续移动光标创建锚点，最后单击起点形成闭合路径，如图10-39所示。按快捷键Ctrl+Enter将路径转化为选区，如图10-40所示。设置前景色为浅肤色，新建图层，使用快捷键Alt+Delete填充选区，如图10-41所示。

中文版Photoshop CC从入门到精通（微课视频版）

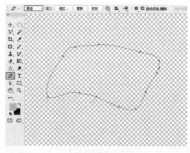

图10-39

图10-40 图10-41

步骤 02 制作鼻子。在脸部图层上方新建图层，继续使用"钢笔工具"，在脸部左侧单击确定起点，移动光标按住鼠标左键拖曳绘制平滑的锚点，继续移动光标，最后单击起点形成闭合路径，如图10-42所示。按快捷键Ctrl+Enter将路径转化为选区，如图10-43所示。设置前景色为白色，使用快捷键Alt+Delete填充选区，如图10-44所示。

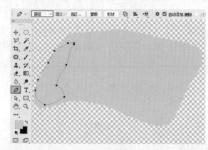

图10-42

图10-43 图10-44

步骤 03 在图层面板中选择鼻子图层，单击右键执行"创建剪贴蒙版"命令，设置"不透明度"为30%，如图10-45和图10-46所示。

步骤 04 制作右眼。使用"钢笔工具"在鼻子右侧多次单击，绘制一个多边形闭合的路径，如图10-47所示。按快捷键Ctrl+Enter将路径转化为选区，如图10-48所示。设置"前景色"为棕色，新建图层，使用快捷键Alt+Delete填充选区，如图10-49所示。

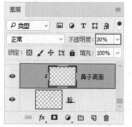 

图10-45 图10-46

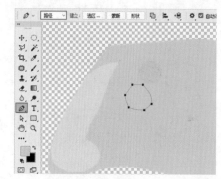

图10-47

 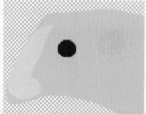

图10-48 图10-49

步骤 05 制作眉毛。使用"钢笔工具"在眼睛上面绘制眉毛形状的路径，如图10-50所示。按快捷键Ctrl+Enter将路径转化为选区，如图10-51所示。设置前景色为白色，新建图层，使用快捷键Alt+Delete填充选区，如图10-52所示。

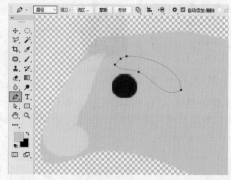

图10-50

步骤 06 制作眉毛的暗影。使用"钢笔工具"在眉毛的右下方绘制一个不规则的路径，如图10-53所示。按快捷键Ctrl+Enter将路径转化为选区，如图10-54所示。设置"前景色"为灰色，新建图层，使用快捷键Alt+Delete填充选区，如图10-55所示。

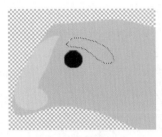
图10-51

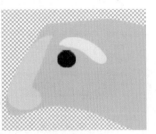
图10-52

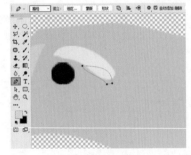
图10-53

图10-54

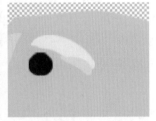
图10-55

步骤 07 在图层面板中设置该图层的"混合模式"为"正片叠底",如图10-56所示。效果如图10-57所示。

图10-56

图10-57

步骤 08 与制作右侧眼睛相同的方法制作左眼睛和眉毛,如图10-58~图10-60所示。

图10-58

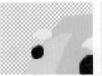
图10-59

图10-60

步骤 09 为圣诞老人制作胡子。单击工具箱中的"钢笔工具",在选项栏中设置"绘制模式"为"路径",接着在脸

的下面单击确定起点,移动光标按住鼠标左键拖曳绘制路径。继续移动光标,最后单击起点形成闭合路径,如图10-61所示。按快捷键Ctrl+Enter将路径转化为选区,如图10-62所示。设置"前景色"为浅灰色,新建图层,使用快捷键Alt+Delete填充选区,如图10-63所示。

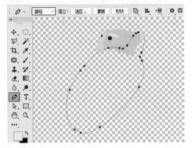
图10-61

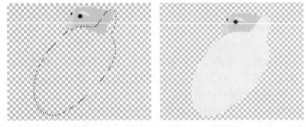
图10-62   图10-63

步骤 10 制作胡子阴影,使用"钢笔工具"在胡子右侧边缘处绘制一个边缘路径,如图10-64所示。按快捷键Ctrl+Enter将路径转化为选区,如图10-65所示。设置前景色为灰色,新建图层,使用快捷键Alt+Delete填充选区,如图10-66所示。

图10-64

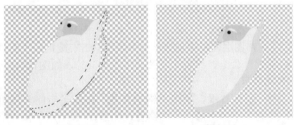
图10-65   图10-66

步骤 11 在图层面板中设置该图层"混合模式"为"正片叠底",如图10-67所示。效果如图10-68所示。接着选择该图

层右键执行"创建剪贴蒙版"命令，多余部分被隐藏，如图10-69所示。

图10-67

图10-68 图10-69

步骤12 制作胡子高光。使用"钢笔工具"在胡子左侧绘制高光区域路径，如图10-70所示。按快捷键Ctrl+Enter将路径转化为选区，如图10-71所示。设置"前景色"为白色，新建图层，使用快捷键Alt+Delete填充选区，如图10-72所示。

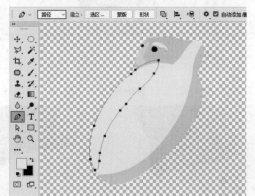

图10-70

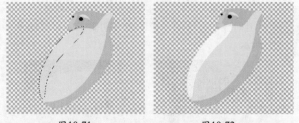

图10-71 图10-72

步骤13 接着选择该图层上单击右键执行"创建剪贴蒙版"命令，使超出胡子形态的部分隐藏，如图10-73和图10-74所示。

图10-73

图10-74

步骤14 制作帽子。使用"钢笔工具"，在脸的上部区域绘制一个帽子形态的闭合路径，如图10-75所示。按快捷键Ctrl+Enter将路径转化为选区，如图10-76所示。设置前景色为红色，新建图层，使用快捷键Alt+Delete填充选区，如图10-77所示。

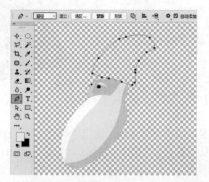

图10-75

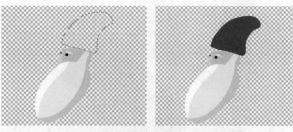

图10-76 图10-77

步骤15 制作帽子阴影暗部，使用"钢笔工具"在帽子右侧边缘区域绘制路径，如图10-78所示。按快捷键Ctrl+Enter将路径转化为选区，如图10-79所示。设置前景色为灰色，新建图层，使用快捷键Alt+Delete填充选区，如图10-80所示。

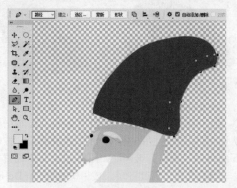

图10-78

图10-79　　　　　　　　　　图10-80

步骤16 在图层面板中设置该图层的"混合模式"为"正片叠底"，如图10-81所示。效果如图10-82所示。

图10-81　　　　　　　　　　图10-82

步骤17 制作帽子亮部区域。使用"钢笔工具"在帽子左侧边缘绘制闭合路径，如图10-83所示。按快捷键Ctrl+ Enter将路径转化为选区，如图10-84所示。设置前景色为浅红色，新建图层，使用快捷键Alt+Delete填充选区，如图10-85所示。

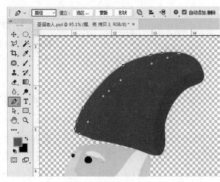

图10-83

图10-84　　　　　　　　　　图10-85

步骤18 制作帽子上的高光。使用"钢笔工具"在帽子亮部区域上绘制一个更小的路径，如图10-86所示。按快捷键Ctrl+Enter将路径转化为选区，如图10-87所示。设置前景色为更浅一些的粉色，新建图层，使用快捷键Alt+Delete填充选区，如图10-88所示。

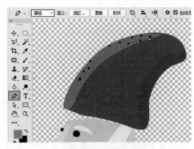

图10-86

图10-87　　　　　　　　　　图10-88

步骤19 制作帽子边缘。使用"钢笔工具"在帽子和脸部衔接的区域绘制一个闭合路径，如图10-89所示。按快捷键Ctrl+Enter将路径转化为选区，如图10-90所示。设置前景色为白色，新建图层，使用快捷键Alt+Delete填充选区，如图10-91所示。

图10-89

图10-90　　　　　　　　　　图10-91

步骤20 用同样的方法制作帽子边缘的阴影，如图10-92和图10-93所示。

图10-92　　　　　　　　　　图10-93

中文版Photoshop CC从入门到精通（微课视频版）

步骤 21 制作帽子上的球。使用"钢笔工具"在帽子尖顶处绘制一个接近圆形的路径，如图10-94所示。按快捷键Ctrl+Enter将路径转化为选区，如图10-95所示。设置前景色为浅灰色，新建图层，使用快捷键Alt+Delete填充选区，如图10-96所示。

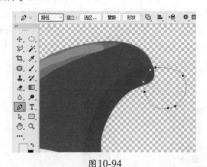

图10-94

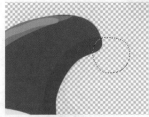

图10-95

图10-96

步骤 22 用同样的方法制作帽子球的阴影和暗部，如图10-97和图10-98所示。

图10-97

图10-98

步骤 23 在图层面板中按Ctrl键选择帽子球的3个图层，将其移动至红色帽子图层下面，如图10-99和图10-100所示。

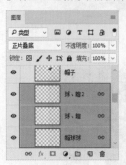

图10-99

图10-100

步骤 24 制作胡子上的细节。单击"工具箱"中的"自由钢笔工具"，在选项栏中设置"绘制模式"为"路径"，在画面中的胡子上按住鼠标拖曳绘制水滴形路径，放开光标会自动得到路径，如图10-101所示。按快捷键Ctrl+Enter将路径转化为选区，如图10-102所示。设置前景色为灰色，新建图层，使用快捷键Alt+Delete填充选区，如图10-103所示。

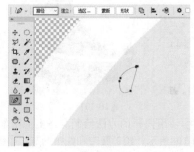

图10-101

图10-102

图10-103

步骤 25 使用同样方法在该图层上绘制更多胡子细节，效果如图10-104所示。在图层面板中设置"混合模式"为"正片叠底"，效果如图10-105所示。

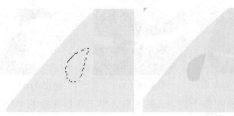

图10-104　　　　　　　图10-105

步骤 26 圣诞老人的头部制作完成，接着制作圣诞老人衣服。单击图层面板的"创建新组"按钮并命名为"衣服"，并把衣服组放置在头部组下面，将我们制作衣服的图层都建立在该组中。单击工具箱中的"钢笔工具"，在选项栏中设置"绘制模式"为"形状"，"填充"为"红色"。在头部下面绘制身体形状的路径，最后单击起点形成闭合的带有颜色的形状，如图10-106所示。用同样的方法制作腰带，在选项栏中设置"填充"为白色，接着绘制腰带的形态，如图10-107所示。

图10-106

图10-107

步骤27 继续使用同样的方法绘制身体上的暗部和高光区域，如图10-108所示。绘制腰带和纽扣细节，如图10-109所示。绘制领子部分，如图10-110所示。

图10-108　　　　图10-109　　　　图10-110

步骤28 下面制作圣诞老人的四肢，单击图层面板的"创建新组"按钮并命名为"手脚"，并把手脚组放置在衣服组下面，将制作手脚的图层都建立在该组中。制作流程如图10-111所示。

图10-111

步骤29 继续使用同样的方法制作圣诞老人手中的装饰，流程如图10-112所示。

图10-112

步骤30 圣诞老人制作完成，下面为画面添加背景。执行"文件>置入嵌入的智能对象"命令，在弹出的"置入嵌入对象"窗口中选择素材"1.jpg"，单击"置入"按钮，摆放到适当位置，按Enter键完成置入。执行"图层>栅格化>智能对象"命令，将该图层栅格化为普通图层。将背景置入到素材最底层，如图10-113所示。

图10-113

步骤31 为圣诞老人脚下制作投影。在背景图层上新建图层，单击工具箱中的"画笔工具"，在选项栏中单击"画笔预设"下拉按钮，在"画笔预设"下拉面板中设置"大小"为90像素，"硬度"为0%，在画面中圣诞老人脚底位置单击，如图10-114所示。使用自由变换快捷键Ctrl+T调出定界框，将光标定位在控制点上按住鼠标左键进行拖曳，使圆形点变为椭圆，并对其旋转，放置在脚底，按Enter键完成变换，如图10-115所示。在图层面板中设置"不透明度"为70%，效果如图10-116所示。

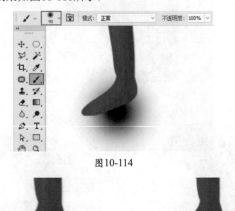

图10-114

图10-115　　　　　　　　图10-116

步骤32 使用同样的方法制作另一侧脚的阴影，如图10-117所示。最后置入前景，最终效果如图10-118所示。

图10-117

图10-118

中文版Photoshop CC从入门到精通（微课视频版）

10.1.5 "像素"模式

在"像素"模式下绘制的图形是以当前的前景色进行填充，并且是在当前所选的图层中绘制。首先设置一个合适的前景色，然后选择"形状工具组"中的任意一个工具，接着在选项栏中设置绘制模式为"像素"，设置合适的"混合模式"与"不透明度"。然后选择一个图层，按住鼠标左键拖曳进行绘制，如图10-119所示。绘制完成后只有一个纯色的图形，没有路径，也没有新出现的图层，如图10-120所示。

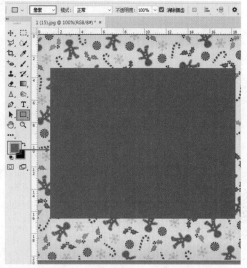

图10-119

图10-120

【重点】10.1.6　什么时候需要使用矢量绘图

由于矢量工具包括几种不同的绘图模式，不同的工具在使用不同绘图模式时的用途也不相同。

- 抠图/绘制精确选区：钢笔工具+路径模式。绘制出精确的路径后，转换为选区可以进行抠图或者以局部选区对画面细节进行编辑（这部分知识已经在前面的章节进行过讲解），如图10-121和图10-122所示。也可以为选区填充或描边。

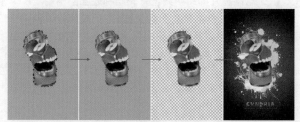

图10-121

图10-122

- 需要打印的大幅面设计作品：钢笔工具+形状模式，形状工具+形状模式。由于平面设计作品经常需要进行打印或印刷，而如果需要将作品尺寸增大时，以矢量对象存在的元素，不会因为增大或缩小图像尺寸而影响质量。所以最好使用矢量元素进行绘图，如图10-123所示。

图10-123

- 绘制矢量插画：钢笔工具+形状模式，形状工具+形状模式。使用形状模式进行插画绘制，既可方便地设置颜色，又方便进行重复编辑，如图10-124和图10-125所示。

图10-124

图10-125

第10章　矢量绘图

练习实例：使用"钢笔工具"制作童装款式图

文件路径	资源包\第10章\练习实例：使用钢笔工具制作童装款式图
难易指数	★★★★☆
技术掌握	钢笔工具、自由钢笔工具、描边的设置

案例效果

案例最终效果如图10-126所示。

图10-126

操作步骤

步骤01 执行"文件>打开"命令，在"打开"对话框中选择背景素材"1.jpg"，单击"打开"按钮，如图10-127所示。

图10-127

步骤02 制作黄色T恤。在图层面板底部单击"创建新组"按钮，设置组名为"黄色"，下面所有制作的黄色T恤图层和组都建立在该"黄色"组内。单击制作T恤的前片。单击工具箱中"钢笔工具"按钮，在选项栏中设置"绘制模式"为"形状"，"填充"为黄色，"描边"为黑色，"描边大小"为1像素，"描边类型"为"直线"，然后在画面中单击鼠标左键创建一个起始点，光标移动到下一个位置，单击绘制出一条直线，如图10-128所示。将鼠标移至下一点处，按住鼠标左键并拖曳出曲线，如图10-129所示。继续绘制路径，得到衣服前片，如图10-130所示。

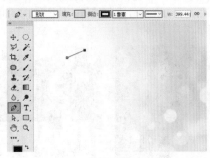

图10-128

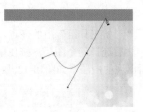

图10-129

图10-130

步骤03 绘制领口线。单击"钢笔工具"，在选项栏中设置"绘制模式"为"形状"，"填充"为无，"描边"为黑色，"描边大小"为1点，"描边类型"为"直线"，然后在画面中单击鼠标左键创建一个起始点，将鼠标移至下一点处，按住鼠标左键并拖曳出曲线，继续绘制路径，得到领口线，如图10-131所示。

图10-131

步骤04 绘制前片的缉明线。首先绘制底部的缉明线，单击工具箱中"自由钢笔工具"按钮，在选项栏中设置"绘制模式"为"形状"，"填充"为无，"描边"为黑色，"描边大小"为1点，在"描边样式"中选择一种虚线的描边样式，效果如图10-132所示。使用同样的方法制作袖口的缉明线，如图10-133所示。继续使用同样的方法制作领口缉明线，如图10-134所示。

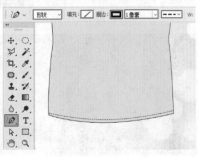

图10-132

中文版Photoshop CC从入门到精通（微课视频版）

图10-133　　　　　　　图10-134

步骤05 制作衣褶。单击工具箱中"自由钢笔工具"按钮
，在T恤的前片左侧绘制出一个衣褶的线条，如图10-135
所示。使用同样方法制作其他衣褶，如图10-136所示。

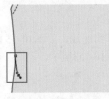

图10-135　　　　　　　图10-136

步骤06 添加前片上的卡通素材。执行"文件>置入嵌入的
智能对象"命令，在弹出的"置入嵌入对象"窗口中选择素
材"2.png"，单击"置入"按钮，并缩放到适当位置，按
Enter键完成置入。执行"图层>栅格化>智能对象"命令，
将该图层栅格化为普通图层，如图10-137所示。在图层面板
中设置"混合模式"为"正片叠底"，如图10-138所示。效
果如图10-139所示。

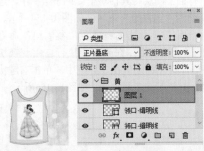

图10-137　　　　图10-138　　　　图10-139

步骤07 在画面中可以看到前片就制作完成了，下面制作后
领。使用绘制前片的方法绘制后领边形状，如图10-140所
示。在选项栏中设置"填充"为橘黄色，继续使用同样的方
法在画面中衣领边下面绘制形状，如图10-141所示。

图10-140　　　　　　　图10-141

步骤08 绘制后领处的缉明线。单击工具箱中"自由钢笔工

具"按钮，在选项栏中设置"绘制模式"为"形状"，"填
充"为无，"描边"为黑色，"描边大小"为1点，在"描边
样式"中选择一种虚线的描边样式，效果如图10-142所示。
在图层面板底部单击"创建新组"按钮，设置组名为"后
领"，选择所有后领图层将其移动至"后领组"中，选择
"后领组"将其拖动到前片图层组下面，如图10-143所示。

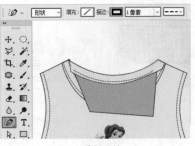

图10-142　　　　　　　图10-143

步骤09 下面制作荷叶边。单击工具箱中"钢笔工具"按
钮，在选项栏中设置"绘制模式"为"形状"，"填充"
为橘黄色，"描边"为黑色，"描边大小"为1点，"描边
类型"为"直线"，然后在画面中单击鼠标左键创建一个起
始点，按住Shift键单击绘制出一条直线，将鼠标移至下一点
处，按住鼠标左键并拖曳出曲线，继续绘制路径，得到荷叶
边，如图10-144所示。

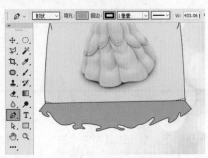

图10-144

步骤10 制作荷叶边背面效果。单击工具箱中"钢笔工具"
按钮，在选项栏中设置"绘制模式"为"形状"，"填充"
为深红色，"描边"为黑色，"描边大小"为1点，"描边类
型"为"直线"，"路径操作"为"合并形状"，绘制多个
形状，得到后片的荷叶边，如图10-145所示。接着在图层面板
中选择该图层将其移动到荷叶边图层下面，如图10-146所示。

图10-145　　　　　　　图10-146

步骤11 制作荷叶边的衣裙褶。单击工具箱中"自由钢笔工具"按钮 ✏️，在T恤的荷叶边上绘制出一个衣褶的线条，如图10-147所示。使用同样方法制作其他衣褶，如图10-148所示。

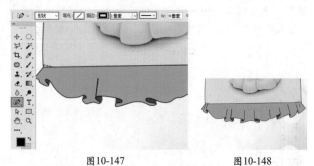

图10-147　　　　　　图10-148

步骤12 在图层面板底部单击"创建新组"按钮，设置组名为"荷叶边"，选择所有裙摆图层将其移动至"荷叶边"中，选择"荷叶边"将其拖动到"后领组"下面，如图10-149所示。

图10-149

步骤13 制作袖子。单击工具箱中"钢笔工具"按钮，在选项栏中设置"绘制模式"为"形状"，"填充"为黄色，"描边"为黑色，"描边大小"为1点，"描边类型"为"直线"，然后在画面中绘制路径，得到袖子，如图10-150所示。使用同样的方法绘制橘黄色袖口，如图10-151所示。

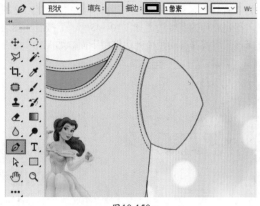

图10-150

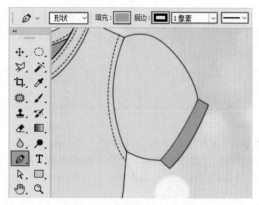

图10-151

步骤14 使用同样的方法绘制缉明线，如图10-152所示。使用同样的方法绘制衣褶，如图10-153所示。

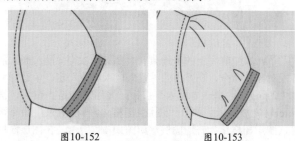

图10-152　　　　　　图10-153

步骤15 在图层面板底部单击"创建新组"按钮，设置组名为"袖子"，选择所有袖子图层将其移动至"袖子组"中，选择"袖子组"将其拖动到"裙摆组"下面，如图10-154所示。在图层面板选择"袖子组"，单击右键执行"复制组"命令，在图层面板中选择拷贝袖子组，在画面中执行自由变换快捷键Ctrl+T调出定界框，将光标定位在定界框中，单击右键执行"水平翻转"命令，并将其向左侧移动，如图10-155所示。

图10-154　　　　　　图10-155

步骤16 使用同样的方法制作粉色T恤，如图10-156所示。

图10-156

中文版Photoshop CC从入门到精通（微课视频版）

10.2 使用形状工具组

右键单击工具箱中的形状工具组按钮▢，在弹出的工具组中可以看到6种形状工具，如图10-157所示。使用这些形状工具可以绘制出各种各样的常见形状，如图10-158所示。

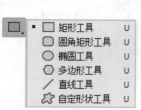

图10-157

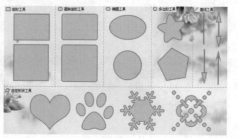

图10-158

1.使用绘图工具绘制简单图形

这些绘图工具虽然能够绘制出不同类型的图形，但是它们的使用方法是比较接近的。首先单击工具箱中的相应工具按钮，以使用"矩形工具"为例。右键单击工具箱中的形状工具组按钮，在工具列表中单击"矩形工具"。在选项栏里设置绘制模式以及描边填充等属性，设置完成后在画面中按住鼠标左键并拖动，可以看到出现了一个圆角矩形，如图10-159所示。

2.绘制精确尺寸的图形

上面学习的绘制方法属于比较"随意"的绘制方式，如果想要得到精确尺寸的图形，那么可以使用图形绘制工具在画面中单击，然后会弹出一个用于设置精确选项数值的窗口，参数设置完毕后单击"确定"按钮，如图10-160所示。即可得到一个精确尺寸的图形，如图10-161所示。

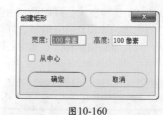

图10-160

图10-161

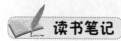
读书笔记

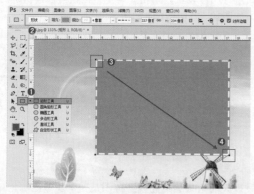

图10-159

【重点】10.2.1 矩形工具

使用"矩形工具"▢可以绘制出标准的矩形对象和正方形对象。矩形在设计中应用非常广泛，如图10-162～图10-164所示为可以使用该工具制作的作品。

图10-162

图10-163

图10-164

单击工具箱中的"矩形工具" ■按钮，在画面中按住鼠标左键拖曳，释放鼠标后即可完成一个矩形对象的绘制，如图10-165和图10-166所示。在选项栏中单击 ● 图标，打开"矩形工具"的设置选项，如图10-167所示。

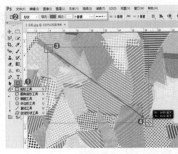 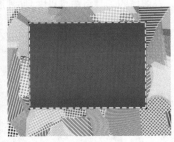 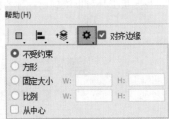

图10-165　　　　　　　　　　图10-166　　　　　　　　　　图10-167

- 不受约束：勾选该选项，可以绘制出任意大小的矩形。
- 方形：勾选该选项，可以绘制出任意大小的正方形。
- 固定大小：勾选该选项后，可以在其后面的数值输入框中输入宽度（W）和高度（H），然后在图像上单击即可创建出矩形。
- 比例：勾选该选项后，可以在其后面的数值输入框中输入宽度（W）和高度（H）比例，此后创建的矩形始终保持这个比例。
- 从中心：以任何方式创建矩形时，勾选该选项，鼠标单击点即为矩形的中心。

　　在绘制的过程中，按住 Shift 键拖曳鼠标，可以绘制正方形，如图10-168所示。按住 Alt 键拖曳鼠标可以绘制由鼠标落点为中心点向四周延伸的矩形，如图10-169所示。同时按住 Shift 和 Alt 键拖曳鼠标，可以绘制由鼠标落点为中心的正方形，如图10-170所示。

　　单击工具箱中的"矩形工具"按钮 ■，在要绘制矩形对象的一个角点位置单击，此时会弹出"创建矩形"窗口。在窗口进行相应设置，单击"确定"按钮可创建精确的矩形对象，如图10-171和图10-172所示。

图10-168　　　　　图10-169　　　　　图10-170　　　　　　　图10-171　　　　　　图10-172

举一反三：绘制长宽比为16:9的矩形

　　16:9是目前液晶显示器常见的宽高比，根据人体工程学的研究，发现人的两只眼睛的视野范围是一个长宽比例为16:9的长方形，所以电视、显示器行业会根据这个黄金比例尺寸设计产品。

　　当我们要创建一个适合在此种显示器上播放的图形时，可以选择工具箱中的"矩形工具"，在选项栏中设置合适填充与描边，单击 ● 按钮，在下拉面板中勾选"比例"，设置W为16，H为9，如图10-173所示。接着按住鼠标左键拖曳，即可绘制出16:9的矩形，如图10-174所示。

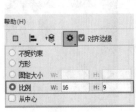 　　　　　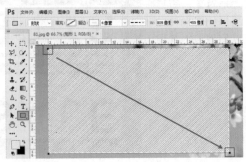

图10-173　　　　　　　　　　　　　　图10-174

举一反三：使用"矩形工具"制作极简风格登录界面

在UI设计中主要使用矢量工具进行绘制，这样可以保证适配不同尺寸的平台时，缩放界面内容也不会使内容变模糊。首先选择"矩形工具"，设置"绘制模式"为"形状"，"填充"为蓝色的渐变，在画面中绘制一个与画面等大的矩形，如图10-175所示。接着继续使用该工具绘制稍小的白色矩形作为登录框的上半部分，如图10-176所示。继续绘制一个等宽的白色矩形，摆放在下方，如图10-177所示。

  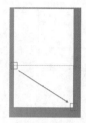

图10-175　　　　　　　图10-176　　　　　　　图10-177

设置不同的填充颜色，继续绘制其他矩形，剩余的矩形都需要以纯色进行填充，如图10-178所示。界面主体形状绘制完成后可以添加图案和文字，完成效果效果如图10-179所示。

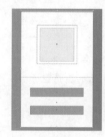 

图10-178　　　　　　　图10-179

【重点】10.2.2　圆角矩形工具

圆角矩形在设计中应用非常广泛，它不似矩形那样锐利、棱角分明，给人一种圆润、光滑的感觉，所以也就变得富有亲和力。使用"圆角矩形工具"可以绘制出标准的圆角矩形对象和圆角正方形对象。如图10-180和图10-181所示为可以使用该工具制作的作品。

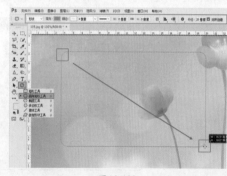

图10-182

图10-180　　　　　图10-181

"圆角矩形工具" ▢ 的使用方法与"矩形工具"一样，右键单击"形状工具组"，选择"圆角矩形工具" ▢ 。在选项栏中可以对"半径"进行设置，数值越大圆角越大。设置完成后在画面中按住鼠标左键拖曳，如图10-182所示。拖曳到理想大小后释放鼠标绘制完成了，如图10-183所示。如图10-184所示为不同"半径"的对比效果。

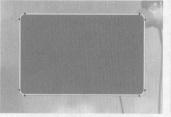 

图10-183　　　　　　　图10-184

在圆角矩形绘制完成后会弹出"属性"面板，在该面板中可以对图像的大小、位置、填充、描边等选项进行设置，还可以设置"半径"参数，如图10-185所示。当处于"链接"状态时，"链接"按钮为深灰色 ∞。此时在数值框内输入数值，按Enter键确定操作，此时圆角半径的4个角都将改变，如图10-186所示。单击"链接"按钮取消链接状态，可以更改单个圆角的参数，如图10-187所示。

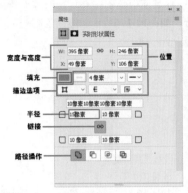
图10-185

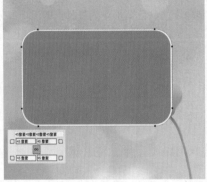
图10-186

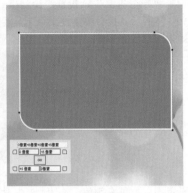
图10-187

提示：绘制"圆角矩形"的小技巧。

(1) 按住 Shift 键拖曳鼠标，可以绘制圆角正方形。
(2) 按住 Alt 键拖曳鼠标可以绘制由鼠标落点为中心点向四周延伸的圆角矩形。
(3) 同时按住 Shift 和 Alt 键拖曳鼠标，可以绘制由鼠标落点为中心的圆角正方形。

举一反三：制作手机APP图标

因为UI设计都有严格的尺寸要求，所以在进行图标的设计时需要利用"创建圆角矩形"窗口对参数进行精确的设置。比如适合于iPhone界面的图标尺寸有一系列的要求，我们可以创建其中最大尺寸的图标，其尺寸为1024×1024像素，半径为180像素。

选择工具箱中的"圆角矩形工具"，在选项栏中设置"绘制模式"为"形状"，"填充"为紫色，在需要绘制图形的位置单击，在弹出的"创建圆角矩形"窗口中进行参数设置，设置完成后单击"确定"按钮完成绘制，如图10-188和图10-189所示。

图10-188

图10-189

按钮的底色绘制完成后就可添加图形进行装饰，如图10-190所示。如果需要相同大小的按钮，可以将底色图形进行复制，然后绘制出其他图案即可，如图10-191所示。

图10-190

图10-191

中文版Photoshop CC从入门到精通（微课视频版）

练习实例：使用"圆角矩形工具"制作名片

文件路径	资源包\第10章\练习实例：使用"圆角矩形"工具制作名片
难易指数	★★★★★
技术掌握	圆角矩形工具、矩形工具

案例效果

案例最终效果如图10-192所示。

图10-192

操作步骤

步骤01 打开背景素材"1.jpg"，如图10-193所示。单击工具箱中的"矩形工具"按钮 ，在选项栏中设置"绘制模式"为"形状"，"填充"为"渐变"，并编辑一个蓝色系渐变，在画面中绘制出一个矩形形状，作为名片的底色部分，如图10-194所示。

扫一扫，看视频

图10-193 图10-194

步骤02 选择该图层，执行"图层>图层样式>投影"命令，在弹出的"图层样式"面板中设置"混合模式"为"正片叠底"，颜色为黑色，"不透明度"为75%，"角度"为120度，"距离"为25像素，"大小"为40像素，参数设置如图10-195所示。参数设置完成后单击"确定"按钮，画面效果如图10-196所示。

图10-195 图10-196

步骤03 单击工具箱中的"圆角矩形工具"按钮，在选项栏中设置"绘制模式"为"形状"，"填充"为无，"描边"为"渐变"，并编辑一个蓝色系渐变，"描边宽度"为50像素、"半径"为50像素，参数设置完成后在画布中按住Shift键绘制一个正方形，画面效果如图10-197所示。选择该形状图层，执行"图层>图层样式>投影"命令，设置"投影"中的"混合模式"为"正片叠底"，"不透明度"为75%，"角度"为-31度，"距离"为12像素，"大小"为21像素，参数设置如图10-198所示。参数设置完成后，单击"确定"按钮，效果如图10-199所示。

图10-197

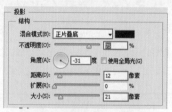

图10-198

图10-199

步骤04 将矩形旋转到合适角度并移动至合适位置，如图10-200所示。使用同样方法继续绘制一个颜色稍浅的形状，并移动至合适位置，制作出立体感效果，如图10-201所示。

图10-200 图10-201

步骤05 使用同样的方法制作其余部分，效果如图10-202所示。新建图层组，将制作卡片的步骤拖曳至该组。载入名片底色图形的选区，选择该图层组，单击"添加图层蒙版"按钮 ▣，基于选区为该图层组添加图层蒙版，将卡片以外的部分隐藏，如图10-203所示。

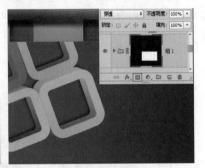

图10-202   图10-203

步骤06 单击工具箱中的"自定义形状工具"按钮 ✿，在选项栏中设置"绘制模式"为"形状"，"填充"为白色，设置单击"形状"倒三角按钮，在形状选取器中选择形状为"世界"，参数设置如图10-204所示。设置完成后，在画布按住Shift键绘制形状，如图10-205所示。

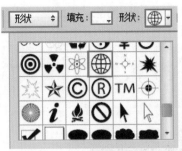
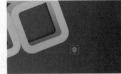

图10-204   图10-205

步骤07 继续绘制其他形状，并使用"横排文字工具" T 输入相应文字，名片正面部分制作完成。效果如图10-206所示。名片背面的制作方法与正面相同，在这里就不一一讲解了，效果如图10-207所示。

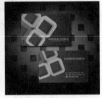

图10-206   图10-207

练习实例：使用"圆角矩形工具"制作手机APP启动页面

文件路径	资源包\第10章\练习实例：使用"圆角矩形工具"制作手机APP启动页面
难易指数	★★★★★
技术掌握	圆角矩形工具

案例效果

案例的最终效果如图10-208所示。

图10-208

操作步骤

步骤01 执行"文件>新建"菜单命令，在"新建"窗口单击顶部的"移动设备"，然后选择iPhone 6 Plus，此时文件的"宽度"为1242像素、"高度"为2208像素，"分辨率"为72，"颜色模式"为RGB颜色，"背景内容"为白色，单击"创建"按钮，如图10-209所示。结果如图10-210所示。本案例以iPhone 6 Plus的屏幕尺寸制作一款手机APP启动页面。

扫一扫，看视频

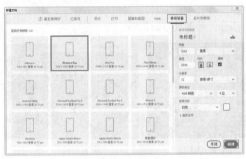

图10-209

图10-210

步骤02 为了适应移动设备客户端不同的屏幕尺寸，APP界面中的元素经常需要进行大小的缩放。为了尽量保持不同缩放状态下的界面元素清晰显示，UI设计中的元素尽量都要使用矢量工具进行制作。单击工具箱中的"渐变工具"按钮，单击选项栏中的渐变色条，会弹出"渐变编辑器"。双击左侧的色标，在弹出的"拾色器"窗口中设置颜色为浅蓝色，如图10-211所示。双击右侧的色标，设置颜色为白色，单击"确定"按钮完成设置，如图10-212所示。

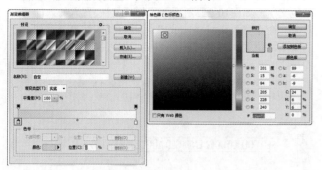

图10-211

图10-212

步骤05 在选项栏上单击"径向渐变"按钮，在画布中央按住鼠标左键并向左上角拖动，如图10-213所示。松开鼠标，背景被填充为蓝色系渐变，如图10-214所示。

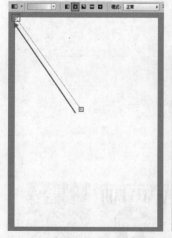

图10-213　　　　　　图10-214

步骤04 单击工具箱中的"钢笔工具"按钮，在选项栏上设置"绘制模式"为"形状"，"填充"为蓝色，在画布上绘制一个倒梯形，如图10-215所示。

图10-215

步骤05 选中绘制的梯形图层，使用快捷键Ctrl+T调出定界框，然后将中心点移动到图形底部中间的位置，如图10-216所示。然后在选项栏中设置"旋转角度"为5度，如图10-217所示。

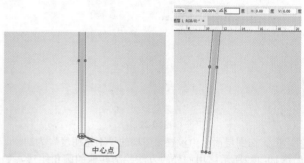

图10-216　　　　　　图10-217

步骤06 旋转完成后按Enter键完成旋转。接着使用复制并重复变换快捷键Ctrl+Shift+Alt+T，随即即可复制并旋转一份图形，如图10-218所示。继续进行复制，制作出放射状背景，如图10-219所示。

图10-218　　　　　　图10-219

步骤07 选择工具箱中的"圆角矩形工具"按钮，在选项栏上设置"绘制模式"为"形状"，"填充"为深红色，"半径"为20像素，在画面中按住鼠标左键向右下角拖曳绘制一个圆角矩形，如图10-220所示。同样的方式继续使用"圆角矩形工具"，在选项栏中设置"绘制模式"为"形状"，"填充"为深粉色，在画面上按住鼠标左键向右下角拖曳绘制一个深粉色的圆角矩形，如图10-221所示。

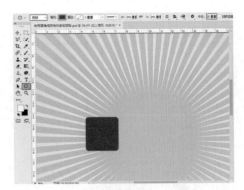

图10-220

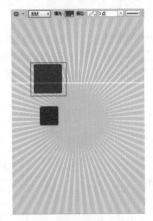

图10-221

步骤 08 在图层面板中设置该图层的"不透明度"为24%，如图10-222所示。用同样的方法绘制其他的圆角矩形，如图10-223所示。

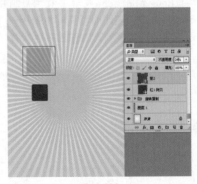

图10-222

图10-223

步骤 09 单击工具箱中的"横排文字工具"按钮，在选项栏中设置合适的字体、字号，设置"文本颜色"为墨绿色，在画布上单击输入文字，如图10-224所示。用同样的方式输入其他文字，如图10-225所示。执行"文件>置入嵌入的智能对象"命令置入素材"1.png"，并将置入对象调整到合适的大小、位置，然后按Enter键完成置入操作。最终效果如图10-226所示。

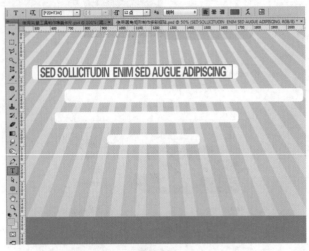

图10-224

图10-225

图10-226

【重点】10.2.3 椭圆工具

使用"椭圆工具"可绘制出椭圆形和正圆形。虽然圆形在生活中比较常见，但只要在设计中赋予其创意，就能产生截然不同的感觉。如图10-227～图10-229所示为可以使用该工具制作的作品。

图10-227

图10-228

图10-229

中文版Photoshop CC从入门到精通（微课视频版）

在"形状工具组"上单击鼠标右键，选择"椭圆工具" 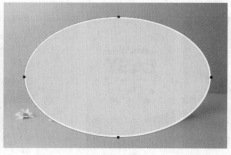。如果要创建椭圆，可以在画面中按住鼠标左键并拖动，如图10-230所示。松开光标即可创建出椭圆形，如图10-231所示。如果要创建正圆形，可以按住Shift键或快捷键Shift+Alt（以鼠标单击点为中心）进行绘制。

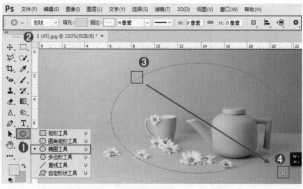

图10-230

图10-231

单击工具箱中的"椭圆工具"按钮 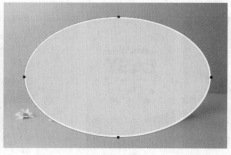，在要绘制椭圆对象的位置单击，此时会弹出"创建椭圆"窗口。在窗口中进行相应设置，单击"确定"按钮即可创建精确尺寸的椭圆形对象，如图10-232和图10-233所示。

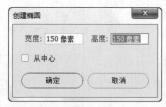

图10-232

图10-233

举一反三：制作云朵图标

一些复杂的图形不仅能够使用钢笔工具进行绘制，还可以通过几何图形组合成想要的图形。云朵图形就是很好的例子。首先使用"圆角矩形工具"绘制一个圆角矩形作为底色，如图10-234所示。接着使用"椭圆工具"绘制几个橙色的正圆作为太阳，如图10-235所示。

图10-234

图10-235

绘制3个白色正圆，3个圆形需要重叠摆放。此时云朵的大致形状已经出现了，如图10-236所示。接着使用"矩形工具"在底部绘制一个矩形，云朵图形就制作完成了，如图10-237所示。最后添加文字，效果如图10-238所示。

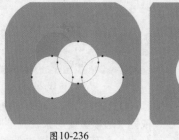

图10-236

图10-237

图10-238

10.2.4　多边形工具

使用"多边形工具"可以创建出各种边数的多边形（最少为3条）以及星形。多边形可以用在很多方面，例如标志设计、海报设计等。如图10-239～图10-241所示为可以使用该工具制作的作品。

图10-239

图10-240

图10-241

在形状工具组上单击鼠标右键，选择"多边形工具"。在选项栏中可以设置"边"数，还可以在多边形工具选项中设置半径、平滑拐点、星形等参数，如图10-242所示。设置完毕后在画面中按住鼠标左键拖曳，松开鼠标完成绘制操作，如图10-243所示。

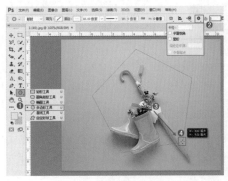

图10-242

图10-243

- 边：设置多边形的边数。边数设置为3时，可以创建出正三角形；设置为5时，可以绘制出正五边形；设置为8时，可以绘制出正八边形，如图10-244所示。

图10-244

- 半径：用于设置多边形或星形的半径长度，设置好半径以后，在画面中按住鼠标左键并拖动鼠标即可创建出相应半径的多边形或星形，如图10-245所示。

图10-245

- 平滑拐角：勾选该选项以后，可以创建出具有平滑拐角效果的多边形或星形，如图10-246和图10-247所示。

图10-246

图10-247

- 星形：勾选该选项后，可以创建星形，下面的"缩进边依据"选项主要用来设置星形边缘向中心缩进的百分比，数值越高，缩进量越大，如图10-248和

图10-249所示分别是50%和80%的缩进效果。

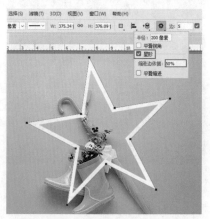

图10-248

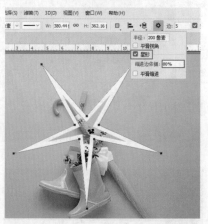

图10-249

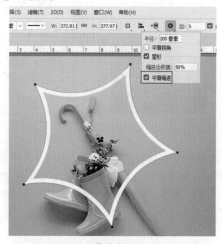

图10-250

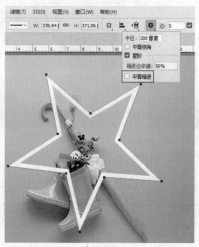

图10-251

进"的效果。

- 平滑缩进：勾选该选项后，可以使星形的每条边向中心平滑缩进，如图10-250所示为勾选"平滑缩进"的效果；如图10-251所示为未勾选"平滑缩进"的效果。

练习实例：使用不同绘制模式制作简约标志

文件路径	资源包\第10章\练习实例：使用不同绘制模式制作简约标志
难易指数	★★★★★
技术掌握	多边形工具、钢笔工具

案例效果

案例最终效果如图10-252所示。

图10-252

操作步骤

步骤01 执行"文件>新建"命令新建一个空白文档，如图10-253所示。为了便于观察，可以先将背景填充为其他颜色，单击前景色按钮，设置前景色为绿色，如图10-254所示。

图10-253

图10-254

步骤 04 按快捷键Alt+Delete为背景填充颜色，如图10-255
所示。新建一个图层，将前景色设置为白色，选择工具箱
中的"多边形工具"，在选项栏中设置"绘制模式"为"像
素"，"边数"为6，在画面中按住鼠标左键向右下角拖
曳，绘制一个白色六边形，如图10-256所示。

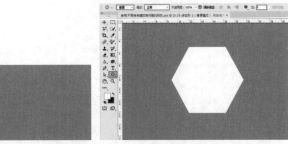

图10-255　　　　　　　　　图10-256

步骤 03 设置前景色为淡红色，用同样的方法在之前的多边
形上绘制一个稍小的六边形，如图10-257所示。单击工具
箱中的"横排文字工具"按钮，在选项栏上设置合适的字
体、字号，设置"文本颜色"为白色，在画面上单击并输
入文字。然后单击"提交所有当前编辑"按钮，如图10-258
所示。

步骤 04 单击工具箱中的"钢笔工具"按钮，在选项栏上设
置"绘制模式"为"形状"，在选项栏中设置"填充"为
稍深一些的红色，在画布上文字边缘区域绘制阴影效果，
如图10-259所示。然后将阴影图层移动到文字图层的下方，
最终效果如图10-260所示。

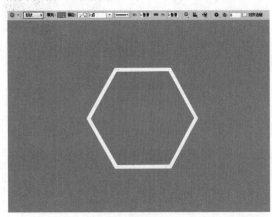

图10-257

图10-258

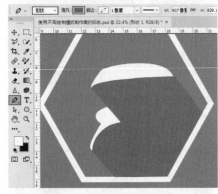

图10-259

图10-260

步骤 05 执行"文件>置入嵌入的智能对象"命令，置入素
材"1.jpg"，将该图层作为背景图层放置在构成标志图层的
下方，最终效果如图10-261所示。

图10-261

中文版Photoshop CC从入门到精通（微课视频版）

10.2.5 直线工具

使用"直线工具" 可以创建出直线和带有箭头的形状，如图10-262所示。右键单击形状工具组，在其中选择"直线工具"，首先在选项栏中设置合适的填充、描边。调整"粗细"数值设置合适的直线的宽度，接着按住鼠标左键拖曳进行绘制，如图10-263所示。"直线工具"还能够绘制箭头。单击 按钮，在下拉面板中能够设置箭头的起点、终点、宽度、长度和凹度等参数。设置完成后按住鼠标左键拖曳绘制，即可绘制箭头形状，如图10-264所示。

图10-262

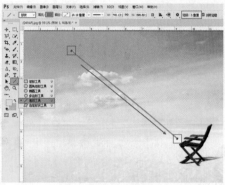

图10-263

图10-264

- 起点/终点：勾选"起点"选项，可以在直线的起点处添加箭头；勾选"终点"选项，可以在直线的终点处添加箭头；勾选"起点"和"终点"选项，则可以在两头都添加箭头，如图10-265所示。

图10-265

- 宽度：用来设置箭头宽度与直线宽度的百分比，范围从10%～1000%，如图10-266所示分别为使用宽度200%、300%和500%创建的箭头。

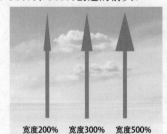

图10-266

- 长度：用来设置箭头长度与直线宽度的百分比，范围从10%～5000%，如图10-267所示分别为使用长度100%、300%和500%创建的箭头。

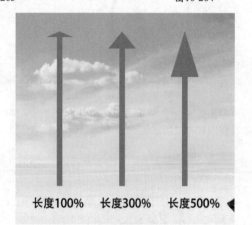

图10-267

- 凹度：用来设置箭头的凹陷程度，范围为-50%～50%。值为0%时，箭头尾部平齐；值大于0%时，箭头尾部向内凹陷；值小于0%时，箭头尾部向外凸出，如图10-268所示。

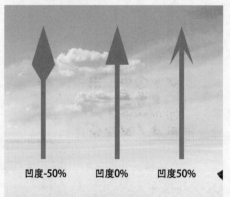

图10-268

10.2.6 动手练：自定形状工具

步骤 01 使用"自定形状工具" 可以创建出非常多的形状。右键单击工具箱中的形状工具组，在其中选择"自定形状工具"。在选项栏中单击"形状"按钮，在下拉面板中单击选择一种形状，然后在画面中按住鼠标左键拖曳进行绘制，如图10-269所示。在Photoshop中有很多预设的形状，单击下拉面板右上角的 按钮，在菜单的底部可以看到很多预设形状组，如图10-270所示。

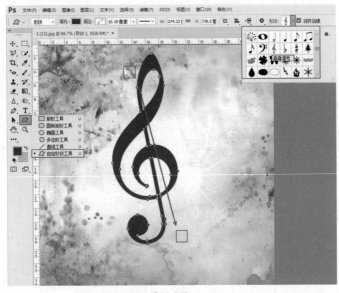

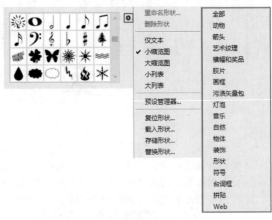

图10-269 图10-270

步骤 02 单击选择一个形状组，在弹出的对话框中单击"确定"或"追加"按钮，即可将形状组中的形状载入到面板中，如图10-271和图10-272所示。

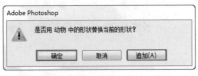

图10-271 图10-272

步骤 03 如果有外挂动作，还可以通过"载入形状"命令进行载入。单击 按钮执行"载入形状"命令，在弹出的"载入"窗口单击形状文件（格式为.csh），然后单击"载入"按钮完成载入操作，如图10-273和图10-274所示。

图10-273 图10-274

中文版Photoshop CC从入门到精通（微课视频版）

10.3 矢量对象的编辑操作

在矢量绘图时，最常用到的就是"路径"以及"形状"这两种矢量对象。"形状"对象由于是单独的图层，所以操作方式与图层的操作基本相同。但是"路径"对象是一种"非实体"对象，不依附于图层，也不具有填色描边等属性，只能通过转换为选区后再进行其他操作。所以"路径"对象的操作方法与其他对象有所不同，想要调整"路径"位置，对"路径"进行对齐分布等操作，都需要使用特殊的工具。

要想更改"路径"或"形状"对象的形态，需要使用到"直接选择工具""转换点工具"等工具对路径上锚点的位置进行移动，这部分知识在7.2节中进行过讲解。如图10-275~图10-278所示为优秀的矢量设计作品。

图10-275

图10-276

图10-277

图10-278

【重点】10.3.1 移动路径

如果绘制的是"形状"对象或"像素"，那么只需选中该图层，然后使用"移动工具"进行移动即可。如果绘制的是"路径"，想要改变图形的位置，可以单击工具箱中的"路径选择工具"按钮，然后在路径上单击，即可选中该路径，如图10-279所示。按住鼠标左键并拖动光标，可以移动路径所处的位置，如图10-280所示。

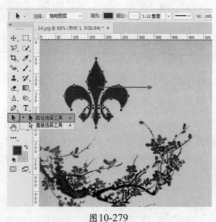

图10-279

图10-280

 提示："路径选择工具"使用技巧。

如果要移动形状对象中的一个路径，也需要使用"路径选择工具"。按住 Shift 键单击可以选择多个路径。按住 Ctrl 键并单击可以将当前工具转换为"直接选择工具"。

【重点】10.3.2 动手练：路径操作

当我们想要制作一些中心镂空的对象，或者想要制作出由几个形状组合在一起的形状或路径时，或是想要从一个图形中去除一部分图形，都可以使用"路径操作"功能。

在使用"钢笔工具"或"形状工具"以"形状模式"或"路径模式"进行绘制时，选项栏中就可以看到"路径操作"的按钮，单击该按钮，在下拉菜单中可以看到多种路径的操作方式。想要使路径进行"相加""相减"，需要在绘制之前就在选项栏中设置好"路径操作"的方式，然后进行绘制。（在绘制第一个路径/形状时，选择任何方式都会以"新建图层"的方式进行绘制。在绘制第二个图形时，才会以选定的方式进行运算。）

步骤 01 首先需要单击选项栏中的"路径操作"按钮选择"新建图层" ，然后绘制一个图形，如图10-281所示。在"新建图层"状态下绘制下一个图形，生成一个新图层，如图10-282所示。

图10-281　　　　　　　　　　　　　　　　　　　图10-282

步骤 02 若设置"路径操作"为"合并形状" ，然后绘制图形，新绘制的图形将被添加到原有的图形中，如图10-283所示。若设置"路径操作"为"减去顶层形状" ，然后绘制图形，可以从原有的图形中减去新绘制的图形，如图10-284所示。

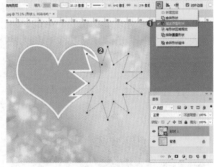

图10-283　　　　　　　　　　　　　　　　　　　图10-284

步骤 03 若设置"路径操作"为"与形状区域交叉" ，然后绘制图形，可以得到新图形与原有图形的交叉区域，如图10-285所示。若设置"路径操作"为"排除重叠形状" ，然后绘制图形，可以得到新图形与原有图形重叠部分以外的区域，如图10-286所示。

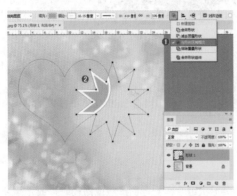

图10-285　　　　　　　　　　　　　　　　　　　图10-286

步骤 04 选中多个路径，如图10-287所示。接着选择"合并形状组件" 即可将多个路径合并为一个路径，如图10-288所示。

中文版Photoshop CC从入门到精通（微课视频版）

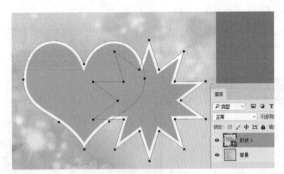

图10-287

图10-288

步骤 05 如果已经绘制了一个对象，然后设置"路径操作"，可能会直接产生路径运算效果。例如先绘制了一个图形，如图10-289所示。然后设置"路径操作"为"减去顶层形状"，即可得到反方向的内容，如图10-290所示。

图10-289

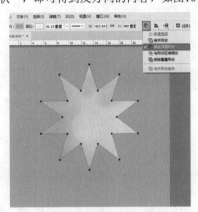

图10-290

 提示：使用"路径操作"的小技巧。

如果当前画面中以及包括多个路径组成的对象，选中其中一个路径，然后在选项栏中也可以进行路径操作的设置。

练习实例：通过合适的路径操作制作抽象图形

文件路径	资源包\第10章\练习实例、通过合适的路径操作制作抽象图形
难易指数	★★★★★
技术掌握	合并图层、减去顶层形状

案例效果

案例最终效果如图10-291所示。

图10-291

操作步骤

步骤 01 执行"文件>新建"命令，新建一个空白文档，如

图10-292所示。单击工具箱中的"矩形工具"按钮，在选项栏上设置"绘制模式"为"形状"，设置"填充"为深红色，在画面中按住鼠标左键拖曳绘制一个矩形，如图10-293所示。用同样的方式绘制另一个矩形，如图10-294所示。

扫一扫，看视频

步骤 02 单击工具箱中的"横排文字工具"按钮，在选项栏中设置合适的字体、字号，设置文本颜色为黑色，在画布上单击输入文字，如图10-295所示。选择大矩形图层，单击图层面板底部的"添加图层蒙版"按钮，为该图层添加图层蒙版。按住Ctrl键单击文字图层的缩览图，得到文字选区，将文字图层隐藏。单击矩形图层的图层蒙版，将前景色设置为黑色，然后使用快捷键Alt+Delete将选区填充为黑色。使用快捷键Ctrl+D取消选区的选择，如图10-296和图10-297所示。

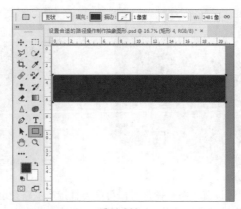

图10-292　　　　　　　　　　　　　　　图10-293　　　　　　　　　　　　　　图10-294

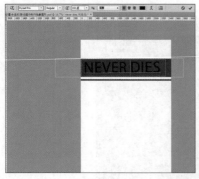

图10-295　　　　　　　　　　　图10-296　　　　　　　　　　　图10-297

步骤03 再次绘制一个狭长的矩形，如图10-298所示。单击工具箱中的"椭圆工具"，在选项栏中设置"绘制模式"为"形状"，设置"描边颜色"为深红色，"描边宽度"为50点，按住Shift键绘制一个正圆，如图10-299所示。

图10-299

图10-298

步骤04 选择"矩形选框工具"在圆环上方绘制一个矩形选区，如图10-300所示。接着选择圆环图层，单击图层面板底部的"添加图层蒙版"按钮，基于选区为该图层添加图层蒙版，效果如图10-301所示。

步骤05 按住Ctrl键加选背景图层以外的图层，将其进行编组。选择图层组，使用快捷键Ctrl+T调出定界框，将其进行旋转，如图10-302所示。旋转完成后按Enter键完成旋转，效果如图10-303所示。

图10-300　　　　　　　　　　　图10-301

图10-302　　　　　　　图10-303

图10-307　　　　　　　图10-308

步骤 06 选择工具箱中的"矩形工具"，在选项栏中设置路径操作为"减去顶层形状"，在画面的下方绘制一个深红色矩形，如图10-304所示。选择工具箱中的"椭圆工具"，接着在画面中按住Shift键绘制一个正圆，此时画面效果如图10-305所示。

步骤 08 输入一组红色的文字，如图10-309所示。选中文字，接着在选项栏上单击"文字变形"按钮，在弹出的窗口中设置"文字变形"为"扇形"，设置"弯曲"为−70%，单击"确定"按钮完成设置，如图10-310所示。接着将文字调整到合适位置，效果如图10-311所示。

图10-309　　　　　图10-310　　　　　图10-311

步骤 09 选择工具箱中的"椭圆工具"，在选项栏中设置"绘制模式"为"形状"，设置"描边"为深红色，"描边宽度"为50点，在画布上绘制圆环，如图10-312所示。选中椭圆形的图层按快捷键Ctrl+J复制图层，并将复制的圆环更换颜色为黑色，如图10-313所示。

图10-304　　　　　　　图10-305

图10-312　　　　　　　图10-313

步骤 07 单击工具箱中的"钢笔工具"按钮，在选项栏上设置"绘制模式"为"形状"，"填充"为黑色，然后在画面上绘制图形，如图10-306所示。在选项栏中设置为"合并形状"。继续使用"钢笔工具"依次绘制其他图形，如图10-307所示。最后输入文字并适当旋转，如图10-308所示。

步骤 10 选中黑色圆环图层，选中工具箱中的"多边形套索工具"，在右侧绘制一个四边形选区，如图10-314所示。单击图层面板底部的"添加图层蒙版"按钮，基于选区添加图层蒙版，如图10-315所示。此时画面效果如图10-316所示。

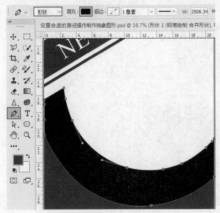

图10-306

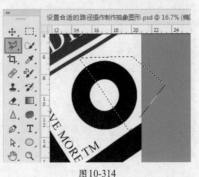

图10-314

图10-315　　　　　　　　　　图10-316

步骤11 单击工具箱中的"钢笔工具"按钮，在画布上绘制四边形，如图10-317所示。最后置入素材"1.jpg"并将其栅格化，如图10-318所示。

图10-317　　　　　　　　　　图10-318

步骤12 选择该图层设置"混合模式"为"正片叠底"，如图10-319所示。最终效果如图10-320所示。

图10-319　　　　　　　图10-320

10.3.3　变换路径

选择路径或形状对象，使用快捷键Ctrl+T调出定界框，接着可以进行变换；也可以单击鼠标右键，在弹出的快捷菜单中选择相应的变换命令，如图10-321所示；还可以执行"编辑>变换路径"菜单下的命令即可对其进行相应的变换。变换路径与变换图像的使用方法是相同的。

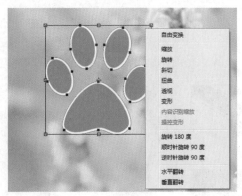

图10-321

10.3.4　对齐、分布路径

对齐与分布可以对路径或者形状中的路径进行操作。如果是形状中的路径，则需要所有路径在一个图层内，接着使用"路径选择工具" 选择多个路径，然后单击选项栏中的"路径对齐方式"按钮，在弹出的菜单中可以对所选路径进行对齐、分布，如图10-322所示。如图10-323所示为底对齐的效果。路径的对齐与分布与图层的对齐分布的使用方法是一样的。

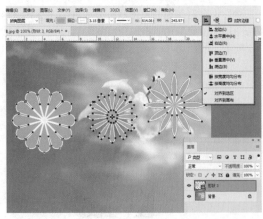

图10-322　　　　　　　　　　　　　　　图10-323

10.3.5 调整路径排列方式

当文档中包含多个路径，或者一个形状图层中包括多个路径时，可以调整这些路径的上下排列顺序，不同的排列顺序会影响到路径运算的结果。选择路径，单击属性栏中的"路径排列方法"按钮，在下拉列表中单击并执行相关命令，可以将选中的路径的层级关系进行相应排列，如图10-324所示。

图10-324

10.3.6 定义为自定形状

如果某个图形比较常用，我们可以将其定义为"形状"，以便于随时在"自定形状工具"中使用。首先选择需要定义的路径，如图10-325所示。执行"编辑>定义自定形状"菜单命令，在弹出的"形状名称"对话框中设置合适的名称，单击"确定"按钮完成定义操作，如图10-326所示。单击工具箱中的"自定形状工具"按钮，在选项栏中单击"形状"下拉列表按钮，在形状预设中可以看到刚刚自定的形状，如图10-327所示。

图10-325   图10-326   图10-327

10.3.7 动手练：填充路径

"路径"与"形状"对象不同，"路径"不能够直接通过选项栏中进行填充，但是可以通过"填充路径"对话框中进行填充。

步骤01 首先绘制路径，然后在使用"钢笔工具"或"形状工具"（自定义形状工具除外）的状态下，在路径上单击鼠标右键执行"填充路径"命令，如图10-328所示。随即会打开"填充路径"对话框，在该对话框中可以以前景色、背景色、图案等内容进行填充，使用方法与"填充"对话框一样，如图10-329所示。

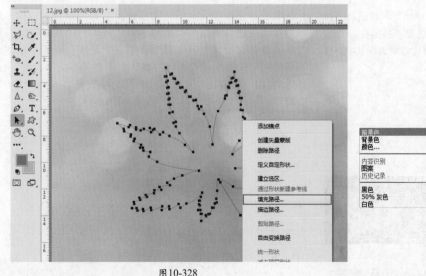

图10-328

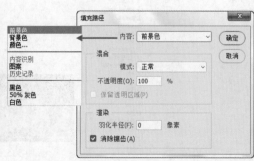

图10-329

步骤 02 如图10-330所示为使用颜色进行填充的效果，如图10-331所示为使用图案进行填充的效果。

图10-330   图10-331

10.3.8 动手练：描边路径

"描边路径"命令能够以设置好的绘画工具沿路径的边缘创建描边，如使用画笔、铅笔、橡皮擦、仿制图章等进行路径描边。

步骤 01 首先我们需要设置绘图工具。选择工具箱中的"画笔工具"，设置合适的前景色和笔尖大小，如图10-332所示。选择一个图层，接着使用"钢笔工具"，设置绘制模式为"路径"，然后绘制路径。路径绘制完成后单击鼠标右键执行"描边路径"命令，如图10-333所示。

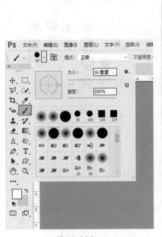

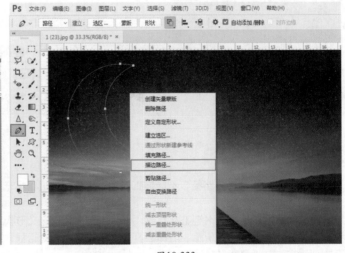

图10-332   图10-333

步骤 02 随即会弹出"描边路径"窗口，单击工具按钮在下拉列表中可以看到多种绘图工具。在这里选择"画笔"，如图10-334所示。此时单击"确定"按钮，描边效果如图10-335所示。

若取消勾选该选项，描边为线性、均匀的效果。"模拟压力"选项可以模拟手绘描边效果。若勾选"模拟压力"选项，需要在设置画笔工具时，启用"画板"面板中的"形状动态"选项，并设置"控制"为"钢笔压力"，如图10-336所示。接着在"描边路径"窗口中设置"工具"为"画笔"，勾选"模拟压力"，效果如图10-337所示。

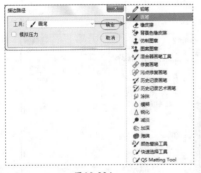

图10-334   图10-335

图10-336

步骤 03 "模拟压力"选项用来控制描边路径的渐隐效果，

中文版Photoshop CC从入门到精通（微课视频版）

图10-337

提示：快速描边路径。

设置好画笔的参数以后，在使用画笔状态下按 Enter 键可以直接为路径描边。

举一反三：使用"模拟压力"绘制发丝

在绘制人物插画，或者将人像照片转手绘时，都可能会遇到需要绘制发丝的情况。而使用"描边路径"能够轻松模拟发丝的效果。

步骤 01 头发的底色已经打好，只需绘制一些高光处的发丝即可，如图10-338所示。选择"画笔工具"，设置笔尖大小为2-3像素（视具体情况而定），接着设置前景色。前景色我们可以在需要绘制发丝的位置单击拾取，然后在这个颜色的基础上选择一个同色系的明度较高的颜色即可，如图10-339所示。

图10-338

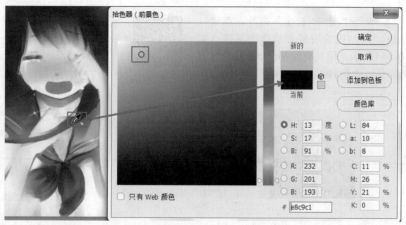

图10-339

步骤 02 新建图层，接着使用"钢笔工具"参照发丝的走向绘制路径，单击右键执行"描边路径"命令，在"描边路径"窗口中勾选"模拟压力"选项，如图10-340所示。得到了一根发丝，效果如图10-341所示。继续绘制路径，并使用不同的颜色进行描边路径的操作，效果如图10-342所示。

图10-340

图10-341

图10-342

练习实例：使用矢量工具制作唯美卡片

文件路径	资源包\第10章\练习实例：使用矢量工具制作唯美卡片
难易指数	★★★★★
技术掌握	椭圆形工具、圆角矩形工具、路径描边

案例效果

案例效果如图10-343所示。

图10-343

操作步骤

扫一扫，看视频

步骤01 执行"文件>新建"命令，新建一个空白文档。接着设置前景色为灰色，如图10-344所示。用快捷键Alt+Delete为背景填充颜色，如图10-345所示。

图10-344

图10-345

步骤02 首先利用描边路径功能制作画面中的细线条。由于我们需要对路径进行描边，所以首先要对画笔进行设置。单击工具箱中的"画笔工具"按钮，在画笔选取器中选择一个圆形笔刷，设置"大小"为5像素，"硬度"为100%，如图10-346所示。新建一个图层，设置前景颜色为红色。然后使用工具箱中的"钢笔工具"，设置"绘制模式"为

"路径"，在画面上绘制一个曲线路径，如图10-347所示。

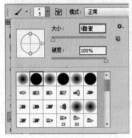

图10-346

图10-347

步骤03 在使用"钢笔工具"的状态下，单击鼠标右键执行"路径描边"命令，在弹出的窗口中设置"工具"为"画笔"，勾选"模拟压力"，单击"确定"按钮完成设置，如图10-348所示。此时画面中出现红色的描边效果，如图10-349所示。

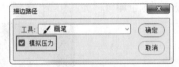

图10-348

图10-349

步骤04 用同样的方式依次绘制其他的红色线条，如图10-350所示。在图层面板上新建一个组，加选所有绘制的线条图层，按住鼠标左键将线条图层拖动到图层组中，如图10-351所示。

图10-350

图10-351

步骤05 制作曲线上的装饰。选择工具箱中"椭圆形工具"，在选项栏中设置"绘制模式"为"形状"，单击填充按钮，在下拉面板中编辑一个深红色系渐变，设置"渐变类型"为"线性"，如图10-352所示。然后按住Shift键，同时按住鼠标左键拖曳绘制正圆形，如图10-353所示。

图10-352

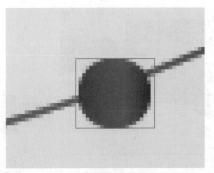

图10-353

步骤06 用同样的方式绘制其他的圆形，如图10-354所示。在图层面板上新建一个组，加选所有绘制的红色渐变圆形，按住鼠标左键将线条拖动到图层组中，如图10-355所示。

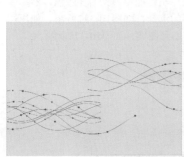

图10-354　　　　　　　　图10-355

步骤07 单击工具箱中"钢笔工具"按钮，在选项栏上设置"绘制模式"为"形状"，单击填充按钮，在下拉面板中设置一个前红色系渐变，设置"渐变类型"为"线性"，如图10-356所示。然后在画布上绘制一个飘带图形，如图10-357所示。同样的方式绘制其他图形，如图10-358所示。

图10-356

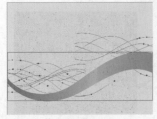

图10-357　　　　　　　　图10-358

步骤08 选择工具箱中的"圆角矩形工具"，在选项栏中设置"绘制模式"为"形状"，单击"填充"按钮，在下拉面板中编辑一个深红色系渐变，设置"渐变类型"为"径向"，如图10-359所示。继续在选项栏中设置"半径"为70像素，然后在画面中按住鼠标左键拖曳绘制一个圆角矩形，如图10-360所示。

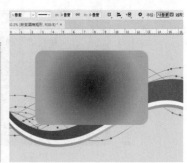

图10-359　　　　　　　　图10-360

步骤09 选项栏中设置"填充"为白色，然后在红色圆角矩形上方绘制一个稍小的白色的圆角矩形，如图10-361所示。接着在选项栏中编辑红色系的渐变，然后在白色圆角矩形上方再绘制一个稍小的红色圆角矩形，如图10-362所示。

图10-361　　　　　　　　图10-362

步骤10 单击工具箱中的"横排文字工具"按钮，在选项栏上设置合适的字体、字号，文字颜色为白色，然后在画面中单击插入光标，输入文字，如图10-363所示。选择"横排文字工具"在圆角矩形的下方按住鼠标左键拖曳绘制一个文本框，如图10-364所示。设置合适的字体、字号，然后输入文字，如图10-365所示。

图10-363　　　　　　　　图10-364

图10-365

步骤 11 新建图层，将前景色设置为白色，单击工具箱中的"画笔工具"，在"画笔选取器"中选择一个硬角画笔，"大小"为3像素，然后在文字下方按住Shift键绘制两段直线，如图10-366所示。

图10-366

步骤 12 在图层面板上新建一个组，加选绘制的圆角矩形和文字图层，按住鼠标左键移动到图层组中，如图10-367所示。选择图层组，使用快捷键Ctrl+T调出定界框，然后适当旋转。接着按下Enter键完成变换，如图10-368所示。

图10-367

图10-368

步骤 13 单击工具箱中的"自定形状工具"按钮，在选项栏中设置"绘制模式"为"路径"，设置"路径操作"为"减去顶层路径"，选择心形，绘制一个心形，并在其中再绘制一个稍小的心形，如图10-369所示。接着使用快捷键Ctrl+Enter键得到路径的选区，如图10-370所示。

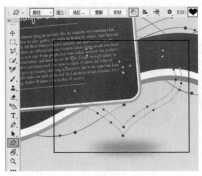

图10-369   图10-370

步骤 14 单击工具箱中的"渐变工具"，单击选项栏中的渐变色条，在弹出的"渐变编辑器"中编辑一个深红色系的渐变颜色，如图10-371所示。单击选项栏中"径向渐变"按钮，然后在画面中按住鼠标左键拖曳填充渐变颜色，然后使用快捷键Ctrl+D取消选区的选择，如图10-372所示。使用同样的方法绘制一个稍大的心形图案，如图10-373所示。

图10-371

图10-372   图10-373

步骤 15 执行"文件>置入嵌入的智能对象"命令，置入素材"1.png"，摆放在心形边框上。然后按Enter键完成置入操作，如图10-374所示。继续置入素材"2.jpg"，并将该图层栅格化，如图10-375所示。

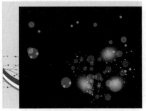

图10-374   图10-375

步骤16 在图层面板选择素材"2.jpg"所在的图层，设置"混合模式"为"滤色"，如图10-376所示。最终效果如图10-377所示。

图10-376

图10-377

【重点】10.3.9 删除路径

在进行路径描边之后经常需要删除路径。使用"路径选择工具" 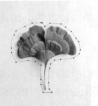 单击选择需要删除的路径，如图10-378所示。接着按Delete键即可删除，如图10-379所示；或者在使用矢量工具状态下单击鼠标右键执行"删除路径"命令。

图10-378　　　　图10-379

10.3.10 使用"路径"面板管理路径

"路径"面板主要用来储存、管理以及调用路径，在面板中显示了存储的所有路径、工作路径和矢量蒙版的名称和缩览图。执行"窗口>路径"菜单命令，打开"路径"面板，如图10-380所示。

图10-380

- 用前景色填充路径 ●：单击该按钮，可以用前景色填充路径区域，如图10-381所示。

图10-381

- 用画笔描边路径 ○：单击该按钮，可以用设置好的"画笔工具"对路径进行描边，如图10-382所示。

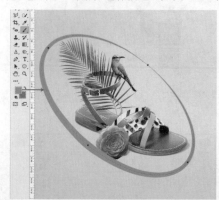
图10-382

- 将路径作为选区载入 ○：单击该按钮，可以将路径转换为选区，如图10-383所示。

图10-383

- 从选区生成工作路径 ◇：如果当前文档中存在选区，如图10-384所示。单击该按钮，可以将选区转换为工作路径，如图10-385所示。

图10-384　　　　　　　　图10-385

- 添加蒙版 ▣：单击该按钮，即可以当前选区为图层添加图层蒙版。

- 创建新路径 ▣：单击该按钮，可以创建一个新路径层，此后使用钢笔等工具绘制的路径都将包含在该路径层中，如图10-386和图10-387所示。按住Alt键的同时单击"创建新路径"按钮 ▣，可以弹出"新建路径"对话框，并进行名称的设置。拖动需要复制的路径到"路径"面板下的"创建新路径"按钮 ▣ 上，可以复制出路径的副本。

图10-386

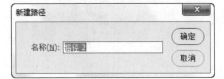

图10-387

- 删除当前路径 🗑：如果要删除某个不需要的路径，可以将其拖动到"路径"面板下面的"删除当前路径"按钮 🗑 上，或者直接按Delete键将其删除。

- 隐藏/显示路径：在"路径"面板中单击路径以后，文档窗口中就会始终显示该路径，如果不希望它妨碍我们的操作，可以在"路径"面板的空白区域单击，即可取消对路径的选择，将其隐藏起来，如图10-388所示。如果要将路径在文档窗口中显示出来，可以在"路径"面板单击该路径，如图10-389所示。

图10-388　　　　　图10-389

- 储存工作路径：直接绘制的路径是"工作路径"，属于一种临时路径，是在没有新建路径的情况下使用钢笔等工具绘制的路径。一旦重新绘制了路径，原有的路径将被当前路径所替代。如果不想工作路径被替换掉，可以双击其缩略图，打开"存储路径"对话框，将其保存起来，如图10-390和图10-391所示。

图10-390

图10-391

练习实例：使用钢笔工具与形状工具制作企业网站宣传图

文件路径	资源包\第10章\练习实例：使用钢笔工具与形状工具制作企业网站宣传图
难易指数	★★★★★
技术掌握	钢笔工具、形状工具

案例效果

案例最终效果如图10-392所示。

图10-392

操作步骤

扫一扫，看视频

步骤01 执行"文件>新建"命令，新建一个空白文档，如图10-393所示。单击前景色设置按钮，在弹出的"拾色器"窗口中设置前景色为深蓝色，如图10-394所示。然后使用前景色填充快捷键Alt+Delete进行填充，如图10-395所示。

图 10-393

图 10-394 　　　　　　　　　　图 10-395

步骤 02 选择工具箱中的"矩形工具",在选项栏中设置"绘制模式"为"形状","填充"为渐变,然后在下拉面板中编辑一个深灰色的渐变,设置渐变类型为"径向"。在画面上按住鼠标左键向右下角拖曳绘制一个矩形,如图10-396所示。

图 10-396

步骤 03 执行"文件>置入嵌入的智能对象"命令,置入素材"1.jpg",接着将该图层栅格化,如图10-397所示。单击工具箱中的"钢笔工具"按钮,在选项栏中设置"绘制模式"为"路径",在人像的边缘上单击确定起点,然后沿着人物边缘绘制大致轮廓,如图10-398所示。

图 10-397 　　　　　　　　　　图 10-398

步骤 04 下面开始进行路径形状的进一步编辑。单击工具箱中的"直接选择工具",将锚点移动到人物的边缘,如图10-399所示。继续进行调整,此时我们绘制的锚点都是尖角,如果需要将尖角调整出平滑的弧度,可以选择工具箱中的"转换角点工具" ⁁ ,在锚点上按住鼠标左键拖曳将角点转换为平滑点,然后拖曳控制棒调整曲线的走向,如图10-400所示。

图 10-399

图 10-400

步骤 05 继续进行调整,完成效果如图10-401所示。

图 10-401

步骤 06 使用快捷键Ctrl+Enter将路径内部转换为选区,使用快捷键Ctrl+Shift+I将选区反选，将人像以外的部分选中，如图10-402所示。接着按下Delete键删除人像以外部分的像素，按下快捷键Ctrl+D取消选择，如图10-403所示。

图10-402 　　　　　　　图10-403

步骤07 选择工具箱中的"圆角矩形工具"，在选项栏中设置绘制模式为"形状"，设置"填充"为蓝色，"半径"为20像素，然后在画面中按住鼠标左键拖曳绘制一个圆角矩形，如图10-404所示。接着按快捷键Alt+Shift将圆角矩形向下拖曳，进行垂直移动并复制，如图10-405所示。

图10-404

图10-405

步骤08 将圆角矩形复制4份，如图10-406所示。选择最下方圆角矩形的图层，双击图层缩览图在弹出的"拾色器"窗口中设置颜色为橘黄色，设置完成后单击"确定"按钮，如图10-407所示。

图10-406

图10-407

步骤09 单击工具箱中的"横排文字工具"按钮，在选项栏上设置合适的字体、字号，设置"文本颜色"为白色，在画面上单击输入文字，如图10-408所示。用同样的方式输入其他文字，如图10-409所示。

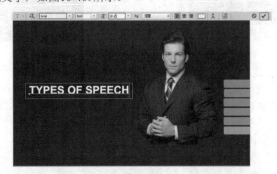

图10-408

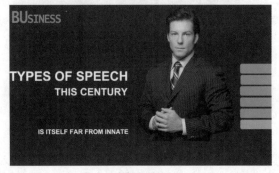

图10-409

步骤10 继续输入其他文字，如图10-410所示。加选右侧圆角矩形上相应的文字图层，在选项栏上单击"水平居中对齐"按钮和"垂直居中分布"按钮，如图10-411所示。

图10-410 　　　　　　　图10-411

步骤 11 新建图层，单击工具箱中的"矩形工具"，在选项栏中设置"绘制模式"为"像素"，前景色设置为深灰色，然后在画面中按住鼠标左键并拖动，绘制出一个灰色矩形，如图10-412所示。然后将这个矩形图层移动到图层面板中背景色图层的上方，显露出其他图层，最终效果如图10-413所示。

图10-413

图10-412

综合实例：使用矢量工具制作网页广告

文件路径	资源包\第10章\综合实例：使用矢量工具制作网页广告
难易指数	⭐⭐⭐⭐⭐
技术掌握	椭圆工具、剪贴蒙版、图层样式、钢笔工具

案例效果

案例最终效果如图10-414所示。

图10-414

操作步骤

步骤 01 执行"文件>新建"命令，新建一个空白文档，如图10-415所示。设置前景色为青色，按快捷键Alt+Delete填充前景色，如图10-416所示。

扫一扫，看视频

图10-415

图10-416

步骤 02 选择工具箱中"椭圆工具"，在选项栏上设置"绘制模式"为"形状"，"填充"为白色，然后在画面的右上绘制圆形，如图10-417所示。在选项栏中设置路径的路径操作为"合并形状"，接着继续绘制其他椭圆形，如图10-418所示。

图10-417

图10-418

步骤03 选择该图层，在图层面板中设置"不透明度"为50%，如图10-419所示。此时画面效果如图10-420所示。

图10-419　　　　　　　图10-420

步骤04 用同样的方式绘制其他的云朵图形，如图10-421所示。

图10-421

步骤05 新建一个图层，设置前景色为深青色，单击工具箱中"椭圆工具"，设置"绘制模式"为"像素"，在画面上绘制一个圆形，如图10-422所示。新建一个图层，用同样的方式绘制另外两个圆形，如图10-423所示。

图10-422　　　　　　　图10-423

步骤06 在图层面板中加选两个小圆的图层，单击鼠标右键执行"创建剪切蒙版"命令，此时画面如图10-424所示。

图10-424

步骤07 新建一个图层，设置前景色为黄色。单击工具箱中的"钢笔工具"按钮，在选项栏上设置"绘制模式"为"路径".在画面上多次单击，绘制一个闭合路径，按下转换为选区快捷键Ctrl+Enter将路径转换为选区，如图10-425所示。按下快捷键Alt+Delete以前景色进行填充，接着按下快捷键Ctrl+D取消选区，结果如图10-426所示。

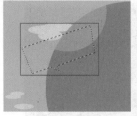 

图10-425　　　　　　　图10-426

步骤08 执行"文件>置入嵌入的智能对象"命令，将素材"2.png"置入到画面中，调整置入对象到合适的大小、位置，然后按Enter键完成置入操作。选择该图层，执行"图层>栅格化>智能对象"命令，如图10-427所示。

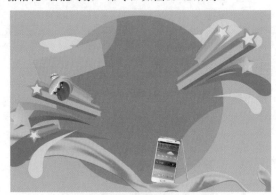

图10-427

步骤09 单击工具箱中的"横排文字工具"按钮，在选项栏上设置合适的字体、字号，设置文本颜色为黄色，然后输入文字，如图10-428所示。选中文字，单击选项栏中的"创建文字变形"按钮 工，在弹出的"变形文字"窗口中设置"样式"为"上弧"，勾选"水平"选项，设置"弯曲"为-30%，"水平扭曲"为-5%，"垂直扭曲"为-65%，单击"确定"按钮完成设置，如图10-429所示。文字效果如图10-430所示。

图10-428

图10-429

步骤 10 选择该文字图层，执行"图层>图层样式>描边"命令，在弹出的窗口中设置"大小"为5像素，"位置"为"外部"，"不透明度"为100%，"颜色"为深青色。单击"确定"按钮完成设置，如图10-431和图10-432所示。

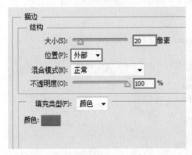

图10-431

图10-432

步骤 11 继续使用"横排文字工具"，以同样的方式输入其他文字，如图10-433所示。单击工具箱中的"横排文字工具"按钮，在选项栏中设置合适的字体、字号，设置文本颜色为白色，在画面上单击输入文字，如图10-434所示。

图10-433

图10-434

步骤 12 在图层面板中选择输入的文字图层，执行"图层>图层样式>投影"命令，在弹出的窗口中设置"混合模式"为"正片叠底"，投影颜色为土黄，设置"不透明度"为55%，"角度"为137度，"距离"为9像素，"大小"为1像素，单击"确定"按钮完成设置，如图10-435所示。用同样的方式输入另一段文字，并为其复制投影图层样式，效果如图10-436和图10-437所示。

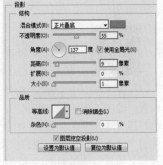

图10-435

图10-436

图10-437

步骤 13 继续使用"横排文字工具"按钮，在选项栏上设置合适的字体、字号，设置文本颜色为深青色，在画面上单击输入文字，如图10-438所示。加选所有的文字图层，使用快捷键Ctrl+T调出定界框，将文字适当旋转，旋转完后按Enter键完成变化，如图10-439所示。

图10-438

图10-439

步骤 14 下面为文字对象添加图层样式。执行"编辑>预设>预设管理器"命令，设置预设类型为"样式"，单击"载入"按钮，载入样式库素材"4.asl"，如图10-440所示。执行"窗口>样式"命令，打开"样式"窗口，选择一个文字图层，单击样式面板中的新载入的样式，如图10-441所示。效果如图10-442所示。

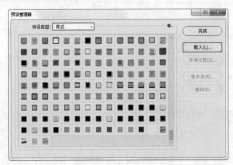

图10-440

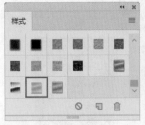

图10-441

图10-442

步骤 15 为数字"0"赋予另外一种图层样式，为最后一个文字赋予第一个图层样式，效果如图10-443所示。

图10-443

步骤16 复制主体文字图层，使用快捷键Ctrl+E进行合并。然后载入合并后图层的选区，如图10-444所示。执行"选择>修改>扩展"命令，设置"扩展量"为20像素，单击"确定"按钮，如图10-445所示，得到边缘选区，如图10-446所示。

图10-444

图10-445

图10-446

步骤17 在文字图层下方新建图层，设置前景色为白色，使用快捷键Alt+Delete进行填充，如图10-447所示。选择该图层，执行"图层>图层样式>描边"命令，设置"大小"为8像素，"颜色"为白色，如图10-448所示。

图10-447

图10-448

步骤18 执行"文件>置入嵌入的智能对象"命令，置入素材"3.jpg"，将该图层适当旋转，摆放在白色文字边框图层的上方，如图10-449所示。并在该图层上单击鼠标右键执行"创建剪贴蒙版"命令，如图10-450所示。此时该图层只显示出白色文字边框的部分，如图10-451所示。

图10-449

图10-450

图10-451

步骤19 接下来置入背景花纹素材"1.png"，将该素材摆放在圆形图层下方，如图10-452所示。继续置入前景素材"5.png"，摆放在图层面板顶部，最终效果如图10-453所示。

图10-452

图10-453

综合实例：甜美风格女装招贴

文件路径	资源包\第10章\综合实例：甜美风格女装招贴
难易指数	★★★★★
技术掌握	矢量工具的使用

案例效果

案例最终效果如图10-454所示。

图10-454

操作步骤

扫一扫，看视频

步骤01 新建一个A4大小的文件，将背景填充为"粉色"，效果如图10-455所示。

步骤02 选择工具箱中"椭圆工具"，设置"绘制"模式为"形状"，"填充"为粉色，在画面中绘制出一个正圆，如图10-456所示。用同样的方法再绘制出第二个，在图层面板中调整"不透明度"为90%，并将两个圆相交放置。效果如图10-457所示。

中文版Photoshop CC从入门到精通（微课视频版）

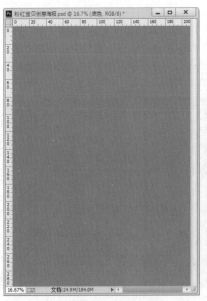

图10-455　　　　　　　　　　　　图10-456　　　　　　　　　　　　图10-457

步骤 03 制作放射效果背景。选择工具箱中"钢笔工具" ✐，设置"绘制模式"为"形状"，设置"填充"为浅粉色，绘制一个三角形，效果如图10-458所示。执行"编辑>自由变换"命令，将中心点移动到图形中心位置，在选项栏中设置旋转角度为5度，如图10-459所示。按Enter键确定旋转，继续多次使用快捷键Ctrl+Alt+T复制多个图形。效果如图10-460所示。

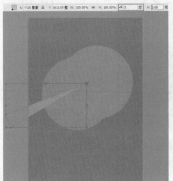

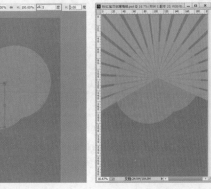

图10-458　　　　　　　　　　　　图10-459　　　　　　　　　　　　图10-460

步骤 04 先将这些形状编组，然后选择该图层组，单击"图层蒙版"按钮 ▣。在蒙版中使用黑色画笔涂抹顶部和底部，使放射状图形呈现出逐渐隐藏的效果，如图10-461所示。效果如图10-462所示。

步骤 05 制作阴影效果。选择工具箱中"画笔工具" ✐，选择一种柔角画笔，在选项栏中设置"不透明度"为20%，在画面中涂抹绘制出阴影部分，效果如图10-463所示。执行"文件>置入嵌入的智能对象"命令。置入素材1.png到画面中，执行"图层>栅格化>智能对象"命令。效果如图10-464所示。

图10-461　　　　　　　　　　　　图10-462

图10-463　　　　　　　　图10-464

步骤 06 为素材"1.png"进行颜色的更改。在素材图层上新建图层，"填充"为"粉色"，如图10-465所示。然后执行"图层>创建剪贴蒙版"命令，如图10-466所示。

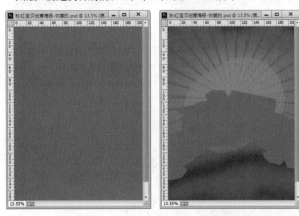
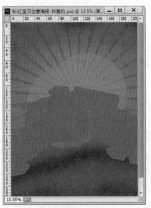

图10-465　　　　　　　　图10-466

步骤 07 在图层面板中，设置该图层的"混合模式"为"滤色"，"不透明度"为40%，如图10-467所示。效果如图10-468所示。

图10-467　　　　　　　　图10-468

步骤 08 置入素材"2.jpg"到画面中，执行"图层>栅格化>智能对象"命令，使用工具箱中"快速选择工具" 得到人物部分的选区，如图10-469所示。然后单击添加"图层蒙版"按钮 ，基于选区为该图层添加蒙版，此时背景部分被隐藏。效果如图10-470所示。

图10-469　　　　　　　　图10-470

步骤 09 执行"图层>新建调整图层>可选颜色"命令，设置青色数值为-10，洋红数值为+40，黄色为+10，如图10-471所示。选择该调整图层，执行"图层>创建剪贴蒙版"命令，效果如图10-472所示。

图10-471　　　　　　　　图10-472

步骤 10 执行"文件>置入嵌入的智能对象"命令，置入素材"3.png"，本案例制作完成。效果如图10-473所示。

图10-473

中文版Photoshop CC从入门到精通（微课视频版）

扫一扫，看视频

Chapter 11

第 11 章

文字

本章内容简介：

　　文字是设计作品中非常常见的元素。文字不仅仅是用来表述信息，很多时候也起到美化版面的作用。在Photoshop中有着非常强大的文字创建与编辑功能，不仅有多种文字工具可供使用，更有多个参数设置面板可以用来修改文字的效果。本章主要讲解多种类型文字的创建以及文字属性的编辑方法。

重点知识掌握：

- 熟练掌握文字工具的使用方法
- 熟练使用"字符"面板与"段落"面板进行文字属性的更改

通过本章学习，我能做什么？

　　通过本章的学习，我们可以向版面中添加多种类型的文字元素。掌握了文字工具的使用方法，从标志设计到名片制作，从海报设计到杂志书籍排版……诸如此类的工作都可以进行了。同时，我们还可以结合前面所学的矢量工具以及绘图工具的使用，制作出有趣的艺术字效果。

11.1 使用文字工具

在Photoshop的工具箱中右键单击"横排文字工具"按钮 T，打开文字工具组。其中包括4种工具，即"横排文字工具" T、"直排文字工具" IT、"横排文字蒙版工具" 和"直排文字蒙版工具"，如图11-1所示。"横排文字工具"和"直排文字工具"主要用来创建实体文字，如点文字、段落文字、路径文字、区域文字，如图11-2所示；而"直排文字蒙版工具"和"横排文字蒙版工具"则是用来创建文字形状的选区，如图11-3所示。

图11-1　　　　　图11-2　　　　　图11-3

【重点】11.1.1 认识文字工具

"横排文字工具" T 和"直排文字工具" IT 的使用方法相同，区别在于输入文字的排列方式不同。"横排文字工具"输入的文字是横向排列的，是目前最为常用的文字排列方式，如图11-4所示；而"直排文字工具"输入的文字是纵向排列的，常用于古典感文字以及日文版面的编排，如图11-5所示。

图11-4　　　　　　　　　图11-5

在输入文字前，需要对文字的字体、大小、颜色等属性进行设置。这些设置都可以在文字工具的选项栏中进行。单击工具箱中的"横排文字工具"按钮，其选项栏如图11-6所示。

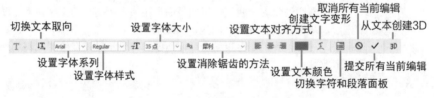

图11-6

 提示：设置文字属性。

可以先在选项栏中设置好合适的参数，再进行文字的输入；也可以在文字制作完成后，选中文字对象，然后在选项栏中更改参数。

- **切换文本取向** ：单击该按钮，横向排列的文字将变为直排，直排文字将变为横排。其功能与执行"文字>取向>水平/垂直"命令相同。如图11-7所示为对比效果。

图11-7

中文版Photoshop CC从入门到精通（微课视频版）

- 设置字体系列 Arial ▾：在选项栏中单击"设置字体"下拉箭头，并在下拉列表中单击可选择合适的字体。如图11-8所示为不同字体的效果。

图11-8

- 设置字体样式 Regular ▾：字体样式只针对部分英文字体有效。输入字符后，可以在该下拉列表框中选择需要的字体样式，包含Regular（规则）、Italic（斜体）、Bold（粗体）和Bold Italic（粗斜体）。

- 设置字体大小 T 12点 ▾：如要设置文字的大小，可以直接输入数值，也可以在下拉列表框中选择预设的字体大小。如图11-9所示为不同大小的对比效果。若要改变部分字符的大小，则需要选中需要更改的字符后进行设置。

80点　　　　150点

图11-9

- 设置消除锯齿的方法 ªa 锐利 ▾：输入文字后，可以在该下拉列表框中为文字指定一种消除锯齿的方法。选择"无"时，Photoshop不会消除锯齿，文字边缘会呈现出不平滑的效果；选择"锐利"时，文字的边缘最为锐利；选择"犀利"时，文字的边缘比较锐利；选择"浑厚"时，文字的边缘会变粗一些；选择"平滑"时，文字的边缘会非常平滑。如图11-10所示为不同方式的对比效果。

无　　锐利　　犀利　　浑厚　　平滑

图11-10

- 设置文本对齐方式 ▤▥▦：根据输入字符时光标的位置来设置文本对齐方式。如图11-11所示为不同对齐方式的对比效果。

图11-11

- 设置文本颜色 ■：单击该颜色块，在弹出的"拾色

器"窗口中可以设置文字颜色。如果要修改已有文字的颜色，可以先在文档中选择文本，然后在选项栏中单击颜色块，在弹出的窗口中设置所需要的颜色。如图11-12所示为不同颜色的对比效果。

图11-12

- 创建文字变形 ⌐：选中文本，单击该按钮，在弹出的窗口中可以为文本设置变形效果。具体使用方法详见11.1.6节。

- 切换字符和段落面板 ▤：单击该按钮，可在"字符"面板或"段落"面板之间进行切换。

- 取消所有当前编辑 ⊘：在文本输入或编辑状态下显示该按钮，单击即可取消当前的编辑操作。

- 提交所有当前编辑 ✔：在文本输入或编辑状态下显示该按钮，单击即可确定并完成当前的文字输入或编辑操作。文本输入或编辑完成后，需要单击该按钮，或者按Ctrl+Enter键完成操作。

- 从文本创建3D 3D：单击该按钮，可将文本对象转换为带有立体感的3D对象。关于3D对象的编辑，将在后面章节进行讲解。

> 提示："直排文字工具"选项栏。
>
> "直排文字工具"与"横排文字工具"的选项栏参数基本相同，区别在于"对齐方式"。其中，▥表示顶对齐文本，▥表示居中对齐文本，▥表示底对齐文本，如图11-13所示。3种对齐方式的对比效果如图11-14所示。

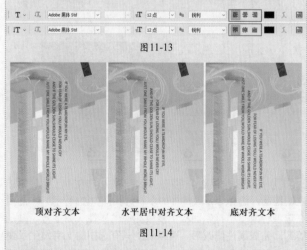

图11-13

顶对齐文本　　　水平居中对齐文本　　　底对齐文本

图11-14

【重点】11.1.2 动手练：创建点文本

"点文本"是最常用的文本形式。在点文本输入状态下输入的文字会一直沿着横向或纵向进行排列，如果输入过多甚至会超出画面显示区域，此时需要按Enter键才能换行。点文本常用于较短文字的输入，例如文章标题、海报上少量的宣传文字、艺术字等，如图11-15～图11-18所示。

图11-15　　　　　图11-16　　　　　　　图11-17　　　　　图11-18

步骤 01 点文本的创建方法非常简单。单击工具箱中的"横排文字工具"按钮 T，在其选项栏中设置字体、字号、颜色等文字属性。然后在画面中单击（单击处为文字的起点），出现闪烁的光标，如图11-19所示；输入文字，文字会沿横向进行排列；最后单击选项栏中的 ✓ 按钮（或按Ctrl+Enter组合键）完成文字的输入，如图11-20所示。

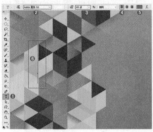

图11-19　　　　　　　图11-20

步骤 02 此时在"图层"面板中出现了一个新的文字图层。如果要修改整个文字图层的字体、字号等属性，可以在"图层"面板中单击选中该文字图层（如图11-21所示），然后在选项栏或"字符"面板、"段落"面板中更改文字属性，如图11-22所示。

图11-21　　　　　　图11-22

步骤 03 如果要修改部分字符的属性，可以在文本上按住鼠标左键拖动，选择要修改属性的字符（如图11-23所示），然后在选项栏或"字符"面板中修改相应的属性（如字号、颜色等）。完成属性修改后，可以看到只有选中的文字发生了变化，如图11-24所示。

图11-23　　　　　　图11-24

> **提示：方便的字符选择方式。**
>
> 在文字输入状态下，单击3次可以选择一行文字；单击4次可以选择整个段落的文字；按Ctrl+A组合键可以选择所有的文字。

步骤 04 如果要修改文本内容，可以将光标放置在要修改的内容的前面，按住鼠标左键向后拖动，如图11-25所示；选中需要更改的字符，如图11-26所示；然后输入新的字符即可，如图11-27所示。

图11-25

图11-26　　　　　　图11-27

中文版Photoshop CC从入门到精通（微课视频版）

提示：文字输入状态下变换文字。

在使用文字工具或文字蒙版工具输入文字的状态下，按住Ctrl键，文字蒙版四周会出现类似自由变换的定界框，如图11-28所示。此时可以对该文字蒙版进行移动、旋转、缩放、斜切等操作，如图11-29所示。

图11-28　　　　　　　图11-29

步骤05 在文字输入状态下，如要移动文字，可以将光标移动到文字内容的旁边，当它变为形状时（如图11-30所示），按住鼠标左键拖动即可，如图11-31所示。

图11-30　　　　　　　图11-31

提示：如何在设计作品中使用其他字体？

平面设计作品的制作中经常需要使用各种风格的字体，而计算机自带的字体可能无法满足实际需求，这时就需要安装额外的字体。由于Photoshop中所使用的字体其实是调用操作系统中的系统字体，所以用户只需要把字体文件安装在操作系统的字体文件夹下即可。市面上常见的字体安装文件多种多样，安装方式也略有区别。安装好字体后，重新启动Photoshop，就可以在文字工具选项栏的"设置字体"下拉列表框系列中查找到新安装的字体。

下面列举几种比较常见的字体安装方法。

很多时候我们所用的字体文件是EXE格式的可执行文件，这种字库文件安装比较简单，双击运行并按照提示进行操作即可，如图11-32所示。

当遇到后缀名为".ttf"".fon"等没有自动安装程序的字体文件时，需要打开"控制面板"（单击计算机桌面左下角的"开始"按钮，在弹出的"开始"菜单中选择"控制面板"命令），然后双击"字体"选项，打开"字体"窗口，接着将".ttf"".fon"格式的字体文件复制到其中即可，如图11-33所示。

图11-32　　　　　　　图11-33

举一反三：制作搞笑"表情包"

步骤01 学会了使用"横排文字工具"创建点文本的方法，我们就可以随心所欲地在图像上添加一些文字了，比如制作一些有趣的网络"表情包"。在此找到一张非常可爱的儿童的照片，如图11-34所示。由于照片有些大，首先使用"裁剪工具"对画面进行裁剪，如图11-35所示。

步骤02 单击工具箱中的"横排文字工具"按钮，在其选项栏中设置合适的字体以及字号，然后在画面中单击，如图11-36所示。接着就可以输入第一行文字，如图11-37所示。输入第二行文字时，需要按Enter键换行。文字输入完成后，单击选项栏中的"提交所有当前操作"按钮✓，如图11-38所示。

图11-34　　　　　　　图11-35

图11-36　　　　　　图11-37　　　　　　图11-38

步骤03 此时一个搞笑"表情包"就制作完成了，如图11-39所示。如果尝试为其添加一个圆角的边框，可以使用"圆角矩形工具"进行制作，如图11-40所示。

图11-39　　　　图11-40

练习实例：创建点文本制作简约标志

文件路径	资源包\第11章\练习实例：创建点文本制作简约标志
难易指数	☆☆☆☆☆
技术掌握	横排文字工具、矩形工具

案例效果

案例效果如图11-41所示。

图11-41

操作步骤

步骤01 执行"文件>新建"命令，新建一个空白文档。将前景色设置为浅灰色，背景色设置为白色。单击工具箱中的"渐变工具"按钮，在其选项栏中单击渐变颜色条，在弹出的"渐变编辑器"窗口中选择"预设"列表框中的第一个渐变颜色，即可编辑一个浅灰色系的渐变，如图11-42所示。然后在选项栏中单击"径向渐变"按钮，在画布中央按住鼠标左键向左上角拖动，松开鼠标后背景被填充为灰色系渐变，如图11-43所示。

扫一扫，看视频

图11-42　　　　　　图11-43

步骤02 单击工具箱中的"矩形工具"按钮，在其选项栏中设置"绘制模式"为"形状"，"填充"为青色，然后在画布上按住Shift键的同时按住鼠标左键拖动，绘制一个正方形，如图11-44所示。按Ctrl+J组合键，对将该图层进行复制，如图11-45所示。

步骤03 选中复制出的图层，将其向右移动，在选项栏中设置"填充"为棕色，如图11-46所示。用同样的方式制作紫色正方形，如图11-47所示。

步骤04 在工具箱中单击"横排文字工具"按钮，在其选项栏中设置合适的字体、字号，设置"文本颜色"为白色，然后在画面上单击输入文字。输入完成后，在选项栏中单击

"提前所有当前编辑"按钮，如图11-48所示。用同样的方法输入其他文字，如图11-49所示。

图11-44　　　　　　图11-45

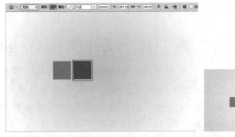

图11-46　　　　　　图11-47

图11-48　　　　　　图11-49

步骤05 继续在矩形右侧输入文字，最终效果如图11-50所示。

图11-50

练习实例：在选项栏中设置文字属性

文件路径	资源包\第11章\练习实例：在选项栏中设置文字属性
难易指数	★★★★★
技术掌握	横排文字工具

案例效果

案例效果如图11-51所示。

图11-51

操作步骤

步骤01▶ 执行"文件>新建"命令，新建一个空白文档。设置前景色为天蓝色，按Alt+Delete组合键填充前景色，如图11-52所示。单击工具箱中的"横排文字工具"按钮，在其选项栏中打开"设置字体系列"下拉列表框，从中选择一种合适的字体，如图11-53所示。

扫一扫，看视频

图11-52　　　　图11-53

步骤02▶ 设置合适的字号，单击"设置文本颜色"按钮，在弹出的"拾色器（文本颜色）"窗口中设置"文本颜色"为蓝色，单击"确定"按钮，完成文字属性的设置，如图11-54所示。在画面中单击插入光标，然后输入文字，最后单击选项栏中的"提交所有当前操作"按钮，完成操作，如图11-55所示。

步骤03▶ 单击工具箱中的"多边形套索工具"按钮，在画布上绘制一个多边形选区，如图11-56所示。新建图层，设置前景色为深粉色，按Alt+Delete组合键填充前景色，然后按Ctrl+D组合键取消选区，如图11-57所示。

步骤04▶ 选择粉色图形的图层，设置其"混合模式"为"色相"，如图11-58所示。此时画面效果如图11-59所示。

步骤05▶ 单击工具箱中的"多边形套索工具"按钮，在其选项栏中设置"绘制模式"为"添加到选区"，在文字下方绘制多个三角形和四边形选区，如图11-60所示。新建一个图层，设置前景色为白色，按Alt+Delete组合键填充前景色，然后按Ctrl+D组合键取消选区，如图11-61所示。

图11-54　　　　　　　　图11-55

图11-56　　　　　　　图11-57

图11-58　　　　　　　图11-59

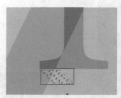

图11-60　　　　　　　图11-61

步骤06▶ 单击工具箱中的"横排文字工具"按钮，在其选项栏中设置合适的字体、字号，设置"文本颜色"为白色，在画布上单击并输入文字，如图11-62所示。接着在字母"B"的左侧或右侧单击插入光标，然后按住鼠标左键向反方向拖曳选中字母"B"，如图11-63所示。

图11-62　　　　　　　图11-63

步骤 07 在选项栏中设置文本颜色为蓝色，如图11-64所示。继续更改字母"C"的颜色，如图11-65所示。

步骤 08 用同样的方法输入其他的文字，最终效果如图11-66所示。

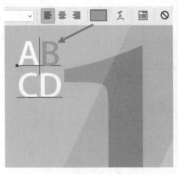

图11-64　　　　　　图11-65

图11-66

【重点】 11.1.3　动手练：创建段落文本

顾名思义，"段落文本"是一种用来制作大段文本的常用方式。"段落文本"可以使文字限定在一个矩形范围内，在这个矩形区域中文字会自动换行，而且文字区域的大小还可以方便地进行调整。配合对齐方式的设置，可以制作出整齐排列的效果。"段落文本"常用于书籍、杂志、报纸或其他包含大量整齐排列的文字的版面的设计，如图11-67和图11-68所示。

扫一扫，看视频

图11-67　　　　　　图11-68

步骤 01 单击工具箱中的"横排文字工具"按钮，在其选项栏中设置合适的字体、字号、文字颜色、对齐方式，然后在画布中按住鼠标左键拖动，绘制出一个矩形的文本框，如图11-69所示。在其中输入文字，文字会自动排列在文本框中，如图11-70所示。

步骤 02 如果要调整文本框的大小，可以将光标移动到文本框边缘处，按住鼠标左键拖动即可，如图11-71所示。随着文本框大小的改变，文字也会重新排列。当定界框较小而不能显示全部文字时，其右下角的控制点会变为 形状，如图11-72所示。

图11-69　　　　　　图11-70

图11-71　　　　　　图11-72

步骤 03 文本框还可以进行旋转。将光标放在文本框一角处，当其变为弯曲的双向箭头 时，按住鼠标左键移动，即可旋转文本框，文本框中的文字也会随之旋转（在旋转过程中如果按住Shift键，能够以15°角为增量进行旋转），如图11-73所示。单击工具选项栏中的 ✔ 按钮或者按Ctrl+Enter组合键完成文本编辑。如果要放弃对文本的修改，可以单击工具选项栏中的 按钮或者按Esc键。

图11-73

💬 提示：点文本和段落文本的转换。

如果当前选择的是点文本，执行"文字>转换为段落文本"命令，可以将点文本转换为段落文本；如果当前选择的是段落文本，执行"文字>转换为点文本"命令，可以将段落文本转换为点文本。

中文版Photoshop CC从入门到精通（微课视频版）

练习实例：创建段落文本制作男装宣传页

文件路径	资源包\第11章\练习实例：创建段落文本制作男装宣传页
难易指数	★★★★★
技术掌握	创建段落文本、段落面板

案例效果

案例效果如图11-74所示。

图11-74

操作步骤

步骤 01 新建一个"宽度"为17厘米、"高度"为12厘米的空白文档。设置前景色为蓝灰色，如图11-75所示。按Alt+Delete组合键为背景填充颜色，如图11-76所示。

扫一扫，看视频

图11-75　　　　　　　图11-76

步骤 02 执行"文件>置入嵌入的智能对象"命令，置入素材"1.png"；接着将置入对象调整到合适的大小、位置，按Enter键完成置入操作；然后执行"图层>栅格化>智能对象"命令，效果如图11-77所示。

图11-77

步骤 03 单击工具箱中的"横排文字工具"按钮，在其选项栏中设置合适的字体、字号，设置"文本颜色"为白色，在画面右下角单击并输入标题文字，然后单击选项栏中的"提

交所有当前编辑"按钮，如图11-78所示。用同样的方法输入其他标题文字，如图11-79所示。

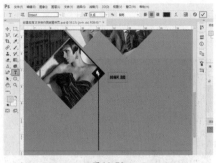

图11-78

图11-79

步骤 04 继续使用"横排文字工具"，在标题文字下方，按住鼠标左键向右下角拖动，绘制一个段落文本框，如图11-80所示。在选项栏中设置合适的字体、字号，设置"文本颜色"为白色，在文本框中输入文字，如图11-81所示。

 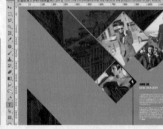

图11-80　　　　　　　图11-81

步骤 05 选择段落文本，执行"窗口>段落"命令，在弹出的"段落"面板中单击"最后一行左对齐"按钮，如图11-82所示。最终效果如图11-83所示。

图11-82　　　　　　　图11-83

练习实例：创意字符画

文件路径	资源包\第11章\练习实例：创意字符画
难易指数	★★★★★
技术掌握	横排文字工具

案例效果

案例效果如图11-84所示。

图11-84

操作步骤

步骤01 执行"文件>新建"命令，新建一个空白文档，如图11-85所示。单击工具箱中的"横排文字工具"按钮，在其选项栏中设置合适的字体、字号，设置"文本颜色"为深灰色。在画面中按住鼠标左键向右下角拖曳，绘制一个文本框，然后在其中输入大量字符，完成后单击"提交所有当前编辑"按钮，如图11-86所示。

扫一扫，看视频

图11-85   图11-86

步骤02 选择文字图层，按Ctrl+T组合键调出定界框，然后在选项栏中设置"旋转角度"为-10度，旋转完成后按Enter键确认，如图11-87所示。设置前景色为黑色，选择"背景"图层，按Alt+Delete组合键进行填充，如图11-88所示。

图11-87   

图11-88

步骤03 执行"文件>置入嵌入的智能对象"命令，置入素材"1.png"，并将该图层栅格化，如图11-89所示。在"图层"面板中设置其"混合模式"为"颜色减淡"，如图11-90所示。此时画面效果如图11-91所示。

图11-89   图11-90

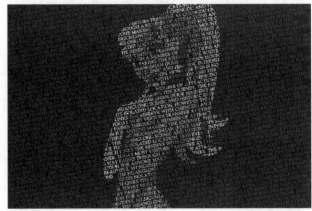

图11-91

步骤04 最后制作暗角效果。新建一个图层，单击工具箱中的"画笔工具"按钮，在其选项栏中选择一种柔边圆画笔，"大小"设置为700像素，并将前景色设置为黑色，然后在画面的左上角按住鼠标左键拖曳，绘制效果如图11-92所示。继续使用"画笔工具"在画面边缘涂抹，最终效果如图11-93所示。

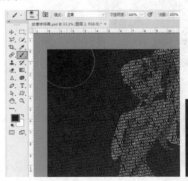

图11-92   图11-93

【重点】11.1.4 动手练：创建路径文字

前面介绍的两种文字都是排列比较规则的，但是有的时候我们可能需要一些排列得不那么规则的文字效果，比如使文字围绕在某个图形周围、使文字像波浪线一样排布。这时就要用到"路径文字"功能了。"路径文字"比较特殊，它是使用"横排文字工具"或"直排文字工具"创建出的依附于"路径"上的一种文字类型。依附于路径上的文字会按照路径的形态进行排列，如图11-94和图11-95所示。

为了制作路径文字，需要先绘制路径，如图11-96所示。然后将"横排文字工具"移动到路径上并单击，此时路径上出现了文字的输入点，如图11-97所示。

图11-94 　　　　　　　　图11-95

输入文字后，文字会沿着路径进行排列，如图11-98所示。改变路径形状时，文字的排列方式也会随之发生改变，如图11-99所示。

图11-96 　　　　　图11-97 　　　　　图11-98 　　　　　图11-99

练习实例：路径文字

文件路径	资源包\第11章\练习实例：路径文字
难易指数	★★★★★
技术掌握	路径文字

案例效果

案例效果如图11-100所示。

图11-100

操作步骤

步骤01 执行"文件>打开"命令，打开素材"1.jpg"，如图11-101所示。单击工具箱中的"钢笔工具"按钮，在其选项栏中设置"绘制模式"为"路径"，然后在画面中沿着盘子和咖啡豆的上部边缘绘制一条曲线路径，如图11-102所示。

步骤02 单击工具箱中的"横排文字工具"按钮，将光标移动到路径左侧的边缘上，当它变为 工 形状时单击，即可插入光标，如图11-103所示。在选项栏中设置合适的字体、字号，设置"文本颜色"为咖啡色，如图11-104所示。然后输入文字，文字将沿着路径排列。最终效果如图11-105所示。

图11-103 　　　　　　　图11-104

图11-101 　　　　　图11-102

图11-105

11.1.5　动手练：创建区域文本

　　"区域文本"与"段落文本"比较相似，都是被限定在某个特定的区域内。"段落文本"处于一个矩形的文本框内，而"区域文本"的外框则可以是任何图形。如图11-106和图11-107所示为含有区域文字的作品。

步骤01 首先绘制一条闭合路径；然后单击工具箱中的"横排文字工具"按钮，在其选项栏中设置合适的字体、字号及文本颜色；将光标移动至路径内，当它变为 ① 形状（如图11-108所示时，单击即可插入光标，如图11-109所示。

图11-106

图11-107

图11-108

图11-109

步骤02 输入文字，可以看到文字只在路径内排列。文字输入完成后，单击选项栏中的"提交所有当前操作"按钮 ✓，完成区域文本的制作，如图11-110所示。单击其他图层即可隐藏路径，如图11-111所示。

图11-110

图11-111

练习实例：创建区域文本制作杂志内页

文件路径	资源包\第11章\练习实例：创建区域文本制作杂志内页
难易指数	★★★★★
技术掌握	创建区域文本

案例效果

　　案例效果如图11-112所示。

图11-112

操作步骤

步骤01 新建一个"宽度"为21厘米、"高度"为17厘米的空白文档；接着新建图层，使用"矩形选框工具"绘制选区；然后设置前景色为白色，按Alt+Delete组合键为矩形填充白色，如图11-113所示。

图11-113

步骤02 按Ctrl+D组合键取消选区。选择图层1，执行"图层>图层样式>投影"命令，在弹出的"图层样式"对话框中设置"阴影颜色"为黑色，"不透明度"为20%，"距离"为20像素，"大小"为5像素，单击"确定"按钮，如图11-114所示。效果如图11-115所示。

图11-114　　　　　图11-115

步骤03 执行"文件>置入嵌入的智能对象"命令，置入素材"1.jpg"，然后将该图层栅格化，如图11-116所示。单击工具箱中的"多边形套索工具"按钮，在风景图像的上半部分绘制一个四边形选区，如图11-117所示。

中文版Photoshop CC从入门到精通（微课视频版）

图11-116　　　　　　　图11-117

步骤04 选中置入素材的图层，单击"图层"面板底部的"添加图层蒙版"按钮，基于选区添加图层蒙版，如图11-118所示。此时选区以外的部分被隐藏了，如图11-119所示。

图11-118　　　　　　　图11-119

步骤05 单击工具箱中的"矩形选框工具"按钮，在杂志页面右半部分绘制一个矩形选区，如图11-120所示。设置前景色为黑色，单击工具箱中的"渐变工具"按钮，在其选项栏中单击渐变颜色条，在弹出的"渐变编辑器"窗口中设置一个前景色到透明的渐变，单击"确定"按钮，如图11-121所示。

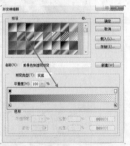

图11-120　　　　　　　图11-121

步骤06 新建图层。在选项栏中单击"线性渐变"按钮，按住鼠标左键自左向右拖动，松开鼠标后背景被填充为灰色系渐变。按Ctrl+D组合键取消选区，如图11-122所示。选中该图层，设置其"不透明度"为10%，如图11-123所示。效果如图11-124所示。

图11-122　　　图11-123　　　图11-124

步骤07 以同样的方式绘制左侧页面的渐变效果，如图11-125

所示。接着将该图层的"不透明度"设置为10%，如图11-126所示。

图11-125　　　　　　　图11-126

步骤08 单击工具箱中的"自定形状工具"，设置"绘制模式"为"形状"，"填充"为橘黄色，然后设置"形状"为"会话1"，接着在版面的右上角绘制图形，如图11-127所示。

图11-127

步骤09 单击工具箱中的"钢笔工具"按钮，在其选项栏中设置"绘制模式"为"路径"，在画面的左下方空白区域绘制一条闭合路径，如图11-128所示。单击工具箱中的"横排文字工具"按钮，在其选项栏中设置合适的字体、字号，设置"文本颜色"为黑色。将光标移至绘制的圆形路径的内侧，当它变为①形状时单击，然后输入文字，如图11-129所示。

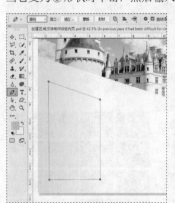

图11-128　　　　　　　图11-129

步骤10 选中中间段落的文字，如图11-130所示；然后在选项栏中设置"文本颜色"为橘黄色，效果如图11-131所示。

果如图11-132所示。

图11-130

图11-131

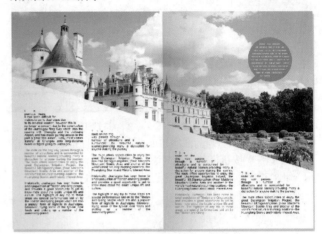
图11-132

步骤11 使用同样的方法输入其他位置的区域文本，最终效

11.1.6 动手练：制作变形文字

在制作艺术字效果时，经常需要对文字进行变形。利用Photoshop提供的"创建文字变形"功能，可以多种方式进行文字的变形，如图11-133和图11-134所示。

扫一扫，看视频

图11-133

图11-134

选中需要变形的文字图层；在使用文字工具的状态下，在选项栏中单击"创建文字变形"按钮 ，打开"变形文字"对话框；在该对话框中，从"样式"下拉列表框中选择变形文字的方式，然后分别设置文本扭曲的方向、"弯曲""水平扭曲""垂直扭曲"等参数，单击"确定"按钮，即可完成文字的变形，如图11-135所示。如图11-136所示为选择不同变形方式产生的文字效果。

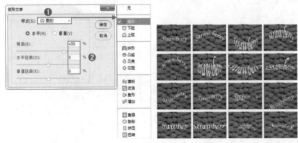
图11-135　　　　　图11-136

- 水平/垂直：选中"水平"单选按钮时，文本扭曲的方向为水平方向，如图11-137所示；选中"垂直"单选按钮时，文本扭曲的方向为垂直方向，如图11-138所示。

图11-137　　　　　图11-138

- 弯曲：用来设置文本的弯曲程度。如图11-139为设置不同参数值时的变形效果。

弯曲：-60　　　　　弯曲：60
图11-139

- 水平扭曲：用来设置水平方向的透视扭曲变形的程度。如图11-140所示为设置不同参数值时的变形效果。

水平扭曲：100　　　　　水平扭曲：-100
图11-140

- **垂直扭曲**：用来设置垂直方向的透视扭曲变形的程度。如图11-141所示为设置不同参数值时的变形效果。

垂直扭曲：-60　　　　垂直扭曲：60

图11-141

练习实例：变形艺术字

文件路径	资源包\第11章\练习实例：变形艺术字
难易指数	★★★★★
技术掌握	变形文字、图层样式

案例效果

案例效果如图11-143所示。

图11-143

操作步骤

步骤01 执行"文件>打开"命令，打开素材"1.jpg"，如图11-144所示。

扫一扫，看视频

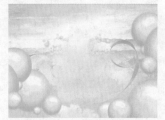

图11-144

步骤02 单击工具箱中的"横排文字工具"按钮，在其选项栏中设置合适的字体、字号，设置"文本颜色"为白色。在画面中单击插入光标，然后输入文字，如图11-145所示。在"图层"面板中选中输入的文字图层，在选项栏中单击"创建变形文字"按钮 ♫，在弹出的"变形文字"窗口中设置"样式"为"扇形"，"弯曲"为20%，单击"确定"按钮，如图11-146所示。效果如图11-147所示。

图11-145

图11-146　　　　　　图11-147

步骤03 选择文字图层，执行"图层>图层样式>描边"命令，在弹出的"图层样式"窗口中，设置描边"大小"为20像素，"颜色"为粉色，如图11-148所示。接着在"样式"列表框中选中"投影"复选框，设置"阴影颜色"为黑色，"不透明度"为75%，"角度"为30度，"距离"为20像素，"扩展"为35%，"大小"为20像素，单击"确定"按钮，如图11-149所示，文字效果如图11-150所示。

图11-148　　　　　　　　图11-149

图11-150

步骤04 继续使用"横排文字工具"输入文字,如图11-151所示。选中输入的文字,在选项栏中单击"创建变形文字"按钮,在弹出的"变形文字"窗口中设置"样式"为"扇形","弯曲"为22%,单击"确定"按钮,如图11-152所示。效果如图11-153所示。

步骤05 使用同样的方式制作其他变形的文字,如图11-154所示。

图11-159　　　　　　　图11-160

图11-151　　　　　　　图11-152

图11-153　　　　　　　图11-154

步骤06 在"图层"面板中选中第一个输入文字的图层,如图11-155所示。单击鼠标右键,在弹出的快捷菜单中选择"拷贝图层样式"命令,如图11-156所示。选择另外一个没有图层样式的文字图层,如图11-157所示。单击鼠标右键,在弹出的快捷菜单中选择"粘贴图层样式"命令,如图11-158所示。

图11-155　　图11-156　　图11-157　　图11-158

步骤07 此时该文本具有了同样的图层样式,如图11-159所示。使用同样的方法为其他文字添加图层样式,如图11-160所示。

步骤08 在"图层"面板中单击"创建新组"按钮 ▢ ,新建一个名为"文字"的图层组;然后选中所有文字图层,如图11-161所示。按住鼠标左键拖动,将所选图层移到图层组"文字"中,如图11-162所示。

图11-161　　　图11-162

步骤09 选择整个组,如图11-163所示。执行"图层>图层样式>描边"命令,在弹出的"图层样式"窗口中设置"大小"为30像素,"颜色"为深粉色,如图11-164所示。然后在左侧"样式"列表框中选中"投影"复选框,设置"阴影颜色"为黑色,"角度"为30度,"距离"为40像素,"扩展"为5%,"大小"为40像素,单击"确定"按钮,如图11-165所示。图层样式效果如图11-166所示。

图11-163　　　　图11-164　　　　图11-165

步骤10 最后执行"文件>置入嵌入的智能对象"命令,置入素材"2.png"。接着将置入对象调整到合适的大小、位置,按Enter键完成置入操作。执行"图层>栅格化>智能对象"命令,最终效果如图11-167所示。

图11-166　　　　　　　图11-167

11.1.7　文字蒙版工具:创建文字选区

扫一扫,看视频

与其称"文字蒙版工具"为"文字工具",不如称之为"选区工具"。"文字蒙版工具"主要用于创建文字的选区,而不是实体文字。虽然文字选区并不是实体,但是文字选区在设计制图过程中也是很常用的,例如以文字选区对画面的局部进行编辑,或者从图像中复制出局部文字内容等。如图11-168和图11-169所示为使用该功能制作的作品。

步骤01 使用"文字蒙版工具"创建文字选区的方法与使用文字工具创建文字对

图11-168　　　　　　　图11-169

中文版Photoshop CC从入门到精通(微课视频版)

象的方法基本相同，而且设置字体、字号等属性的方式也是相同的。Photoshop中包含两种文字蒙版工具："横排文字蒙版工具" 和"直排文字蒙版工具" 。这两种工具的区别在于创建出的文字选区方向不同，如图11-170和图11-171所示。

图11-170　　　　　　　　图11-171

步骤02 下面以使用"横排文字蒙版工具" 为例进行说明。单击工具箱中的"横排文字蒙版工具" ，在其选项栏中进行字体、字号、对齐方式等设置，然后在画面中单击，画面被半透明的蒙版所覆盖，如图11-172所示。输入文字，文字部分显现出原始图像内容，如图11-173所示。文字输入完成后，在选项栏中单击"提交所有当前编辑"按钮 ，文字将以选区的形式出现，如图11-174所示。

图11-172　　　　图11-173　　　　图11-174

步骤03 在文字选区中，可以进行填充（前景色、背景色、渐变色、图案等），如图11-175所示。也可以对选区中的图案内容进行编辑，如图11-176所示。

图11-175　　　　　　　　图11-176

步骤04 在使用文字蒙版工具输入文字时，将光标移动到文字以外区域，光标会变为移动状态 ，如图11-177所示。此时按住鼠标左键拖动，可以移动文字蒙版的位置，如图11-178所示。

图11-177　　　　　　　　图11-178

练习实例：使用文字蒙版工具制作美食画册封面

文件路径	资源包\第11章\练习实例：使用文字蒙版工具制作美食画册封面
难易指数	★★★★★
技术掌握	横排文字蒙版工具

案例效果

案例效果如图11-179所示。

图11-179

操作步骤

步骤01 执行"文件>新建"命令，新建一个空白文档，如图11-180所示。设置前景色为黑色，按Alt+Delete组合键填充前景色，如图11-181所示。

扫一扫，看视频

图11-180

图11-181

步骤02 执行"文件>置入嵌入的智能对象"命令，置入素材"1.jpg"，并将该图层栅格化，如图11-182所示。选中置入素材的图层，在"图层"面板中设置其"不透明度"为10%，如图11-183所示。此时画面效果如图11-184所示。

图11-182　　　　　图11-183　　　　　图11-184

步骤03 单击工具箱中的"矩形选框工具"按钮，在画面上绘制一个矩形，如图11-185所示。然后按Ctrl+Shift+I组合键将选区反选，如图11-186所示。

图11-185　　　　　　　　图11-186

步骤04 按Ctrl+J组合键将选区复制到独立图层，然后将其"不透明度"设置为50%，如图11-187所示。此时画面效果如图11-188所示。

图11-187　　　　　　　　图11-188

步骤05 单击工具箱中的"横排文字蒙版工具"按钮，在其选项栏中设置合适的字体、字号，然后在画布上单击并输入文字，如图11-189所示。输入完成后，单击选项栏中的"提交所有当前编辑"按钮✔，得到选区，如图11-190所示。

图11-189　　　　　　　　图11-190

步骤06 保留建立的选区，选择素材图层，按Ctrl+J组合键将选区复制到独立图层，然后将"不透明度"设置为100%，文字效果如图11-191所示。使用同样的方法制作底部的图案文字，最终效果如图11-192所示。

图11-191　　　　　　　　图11-192

读书笔记

11.1.8　使用"字形"面板创建特殊字符

　　字形是特殊形式的字符。字形是由具有相同整体外观的字体构成的集合，它们是专为一起使用而设计的。执行"窗口>字形"命令，打开"字形"面板，如图11-193所示。首先在上方"字体"下拉列表框中选择一种字体，在上面的表格中就会显示出当前字体的所有字符和符号。在文字输入状态下，双击"字形"面板中的字符，如图11-194所示。即可在画面中输入该字符，如图11-195所示。

图11-193　　　　图11-194　　　　图11-195

11.2　文字属性的设置

扫一扫，看视频

　　在文字属性的设置方面，利用文字工具选项栏来进行是最方便的设置方式，但是在选项栏中只能对一些常用的属性进行设置，而对于间距、样式、缩进、避头尾法则等选项的设置则需要使用"字符"面板和"段落"面板。这两个面板是我们进行文字版面编排时最常用的功能，如图11-196和图11-197所示为优秀的文字版面编排作品。

图11-196　　　　　　　　图11-197

【重点】 11.2.1 "字符"面板

虽然在文字工具的选项栏中可以进行一些文字属性的设置，但并未包括所有的文字属性。执行"窗口>字符"命令，打开"字符"面板。该面板是专门用来定义页面中字符的属性的。在"字符"面板中，除了能对常见的字体系列、字体样式、字体大小、文本颜色和消除锯齿的方法等进行设置，也可以对行距、字距等字符属性进行设置，如图11-198所示。

图11-198

- 设置行距 ⤡：行距就是上一行文字基线与下一行文字基线之间的距离。选择需要调整的文字图层，然后在"设置行距"文本框中输入行距值或在下拉列表中选择预设的行距值，然后按Enter键即可。如图11-199所示为不同参数的对比效果。

图11-199

- 字距微调 VA：用于设置两个字符之间的字距微调。在设置时，先要将光标插入到需要进行字距微调的两个字符之间，然后在该文本框中输入所需的字距微调数量（也可在下拉列表框中选择预设的字距微调数量）。输入正值时，字距会扩大；输入负值时，字距会缩小。如图11-200所示为不同参数的对比效果。

图11-200

- 字距调整 ⸽：用于设置所选字符的字距调整。输入正值时，字距会扩大；输入负值时，字距会缩小。如图11-201所示为不同参数的对比效果。

图11-201

- 比例间距 ⬚：比例间距是按指定的百分比来减少字符周围的空间，因此字符本身并不会被伸展或挤压，而是字符之间的间距被伸展或挤压了。如图11-202所示为不同参数的对比效果。

图11-202

- 垂直缩放 ⬚/水平缩放 ⬚：用于设置文字的垂直或水平缩放比例，以调整文字的高度或宽度。如图11-203所示为不同参数的对比效果。

图11-203

- 基线偏移 ᴬᵃ：用于设置文字与文字基线之间的距离。输入正值时，文字会上移；输入负值时，文字会下移。如图11-204所示为不同参数的对比效果。

图11-204

- 文字样式 T T̄ TT Tᵀ Tₜ T T̲ T̶：用于设置文字的特殊效果，包括仿粗体 T、仿斜体 T、全部大写字母 TT、小型大写字母 Tᵣ、上标 Tᵀ、下标 Tₜ、下划线 T̲、删除线 T̶，如图11-205所示。

图11-205

- Open Type功能 fi 𝒐 st A aa T 1ˢᵗ ½：包括标准连字 fi、上下文替代字 𝒐、自由连字 st、花饰字 A、替代样式 aa、标题替代字 T、序数字 1ˢᵗ、分数字 ½。
- 语言设置 美国英语：对所选字符进行有关连字符和拼写规则的语言设置。
- 设置消除锯齿的方法 ᵃₐ 锐利：输入文字后，可以在该下拉列表框中为文字指定一种消除锯齿的方法。

第11章 文字

"段落"面板用于设置文字段落的属性，如文本的对齐方式、缩进方式、避头尾法则设置、间距组合设置、连字等。在文字工具选项栏中单击"切换字符"和"段落"面板按钮或执行"窗口>段落"命令，打开"段落"面板，如图11-206所示。

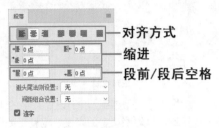

图11-206

- 左对齐文本▤：文本左对齐，段落右端参差不齐，如图11-207所示。
- 居中对齐文本▤：文本居中对齐，段落两端参差不齐，如图11-208所示。
- 右对齐文本▤：文本右对齐，段落左端参差不齐，如图11-209所示。

图11-207　　　　　图11-208　　　　　图11-209

- 最后一行左对齐▤：最后一行左对齐，其他行左右两端强制对齐。段落文本、区域文字可用，点文本不可用，如图11-210所示。
- 最后一行居中对齐▤：最后一行居中对齐，其他行左右两端强制对齐。段落文本、区域文字可用，点文本不可用，如图11-211所示。

图11-210　　　　　　　　　　图11-211

- 最后一行右对齐▤：最后一行右对齐，其他行左右两端强制对齐。段落文本、区域文字可用，点文本不可用，如图11-212所示。
- 全部对齐▤：在字符间添加额外的间距，使文本左右两端强制对齐。段落文本、区域文字、路径文字可

用，点文本不可用，如图11-213所示。

图11-212　　　　　　　　　图11-213

提示：直排文字的对齐方式。

当文字纵向排列（即直排）时，对齐按钮会发生一些变化，如图11-214所示。

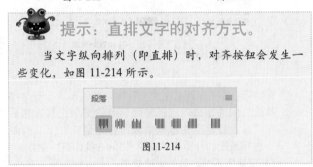

图11-214

- 左缩进▐：用于设置段落文本向右（横排文字）或向下（直排文字）的缩进量，如图11-215所示。
- 右缩进▐：用于设置段落文本向左（横排文字）或向上（直排文字）的缩进量，如图11-216所示。
- 首行缩进▐：用于设置段落文本中每个段落的第1行向右（横排文字）或第1列文字向下（直排文字）的缩进量，如图11-217所示。

图11-215　　　　　图11-216　　　　　图11-217

- 段前添加空格▐：设置光标所在段落与前一个段落之间的间隔距离，如图11-218所示。
- 段后添加空格▐：设置光标所在段落与后一个段落之间的间隔距离，如图11-219所示。

图11-218　　　　　　　　　图11-219

- 避头尾法则设置：在中文书写习惯中，标点符号通常不会位于每行文字的第一位（日文的书写也遵循相同的规则），如图11-220所示。在Photoshop中可以通过设置"避头尾法则设置"来设定不允许出现在行首或行尾的字符。"避头尾"功能只对段落文本或区域文字起作用。默认情况下"避头尾法则设置"为"无"；单击右侧的下拉按钮，在弹出的下拉列表框中选择"JIS严格"或者"JIS宽松"，即可使位于行首的标点符号位置发生改变，如图11-221所示。

图11-220　　　　　　图11-221

- 间距组合设置：为日语字符、罗马字符、标点、特殊字符、行开头、行结尾和数字的间距指定文本编排方式。选择"间距组合1"选项，可以对标点使用半角间距；选择"间距组合2"选项，可以对行中除最后一个字符外的大多数字符使用全角间距；选择"间距组合3"选项，可以对行中的大多数字符和最后一个字符使用全角间距；选择"间距组合4"选项，可以对所有字符使用全角间距。

- 连字：选中"连字"复选框后，在输入英文单词时，如果段落文本框的宽度不够，英文单词将自动换行，并在单词之间用连字字符连接起来，如图11-222所示。

图11-222

 提示：使用"属性"面板修改文字基本属性。

选中文字对象时，在"属性"面板中也会出现一些基本的文字属性。单击"高级"按钮，即可打开"字符"面板或"段落"面板进行设置，如图11-223所示。

图11-223

练习实例：使用"字符"面板与"段落"面板编辑文字属性

文件路径	资源包\第11章\练习实例：使用"字符"面板与"段落"面板编辑文字属性
难易指数	★★★★★
技术掌握	"字符"面板、"段落"面板

案例效果

案例效果如图11-224所示。

图11-224

操作步骤

步骤01 执行"文件>新建"命令，新建一个空白文档，如图11-225所示。单击工具箱中的"矩形工具"按钮，在其选项栏中设置"绘制模式"为"形状"，"描边"为黑色，"粗细"为18点，然后在画布上绘制一个矩形，如图11-226所示。

扫一扫，看视频

图11-225　　　　　　图11-226

步骤02 以同样的方式绘制另一个描边稍细的矩形，如图11-227所示。单击工具箱中的"椭圆工具"按钮，在其选项栏中设置"绘制模式"为"形状"，"填充"为黑色，然后按住Shift键绘制一个正圆，如图11-228所示。

步骤03 单击工具箱中的"钢笔工具"按钮，在其选项栏中设置"绘制模式"为"形状"，然后在正圆左上角绘制一个图形，如图11-229所示，接着使用"椭圆工具"在黑色图形上绘制一个正圆，如图11-230所示。

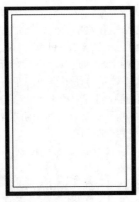

图11-227　　　　　　图11-228　　　　　　图11-229　　　　　　图11-230

步骤04 执行"文件>置入嵌入的智能对象"命令，置入素材"1.jpg"，然后将其移动到正圆的上方，按Enter键确认；接着将该图层栅格化，如图11-231所示。选择人物图层，单击鼠标右键，在弹出的快捷菜单中选择"创建剪贴蒙版"命令。此时画面效果如图11-232所示。

图11-231　　　　　　图11-232

步骤05 单击工具箱中的"矩形工具"按钮，在人物图像上方绘制一个黑色矩形，如图11-233所示。继续使用"矩形工具"绘制另外两个矩形，如图11-234所示。

图11-233　　　　　　图11-234

步骤06 单击工具箱中的"横排文字工具"按钮；执行"窗口>字符"命令，打开"字符"面板，设置合适的字体、字号，设置字间距为12，水平缩放为110%，"颜色"为白色，如图11-235所示。在画面中单击输入文字，然后单击"提交所有当前编辑"按钮，如图11-236所示。用同样的方式输入另一段文字，如图11-237所示。

图11-235　　　　图11-236　　　　图11-237

步骤07 接着在不选中任何文字图层的状态下，在"字符"面板中设置合适的字体、字号，设置行间距为12点，字间距为-12，"颜色"为黑色，单击"全部大写字母"按钮，如图11-238所示。执行"窗口>段落"命令，打开"段落"面板，单击"最后一行左对齐"按钮，如图11-239所示。

图11-238　　　　　　图11-239

步骤08 在画面左下角按住鼠标左键拖动，绘制一个文本框，然后在其中输入文字，如图11-240所示。使用同样的方法绘制另一段文字，最终效果如图11-241所示。

图11-240　　　　　　图11-241

练习实例：网店粉笔字公告

文件路径	资源包\第11章\练习实例：网店粉笔字公告
难易指数	★★★★★
技术掌握	文字工具、栅格化文字、图层蒙版

案例效果

案例效果如图11-242所示。

图11-242

操作步骤

步骤01 执行"文件>打开"命令，打开黑板素材"1.jpg"，如图11-243所示。在工具箱中选择"横排文字工具"，在其选项栏中设置合适的字体、字号及颜色，然后在画面中输入文字，如图11-244所示。

扫一扫，看视频

图11-243

图11-244

步骤02 更改部分字符为其他颜色，如图11-245所示。在文字图层上单击鼠标右键，在弹出的快捷菜单中选择"栅格化文字"命令，使文字图层转换为普通图层，如图11-246所示。

图11-245

图11-246

步骤03 按住Ctrl键单击文字图层缩略图，载入文字选区。选择文字图层，单击"图层"面板底部的"添加图层蒙版"按钮 ，为文字图层添加蒙版。单击选中图层蒙版，执行"滤镜>像素化>铜版雕刻"命令，选择"类型"为"中长描边"，此时蒙版中白色文字部分出现了黑色的纹理，如图11-247所示。单击"确定"按钮，文字内容上也产生了局部隐藏的效果，如图11-248所示。

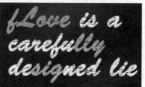

图11-247　　　　　　　　图11-248

步骤04 继续执行"滤镜>像素化>铜版雕刻"命令，在弹出的窗口中选择"类型"为"粗网点"，如图11-249所示。如需加深效果，按Ctrl+Alt+F组合键，再次执行"铜版雕刻"命令，效果如图11-250所示。

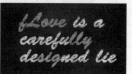

图11-249　　　　　　　　图11-250

步骤05 在工具箱中选择"画笔工具"，在其选项栏中设置不规则的画笔笔刷并适当调整橡皮"不透明度"；然后在文字蒙版上进行涂抹，使文字产生若隐若现的效果，如图11-251所示。

图11-251

11.3 编辑文字

文字是一类特殊的对象，既具有文本属性，又具有图像属性。Photoshop虽然不是专业的文字处理软件，但也具有文字内容的编辑功能，例如可以查找并替换文本、英文拼写检查等。除此之外，还可以将文字对象转换为位图、形状图层，以及自动识别图像中包含的文字的字体。

【重点】11.3.1 栅格化：将文字对象转换为普通图层

在Photoshop中经常会进行栅格化操作，例如栅格化智能对象、栅格化图层样式、栅格化3D对象等。而这些操作通常都是指将特殊对象变为普通对象的过程。文字也是比较特殊的对象，无法直接进行形状或者内部像素的更改。而想要进行这些操作，就需要将文字对象转换为普通图层。此时"栅格化文字"命令就派上用场了。

在"图层"面板中选择文字图层，然后在图层名称上单击鼠标右键，在弹出的快捷菜单中选择"栅格化文字"命令（如图11-252所示），就可以将文字图层转换为普通图层，如图11-253所示。

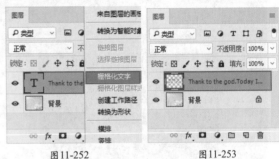

图11-252　　　　　　　　图11-253

练习实例：栅格化文字对象制作火焰字

文件路径	资源包\第11章\练习实例：栅格化文字对象制作火焰字
难易指数	★★★★★
技术掌握	"栅格化文字"命令、"栅格化图层样式"命令、"液化"命令

案例效果

案例效果如图11-254所示。

图11-254

操作步骤

扫一扫，看视频

步骤01 执行"文件>打开"命令，打开素材"1.jpg"，如图11-255所示。单击工具箱中的"横排文字工具"按钮，在其选项栏中设置合适的字体、字号，设置"文本颜色"为深红色，在画面中单击插入光标，然后输入文字，如图11-256所示。

步骤02 在"图层"面板中选择文字图层，执行"图层>图层样式>内发光"命令，在弹出的"图层样式"窗口中设置"混合模式"为"正常"，"不透明度"为100%，"内发光颜色"为黄色，"方法"为"精确"，选中"边缘"单选按钮，设置"阻塞"为60%，"大小"为10像素，"范围"

为50%，如图11-257所示。此时效果如图11-258所示。

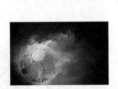　　

图11-255　　　　　　　　图11-256

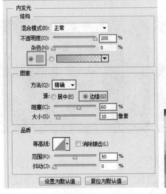　　

图11-257　　　　　　　　图11-258

步骤03 在左侧的"样式"列表框中选中"投影"复选框，设置"混合模式"为"正常"，"阴影颜色"为红色，"不透明度"为75%，"角度"为30度，"扩展"为36%，"大小"为16像素，单击"确定"按钮完成设置，如图11-259所示。此时画面效果如图11-260所示。

步骤04 在"图层"面板中选择文字图层，单击鼠标右键，在弹出的快捷菜单中选择"栅格化文字"命令，如图11-261所示。接着单击鼠标右键，在弹出的快捷菜单中选择"栅格化图层样式"命令，如图11-262所示。

图11-259

图11-260

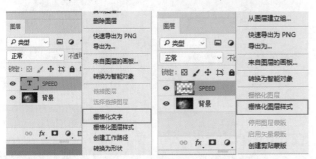
图11-261　　　　　　图11-262

步骤05 选择文字图层，执行"滤镜>液化"命令，单击"向前变形工具"按钮，设置"大小"为180，"浓度"为50，在画面中针对文字进行涂抹，达到文字变形的目的。单击"确定"按钮完成设置，如图11-263所示。文字效果如图11-264所示。

图11-263　　　　　　图11-264

步骤06 执行"文件>置入嵌入的智能对象"命令，置入火焰素材"2.png"，并将其调整到合适的大小、位置，然后按Enter键完成置入。然后将该图层栅格化，如图11-265所示。

图11-265

步骤07 处理文字与火焰处的衔接效果。选择火焰文字，单击"图层"面板底部的"添加图层蒙版"按钮，为该图层添加图层蒙版，如图11-266所示。接着使用黑色的柔角画笔在文字上半部涂抹，如图11-267所示。

图11-266　　　　　　图11-267

步骤08 涂抹完成后，文字上半部分呈现出半透明效果，如图11-268所示。

图11-268

练习实例：奶酪文字

文件路径	资源包\第11章\练习实例：奶酪文字
难易指数	★★★★★
技术掌握	横排文字工具

案例效果

案例效果如图11-269所示。

图11-269

扫一扫，看视频

操作步骤

步骤01 执行"文件>打开"命令，打开素材"1.jpg"，如图11-270所示。

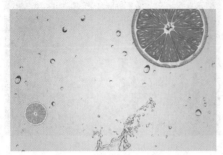

图11-270

步骤02 单击工具箱中的"横排文字工具"按钮，在其选项栏中设置合适的字体、字号，设置"文本颜色"为橙色，在画布上单击并输入文字，如图11-271所示。选择文字图层，单击"图层"面板底部的"添加图层蒙版"按钮，为该图层添加图层蒙版，如图11-272所示。

图11-271　　　　　　图11-272

步骤03 选择图层蒙版，单击工具箱中的"椭圆形选框工具"按钮，在其选项栏中单击"添加到选区"按钮，然后在画布上绘制多个椭圆形选区，如图11-273所示。接着将前景色设置为黑色，单击选中文字图层的蒙版，按Alt+Delete组合键填充前景色，此时文字上绘制椭圆形处将被隐藏，效果如图11-274所示。

图11-273　　　　　　图11-274

步骤04 选中文字图层，执行"图层>图层样式>投影"命令，在弹出的"图层样式"窗口中设置"混合模式"为"正片叠底"，"阴影颜色"为黑色，"不透明度"为30%，"角度"为120度，"距离"为6像素，"大小"为4像素，单击"确定"按钮完成设置，如图11-275和图11-276所示。

图11-275　　　　　　图11-276

步骤05 选择文字图层，按Ctrl+J组合键将其复制一份；然后双击文字拷贝图层缩览图，即可选中文字，如图11-277所示。接着设置"文本颜色"为黄色，效果如图11-278所示。

图11-277　　　　　　图11-278

步骤06 选择黄色文字，执行"图层>图层样式>清除图层样式"命令，接着将黄色文字向左上方移动，效果如图11-279所示。使用同样的方法复制一份文字，并设置其颜色为淡黄色，如图11-280所示。

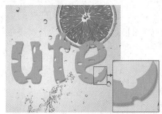

图11-279　　　　　　图11-280

步骤07 选择淡黄色的文字图层，执行"图层>图层样式>斜面和浮雕"命令，在弹出的"图层样式"窗口中设置"样式"为"内斜面"，"方法"为"平滑"，"深度"为50%，"方向"为"上"，"大小"为0像素，"软化"为4像素，"角度"为120度，"高度"为30度，"阴影颜色"为棕色，如图11-281所示。在"样式"列表框中选中"图案叠加"复选框，设置"混合模式"为"颜色加深"，"不透明度"为70%，设置合适的

图11-281

"图案"，"缩放"为100%，单击"确定"按钮完成设置，如图11-282所示。此时画面效果如图11-283所示。

步骤08 执行"文件>置入嵌入的智能对象"命令，置入素材"2.png"并将其调整到合适的大小、位置，然后按Enter键完成置入。执行"图层>栅格化>智能对象"命令，最终效果如图11-284所示。

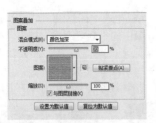

图11-282

图11-283

图11-284

11.3.2　动手练：将文字对象转换为形状图层

　　"转换为形状"命令可以将文字对象转换为矢量的"形状图层"。转换为形状图层后，就可以使用钢笔工具组和选择工具组中的工具对文字的外形进行编辑。由于文字对象变为了矢量对象，所以在变形的过程中，文字是不会变模糊的。通常在制作一些变形艺术字的时候，需要将文字对象转换为形状图层。

步骤01 选择文字图层，然后在图层名称上单击鼠标右键，在弹出的快捷菜单中选择"转换为形状"命令（如图11-285所示）文字图层就变为了形状图层，如图11-286所示。

步骤02 使用"直接选择工具"调整锚点位置，或者使用钢笔工具组中的工具在形状上添加锚点并调整锚点形态（与矢量制图的方法相同），制作出形态各异的艺术字效果，如图11-287和图11-288所示。

图11-285

图11-286

图11-287

图11-288

练习实例：将文字转换为形状制作创意流淌文字

文件路径	资源包\第11章\练习实例：将文字转换为形状制作创意流淌文字
难易指数	★★★★★
技术掌握	转换为形状命令

案例效果

　　案例效果如图11-289所示。

图11-289

操作步骤

步骤01 执行"文件>打开"命令，打开素材"1.jpg"，如图11-290所示。

图11-290

扫一扫，看视频

步骤02 单击工具箱中的"横排文字工具"按钮，在其选项栏中设置合适的字体、字号，设置"文本颜色"为白色，在画布上单击并输入文字，如图11-291所示。选择文字图层，执行"文字>转换为形状"命令，如图11-292所示。

图11-291

图11-292

步骤03 继续选中文字图层，执行"编辑>变换>扭曲"命令，拖动文字的四角控制点，拖动至合适位置，将文字变形，如图11-293所示。按Enter键完成变换。画面效果如图11-294所示。

图11-293　　　　　　　图11-294

步骤04 单击工具箱中的"钢笔工具"按钮，在其选项栏中设置"绘制模式"为"形状"，"填充"为白色，在字母M的左下方绘制一个下垂的四边形，如图11-295所示。以同样的方式绘制其他图形，如图11-296所示。

图11-295　　　　　　　图11-296

步骤05 在"图层"面板中新建一个组，然后将绘制的图形和文字所在图层拖动到该组中，如图11-297所示。

图11-297

步骤06 选择图层组，执行"图层>图层样式>投影"命令，在弹出的"图层样式"窗口中设置"混合模式"为"正片叠底"，"阴影颜色"为黑色，"不透明度"为75%，"角度"为34度，"距离"为11像素，"扩展"为5%，"大小"为5像素，单击"确定"按钮完成设置，如图11-298所示。此时画面效果如图11-299所示。

图11-298　　　　　　　图11-299

步骤07 在"图层"面板中选中图层组，单击"添加图层面板"按钮。单击工具箱中的"画笔工具"按钮，在其选项栏中选择一种柔边圆画笔，设置"大小"为500像素。在图层蒙版中文字垂下来的线条底部区域进行涂抹，如图11-300所示。此时底部区域产生半透明效果，如图11-301所示。

 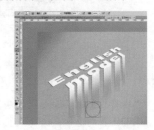

图11-300　　　　　　　图11-301

步骤08 新建图层，单击工具箱中的"多边形套索工具"按钮，在相应位置绘制一个多边形选区，如图11-302所示。将前景色设置为黑色，然后单击工具箱中的"渐变工具"按钮，在其选项栏中单击渐变颜色条，在弹出的"渐变编辑器"窗口中单击"预设"列表框中的由黑色到透明度的渐变，然后单击"确定"按钮，如图11-303所示。

图11-302　　　　　　　图11-303

步骤09 在选区中按住鼠标左键拖曳进行填充，填充完成后按Ctrl+D组合键取消选区，最终效果如图11-304所示。

图11-304

11.3.3　动手练：创建文字路径

想要获取文字对象的路径，可以选中文字图层，单击鼠标右键，在弹出的快捷菜单中选择执行"创建工作路径"命令（如图11-305所示），即可得到文字的路径，如图11-306所示。得到了文字的路径后，可以对路径进行描边、填充或创建矢量蒙版等操作。

图11-305 图11-306

提示：旧版本中的"文字"菜单。

　　"文字"菜单中包含很多对文字对象进行编辑的命令，但是在某些旧版本的菜单栏中我们可能找不到"文字"菜单项。在这些旧版本中，"文字"菜单可能显示为"类型"，其中包含的菜单命令基本相同。

练习实例：创建文字路径制作烟花字

文件路径	资源包\第11章\练习实例.创建文字路径制作烟花
难易指数	★★★★★
技术掌握	创建文字路径、路径描边

案例效果

　　案例效果如图11-307所示。

图11-307

操作步骤

扫一扫，看视频

步骤01 执行"文件>打开"命令，打开素材"1.jpg"，如图11-308所示。

图11-308

步骤02 单击工具箱中的"横排文字工具"按钮，执行"窗口>字符"命令，在弹出的"字符"面板中设置合适的字体、字号，设置"字间距"为225，"颜色"为白色，单击"全部大写字母"按钮，如图11-309所示。在画面上单击插入光标，然后输入文字，如图11-310所示。

图11-309 图11-310

步骤03 在使用画笔描边路径前，首先需要对画笔进行设置。单击工具箱中的"画笔工具"按钮，执行"窗口>画笔"命令，在弹出的"画笔"面板中选择一个柔角画笔，设置"大小"为16像素，"硬度"为0%，"间距"为25%，如图11-311所示。选中"形状动态"复选框，设置"大小抖动"为71%，"最小直径"为100%，如图11-312所示。

步骤04 选中"散布"复选框，调整"散布"为235%，"数量"为1，如图11-313所示。选中"传递"复选框，调整"不透明度抖动"为16%，"流量抖动"为43%，如图11-314所示。

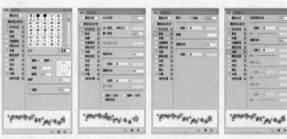

图11-311 图11-312 图11-313 图11-314

步骤05 选择文字图层，执行"文字>创建工作路径"命令，得到文字的路径，如图11-315所示。将文字图层隐藏，新建一个图层，将前景色设置为白色，选择一种矢量工具（钢笔工具、形状工具都可以），然后在画面中单击鼠标右键，在弹出的快捷菜单中选择"描边路径"命令，如图11-316所示。

图11-315　　　　　　　　　图11-316

步骤 06 在弹出的"描边路径"窗口中设置"工具"为"画笔"，然后单击"确定"按钮，如图11-317所示。效果如图11-318所示。

图11-317　　　　　　　　　图11-318

步骤 07 选择该图层，执行"图层>图层样式>内发光"命令，在弹出的"图层样式"窗口中设置"不透明度"为100%，"颜色"为粉色，"方法"为"柔和"，"源"

为"边缘"，"大小"为3像素，如图11-319所示。在"样式"列表框中选中"外发光"复选框，设置"混合模式"为"滤色"，"不透明度"为100%，"颜色"为粉色，"方法"为"柔和"，"扩展"为2%，"大小"为24像素，单击"确定"按钮完成设置，如图11-320所示。

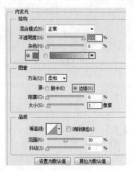

图11-319　　　　　　　　　图11-320

步骤 08 此时文字效果如图11-321所示。使用同样的方法绘制另一段文字，最终效果如图11-322所示。

图11-321　　　　　　　　　图11-322

11.3.4　动手练：使用占位符文本

在使用Photoshop制作包含大量文字的版面时，通常需要对版面中内容的摆放位置以及所占区域进行规划。此时利用"占位符"功能可以快速输入文字，填充文本框。在设置好文本的属性后，在修改时只需删除占位符文本，并重新贴入需要使用的文字即可。

"粘贴Lorem Ipsum"常用于段落文本中。使用"横排文字工具"绘制一个文本框，如图11-323所示。执行"文字>粘贴Lorem Ipsum"命令，文本框即可快速被字符填满，如图11-324所示。如果使用"横排文字工具"在画面中单击，执行"文字>粘贴Lorem Ipsum"命令，会自动出现很多的字符沿横向排列，甚至超出画面，如图11-325所示。

图11-323　　　　　　　图11-324　　　　　　　图11-325

11.3.5　拼写检查

"拼写检查"命令用于检查当前文本中的英文单词的拼写错误，对于中文此命令是无效的。

步骤 01 首先选择需要进行检查的文本对象，如图11-326所示。然后执行"编辑>拼写检查"命令，打开"拼写检查"对话框。Photoshop会自动查找错误并提供修改建议，在"不在词典中"文本框中列出拼写错误的单词，在"建议"列表框中列出可供修改的单词，从中选择正确的单词或直接在"更改为"文本框中输入正确的单词，然后单击"更改"按钮，如图11-327所示。

图11-326　　　　　　　　　图11-327

步骤02 此时文档中错误的文字被更改正确，如图11-328所示。完成拼写检查后，在弹出的提示对话框中单击"确定"按钮，如图11-329所示。

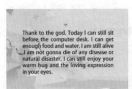
图11-328

图11-329

- 忽略：继续拼写检查而不更改文本。
- 全部忽略：在剩余的拼写检查过程中忽略有疑问的字符。
- 更改：单击该按钮，可以校正拼写错误的字符。
- 更改全部：校正文档中出现的所有拼写错误。
- 添加：可以将无法识别的正确单词存储在词典中，这样后面再次出现该单词时，就不会被检查为拼写错误。
- 检查所有图层：选中该复选框后，可以对所有文字图层进行拼写检查。

11.3.6 动手练：查找和替换文本

执行"编辑>查找和替换文本"命令，打开"查找和替换文本"对话框，在"查找内容"文本框中输入要查找的内容，在"更改为"文本框中输入要更改为的内容，然后单击"更改全部"按钮，即可进行全部更改，如图11-330和图11-331所示。更改效果如图11-332所示，这种方式比较适合于统一进行更改。

图11-330

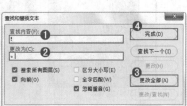
图11-331

图11-332

 提示：并不是所有时候都需要单击"更改全部"按钮。

如果不想统一更改，而是逐一查找要更改的内容，并决定是否更改，可以单击"查找下一个"按钮，随即查找的内容就会高光显示。如果需要更改，则单击"更改"按钮，即可进行更改；如不需要更改，则再次单击"查找下一个"按钮继续查找。

11.3.7 匹配字体

看到设计作品中的字体觉得很漂亮，但是又无从得知作品中使用的是什么字体，是不是很苦恼？有了Photoshop CC 2017，我们就无需苦苦猜测字体究竟是哪种了。将图片在Photoshop中打开，然后使用选框工具框选需要查找字体的文字，如图11-333所示。执行"文字>匹配字体"命令，在弹出的"匹配字体"窗口中即可出现与之类似的字体，如图11-334所示。

图11-333

图11-334

11.3.8 解决文档中的字体问题

在平面设计工作中，经常会遇到字体问题。例如，打开PSD格式的设计作品源文件时提示"缺失字体"；文字图层上有一个黄色感叹号；对文字图层进行变形时提示"用于文字图层的以下字体已丢失"。遇到这些情况不要怕，这都是由于缺少相应的字体文件造成的。解决缺失字体有两种办法：一是获取并重新安装原本缺失的字体；二是替换成其他字体。想要对缺失的字体进行替换，可以执行"文字>替换所有欠缺字体"命令。

例如，打开一个缺少字体的文件，在弹出的"缺失字体"对话框中可以看到缺失的字体的名称。打开其右侧的下拉列表框，从中可以选择用于替换的字体。如果不想替换，可以单击"不要解决"按钮，如图11-335所示。执行"文字>解析缺失字体"命令，可以重新打开"缺失字体"对话框。

在对缺失字体的文字图层进行自由变换操作时，将弹出"用于文本图层的以下字体已丢失"提示对话框。此时对文字进行自由变换可能会使文字变模糊，如果仍要进行自由变换，可以单击"确定"按钮，如图11-336所示。

图11-335

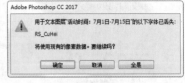

图11-336

11.4 使用字符样式/段落样式

字符样式与段落样式指的是在Phostoshop中定义的一系列文字属性合集，其中包括文字的大小、间距、对齐方式等一系列的属性。通过设定好的一系列字符样式、段落样式，可以在进行大量文字排版的时候快速调用这些样式，使包含大量文字的版面快速变得规整起来。尤其是杂志、画册、书籍以及带有相同样式的文字对象的排版中，经常需要用到这项功能，如图11-337~图11-340所示。

图11-337

图11-338

图11-339

图11-340

11.4.1 字符样式、段落样式

在"字符样式"面板和"段落样式"面板中，可以将字体、大小、间距、对齐等属性定义为"样式"，存储在字符样式"面板和"段落样式"面板中，也可以将"样式"赋予到其他文字上，使之产生相同的文字样式。在书籍排版、画册设计等包含大量相同样式的文字排版中，经常会用到这两个面板，如图11-341所示。

"段落样式"面板与"字符样式"面板的使用方法相同，都可以进行文字某些样式的定义、编辑与调用；区别在于"字符样式"面板主要用于类似标题文字的较少文字的排版，而"段落样式"面板则多用于类似正文的大段文字的排版，如图11-342所示。

图11-341　　　　　　　图11-342

- 清除覆盖 ⚡：单击该按钮，可以清除当前文字样式。
- 通过合并覆盖重新定义字符样式/段落样式 ✔：单击该按钮，即可将当前所选文字的属性，覆盖到当前所选的"字符样式"或"段落样式"中，使所选样式产生与此文字相同的属性。
- 创建新的字符样式/段落样式 ▯：单击该按钮，可以创建新的字符样式/段落样式。
- 删除当前字符样式/段落样式 🗑：单击该按钮，可以将当前选中的字符样式或段落样式组删除。

【重点】11.4.2 动手练：使用字符样式/段落样式

"字符样式"与"段落样式"的使用方法相同，下面以"字符样式"为例进行讲解。

1.新建样式

在"字符样式"面板中单击"创建新的字符样式"按钮▯，如图11-343所示。然后双击新建的字符样式，打开"字符样式选项"对话框。该对话框由"基本字符格式""高级字符格式"与"OpenType功能"3个选项卡组成，囊括了"字符"面板中的大部分选项，从中可以对字符样式进行详细的编辑，如图11-344~图11-346所示。

图11-343　　　　　　图11-344　　　　　　　　　图11-345　　　　　　　　　图11-346

2.以当前文字属性定义新样式

如要将当前文字样式定义为可以调用的"字符样式"，可以在"字符样式"面板中单击"创建新的字符样式"按钮，创建一个新的样式，如图11-347所示。选中所需文字图层，在"字符样式"面板中选中新建的样式，在该样式名称的后方会出现"+"，单击"通过合并覆盖重新定义字符样式"按钮 ✔，如图11-348所示，接着"+"消失，当前样式变为与所选字符相同的样式，如图11-349所示。

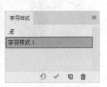

图11-347　　　　　　图11-348　　　　　　　图11-349

3.应用样式

如要为某个文字图层应用新定义的字符样式，则需要选中该文字图层，然后在"字符样式"面板中单击所需样式即可，如图11-350和图11-351所示。

图11-350　　　　　　　图11-351

4.去除样式

如要去除当前文字图层的样式，可以选中该文字图层，在"字符样式"面板中单击"无"即可，如图11-352所示。

图11-352

 提示：载入其他文档的字符样式。

可以将另一个 PSD 文档的字符样式置入到当前文档中。打开"字符样式"面板，单击右上角的 ■ 按钮，在弹出的菜单中选择"载入字符样式"命令，在弹出的"载入"对话框中找到需要置入的素材，双击即可将该文件包含的样式置入到当前文档中。

练习实例：制作圣诞贺卡

文件路径	资源包\第11章\练习实例：制作圣诞贺卡
难易指数	★★★★★
技术掌握	横排文字工具

案例效果

案例效果如图11-353所示。

图11-353

操作步骤

扫一扫，看视频

步骤01 执行"文件>打开"命令，打开背景素材"1.jpg"，如图11-354所示。执行"文件>置入嵌入的智能对象"命令，置入人物素材"2.png"；执行"图层>栅格化>智能对象"命令，并将人物放在画面的上方，如图11-355所示。

图11-354　　　　　图11-355

步骤02 单击工具箱中的"横排文字工具"按钮[T]，在其选项栏中设置"字体"为Freehand521BT、"字体大小"为120点，"文本颜色"为红色，如图11-356所示。在画面中间单击鼠标，开始输入点文本，如图11-357所示。输入文字"christmas"，如图11-358所示。

步骤03 选中文字图层，按Ctrl+T组合键，适当旋转文字并移动到合适位置，如图11-359所示。

图11-356

图11-357　　　　图11-358　　　　图11-359

步骤04 为文字添加图层样式。执行"图层>图层样式>投影"命令，在弹出的"图层样式"窗口中设置"混合模式"为"正片叠底"，"阴影颜色"为浅蓝色，"不透明度"为75%，"角度"为120度，"距离"为50像素，"大小"为15像素，如图11-360所示。此时画面效果如图11-361所示。

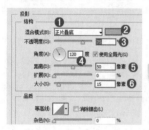

图11-360　　　　　　　　图11-361

步骤05 在"样式"列表框中选中"渐变叠加"复选框，设置"混合模式"为"正常"，"不透明度"为100%，"渐变"为从深红色至亮红色再至深红色的渐变，"角度"为94度，如图11-362所示。此时画面效果如图11-363所示。

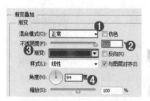

图11-362　　　　　　　　图11-363

步骤06 在"样式"列表框中选中的"描边"复选框，设置"大小"数值为30像素，"位置"为"外部"，"混合模式"为"正常"，"不透明度"为100%，"填充类型"为"颜色"，"颜色"为白色，如图11-364所示。此时画面效果如图11-365所示。

步骤07 在"样式"列表框中选中"斜面和浮雕"复选框，设置"样式"为"内斜面"，"深度"为100%，"大小"

为5像素，"高光模式"为"正常"，"高光颜色"为红色，"高光模式"的"不透明度"为100%，"阴影模式"为"正片叠底"，"阴影颜色"为黑色，阴影模式的"不透明度"为0%，如图11-366所示。单击"确定"按钮，文字效果如图11-367所示。

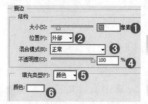

图11-364　　　　　　　　图11-365

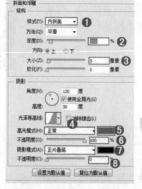

图11-366　　　　　　　　图11-367

步骤08 使用同样的方法在画面中输入文字"happy"，如图11-368所示。选中chirstmas图层，单击鼠标右键，在弹出的快捷菜单中选择"拷贝图层样式"命令，如图11-369所示。然后选中happy图层，单击鼠标右键，在弹出的快捷菜单中选择"粘贴图层样式"命令，如图11-370所示。此时该图层也具有了相同的图层样式，文字效果如图11-371所示。

图11-368　　　　　　　　图11-369

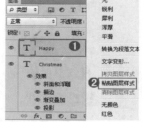

图11-370　　　　　　　　图11-371

中文版Photoshop CC从入门到精通（微课视频版）

步骤09 制作画面下方的段落文本。单击工具箱中的"横排文字工具"按钮，在画面的下方绘制文本框，如图11-372所示。在选项栏中设置"字体"为Myriad Pro，"字体大小"（即字号）为15点，"文本对齐方式"为"居中对齐"。在画面中输入文字，如图11-373所示。

图11-372　　　　　　　图11-373

步骤10 输入完成后，选中最后一行文字，如图11-374所示。在选项栏中将"文本颜色"改为"红色"，文字效果如图11-375所示。

图11-374　　　　　　　图11-375

步骤11 单击工具箱中的"矩形工具"按钮，在其选项栏中设置"绘制模式"为"形状"，"填充"为浅红色到深红色的渐变，"描边"为无，如图11-376所示。在画面中绘制矩形，如图11-377所示。

图11-376　　　　　　　图11-377

步骤12 制作画面中的雪点。新建"图层1"，单击工具箱中的"画笔工具"按钮，设置前景色为白色，在选项栏中选择圆形柔角的画笔，设置合适的笔尖大小。在画面中单击，绘制白色圆点，如图11-378所示。执行"图层>图层样式>外

发光"命令，在弹出的"图层样式"窗口中设置"混合模式"为"滤色"，"不透明度"为75%，"渐变"为浅黄色到透明的渐变，"方法"为"柔和"，"扩展"为3%，"大小"为87像素，如图11-379所示。单击"确定"按钮，画面效果如图11-380所示。

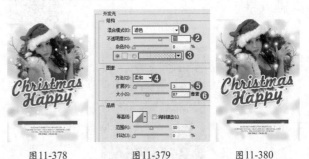

图11-378　　　　图11-379　　　　图11-380

步骤13 下面制作彩色的光晕。新建"图层2"，单击工具箱中的"画笔工具"按钮，在其选项栏设置合适的笔尖大小。在画面随意单击，绘制红色和淡黄色的圆点，如图11-381所示。在"图层"面板中设置图层2的"混合模式"为"颜色减淡"，如图11-382所示。此时画面效果如图11-383所示。

图11-381　　　　　　　图11-382

步骤14 最后使用"横排文字工具"输入画面其他部分的文字。最终效果如图11-384所示。

图11-383　　　　　　　图11-384

综合实例：使用文字工具制作设计感文字招贴

文件路径	资源包\第11章\综合实例：使用文字工具制作设计感文字招贴
难易指数	★★★★★
技术掌握	"横排文字工具"

案例效果

案例效果如图11-385所示。

图11-385

操作步骤

步骤 01 执行"文件>打开"命令，打开素材"1.jpg"，如图11-386所示。单击工具箱中的"圆角矩形工具"按钮，在其选项栏中设置"绘制模式"为"形状"，"填充"为洋红色，"半径"为20像素，然后在画布上绘制一个圆角矩形，如图11-387所示。

图11-386   图11-387

步骤 02 单击工具箱中的"钢笔工具"按钮，在画布上绘制一个不规则图形，如图11-388所示。选择工具箱中的"自定形状工具"，在其选项栏中设置"绘制模式"为"形状"，"填充"为黄色系的渐变颜色，"形状"为"封印"，然后在画面右下角绘制图形，如图11-389所示。

步骤 03 继续使用"自定形状工具"，在其选项栏中设置"形状"为"叶形装饰3"，然后在画布上绘制图形，如图11-390所示。执行"文件>置入嵌入的智能对象入"命令，置入素材"1.jpg"，并将其调整到合适的大小、位置，然后按Enter键完成置入。执行"图层>栅格化>智能对象"命令，效果如图11-391所示。

步骤 04 单击工具箱中的"横排文字工具"按钮，在其选项栏中设置合适的字体、字号，设置"文本颜色"为"黑

色"，在画面中央区域单击并输入标题文字，如图11-392所示。在"图层"面板中选择文字图层，执行"图层>图层样式>斜面和浮雕"命令，在弹出的"图层样式"窗口中设置"样式"为"内斜面"，"方法"为"平滑"，"深度"为299%，"方向"为"上"，"大小"为10像素，"角度"为-47度，如图11-393所示。

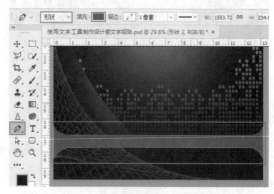

图11-388

图11-389

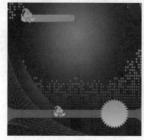   

图11-390   图11-391

步骤 05 在左侧的"样式"列表框中选中"渐变叠加"复选框，设置"渐变"为一个蓝色系渐变，"样式"为"线性"，"角度"为90度，单击"确定"按钮完成设置，如图11-394所示。此时效果如图11-395所示。

步骤 06 输入下方文字，如图11-396所示。选择带有图层样式的图层，单击鼠标右键，在弹出的快捷菜单中选择"拷贝图层样式"命令，如图11-397所示。

中文版Photoshop CC从入门到精通（微课视频版）

图11-392

其选项栏中设置合适的字体、字号，单击"居中对齐文本"按钮，设置"文本颜色"为白色，在右下角图形内输入文字，如图11-401所示。

图11-398

图11-399

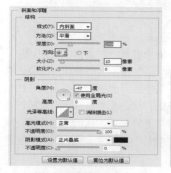

图11-393

图11-394

图11-400

图11-401

步骤 09 在选项栏中单击"创建文字变形"按钮，在弹出的"变形文字"窗口中设置"样式"为"凸起"，选中"水平"单选按钮，设置"弯曲"为50%，单击"确定"按钮完成设置，如图11-402所示。文字效果如图11-403所示。

图11-395

图11-396

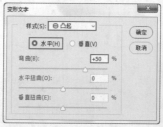

图11-402

图11-403

步骤 10 案例最终效果如图11-404所示。

图11-397

步骤 07 选择刚刚输入的文字图层，单击鼠标右键在弹出的快捷菜单中选择"粘贴图层样式"命令，如图11-398所示。此时文字具有了相同的图层样式，如图11-399所示。

步骤 08 继续使用"横排文字工具"输入其他文字，如图11-400所示。单击工具箱中的"横排文字工具"按钮，在

图11-404

Chapter 12
第12章

扫一扫，看视频

滤镜

本章内容简介：

滤镜主要是用来实现图像的各种特殊效果。在Photoshop中有数十种滤镜，有些滤镜效果通过几个参数的设置就能让图像"改头换面"，例如"油画"滤镜、"液化"滤镜。有的滤镜效果则让人摸不到头脑，例如"纤维"滤镜、"彩色半调"滤镜。这是因为有些情况下，需要几种滤镜相结合才能制作出令人满意的滤镜效果。这就需要掌握各个滤镜的特点，然后开动脑筋，将多种滤镜相结合使用，才能制作出神奇的效果。我们还可以通过网络进行学习，在网页的搜索引擎中输入"Photoshop 滤镜 教程"关键词，相信能为我们开启一个更广阔的学习空间！

重点知识掌握：

- 滤镜库的使用
- 液化滤镜
- 高斯模糊滤镜
- 智能锐化滤镜
- 滤镜组滤镜的使用方法

通过本章学习，我能做什么?

本章所讲解的"滤镜"种类非常多，不同类型的滤镜可制作的效果也大不相同。通过本章的学习，我们能够对数码照片进行例如增强清晰度（锐化）、模拟大光圈的景深效果（模糊）、对人像进行液化瘦身、美化五官结构等的操作。还可以通过多个滤镜的协同使用制作一些特殊效果，例如素描效果、油画效果、水彩画效果、拼图效果、火焰效果、做旧杂色效果、雾气效果等。

12.1　使用滤镜

在很多手机拍照APP中都会出现"滤镜"这样的词语，我们也经常会在手机拍完照片后为照片加一个"滤镜"，让照片变美一些。拍照APP中的"滤镜"大多是起到为照片调色的作用，而Phoposhop中的"滤镜"概念则是为图像添加一些"特殊效果"，例如把照片变成木刻画效果，为图像打上马赛克，使整个照片变模糊，把照片变成"石雕"等，如图12-1和图12-2所示。

图12-1　　　　　　　　　图12-2

Phoposhop中的"滤镜"与手机拍照APP中的滤镜概念虽然不太相同，但是有一点非常相似，那就是大部分PS滤镜使用起来都非常简单，只需要简单调整几个参数就能够实时的观察到效果。Phoposhop中的滤镜集中在"滤镜"菜单中，单击菜单栏中的"滤镜"按钮，在菜单列表中可以看到很多种滤镜，如图12-3所示。

位于滤镜菜单上半部分的几个滤镜我们通常称为"特殊滤镜"，因为这些滤镜的功能比较强大，有些像独立的软件。这几种特殊滤镜的使用方法也各不相同，在后面会逐一进行讲解。

滤镜菜单的第二大部分为"滤镜组"，"滤镜组"的每个菜单命令下都包含多个滤镜效果，这些滤镜大多数使用起来非常简单，只需要执行相应的命令并调整简单参数就能够得到有趣的效果。

滤镜菜单的第三大部分为"外挂滤镜"，Phoposhop支持使用第三方开发的滤镜，这种滤镜通常被称为"外挂滤镜"。外挂滤镜的种类非常多，比如人像皮肤美化滤镜、照片调色滤镜、降噪滤镜、材质模拟滤镜等。这部分可能在菜单中并没有显示，这是因为没有安装其他外挂滤镜（也可能是没有安装成功）。

图12-3

【重点】12.1.1　滤镜库：效果滤镜大集合

"滤镜库"中集合了很多滤镜，虽然滤镜效果风格迥异，但是使用方法非常相似。在滤镜库中不仅能够添加一个滤镜，还可以添加多个滤镜，制作多种滤镜混合的效果。

扫一扫，看视频

步骤01 打开一张图片，如图12-4所示。执行"滤镜>滤镜库"菜单命令，打开"滤镜库"窗口，在中间的滤镜列表中选择一个滤镜组，单击即可展开。然后在该滤镜组中选择一个滤镜，单击即可为当前画面应用滤镜效果。然后在右侧适当调节参数，即可在左侧预览图中观察到滤镜效果。滤镜设置完成后单击"确定"按钮完成操作，如图12-5所示。

 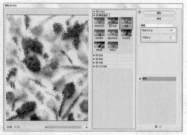

图12-4　　　　　　　　　图12-5

步骤02 如果要制作两个滤镜叠加一起的效果，可以单击窗口右下角的"新建效果图层"按钮，然后选择合适的滤镜并进行参数设置，如图12-7所示。设置完成后单击"确定"按钮，效果如图12-8所示。

 提示："滤镜库"窗口。

执行"滤镜>滤镜库"命令，即可打开"滤镜库"窗口，如图12-6所示为"滤镜库"窗口中各个位置的名称。

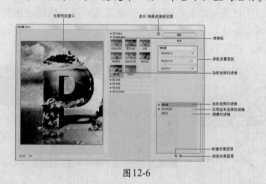

图12-6

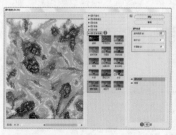 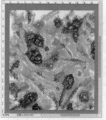

图12-7　　　　　　　　　图12-8

练习实例：使用干画笔滤镜制作风景画

文件路径	资源包\第12章\练习实例：使用干画笔滤镜制作风景画
难易指数	★★★★★
技术掌握	干画笔滤镜、色相/饱和度、曲线

案例效果

案例最终效果如图12-9所示。

图12-9

操作步骤

步骤01 新建一个横向A4大小的空白文档。执行"文件>置入嵌入的智能对象"命令，置入素材"1.jpg"，然后将该图层栅格化，如图12-10所示。置入素材"2.jpg"，然后将图片移动到画面的下方，并将该图层栅格化，如图12-11所示。

扫一扫，看视频

图12-10

图12-11

步骤02 选择"素材2"图层，单击图层面板底部的"添加图层蒙版"按钮，为该图层添加图层蒙版，如图12-12所示。接着选择图层蒙版，将前景色设置为黑色，然后使用画笔工具在画面的上方涂抹，利用图层蒙版将图像上部生硬的边缘隐藏，使其与后方背景融合在一起，如图12-13所示。

图12-12

图12-13

步骤03 选择"素材2"图层，执行"滤镜>滤镜库"命令，

在弹出的窗口中单击"艺术效果"，选择"干画笔"滤镜，然后在右侧设置"画笔大小"为3，"画笔细节"为10，"纹理"为1，如图12-14所示。设置完成后单击"确定"按钮，效果如图12-15所示。

图12-14

图12-15

步骤04 接下来进行调色。执行"图层>新建调整图层>色相饱和度"命令，在"属性"面板中设置"饱和度"为40，然后单击□按钮。设置通道为"黄色"，调整色相数值为25，如图12-16所示。此时画面效果如图12-17所示。

图12-16

图12-17

步骤05 执行"图层>新建调整图层>曲线"命令，在"属性"面板中的曲线上单击添加控制点然后向上拖曳，接着单击□按钮，如图12-18所示。画面效果如图12-19所示。

图12-18

图12-19

练习实例：使用海报边缘滤镜制作涂鸦感绘画

文件路径	资源包\第12章\练习实例：使用海报边缘滤镜制作涂鸦感绘画
难易指数	★★★★★
技术掌握	海报边缘

案例效果

案例最终效果如图12-20所示。

扫一扫，看视频

图12-20

操作步骤

步骤01▶ 执行"文件>打开"命令，打开素材"1.jpg"，如图12-21所示。执行"滤镜>滤镜库"命令，在弹出的窗口中单击"艺术效果"文件夹，选择"海报边缘"选项，设置"边缘厚度"为10，"边缘强度"为1，单击"确定"按钮完成设置，如图12-22所示。

图12-21

图12-22

步骤02▶ 此时画面效如图12-23所示。执行"文件>置入嵌入的智能对象"命令置入素材"2.png"，将置入对象调整到合适的大小、位置，然后按Enter键完成置入操作。最终效果如图12-24所示。

图12-23

图12-24

练习实例：使用海绵滤镜制作水墨画效果

文件路径	资源包\第12章\练习实例：使用海绵滤镜制作水墨画效果
难易指数	★★★★★
技术掌握	海绵滤镜

案例效果

案例最终效果如图12-25所示。

图12-25

操作步骤

扫一扫，看视频

步骤01▶ 执行"文件>打开"命令，打开素材"1.jpg"，如图12-26所示。

图12-26

步骤02▶ 执行"图层>新建调整图层>黑白"命令，设置"预设"为默认值，如图12-27所示。此时画面效果如图12-28所示。

图12-27

图12-28

步骤03▶ 执行"图层>新建调整图层>曲线"命令，在弹出的窗口中，在高光调部单击添加控制点并向上拖动，然后在阴影部单击添加控制点并向下拖动，如图12-29所示。此时画面效果如图12-30所示。

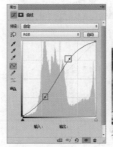

图12-29

图12-30

步骤04▶ 按下快盖印图层快捷键Ctrl+Alt+Shift+E，得到一个合并图层，如图12-31所示。选中盖印图层，执行"滤镜>转换为智能滤镜"命令，如图12-32所示。

图12-31

图12-32

步骤05▶ 执行"滤镜>滤镜库"命令，在打开的"滤镜库"窗口中选择"艺术效果"文件夹，如图12-33所示。单击"海绵"按钮，设置"画笔大小"为10，"平滑度"为15，单击"确定"按钮完成设置，如图12-34所示。

443

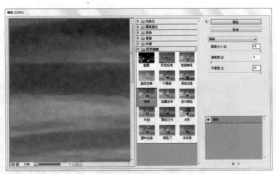

图12-33

图12-34

步骤06 选中盖印图层，执行"图层>新建调整图层>曲线"命令，在"属性"面板中调整曲线形状，如图12-35所示。此时画面效果如图12-36所示。

步骤07 执行"文件>置入嵌入的智能对象"命令，置入素材"2.png"。将置入对象调整到合适的大小、位置，然后按Enter键完成置入操作。最终效果如图12-37所示。

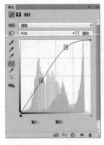

图12-35　　　　　图12-36

图12-37

练习实例：使用照亮边缘滤镜制作素描效果

文件路径	资源包\第12章\练习实例：使用照亮边缘滤镜制作素描效果
难易指数	★★★★★
技术掌握	照亮边缘滤镜

案例效果

案例处理前后对比效果如图12-38和图12-39所示。

图12-38　　　　　图12-39

操作步骤

步骤01 执行"文件>打开"命令，打开素材"1.jpg"，如图12-40所示。选择背景图层，按快捷键Ctrl+J复制图层。

扫一扫，看视频

图12-40

步骤02 选中复制的图层，执行"滤镜>滤镜库"命令，在弹出的窗口中选择"风格化"文件夹，单击"照亮边缘"按钮，设置"边缘宽度"为1，"边缘亮度"为13，"平滑度"为4，单击"确定"按钮完成设置，如图12-41所示。此时画面效果如图12-42所示。

图12-41 　　　　　图12-42

步骤03 选中复制的图层执行"图层>新建调整图层>反相"命令，在弹出的窗口中单击"确定"按钮完成设置，如图12-43所示。此时画面效果如图12-44所示。

图12-43 　　　　　图12-44

步骤04 继续执行"图层>新建调整图层>黑白"命令，在弹出的窗口中设置"预设"为默认值，如图12-45所示。此时画面效果如图12-46所示。

图12-45　　　　　图12-46

该图层的"混合模式"为"正片叠底"，如图12-48所示。最终效果如图12-49所示。

图12-47　　　　图12-48　　　　图12-49

步骤05 执行"文件>置入嵌入的智能对象"命令，置入素材"2.jpg"，并将该图层栅格化，如图12-47所示。接着设置

12.1.2 自适应广角：校正广角镜头造成的变形问题

"自适应广角"滤镜可以对广角、超广角及鱼眼效果进行变形校正，例如图12-50和图12-51中的问题。

图12-50　　　　　　　　　图12-51

步骤01 打开一张存在变形问题的图片，在该图片中可以看出来桥向上凸起，左侧的楼也发生了变形，如图12-52所示。执行"滤镜>自适应广角"命令，打开"自适应广角"窗口。在校正下拉列表中可以选择校正的类型，包含鱼眼、透视、自动、完整球面。选择相应的校正方式，即可对图像进行自动校正，如图12-53所示。

图12-52　　　　　　　　图12-53

步骤02 设置"校正"为"透视"，然后向右拖曳"焦距"滑块，此时在左侧预览图中可以看到桥变成水平效果，如图12-54所示。单击"约束工具"，在楼的左侧按住鼠标左键拖曳绘制约束线，此时楼变成垂直效果，如图12-55所示。单击"确定"按钮，效果如图12-56所示。

图12-54　　　　图12-55　　　　图12-56

- 约束工具：单击图像或拖动端点可添加或编辑约束；按住Shift键单击可添加水平/垂直约束；按住Alt键单击可删除约束。
- 多边形约束工具：单击图像或拖动端点可添加或编辑约束；单击初始起点可结束约束；按住Alt键单击可删除约束。
- 移动工具：拖动以在画布中移动内容。
- 抓手工具：放大窗口的显示比例后，可以使用该工具移动画面。
- 缩放工具：单击即可放大窗口的显示比例，按住Alt键单击即可缩小显示比例。

12.1.3 镜头校正：扭曲、紫/绿边、四角失光

在使用单反相机拍摄数码照片时，可能会出现扭曲、歪斜、四角失光等现象，使用"镜头校正"滤镜可以轻松校正这一系列问题。

步骤01 打开一张有问题的照片，在该图片中可以看到地面水平线向上弯曲（可以通过在画面中创建参考线，来观察画面中的对象是否水平或垂直），而且四角有失光的现象，如图12-57所示。执行"滤镜>镜头校正"命令，打开"镜头校正"窗口，由于现在画面有些变形，单击"自定"按钮切换到"自定"选项卡中，然后向左拖曳"移去扭曲"滑块或设置数值为9。此时可以在左侧的预览窗口中查看效果，如图12-58所示。

图12-57　　　　　　　　　图12-58

步骤02 设置"数量"为25，此时可以看到四角的亮度提高

了，如图12-59所示。设置完成后单击"确定"按钮，效果如图12-60所示。

图12-59　　　　　　　图12-60

- **移去扭曲工具** ⊞：使用该工具可以校正镜头的桶形失真或枕形失真。
- **拉直工具** ▦：绘制一条直线，以将图像拉直到新的横轴或纵轴。
- **移动网格工具** ◪：使用该工具可以移动网格，以将其与图像对齐。
- **抓手工具** ✋/**缩放工具** ◌：这两个工具的使用方法与"工具箱"中的相应工具完全相同。

在窗口右侧单击"自定"按钮，打开"自定"选项卡，如图12-61所示。

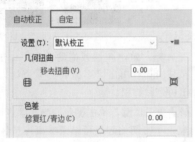

图12-61

- **几何扭曲**："移去扭曲"选项主要用来校正镜头的桶形失真或枕形失真，如图12-62所示。数值为正时，图像将向外扭曲；数值为负时，图像将向中心扭曲，如图12-63所示。

图12-62　　　　　　　图12-63

- **色差**：用于校正色边。在进行校正时，放大预览窗口的图像，可以清楚地查看色边校正情况。
- **晕影**：校正由于镜头缺陷或镜头遮光处理不当而导致边缘较暗的图像。"数量"选项用于设置沿图像边缘变亮或变暗的程度，如图12-64所示；"中点"选项用来指定受"数量"数值影响的区域的宽度，如图12-65所示。

图12-64　　　　　　　图12-65

- **变换**："垂直透视"选项用于校正由于相机向上或向下倾斜而导致的图像透视错误；"水平透视"选项用于校正图像在水平方向上的透视效果；"角度"选项用于旋转图像，以针对相机歪斜加以校正；"比例"选项用来控制镜头校正的比例。

【重点】12.1.4　液化：瘦脸瘦身随意变

扫一扫，看视频

　　"液化"滤镜主要是制作图形的变形效果，在"液化"滤镜中的图片就同刚画好的油画，用手指"推"一下画面中的油彩，就能使图像内容发生变形。"液化"滤镜主要应用两个方向：一个就是更改图形的形态，另一个就是修饰人像面部以及身形，如图12-66和图12-67所示。

图12-66　　　　　　　图12-67

1.使用"液化"滤镜制作猫咪表情

步骤01 ▶ 打开一张图片，如图12-68所示。执行"滤镜>液化"命令，打开"液化"窗口。单击"向前变形"工具按钮 👆，然后在窗口的右侧设置合适的"画笔大小"，通常我们会将笔尖调大一些，这样变形后的效果更加自然。接着将光标移动至嘴角处，按住鼠标左键向上拖曳，如图12-69所示。

图12-68　　　　　　　图12-69

 提示："向前变形工具"的参数选项。

- **画笔大小**：用来设置扭曲图像的画笔的大小。
- **画笔密度**：控制画笔边缘的羽化范围。画笔中心产生的效果最强，边缘处最弱。
- **画笔压力**：控制画笔在图像上产生扭曲的速度。

- 画笔速率：设置在使工具（例如旋转扭曲工具）在预览图像中保持静止时扭曲所应用的速度。
- 光笔压力：当计算机配有压感笔或数位板时，勾选该选项可以通过压感笔的压力来控制工具。
- 固定边缘：勾选该选项，在对画面边缘进行变形时，不会出现透明的缝隙，如图12-70所示。

图12-70

步骤 02 在进行变形过程中难免会影响周边的像素，我们可以使用"冻结蒙版工具" 将嘴周围的像素"保护"起来以免被"破坏"。单击工具箱中的"冻结蒙版工具" ，设置合适的笔尖大小，然后在嘴周围涂抹，红色区域为被保护的区域，如图12-71所示。继续使用"向前变形工具"进行变形，如图12-72所示。此时若有错误操作，可以使用"重建工具" 在错误操作处涂抹，将其进行还原。

图12-71　　　　　　图12-72

提示：重建工具。

重建工具 用于恢复变形的图像。在变形区域单击或拖曳鼠标进行涂抹时，可以使变形区域的图像恢复到原来的效果。在"重建选项"选项组下的参数主要用来设置重建方式，以及如何撤销所执行的操作，如图12-73所示。

- 重建：单击该按钮，在弹出的"恢复重建"

图12-73

窗口中设置恢复步数的数量，如图12-74所示。

图12-74

- 恢复全部：单击该按钮，可以取消所有的扭曲效果。

步骤 03 嘴部调整完成后蒙版就不需要了，此时可以使用"解冻蒙版工具" 将蒙版擦除，按住鼠标左键拖曳即可，如图12-75所示。小猫此时的表情如图12-76所示。

图12-75　　　　　　图12-76

提示：蒙版选项。

如果图像中包含有选区或蒙版，可以通过"蒙版选项"选项组来设置蒙版的保留方式，如图12-77所示。

图12-77

- 替换选区 ：显示原始图像中的选区、蒙版或透明度。
- 添加到选区 ：显示原始图像中的蒙版，以便可以使用"冻结蒙版工具" 添加到选区。
- 从选区中减去 ：从当前的冻结区域中减去通道中的像素。
- 与选区交叉 ：只使用当前处于冻结状态的选定像素。
- 反相选区 ：使用选定像素使当前的冻结区域反相。
- 无：单击该按钮，可以使图像全部解冻。
- 全部蒙住：单击该按钮，可以使图像全部冻结。
- 全部反相：单击该按钮，可以使冻结区域和解冻区域反相。

步骤 04 将眼睛放大。单击工具箱中"膨胀工具" ，该工具可以使像素向画笔区域中心以外的方向移动，使图像产生向外膨胀的效果。设置"大小"为100，然后在眼睛上单击将眼睛放大。可以多次单击将眼睛放大到合适大小，如图12-78所示。设置完成后单击"确定"按钮，效果如图12-79所示。

图12-78　　　　　　图12-79

2.使用"液化"滤镜美化人像

步骤01 打开一张人像图片，该人像脸部略宽，眼睛较小，如图12-80所示。使用"脸部工具" 进行瘦脸，单击该工具，将光标移动至脸部的边缘会显示控制点，然后拖曳控制点即可对面部进行变形，如图12-81所示。

图12-80　　　　　　　　图12-81

步骤02 将光标移动至眼睛附近，然后拖曳控制点将眼睛进行放大，如图12-82所示。我们也可以使用"面部识别液化"选项组对面部进行调整。首先展开"眼睛"选项组，因为我们要调整右侧眼睛，所以调整右侧的各项参数，拖曳滑块随时查看调整效果，如图12-83所示。调整完成后，按一下"确定"按钮。效果如图12-84所示。

图12-82　　　　　图12-83　　　　　图12-84

3.液化工具箱中的其他工具

- "平滑工具" 可以对变形的像素进行平滑处理。
- "顺时针旋转扭曲工具" 可以旋转像素。将光标移动到画面中按住鼠标左键拖曳即可顺时针旋转像素，如图12-85所示。如果按住Alt键进行操作，则可以逆时针旋转像素，如图12-86所示。
- "褶皱工具" 可以使像素向画笔区域的中心移动，使图像产生内缩效果，如图12-87所示。

图12-85　　　　　图12-86　　　　　图12-87

- 使用"左推工具" ，按住鼠标左键从上至下拖曳时

像素会向右移动，如图12-88所示；反之，像素则向左移动，如图12-89所示。

图12-88　　　　　　　　图12-89

4."视图选项"选项组的使用方法

"视图选项"选项组主要用来显示或隐藏图像、网格和背景。另外，还可以设置网格大小和颜色、蒙版颜色、背景模式和不透明度，如图12-90所示。

- 显示图像：控制是否在预览窗口中显示图像。

图12-90

- 显示网格：勾选该选项可以在预览窗口中显示网格，通过网格可以更好地查看扭曲。启用"显示网格"选项以后，下面的"网格大小"选项和"网格颜色"选项才可以，这两个选项主要用来设置网格的密度和颜色。
- 显示蒙版：控制是否显示蒙版。可以在下面的"蒙版颜色"选项中修改蒙版的颜色。
- 显示背景：如果当前文档中包含多个图层，可以在"使用"下拉列表中选择其他图层来作为查看背景；"模式"选项主要用来设置背景的查看方式；"不透明度"选项主要用来设置背景的不透明度。

 提示：早期Photoshop版本中的"液化"滤镜。

在 Photoshop CC 或更早些的版本中"液化"滤镜没有针对于人物面部或五官形态调整的选项，需要手动调整，如图12-91所示为Photoshop CC版本中的液化滤镜。

图12-91

中文版Photoshop CC从入门到精通（微课视频版）

练习实例：使用液化滤镜为美女瘦脸

文件路径	资源包\第12章\练习实例：使用液化滤镜为美女瘦脸
难易指数	★★★★★
技术掌握	液化滤镜

案例效果

案例效果如图12-92所示。

图12-93　　　　　　　　图12-94

操作步骤

图12-92

步骤01 执行"文件>打开"命令，打开素材"1.jpg"，如图12-93所示。选中背景图层，按快捷键Ctrl+J复制图层。选择拷贝的人物图层，执行"滤镜>液化"命令，打开"液化"窗口。接着单击"脸部工具"按钮 ，将光标移动到人物面部，此时脸部会显示轮廓线。接着向脸部内侧拖曳控制点为美女瘦脸，如图12-94所示。

扫一扫，看视频

图12-95　　　　　　　图12-96

步骤02 拖曳脸部右侧的控制点，继续进行瘦脸操作，如图12-95所示。将光标移动至眼睛的位置，此时会显示控制点，接着拖曳方形的控制点将眼睛放大，如图12-96所示。

步骤03 使用同样的方法调整左眼，然后单击"确定"按钮，如图12-97所示。案例完成效果如图12-98所示。

图12-97　　　　　　　图12-98

12.1.5　消失点：修补带有透视的图像

如果想要对图片中某个部分的细节进行去除，或者想要在某个位置添置一些内容，不带有透视感的图像直接使用"仿制图章""修补工具"等修饰工具即可。而对于要修饰的部分具有明显的透视感时，这些工具可能就不那么合适了。而"消失点"滤镜则可以在包含透视平面（如建筑物的侧面、墙壁、地面或任何矩形对象）的图像中进行细节的修补，如图12-99所示。

图12-99

步骤01 打开一张带有透视关系的图片，如图12-100所示。执行"滤镜>消失点"命令，在修补之前首先要让Photoshop知道图像的透视方式。单击"创建平面工具"按钮 ，在要修饰对象所在的透视平面的一角处单击，然后将光标移动到下一个位置单击，如图12-101所示。

图12-100　　　　　　　图12-101

步骤02 继续沿着透视平面对象边缘位置单击绘制出带有透视的网格，如图12-102所示。在绘制的过程中若有错误操作，可以按BackSpace键删除控制点，也可以单击工具箱中的"编辑平面工具" ，拖曳控制点调整网格形状，如图12-103所示。

步骤03 单击工具箱中的"选框工具" ，这里的选框工具是用于限定修补区域的工具。使用该工具在网格中按住鼠标左键拖曳绘制选区，绘制出的选区也带有透视效果，如

图12-104所示。

图12-102　　　　　图12-103　　　　　图12-104

步骤04 单击"图章工具"，在需要仿制的位置按住Alt键单击进行拾取，然后在空白位置单击按住鼠标左键拖曳，可以看到绘制出的内容与当前平面的透视相符合，如图12-105所示。继续进行涂抹，仿制效果如图12-106所示。

步骤05 制作完成后，单击"确定"按钮，效果如图12-107所示。

图12-105　　　　　图12-106　　　　　图12-107

- **编辑平面工具**：用于选择、编辑、移动平面的节点以及调整平面的大小。
- **创建平面工具**：用于定义透视平面的4个角节点。创建好4个角节点以后，可以使用该工具对节点进行移动、缩放等操作。如果按住Ctrl键拖曳边节点，可以拉出一个垂直平面。另外，如果节点的位置不正确，可以按BackSpace键删除该节点。
- **选框工具**：使用该工具可以在创建好的透视平面上绘制选区，以选中平面上的某个区域。建立选区以后，将光标放置在选区内，按住Alt键拖曳选区，可以复制图像，如图12-108所示。如果按住Ctrl键拖曳选区，则可以用源图像填充该区域，如图12-109所示。

图12-108　　　　　　　图12-109

- **图章工具**：使用该工具时，按住Alt键在透视平面内单击可以设置取样点，然后在其他区域拖曳鼠标即可进行仿制操作。

 提示："图章工具"的选项栏。

选择"图章工具"后，在对话框的顶部可以设置该工具修复图像的"模式"。如果要绘画的区域不需要与周围的颜色、光照和阴影混合，可以选择"关"选项；如果要绘画的区域需要与周围的光照混合，同时又需要保留样本像素的颜色，可以选择"明亮度"选项；如果要绘画的区域需要保留样本像素的纹理，同时又要与周围像素的颜色、光照和阴影混合，可以选择"开"选项。

- **画笔工具**：该工具主要用来在透视平面上绘制选定的颜色。
- **变换工具**：该工具主要用来变换选区，其作用相当于"编辑>自由变换"菜单命令，如图12-110所示是利用"选框工具"复制的图像，如图12-111所示是利用"变换工具"对选区进行变换以后的效果。

图12-110　　　　　　　图12-111

- **吸管工具**：可以使用该工具在图像上拾取颜色，以用作"画笔工具"的绘画颜色。
- **测量工具**：使用该工具可以在透视平面中测量项目的距离和角度。
- **抓手工具/缩放工具**：这两个工具的使用方法与"工具箱"中的相应工具完全相同。

【重点】12.1.6　动手练：滤镜组的使用

扫一扫，看视频

Photoshop的滤镜多达几十种，一些效果相近的、工作原理相似的滤镜被集合在滤镜组中，滤镜组中的滤镜的使用方法非常相似：几乎都是"选择图层"/"执行命令"/"设置参数"/"单击确定"这几个步骤。差别在于不同的滤镜，其参数选项略有不同，但是好在滤镜的参数效果大部分都是可以实时预览的，所以可以随意调整参数来观察效果。

1.滤镜组的使用方法

步骤01 选择需要进行滤镜操作的图层，如图12-112所示。例如执行"滤镜>模糊>动感模糊"命令，随即可以打开"动感模糊"窗口，接着进行参数的设置，如图12-113所示。

图12-112　　　　　　　　图12-113

步骤02 在该窗口左方的预览窗口中可以预览滤镜效果，同时可以拖曳图像，以观察其他区域的效果，如图12-114所示。单击🔍按钮和🔍按钮可以缩放图像的显示比例。另外，在图像的某个点上单击，预览窗口中就会显示出该区域的效果，如图12-115所示。

图12-114　　　　　　　　图12-115

步骤03 在任何一个滤镜对话框中按住Alt键，"取消"按钮都将变成"复位"按钮，如图12-116所示。单击"复位"按钮，可以将滤镜参数恢复到默认设置。继续进行参数的调整，然后单击"确定"按钮，滤镜效果如图12-117所示。

图12-116　　　　　　　　图12-117

提示：如何终止滤镜效果？

在应用滤镜的过程中，如果要终止处理，可以按Esc键。

步骤04 如果图像中存在选区，则滤镜效果只应用在选区之内，如图12-118和图12-119所示。

图12-118　　　　　　　　图12-119

 提示：重复使用上一次滤镜。

当应用完一个滤镜以后，"滤镜"菜单下的第1行会

出现该滤镜的名称。执行该命令或按Alt+Ctrl+F组合键，可以按照上一次应用该滤镜的参数配置再次对图像应用该滤镜。

2.智能滤镜的使用方法

直接对图层进行滤镜操作时是直接应用于画面本身，是具有"破坏性"的。所以我们也可以使用"智能滤镜"，使其变为"非破坏"可再次调整的滤镜。应用于智能对象的任何滤镜都是智能滤镜，智能滤镜属于"非破坏性滤镜"，因为可以进行参数调整、移除、隐藏等操作。而且智能滤镜还带有一个蒙版，可以调整其作用范围。

步骤01 选择图层，执行"滤镜>转换为智能滤镜"命令，选择的图层即可变为智能图层，如图12-120所示。接着为该图层使用滤镜命令（如使用"滤镜>风格化>查找边缘"命令），此时可以看到"图层"面板中智能图层发生了变化，如图12-121所示。

图12-120　　　　　　　　图12-121

步骤02 在智能滤镜的蒙版中使用黑色画笔涂抹以隐藏部分区域的滤镜效果，如图12-122所示。还可以设置智能滤镜与图像的"混合模式"，双击滤镜名称右侧的 ≂ 图标，可以在弹出的"混合选项"窗口中调节滤镜的"模式"和"不透明度"，如图12-123所示。

图12-122　　　　　　　　图12-123

 提示："渐隐"滤镜效果。

若要调整滤镜产生效果的"不透明度"和"混合模式"可以通过"渐隐"命令进行制作。首先为图片添加滤镜，然后执行"编辑>渐隐"菜单命令，在弹出的"渐隐"窗口中设置"混合模式"和"不透明度"，如图12-124所示。滤镜效果就会以特定的混合模式和不透明度与原图进行混合，画面效果如图12-125所示。

图12-124   图12-125

练习实例：使用"渐隐"命令

文件路径	资源包\第12章\练习实例：使用"渐隐"命令
难易指数	★★★★★
技术掌握	"渐隐"命令

案例效果

案例最终效果如图12-126所示。

图12-126

步骤01 执行"文件>打开"命令打开素材"1.jpg"，如图12-127所示。执行"滤镜>风格化>等高线"命令，在"等高线"窗口中设置任意的"色阶"数值，单击"确定"按钮，如图12-128所示。画面效果如图12-129所示。

扫一扫，看视频

步骤02 执行"编辑>渐隐"菜单命令，会弹出"渐隐"窗口，然后在该窗口中调整"不透明度"和"模式"的参数来控制渐隐效果，设置完成后单击"确定"按钮，如图12-130所示。渐隐效果如图12-131所示。

图12-127   图12-128

图12-129   图12-130

图12-131

12.2 风格化滤镜组

执行"滤镜>风格化"命令，在子菜单中可以看到多种滤镜，如图12-132所示。滤镜效果如图12-133所示。

   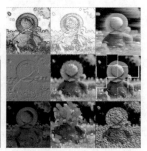

图12-132   图12-133

12.2.1 查找边缘

"查找边缘"滤镜可以制作出线条感的画面。打开一张图片，如图12-134所示。执行"滤镜>风格化>查找边缘"命令，无需设置任何参数。该滤镜会将图像的高反差区变亮，低反差区变暗，而其他区域则介于两者之间。同时硬边会变成线条，柔边会变粗，从而形成一个清晰的轮廓，如图12-135所示。

图12-134　　　　　　　　　图12-135

12.2.2　等高线

"等高线"滤镜常用于将图像转换为线条感的等高线图。打开一张图片，如图12-136所示。执行"滤镜>风格化>等高线"命令，设置色阶数值、边缘类型后，单击"确定"按钮，如图12-137所示。"等高线"滤镜会以某个特定的色阶值查找主要亮度区域，并为每个颜色通道勾勒主要亮度区域。效果如图12-138所示。

图12-136　　　　　　　　图12-137　　　　　　　　图12-138

- 色阶：用来设置区分图像边缘亮度的级别。如图12-139～图12-141所示分别为色阶设置为60、120和200的效果。

图12-139　　　　　　　　图12-140　　　　　　　　图12-141

- 边缘：用来设置处理图像边缘的位置，以及边界的产生方法。选择"较低"选项时，可以在基准亮度等级以下的轮廓上生成等高线；选项"较高"选项时，可以在基准亮度等级以上生成等高线。

12.2.3　风

打开一张图片，如图12-142所示。执行"滤镜>风格化>风"命令，在弹出的"风"窗口中进行参数设置，如图12-143所示，滤镜效果如图12-144所示。"风"滤镜能够将像素朝着指定的方向进行虚化，通过产生一些细小的水平线条来模拟风吹效果。

- 方法：包含"风""大风"和"飓风"3种等级，如图12-145～图12-147所示分别是这3种等级的效果。
- 方向：用来设置风源的方向，包含"从右"和"从左"两种。

图12-145　　　　　图12-146　　　　　图12-147

图12-142　　　　图12-143　　　　图12-144

12.2.4 浮雕效果

　　"浮雕效果"可以用来制作模拟金属雕刻的效果,该滤镜常用于制作硬币、金牌的效果。打开一张图片,如图12-148所示。执行"滤镜>风格化>浮雕效果"命令,在打开的"浮雕效果"窗口中进行参数设置,如图12-149所示。该滤镜的工作原理是通过勾勒图像或选区的轮廓和降低周围颜色值,来生成凹陷或凸起的浮雕效果,如图12-150所示。

图12-148　　　　　图12-149　　　　　图12-150

- 角度:用于设置浮雕效果的光线方向,光线方向会影响浮雕的凸起位置。如图12-151和图12-152所示为不同角度的对比效果。

图12-151　　　　　　　　　图12-152

- 高度:用于设置浮雕效果的凸起高度。如图12-153和图12-154所示为不同"高度"的对比效果。

图12-153　　　　　　　　　图12-154

- 数量:用于设置"浮雕"滤镜的作用范围。数值越高,边界越清晰(小于40%时,图像会变灰)。

12.2.5 扩散

　　"扩散"滤镜可以制作类似于透过磨砂玻璃观察物体时的分离模糊效果。打开一张图片,如图12-155所示。执行"滤镜>风格化>扩散"命令,在弹出的窗口中选择合适的"模式",然后单击"确定"按钮,如图12-156所示。扩散效果如图12-157所示。该滤镜的工作原理是将图像中相邻的像素按指定的方式有机移动。

图12-155　　　　　　图12-156　　　　　　图12-157

- 正常:使图像的所有区域都进行扩散处理,与图像的颜色值没有任何关系,如图12-158所示。
- 变暗优先:用较暗的像素替换亮部区域的像素,并且只有暗部像素产生扩散,如图12-159所示。
- 变亮优先:用较亮的像素替换暗部区域的像素,并且只有亮部像素产生扩散,如图12-160所示。
- 各向异性:使用图像中较暗和较亮的像素产生扩散效果,即在颜色变化最小的方向上搅乱像素,如图12-161所示。

图12-158　　　　　　图12-159　　　　　　图12-160　　　　　　图12-161

12.2.6 拼贴

"拼贴"滤镜常用于制作拼图效果。打开一张图片，如图12-162所示。执行"滤镜>风格化>拼贴"命令，如图12-163所示。"拼贴"滤镜可以将图像分解为一系列块状，并使其偏离其原来的位置，以产生不规则拼砖的图像效果，如图12-164所示。

图12-162 　　　　图12-163 　　　　图12-164

- **拼贴数**：用来设置在图像每行和每列中要显示的贴块数。如图12-165和图12-166所示为不同拼贴数的对比效果。

图12-165 　　　　　图12-166

- **最大位移**：用来设置拼贴偏移原始位置的最大距离。如图12-167和图12-168所示为不同参数的对比效果。

图12-167 　　　　　图12-168

- **填充空白区域用**：用来设置填充空白区域的使用方法。

12.2.7 曝光过度

"曝光过度"滤镜可以模拟出传统摄影术中，在暗房显影过程中短暂增加光线强度而产生的过度曝光效果。打开一张图片，如图12-169所示。执行"滤镜>风格化>曝光过度"，画面效果如图12-170所示。

图12-169 　　　　　图12-170

12.2.8 凸出

"凸出"滤镜通常用于制作立方体向画面外"飞溅"的3D效果，可以用它来制作创意海报、新锐设计等。打开一张图片，如图12-171所示。执行"滤镜>风格化>凸出"命令，在弹出的"凸出"窗口中进行参数设置，如图12-172所示。单击"确定"按钮，凸出效果如图12-173所示。该滤镜可以将图像分解成一系列大小相同且有机重叠放置的立方体或椎体，以生成特殊的3D效果，如图12-173所示。

图12-171 　　　　图12-172 　　　　图12-173

- **类型**：用来设置三维方块的形状，包含"块"和"金字塔"两种，如图12-174和图12-175所示。

图12-174 　　　　　图12-175

- **大小**：用来设置立方体或金字塔底面的大小。
- **深度**：用来设置凸出对象的深度。"随机"选项表示为每个块或金字塔设置一个随机的任意深度；"基于色阶"选项表示使每个对象的深度与其亮度相对应，亮度越亮，图像越凸出。
- **立方体正面**：勾选该选项以后，将失去图像的整体轮廓，生成的立方体上只显示单一的颜色，如图12-176所示。
- **蒙版不完整块**：使所有图像都包含在凸出的范围之内。

图12-176

12.2.9　油画

　　"油画"滤镜主要用于将照片快速转换为"油画效果"，使用"油画"滤镜能够产生笔触鲜明、厚重，质感强烈的画面效果。打开一张图片，如图12-177所示。执行"滤镜>风格化>油画"命令，打开"油画"窗口，在这里可以对参数进行调整，如图12-178所示。效果如图12-179所示。

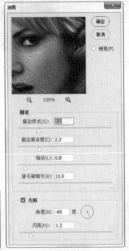

图12-177　　　　图12-178　　　　图12-179

- 描边样式化：通过调整参数调整笔触样式。如图12-180所示为数值为0.1和10的对比效果。

图12-180

- 描边清洁度：通过调整参数设置纹理的柔化程度。如图12-181所示为数值为0和10的对比效果。

图12-181

- 缩放：设置纹理缩放程度。如图12-182所示为数值为0.1和10的对比效果。

图12-182

- 硬毛刷细节：设置画笔细节程度，数值越大毛刷纹理越清晰。如图12-183所示为数值为0和10的对比效果。

图12-183

- 光照：启用该选项画面中会显现出画笔肌理受光照后的明暗感。如图12-184所示为未启用与启用后的对比效果。

图12-184

- 角度：启用"光照"选项，可以通过"角度"设置光线的照射方向。
- 闪亮：启用"光照"选项，可以通过"闪亮"控制纹理的清晰度，产生锐化效果。如图12-185所示为数值为1和10的对比效果。

图12-185

> 提示：早期Poshoshop版本中的"油画"滤镜。
>
> 　　在 Photoshop CC 或更早些的版本中"油画"滤镜不在"风格化"滤镜组中，执行"滤镜>油画"命令即可。

练习实例：使用油画滤镜

文件路径	资源包\第12章\练习实例：使用油画滤镜
难易指数	★★★★★
技术掌握	油画滤镜

案例效果

案例最终效果如图12-186所示。

图12-186

操作步骤

步骤01▶执行"文件>新建"命令，新建一个"宽度"为960像素、"高度"为640像素的空白文档，如图12-187所示。执行"文件>置入嵌入的智能对象"命令置入素材"1.jpg"，将置入对象调整到合适的大小、位置，然后按Enter键完成置入操作。选中该图层执行"图层>栅格化>智能对象"命令，如图12-188所示。

扫一扫，看视频

图12-187   图12-188

步骤02▶选中置入的素材图层，执行"滤镜>风格化>油画"命令，在弹出的窗口中设置"描边样式"为10，"描边清洁度"为1.35，"缩放"为0.1，"硬毛刷细节"为0，"角度"为300，"闪亮"为1.6，单击"确定"按钮完成设置，如图12-189所示。此时画面效果如图12-190所示。

图12-189   图12-190

步骤03▶执行"文件>置入嵌入的智能对象"命令置入素材"2.png"，按Enter键完成置入操作。最终效果如图12-191所示。

图12-191

12.3 模糊滤镜组

在模糊滤镜组中集合了多种模糊滤镜，为图像应用模糊滤镜能够使图像内容变得柔和，并能淡化边界的颜色。使用模糊滤镜组中的滤镜可以进行磨皮、制作景深效果或者模拟高速摄像机跟拍效果。如图12-192～图12-195所示为可以使用到模糊滤镜制作的作品。

执行"滤镜>模糊"命令，可以在子菜单中看到多种用于模糊图像的滤镜，如图12-196所示。这些滤镜适合应用的场合不同："高斯模糊"是最常用的图像模糊滤镜；"模糊""进一步模糊"属于无参数滤镜，无参数可供调整，适合于轻微模糊的情况；"表面模糊""特殊模糊"常用于图像降噪；"动感模糊""径向模糊"会沿一定方向进行模糊；"方框模糊""形状模糊"是以特定的形状进行模糊；"镜头模糊"常用于模拟大光圈摄影效果；"平均"用于获取整个图像的平均颜色值。

表面模糊...
动感模糊...
方框模糊...
高斯模糊...
进一步模糊...
径向模糊...
镜头模糊...
模糊
平均
特殊模糊...
形状模糊...

图12-192   图12-193   图12-194   图12-195   图12-196

【重点】12.3.1 表面模糊

"表面模糊"滤镜常用于将接近的颜色融合为一种颜色，从而减少画面的细节或降噪。打开一张图片，如图12-197所示。执行"滤镜>模糊>表面模糊"命令，如图12-198所示。此时图像在保留边缘的同时模糊了图像，如图12-199所示。

于控制相邻像素色调值与中心像素值相差多大时才能成为模糊的一部分。色调值差小于阈值的像素将被排除在模糊之外。如图12-201所示为阈值30色阶和阈值100色阶的对比效果。

图12-197 　　　图12-198 　　　图12-199

"半径"用于设置模糊取样区域的大小，如图12-200所示为半径为3像素和半径为15像素的对比效果。"阈值"用

 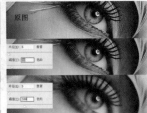

图12-200 　　　　　　图12-201

【重点】12.3.2 动感模糊：制作运动模糊效果

"动感模糊"滤镜可以模拟出高速跟拍而产生的带有运动方向的模糊效果。打开一张图片，如图12-202所示。执行"滤镜>模糊>动感模糊"命令，在弹出的"动感模糊"窗口中进行设置，如图12-203所示。然后单击"确定"按钮，动感模糊效果如图12-204所示。"动感模糊"滤镜可以沿指定的方向（-360°～360°），以指定的距离（1～999）进行模糊，所产生的效果类似于在固定的曝光时间拍摄一个高速运动的对象。

所示为不同角度的对比效果。

图12-205 　　　　　　图12-206

- 距离：用来设置像素模糊的程度。如图12-207和图12-208所示为不同距离的对比效果。

图12-202 　　　图12-203 　　　图12-204

- 角度：用来设置模糊的方向。如图12-205和图12-206

图12-207 　　　　　　图12-208

练习实例：使用"动感模糊"滤镜制作运动画面

文件路径	资源包\第12章\练习实例：使用"动感模糊"滤镜制作运动画面
难易指数	★★★★★
技术掌握	"智能滤镜"、"动感模糊"滤镜

案例效果

案例最终效果如图12-209所示。

图12-209

操作步骤

扫一扫，看视频

步骤01 执行"文件>打开"命令，打开素材"1.jpg"，如图12-210所示。选择背景图，使用快捷键Ctrl+J将背景图层复制一份。接着选择复制的图层，执行"滤镜>转换为智能滤镜"命令，如图12-211所示。

图12-210 　　　　　　图12-211

步骤 02 执行"滤镜>模糊>动感模糊"命令，在弹出的窗口中设置"角度"为30度，"距离"为298像素，单击"确定"按钮完成设置，如图12-212所示。此时画面效果如图12-213所示。

图12-212　　　　　图12-213

步骤 03 将人像显现出来。在图层面板选中智能滤镜的图层蒙版。单击工具箱中的"画笔工具"，在选项栏上设置"画笔大小"为150像素，"硬度"为50%，将前景色设置为黑色，然后在人像的位置进行涂抹，此时图中人像的地方就会显现出来，如图12-214所示。继续进行涂抹，最终效果如图12-215所示。

图12-214　　　　　图12-215

12.3.3　方框模糊

"方框模糊"滤镜能够以"方块"的形状对图像进行模糊处理。打开一张图片，如图12-216所示，执行"滤镜>模糊>方框模糊"命令，如图12-217所示。此时软件基于相邻像素的平均颜色值来模糊图像，生成的模糊效果类似于方块的模糊感，如图12-218所示。"半径"数值用于调整用于计算指定像素平均值的区域大小。数值越大，产生的模糊效果越强，效果如图12-219所示。

   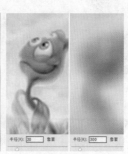

图12-216　　　　图12-217　　　　图12-218　　　　图12-219

【重点】12.3.4　高斯模糊：最常用的模糊滤镜

"高斯模糊"滤镜是"模糊"滤镜组中使用频率最高的滤镜。模糊滤镜应用十分广泛，例如制作景深效果、制作模糊的投影效果等。打开一张图片（也可以绘制一个选区，对选区内操作），如图12-220所示。执行"滤镜>模糊>高斯模糊"命令，在弹出的"高斯模糊"窗口中设置合适的参数，如图12-221所示，然后单击"确定"按钮。画面效果如图12-222所示。"高斯模糊"滤镜的工作原理是将图像中添加低频细节，使图像产生一种朦胧的模糊效果。

图12-220　　　图12-221　　　图12-222

· 半径：调整用于计算指定像素平均值的区域大小。

数值越大，产生的模糊效果越强烈。如图12-223和图12-224所示为半径为30像素和60像素的对比效果。

图12-223　　　　　图12-224

举一反三：制作模糊阴影效果

添加阴影能够让画面效果更加真实、自然，在使用画笔工具或其他工具绘制阴影图形后，如果阴影显得十分生硬，如图12-225所示。我们可以将这个图形进行"高斯模糊"，如图12-226所示。然后适当调整"不透明度"，如图12-227所示，就能够让阴影效果变得更自然，如图12-228所示。

图12-225　　　　　图12-226　　　　　图12-227　　　　　图12-228

练习实例：使用高斯模糊滤镜柔化皮肤

文件路径	资源包\第12章\练习实例：使用高斯模糊滤镜柔化皮肤
难易指数	★★★★★
技术掌握	高斯模糊

案例效果

案例最终效果如图12-229所示。

图12-229

操作步骤

步骤01 执行"文件>打开"命令，打开素材"1.jpg"。如图12-230所示。然后使用快捷键Ctrl+J将背景图层复制一份，然后选择拷贝的图层执行"图层>智能对象>转换为智能对象"命令，将该图层转换为智能图层，如图12-231所示。

图12-230　　　　　　图12-231

步骤02 执行"滤镜>模糊>高斯模糊"命令，在弹出的窗口中设置"半径"为9.2像素，单击"确定"按钮完成设置，如图12-232和图12-233所示。

步骤03 通过智能滤镜中的图层蒙版还原五官的像素，使其变得清晰。选中图层蒙版，设置前景色为黑色，按快捷键Alt+Delete填充颜色，如图12-234所示。设置前景色为白色，单击工具箱中的"画笔工具"按钮，在选项栏中设置画笔"大小"为78，"硬度"为0%，接着在人像皱纹的位置

上按住鼠标左键拖动，将皱纹遮盖住，如图12-235所示。继续进行涂抹，最终效果如图12-236所示。

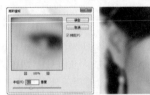

图12-232　　　　　　　　　图12-233

图12-234　　　　图12-235　　　　图12-236

12.3.5　进一步模糊

"进一步模糊"的模糊效果比较弱，也没有参数设置窗口。打开一张图片，如图12-237所示。执行"滤镜>模糊>进一步模糊"，画面效果如图12-238所示。该滤镜可以平衡已定义的线条和遮蔽区域的清晰边缘旁边的像素，使变化显得柔和。"进一步模糊"滤镜生成的效果比"模糊"滤镜强3～4倍。

图12-237　　　　　　　　　图12-238

12.3.6　径向模糊

"径向模糊"滤镜用于模拟缩放或旋转相机时所产生的模糊。打开一张图片，如图12-239所示。执行"滤镜>模糊>径向模糊"命令，在弹出的"径向模糊"窗口中可以设置模糊的方法、品质以及数量，然后单击"确定"按钮，

如图12-240所示。画面效果如图12-241所示。

图12-239　　　　　　　　　图12-240

图12-243　　　　　　　　图12-244

- 数量：用于设置模糊的强度。数值越高，模糊效果越明显。如图12-242所示为数量为10和60的对比效果。

- 中心模糊：将光标放置在设置框中，按住鼠标左键拖曳可以定位模糊的原点，原点位置不同，模糊中心也不同，如图12-245和图12-246所示分别为不同原点的旋转模糊效果。

图12-241　　　　　　　　图12-242

图12-245　　　　　　　　图12-246

- 模糊方法：勾选"旋转"选项时，图像可以沿同心圆环线产生旋转的模糊效果，如图12-243所示。勾选"缩放"选项时，可以从中心向外产生反射模糊效果，如图12-244所示。

- 品质：用来设置模糊效果的质量。"草图"的处理速度较快，但会产生颗粒效果；"好"和"最好"的处理速度较慢，但是生成的效果比较平滑。

【重点】 12.3.7　镜头模糊：模拟大光圈/浅景深效果

　　摄影爱好者对"大光圈"这个词肯定不陌生，使用大光圈镜头可以拍摄出主体物清晰，背景虚化柔和的效果，也就是专业术语中所说的"浅景深"。这种"浅景深"效果在拍摄人像或者景物时非常常用。而在Photoshop"镜头模糊"滤镜能模仿出非常逼真的浅景深效果。这里所说的"逼真"是因为"镜头模糊"滤镜可以通过"通道"或"蒙版"中的黑白信息为图像中的不同部分施加以不同程度的模糊。而"通道"和"蒙版"中的信息则是我们可以轻松控制的。

步骤01　打开一张图片，然后制作出需要进行模糊位置的选区，如图12-247所示。进入到"通道"面板中，新建"Alpha 1"通道。由于需要模糊的部分为铁轨以外的部分，所以可以将铁轨部分在通道中填充为黑色。铁轨以外的部分需要按照远近关系进行填充（因为真实世界中的景物存在"近实远虚"的视觉效果，越近的部分应该越清晰；越远的部分应该越模糊）。此处为铁轨以外的部分按照远近填充由白色到黑色的渐变，如图12-248所示。在通道中白色的区域为被模糊的区域，所以天空位置为白色，而地平线的位置为灰色，而且前景为黑色。

步骤02　单击"RGB"复合通道，使用快捷键Ctrl+D取消选区的选择。然后回到图层面板中，选择风景图层。执行"滤镜>模糊>镜头模糊"命令，在弹出的"镜头模糊"窗口中，先设置"源"为Alpha 1，"模糊焦距"为20，"半径"为50，如

图12-249所示。设置完成后单击"确定"按钮，景深效果如图12-250所示。

图12-247　　　　　　　　图12-248

图12-249　　　　　　　　图12-250

- 预览：用来设置预览模糊效果的方式。选择"更快"选项，可以提高预览速度；选择"更加准确"选项，可以查看模糊的最终效果，但生成的预览时间

- 深度映射：从"源"下拉列表中可以选择使用Alpha通道或图层蒙版来创建景深效果（前提是图像中存在Alpha通道或图层蒙版），其中通道或蒙版中的白色区域将被模糊，而黑色区域则保持原样；"模糊焦距"选项用来设置位于焦点内的像素的深度；"反相"选项用来反转Alpha通道或图层蒙版。

- 光圈：该选项组用来设置模糊的显示方式。"形状"选项用来选择光圈的形状；"半径"选项用来设置模糊的数量；"叶片弯度"选项用来设置设置对光圈边缘进行平滑处理的程度；"旋转"选项用来旋转光圈。

- 镜面高光：该选项组用来设置镜面高光的范围。"亮度"选项用来设置高光的亮度；"阈值"选项用来设置亮度的停止点，比停止点值亮的所有像素都被视为镜面高光。

- 杂色："数量"选项用来在图像中添加或减少杂色；"分布"选项用来设置杂色的分布方式，包含"平均分布"和"高斯分布"两种；如果选择"单色"选项，则添加的杂色为单一颜色。

练习实例：使用镜头模糊滤镜虚化背景

文件路径	资源包\第12章\练习实例：使用镜头模糊滤镜虚化背景
难易指数	★★★★★
技术掌握	镜头模糊滤镜

案例效果

案例处理前后对比效果如图12-251和图12-252所示。

图12-251　　　　　　　　图12-252

操作步骤

步骤01 执行"文件>打开"命令，打开素材"1.jpg"，如图12-253所示。选中置入的素材，按快捷键Ctrl+J复制背景图层，如图12-254所示。

扫一扫，看视频

步骤02 选择图层"背景拷贝"，单击工具箱中的"快速选择工具"，在素材中的人像上按住鼠标左键拖动得到人物选区，如图12-255所示。我们可以先通过"通道"面板中将选区储存，打开"通道"面板，在下面单击"将选区储存为通道"按钮，如图12-256所示。

步骤03 想要制作出逼真的景深效果，就需要在通道中处理

好黑白关系。主体人物后的3个人物由于远近不同，所以模糊程度也应该不同。此时需要利用通道的黑白灰关系进行处理。选择刚刚新建的通道，使用半透明的白色柔角画笔在3个人的上方进行涂抹。越远处的人越接近黑色，越近的人物越接近白色，如图12-257所示。

图12-253　　　　　　　　图12-254

图12-255　　　　　　　　图12-256

中文版Photoshop CC从入门到精通（微课视频版）

图12-257

步骤04 执行"滤镜>模糊>镜头模糊"命令，设置"源"为新创建的Alpha 1通道，设置"模糊焦距"为255，设置"半径"为70像素，如图12-258所示，单击"确定"按钮。效果如图12-259所示。

图12-258　　　　　　　　图12-259

12.3.8　模糊

"模糊"滤镜因为比较"轻柔"，所以主要应该用于为显著颜色变化的地方消除杂色。打开一张图片，如图12-260所示。执行"滤镜>模糊>模糊"命令，画面效果如图12-261所示。该滤镜没有对话框。"模糊"滤镜与"进一步模糊"滤镜都属于轻微模糊滤镜。相比"进一步模糊"滤镜，"模糊"滤镜的模糊效果要低3～4倍左右。

图12-260　　　　　　　图12-261

12.3.9　平均

"平均"滤镜常用于提取出画面中颜色的"平均值"。打开一张图片或者在图像上绘制一个选区，如图12-262所示。执行"滤镜>模糊>平均"命令，如图12-263所示该区域变为了平均色效果。"平均"滤镜可以查找图像或选区的平均颜色，并使用该颜色填充图像或选区，以创建平滑的外观效果。

图12-262　　　　　　　图12-263

使用该滤镜得到的颜色与画面整体色感非常统一，所以这个颜色可以作为与原图相搭配的其他元素的颜色，如图12-264和图12-265所示。

图12-264　　　　　　　图12-265

12.3.10　特殊模糊

"特殊模糊"滤镜常用于模糊画面中的褶皱、重叠的边缘，还可以进行图片"降噪"处理。如图12-266所示为一张图片的细节图，我们可以看到有轻微噪点。执行"滤镜>模糊>特殊模糊"命令，然后在弹出的窗口中进行参数设置，如图12-267所示。设置完成后单击"确定"按钮，效果如图12-268所示。"特殊模糊"滤镜只对有微弱颜色变化的区域进行模糊，模糊效果细腻，添加该滤镜后既能够最大程度上保留画面内容的真实形态，又能够使小的细节变得柔和。

图12-266　　　　　　图12-267　　　　　　图12-268

- 半径：用来设置要应用模糊的范围。
- 阈值：用来设置像素具有多大差异后才会被模糊处理。如图12-269和图12-270所示为数值为30与60的对比效果。

图12-269　　　　　　　图12-270

- 品质：设置模糊效果的质量，包含"低""中等"和"高"3种。
- 模式：选择"正常"选项，不会在图像中添加任何特殊效果，如图12-271所示；选择"仅限边缘"选项，将以黑色显示图像，以白色描绘出图像边缘像素亮度值变化强烈的区域，如图12-272所示；选择"叠加边缘"选项，将以白色描绘出图像边缘像素亮度值变化强烈的区域，如图12-273所示。

图12-271 图12-272 图12-273

12.3.11　形状模糊

"形状模糊"滤镜能够以特定的"图形"对画面进行模糊化处理。选择一张需要模糊的图片，如图12-274所示。执行"滤镜>模糊>形状模糊"命令，弹出"形状模糊"窗口，选择一个合适的形状，设置"半径"数值，然后单击"确定"按钮，如图12-275和图12-276所示。

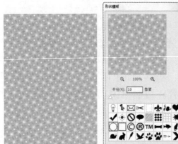
图12-274  图12-275　　　　　　图12-276

- 半径：用来调整形状的大小。数值越大，模糊效果越好。如图12-277和图12-278所示为数值为15像素和60像素对比的效果。

图12-277　　　　　　　　　　图12-278

- 形状列表：在形状列表中选择一个形状，可以使用该形状来模糊图像。单击形状列表右侧的三角形图标，可以载入预设的形状或外部的形状。如图12-279和图12-280所示为不同形状的对比效果。

图12-279　　　　　　　　　　图12-280

12.4　模糊画廊

"模糊画廊"滤镜组中的滤镜同样是对图像进行模糊处理的，但这些滤镜主要用于为数码照片制作特殊的模糊效果，比如模拟景深效果、旋转模糊、移轴摄影、微距摄影等特殊效果。这些简单、有效的滤镜非常适合摄影工作者。如图12-281所示为不同滤镜的效果。

图12-281

12.4.1　动手练：场景模糊

以往的模糊滤镜几乎都是以同一个参数对整个画面进行模糊。而"场景模糊"滤镜则可以在画面中的不同位置添加多个控制点，并对每个控制点设置不同的模糊数值，这样就能使画面中的不同部分产生不同的模糊效果。

步骤01▶打开一张图片，如图12-282所示。执行"滤镜>模糊画廊>场景模糊"命令随即打开"模糊画廊"。在默认情况

下，在画面的中央位置有一个"控制点"，这个控制点用来控制模糊位置，在窗口的右侧通过设置"模糊"数值控制模糊的强度，如图12-283所示。

图12-282　　　　　　　　　图12-283

步骤02▶控制点的位置可以进行调整，将光标移动至"控制点"的中央位置，按住鼠标左键拖曳即可移动。在画面中将控制点移动到船的位置，因为该位置不需要被模糊，所以设置"模糊"为0像素，如图12-284所示。将光标移动到需要模糊的位置单击即可添加"控制点"，然后设置合适的"模糊"参数，如图12-285所示。

中文版Photoshop CC从入门到精通（微课视频版）

图12-284　　　　　　　　　图12-285

步骤03 继续添加"控制点"，然后设置合适的模糊数值，需要注意"近大远小"的规律，越远的地方模糊程度要越大。然后单击窗口上方的"确定"按钮，如图12-286所示。画面效果如图12-287所示。

图12-286　　　　　　　　　图12-287

- 光源散景：用于控制光照亮度，数值越大高光区域的亮度就越高。
- 散景颜色：通过调整数值控制散景区域颜色的程度。
- 光照范围：通过调整滑块用色阶来控制散景的范围。

提示："模糊画廊"的使用。

　　执行"模糊画廊"命令下的任意一个子命令都会打开"模糊画廊"窗口，在其的右侧面板中可以看到其他的模糊画廊滤镜，单击后方的复选框即可启用，可以同时启用多个模糊画廊滤镜，如图12-288所示。

图12-288

【重点】12.4.2　动手练：光圈模糊

　　"光圈模糊"滤镜是一个单点模糊滤镜，使用"光圈模糊"滤镜可以根据不同的要求而对焦点（也就是画面中清晰的部分）的大小与形状、图像其余部分的模糊数量以及清晰区域与模糊区域之间的过渡效果进行相应的设置。

步骤01 打开一张图片，如图12-289所示。执行"滤镜>模糊画廊>光圈模糊"命令，打开"模糊画廊"。在该窗口中可

以看到画面中带有一个控制点并且带有控制框，该控制框以外的区域为被模糊的区域。在窗口的右侧可以设置"模糊"选项控制模糊的程度，如图12-290所示。

图12-289　　　　　　　　　图12-290

步骤02 拖曳控制框右上角的控制点即可改变控制框的形状，如图12-291所示。拖曳控制框内侧的圆形控制点可以调整模糊过渡的效果，如图12-292所示。

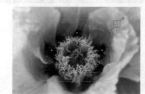

图12-291　　　　　　　　　图12-292

步骤03 拖曳控制框上的控制点可以将控制框进行旋转，如图12-293所示。拖曳"中心点"可以调整模糊的位置，如图12-294所示。

图12-293　　　　　　　　　图12-294

步骤04 设置完成后，单击"确定"按钮。效果如图12-295所示。

图12-295

第12章　滤镜

【重点】12.4.3 移轴模糊：轻松打造移轴摄影

"移轴摄影"是一种特殊的摄影类型，从画面上看所拍摄的照片效果就像是缩微模型一样，非常特别。如图12-296和图12-297所示为移轴摄影作品。移轴摄影，即移轴镜摄影，泛指利用移轴镜头创作的作品。没有"移轴镜头"想要制作移轴效果怎么办？答案当然是通过Photoshop进行后期调整。在Photoshop中可以使用"移轴模糊"滤镜可以轻松地模拟"移轴摄影"效果。

图12-296　　　　　　　　图12-297

步骤01 打开一张图片，如图12-298所示。执行"滤镜>模糊画廊>移轴模糊"命令，打开"模糊画廊"窗口，在其右侧控制模糊的强度，如图12-299所示。

图12-298　　　　　　　　图12-299

步骤02 如果想要调整画面中清晰区域的范围，可以通过按住并拖曳"中心点"的位置，如图12-300所示。拖曳上下两端的"虚线"可以调整清晰和模糊范围的过渡效果，如图12-301所示。

图12-300　　　　　　　　图12-301

步骤03 按住鼠标左键拖曳实线上圆形的控制点可以旋转控制框，如图12-302所示。参数调整完成后可以单击"确定"按钮，效果如图12-303所示。

图12-302　　　　　　　　图12-303

12.4.4 动手练：路径模糊

"路径模糊"滤镜可以沿着一定方向进行画面模糊，使用该滤镜可以在画面中创建任何角度的直线或者是弧线的控制杆，像素沿着控制杆的走向进行模糊。"路径模糊"滤镜可以用于制作带有动态的模糊效果，并且能够制作出多角度、多层次的模糊效果。

步骤01 打开一张图片或者选定一个需要模糊的区域（此处选择了背景部分），如图12-304所示。执行"滤镜>模糊画廊>路径模糊"命令，打开"模糊画廊"窗口。在默认情况下画面中央有一个箭头形的控制杆。在窗口右侧进行参数的设置，可以看到画面中所选的部分发生了横向的带有运动感的模糊，如图12-305所示。

图12-304　　　　　　　　图12-305

步骤02 拖曳控制点可以改变控制杆的形状，同时会影响模糊的效果，如图12-306所示。也可以在控制杆上单击添加控制点，并调整箭头的形状，如图12-307所示。

图12-306　　　　　　　　图12-307

步骤03 在画面中按住鼠标左键拖曳即可添加控制杆，如图12-308所示。勾选"编辑模糊形状"选项，会显示红色的控制线，拖曳控制点也可以改变模糊效果，如图12-309所示。若要删除控制杆可以按Delete键删除。

图12-308　　　　　　　　图12-309

步骤04 在窗口右侧可以通过调整"速度"参数调整模糊的强度，调整"锥度"参数调整模糊边缘的渐隐强度，如图12-310所示。调整完成后单击"确定"按钮，效果如图12-311所示。

图12-310　　　　　　　　图12-311

12.4.5　动手练：旋转模糊

"旋转模糊"滤镜与"径向模糊"较为相似，但是"旋转模糊"比"径向模糊"滤镜功能更加强大。"旋转模糊"滤镜可以一次性在画面中添加多个模糊点，还能够随意控制每个模糊点的模糊的范围、形状与强度。"径向模糊"滤镜可以用于模拟拍照时旋转相机时所产生的模糊效果，以及旋转的物体产生的模糊效果。比如模拟运动中的车轮，或者模拟旋转的视角，如图12-312和图12-313所示。

图12-312　　　　　　　　图12-313

步骤01 打开一张图片，如图12-314所示。执行"滤镜>模糊画廊>旋转模糊"命令，打开"模糊画廊"窗口。在该窗口中，画面中央位置有一个"控制点"用来控制模糊的位置，在窗口的右侧调整"模糊"数值用来调整模糊的强度，如图12-315所示。

图12-314　　　　　　　　图12-315

步骤02 接着拖曳外侧圆形控制点即可调整控制框的形状、大小，如图12-316所示。拖曳内侧圆形控制点可以调整模糊的过渡效果，如图12-317所示。

图12-316　　　　　　　　图12-317

步骤03 在画面中继续单击即可添加控制点，并进行参数调整，如图12-318所示。设置完成后单击"确定"按钮。

图12-318

> **提示**：早期Photoshop版本没有"旋转模糊"滤镜。
>
> 在Photoshop CC 或更早些的版本中可能没有"旋转模糊"滤镜。

举一反三：让静止的车"动"起来

首先我们来观察一下图12-319所示的汽车，从清晰的轮胎上看来，这个汽车可能是静止的，至少看起来像是静止的。那么如何使汽车看起来在"动"呢？我们可以想像一下飞驰而过的汽车，车轮轮毂细节几乎是看不清楚的，如图12-320所示。

图12-319　　　　　　　　图12-320

那么使用"高斯模糊"滤镜将其处理成模糊的可以吗？答案是不可以，因为车轮是围绕一个圆点进行旋转，所以产生的模糊感应该是带有向心旋转的模糊，所以最适合的就是"旋转模糊"滤镜了。选择该图层，执行"滤镜>模糊画廊>旋转模糊"命令，调整模糊控制点的位置，使范围覆盖在汽车轮胎上，如图12-321所示。在另一个轮胎上单击添加控制点，并同样调整其模糊范围，如图12-322所示。最后单击

"确定"按钮即可产生轮胎在转动的感觉，这样汽车也就"跑"了起来，如图12-323所示。如果照片中还带有背景，那么可以单独对背景部分进行一定的"运动模糊"处理。

图12-321　　　　　　　　　　图12-322　　　　　　　　　　图12-323

12.5　扭曲滤镜组

执行"滤镜>扭曲"命令，在子菜单中可以看到多种滤镜，如图12-324所示。不同滤镜效果如图12-325所示。

图12-324　　　　　　　　图12-325

12.5.1　波浪

"波浪"滤镜可以在图像上创建类似于波浪起伏的效果。使用"波浪"滤镜可以制作带有波浪纹理的效果，或制作带有波浪线边缘的图片。首先绘制一个矩形，如图12-326所示。执行"滤镜>扭曲>波浪"命令，首先可以进行"类型"的设置，在弹出的窗口中进行类型以及参数的设置，如图12-327所示。设置完成后单击"确定"按钮，图形效果如图12-328所示。这种图形应用非常广泛，例如包装边缘的撕口、平面设计中的元素、服装设计中的元素等。

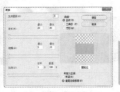

图12-326　　　　　图12-327　　　　　图12-328

- 生成器数：用来设置波浪的强度。
- 波长：用来设置相邻两个波峰之间的水平距离，包含"最小"和"最大"两个选项，其中"最小"数值不能超过"最大"数值。
- 波幅：设置波浪的宽度（最小）和高度（最大）。

- 比例：设置波浪在水平方向和垂直方向上的波动幅度。
- 类型：选择波浪的形态，包括"正弦""三角形"和"方形"3种形态，如图12-329～图12-331所示。

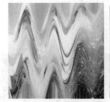

图12-329　　　　　图12-330　　　　　图12-331

- 随机化：如果对波浪效果不满意，可以单击该按钮，以重新生成波浪效果。
- 未定义区域：用来设置空白区域的填充方式。选择"折回"选项，可以在空白区域填充溢出的内容；选择"重复边缘像素"选项，可以填充扭曲边缘的像素颜色。

12.5.2　波纹

"波纹"滤镜可以通过控制波纹的数量和大小制作出类似水面的波纹效果。打开一张图片素材，如图12-332所示。接着执行"滤镜>扭曲>波纹"命令，在弹出的"波纹"窗口进行参数的设置，如图12-333所示。设置完成后单击"确定"按钮，效果如图12-334所示。

图12-332　　　　　图12-333　　　　　图12-334

- 数量：用于设置产生波纹的数量。如图12-335和图12-336所示为不同参数的对比效果。

图12-335 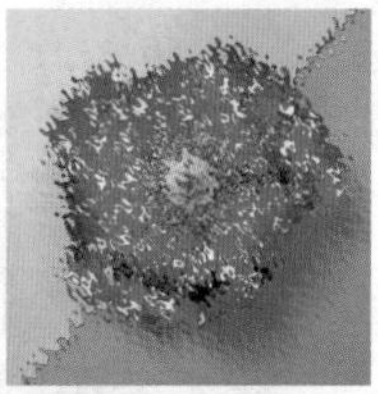　　　　图12-336

- 大小：选择所产生的波纹的大小。如图12-337～图12-339所示分别为小、中、大的对比效果。

图12-337　　　图12-338 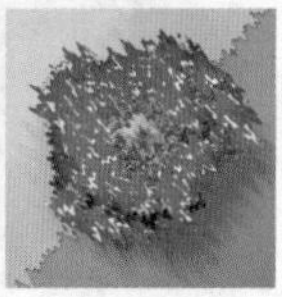　　　图12-339

【重点】12.5.3　动手练：极坐标

"极坐标"滤镜可以将图像从平面坐标转换到极坐标，或从极坐标转换到平面坐标。简单来说该滤镜的两种方式分别可以实现以下两种效果：第一种是将水平排列的图像以图像左右两侧作为边界，首尾相连，中间的像素将会被挤压，四周的像素被拉伸，从而形成一个"圆形"。第一种则是相反，将原本环形内容的图像，从中"切开"，并"拉"成平面。"极坐标"滤镜常用于制作"鱼眼镜头"特效。

步骤01 打开一张图片，然后将"背景"图层转换为普通图层，如图12-340所示。执行"滤镜>扭曲>极坐标"命令，在弹出的"极坐标"窗口中勾选"平面坐标到极坐标"，如图12-341所示。

图12-340　　　　　　　　图12-341

提示：勾选"极坐标到平面坐标"选项。

若勾选"极坐标到平面坐标"选项则使圆形图像变为矩形图像，如图12-342所示。

图12-342

步骤02 接着单击"确定"按钮，画面效果如图12-343所示。使用快捷键Ctrl+T调出定界框，然后将其不等比缩放。这样鱼眼镜头的效果就制作完成了，如图12-344所示。

图12-343 　　　　　　图12-344

举一反三：翻转图像后使用极坐标

若在应用"极坐标"滤镜之前，将图像垂直翻转，如图12-345所示。使用"极坐标"滤镜处理出的效果会相反，原本的中心部分的内容到了四周，四周的内容到了中心处，形成了一个小星球的效果，如图12-346所示。

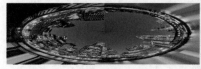

图12-345 　　　　　　图12-346

 读书笔记

_____

_____

_____

_____

练习实例：使用"极坐标"滤镜制作奇妙星球

文件路径	资源包\第12章\练习实例：使用"极坐标"滤镜制作奇妙星球
难易指数	★★★★★
技术掌握	"极坐标"滤镜

案例效果

案例最终效果如图12-347所示

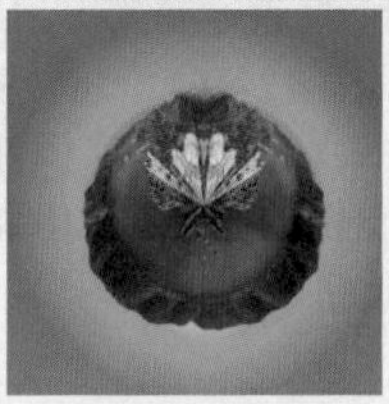

图12-347

操作步骤

步骤01 执行"文件>打开"命令，打开素材"1.jpg"，如图12-348所示。按住Alt键双击背景图层，将"背景"图层转换为普通图层，如图12-349所示。

扫一扫，看视频

第12章　滤镜

469

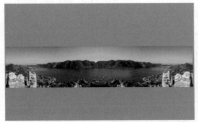
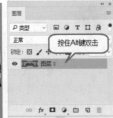

图12-348　　　　　　　　图12-349

步骤02 选择该图层，执行"编辑>变换>垂直翻转"命令，将图像垂直翻转，如图12-350所示。

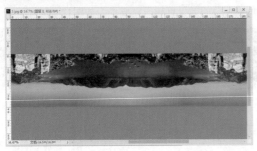

图12-350

步骤03 执行"滤镜>扭曲>极坐标"命令，在弹出的窗口中勾选"平面坐标到极坐标"，然后单击"确定"按钮完成设置，如图12-351所示。此时画面效果如图12-352所示。

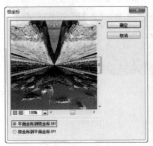　　　

图12-351　　　　　　图12-352

步骤04 选择图层，使用快捷键Ctrl+T调出定界框，将光标移动到图形的右侧的控制点，并按住鼠标左键向左移动，如图12-353所示。按Enter键完成变换。执行"图像>裁切"命令，在弹出的"裁切"窗口中勾选"透明像素"，然后单击"确定"按钮，如图12-354所示。

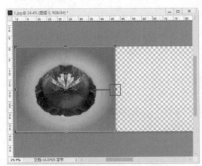　

图12-353　　　　　　　图12-354

步骤05 裁切掉透明像素后，案例完成效果如图12-355所示。

图12-355

12.5.4　挤压

　　"挤压"滤镜可以将选区内的图像或整个图像向外或向内挤压，与"液化"滤镜中的"膨胀工具"与"收缩工具"类似。打开一张图片，如图12-356所示，执行"滤镜>扭曲>挤压"命令，在弹出的"挤压"窗口进行参数的设置，如图12-357所示。然后单击"确定"按钮完成挤压变形操作，效果如图12-358所示。

图12-356　　　　　图12-357　　　　　图12-358

- 数量：用来控制挤压图像的程度。当数值为负值时，图像会向外挤压，如图12-359所示。当数值为正值时，图像会向内挤压，如图12-360所示。

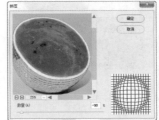　　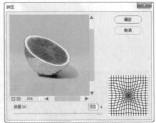

图12-359　　　　　　　图12-360

12.5.5　切变

　　"切变"滤镜可以将图像按照设定好的"路径"进行左右移动，图像一侧被移出画面的部分会出现在画面的另外一侧。该滤镜可以用来制作飘动的彩旗。打开一张图片，如图12-361所示，执行"滤镜>扭曲>切变"命令，在打开的"切变"窗口中拖曳曲线，此时可以沿着这条曲线进行图像的扭曲，如图12-362所示。设置完成后单击"确定"按钮，效果如图12-363所示。

图12-361　　　　　图12-362　　　　　图12-363

- 曲线调整框：可以通过控制曲线的弧度来控制图像的变形效果，如图12-364和图12-365所示为不同的变形效果。
- 折回：在图像的空白区域中填充溢出图像之外的图像内容，如图12-366所示。
- 重复边缘像素：在图像边界不完整的空白区域填充扭曲边缘的像素颜色，如图12-367所示。

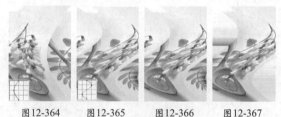

图12-364　　　图12-365　　　图12-366　　　图12-367

12.5.6　球面化

"球面化"滤镜可以将选区内的图像或整个图像向外"膨胀"成为球形。打开一张图像，可以在画面中绘制一个选区，如图12-368所示。执行"滤镜>扭曲>球面化"命令，在弹出的"球面化"窗口中进行数量和模式的设置，如图12-369所示。球面化效果如图12-370所示。

图12-368　　　　　图12-369　　　　　图12-370

- 数量：用来设置图像球面化的程度。当设置为正值时，图像会向外凸起，如图12-371所示；当设置为负值时，图像会向内收缩，如图12-372所示。
- 模式：用来选择图像的挤压方式。包含"正常""水平优先"和"垂直优先"3种方式。

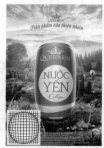 

图12-371　　　　　　图12-372

举一反三：制作"大头照"

想要制作"大头照"，首先就要在头部绘制一个圆形选区，如图12-373所示。为该选区添加"球面化"滤镜。将滑块向右调整，增大数值，如图12-374所示。可以看到小狗的头部明显变大了很多，而且看起来也更加贴近"镜头"，效果如图12-375所示。

图12-373　　　　　图12-374　　　　　图12-375

12.5.7　水波

"水波"滤镜可以模拟石子落入平静水面而形成的涟漪效果。例如绿茶广告中常见的茶叶掉落在水面上形成的波纹，就可以使用"水波"滤镜制作。选择一个图层或者绘制一个选区，如图12-376所示。执行"滤镜>扭曲>水波"命令，在打开的"水波"窗口中进行参数的设置，如图12-377所示。设置完成后单击"确定"按钮，效果如图12-378所示。

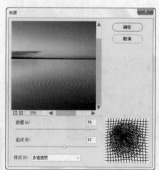

图12-376　　　　　图12-377　　　　　图12-378

- **数量**：用来设置波纹的数量。当设置为负值时，将产生下凹的波纹，如图12-379所示；当设置为正值时，将产生上凸的波纹，如图12-380所示。

 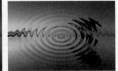

图12-379　　　　　　　图12-380

- **起伏**：用来设置波纹的数量。数值越大，波纹越多。
- **样式**：用来选择生成波纹的方式。选择"围绕中

心"选项时，可以围绕图像或选区的中心产生波纹，如图12-381所示；选择"从中心向外"选项时，波纹将从中心向外扩散，如图12-382所示；选择"水池波纹"选项时，可以产生同心圆形状的波纹，如图12-383所示。

图12-381　　　　　图12-382　　　　　图12-383

12.5.8　旋转扭曲

　　"旋转扭曲"可以围绕图像的中心进行顺时针或逆时针的旋转。打开一张图片，如图12-384所示。执行"滤镜>扭曲>旋转扭曲"命令，在打开的"旋转扭曲"窗口进行参数设置，如图12-385所示；调整"角度"选项，当设置为正值时，会沿顺时针方向进行扭曲，如图12-386所示；当设置为负值时，会沿逆时针方向进行扭曲，如图12-387所示。

 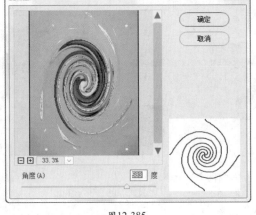  

图12-384　　　　　　　　　　图12-385　　　　　　　　　　　图12-386　　　　　图12-387

【重点】12.5.9　动手练：置换

　　"置换"滤镜是利用一个图像文档（必须为PSD格式文件）的亮度值来置换另外一个图像像素的排列位置。"置换"滤镜通常用于制作形态复杂的透明体，或带有褶皱的服装印花等，如图12-388和图12-389所示。

图12-388　　　　　　　　图12-389

步骤01 打开一个图片，如图12-390所示。准备一个PSD格式的文档（无需打开该PSD文件），如图12-391所示。

图12-390　　　　　　　　　图12-391

步骤02 选择图片的图层，执行"滤镜>扭曲>置换"命令，在弹出的"置换"窗口中进行参数的设置，如图12-392所示。单击"确定"按钮，在弹出的"选取一个置换图"窗口中选择之前准备的PSD文档，单击"打开"按钮，如图12-393所示。此时画面效果如图12-394所示。

图12-392 　　　　　图12-393 　　　　　图12-394

- **水平/垂直比例**：可以用来设置水平方向和垂直方向所移动的距离。数值越大置换效果越明显，如图12-395和图12-396所示为水平/垂直比例均为10和200的对比效果。

图12-395 　　　　　图12-396

- **置换图**：用来设置置换图像的方式，包括"伸展以适合"和"拼贴"两种。
- **未定义区域**：选择因置换后像素位移而产生的空缺的填充方式，选择"折回"会使用超出画面区域的内容填充空缺部分，如图12-397所示；选择"重复边缘像素"则会将边缘处的像素多次复制并填充整个画面区域，如图12-398所示。

图12-397 　　　　　　　图12-398

12.6　锐化滤镜组

在Photoshop中"锐化"与"模糊"是相反的关系。"锐化"就是使图像"看起来更清晰"，而这里所说的"看起来更清晰"并不是增加了画面的细节，而是使图像中像素与像素之间的颜色反差增大、对比增强从而产生一种"锐利"的视觉感受。

如图12-399所示两张图像看起来右侧会比较"清晰"一些。放大细节观看一下：左侧图中大面积红色区域中每个方块（像素）颜色都比较接近，甚至红黄两色之间带有一些橙色像素，这样柔和的过渡带来的结果就是图像会显得比较模糊。而右图中原有的像素数量没有变，原有的内容也没有增加。红色还是红色，黄色还是黄色。但是图像中原本色相、饱和度、明度都比较相近的像素之间的颜色反差被增强了。比如分割线处的暗红色变得更暗，橙红色变为了红色，中黄色变成更亮的柠檬黄。从图12-400就能看出，所谓的"清晰感"并不是增加了更多的细节，而是增强了像素与像素之前的对比反差，从而产生"锐化"之感。

图12-399

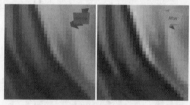

图12-400

"锐化"操作能够增强颜色边缘的对比，使用模糊的图形变得清晰。但是过度的锐化会造成噪点、色斑的出现，所以锐化的数值要适当使用。在图12-401中可以看到同一图像中模糊、正常与锐化过度的3个效果。

执行"滤镜>锐化"命令，可以在子菜单中看到多种用于锐化的滤镜，如图12-402所示。这些滤镜适合应用的场合不同，USM锐化、智能锐化是最为常用的锐化图像的滤镜，参数可调性强；进一步锐化、锐化、锐化边缘属于"无参数"滤镜，无参数可供调整，适合于轻微锐化的情况；防抖滤镜则用于处理带有抖动的照片。

图12-401 　　　　　　图12-402

提示：在进行锐化时，有两个误区。

误区一："将图片进行模糊后再进行锐化，能够使图像变成原图的效果。"这是一个错误的观点，这两种操作是不可逆转的，画面一旦模糊操作后，原始细节会彻底丢失，不会因为锐化操作而被找回。

误区二："一张特别模糊的图像，经过锐化可以变得很清晰、很真实。"这也是一个很常见的错误观点。锐化操作是对模糊图像的一个"补救"，实属"没有办法的办法"。只能在一定的程度上增强画面感官上的锐利度，因为无法增加细节，所以不会使图像变得更真实。如果图像损失特别严重是很难仅通过锐化将其变得又清晰又自然的。就像30万像素镜头的手机，无论把镜头擦得多干净，也拍不出2000万像素镜头的效果。

【重点】12.6.1 USM锐化：使图像变清晰的常用滤镜

"USM锐化"滤镜可以查找图像中颜色差异明显的区域，然后将其锐化。这种锐化方式能够在锐化画面的同时，不增加过多的噪点。打开一张图片，如图12-403所示。执行"滤镜>锐化>USM锐化"命令，在打开的"USM锐化"窗口中进行设置，如图12-404所示。单击"确定"按钮，效果如图12-405所示。

图12-403   图12-404   图12-405

- 数量：用来设置锐化效果的精细程度。如图12-406和图12-407所示为不同参数的对比效果。

图12-406   图12-407

- 半径：用来设置图像锐化的半径范围大小。
- 阈值：只有相邻像素之间的差值达到所设置的"阈值"数值时才会被锐化。该值越高，被锐化的像素就越少。

【重点】12.6.2 动手练：防抖

"防抖"滤镜是减少由于相机震动而产生的拍照模糊的问题。例如线性运动、弧形运动、旋转运动、Z字形运动产生的模糊。"防抖"滤镜适合处理对焦正确、曝光适度、杂色较少的照片。

步骤01 打开一张图片，如图12-408所示。执行"滤镜>锐化>防抖"命令，在打开的"防抖"窗口的中央会显示"模糊评估区域"，并以默认数值进行防抖锐化处理，如图12-409所示。

图12-408   图12-409

步骤02 如果对锐化的处理不够满意，可以调整"模糊描摹边界"选项，该选项是用来增加锐化的强度，这是该滤镜中最基础的锐化，如图12-410所示。"模糊描摹边界"选项数值越高锐化效果越好，但是过度的数值会产生一定的晕影。这时就可以配合"平滑"和"抑制伪像"选项进行调整，如图12-411所示。

图12-410   图12-411

步骤03 如果对"模糊描摹边界"的位置不满意可以拖曳"控制点"进行更改，如图12-412所示。调整完成后单击"确定"按钮，效果如图12-413所示。

图12-412   图12-413

- 模糊评估工具□：使用该工具在画面中单击可以弹出小窗口，在小窗口中可以定位画面细节，如图12-414所示。按住鼠标左键拖曳可以手动定义模糊评估区域，并且在"高级"选项中设置"模糊评估区域"的显示、隐藏与删除，如图12-415所示。

图12-414　　　　　　　图12-415

- 模糊方向工具 ▶：根据相机的震动类型，在图像上画出表示模糊的方向线。并配合"模糊描摹长度"和"模糊描摹方向"进行调整，如图12-416所示。该工具可以按"["键或"]"键微调长度，按快捷键Ctrl+"]"或Ctrl+"["微调角度。得到一个合适的效果后单击"确定"按钮完成操作。

图12-416

12.6.3　进一步锐化

"进一步锐化"滤镜没有参数设置窗口，同时它的效果也比较弱，适合那种只有轻微模糊的图片。打开一张图片，如图12-417所示。执行"滤镜>锐化>进一步锐化"命令，如果锐化效果不明显，那么使用快捷键 Ctrl+Shift+F 多次进行锐化，如图12-418所示为应用3次"进一步锐化"滤镜的效果。

图12-417　　　　　　　图12-418

12.6.4　锐化

"锐化"滤镜也没有参数设置窗口，它的锐化效果比"进一步锐化"滤镜更弱一些，执行"滤镜>锐化>锐化"命令，即可应用该滤镜。

12.6.5　锐化边缘

对于画面内容色彩清晰、边界分明、颜色区分强烈的图像，使用"锐化边缘"滤镜就可以轻松进行锐化处理。这个滤镜既简单又快捷，而且锐化效果明显，对于不太会调参数的新手非常实用。打开一张图片，如图12-419所示。执行"滤镜>锐化>锐化边缘"命令（该滤镜没有参数设置窗口），即可看到锐化效果。此时的画面可以看到颜色差异边界被锐化了，而颜色差异边界以外的区域内容仍然较为平滑。如图12-420所示。

图12-419　　　　　　　图12-420

【重点】12.6.6　智能锐化：增强图像清晰度

"智能锐化"滤镜是"锐化滤镜组"中最为常用的滤镜之一，"智能锐化"滤镜具有"USM锐化"滤镜所没有的锐化控制功能，可以设置锐化算法，或控制在阴影和高光区域中的锐化量，而且能避免"色晕"等问题。如果想达到更好的锐化效果，那么这个滤镜必须学会！

步骤01 打开一张图片，如图12-421所示。执行"滤镜>锐化>智能锐化"命令，打开"智能锐化"窗口。首先设置"数量"增加锐化强度，使效果看起来更加锐利；接着设置"半径"，该选项用来设置边缘像素受锐化影响的锐化数量（数值无需调太大，否则会产生白色晕影）。在预览图中查看一下效果，如图12-422所示。

图12-421　　　　　　　图12-422

步骤02 设置"减少杂色"，该选项数值越高效果越强烈，画面效果越柔和（别忘了我们在锐化，所以要适度）。设置"移去"，该选项用来区别影像边缘与杂色噪点，重点在于提高中间调的锐度和分辨率，如图12-423所示。设置完成后单击"确定"按钮，锐化前后的对比效果如图12-424所示。

图12-423　　　　　　　图12-424

- 数量：用来设置锐化的精细程度。数值越高，越能强化边缘之间的对比度。如图12-425与图12-426所示分别是设置"数量"为100%和500%时的锐化效果。

图12-425　　　图12-426

- 半径：用来设置受锐化影响的边缘像素的数量。数值越高，受影响的边缘就越宽，锐化的效果也越明

显。如图12-427和图12-428所示分别是设置"半径"为3像素和6像素时的锐化效果。

图12-427　　　　　图12-428

- 减少杂色：用来消除锐化产生的杂色。
- 移去：选择锐化图像的算法。选择"高斯模糊"选项，可以使用"USM锐化"滤镜的方法锐化图像；选择"镜头模糊"选项，可以查找图像中的边缘和细节，并对细节进行更加精细的锐化，以减少锐化的光晕；选择"动感模糊"选项，可以激活下面的"角度"选项，通过设置"角度"值可以减少由于相机或对象移动而产生的模糊效果。
- 渐隐量：用于设置阴影或高光中的锐化程度。
- 色调宽度：用于设置阴影和高光中色调的修改范围。
- 半径：用于设置每个像素周围区域的大小。

12.7　视频滤镜组

"视频"滤镜组包含两种滤镜："NTSC颜色"和"逐行"。这两个滤镜可以处理以隔行扫描方式的设备中提取的图像，如图12-429所示。

图12-429

12.7.1　NTSC颜色

"NTSC颜色"滤镜可以将色域限制在电视机重现可接受的范围内，以防止过饱和颜色渗到电视扫描行中。

12.7.2　逐行

"逐行"滤镜可以移去视频图像中的奇数或偶数隔行线，使在视频上捕捉的运动图像变得平滑。如图12-430所示是"逐行"对话框。

- 消除：用来控制消除逐行的方式，包括"奇数行"和"偶数行"两种。

- 创建新场方式：用来设置消除场以后用何种方式来填充空白区域。选择"复制"选项，可以复制被删除部分周围的像素来填充空白区域；选择"插值"选项，可以利用被删除部分周围的像素，通过插值的方法进行填充。

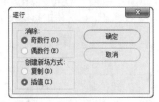

图12-430

 读书笔记

12.8　像素化滤镜组

"像素化"滤镜组可以将图像进行分块或平面化处理。"像素化"滤镜组包含7种滤镜："彩块化""彩色半调""点状化""晶格化""马赛克""碎片""铜板雕刻"。执行"滤镜>像素化"命令即可看到该滤镜组中的命令，如图12-431所

示。如图12-432所示为滤镜效果。

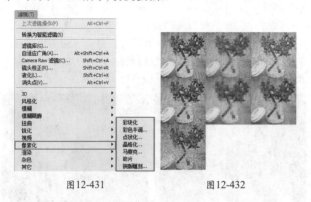

图12-431　　　　　　　图12-432

12.8.1　彩块化

"彩块化"滤镜常用来制作手绘图像、抽象派绘画等艺术效果。打开一张图片，如图12-433所示。执行"滤镜>像素化>彩块化"命令（该滤镜没有参数设置对话框），"彩块化"滤镜可以将纯色或相近色的像素结成相近颜色的像素块效果，如图12-434所示。

图12-433　　　　　　图12-434

12.8.2　彩色半调

"彩色半调"滤镜可以模拟在图像的每个通道上使用放大的半调网屏的效果。打开一张图片，如图12-435所示。执行"滤镜>像素化>彩色半调"命令，在弹出的"彩色半调"窗口中进行参数设置，如图12-436所示。设置完成后单击"确定"按钮，效果如图12-437所示。

图12-435　　　　　　图12-436　　　　　　图12-437

- 最大半径：用来设置生成的最大网点的半径。如图12-438和图12-439所示为数值8和数值50的对比效果。

图12-438　　　　　　图12-439

- 网角（度）：用来设置图像各个原色通道的网点角度。

12.8.3　点状化

"点状化"滤镜可以从图像中提取颜色，并以彩色斑点的形式将画面内容重新呈现出来。该滤镜常用来模拟制作"点彩绘画"效果。打开一张图片，如图12-440所示。执行"滤镜>像素化>点状化"命令，在弹出的"点状化"窗口中进行设置，如图12-441所示。设置完成后单击"确定"按钮，效果如图12-442所示。

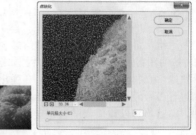

图12-440　　　　　　图12-441　　　　　　图 12-442

- 单元格大小：用来设置每个多边形色块的大小。如图12-443和图12-444所示为不同参数的对比效果。

图12-443　　　　　　图12-444

12.8.4　晶格化

"晶格化"滤镜可以使图像中相近的像素集中到多边形色块中，产生类似结晶颗粒的效果。打开一张图片，如图12-445所示。执行"滤镜>像素化>晶格化"命令，在弹出的"晶格化"窗口中进行参数设置，如图12-446所示。然后单击"确定"按钮，效果如图12-447所示。

图12-445　　　　　　图12-446　　　　　　图12-447

- 单元格大小：用来设置每个多边形色块的大小。如图12-448和图12-449所示为不同参数的对比效果。

图12-448　　　　　　　图12-449

【重点】12.8.5　马赛克

"马赛克"滤镜常用于隐藏画面的局部信息，也可以用来制作一些特殊的图案效果。打开一张图片，如图12-450所示。执行"滤镜>像素化>马赛克"命令，在弹出的"马赛克"窗口中进行参数设置，如图12-451所示。然后单击"确定"按钮，该滤镜可以使像素结为方形色块。效果如图12-452所示。

图12-450　　　　　图12-451　　　　　图12-452

- 单元格大小：用来设置每个多边形色块的大小。如图12-453和图12-454所示为不同参数的对比效果。

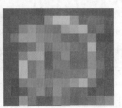

图12-453　　　　　　　图12-454

12.8.6　碎片

"碎片"滤镜可以将图像中的像素复制4次，然后将复制的像素平均分布，并使其相互偏移。打开一张图片素材，如图12-455所示。执行"滤镜>像素化>碎片"命令（该滤镜没有参数设置对话框），效果如图12-456所示。

图12-455　　　　　　　图12-456

12.8.7　铜板雕刻

"铜板雕刻"滤镜可以将图像转换为黑白区域的随机图案或彩色图像中完全饱和颜色的随机图案。打开一张图片，如图12-457所示。执行"滤镜>像素化>铜板雕刻"命令，在弹出的"铜板雕刻"窗口中选择合适的"类型"，如图12-458所示。然后单击"确定"按钮，效果如图12-459所示。

图12-457　　　　　　图12-458　　　　　　图12-459

- 类型：选择铜板雕刻的类型，包含"精细点""中等点""粒状点""粗网点""短直线""中长直线""长直线""短描边""中长描边"和"长描边"10种类型。

12.9　渲染滤镜组

"渲染"滤镜组在滤镜中算是"另类"，该滤镜组中的滤镜的特点是其自身可以产生图像。比较典型的就是"云彩"滤镜和"纤维"滤镜，这两个滤镜可以利用前景色与背景色直接产生效果。在新版本中还增加了"火焰""图片框"和"树"3个滤镜，执行"滤镜>渲染"命令即可看到该滤镜组中的滤镜，如图12-460所示。如图12-461所示为该组中的滤镜效果。

图12-460　　　　　　　图12-461

【重点】12.9.1 火焰

"火焰"滤镜可以轻松打造出沿路径排列的火焰。在使用"火焰"滤镜命令之前首先需要在画面中绘制一条路径，选择一个图层（可以是空图层），如图12-462所示。执行"滤镜>渲染>火焰"命令，弹出"火焰"窗口。在"基本"选项卡中对火焰类型进行设置，在下拉列表中可以看到多种火焰的类型，接下来可以针对火焰的长度、宽度、角度以及时间间隔进行设置，如图12-463所示。保持默认状态单击"确定"按钮，图层中即可出现火焰效果，如图12-464所示。接着可以按Delete键删除路径。如果火焰应用于透明的空图层，那么则可以继续对火焰进行移动编辑等操作。

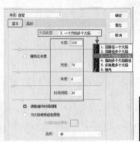

图12-462　　　　图12-463　　　　图12-464

- **长度**：用于控制火焰的长度。数值越大，火焰越长，如图12-465所示为不同长度的火焰效果。

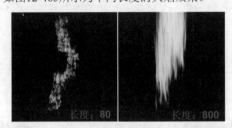

图12-465

- **宽度**：用户控制火焰的宽度。数值越大，火焰越宽，如图12-466所示为不同宽度的火焰效果。

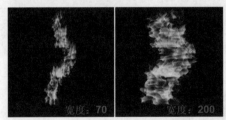

图12-466

- **角度**：用于控制火焰的旋转角度。如图12-467所示为不同角度的火焰效果。
- **时间间隔**：用于控制火焰之间的间隔，数值越大，火焰之间的距离越大。如图12-468所示为不同时间间隔的对比效果。
- **为火焰使用自定颜色**：默认的火焰与真实火焰颜色非

常接近，如果想要制作出其他颜色的火焰可以勾选"为火焰使用自定颜色"选项，然后在下方设置火焰的颜色。如图12-469所示为不同颜色的火焰效果。

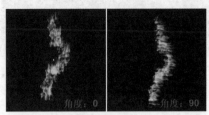

图12-467

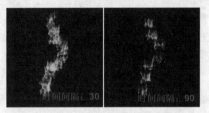

图12-468

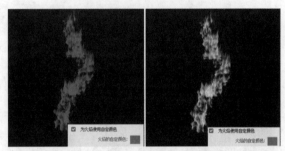

图12-469

单击"高级"选项卡，在窗口中可以进行湍流、锯齿、不透明度、火焰线条（复杂性）、火焰底部对齐、火焰样式、火焰形状等参数进行设置，如图12-470所示。

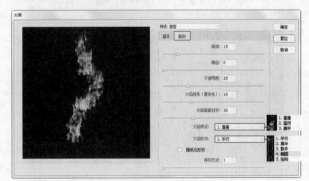

图12-470

- **湍流**：用于设置火焰左右摇摆的动态效果，数值越大，波动越强，如图12-471所示。

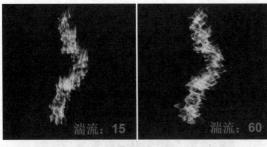

图12-471

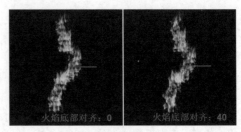

图12-475

- 锯齿：设置较大的数值后，火焰边缘呈现出更加尖锐的效果，如图12-472所示。

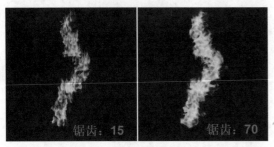

图12-472

- 不透明度：用于设置火焰的透明效果。数值越小，火焰越透明，如图12-473所示。

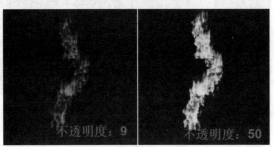

图12-473

- 火焰线条（复杂性）：该选项用于设置构成火焰的火焰的复杂程度，数值越大，火焰越多，火焰效果越复杂，如图12-474所示。

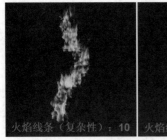

图12-474

- 火焰底部对齐：用于设置构成每一簇火焰的火焰底部是否对齐。数值越小对齐程度越高，数值越大火焰底部越分散，如图12-475所示。

在Photoshop CC或更早些的版本中可能没有"火焰"滤镜，想要在画面中添加火焰需要置入火焰素材，并进行抠图或混合。

举一反三：打造燃烧的火焰文字

有了"火焰"滤镜，我们可以轻松制作出各种形态的火焰效果。火焰文字是一类比较常见的文字样式。如果想要制作火焰文字，首先需要有文字的路径。直接使用钢笔进行绘制比较麻烦，可以在画面中输入合适的文字，如图12-476所示。在文字图层上单击右键执行"创建工作路径"命令，如图12-477所示。得到文字的路径，隐藏文字图层，如图12-478所示。

图12-476   图12-477   图12-478

新建一个空图层，执行"滤镜>渲染>火焰"命令，此时文字路径上出现了火焰，如图12-479所示。可以在"火焰类型"列表中选择一个合适的样式，如图12-480所示。

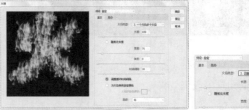

图12-479   图12-480

也可以进行一定的参数设置，如图12-481所示。设置完成后单击"确定"按钮，最终效果如图12-482所示。

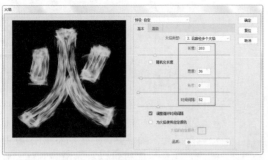

图12-481

图12-482

12.9.2 图片框

"图片框"滤镜可以在图像边缘处添加各种风格的花纹相框,早些的版本中可能没有"图片框"滤镜,想要为图像添加相框需要置入素材。使用方法非常简单,打开一张图片,如图12-483所示。新建图层,执行"滤镜>渲染>图片框"命令,弹出"图案"窗口,在"图案"列表中选择一个合适的图案样式,接着可以在下方进行图案上的颜色以及细节参数的设置,如图12-484所示。设置完成后单击"确定"按钮,效果如图12-485所示。单击"高级"选项卡,还可以对图片框的其他参数进行设置,如图12-486所示。

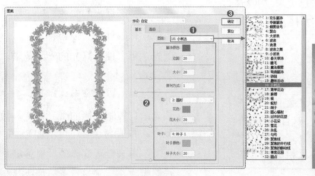

图12-483　　　　　　　　　　　图12-484　　　　　　　　　　　图12-485　　　　　　　　图12-486

12.9.3 树

使用"树"滤镜可以轻松创建出多种类型的树。首先仍需要在画面中绘制一条路径,新建一个图层(在新建图层中操作方便后期调整树的位置和形态),如图12-487所示。执行"滤镜>渲染>树"命令,在弹出的窗口中单击"基本树类型"列表,在其中可以选择一个合适的树型,接着可以在下方进行参数设置。参数设置效果非常直观,只需尝试调整并观察效果即可,如图12-488所示。调整完成后单击"确定"按钮,效果如图12-489所示。

图12-487　　　　　　　　　　　图12-488　　　　　　　　　　　图12-489

单击"高级"选项卡,还可以对"树"的其他参数进行设置,如图12-490所示。刚刚绘制的是一条直线路径,如果绘制的是带有弧度的路径，那么创建出的树也会带有弧度，如图12-491所示。

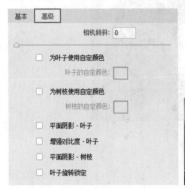

图12-490　　　　　　　　　图12-491

提示：早期Photoshop版本没有"树"滤镜。

在 Photoshop CC 或更早些的版本中可能没有"树"滤镜，想要为画面中添加树元素，需要置入素材并抠图。

12.9.4　分层云彩

"分层云彩"滤镜可以结合其他技术制作火焰、闪电等特效。该滤镜是通过将彩数据与现有的像素以"差值"方式进行混合。打开一张图片，如图12-492所示。执行"滤镜>渲染>分层云彩"命令（该滤镜没有参数设置窗口）。首次执行并应用该滤镜时，图像的某些部分会被反相成云彩图案，效果如图12-493所示。

图12-492　　　　　　　　　图12-493

12.9.5　动手练：光照效果

"光照效果"滤镜可以在2D的平面世界中添加灯光，并且通过参数的设置制作出不同效果的光照。除此之外，还可以使用灰度文件作为凹凸纹理图，制作出类似3D的效果。

步骤01 选择需要添加滤镜的图层，如图12-494所示。执行"滤镜>渲染>光照效果"命令，打开"光照效果"窗口，默认情况下会显示着一个"聚光灯"光源的控制框，如图12-495所示。

图12-494　　　　　　　　图12-495

步骤02 以这一盏灯的操作为例。按住鼠标左键拖曳控制点可以更改光源的位置、形状，如图12-496所示。配合窗口右侧的"属性"面板可以对光源的颜色、强度等选项进行调整，如图12-497所示。

图12-496　　　　　　　图12-497

- 颜色：控制灯光的颜色。
- 强度：控制灯光的强弱。
- 聚光：用来控制灯光的光照范围。该选项只能用于聚光灯。
- 着色：单击以填充整体光照。
- 曝光度：控制光照的曝光效果。数值为负时，可减少光照；数值为正时，可增加光照。
- 光泽：用来设置灯光的反射强度。
- 金属质感：用于设置反射的光线是光源色彩，还是图像本身的颜色。该数值越高，反射光越接近反射体本身的颜色；该值越低，反射光越接近光源颜色。
- 环境：漫射光，使该光照如同与室内的其他光照相结合一样。
- 纹理：在下拉列表中选择通道，为图像应用纹理通道。
- 高度：启用"纹理"后，该选项可以用。可以控制应用纹理后凸起的高度。

步骤03 在选项栏中的"预设"下拉列表中包含多种预设的光照效果，如图12-498所示。选中某一项即可更改当前画面效果，如图12-499所示为"蓝色全光源"效果。

图12-498　　　　　　　　图12-499

- 储存：若要存储预设，需要单击下拉列表中的"存储"，在弹出的窗口中选择储存位置并命名该样式，然后单击"确定"。存储的预设包含每种光照的所有设置，并且无论何时打开图像，存储的预设都会出现在"样式"菜单中。

- 载入：若要载入预设，需要单击下拉列表中的"载入"，在弹出的窗口中选择文件并单击"确定"即可。
- 删除：若要删除预设，需要选择该预设并单击下拉列表中的"删除"。
- 自定：若要创建光照预设，需要从"预设"下拉列表中的中选择"自定"，然后单击"光照"图标以添加点光、点测光和无限光类型。按需要重复，最多可获得16种光照。

步骤04 在选项栏中单击"光源"右侧的按钮即可快速在画面中添加光源，单击"重置当前光照"按钮即可对当前光源进行重置，如图12-500～图12-502所示分别为3种光源的对比效果。

图12-500　　　　图12-501　　　　图12-502

步骤05 在"光源"面板（执行"窗口>光源"命令，打开"光源"面板）中可以看到当前场景中创建的光源。当然也可以使用"回收站"图标 🗑 删除不需要的光源，如图12-503所示。

图12-503

- 聚光灯 ⬟：投射一束椭圆形的光柱。预览窗口中的线条定义光照方向和角度，而手柄定义椭圆边缘。若要移动光源需要在外部椭圆内拖动光源。若要旋转光源需要在外部椭圆外拖动光源。若要更改聚光角度需要拖动内部椭圆的边缘。若要扩展或收缩椭圆需要拖动4个外部手柄中的一个；按住 Shift 键并拖动，可使角度保持不变而只更改椭圆的大小；按住 Ctrl 键并拖动可保持大小不变并更改点光的角度或方向。若要更改椭圆中光源填充的强度，请拖动中心部位强度环的白色部分。
- 点光 ⬡：像灯泡一样使光在图像正上方向的各个方向照射。若要移动光源，需要将光源拖动到画布上的任何地方。若要更改光的分布（通过移动光源使其更近或更远来反射光），需要拖动中心部位强度环

的白色部分。

- 无限光 ⬛：像太阳一样使光照射在整个平面上。若要更改方向需要拖动线段末端的手柄，若要更改亮度需要拖动光照控件中心部位强度环的白色部分。

【重点】12.9.6 镜头光晕：为画面添加唯美眩光

"镜头光晕"滤镜常用于模拟由于光照射到相机镜头产生的折射，在画面中实现眩光的效果。虽然在拍摄照片时经常需要避免这种眩光的出现，但是很多时候眩光的应用能使画面效果更加丰富。

步骤01 打开一张图片，如图12-504所示。因为该滤镜需要直接作用于画面，这样会给原图造成破坏。所以我们可以新建一个图层，并填充为黑色，如图12-505所示，然后将黑色图层"混合模式"设置为"滤色"即可完美去除黑色部分，并且不会对原始画面带来损伤）。

图12-504　　　　　　图12-505

步骤02 选择黑色的图层，执行"滤镜>渲染>镜头光晕"命令，弹出"镜头光晕"窗口。在缩览图中拖曳"十"字标志的位置，即可调整光源的位置。在窗口的下方调整光源的亮度、类型，然后单击"确定"按钮，如图12-506所示。设置黑色图层"混合模式"为"滤色"，此时画面效果如图12-507所示。如果此时觉得效果不满意可以在黑色图层上进行位置或缩放比例的修改，同时避免了对原图层的破坏。

图12-506　　　　　　图12-507

- 预览窗口：在该窗口中可以通过拖曳"十"字标志来调节光晕的位置。
- 亮度：用来控制镜头光晕的亮度，其取值范围为10%

～300%，如图12-508和图12-509所示分别是设置"亮度"值为100%和200%时的效果。

图12-508　　　　　　图12-509

- 镜头类型：用来选择镜头光晕的类型，包括"50-300毫米变焦""35毫米聚焦""105毫米聚焦"和"电影镜头"4种类型，如图12-510～图12-513所示。

图12-510　　图12-511　　图12-512　　图12-513

12.9.7　纤维

"纤维"滤镜可以在空白图层上根据前景色和背景色创建出纤维感的双色图案。设置合适的前景色与背景色，如图12-514所示。执行"滤镜>渲染>纤维"命令，在弹出的窗口中进行参数设置，如图12-515所示。单击"确定"按钮，效果如图12-516所示。

图12-514　　　　　图12-515　　　　　图12-516

- 差异：用来设置颜色变化的方式。较低的数值可以生成较长的颜色条纹，如图12-517所示；较高的数值可以生成较短且颜色分布变化更大的纤维，如图12-518所示。

图12-517　　　　　　图12-518

- 强度：用来设置纤维外观的明显程度。数值越高强度越强，如图12-519和图12-520所示为不同参数的对比效果。

图12-519　　　　　　图12-520

- 随机化：单击该按钮，可以随机生成新的纤维。如图12-521和图12-522所示为随机化产生的纤维效果。

图12-521　　　　　　图12-522

12.9.8　动手练：云彩

步骤01 "云彩"滤镜常用于制作云彩、薄雾的效果。该滤镜可以根据前景色和背景色随机生成云彩图案。打开一张图片，新建一个图层。分别设置前景色与背景色为黑与白（因为黑色部分可以通过图层的"滤色"混合模式去掉，而别的颜色则不行），如图12-523所示。执行"滤镜>渲染>云彩"命令（该滤镜没有参数设置窗口），此时画面效果如图12-524所示。

 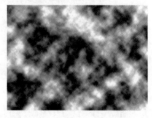

图12-523　　　　　　图12-524

步骤02 设置该图层的"混合模式"为"滤色"，此时画面中只保留了白色的"雾气"。为了让"雾气"更加自然可以适当降低"不透明度"，如图12-525所示。最后可以使用"橡皮擦工具"擦除挡住主体物的"雾气"，画面效果如图12-526所示。

图12-525　　　　　　图12-526

12.10 杂色滤镜组

"杂色"滤镜组可以添加或移去图像中的杂色,这样有助于将选择的像素混合到周围的像素中。"杂色"或者说是"噪点",一直都是大部分摄影爱好者最为头疼的问题。暗环境下拍照片,好好的照片放大一看全是细小的噪点。或者有时想要拍一张复古感的"年代照片",却怎么也弄不出合适的杂点。这些问题都可以在"杂色"滤镜组中寻找答案。

"杂色"滤镜组包含5种滤镜:"减少杂色""蒙尘与划痕""去斑""添加杂色""中间值"。"添加杂色"滤镜常用于画面中杂点的添加,如图12-527所示。而另外4种滤镜都是用于降噪,也就是去除画面的杂点。对比效果如图12-528和图12-529所示。

图12-527　　　　图12-528　　　　图12-529

【重点】12.10.1　减少杂色:图像降噪

"减少杂色"滤镜可以进行降噪和磨皮。该滤镜可以对于整个图像进行统一的参数设置,也可以对各个通道的降噪参数进行分别的设置,在保留边缘的前提下尽可能多地减少图像中的杂色。

步骤01 打开一张照片,如图12-530所示,可以看到人物面部皮肤比较粗糙。执行"滤镜>杂色>减少杂色"命令,打开"减少杂色"窗口,勾选"基本"选项,设置"减少杂色"滤镜的基本参数。可反复进行参数的调整,直到人物皮肤表面变得光滑,如图12-531所示。如图12-532所示为对比效果。下面我们来了解一下各个参数的设置。

图12-530　　　　图12-531　　　　图12-532

- **强度**:用来设置应用于所有图像通道的明亮度杂色的减少量。
- **保留细节**:用来控制保留图像的边缘和细节(如头发)的程度。数值为100%时,可以保留图像的大部

分细节,但是会将明亮度杂色减到最低。
- **减少杂色**:移去随机的颜色像素。数值越大,减少的颜色杂色越多。
- **锐化细节**:用来设置移去图像杂色时锐化图像的程度。
- **移除JPEG不自然感**:勾选该选项以后,可以移去因JPEG压缩而产生的不自然块。

步骤02 在"减少杂色"对话框中勾选"高级"选项,可以设置"减少杂色"滤镜的高级参数。其中"整体"选项卡与基本参数完全相同,如图12-533所示;"每通道"选项卡可以基于红、绿、蓝通道来减少通道中的杂色,如图12-534~图12-536所示。

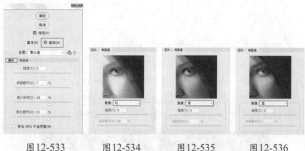

图12-533　　　图12-534　　　图12-535　　　图12-536

【重点】12.10.2　蒙尘与划痕

"蒙尘与划痕"滤镜常用于照片的降噪或者"磨皮"(磨皮是指肌肤质感的修饰,使肌肤变得光滑柔和),也能够制作照片转手绘的效果。打开一张图片,如图12-537所示。执行"滤镜>杂色>蒙尘与划痕"命令,在弹出的窗口进行参数的设置,如图12-538所示。随着参数的调整会发现画面中的细节在不断减少,画面中大部分接近的颜色都被合并为一个颜色。设置完成后单击"确定"按钮,效果如图12-539所示。通过这样的操作可以将噪点与周围正常的颜色融合以达到降噪的目的,也能够实现较少照片细节使其更接近绘画作品的目的。

图12-537　　　　图12-538　　　　图12-539

- **半径**:用来设置柔化图像边缘的范围。数值越大模糊程度越高,如图12-540和图12-541所示为不同参数的对比效果。

图12-540	图12-541

- **阈值**：用来定义像素的差异有多大才被视为杂点。数值越高，消除杂点的能力越弱。如图12-542和图12-543所示为不同参数的对比效果。

图12-542	图12-543

12.10.3 去斑

　　"去斑"滤镜可以检测图像的边缘（发生显著颜色变化的区域），并模糊那些边缘外的所有区域，同时会保留图像的细节。打开一张图片，如图12-544所示。执行"滤镜>杂色>去斑"命令（该滤镜没有参数设置窗口），此时画面效果如图12-545所示。此滤镜也常用于细节的去除和降噪操作。

图12-544	图12-545

【重点】12.10.4 添加杂色

　　"添加杂色"滤镜可以在图像中添加随机的单色或彩色的像素点。打开一张图片，如图12-546所示。执行"滤镜>杂色>添加杂色"命令，在弹出的"添加杂色"窗口中进行参数设置，如图12-547所示。设置完成后单击"确定"按

钮，此时画面效果如图12-548所示。

　　"添加杂色"滤镜也可以用来修缮图像中经过重大编辑过的区域。图像在经过较大程度的变形或者绘制涂抹后，表面细节会缺失，使用"添加杂色"滤镜能够在一定程度上为该区域增添一些略有差异的像素点，以增强细节感。

图12-546	图12-547	图12-548

- **数量**：用来设置添加到图像中的杂点的数量。如图12-549和图12-550所示为不同参数的对比效果。

图12-549	图12-550

- **分布**：选择"平均分布"选项，可以随机向图像中添加杂点，杂点效果比较柔和；选择"高斯分布"选项，可以沿一条钟形曲线分布杂色的颜色值，以获得斑点状的杂点效果。

- **单色**：勾选该选项以后，杂点只影响原有像素的亮度，但像素的颜色不会发生改变，如图12-551所示。

图12-551

练习实例：使用添加杂色滤镜制作雪景

文件路径	资源包\第12章\练习实例：使用添加杂色滤镜制作雪景
难易指数	★★★★★
技术掌握	添加杂色滤镜

案例效果

　　实例效果如图12-552所示。

图12-552

扫一扫，看视频

操作步骤

　　步骤01 执行"文件>打开"命令，打开素材"1.jpg"，如图12-553所示。新建一个图层，设置前景色为黑色，单击工具箱中的"矩形选框工具"按钮，绘制一个矩形选框，按快捷键Alt+Delete填充颜色为黑色，按快捷键Ctrl+D取消选择，如图12-554所示。

中文版Photoshop CC从入门到精通（微课视频版）

图12-553　　　　　　　图12-554

步骤 02 选择"图层1"，执行"滤镜>杂色>添加杂色"命令，在弹出的窗口中设置"数量"为25%，勾选"高斯分布"和"单色"选项，单击"确定"按钮完成设置，如图12-555所示。效果如图12-556所示。

图12-555　　　　　　　图12-556

步骤 03 选中"图层1"，使用"矩形选框工具"绘制一个小一些的矩形选区，如图12-557所示。然后使用快捷键Ctrl+Shift+I将选区反选，按下Delete键删除。然后使用快捷键Ctrl+D取消选区的选择，此时只保留一小部分图形，如图12-558所示。

图12-557　　　　　　　图12-558

步骤 04 使用快捷键Ctrl+T调出定界框然后将图形放大到与画布等大，如图12-559所示。选择该图层，执行"滤镜>模糊>动感模糊"命令，在弹出的窗口中设置"角度"为-40度，"距离"为30像素，设置完成后单击"确定"按钮，如图12-560所示。

图12-559　　　　　　　图12-560

步骤 05 选择该图层，在图层面板中设置"混合模式"为"滤色"，设置"不透明度"为75%，如图12-561所示。画面效果如图12-562所示。

图12-561　　　　　　　图12-562

步骤 06 丰富雪的层次。选择该图层，使用快捷键Ctrl+J将图层进行复制，然后按快捷键Ctrl+T，按住Shift键等比例扩大，按Enter键完成设置。最终效果如图12-563所示。

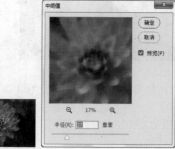

图12-563

12.10.5　中间值

"中间值"滤镜可以混合选区中像素的亮度来减少图像的杂色。打开一张图片，如图12-564所示。执行"滤镜>杂色>中间值"命令，在弹出的"中间值"窗口中进行参数设置，如图12-565所示。设置完成后单击"确定"按钮，此时画面效果如图12-566所示。该滤镜会搜索像素选区的半径范围以查找亮度相近的像素，并且会扔掉与相邻像素差异太大的像素，然后用搜索到的像素的中间亮度值来替换中心像素。

图12-564　　　　图12-565　　　　图12-566

- **半径**：用于设置搜索像素选区的半径范围。如图12-567和图12-568所示为不同参数的对比效果。

图12-567　　　　　　　图12-568

其他滤镜组中包含了HSB/HSL滤镜、"高反差保留"滤镜、"位移"滤镜、"自定"滤镜、"最大值"滤镜与"最小值"滤镜。

12.11.1 HSB/HSL

色彩有3大属性，分别是：色相、饱和度和明度。计算机领域中通常使用的RGB颜色系统不太适用于艺术创作。使用HSB/HSL 滤镜可以实现RGB 到 HSL（色相、饱和度、明度）的相互转换，也可以实现从 RGB 到 HSB（色相、饱和度、亮度）的相互转换。

打开一张图片，如图12-569所示。执行"滤镜>其他>HSB/HSL"命令，在打开的"HSB/HSL参数"窗口进行参数设置，如图12-570所示。单击"确定"按钮，画面效果如图12-571所示。

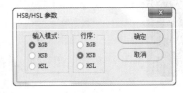

图12-569　　　　　　　　图12-570　　　　　　　　图12-571

12.11.2 高反差保留

"高反差保留"滤镜可以在具有强烈颜色变化的地方按指定的半径来保留边缘细节，并且不显示图像的其余部分。例如，在去除脸上较为密集斑点、痘痘时可以使用到该命令（用于提取斑点选区），如图12-572所示，也可以在需要强化图像，细节时使用（用于与原图叠加混合，以起到锐化细节的作用），如图12-573所示。

图12-572　　　　　　图12-573

打开一张图片，如图12-574所示。执行"滤镜>其他>高反差保留"命令，在弹出的"高反差保留"窗口中进行参数设置，如图12-575所示。单击"确定"按钮，效果如图12-576所示。

- 半径：用来设置滤镜分析处理图像像素的范围。数值越大，所保留的原始像素就越多；当数值为0.1像素时，仅保留图像边缘的像素。如图12-577和图12-578所示为不同参数对比效果。

图12-577　　　　　　图12-578

12.11.3 位移

"位移"滤镜常用于制作无缝拼接的图案。该命令能够在水平或垂直方向上偏移图像。打开一张图片，如图12-579所示。执行"滤镜>其他>位移"命令，在弹出的"位移"窗口中进行设置，如图12-580所示。参数设置完成后单击"确定"按钮，画面效果如图12-581所示。如果将该图像定义为"图案"，并使用"油漆桶工具""填充"命令或"图案叠加"图层样式进行填充，则会实现无缝对接。

图12-574　　　　　　图12-575　　　　　　图12-576

图12-579　　　　　　图12-580　　　　　　图12-581

- **水平**：用来设置图像像素在水平方向上的偏移距离。数值为正值时，图像会向右偏移，同时左侧会出现空缺。
- **垂直**：用来设置图像像素在垂直方向上的偏移距离。数值为正值时，图像会向下偏移，同时上方会出现空缺。
- **未定义区域**：用来选择图像发生偏移后填充空白区域的方式。选择"设置为透明/背景色"选项时，可以用透明/背景色填充空缺区域（当被选中的图层为普通图层时，此选项为"设置为透明"；当被选中的图层为背景图层，此选项为"设置为背景色"）；选择"重复边缘像素"选项时，可以在空缺区域填充扭曲边缘的像素颜色；选择"折回"选项时，可以在空缺区域填充溢出图像之外的图像内容。

图12-582　　　图12-583　　　图12-584

举一反三：自制无缝拼接图案

首先绘制基本图形，如图12-582所示。执行"滤镜>其他>位移"命令，在弹出的"位移"窗口中进行设置。得到一个移动后的图像，如图12-583所示。然后执行"编辑>定义为图案"命令，最后使用"油漆桶工具""填充"命令即可为画面进行图案的填充。效果如图12-584所示。

12.11.4　自定

"自定"滤镜可以设计用户自己的滤镜效果。该滤镜可以根据预定义的"卷积"数学运算来更改图像中每个像素的亮度值。执行"滤镜>其他>自定"命令即可打开"自定"窗口，如图12-585所示。

图12-585

12.11.5　最大值

"最大值"滤镜可以在指定的半径范围内，用周围像素的最高亮度值替换当前像素的亮度值。该滤镜对于修改蒙版非常有用。打开一张图片，如图12-586所示。执行"滤镜>其他>最大值"命令，打开"最大值"窗口，如图12-587所示。设置"半径"选项，该选项用来设置用周围像素的最高亮度值来替换当前像素的亮度值的范围。设置完成后单击"确定"按钮，效果如图12-588所示。该滤镜具有阻塞功能，可以展开白色区域，而阻塞黑色区域。

图12-586　　　　　图12-587　　　　　图12-588

12.11.6　最小值

"最小值"滤镜具有伸展功能，可以扩展黑色区域，而收缩白色区域。打开一张图片，如图12-589所示。执行"滤镜>其他>最小值"命令打开"最小值"窗口，如图12-590所示。设置"半径"选项，该选项是用来设置滤镜扩展黑色区域、收缩白色区域的范围。设置完成后单击"确定"按钮，效果如图12-591所示。

图12-589　　　　　图12-590　　　　　图12-591

综合实例：使用彩色半调滤镜制作音乐海报

文件路径	资源包\第12章\综合实例：使用彩色半调滤镜制作音乐海报
难易指数	★★★★★
技术掌握	彩色半调、黑白、阈值

案例效果

实例效果如图12-592所示。

图12-592

操作步骤

步骤01 执行"文件>新建"命令，新建一个空白文档，如图12-593所示。执行"文件>置入嵌入的智能对象"命令置入素材"1.jpg"，并将置入对象调整到合适的大小、位置，按Enter键完成置入操作。将该图层栅格化，如图12-594所示。

扫一扫，看视频

图12-593

图12-594

步骤02 单击工具箱中的"椭圆选框工具"，在人物头部按住Shift键绘制一个正圆选区，如图12-595所示。单击工具箱中的"多边形套索工具"，单击选项栏中的"从选区减去"按钮，然后在正圆左侧绘制一个图形，如图12-596所示。

图12-595

图12-596

步骤03 得到一个不完整的圆形选区，使用快捷键Ctrl+Shift+I将选区反选，如图12-597所示。选择照片图层，按Delete键删除选区中的像素，效果如图12-598所示。

图12-597

图12-598

步骤04 选中素材图层，执行"图像>调整>黑白"命令，在弹出的窗口中单击"确定"按钮完成设置，如图12-599所示。将素材移动到合适位置，此时画面效果如图12-600所示。

图12-599

图12-600

步骤05 选中素材图层，执行"像素化>彩色半调"命令，在弹出窗口中设置"最大半径"为8像素，单击"确定"按钮完成设置，如图12-601所示。此时画面效果如图12-602所示。

图12-601

图12-602

步骤06 单击工具箱中的"钢笔工具"按钮，在选项栏中设置"绘制模式"为"形状"，"填充"为中黄色，在画面上绘制一个半圆图形，如图12-603所示。在该图层上单击鼠标右键，执行"栅格化图层"命令。

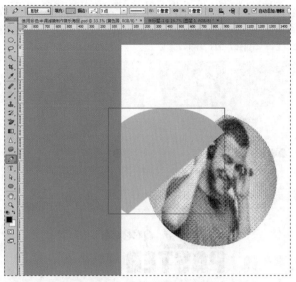

图12-603

步骤 07 选中绘制图形的图层，执行"像素化>彩色半调"命令，在弹出窗口中设置"最大半径"为12像素，单击"确定"按钮完成设置，如图12-604所示。此时画面效果如图12-605所示。

图12-604   图12-605

步骤 08 选中该图层，设置"混合模式"为"正片叠底"，如图12-606所示。此时画面效果如图12-607所示。

图12-606   图12-607

步骤 09 选中绘制图形的图层，执行"图层>新建调整图层>阈值"命令，在打开的"属性"面板中设置"阈值色阶"为128，单击"此调整剪切到此图层"按钮，如图12-608所示。此时画面效果如图12-609所示。

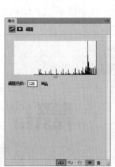

图12-608   图12-609

步骤 10 执行"图层>新建调整图层>渐变映射"命令，在打开的"属性"面板中单击"渐变编辑器"，在弹出的窗口中设置一个黄色系渐变，单击"确定"按钮完成设置，如图12-610所示。在"属性"面板中单击"此调整剪切到此图层"按钮，如图12-611所示。

图12-610   图12-611

步骤 11 单击工具箱中的"直线工具"，在选项栏中设置"绘制模式"为"形状"，"填充"为无，"描边"为黑色，"描边宽度"为1像素，"描边类型"为直线，然后在画面中按住鼠标左键拖曳绘制一段直线，如图12-612所示。

图12-612

步骤 12 输入文字。单击工具箱中的"横排文字工具"按

491

钮，在选项栏上设置合适的字体、字号，设置文本颜色为黑色，在画面上单击输入文字，如图12-613所示。继续输入文字，如图12-614所示。

图12-613　　　　　　　　　　　图12-614

步骤13 单击工具箱中的"椭圆工具"，在选项栏中设置"绘制模式"为"形状"，"填充"为黑色。然后在画面的左下角按住Shift键的同时按住鼠标左键拖曳绘制一个正圆，如图12-615所示。绘制一个正圆，如图12-616所示。

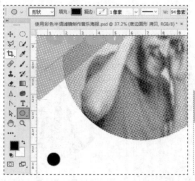 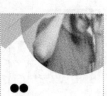

图12-615　　　　　　　　　　　图12-616

步骤14 使用"横排文字工具"在画面的底部输入文字，如图12-617所示。接着参照文字的位置，使用直线工具绘制分割线，如图12-618所示。

图12-617　　　　　　　　　　　图12-618

步骤15 案例最终效果如图12-619所示。

图12-619

Chapter
13

第 13 章

扫一扫，看视频

通道

本章内容简介：

本章讲解了通道相关的知识，其实通道的部分操作在前面的章节中也有涉及到。例如调色时对个别通道进行调整、利用通道进行抠图等。在本章中主要来了解一下利用通道进行这些操作的原理。

重点知识掌握：

- 了解通道的原理
- 掌握通道与选区之间的转换
- 掌握专色通道的创建与编辑方法

通过本章学习，我能做什么？

通过本章的学习，我们可了解通道的工作原理。利用通道与选区的关系，我们可以制作出各种复杂的选区，还可以利用通道进行调色。除此之外，专色通道的创建与使用也是印刷设计行业必须了解的知识。

我们都知道，一张RGB颜色模式的彩色图像是由R（红）、G（绿）、B（蓝）3种颜色构成的。每个颜色以特定的数量通过一定的模式进行混合，得到彩色的图像。而每种颜色所占的比例则由黑白灰在通道中体现，如图13-1所示。

图13-1

"通道"是一个用于储存颜色信息和选区信息的功能。在Photoshop中有3种类型的通道："颜色通道""专色通道"和"Alpha通道"，"颜色通道""专色通道"是用于储存颜色信息，而"Alpha通道"则是用于储存选区。执行"窗口>通道"命令，打开"通道"面板，在"通道"面板中可以看到一个彩色的缩览图和几个灰色的缩览图，这些就是通道。"通道"面板主要用于创建、存储、编辑和管理通道，如图13-2所示。

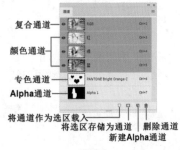

图13-2

- 复合通道：该通道用来记录图像的所有颜色信息。
- 颜色通道：用来记录图像颜色信息。不同颜色模式的图像显示的颜色通道个数不同，例如RGB图像显示红通道、绿通道和蓝通道3个颜色通道，而CMYK则显示青色、洋红、黄色、黑色4个通道。
- Alpha通道：用来保存选区的通道，可以在Alpha通道中绘画、填充颜色、填充渐变、应用滤镜等。在Alpha通道中白色部分为选区内部，黑色部分为选区外部，灰色部分则为半透明的选区。
- 将通道作为选区载入 ：单击该按钮可以载入所选通道的选区。在通道中白色部分为选区内部，黑色部分为选区外部，灰色部分则为半透明的选区。
- 将选区存储为通道 ▣：如果图像中有选区，单击该按钮，可以将选区中的内容存储到通道中。选区内部会被填充为白色，选区外部会被填充为黑色，羽化的选区为灰色。
- 创建新通道 ▣：单击该按钮，可以新建一个Alpha通道。
- 删除当前通道 ▥：将通道拖到该按钮上，可以删除选择的通道。在删除颜色通道时，特别要注意，如果删除的是红、绿、蓝通道中的一个，那么RGB通道也会被删除。如果删除的是复合通道，那么将删除Alpha通道和专色通道以外的所有通道。

> **提示：通道的储存。**
>
> 默认情况下打开通道就会显示着颜色通道。只要是支持图像颜色模式的格式，都可以保留颜色通道。如果要保存Alpha通道，可以将文件存储为 PDF、TIFF、PSB 或 RAW 格式。如果要保存专色通道，可以将文件存储为 DCS 2.0 格式。

13.2 颜色通道

颜色通道是将构成整体图像的颜色信息整理并表现为单色图像。默认情况下显示为灰度图像。默认情况下，打开一个图片，通道面板中显示的是颜色通道。这些颜色通道与图像的颜色模式是一一对应的。例如RGB颜色模式的图像，其通道面板显示着RGB通道、R通道、G通道和B通道，如图13-3所示。RGB通道属于复合通道，显示整个图像的全通道效果，其他3个颜色通道则控制着各自颜色在画面中显示的多少。根据图像颜色模式的不同，颜色通道的数量也不同。CMYK颜色模式的图像有CMYK、青色、洋红、黄色、黑色5个通道，如图13-4所示。而索引颜色模式的图像只有一个通道，如图13-5所示。

图13-3　　　　图13-4　　　　图13-5

13.2.1 动手练：选择通道

在"通道"面板中单击即可选中某一通道，如图13-6所示。每个通道后面有对应的"Ctrl+数字"格式快捷键，比如在图13-7中"红"通道后面有Ctrl+3快捷键，这就表示按Ctrl+3快捷键可以单独选择"红"通道。按住Shift键并单击可以加选多个通道。

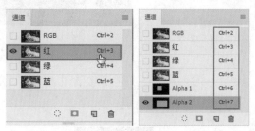

图13-6　　　　　　　　图13-7

单击某一通道后，会自动隐藏其他通道，如图13-8所

示。如果想要观察整个画面的全通道效果，可以单击最顶部的复合通道前方的　图标，使之变为　，如图13-9所示。

图13-8　　　　　　图13-9

> **提示：隐藏通道。**
>
> 隐藏任何一个颜色通道时，复合通道都会被隐藏。

举一反三：将通道中的内容粘贴到图像中

默认情况下通道显示为灰度图像，如果想要使用某个通道中的灰度图像，则可以将通道中的内容复制出来。

步骤01 执行"窗口>通道"命令，打开"通道"面板，在"通道"面板中单击选择某个通道，画面中会显示该通道的灰度图像，如图13-10和图13-11所示。

图13-10　　　　　　　　图13-11

步骤02 按下全选快捷键Ctrl+A以及复制快捷键Ctrl+C。如图13-12所示。单击RGB复合通道，显示完整的彩色图像。回到图层面板，按下粘贴快捷键Ctrl+V，即可将通道中的灰度图像粘贴到一个新的图层中，如图13-13所示。

图13-12　　　　　　　　图13-13

步骤03 得到的灰度图像不仅可以用于制作黑白照片，更能够通过设置黑白图像的混合模式，制作特殊的色调效果如图13-14和图13-15所示。

图13-14　　　　　　　　图13-15

练习实例：水平翻转通道制作双色图像

文件路径	资源包\第13章\练习实例：水平翻转通道制作双色图像
难易指数	★★★★★
技术掌握	选择通道、变换操作

案例效果

案例处理前后的对比效果如图13-16和图13-17所示。

图13-16　　　　　　图13-17

操作步骤

步骤01 执行"文件>打开"命令，打开素材"1.jpg"。如图13-18所示。打开"通道"面板，按下Ctrl+3快捷键或直接单击选择"红"通道，如图13-19所示。

图13-18　　　　　图13-19

步骤02 按快捷键Ctrl+A全选当前图像，如图13-20所示。执行"编辑>变换>水平翻转"命令，此时图像效果如图13-21所示。

图13-20　　　　　　　　　　图13-21

步骤03 单击RGB通道，如图13-22所示。此时可以看到图形变为红色和青色，并出现两个人像。最终效果如图13-23所示。

图13-22　　　　　　　　　　图13-23

13.2.2　动手练：使用通道调整颜色

在前面章节中，我们学习了调色命令的使用，很多调色命令中都带有通道的设置，如曲线命令。如果针对RGB通道进行调整，则会影响画面整体的明暗和对比度，如果对"红""绿""蓝"通道进行调整，则会使画面的颜色倾向发生更改，如图13-24和图13-25所示。

扫一扫，看视频

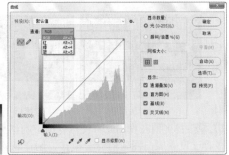

图13-24　　　　　　　　　　图13-25

例如提亮"红"的曲线，如图13-26所示。其实就相当于使"红"通道的明度升高，如图13-27所示。而"红"通道明度的升高就意味着画面中红色的成分被增多，所以画面会倾向于红色，如图13-28所示。

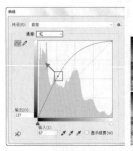 

图13-26　　　　　　　图13-27　　　　　　　图13-28

如果压暗了"蓝"的曲线，如图13-29所示，就相当于使"蓝"通道的明度降低，如图13-30所示。画面中蓝色的成分减少，反之红和绿的成分会增多，画面会更倾向于红绿相加的颜色，也就是黄色，如图13-31所示。所以，如果想要对图像的颜色倾向进行调整，也可以直接对通道中的明暗程度进行调整。

图13-29　　　　　　　图13-30　　　　　　　图13-31

举一反三：替换通道制作奇特的色调

通过前面的学习我们了解到通道的明暗直接影响到画面的颜色，那么我们可以尝试一下"替换通道"的内容，改变画面颜色。

步骤01 例如我们打开一张图片，在"通道"面板中单击其中一个通道，如图13-32和图13-33所示。接着对画面进行全选并复制，如图13-34所示。

图13-32　　　　　图13-33　　　　　图13-34

步骤02 单击另一个通道进行粘贴，如图13-35所示。单击RGB通道，显示出完整效果，此时画面颜色发生了变化，如图13-36和图13-37所示。

图13-35　　　　　图13-36　　　　　图13-37

步骤03 我们也可以尝试替换其他通道，效果如图13-38和图13-39所示。

中文版Photoshop CC从入门到精通（微课视频版）

图13-38　　　　　　图13-39

步骤04 还可以做一些更大胆的尝试，例如直接在通道中绘画，如图13-40所示为通道效果，如图13-41所示为颜色变化效果。

图13-40　　　　　　图13-41

13.2.3　分离通道

在Photoshop中可以将图像以通道中的灰度图像为内容，拆分为多个独立的灰度图像。以一张RGB颜色模式的图像为例，如图13-42所示。在"通道"面板的菜单中执行"分离通道"命令，如图13-43所示。软件会自动将"红""绿""蓝"3个通道单独分离成3张灰度图像并关闭彩色图像，如图13-44所示。

图13-42　　　　图13-43　　　　　　图13-44

13.2.4　动手练：合并通道

"合并通道"命令与"拆分通道"命令相反，合并通道可以将多个灰度图像合并为一个图像的通道。需要注意的是，要合并的图像必须满足以下几个条件：全部在Photoshop中打开；已拼合的图像；灰度模式；像素尺寸相同；否则"合并通道"命令将不可用。图像的数量决定了合并通道时可用的颜色模式。比如，4张图像可以合并为一个CMYK图像。而打开3张图像则能够合并出RGB模式图像。

步骤01 打开3张尺寸相同的图像，如图13-45～图13-47所示。对3张图像分别执行"图像>模式>灰度"菜单命令。在弹出窗口中单击"扔掉"按钮，将图片全部转换为灰度图像，如图13-48所示。

图13-45　　图13-46　　图13-47　　图13-48

步骤02 图像全部变为灰度，如图13-49～图13-51所示。

图13-49　　　　图13-50　　　　图13-51

步骤03 然后在第1张图像的"通道"面板菜单中执行"合并通道"命令，如图13-52所示。在打开的"合并通道"窗口中设置"模式"为"RGB颜色"，单击"确定"按钮，如图13-53所示。

图13-52　　　　　　图13-53

步骤04 随即会弹出"合并RGB"通道窗口，在该窗口中可以指定哪个图像来作为红色、绿色、蓝色通道，如图13-54所示。选择好通道图像以后单击"确定"按钮，此时在"通道"面板中会出现一个RGB颜色模式的图像，如图13-55所示。

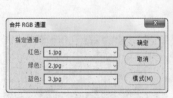

图13-54　　　　　　　　图13-55

练习实例：通道调色打造复古感风景照片

文件路径	资源包\第13章\练习实例：通道调色打造复古感风景照片
难易指数	★★★★★
技术掌握	通道、曲线

案例效果

案例处理前后对比效果如图13-56和图13-57所示。

图13-56　　　　　　图13-57

扫一扫，看视频

操作步骤

步骤01 执行"文件>打开"命令，打开素材"1.jpg"。如图13-58所示。

图13-58

步骤02 执行"图层>新建调整图层>曲线"命令，在"属性"面板中设置"通道"为"蓝"，在曲线上的高光部分单击并向下拖动，然后在阴影部分单击并向上拖动，如图13-59所示。此操作相当于在亮部减少蓝色、在暗部增加蓝色，此时画面效果如图13-60所示。

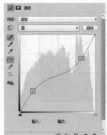 

图13-59 　　　　　　　　　　 图13-60

步骤03 设置通道为RGB，在高光部分单击并向上微移，在阴影部分单击并向下微移，如图13-61所示。画面最终效果如图13-62所示。

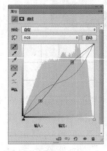 

图13-61 　　　　　　　　　　 图13-62

13.3　Alpha通道

与其说Alpha通道是一种"通道"，不如说它是一个选区储存与编辑的工具。Alpha通道能够以黑白图的形式储存选区，白色为选区内部，黑色为选区外部，灰色为羽化的选区。将选区以图像的形式进行表现，更方便我们进行形态的编辑。

【重点】13.3.1　创建新的空白Alpha通道

单击"创建新通道"按钮，可以新建一个Alpha通道，如图13-63所示。此时的Alpha通道为纯黑色，没有任何选区，如图13-64所示。

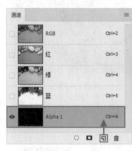 

图13-63 　　　　　　 图13-64

接下来可以在Alpha通道中填充渐变、绘图等操作，如图13-65所示。单击该Alpha通道，并单击面板底部的"将通道作为选区载入"按钮，如图13-66所示，得到选区，如图13-67所示。

图13-65 　　　 图13-66 　　　 图13-67

 提示：重命名通道。

　　要重命名Alpha通道或专色通道，可以在"通道"面板中双击该通道的名称，激活输入框，然后输入新名称即可。默认的颜色通道的名称是不能进行重命名的。

【重点】13.3.2　复制颜色通道得到Alpha通道

在图像编辑的过程中，经常需要制作一些选区，以限定图像编辑的区域。而有的选区非常复杂，几乎无法直接创建。但是我们知道，通道内容与选区是可以相互转换的。那么我们就可以尝试在"通道"面板中，通过对通道内容的黑白关系进行调整，来获取可以制作出合适选区的黑白图像，如图13-68和图13-69所示。这就是通道抠图的基本思路。

对原有的颜色通道进行复制也可以得到新的Alpha通道。选择通道，单击鼠标右键，然后在弹出的菜单中选择"复制通道"命令，如图13-70所示，即可得到一个相同内容的Alpha通道，如图13-71所示。接下来我们可以在这个Alpha通道中进行各种各样的编辑，可将通道转换为选区，并进行抠图，或者图像编辑等操作。

图13-68　　　　　　图13-69

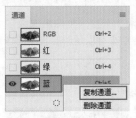

图13-70　　　　　　图13-71

【重点】13.3.3　以当前选区创建Alpha通道

以当前选区创建Alpha通道相当于将选区储存在通道中，需要使用的时候可以随时调用。而且将选区创建Alpha通道后，选区变为了可见的灰度图像，对灰度图像进行编辑即可实现对选区形态编辑的目的。

步骤01 当图像中包含选区时，如图13-72所示。单击"通道"面板底部的"将选区储存为通道"按钮▣，如图13-73所示。即可得到一个Alpha通道，其中选区内的部分填充为白色，选区外的部分被填充为黑色，如图13-74所示。

步骤02 取消选区后，我们可以对Alpha通道的内容进行绘制编辑，如图13-75所示。选择这个Alpha通道，单击底部的"将通道作为选区载入"按钮，如图13-76所示。此时可以得到编辑后的选区，如图13-77所示。

图13-75　　　　　图13-76　　　　　图13-77

图13-72　　　　图13-73　　　　图13-74

举一反三：将图像中的内容粘贴到通道中

图像内容可以粘贴到通道中，粘贴到通道中的图像只保留其灰度内容。

步骤01 在Photoshop中打开两张图片，如图13-78和图13-79所示。

图像，然后按Ctrl+C快捷键复制图像，如图13-80所示。切换到另外一个图片的文档窗口，进入"通道"面板，单击"创建新通道"按钮▣，新建一个Alpha1通道，按Ctrl+V快捷键将复制的图像粘贴到通道中，如图13-81所示。

图13-78　　　　　　图13-79

图13-80　　　　　　图13-81

步骤02 在其中一个图片的文档窗口中按Ctrl+A快捷键全选

步骤03 显示出RGB复合通道与Alpha通道（显示Alpha通道时，通道内容会显示为半透明的红色效果），如图13-82所示。也可以粘贴到原有的颜色通道上，图像的颜色会发生变化，如图13-83所示。

图13-82　　　　　　　　　图13-83

13.3.4　通道计算：混合得到新通道/选区

"计算"命令可以混合两个来自一个源图像或多个源图像的单个通道，得到的混合结果可以是新的灰度图像或选区、通道。

步骤01 首先打开一张图片，如图13-84所示。置入一张图片，并将其栅格化，如图13-85所示。

图13-84　　　　　　　　图13-85

步骤02 执行"图像>计算"菜单命令，打开"计算"窗口。先勾选"预览"选项，随时查看调整效果，如图13-86所示。在"源1"选项中选择需要计算的文档，选择需要计算的"图层"，设置所选图层中的通道，如图13-87所示。

 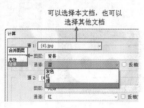

图13-86　　　　　　　　图13-87

步骤03 设置"源2"选项。该选项用来选择与"源1"混合的第二个源图像、图层和通道，如图13-88所示。设置计算的混合效果，如图13-89所示。

图13-88　　　　　　　　图13-89

步骤04 所有参数设置完成后，在"结果"选项中选择计算的结果。其中有"新建文档""新建通道"和"选区"3个选项。选择"新建文档"选项后会得到一个新文档；选择"新建通道"选项可以将计算结果保存到一个新的通道中；选择"选区"方式，可以生成一个新的选区。如图13-90～图13-93所示。

图13-90　　　　图13-91　　　　图13-92　　　　图13-93

13.3.5　应用图像

图层之间可以通过图层的混合模式来进行混合，通道之间可以通过"应用图像"窗口进行混合。

步骤01 打开一张图片，如图13-94所示。执行"图像>应用图像"命令，打开"应用图像"窗口，如图13-95所示。

 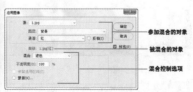

图13-94　　　　　　　　图13-95

- 源：用来设置参与混合的文件，默认为当前文件，也可以选择使用其他文件来与当前图像进行混合，但是该文件必须是打开的，并且与当前文件具有相同尺寸和分辨率的图像。
- 图层：用来选择一个图层进行混合，当文件中有多个图层，并且需要将所有图层进行混合时可以选择"合并图层"。
- 通道：用来设置源文件中参与混合的通道。
- 反相：可将通道反相后再进行混合。
- 混合：在下拉列表中包含多种混合模式。
- 不透明度：控制混合的强度，数值越高混合强度越大。
- 保留透明度区域：当勾选该选项后将混合效果限定在图层的不透明区域内。

- 蒙版：当勾选"蒙版"后会显示隐藏的选项，然后选择保护蒙版的图像和图层。

步骤02 进行参数的设置。将"源"设置为本文档，单击"通道"按钮在下拉列表中选择"红通道"。然后设置"混合"为"滤色"，为了让混合效果不那么强烈，可以适当的降低"不透明度"，如图13-96所示。设置完成后单击"确定"按钮，效果如图13-97所示。

图13-96　　　　　　图13-97

【重点】13.4　专色通道

我们都知道，彩色印刷品的印刷是通过将C（青色）、M（洋红）、Y（黄色）、K（黑色）4种颜色的油墨以特定的比例混合形成各种各样的色彩，如图13-98所示。而"专色"则是指在印刷时，不通过C、M、Y、K4色合成的颜色，而是专门用一种特定的油墨印刷的颜色，如图13-99所示。

扫一扫，看视频

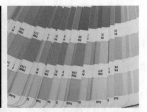

图13-98　　　　　　　图13-99

使用专色可使颜色印刷效果更加精准。通过标准颜色匹配系统（如Pantone彩色匹配系统）的预印色样卡，能看到该颜色在纸张上的准确的颜色。但是需要注意的是，并不是我们随意设置出来的"专色"都能够被印刷厂准确的调配出来，所以没有特殊要求的情况下不要轻易使用自己定义的专色。

- 什么时候适合使用专色印刷？例如画面中只包含一种颜色，这种颜色想要通过四色印刷则需要两种颜色进行混合而成。而使用专色印刷只需要一个就可以，不但色彩准确，而且成本也会降低。包装印刷中经常采用专色印刷工艺印刷大面积底色。

- 专色通道是什么？专色通道就是用来保存专色信息的一种通道。每个专色通道可以储存一种专色的颜色信息以及该颜色所处的范围。除位图模式无法创建专色通道外，其他色彩模式的图像都可以建立专色通道。

下面我们来学习一下如何创建专色通道。

步骤01 创建通道之前，首先需要得到用于专色印刷区域的选区，如图13-100所示。打开"通道"面板，单击"面板菜单"按钮，执行"新建专色通道"命令，如图13-101所示。

图13-100　　　　　　图13-101

步骤02 弹出"新建专色通道"窗口。在该窗口中可以设置专色通道的名称，然后单击"颜色"按钮，会弹出"拾色器"窗口，单击该窗口中的"颜色库"按钮，如图13-102所示，弹出"颜色库"窗口。在该窗口可以从色库列表中选择一个合适的色库。每个色库都有很多预设的颜色，选择一种颜色，单击"确定"按钮，如图13-103所示。

图13-102　　　　　　图13-103

步骤03 然后在"新建专色通道"窗口中可以通过"密度"数值来设置颜色的浓度。单击"确定"按钮，如图13-104所示。专色通道新建完成，此时画面效果如图13-105所示。

图13-104　　　　　　图13-105

 提示：专色通道中的黑与白。

在专色通道中，黑色区域为使用专色的区域；用白色涂抹的区域无专色。

步骤04 如果要修改专色通道的颜色设置，可以双击专色通道的缩览图，即可重新打开"专色通道选项"窗口，如图13-106所示。效果如图13-107所示。

图13-106　　　　　图13-107

综合实例：使用Lab颜色模式进行通道调色

文件路径	资源包\第13章\综合实例：使用Lab颜色模式进行通道调色
难易指数	★★★★★
技术掌握	转换lab颜色模式

案例效果

案例处理前后的对比效果如图13-108和图13-109所示。

图13-108　　　　　图13-109

操作步骤

步骤01 执行"文件>打开"命令，打开素材"1.jpg"，如图13-110所示。执行"图像>模式>Lab颜色"命令。

扫一扫，看视频

图13-110

步骤02 执行"图层>新建调整图层>曲线"命令，在打开的"属性"面板中，此时通道列表中的通道变为"明度"、a、b。首先设置通道为"明度"，单击曲线中间调部分并向上轻移，如图13-111所示。此时画面变亮，如图13-112所示。

图13-111　　　　　图13-112

步骤03 继续在"属性"面板中设置通道为a，在曲线的高光部分单击并向上拖动，然后在曲线的阴影部分单击并向下拖动，如图13-113所示。此时画面原本黄绿色的部分倾向于青色，皮肤部分显得更加粉嫩，如图13-114所示。

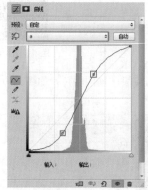

图13-113　　　　　图13-114

步骤04 继续在"属性"面板中设置通道为b，在曲线的高光部分单击并向下拖动，然后在曲线的阴影部分单击并向上拖动，如图13-115所示。此时画面效果如图13-116所示。执行"图像>模式>RGB颜色"命令。将之前的颜色模式转换回来。

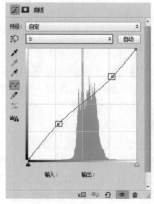

图13-115　　　　　图13-116

Chapter

14

第 14 章

扫一扫，看视频

网页切片与输出

本章内容简介：

网页设计是近年来比较热门的设计类型。与其他类型的平面设计不同，网页由于其呈现介质的不同，在设计制作的过程中需要注意一些问题，如颜色、文件大小等。当我们打开一个网页时，会自动从服务器上下载网站页面上的图像内容。那么图像内容的大小在很大程度上能够影响网页的浏览速度。所以在网页内容的输出时就需要设置合适的输出格式以及图像压缩比率。

重点知识掌握：

- 安全色的设置与使用
- 切片的划分
- 将网页导出为合适的格式

通过本章学习，我能做什么？

通过本章的学习我们能够完成网站页面设计的后几个步骤：切片的划分与网页内容的输出。这些步骤虽然看起来与设计过程无关，但是网页输出的恰当与否也在很大程度上决定了网站的浏览速度。

14.1 Web安全色

Web安全色是指能在不同操作系统和不同浏览器之中同时正常显示颜色。为什么在设计网页时需要使用安全色呢？这时由于网页需要在不同的操作系统下或在不同的显示器中浏览，而不同操作系统或浏览器的颜色都有一些细微的差别。所以确保制作出的网页颜色能够在所有显示器中显示相同的效果是非常重要的，这就需要我们在制作网页时使用"Web安全色"，如图14-1所示。

Web安全色　非安全色

图14-1

【重点】14.1.1 将非安全色转化为安全色

在"拾色器"中选择颜色时，在所选颜色右侧出现⚠警告图标，就说明当前选择的颜色不是Web安全色，如图14-2所示。单击⚠图标，即可将当前颜色替换为与其最接近的Web安全色，如图14-3所示。

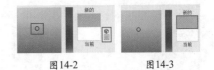

图14-2　　　　图14-3

【重点】14.1.2 动手练：在安全色状态下工作

步骤01 在"拾色器"中选择颜色时，勾选窗口左下角的"只有Web颜色"选项后，拾色器色域中的颜色明显减少，此时选择的颜色皆为安全色，如图14-4所示。

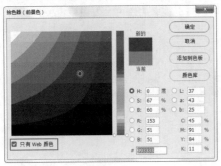

图14-4

步骤02 执行"窗口>颜色"命令，打开"颜色"面板，默认情况下显示的"色相立方体"，在其菜单中执行"建立Web安全曲线"命令，可以看到与"拾色器"相似的情况，如图14-5所示。切换为"亮度立方体"，效果如图14-6所示。

图14-5　　　　　　　　图14-6

步骤03 在"颜色"面板菜单中执行"Web颜色滑块"命令，颜色面板会自动切换为"Web颜色滑块"模式，并且可选颜色数量明显减少，如图14-7所示。

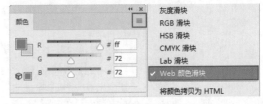

图14-7

14.2 网页切片

扫一扫，看视频

在网站设计工作中，页面的美化是至关重要的一个步骤。页面设计师在Photoshop中完成的版面内容的编排后，并不能直接将整张网页图片传到网络上，需要先将网页进行"切片"。"切片"是将图片转化成可编辑网页的中间环节，通过切片可以将普通图片变成DreamWeaver可以编辑的网页格式。而且切片后的图片可以更快地在网络上传播。如图14-8～图14-11所示为优秀的网页设计作品。

图14-8

图14-9　　　　图14-10

图14-11

【重点】14.2.1 什么是"网页切片"

"网页切片"可以简单理解成将网页图片切分为一些小碎片的过程。为了网页浏览的流畅，在网页制作中往往不会直接使用整张大尺寸的图像。通常情况下都会将整张图像"分割"为多个部分，这就需要使用到"切片技术"。"切片技术"就是将一整张图切割成若干小块，并以表格的形式加以定位和保存，如图14-12所示为一个完整的网页设计的图片，如图14-13所示为将网页切片导出后的效果。

图14-12   图14-13

切片的方式非常简单，与绘制选区的方式很接近。绘制出的范围会成为"用户切片"，而范围以外也会被自动切分，成为"自动切片"。每一次添加或编辑切片时，都会重新生成自动切片。除此之外，还可以基于图层的范围创建切片，称为"基于图层的切片"。用户切片和基于图层切片由实线定义，而自动切片则由虚线定义，如图14-14所示。

图14-14

提示：如何隐藏切片？

如果切片处于隐藏状态，执行"视图>显示>切片"菜单命令可以显示切片。

【重点】14.2.2 认识"切片工具"

切片工具"隐藏"在裁剪工具组中，右键单击工具组按钮，在弹出的列表中可以看到两种切片工具："切片工具"和"切片选择工具"，如图14-15所示。

单击工具组中的"切片工具" ，在选项栏中的样式列表内可以设置绘制切片的方式。选择"正常"可以通过在画面中按住并拖动鼠标来确定切片的大小；选择"固定长宽比"可以在后面"宽度"和"高度"输入框中设置切片的宽高比；选择"固定大小"可以在后面"宽度"和"高度"输入框中设置切片的固定大小，如图14-16所示。如果当前文档包含参考线，单击"基于参考线的切片"按钮可以从参考线创建切片。

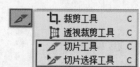

图14-15

样式：正常	宽度：	高度：	基于参考线的切片
样式：固定长宽比	宽度：1	高度：1	基于参考线的切片
样式：固定大小	宽度：64 像素	高度：64 像素	基于参考线的切片

图14-16

工具组中的"切片选择工具" 是用于对已有的切片进行选择、调整堆叠顺序、对齐与分布等操作，在工具箱中单击"切片选择工具"按钮 ，其选项栏如图14-17所示。

图14-17

- 调整切片堆叠顺序 ：创建切片以后，最后创建的切片处于堆叠顺序中的最顶层。如果要调整切片的堆叠顺序，可以利用"置为顶层"按钮 、"前移一层"按钮 、"后移一层"按钮 和"置为底层"按钮 来完成。

- 提升：单击该按钮，可以将所选的自动切片或图层切片提升为用户切片。

- 划分：单击该按钮，可以打开"划分切片"对话框，在该对话框中可以对所选切片进行划分。

- 对齐与分布切片 ：选择多个切片后，可以单击相应的按钮来对齐或分布切片。

- 隐藏自动切片：单击该按钮，可以隐藏自动切片。

- 为当前切片设置选项 ：单击该按钮，可在弹出的"切片选项"对话框中设置切片的名称、类型，指定URL地址等。

【重点】14.2.3　动手练：使用"切片工具"创建切片

1.创建切片

　　右键单击工具组，在其中单击"切片工具" ，然后选项栏中设置"样式"为"正常"。在图像中按住鼠标左键并拖动鼠标，绘制出一个矩形框，如图14-18所示。释放鼠标左键以后就可以创建一个用户切片，而用户切片以外的部分将生成自动切片，如图14-19所示。

图14-18　　　　　　　　图14-19

> 提示：切片工具小技巧。
>
> 　　使用"切片工具"创建切片时，按住 Shift 键可以创建正方形切片。

2.切片的选择

　　右键单击工具组，在其中单击"切片选择工具" ，在图像中单击即可选中切片，如图14-20所示。如果想同时选中多个切片，可以按住Shift键的同时单击其他切片，如图14-21所示。

图14-20　　　　　　图14-21

3.移动切片位置

　　如果要移动切片，可以使用"切片选择工具" 选择切片，然后按住鼠标左键并拖动鼠标即可，如图14-22和图14-23所示。

图14-22　　　　　　　　图14-23

4.调整切片大小

　　如果要调整切片的大小，可以按住鼠标左键并拖动切片边框进行调整，如图14-24和图14-25所示。在移动切片时按住Shift键，可以在水平、垂直或45°方向进行移动。

图14-24　　　　　　　　图14-25

14.2.4　动手练：基于参考线创建切片

　　在包含参考线的文件中可以创建基于参考线的切片。单击工具箱中的"切片工具"按钮，然后在选项栏中单击"基于参考线的切片"按钮，如图14-26所示。即可基于参考线的划分方式创建出切片，如图14-27所示。

图14-26　　　　　　　　　　　　　　　　　　　　图14-27

中文版Photoshop CC从入门到精通（微课视频版）

14.2.5 动手练：基于图层创建切片

选择需要以其创建切片的图层，如图14-28所示。执行"图层>新建基于图层的切片"命令，就可以创建包含该图层所有像素的切片，如图14-29所示。基于图层创建切片以后，当对图层进行移动、缩放、变形等操作时，切片会跟随该图层进行自动调整，如图14-30所示。删除图层后，基于该图层创建的切片会被删除（无法删除自动切片）。

图14-28 　　　　图14-29 　　　　图14-30

14.2.6 动手练：自动划分切片

划分切片命令可以沿水平方向、垂直方向或同时沿这两个方向划分切片。不论原始切片是用户切片还是自动切片，划分后的切片总是用户切片。使用"切片选择工具" 单击选择一个切片，然后单击选项栏中的"划分"按钮，如图14-31所示。打开"划分切片"对话框，勾选"水平划分为"/"垂直划分为"选项后，可以在水平/垂直方向上划分切片，可在其中设置切片的数值，如图14-32所示。切片效果如图14-33所示。

图14-31 　　　　图14-32 　　　　图14-33

【重点】14.2.7 动手练：切片的编辑操作

创建出的切片还能够进行复制、组合、删除等操作，以便于得到合适的切片。

1.复制切片

使用"切片选择工具" 选择切片，然后按住Alt键的同时拖动切片，即可复制出相同的切片，如图14-34所示。

图14-34

2.将多个切片组合为一个切片

在组合切片之前，先使用"切片选择工具" 选择多个切片，然后单击鼠标右键在弹出的快捷键菜单中执行"组合切片"命令，如图14-35所示，所选的切片即可组合为一个切片，如图14-36所示。

图14-35 　　　　图14-36

提示：组合切片的相关问题。

组合切片时，如果组合切片不相邻，或者比例、对齐方式不同，则新组合的切片可能会与其他切片重叠。

3.删除切片

使用"切片选择工具" 选择切片以后，单击鼠标右键，在弹出的菜单中执行"删除切片"命令，如图14-37所示，可以删除切片，如图14-38所示，也可以按Delete键或BackSpace键来完成删除。删除了用户切片或基于图层的切片后，将会重新生成自动切片以填充文档区域。

图14-37 　　　　图14-38

4.清除全部切片

执行"视图>清除切片"命令，可以删除所有的用户切片和基于图层的切片。

5.锁定切片

执行"视图>锁定切片"菜单命令，可以锁定所有的用户切片和基于图层的切片。锁定切片以后，将无法对切片进行移动、缩放或其他更改。再次执行"视图>锁定切片"即可取消锁定，如图14-39所示。

图14-39

14.2.8 提升：自动切片转换为用户切片

　　"自动切片"无法进行优化设置，只有"用户切片"才能够进行不同的优化设置。所以需要将"自动切片"转换为"用户切片"。首先选择"切片选择工具"，然后在"自动切片"上单击，接着单击选项栏中的"提升"按钮，如图14-40所示。随即"自动切片"可以转换为"用户切片"，如图14-41所示。

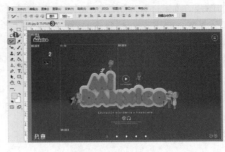

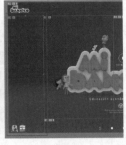

图14-40　　　　　　　　　　图14-41

【重点】14.2.9　设置切片选项

　　划分完成的切片，还需要上传到网页上。那么在上传之前我们需要对切片的选项进行一定的设置。使用"切片选择工具" 选择某一切片，并在选项栏中单击"为当前切片设置选项"按钮，可以打开"切片选项"对话框，在这里可以进行切片名称、尺寸、URL、目标等属性的设置，如图14-42所示。

图14-42

- 切片类型：设置切片输出的类型，即在与HTML文件一起导出时，切片数据在Web中的显示方式。选择"图像"选项时，切片包含图像数据；选择"无图

像"选项时，可以在切片中输入HTML文本，但无法导出图像，也无法在Web中浏览；选择"表"选项时，切片导出时将作为嵌套表写入到HTML文件中。

- 名称：用来设置切片的名称。
- URL：设置切片链接的Web地址（只能用于"图像"切片），在浏览器中单击切片图像时，即可链接到这里设置的网址和目标框架。
- 目标：设置目标框架的名称。
- 信息文本：设置哪些信息出现在浏览器中。
- Alt标记：设置选定切片的Alt标记。Alt文本在图像下载过程中取代图像，并在某些浏览器中作为工具提示出现。
- 尺寸：X、Y选项用于设置切片的位置，W、H选项用于设置切片的大小。
- 切片背景类型：选择一种背景色来填充透明区域（用于"图像"切片）或整个区域（用于"无图像"切片）。

练习实例：基于参考线创建切片

文件路径	资源包\第14章\练习实例：基于参考线创建切片
难易指数	★★★★★
技术掌握	基于参考线创建切片、组合切片

案例效果

　　案例效果如图14-43所示。

图14-43

操作步骤

扫一扫，看视频

步骤01 执行"文件>打开"命令，打开素材"1.jpg"。执行"视图>标尺"命令调出标尺。移动光标到至标尺上，按住鼠标左键向图片中拖动建立参考线，如图14-44所示。用同样的方式建立其他的参考线，如图14-45所示

图14-44　　　　　　　　　图14-45

中文版Photoshop CC从入门到精通（微课视频版）

步骤02 选择工具箱中的"切片工具"，在选项栏上单击"基于参考线切片"按钮，此时将自动生成切片，如图14-46所示。

图14-47　　　　　　　　图14-48

步骤04 执行"文件>导出>存储为Web所用格式（旧版）"命令，在弹出的窗口中设置"优化格式"为GIF，单击"存储"按钮完成设置。如图14-49所示。选择合适的储存位置和类型，单击"保存"按钮完成设置。储存完成的切片效果如图14-50所示。

图14-46

步骤03 选择工具箱中的"切片选择工具"，按住Shift键在画面中加选画面左侧的切片，单击鼠标右键执行"组合切片"命令，如图14-47所示。同样的方式组合右侧的切片，如图14-48所示。

图14-49　　　　　　　　图14-50

14.3　网页翻转按钮

网页上通常都包含很多按钮，而按钮通常都有几种不同的状态。例如按钮空闲时、将光标放在按钮上时、单击按钮时，这些不同的状态下按钮可能都呈现出不同的颜色或者不同的样式，来方便用户了解当前操作状态，这就是"翻转按钮"，如图14-51和图14-52所示。

要创建按钮的翻转效果，至少需要两个图像，一个用于表示处于正常状态的图像，另一个则用于表示处于更改状态的图像。而创建按钮翻转的方式则很多，可以通过更改按钮的底色，更改按钮上的文字，也可以更改按钮上的图形，如图14-53～图14-55所示。

图14-51　　　　　图14-52

图14-53　　　　　图14-54　　　　　图14-55

举一反三：制作简单的播放器翻转按钮效果

网页中的可播放的视频文件如果不被明确地标注出来很可能会被用户忽略，而为了版面的整体性，没有直接在版面中体现出播放器，所以我们可以在播放器上添加一个按钮翻转的效果，当用户将光标移动到可播放的视频上时，视频缩略图呈现为播放器效果。

置按住鼠标左键拖曳绘制矩形，如图14-57所示。

步骤01 打开网页素材，如图14-56所示。单击工具箱中的"矩形工具"，在选项栏中设置"绘制模式"为"形状"，"填充"为紫色，"描边"为无，然后参照画面中图像的位

图14-56　　　　　　　　图14-57

步骤02 对于翻转按钮，使用纯色会过于沉闷，所以在"图层"面板中设置"不透明度"为80%，如图14-58所示。接着使用"椭圆工具"，设置"填充"为无，"描边"为白色，然后按住Shift键绘制一个正圆，如图14-59所示。

状"，"填充"为白色，然后在正圆中央绘制一个三角形。这样一个播放按钮就制作完成了，如图14-60所示。将光标移动到此处，呈现出按钮翻转效果，如图14-61所示。

图14-58

图14-59

步骤03 使用"钢笔工具" ，设置"绘制模式"为"形

图14-60

图14-61

【重点】14.4 Web图形输出

对于网页设计师而言，在Photoshop中完成了网站页面制图工作后，需要对网页进行切片，如图14-62所示。创建切片后对图像进行优化可以减小图像的大小，而较小的图像可以使Web服务器更加高效地储存、传输和下载图像。然后需要对切分为碎片的网站页面进行导出。执行"文件>导出>存储为Web所用格式（旧版）"菜单命令，打开"存储为Web所用格式"窗口，在该窗口中可以对图像格式以及压缩比率进行设置，如图14-63所示。设置完成后单击"存储"按钮，选择存储的位置，即可在设置的存储位置看到导出为切片的图片文件，如图14-64所示。

图14-62

显示图像的4个版本，除了原稿以外的3个图像可以进行不同的优化。

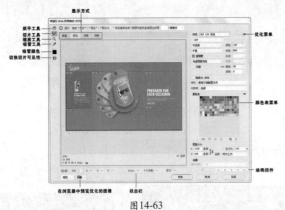

图14-63

- **显示方式**：单击"原稿"选项卡，窗口只显示没有优化的图像；单击"优化"选项卡，窗口只显示优化的图像；单击"双联"选项卡，窗口会显示优化前和优化后的图像；单击"四联"选项卡，窗口会

图14-64

- **抓手工具** / **缩放工具** ：使用"抓手工具" 可以移动查看图像；使用"缩放工具" 可以放大图像窗口，按住Alt键单击窗口则会缩小显示比例。

- **切片选择工具** ：当一张图像上包含多个切片时，可以使用该工具选择相应的切片，以进行优化。

- **吸管工具** /**吸管颜色** ：使用"吸管工具" 在图像上单击，可以拾取单击处的颜色，并显示在"显示颜色"图标中。

- **切换切片可见性** ：启用该按钮，在窗口中才能显示出切片。

- **优化菜单**：在该菜单中可以存储优化设置、设置优化文件大小等。

- **颜色表**：将图像优化为GIF、PNG-8、WBMP格式时，可以在"颜色表"中对图像的颜色进行优化设置。

- **颜色表菜单**：该菜单下包含与颜色表相关的一些命令，可以删除颜色、新建颜色、锁定颜色或对颜色进行排序等。

- **图像大小**：将图像大小设置为指定的像素尺寸或原稿大小的百分比。

- **状态栏**：这里显示光标所在位置的图像的颜色值等信息。

- **在浏览器中预览优化图像**：单击 按钮，可以在Web浏览器中预览优化后的图像。

14.4.1 使用预设输出网页

对已经切片完成的网页执行"文件>导出>存储为Web所用格式（旧版）"菜单命令，打开"存储为Web所用格式"窗口，在窗口右侧顶部单击"预设"下拉列表，在其中可以选择内置的输出预设，单击某一项预设方式，然后单击底部的"存储"按钮，如图14-65所示。接着选择储存的位置即可，如图14-66所示。

图14-65　　　　　　图14-66

14.4.2 设置不同的储存格式

不同的格式的图像文件其质量与大小也不同，合理选择优化格式，可以有效控制图形的质量。可供选择的Web图形的优化格式包括GIF格式、JPEG格式、PNG-8格式、PNG-24和WBMP格式。下面我们来了解一下各种格式的输出设置。

图14-70　　　图14-71　　　图14-72

1.优化为GIF格式

GIF格式是输出图像到网页最常用的格式。GIF格式采用LZW压缩，它支持透明背景和动画，被广泛应用在网络中。GIF文件支持8位颜色，因此它可以显示多达256种颜色，如图14-67所示是GIF格式的设置选项。

图14-67

- 设置文件格式：设置优化图像的格式。
- 减低颜色深度算法/颜色：设置用于生成颜色查找表的方法，以及在颜色查找表中使用的颜色数量，如图14-68和图14-69所示分别是设置"颜色"为8和128时的优化效果。

图14-68　　　　图14-69

- 仿色算法/仿色："仿色"是指通过模拟计算机的颜色来显示提供的颜色的方法。较高的仿色百分比可以使图像生成更多的颜色和细节，但是会增加文件的大小。
- 透明度/杂边：设置图像中的透明像素的优化方式。如图14-70、图14-71、图14-72所示分别为：背景透明的图像；勾选"透明度"选项，并设置"杂边"颜色为橘黄色时的图像效果；未勾选"透明度"选项，并设置"杂边"颜色为黄色时的图像效果。

- 交错：当正在下载图像文件时，在浏览器中显示图像的低分辨率版本。
- Web靠色：设置将颜色转换为最接近Web面板等效颜色的容差级别。数值越高，转换的颜色越多，如图14-73和图14-74所示分别为设置"Web靠色"为80%和20%时的图像效果。

图14-73　　　　　　图14-74

- 损耗：扔掉一些数据来减小文件的大小，通常可以将文件减小5%～40%，设置5～10的"损耗"值不会对图像产生太大的影响。如果设置的"损耗"值大于10，文件虽然会变小，但是图像的质量会下降，如图14-75和图14-76所示分别为设置"损耗"值为50时与100时的图像效果。

图14-75　　　　　　图14-76

2.优化为JPEG格式

JPEG图像储存格式是一个比较成熟的图像有损压缩格式，也是当今最为常见的图像格式之一。虽然一个图片经过转化为JPEG图像经过压缩后会丢失部分数据，但人眼几乎无法分出差别。所以，JPEG图像储存格式即保证了图像质量，又能够实现图像大小的压缩。如图14-77所示是JPEG格式的参数选项。

压缩方式

图14-77

- 压缩方式/品质：选择压缩图像的方式。后面的"品质"数值越高，图像的细节越丰富，但文件也越大。
- 连续：在Web浏览器中以渐进的方式显示图像。
- 优化：创建更小但兼容性更低的文件。
- 嵌入颜色配置文件：在优化文件中储存颜色配置文件。
- 模糊：创建类似于"高斯模糊"滤镜的图像效果。数值越大，模糊效果越明显，但会减小图像的大小，在实际工作中，"模糊"值最好不要超过0.5。
- 杂边：为原始图像的透明像素设置一个填充颜色。

3.优化为PNG-8格式

PNG是一种是专门为Web开发的，用于将图像压缩到Web上的文件格式。与GIF格式不同的是，PNG格式支持244位图像并产生无锯齿状的透明背景。如图14-78所示是PNG-8格式的参数选项。

4.优化为PNG-24格式

PNG-24格式可以在图像中保留多达256个透明度级别，

适合于压缩连续色调图像，但它所生成的文件比JPEG格式生成的文件要大得多，如图14-79所示。

图14-78   图14-79

5.优化为WBMP格式

WBMP格式是一款用于优化移动设备图像的标准格式，WBMP格式只支持1位颜色，所以WBMP图像只包含黑色和白色像素。其中包括多种仿色设置，单击下拉列表即可选中。其参数选项如图14-80所示。对比效果如图14-81～图14-84所示。

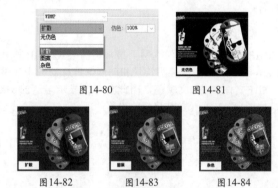

图14-80   图14-81

图14-82   图14-83   图14-84

14.5 导出为Zoomify

"导出为Zoomify"命令用于导出高分辨的JPEG文件和HTML文件，然后可以将这些文件上载到Web服务器上，以便查看者平移和缩放该图像的更多细节。该命令适于在需要对商品细节进行展示时使用。

步骤01 打开一个图片，如图14-85所示。执行"文件>导出>Zoomify"菜单命令，打开"Zoomify™导出"对话框，从中可以设置导出图像和文件的相关选项，如图14-86所示。

图14-85

图14-86

- 横版：设置在浏览器中查看图像的背景和导航。
- 输出位置：指定文件的位置和名称。
- 图像拼贴选项：设置图像的品质。

- 浏览器选项：设置基本图像在查看者的浏览器中的像素宽度和高度。

步骤02 单击"确定"按钮完成当前操作，得到如图14-87所示的文件。打开14.5Zoomify.html文件即可在浏览器中预览效果，如图14-88所示。通过调整底部比例滑块调整显示比例，如图14-89所示。

14.5Zoomify   14.5Zoomify.html   zoomifyViewer.swf

图14-87

图14-88   图14-89

综合实例：使用切片工具进行网页切片

文件路径	资源包\第14章\综合实例：使用切片工具进行网页切片
难易指数	★★★★★
技术掌握	切片工具、储存为Web所用格式

案例效果

案例效果如图14-90所示。

图14-90

操作步骤

步骤01 执行"文件>打开"命令，打开素材
"1.jpg"，如图14-91所示。

图14-91

步骤02 选择工具箱中的"切片工具"，首先绘制标题栏部分的切片。在画面的左上角按住鼠标左键向右下角拖动绘制切片，如图14-92所示。用同样的方式依次绘制其他切片，如图14-93所示。

图14-92

图14-93

步骤03 执行"文件>导出>储存为Web所用格式（旧版）"命令，在弹出的窗口中设置"优化格式"为GIF，单击"存储"按钮完成设置，如图14-94和图14-95所示。选择合适的储存位置和类型，单击"保存"按钮完成设置。储存后的切片效果如图14-96所示。

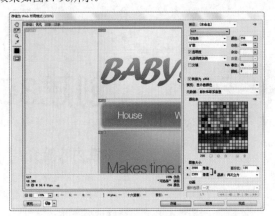

图14-94

图14-95

图14-96

Chapter
15

第 15 章

扫一扫，看视频

创建3D立体效果

本章内容简介：

Photoshop虽然是一款主要用于图像处理以及平面设计的软件，但是在近年来的更新中，其3D功能也日益强大。本章主要讲解如何使用Photoshop进行3D图形的设计和制作。在Photoshop中，既可以从零开始创建3D对象，也可以将已有的2D图层转换为3D对象。

重点知识掌握：

- 从图层、选区、路径创建3D对象的方法
- 3D对象材质的编辑
- 3D灯光的使用
- 渲染3D对象的方法

通过本章学习，我能做什么？

通过本章的学习，我们能够掌握3D对象从模型创建，到赋予材质、为场景添加光源、设置视图角度，最后进行渲染的全过程。通过3D功能，我们能够将已有的平面图形制作为立体对象，创建出3D文字，制作出常见的3D几何形体。此外，还可以向当前文档中添加使用其他软件制作的更为精细的3D模型，来丰富画面效果。

15.1 进入3D世界

从平面世界跨入3D世界之前，需要了解一些常识。Photoshop虽然是一款以平面设计著称的制图软件，但是它也具有3D制图的功能。虽然在功能上比Autodesk 3ds Max或Maya等专业3D制图软件要弱一些，但是使用Photoshop制作一些平面作品中用于装饰的立体元素还是绰绰有余的。如图15-1中的立体字可以使用Photoshop制作，但是卡通形象无法通过Photoshop中的3D功能制作。如图15-2~图15-4所示为带有3D元素的优秀作品。

图15-1　　　图15-2　　　图15-3　　　图15-4

3D对象的制作思路与平面图形的绘制方式不太一样，需要经过建模-材质-灯光-渲染这几个步骤，才能将3D对象呈现出来，如图15-5所示。

（1）创建模型：模型是3D对象的根本，可以从外部导入已经做好的3D模型，也可以在Photoshop中创建3D模型。

（2）为模型赋予材质：材质就是3D对象表面的质感、图案、纹理等能够从外观"看得到"的属性。比如一个玻璃杯子，它的材质就是"玻璃材质"。想要真实地模拟出玻璃材质，就需要分析玻璃的属性，如"无色+透明+些许反光"。然后在进行材质属性编辑时，通过参数设置使材质具有这些属性。

建模　　　　材质　　　　灯光　　　　渲染

图15-5

（3）在3D场景中添加光源：没有光的世界是一片黑暗的，在3D世界中也是一样。有了光才能够看到模型，模型上出现光影才会产生立体感。在场景中添加光源既可照亮画面，又可以制作出特殊的光感效果。

（4）渲染：到这里虽然可以看到基本成型的3D对象，但是为了使3D对象的效果更接近真实，还需要对3D场景进行渲染。

15.1.1 向文档中添加3D模型

在Photoshop中可以打开一些常见的3D文件，如".3DS"".OBJ"等文件。要想向当前文档中添加3D模型，可以在已有的文档中执行"3D>从文件新建3D图层"命令，在弹出的窗口中打开右下方的格式下拉列表框，从中可以看到Photoshop支持的3D文件格式，如图15-6所示。选中需要打开的文件，单击"打开"按钮。弹出"新建"窗口，在其中可以进行3D场景大小的设置，如图15-7所示。

图15-6　　　　　　　图15-7

完成设置后，单击"确定"按钮，此3D模型就会在当前文档中打开，如图15-8所示。在文档中打开或者创建了3D对象后，Photoshop工作界面会自动切换为3D工作区。执行"窗口>工作区>3D"命令，也可以将工作区切换为3D工作区。在"图层"面板中选择3D图层后，"属性"面板中会显示与之关联的组件，如图15-9所示。

- **新建对象** ：首先在列表中单击网格模型条目，然后

单击该按钮，在弹出的菜单中选择一种模型，即可在画面中创建出一个3D对象。

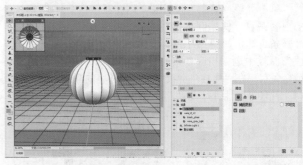

图15-8　　　　　　　图15-9

- **创建新光照** ：单击该按钮，在弹出的下拉菜单中选择所需命令，即可创建相应的光照。

- **渲染** ：单击该按钮，可对3D对象进行渲染，也就是得到带有准确光照以及材质效果的3D模型。

- **开始打印** ：单击该按钮，可以进行3D打印。

- **取消打印** ：在3D打印的过程中单击该按钮，可以取消3D打印任务。

- **删除** ：在列表中选择需要删除的模型、灯光、相机等的条目，单击该按钮即可删除。

在使用3D功能时，我们会发现工具箱中的工具"缺"了很多。这时右键单击工具箱底部的"···"按钮，打开隐藏的工具列表，在其中单击即可选择其他工具，如图15-10所示。

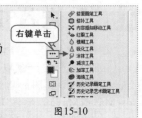

图15-10

15.1.2 熟悉3D面板与"属性"面板

在3D工作区的右侧，系统提供了多个用于3D功能的面板，如3D面板、"属性"面板等。

在3D面板的顶部可以切换"整个场景""网格""材质"和"光源"组件的显示，如图15-11所示。

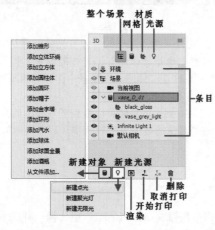

图15-11

单击"整个场景"按钮，则会显示整个3D场景包含的内容条目，例如网格模型条目、材质条目、相机条目、灯光条目等，如图15-12所示。单击某一条目，即可在"属性"面板中进行相应参数的设置。例如，单击顶部的"环境"条目，在"属性"面板中可以对环境的颜色、阴影、反射、背景等属性进行设置，如图15-13所示。

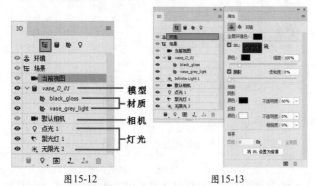

图15-12　　　　　图15-13

单击"场景"条目，在"属性"面板中可以对当前场景、3D打印设置以及3D对象的坐标等进行设置。单击"属性"面板顶部的3个按钮即可进行切换，如图15-14所示。

图15-14

单击"当前视图"条目，可在"属性"面板中设置当前视图使用的3D相机及其相关参数；也可以在"视图"下拉列表框中选择一个视图，此时3D对象的观察角度会发生变化，如图15-15所示。

图15-15

在列表中单击灯光条目，在"属性"面板中就会显示与灯光相关的属性，如灯光类型、颜色、强度、阴影等，如图15-16所示。

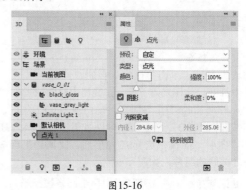

图15-16

15.1.3 选择合适的视图

单击3D面板中的"当前视图"条目，如图15-17所示。在"属性"面板中打开"视图"下拉列表框，从中选择所需视图，即可以不同的视角来观察模型，如图15-18所示。如图15-19所示为选择不同视图时的对比效果。

单击"属性"面板中的"透视"按钮，对"景深"参数进行调整，可以使一部分对象处于焦点范围内，从而变得清晰；而其他对象处于焦点范围外，从而变得模糊，如图15-20所示。单击"属性"面板中的"正交"按钮，对"缩放"参数进行调整，可以调整模型，使其远离或靠近我们，如图15-21所示。

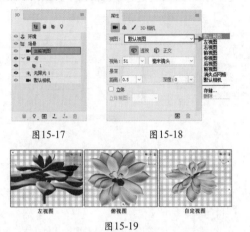

图15-17　　　　　　　　图15-18

图15-20　　　　　　　　图15-21

左视图　　　俯视图　　　自定视图

图15-19

15.2 创建与编辑3D对象

在Photoshop中可以创建多种3D对象，既可以创建常见的几何形体，也可以从所选的图层/选区/路径创建出有趣的3D对象。如图15-22所示为包含3D对象的优秀作品。

扫一扫，看视频

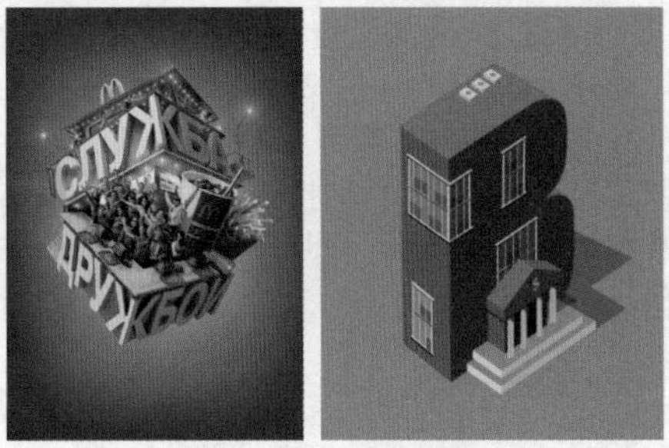

图15-22

【重点】15.2.1 动手练：创建基本3D对象

Photoshop中内置了多种常见的3D模型，执行"3D>从图层新建网格"命令即可进行创建。选中任意图层，执行"3D>从图层新建网格>网格预设"命令，在弹出的子菜单中可以看到多种3D对象的名称，如图15-23所示。单击某一项，即可创建出相应的3D对象。

如果当前选择的图层为透明图层，创建出的对象为淡灰色，如图15-24所示；如果选择的图层有内容，则会将该图层内容作为模型上的部分材质，如图15-25所示。

图15-23

图15-24

图15-25

"从所选图层新建3D模型"命令是通过为图层内容增加"厚度"，使之产生3D效果。

步骤01 选中需要转换为3D对象的图层（可以是普通图层、智能对象图层、文字图层、形状图层、填充图层），执行"3D>从所选图层新建3D模型"命令，如图15-26所示。在弹出的提示对话框中单击"是"按钮，如图15-27所示。

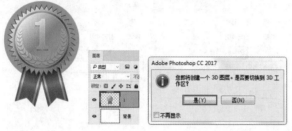

图15-26　　　　　　　图15-27

步骤02 此时工作区发生了变化，变为了3D工作区。在3D功能工作区中包含多个与3D功能相关的面板，如3D面板、"属性"面板，如图15-28所示。同时文档窗口中的平面对象变为了3D对象（目前显示的效果看不到对象的厚度，是因为当前视图为前视图，调整视角即可看到对象的侧面），并出现"3D副视图"（此时显示的是俯视图）。单击副视图中的 按钮，在弹出的菜单中选择相应的命令，可以切换到其他几种视图。此外，在文档窗口中还可以单击 中的任一按钮，调整3D视图。其中，为"环绕移动3D相机"、为"平移相机工具"、为"移动相机工具"。使用这些工具在画面中按住鼠标左键拖动，可以实现调整画面角度、平移画面等效果，如图15-29所示。

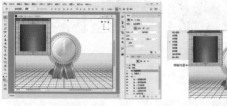

图15-28　　　　　　　图15-29

步骤03 创建3D对象后，可以对其属性进行设置。在3D面板中选中模型条目，如图15-30所示。此时在"属性"面板中就会显示与模型相关的参数选项。例如，此处的模型是通过

对图层使用"从所选图层新建3D模型"命令得到的，所以在这里可以设置"形状预设""纹理映射""凸出深度"等基础选项。单击"编辑源"按钮，还可以将凸出之前的对象以独立文件的形式打开并进行编辑，如图15-31所示。

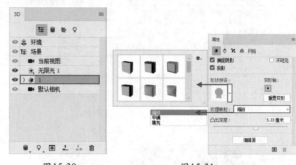

图15-30　　　　　　　图15-31

- 捕捉阴影：控制选定的网格是否在其表面上显示其他网格所产生的阴影。

- 投影：控制选定的网格是否投影到其他网格表面上。

- 不可见：勾选该选项以后，可以隐藏网格，但是会显示其表面的所有阴影。

步骤04 在"属性"面板顶部单击"变形"按钮，可以对"凸出深度""扭转"以及"锥度"等参数进行设置，从而调整凸出的效果，如图15-32所示。在"属性"面板顶部单击"盖子"按钮，可以对3D图形的斜面："宽度""角度""膨胀""强度"等参数进行设置，如图15-33所示。在"属性"面板顶部单击"坐标"按钮，可以对3D图形的位置以及缩放程度进行设置，如图15-34所示。

图15-32　　　图15-33　　　图15-34

举一反三：使用3D对象快速制作立体书籍效果

步骤01 书籍封面设计完成后，想要制作出立体效果，通常需要使用"自由变换"命令，而变换的角度一旦控制不好，就会造成透视错误。此时可以使用3D功能非常轻松地制作出立体的书籍。将制作好的封面图层合并为一个图层，如图15-35所示。然后执行"图层>从所选图层新建3D模型"命令，得到3D效果，如图15-36所示。执行"旋转3D对象"命令，将其进行旋转，如图15-37所示。

图15-35

图15-36

图15-37

步骤 02 此时模型的凸出深度太大，可以适当在"属性"面板中减小"凸出深度"的数值，如图15-38所示。效果如图15-39所示。

图15-38　　　　　　　　图15-39

【重点】15.2.3　动手练：旋转、移动、缩放3D对象

在3D场景中创建3D模型后，如果模型的位置和角度无法满足要求，可以使用3D对象工具进行调整。3D对象工具主要用于3D对象的移动、旋转、缩放等操作。想要使用3D对象工具，需要保证当前处于使用"移动工具"状态下，而且必须在3D面板中选中3D对象条目，选项栏的右侧才会出现"3D对象工具"。

首先选中一个3D对象，在3D面板中选中3D模型条目，然后单击工具箱中的"移动工具"按钮，在其选项栏中显示出3D对象工具："旋转3D对象工具" 、"滚动3D对象工具" 、"拖动3D对象工具" 、"滑动3D对象工具" 和"缩放3D对象工具" 。使用这些工具对3D模型进行调整时，发生改变的只有模型本身，场景不会发生变化，如图15-40所示。

图15-40

- 旋转3D对象工具 ：单击该按钮，在画面中按住鼠标左键水平拖动，可以围绕y轴旋转模型，如图15-41所示；上下拖动，可以围绕x轴旋转模型，如图15-42所示。按住Shift键拖动，可以沿水平或垂直方向旋转对象。

图15-41

图15-42

- 滚动3D对象工具 ：若要围绕z轴旋转模型，可以使用"3D对象滚动工具"在两侧拖动，如图15-43和图15-44所示。

图15-43

图15-44

- 拖动3D对象工具 ：单击该按钮，在画面中按住鼠标左键拖动，即可移动对象，如图15-45和图15-46所示。

图15-45

图15-46

- 滑动3D对象工具 ：单击该按钮，在画面中按住鼠标左键拖动，可以将对象拉近或移到远处，如图15-47和图15-48所示。

图15-47

图15-48

- 缩放3D对象工具 ：单击该按钮，在画面中按住鼠标左键拖动，可以放大或缩小3D对象。向上拖动可以等比放大对象，如图15-49所示；向下拖动可以等比缩小对象，如图15-50所示。

图15-49

图15-50

提示：3D相机工具与3D对象工具。

Photoshop 中有两类 3D 工具：3D 相机工具与 3D 对象工具。这两类工具都可以用于移动、旋转、缩放等调整。在 3D 面板中选中"当前视图"时，显示为 3D 相机工具。在 3D 面板中选中模型对象时，显示为 3D 对象工具；3D 相机工具与 3D 对象工具非常相似，使用方法基本相同，只需在画面中按住鼠标左键拖动，即可观察到效果，如图 15-51 所示。

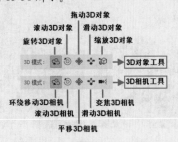

图15-51

这两者的差别在于 3D 相机工具是针对整个空间的，而 3D 对象工具只针对空间中被选中的对象。例如，整个 3D 空间中有 3 个对象，使用"平移 3D 相机工具"对画面进行平移时，这 3 个对象可能都会被移出画外；而使用"拖动 3D 对象工具"，则移动的是其中一个对象，如图 15-52 所示。

原图　　　　　平移3D相机　　　　拖动3D对象工具

图15-52

15.2.4　动手练：从所选路径创建3D模型

步骤01 Photoshop还可以为闭合路径创建3D模型。选择路径，如图15-53所示。如果当前所选图层带有内容，则图层的内容会作为"前膨胀材质"，如图15-54所示。

图15-53　　　　　　　　　　图15-54

步骤02 执行"3D>从所选路径新建3D模型"命令，即可建立3D模型。选择此3D模型，可以使用3D对象工具进行旋转、移动等操作，也可以在"属性"面板中进行模型参数的设置，如图15-55和图15-56所示。

图15-55　　　　　　　　　　图15-56

 注意：

开放路径是不能建立3D模式的。

步骤03 如果当前所选图层为透明，那么执行"3D>从所选路径新建3D模型"命令，创建出的对象上没有材质贴图，如图15-57和图15-58所示。

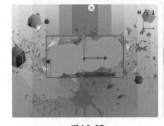

图15-57　　　　　　　　　　图15-58

15.2.5　动手练：从当前选区新建3D模型

"从当前选区新建3D模型"命令可以将选区中的内容转换到3D网格中，从而进行3D模型的制作。在所需图层绘制一个选区，然后选择一个有内容的图层（必须是非空白图层），执行"3D>从当前选区新建3D模型"命令，如图15-59所示。此时可以看到选区以内的部分变为了3D效果，而选区以外的部分则被删除了，如图15-60和图15-61所示。

图15-59　　　　　　图15-60　　　　　　图15-61

15.2.6 合并3D对象

当文档中需要多个3D对象时，我们创建了这些3D对象后，会发现这些对象都处于不同的图层中。想要调整画面视图或者光照效果，就需要逐一调整，非常麻烦。此时使用"合并3D图层"命令可以将所选3D图层合并为一个3D图层。合并之后的3D对象会处于同一个3D空间中，共享光源、相机以及环境设置。在"图层"面板中选择多个3D图层如图15-62所示），然后执行"3D>合并3D图层"命令即可。合并后每个3D文件的所有网格和材质都包含在合并后的图层中，如图15-63所示。3D对象合并后可能会出现位置移动的情况，由于两个3D对象处于同一场景的光照下，所以阴影也会出现在同一地面上。

图15-62 　　　　　　　　　　图15-63

15.3　编辑3D对象材质

提到"材质"这个词，很容易让人联想到"材料""质感"等词语。在3D世界中，材质就是指对象外观的属性。比如"红色的、半透明的、带有反光感的塑料水桶"，从这一描述中我们能够分析出该对象的材质应该具有以下属性：红色、半透明、带有反光等。那么在对材质进行编辑时，就可以从这些方面进行属性的编辑。在Photoshop中可以对3D对象纹理进行非常细致的调整，除了基本的外观颜色，还可为3D对象赋予凹凸、反射、透明等属性，以此来模拟真实的物体材质。如图15-64和图15-65所示为带有3D元素的设计作品。

图15-64 　　　　　　　　　　图15-65

想要为3D对象设置材质，首先需要在3D面板中单击选中材质条目，接着在"属性"面板中便可看到材质设置选项，如图15-66所示。3D对象纹理会显示在3D图层的下方，并按照漫射、凹凸和光泽度等类型编组显示。除了通过参数设置3D对象的纹理，还可以使用绘画工具和调整工具对纹理进行编辑，如图15-67所示。

图15-66 　　　　　　　　　　图15-67

15.3.1 使用预设材质

3D材质的调整主要是从材质本身的物理属性出发进行分析。在3D面板中选择需要设置的材质条目，在"属性"面板中可以看到相应的设置参数。在这里可以对预设材质以及"漫射""镜像""发光""环境""闪亮""反射""粗糙度""凹凸""不透明度""折射""法线"等相关属性进行调整，如图15-68所示。

示为不同参数的对比效果。

- 预设材质 ： 单击材质缩览图右侧的下拉按钮，在弹出的下拉列表框中可以选择预设的材质。

- 漫射：设置材质的颜色。漫射映射可以是实色，也可以是任意2D内容。如图15-69所示为不同的漫射效果。

- 镜像：设置镜面高光的颜色。颜色越深材质表面反射越弱；颜色越浅，材质表面反射越强。如图15-70所示

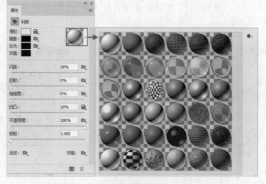

图15-68

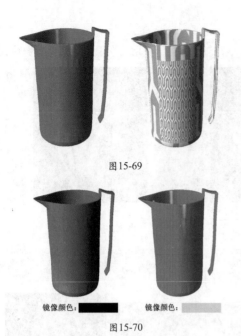

图15-69

镜像颜色：　　　　　　镜像颜色：

图15-70

- 发光：设置不依赖于光照即可显示的颜色，即创建从内部照亮3D对象的效果。如图15-71所示为不同参数对比效果。

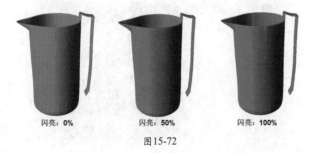

发光颜色：　　　　发光颜色：　　　　发光颜色：

图15-71

- 环境：设置在反射表面上可见的环境光的颜色。该颜色与用于整个场景的全局环境色相互作用。
- 闪亮：定义"光泽"设置所产生的反射光的散射。低反光度（高散射）可以产生更明显的光照，而焦点不足；高反光度（低散射）可以产生不明显、更亮、更耀眼的光照。如图15-72所示为不同参数对比效果。

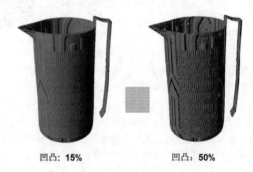

闪亮：0%　　　　闪亮：50%　　　　闪亮：100%

图15-72

- 反射：增强3D场景、环境映射和材质表面上的其他对

象的反射效果。如图15-73所示为不同参数对比效果。

反射：0%　　反射：50%　　反射：100%　　反射：图案

图15-73

- 粗糙度：设置材质表面的粗糙程度。
- 凹凸：单击右侧的▣按钮，在弹出的菜单中选择"新建纹理"命令。再次单击此按钮，在弹出的菜单中选择"编辑纹理"命令，在纹理文档中添加图像。通过图像的灰度在材质表面创建凹凸效果，而并不修改网格。凹凸映射是一种灰度图像，其中较亮的值可以创建比较突出的表面区域，较暗的值可以创建平坦的表面区域。数值越大凹凸程度越大，如图15-74所示。

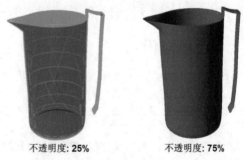

凹凸：15%　　　　　　凹凸：50%

图15-74

- 不透明度：用来设置材质的不透明度。如图15-75所示为不同参数的对比效果。

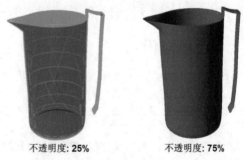

不透明度：25%　　　　不透明度：75%

图15-75

- 折射：可以增强3D场景、环境映射和材质表面上其他对象的折射效果。
- 法线：与凹凸映射纹理一样，正常映射会增加模型表面的细节。
- 环境：存储3D模型周围环境的图像。环境映射会作为球面全景来应用。

中文版Photoshop CC从入门到精通（微课视频版）

【重点】15.3.2 动手练：自定义对象材质

步骤01 为3D对象设置材质的方法很简单，首先在"图层"面板选中需要设置材质的3D对象所在图层，如图15-76所示。然后执行"窗口>3D"命令，在3D面板中选择需要编辑的材质条目，如图15-77所示。

图15-76　　　　　　　　　图15-77

步骤02 如果材质为单一颜色，可以单击"漫射"右侧颜色块，设置所需颜色，如图15-78所示。想要使材质表面呈现出图像或者特定内容，则需要新建纹理。在"属性"面板中单击"漫射"右侧的按钮，在弹出的菜单中执行"新建纹理"命令，如图15-79所示。在弹出的"新建"对话框中设置合适的参数，然后单击"确定"按钮，如图15-80所示。

图15-78　　　　图15-79　　　　　　图15-80

> **提示：为什么更改漫射颜色时无效？**
>
> 如果"漫射"右侧显示按钮，则表示漫射有纹理贴图，此时直接设置漫射的颜色是无效的。需要单击鼠标右键，在弹出的快捷菜单中选择"移去纹理"命令，然后再修改颜色。

15.3.3 动手练：直接在3D对象上绘制纹理

步骤01 在Photoshop中还有一种更直观的材质设置方法，就是直接在模型上"绘制"纹理。首先在3D面板中单击需要编辑的材质条目，如图15-87所示。接着在"属性"面板中单击"漫射"右侧的按钮，在弹出的菜单中执行"新建纹理"命令，如图15-88所示。

图15-87　　　　　图15-88

步骤03 单击"漫射"右侧的按钮，在弹出的菜单中选择"编辑纹理"命令，如图15-81所示。在弹出的窗口中，即可对所选3D对象的纹理进行编辑，如图15-82所示。

图15-81　　　　　　图15-82

步骤04 可以向其中添加合适的图案，或者进行绘画等操作，如图15-83所示。填充完成后执行"文件>存储"命令将其保存，回到原来的文档可以看到3D对象的材质发生了变化，如图15-84所示。

图15-83　　　　　　图15-84

> **提示：快速打开3D模型的材质纹理窗口。**
>
> 在"图层"面板中，3D图层下方会显示当前3D对象的纹理，如图15-85所示。双击纹理可以快速将其作为智能对象在独立的文档窗口中打开，如图15-86所示。在"图层"面板中单击"纹理"左侧的图标，可以控制纹理的显示与隐藏。

图15-85　　　　　　图15-86

步骤02 执行"3D>绘画系统>投影"命令，在想要绘制的表面上进行绘制，如图15-89~图15-91所示。

图15-89　　　　　图15-90　　　　　图15-91

提示：选择可绘画区域。

因为模型视图不能提供与2D纹理之间的一一对应，所以直接在模型上绘画与直接在2D纹理映射上绘画是不同的，这就可能导致无法明确判断是否可以成功地在某些区域绘画。执行"3D>选择可绘画区域"命令，即可方便地选择模型上可以绘画的最佳区域。

15.3.4 使用3D"材质吸管工具"和"材质拖放工具"

在3D状态下，工具箱中出现两个"新的"工具，即"材质吸管工具" 🔍 和"材质拖放工具" 🔍（在其他工作区状态下，这两个工具隐藏在吸管工具组和渐变工具组中）。

单击"材质吸管工具"按钮 🔍，将光标移至一个3D对象上，单击进行取样，如图15-92所示。单击工具箱中的"材质拖放工具"按钮 🔍，将光标移至另一个3D对象上，单击即可为模型应用相同的材质，如图15-93所示。使用该工具在3D对象上单击鼠标右键，可以查看材质相关属性，如图15-94所示。

图15-92　　　　　　　　图15-93

图15-94

练习实例：制作3D卡通文字

文件路径	资源包\第15章\练习实例：制作3D卡通文字
难易指数	★★★★★
技术掌握	从所选图层新建3D模型、3D材质的编辑、文字工具

案例效果

案例效果如图15-95所示。

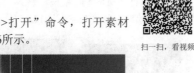

图15-95

操作步骤

步骤01 执行 "文件>打开"命令，打开素材"1.jpg"，如图15-96所示。

扫一扫，看视频

图15-96

步骤02 单击工具箱中的"横排文字工具"按钮，在其选项栏中设置合适的字体、字号，设置文本颜色为白色，在画面上单击并输入"H"，如图15-97所示。同样的方式依次输入其他几个大小不同的字母，如图15-98所示。

图15-97　　　　　　　　图15-98

步骤03 选中字母S所在的图层，按Ctrl+T组合键，将光标定位到定界框外，按住鼠标左键将其旋转合适的角度，按Enter键确认，如图15-99所示。选中所有的文字图层，执行"图层>栅格化>文字"命令，将这些文字图层转换为普通图层，如图15-100所示。

图15-99　　　　　　　　图15-100

步骤04▷选中图层h，按住Ctrl键的同时单击该图层的缩略图，得到文字选区。如图15-101所示。单击工具箱中的"渐变工具"按钮，编辑一种蓝色系渐变，设置渐变方式为线性渐变，如图15-102所示。在文字上按住鼠标左键拖动，为其填充蓝色系渐变，效果如图15-103所示。

图15-101　　　　　图15-102　　　　　图15-103

步骤05▷选中图层h，执行"3D>从所选图层新建3D模型"命令，在3D面板中单击文字条目，如图15-104所示。在"属性"面板中设置"形状预设"为"凸出"，"凸出深度"为32.09厘米，如图15-105所示。此时画面效果如图15-106所示。

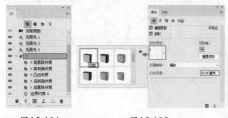

图15-104　　　　　图15-105　　　　　图15-106

步骤06▷在图层h的"纹理"堆栈中双击"h凸出材质"，如图15-107所示。在弹出的窗口中编辑一种蓝色系渐变，然后在画面中拖曳为其填充渐变，如图15-108所示。按Ctrl+S组合键保存文件，然后关闭该窗口。此时文字侧面会自动变成蓝色渐变，如图15-109所示。

图15-107　　　　　图15-108　　　　　图15-109

步骤07▷用同样的方式制作其他文字，如图15-110所示。

图15-110

步骤08▷继续使用"横排文字工具"在画面底部输入文字，如图15-111所示。使用上述方法制作3D效果，并为其凸出材质填充渐变颜色，如图15-112所示。效果如图15-113所示。

图15-111　　　　　图15-112　　　　　图15-113

步骤09▷单击3D面板中的"un前膨胀材质"条目，如图15-114所示。在"属性"面板中单击"漫射"右侧的按钮，在弹出的菜单中执行"新建纹理"命令，如图15-115所示。在弹出的"新建"窗口中单击"确定"按钮，如图15-116所示。

图15-114　　　　　图15-115　　　　　图15-116

步骤10▷在弹出的窗口中，可以对材质纹理进行编辑，如图15-117所示。执行"文件>置入嵌入的智能对象"命令，置入素材"2.jpg"，然后执行"图层>栅格化>智能对象"命令，如图15-118所示。将该文件保存并关闭，回到原文件中，文字表面会出现斑点图案，如图15-119所示。

图15-117　　　　　图15-118　　　　　图15-119

步骤11▷用同样的方式依次制作其他文字，如图15-120所示。执行"文件>置入嵌入的智能对象"命令，置入前景素材"4.png"。执行"图层>栅格化>智能对象"命令，最终效果如图15-121所示。

图15-120　　　　　　　图15-121

15.4 添加3D光源

光在真实世界中是必不可少的，万事万物都是因为光的存在才能够被肉眼观察到。在3D软件中，灯光也是不可或缺的一个组成部分，不仅仅是为了照亮场景，更能起到装饰点缀的作用。如图15-122所示为没有灯光和带有灯光的对比效果。

未使用灯光　　使用灯光照明　　特效灯光

图15-122

【重点】15.4.1 动手练：创建与使用光源

步骤01 在创建了3D对象后，场景中会自动出现一个"无限光"，如图15-123所示。在3D面板中单击该光源的条目，如图15-124所示。单击底部的"删除"按钮，可以删除当前光源，此时3D对象变暗，如图15-125所示。

图15-123　　图15-124　　图15-125

步骤02 若要在场景中添加新的光源，可以在3D面板底部单击"新建光源"按钮，在弹出的菜单中执行"新建点光""新建聚光灯"或"新建无限光"命令，即可在画面中创建出相应的灯光，如图15-126所示。点光像灯泡一样，向各个方向照射；聚光灯照射出可调整的锥形光线；无限光像太阳光，从一个方向平面照射，如图15-127所示。

步骤03 新建光源的位置无法满足所有场景，若要移动光源位置，可以在3D面板中选中相应的光源条目（如图15-128所示），然后使用3D工具或3D轴拖曳光标调整光源位置，其使用方法与调整3D对象相同。如图15-129所示为调整光源角度。

点光　　　　聚光灯　　　　无限光

图15-126　　　　　　图15-127

图15-128　　　　　　图15-129

【重点】15.4.2 设置光源参数

在创建了3D对象后，场景中会自动出现一个"无限光"，如图15-130所示。在3D面板中单击该光源的条目，如图15-131所示。此时可以在"属性"面板中进行"颜色""强度""阴影"等参数设置，如图15-132所示。

图15-130　　　图15-131　　　图15-132

- 预设：包含多种内置光照效果。切换即可预览效果，如图15-133所示。

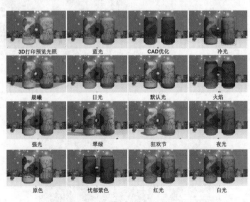

图15-133

- 类型：设置当前光源的类型。包括"点光""聚光灯"和"无限光"，如图15-134所示。

点光　　　　　聚光灯　　　　　无限光

图15-134

- **强度**：用来设置光照的强度。数值越大，灯光越亮。如图15-135所示为不同强度的光照效果。

强度：60　　　　强度：130　　　　强度：200

图15-135

- **颜色**：用来设置光源的颜色。单击"颜色"右侧的颜色块，打开"选择光照颜色"对话框，从中可以自定义光照的颜色，如图15-136所示。

颜色：　　　　　　　　颜色：

图15-136

- **阴影**：选中该复选框后，可以从前景表面到背景表面、从单一网格到其自身，或从一个网格到另一个网格产生投影，如图15-137所示。

未启用阴影　　　　　启用阴影

图15-137

- **柔和度**：对阴影边缘进行模糊，使其产生衰减效果，如图15-138所示。

柔和度：0%　　　　柔和度：50%　　　　柔和度：100%

图15-138

- **光照衰减**：在使用"点光源"时，可以在"属性"面板中选中"光照衰减"复选框，设置衰减区域的内径以及外径。如图15-139和图15-140所示为未启用"光照衰减"和启用了"光照衰减"的对比效果。

图15-139　　　　　　　　图15-140

- **"聚光"和"锥形"**：在使用"点光源"时，需要在"属性"面板中设置"聚光"和"锥形"参数值。这两个参数值用于控制聚光区域与光线衰减区域的

图15-141

大小，如图15-141所示。如果两个参数值非常接近，那么光照区域边缘非常"硬"，受光区域与不受光区域分割明显；而两个参数值差异较大时，受光区域与不受光区域过渡较为柔和，如图15-142所示。

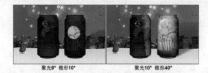

聚光9° 锥形10°　　　　聚光10° 锥形40°

图15-142

15.5　渲染与输出3D对象

在3D工作区中编辑3D对象时，虽然能看到3D对象的立体效果以及表面的材质，但此时所看到的并非是效果"最好"的3D对象。通过"渲染"，能够使3D对象的色泽、质感、凹凸、纹理、透明、反光等属性更加精细地以平面图像的方式呈现出来。因此，3D操作的最后一个步骤就是进行渲染，如图15-143所示。

图15-143

15.5.1　渲染设置

"渲染"是指将制作的3D内容用软件本身或者辅助软件制作成最终精细的2D图像的过程。在完成模型、灯光、材质的设置后，可以对画面中的3D对象进行渲染。单击3D面板中的"整个场景"按钮，选择"场景"条目，然后单击底部的"渲染"按钮 ，即可进行渲染，如图15-144和图15-145所示。如果想要对渲染的内容进行设置，可以在"属性"面板中进行，如图15-146所示。

| 图15-144 | 图15-145 | 图15-146 |

步骤01 在"属性"面板中打开"预设"下拉列表框,从中可以选择预设的渲染方式,如图15-147所示。默认的渲染方式为"实色",即显示模型的可见表面。如图15-148所示是选择不同渲染方式的对比效果。

| 图15-147 | 图15-148 |

步骤02 在"横截面""表面""线条"等选项组中设置渲染的内容。选中"横截面"复选框,可以创建角度与模型相交的平面截面,方便用户切入到模型内部查看内容,如图15-149所示。

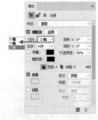

图15-149

- **切片**:可以选择沿"x轴""y轴"或"z轴"方向来创建切片,如图15-150所示。

| x轴 | y轴 | z轴 |

图15-150

- **倾斜**:可以将平面朝向任意可能的倾斜方向旋转至360°。
- **位移**:可以沿平面的轴移动平面,而不改变平面的角度,如图15-151所示。

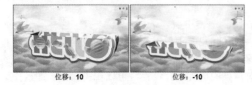

| 位移:10 | 位移:-10 |

图15-151

- **平面**:选中"平面"复选框,可以显示创建横截面的相交平面,同时可以设置平面的颜色,如图15-152所示。

图15-152

- **不透明度**:用于对平面的不透明度进行设置。
- **相交线**:选中"相交线"复选框,会以高亮显示横截面平面相交的模型区域,同时可以设置相交线的颜色。
- **侧面A/侧面B**:单击"侧面A"按钮□或"侧面B"按钮□,可以显示横截面A侧或横截面B侧。
- **"互换横截面侧面"按钮□**:单击该按钮,可以将模型的显示区更改为相交平面的反面。

步骤03 默认情况下,"表面"复选框处于选中状态。在"表面"选项组中,可以通过对"样式"的改变来设置模型表面的显示方式;在"纹理"下拉列表框中可以对模型进行指定的纹理映射,如图15-153所示。

图15-153

步骤04 选中"线条"复选框,可以在"样式"下拉列表框中选择显示方式,以及对"颜色""宽度"和"角度阈值"进行调整,如图15-154和图15-155所示。

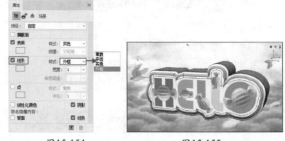

| 图15-154 | 图15-155 |

步骤05 选中"点"复选框,可以在"样式"下拉列表框中选择显示方式,以及对"颜色"和"半径"进行调整,如图15-156和图15-157所示。

| 图15-156 | 图15-157 |

【重点】15.5.2 渲染3D模型

设置完毕后，执行"3D>渲染"命令（快捷键Alt+Shift+Ctrl+R）可以对画面进行渲染。在不包含任何选区的情况下，将渲染整个画面。在渲染过程中，如果进行了其他操作，Photoshop会终止渲染操作。执行"3D>恢复渲染"命令，即可重新渲染3D模型。单击3D面板底部的"渲染"按钮也可以进行渲染，如图15-158所示。此时界面中会出现一些杂点，如图15-159所示。稍作等待，可以看到最终的渲染效果，如图15-160所示。

图15-158 　　　　图15-159 　　　　图15-160

 提示：测试渲染。

在渲染最终效果之前，需要对画面进行渲染测试。通常测试渲染效果时，只需渲染场景中的一小部分，即可判断整个模型的最终渲染效果。也可以使用选区工具在模型上制作一个选区，然后执行"3D>渲染"命令，即可渲染选中的区域。

【重点】15.5.3 栅格化3D对象

当文档中的3D对象完成属性编辑后，可以将3D图层栅格化，以减轻设备负担。"栅格化3D"命令可以将3D对象转换为普通的2D图层。选择一个3D图层后，在其图层名称上单击鼠标右键，在弹出的菜单中执行"栅格化3D"命令即可，如图15-161所示。将3D图层转换为2D图层后，就不能再编辑3D模型的位置、渲染模式、纹理以及光源了。栅格化的图像将保留3D场景的外观，但格式会变成平面化的2D普通图层，如图15-162所示。

图15-161 　　　　　　　图15-162

15.5.4 存储3D对象

带有3D对象的文档制作完成后，执行"文件>存储为"命令，打开"另存为"对话框，在"保存类型"下拉列表框中选择PSD、PSB、TIFF或PDF格式，单击"保存"按钮，即可保存3D模型的位置、光源、渲染模式和横截面等属性。

15.5.5 导出3D对象

在"图层"面板中选择相应的3D图层，执行"3D>导出3D图层"命令，打开"存储为"对话框，在"格式"下拉列表框中选择导出导出格式，如Collada DAE、Wavefront/OBJ、U3D和Google Earth 4 KMZ等，单击"保存"按钮，即可将选中的3D图层导出为独立的3D文件。

综合实例：罐装饮品包装设计

文件路径	资源包\第15章\综合实例：罐装饮品包装设计
难易指数	★★★★★
技术掌握	3D功能、钢笔工具、图层蒙版

案例效果

案例效果如图15-163所示。

图15-163

操作步骤

步骤 01 首先制作罐装饮品的平面图。执行"文件>打开"命令，在弹出的"打开"窗口中选择背景图案"1.jpg"，单击"打开"按钮，如图15-164所示。

扫一扫，看视频

图15-164

步骤 02 下面开始制作画面顶部的装饰斑点边缘。单击工具箱中的"画笔工具按钮"，在其选项栏中单击"切换画笔面板"按钮，在弹出的"画笔"面板中设置"大小"为80像素，"角度"为0度，"圆度"为100%，"硬度"为100%，"间距"为77%，如图15-165所示。新建图层，设置前景色为淡淡的灰绿色。接着将光标定位在画面左侧，按住鼠标左键向右拖曳，绘制效果如图15-166所示。

图15-165　　　　　　　　图15-166

步骤 03 在"图层"面板中按住Ctrl键单击该图层缩览图，载入该图层选区，然后将选区向上移动，如图15-167所示。按Delete键删除选区内的内容，得到一个波浪线的边缘，如图15-168所示。

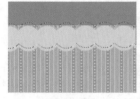 

图15-167　　　　　　　　图15-168

步骤 04 新建图层，设置前景色为深棕色，然后将光标定位在画面左侧，按住Shift键的同时按住鼠标左键向右拖曳，绘制效果如图15-169所示。单击工具箱中的"矩形选框工具"按钮，将光标定位在画面中深棕色图形上，按住鼠标左键拖曳，绘制矩形选区，然后按Delete键删除选区内的内容，如图15-170所示。接着将其向上移动到画面边缘，如图15-171所示。

 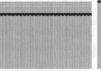

图15-169　　　　图15-170　　　　图15-171

步骤 05 背景制作完成，下面制作画面中的主体内容。在制作之前，单击"图层"面板底部的"创建新组"按钮，新建一个名为"主体图"的图层组，下面制作的主体内容图层都建立在该组内。执行"文件>置入嵌入对象"命令，在弹出的"置入嵌入对象"窗口中选择素材"2.jpg"，单击"置入"按钮，按Enter键完成置入。执行"图层>栅格化>智能对象"命令，将该图层栅格化为普通图层，如图15-172所示。

单击工具箱中的"矩形选框工具"按钮，将光标定位在画面中"2.jpg"的位置，按住鼠标左键拖曳，绘制椭圆选区，如图15-173所示。

图15-172　　　　　　　　图15-173

步骤 06 选中该图层，单击"图层"面板底部的"添加图层蒙版"按钮，以当前选区建立图层蒙版，如图15-174所示。图层蒙版如图15-175所示。在"图层"面板中设置该图层"不透明度"为85%，效果如图15-176所示。

图15-174　　　　图15-175　　　　图15-176

步骤 07 执行"文件>置入嵌入对象"命令，在弹出的"置入嵌入对象"窗口中选择素材"3.jpg"，单击"置入"按钮，按Enter键完成置入。执行"图层>栅格化>智能对象"命令，将该图层栅格化为普通图层，如图15-177所示。使用同样的方法只保留圆形区域，如图15-178所示。在"图层"面板中设置"不透明度"为85%，效果如图15-179所示。

图15-177　　　　图15-178　　　　图15-179

步骤 08 单击工具箱中的"椭圆选框工具"按钮，在其选项栏中单击"从选区减去"按钮，在画面中按住鼠标左键拖曳绘制一个椭圆选区，再在选区中按住鼠标左键绘制另外一个稍小的椭圆选区，绘制完成后软件会自动减去第二次绘制覆盖的选区，得到一个弧形的选区，如图15-180所示。新建图层，设置前景色为白色，按Alt+Delete组合键填充选区，效果如图15-181所示。

图15-180　　　　　　　　图15-181

中文版Photoshop CC从入门到精通（微课视频版）

步骤09 使用同样的方法制作另一条白色弧形，如图15-182所示。在"图层"面板中设置"不透明度"为85%，"填充"为85%，效果如图15-183所示。

图15-182　　　　　图15-183

步骤10 制作标志形状。在"图层"面板底部单击"创建新组"按钮，新建一个图层组，下面要制作的标志图层将建立在该组内。单击工具箱中的"钢笔工具"按钮，在其选项栏中设置"绘制模式"为"路径"，在画面上部单击确定路径起点，向上移动光标，按住鼠标左键拖曳绘制路径。继续将光标放置在其他位置绘制路径，最后单击起点形成闭合路径，如图15-184所示。按Ctrl+Enter组合键将路径转化为选区，如图15-185所示。新建图层，设置前景色为棕色，按Alt+Delete组合键填充选区，效果如图15-186所示。

图15-184　　　　图15-185　　　　图15-186

步骤11 单击工具箱中的"椭圆工具"按钮，在其选项栏中设置"绘制模式"为"形状"，"填充"为无，"描边"为浅蓝色，"描边宽度"为58.46点，在画面中棕色形状中按住鼠标左键拖曳，绘制圆环形状，如图15-187所示。单击工具箱中的"矩形工具"按钮，在其选项栏中设置"绘制模式"为"形状"，"填充"为浅蓝色，"描边"为无，在画面中圆环形状上按住鼠标左键拖曳，如图15-188所示。

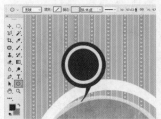 

图15-187　　　　　　图15-188

步骤12 针对绘制出的矩形，按Ctrl+T组合键调出定界框，将光标定位在控制点上进行旋转，如图15-189所示。使用同样的方法制作出两个短的矩形并旋转，如图15-190所示。在"图层"面板中选择该标志形状组，并在"图层"面板顶部设置

"不透明度"为80%，效果如图15-191所示。

图15-189　　　　图15-190　　　　图15-191

步骤13 下面制作棕色树。单击工具箱中的"钢笔工具"按钮，在其选项栏中设置"绘制模式"为"路径"，在画面中绘制路径，如图15-192所示。按Ctrl+Enter组合键将路径转化为选区，如图15-193所示。新建图层，设置前景色为棕色，按Alt+Delete组合键填充选区，如图15-194所示。

图15-192　　　　图15-193　　　　图15-194

步骤14 在画面中制作文字。单击工具箱中的"横排文字工具"按钮，在其选项栏中设置合适的字体、字号，"填充"设置为棕色，在画面中单击并输入文字，如图15-195所示。接着在文字图层上单击鼠标右键，在弹出的快捷菜单中执行"转换为形状"命令，效果如图15-196所示。

图15-195　　　　　　图15-196

步骤15 单击工具箱中的"直接选择工具"按钮，将光标定位在字母"T"边缘，按住鼠标左键拖曳框选字母"T"的全部锚点，如图15-197所示。接着将字母"T"向右移动，如图15-198所示。

图15-197　　　　　　图15-198

步骤16 继续选择字母"T"底部的锚点，向下移动；框选T底部的控制点进行调整，如图15-199所示。使用同样的方法对其他字母进行调整，效果如图15-200所示。

图15-199　　　　　　　　　图15-200

步骤 17 制作主体图形周围的装饰。单击工具箱中的"多边形套索工具"按钮，在画面中的白色弧形周围单击确定起点，继续移动光标单击，最后在起点单击形成闭合选区，如图15-201所示。设置前景色为白色，按Alt+Delete组合键填充选区，如图15-202所示。使用同样的方法在白色弧形周围制作更多形状，如图15-203所示。

图15-201　　　图15-202　　　　图15-203

步骤 18 执行"文件>置入嵌入的智能对象"命令，在弹出的窗口中选择素材"5.jpg"，单击"置入"按钮，按Enter键完成置入；接着执行"图层>栅格化>智能对象"命令，将该图层栅格化为普通图层，如图15-204所示。单击工具箱中的"魔棒工具"按钮，在其选项栏中设置"容差"为10；将光标定位在画面中白色背景区域，单击建立选区，如图15-205所示。按Delete键删除选区内的白色背景，如图15-206所示。

图15-204　　　　图15-205　　　　图15-206

步骤 19 针对卡通小鸟的图层，按Ctrl+T组合键调出定界框，将光标定位在控制点上，按住鼠标左键拖动进行旋转，并放置在树枝上适当位置，如图15-207所示。在画面中可以看到主体内容就做完了。接着在"图层"面板中选择"主体图"组，单击鼠标右键，在弹出的快捷菜单中执行"复制组"命令；选择拷贝的"主体图 拷贝组"，在画面中将其整体向右移动，如图15-208所示。

图15-207　　　　　　　　　图15-208

步骤 20 下面制作整体装饰。在"主体图"组中选择之前制作的棕色树，单击鼠标右键，在弹出的快捷菜单中执行"复制图层"命令。选择复制出的图层，将其向上移动到"主体图"组顶部，并在画面中向下移动，如图15-209所示。按Ctrl+T组合键调出定界框，将光标定位在控制点上，按住鼠标左键拖动进行放大，如图15-210所示。

图15-209　　　　　　　　图15-210

步骤 21 在画面中的树枝上制作文字。单击工具箱中的"钢笔工具"按钮，在其选项栏中设置"绘制模式"为"路径"；在画面中树的位置单击确定起点，将光标向右移动，按住鼠标左键拖曳绘制路径；继续移动并按住鼠标左键拖曳，如图15-211所示。单击工具箱中的"横排文字工具"按钮，在其选项栏中设置合适的字体、字号，"填充"为黄色，在路径上单击并输入文字，如图15-212所示。

图15-211　　　　　　　　图15-212

步骤 22 为文字添加描边。选中文字图层，执行"图层>图层样式>描边"命令，在弹出的"图层样式"窗口中设置"大小"为3像素，"位置"为"外部"，"混合模式"为"正常"，"不透明度"为90%，"填充类型"为"颜色"，"颜色"为黑色，单击"确定"按钮，如图15-213所示。效果如图15-214所示。

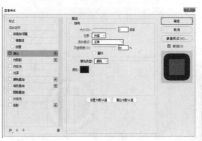

图15-213　　　　　　　　图15-214

步骤 23 在"图层"面板中按住Ctrl键选择棕色树和路径文字图层，单击鼠标右键，在弹出的快捷菜单中执行"复制图层"命令，在弹出的对话框中单击"确定"按钮，完成复制。在选中复制出的图层的情况下，按Ctrl+T组合键调出定界框，将光标定位在定界框中，单击鼠标右键，在弹出的快捷菜单中执行"水平翻转"命令，并将其向左平移，如图15-215所示。

图15-215

步骤 24 单击工具箱中的"直排文字工具"按钮，在其选项栏中设置合适的字体、字号，单击"顶对齐文本"按钮，设置"填充"为深棕色，在画面中单击输入文字，如图15-216所示。使用同样的方法输入其他文字，如图15-217所示。

图15-216 　　　　　　　　　　　　图15-217

步骤 25 最后置入标志素材。执行"文件>置入嵌入对象"命令，在弹出的"置入嵌入对象"窗口中选择素材"4.png"，单击"置入"按钮，按Enter键完成置入。接着执行"图层>栅格化>智能对象"命令，将该图层栅格化为普通图层。至此，罐装饮品平面图就完成了，如图15-218所示。

图15-218

步骤 26 下面创建一个新的文档来制作立体效果的饮料罐。在空白文档中执行"3D>从图层新建网格>网格预设>汽水"命令，如图15-219所示。在弹出的提示对话框中单击"是"按钮，如图15-220所示。此时软件界面变为3D工作模式，同时画面中出现一个白色的饮料罐模型，如图15-221所示。

图15-219

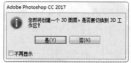

图15-220

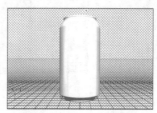

图15-221

步骤 27 "图层"面板中原始的"背景"图层现在已经变为了3D图层，展开该图层，从中双击"标签材质-默认纹理"条目，如图15-222所示。打开一个带有网格的空白文件，如图15-223所示。

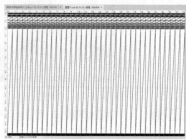

图15-222 　　　　　　　　　图15-223

步骤 28 切换到之前制作好的平面图文档中，按Ctrl+A组合键全选，再按Ctrl+Shift+C组合键合并拷贝，回到3D文档中，按Ctrl+V组合键进行粘贴，并缩放到合适大小，如图15-224所示。接着对标签材质文档执行"文件>存储"命令，并关闭该文档。

图15-224

步骤 29 回到原始3D文档中，可以看到饮料罐上已经出现了之前制作好的平面图，但是此时面向画面的并不是主体图形，需要对其进行旋转。执行"窗口>3D"命令，打开3D面板；在3D面板中选中"汽水"条目，然后在使用"移动工具"的状态下，单击选项栏右侧的"旋转3D对象工具"按钮 ⬡；在画面中按住鼠标左键水平拖动，如图15-225所示；将饮料罐沿水平方向旋转，如图15-226所示（注意：对3D对象进行操作时，一定要在"图层"面板中选中该3D图层）。

图15-225

图15-226

步骤 30 单击"移动工具"选项栏右侧的"滑动3D对象工具"按钮 ⬡，在画面中按住鼠标左键水平拖动，并将饮料罐在画面中的显示比例缩小一些，如图15-227所示。

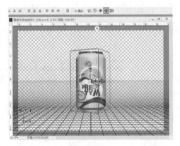
图15-227

步骤 31 下面对3D模型的灯光进行设置。在3D面板中选择"无限光1"条目，如图15-228所示。执行"窗口>属性"命令，打开"属性"面板。在"属性"面板中设置"强度"为60%，取消选中"阴影"复选框，如图15-229所示。然后在视图中按住无限光的控制棒，向右移动，调整光照方向，如图15-230所示。

图15-228　　　　图15-229　　　　图15-230

步骤 32 在3D面板中单击底部的"新建光源"按钮，在弹出的菜单中选择"新建无限光"命令，如图15-231所示。在3D面板中出现了新建的"无限光2"条目，单击该条目，如图15-232所示。同样在"属性"面板中设置"强度"为50%，并取消选中"阴影"复选框，如图15-233所示。

图15-231　　　　图15-232　　　　图15-233

步骤 33 在视图中按住无限光的控制棒，向左移动，调整光照方向，如图15-234所示。

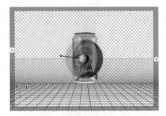
图15-234

步骤 34 到这里饮料罐的3D模型部分就制作完成了。接下来，按住Ctrl键单击该图层缩览图，载入选区，如图15-235所示。在3D面板底部单击"渲染"按钮，如图15-236所示。软件会花费一定的时间对饮料罐进行渲染，稍作等待，即可看到饮料罐的渲染效果，如图15-237所示。在确认3D模型编辑完成后，可以在该图层上单击鼠标右键，在弹出的快捷菜单中选择"栅格化3D"命令，使之变为普通图层。

图15-235　　　　图15-236　　　　图15-237

步骤 35 下面制作多种颜色的饮料罐展示效果。执行"窗口>工作区>基本功能（默认）"命令，恢复到常用的工作区状态，如图15-238所示。单击工具箱中的"渐变工具"按钮，在其选项栏中编辑一种墨绿色系的渐变，设置"渐变类型"为"径向渐变"。在饮料罐下方新建图层，按住鼠标左键拖动进行填充，效果如图15-239所示。

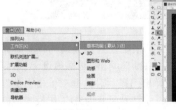
图15-238　　　　　　　　图15-239

中文版Photoshop CC从入门到精通（微课视频版）

步骤36 为立体的饮料罐制作投影。新建图层，单击工具箱中的"椭圆选框工具"按钮，在其选项栏中设置"羽化"为30像素，在画面中饮料罐底部按住鼠标左键拖曳绘制椭圆选区；设置前景色为黑色，按Alt+Delete组合键填充选区，如图15-240所示。在"图层"面板中将阴影图层移到饮料罐图层下面，效果如图15-241所示。

图15-240　　　　　　　　　图15-241

步骤37 下面为饮料罐调色。选中饮料罐图层，执行"图层>图层样式>曲线"命令，在弹出的"属性"面板中调整曲线形态，单击"此调整剪切到此图层"按钮，如图15-242所示。效果如图15-243所示。

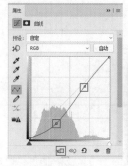 

图15-242　　　　　　　　图15-243

步骤38 选择饮料罐、投影和曲线调整图层，单击鼠标右键，在弹出的快捷菜单中选择"复制图层"命令。在"图层"面板中选择底层的饮料罐和投影，按Ctrl+T组合键调出定界框，在画面中将光标定位在四角的控制点处，按住Shift键的同时按住鼠标左键拖动，进行等比例缩放并向右移动，如图15-244所示。接着对该饮料罐进行调色。执行"图层>新建调整图层>色相/饱和度"命令，在弹出的"属性"面板中设置"色相"为-27，"饱和度"为38，单击"此调整剪切到此图层"按钮，如图15-245所示。效果如图15-246所示。

步骤39 在画面中可以看到，因为调色操作，饮料罐的主体图颜色发生了变化。需要将主体图的部分还原回之前的颜色。在"图层"面板中单击"色相/饱和度"调整图层的图

层蒙版缩览图，单击工具箱中的"画笔工具"按钮，在其选项栏中设置"大小"为50像素，"硬度"为0%，然后设置前景色为黑色，在蒙版中主体图位置进行涂抹，如图15-247所示。图层蒙版缩览图如图15-248所示。

图15-244　　　　图15-245　　　　图15-246

步骤40 使用同样的方法在左侧复制一个饮料罐，如图15-249所示。对该饮料瓶进行调色，设置"色相"为-67，如图15-250所示。效果如图15-251所示。

图15-247　　　　　　　　图15-248

图15-249　　　　图15-250　　　　图15-251

步骤41 使用同样的方法制作出紫色和蓝色的饮料罐，如图15-252所示。

图15-252

Chapter
16
第 16 章

扫一扫，看视频

视频与动画

本章内容简介：

　　作为一款著名的图像处理+设计制图软件，Photoshop的功能并不仅限于处理"静态"的内容。相对于比较专业的视频处理软件Adobe After Effects、Adobe Premiere，Photoshop虽然还有一定的差异，但是在简单的动态效果制作以及视频编辑方面，也称得上是一种方便、快捷的工具。本章主要围绕"时间轴"面板进行动画的制作与编辑，学习Photoshop的动态视频编辑功能。

重点知识掌握：

- 掌握视频"时间轴"面板的使用
- 掌握透明度、位置、缩放、样式动画的制作
- 掌握创建帧动画的方法

通过本章学习，我能做什么？

　　通过本章的学习，可以熟练地掌握"时间轴"面板两种模式的使用方法。通过"时间轴"面板，我们可以进行一些简单的动态效果的制作，例如透明度动画、位置移动动画、旋转动画、缩放动画、样式动画等；还可以制作一些有趣的GIF动态图片。

16.1 视频编辑

作为一款著名的图像处理+设计制图软件，Photoshop的功能并不仅限于处理"静态"的内容。在动态视频的编辑方面，Photoshop也是一种方便、快捷的工具。如图16-1和图16-2所示为使用Photoshop制作的动态效果。

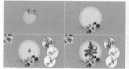

图16-1　　　　　图16-2

16.1.1 初识"时间轴"面板

与静态的图像文件不同，动态的视频文件不仅具有画面的属性，更具有音频属性和时间属性。"图层"面板显然无法完成这些任务。在Photoshop中想要制作或者编辑动态文件可以使用"时间轴"面板。"时间轴"面板主要用于组织和控制影片中图层和帧的内容。执行"窗口>时间轴"命令，打开"时间轴"面板。单击创建模式下拉列表框右侧的▼按钮，在弹出的下拉列表框中有两个选项，即"创建视频时间轴"和"创建帧动画"，如图16-3所示。选择不同的选项可以打开不同模式的"时间轴"面板，而不同模式的"时间轴"面板创建与编辑动态效果的方式也不相同。在此选择"创建视频时间轴"选项，打开"视频时间轴"模式的"时间轴"面板。

图16-3

【重点】16.1.2 "视频时间轴"模式的"时间轴"面板

在"视频时间轴"模式的"时间轴"面板中，每个图层都会作为一个"视频轨道"（"背景"图层除外），对于每个视频轨道可以进行持续时间的调整、切分以及设置动画等操作，如图16-4所示。主要部分介绍如下。

为两个视频轨道。切分之后可以将视频轨道进行移动，如图16-6所示。

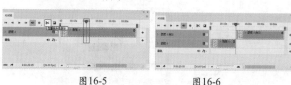

图16-5　　　　　图16-6

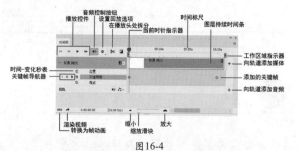

图16-4

- **播放控件**：其中包括"转到第一帧"按钮、"转到上一帧"按钮、"播放"按钮和"转到下一帧"按钮，用于控制视频的播放。
- **时间-变化秒表**：单击该按钮，即可启用或停用图层属性的关键帧设置。
- **关键帧导航器**：左右两侧的箭头按钮用于将当前时间指示器从当前位置移动到上一个或下一个关键帧；单击中间的按钮可添加或删除当前时间的关键帧。
- **音频控制按钮**：用于关闭或启用音频的播放。
- **在播放头处拆分**：用于切分视频轨道。首先将当前时间指示器移动到需要切分的位置，如图16-5所示。然后单击该按钮，即可将一个视频轨道切分

- **过渡效果**：单击该按钮，在弹出的下拉列表框中的设置"持续时间"，并从中选择所需的过渡效果，即可为视频添加指定的过渡效果，创建专业的淡化和交叉淡化效果。
- **当前时间指示器**：拖曳当前时间指示器可以浏览帧或更改当前时间或帧。
- **时间标尺**：根据当前文档的持续时间和帧速率，水平测量持续时间或帧计数。
- **图层持续时间条**：指定图层在视频或动画中的时间位置。
- **工作区域指示器**：拖曳位于顶部轨道任一端的蓝色标签，可以标记要预览或导出的动画或视频的特定部分。
- **向轨道添加媒体/音频**：单击该按钮，在弹出的对话框中进行相应的设置，可以将视频或音频添加到轨道中。
- **"转换为帧动画"按钮**：单击该按钮，可以将"视频时间轴"模式的"时间轴"面板切换为"帧动画"模式的"时间轴"面板。

【重点】16.1.3 动手练：将视频在Photoshop中打开

1.打开视频素材

一些常规的视频、音频文件在 Photoshop中都能打开，如MOV、FLV、AVI、MP3、WMA等格式文件。执行"文件>打开"命令，在弹出的"打开"窗口中设置类型为"视频（*.264;*.3GP;*.AVI）"，然后找到视频文件所在位置，单击视频文件，然后单击"打开"按钮，如图16-7所示。随即视频文件在Photoshop中打开，"图层"面板中出现该视频图层组，如图16-8所示。

图16-7　　　　　　　图16-8

2.向文档中添加视频素材

对已经打开的文件，如要向其中添加视频文件，可以执行"图层>视频图层>从文件新建视频图层"命令，在弹出的窗口中选择视频文件，单击"打开"按钮，如图16-9所示。此时文档中出现了视频图层，如图16-10所示。

图16-9　　　　　　　图16-10

3.将视频导入为视频帧

执行"文件>导入>视频帧到图层"命令，在弹出的"打开"窗口中选择一个视频文件，然后单击"打开"按钮。打开"将视频导入图层"窗口，在"导入范围"选项组中选中"从开始到结束"单选按钮，可以导入所有的视频帧；若选中"仅限所选范围"单选按钮，然后按住Shift键的同时拖曳时间滑块，设置导入的帧范围（如图16-11所

示），即可导入部分视频帧，如图16-12所示。

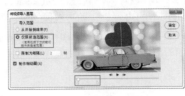 

图16-11　　　　　　　图16-12

4.将序列导入为视频

视频文件还有一种形式，就是连续的序列图像。我们都知道，电影或动画本质上都是一幅幅静态图像通过快速浏览才产生的连续效果，所以序列图像可以说是视频的"原型"。如要打开序列素材，需要执行"文件>打开"命令，在弹出的"打开"窗口中找到序列图的位置，然后选择一幅除最后一幅图像以外的其他图像，并选中"图像序列"复选框，单击"打开"按钮，如图16-13所示。在弹出的"帧速率"窗口中设置动画的"帧速率"，如设置为25，然后单击"确定"按钮，即可在Photoshop中打开序列文件，如图16-14所示。

图16-13　　　　　　　图16-14

提示：打开图像序列需要注意的问题。

若要以图像序列的形式在 Photoshop中打开，需要有几个条件。（1）图像按照顺序命名，例如file001、file002、file003 等。（2）序列图像文件应该位于同一个文件夹中。（3）文件具有相同的像素尺寸。

练习实例：为画面添加动态光效

文件路径	资源包\第16章\练习实例：为画面添加动态光效
难易指数	★★★★★
技术掌握	"从文件新建视频图层"命令

案例效果

案例效果如图16-15所示。

图16-15

扫一扫，看视频

操作步骤

步骤01 执行"文件>打开"命令，打开背景素材文件"1.jpg"，执行"图层>视频图层>从文件新建视频图层"命令，在弹出的窗口中选择视频文件"2.mp4"，单击"打开"按钮，如图16-16所示。

图16-16

步骤02 此时文档中出现了视频图层，如图16-17所示。将底部的"控制时间轴显示比例"滑块向右拖动，放大时间轴显示比例，如图16-18所示。

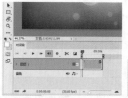 

图16-17　　　　　图16-18

步骤03 向左拖动"设置工作区域的结尾"标签，拖动到01:00f，如图16-19所示。接着选中该图层，设置"混合模式"为"滤色"，效果如图16-20所示。

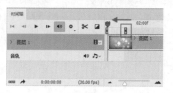

图16-19　　　　　图16-20

步骤04 执行"图层>新建调整图层>曲线"命令，调整曲线形态，然后单击"此调整剪切到此图层"按钮，如图16-21所示。

步骤05 拖动时间指示器到不同的位置，观察画面效果，如图16-22～图16-26所示。

步骤06 执行"文件>导出>渲染视频"命令，打开"渲染视频"窗口。在"位置"选项组中单击"选择文件夹"按钮，选择文件存储位置；在中间的下拉列表框中选择Adobe Media Encoder，将文件输出为动态影

图16-21

片；在范围选项组中选中"工作区域"单选按钮；最后单击"渲染"按钮，如图16-27所示。稍作等待，即可得到视频文件，如图16-28所示。

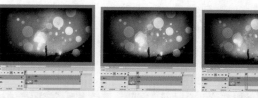

图16-22　　　　图16-23　　　　图16-24

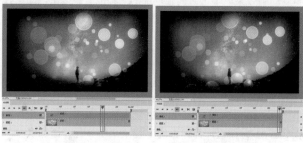

图16-25　　　　　　　图16-26

为画面添加动态光效.mp4

图16-27　　　　　　　　图16-28

【重点】16.1.4　动手练：制作视频动画

在Photoshop中可以针对图层创建不透明度动画、位置动画、图层样式动画等。制作方法基本相同，都是在不同的时间点上创建出"关键帧"，然后对图层的透明度、位置、样式等属性进行更改，两个时间点之间就会形成两种效果之间的过渡动画。

扫一扫，看视频

步骤01 首先打开一个包含两个图层的文档，这两个图层可以是视频图层，也可以是普通图层。执行"窗口>时间轴"命令，打开"时间轴"面板。单击创建模式下拉列表框右侧的按钮，在弹出的下拉列表框中选择"创建视频时间轴"选项，如图16-29所示。此时在"时间轴"面板中就会出现当前文档中的图层（"背景"图层不会出现

创建帧动画

✓ 创建视频时间轴
　创建帧动画

图16-29

在"时间轴"面板中），每个图层前方都带有一个按钮，单击该按钮可以进行动画效果的设置，如图16-30所示。

步骤02 展开该视频轴后，可以看到列表中显示了"位置""不透明度"以及"样式"。在这里可以针对图层的

图16-30

"位置""不透明度"以及"样式"属性制作动画。以"不透明度"为例，首先将当前时间指示器移动到动画效果开始的时间点上，单击"不透明度"前方的按钮，即可在当前时间点上为"不透明度"添加一个"关键帧"，如图16-31所示。此时可以对该图层的"不透明度"进行调整，如图16-32所示。

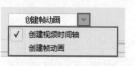 

图16-31　　　　　　　图16-32

步骤03 将当前时间指示器移动到动画效果结束的时间点

上，单击"不透明度"前方的 ⊙ 按钮，即可在当前时间点上添加一个关键帧，如图16-33所示。然后更改该图层的"不透明度"，如图16-34所示。

在弹出的下拉菜单中选择"新建音轨"命令，添加新的音频轨道，并向其中添加音频文件。

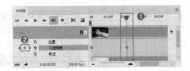

图16-33　　　　　　图16-34

步骤04 此时在这两个时间点之间，已经出现了该图层的透明度动画效果。单击时间轴顶部的"播放" ▶ 按钮，即可预览效果。可以看到该图层呈现出从半透明到完全显现的效果，如图16-35所示。

图16-35

步骤05 还可以向文档中添加音频文件。单击"时间轴"面板底部的 ♪∨ 按钮，在弹出的下拉菜单中执行"添加音频"命令，如图16-36所示。在弹出的窗口中选择音频文件，如图16-37所示，单击"打开"按钮。此时在"时间轴"面板中出现一个音频轨道，如图16-38所示。如果要制作多个音频混合的效果，可以单击"时间轴"面板底部的 ♪∨ 按钮，

图16-36　　　图16-37　　　　图16-38

步骤06 文件制作完成后，执行"文件>导出>渲染视频"命令，打开"渲染视频"窗口。在"位置"选项组中单击"选择文件夹"按钮，选择文件存储位置。在中间的下拉列表框中选择Adobe Media Encoder可以将文件输出为动态影片，选择"Photoshop图像序列"则可以将文件输出为图像序列。选择任何一种类型的输出模式，都可以进行相应的"格式""大小""帧速率"等设置，如图16-39和图16-40所示。最后单击"渲染"按钮，即可得到视频文件。

图16-39　　　　　　　图16-40

16.1.5　制作视频过渡效果

步骤01 在"时间轴"面板中选择一个视频轨道，然后单击"时间轴"面板上方的"过渡效果"按钮 ◨，在弹出的下拉列表框中设置"持续时间"，如图16-41所示。接着选择一种过渡效果，按住鼠标左键拖曳到视频轨道上方，如图16-42所示。

图16-41　　　　图16-42

步骤02 松开鼠标，过渡效果添加完成。此时视频轨道发生了变化，如图16-43所示。单击"播放"按钮 ▶，即可看到过渡效果，如图16-44所示。

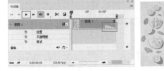

图16-43　　　　　　　图16-44

16.1.6　删除动画效果

如果要去除时间轴上的某个关键点，可以单击关键点，然后按Delete键将其删除。

如果要删除整个文件的动画效果，可以在"时间轴"面板菜单中选择"删除时间轴"命令，如图16-45所示。随即时间轴就会被删除，文档也不再具有动画效果。

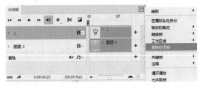

图16-45

【重点】举一反三：制作位置移动动画

步骤01 选择热气球图层。执行"窗口>时间轴"命令，打开"时间轴"面板。在中间的创建模式下拉列表框中选择"创建视频时间轴"选项，如图16-46所示。单击 ▦ 按钮展开隐藏的面板，接着将当前时间指示器 拖曳到视频轴最左侧，单击"位置"前的 ⊙ 按钮添加一个关键帧，如图16-47所示。将当前时间指示器 向右拖曳，添加一个关键帧，然后在画面中将热气球向左上方移动，如图16-48所示。

图16-46　　　　　图16-47　　　　图16-48

步骤02 视频编辑完成后，单击"播放"按钮▶，查看
气球移动的效果，如图16-49所示。

图16-49

【重点】举一反三：制作图层样式动画

步骤01 首先将当前时间指示器放置在开始处，单击"样
式"前的 ◯ 按钮，在此处添加关键点，如图16-50所示。接
着将当前时间指示器向后移动，如图16-51所示。

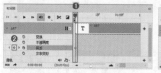

图16-50　　　　　　　　图16-51

步骤02 保持其他图层样式参数设置不变，只针对"渐变叠
加"图层样式的"渐变角度"进行调整，如图16-52和图16-53
所示。

步骤03 单击"播放"按钮观看视频效果。可以看到文字上

的渐变颜色在"旋转"，文字产生了一种颜色变化的效果，
如图16-54所示。

图16-52　　　　　　　图16-53

图16-54

举一反三：制作变换动画

当文档中包含智能对象时，智能对象的时间轴动画列表
中的"位置"将会变为"变换"，说明可以对智能对象进行
移动、缩放、旋转、扭曲、变形、翻转等动画效果的制作。

步骤01 首先将当前时间指示器放置在开始处，单击"变
换"前的 ◯ 按钮，在此处添加关键点，如图16-55所示；接
着将当前时间指示器向后移动。对该智能对象图层进行缩
放，然后单击右键，在弹出的快捷菜单中执行"水平翻转"
命令，如图16-56所示。

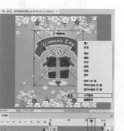

图16-55　　　　　　　图16-56

步骤02 播放视频，可以看到智能对象不仅在大小上发生了

变化，同时还产生了水平翻转的动态效果，如图16-57所示。

图16-57

> 提示：蒙版动画。
>
> 对于带有蒙版的图层，还可以对蒙版的位置以及蒙版
> 是否启用制作动画，如图16-58所示。通过蒙版动画的制
> 作，可以实现画面局部时而隐藏、时而显现的动态效果。

图16-58

举一反三：使用透明度动画制作视频转场

"转场"是视频编辑中的常用术语，是指片段和片段之间的过渡或转换。转场的方式有很多种，在Photoshop中可以通过
制作透明度动画的方式制作视频转场。

步骤01 涉及到转场，就要有两个或两个以上的片段。首先拖动时间轴的位置，使这两个视频轨道有一定的重叠时间，如
图16-59所示。然后将当前时间指示器放在交叠时间段的开始处，创建透明度关键帧，如图16-60所示。接着将当前时间指

示器放在上方视频轨道时间轴的末端，创建另外一个透明度关键点，调整当前时间的透明度为0，如图16-61所示。

图16-59　　　　图16-60　　　　图16-61

步骤02播放视频，可以看到上方的时间轴内容逐渐变透明，显现出下方的内容，如图16-62所示。

图16-62

16.2　制作帧动画

Photoshop还有一种动画形式，即帧动画。这种动画形式是通过将多幅图像快速播放，从而形成动态的画面效果。

"帧动画"与电影胶片、动画片的播放模式非常接近，都是在"连续的关键帧"中分解动作，然后连续播放形成动画，如图16-63和图16-64所示。

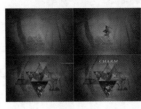
图16-63　　　　　　　图16-64

【重点】16.2.1　认识"帧动画"模式的"时间轴"面板

执行"窗口>时间轴"命令，打开"时间轴"面板。单击创建模式下拉列表框右侧的▼按钮，在弹出的下拉列表框中选择"创建帧动画"选项，如图16-65所示。

此时"时间轴"面板显示为"帧动画"模式。在该模式下，"时间轴"面板中显示出动画中的每个帧的缩览图；面板底部的各项分别用于浏览各个帧、设置循环选项、添加和删除帧，以及预览动画等，如图16-66所示。

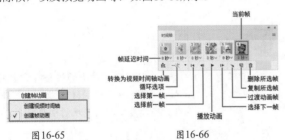
图16-65　　　　　　　图16-66

- 帧延迟时间：设置帧在回放过程中的持续时间。
- "转换为视频时间轴动画"按钮 ：将"帧动画"模式的"时间轴"面板切换为"视频时间轴"模式的"时间轴"面板。
- 循环选项：设置动画在作为动画GIF文件导出时的播放次数。
- "选择第一帧"按钮 ：单击该按钮，可以选择序列中的第一帧作为当前帧。
- "选择上一帧"按钮 ：单击该按钮，可以选择当前帧的前一帧。
- "播放动画"按钮 ：单击该按钮，可以在文档窗口中

播放动画。如果要停止播放，可以再次单击该按钮。

- "选择下一帧"按钮 ：单击该按钮，可以选择当前帧的下一帧。
- "过渡动画帧"按钮 ：在两个现有帧之间添加一系列帧，通过插值的方法使新帧之间的图层属性均匀。单击"过渡动画帧"按钮 ，在弹出的"过渡"窗口中可以对过渡的方式、过渡的帧数等选项进行设置，如图16-67所示。设置完成后在"时间轴"面板中会添加过渡帧，如图16-68所示。接着单击"播放"按钮，即可查看过渡的效果，如图16-69所示。

图16-67　　　　　　　图16-68

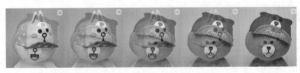
图16-69

- 复制所选帧 ：通过复制"时间轴"面板中的选定帧，向动画中添加帧。
- 删除所选帧 ：将所选择的帧删除。

【重点】16.2.2　动手练：创建帧动画

步骤 01 先准备好制作帧动画的文件，如图16-70所示。在该文档中，除了"背景"图层外还有6个图层，每个图层中有一个图形。接下来通过"帧动画"让图形依次显示出来。首先隐藏除了"背景"图层的所有图层，如图16-71所示。

图16-70　　　　　　　　图16-71

步骤 02 执行"窗口>时间轴"命令，打开"时间轴"面板，在中间的创建模式下拉列表框中选择"创建帧动画"选项，如图16-72所示。设置"延迟时间"为0.5秒，如图16-73所示。

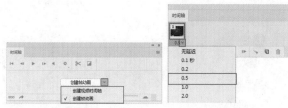

图16-72　　　　　　　　图16-73

步骤 03 单击6次"复制所选帧"按钮，新建6帧，如图16-74所示。单击选择第二帧，然后在"图层"面板中将"图层1"显示，如图16-75所示。

图16-74　　　　　　　　图16-75

步骤 04 接下来设置第三帧。单击第三帧，如图16-76所示。可以发现画面中只有背景，刚才分明显示了"图层1"，为什么没有了呢？这是因为我们是通过单击"复制所选帧"按钮新建的帧，所以每一帧都带有第一帧的属性。显示"图层1"与"图层2"，如图16-77所示。

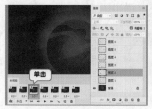

图16-76　　　　　　　　图16-77

步骤 05 同理依次将其余各个帧的显示内容分别调整为不同的图案，然后设置循环选项为"永远"，如图16-78所示。

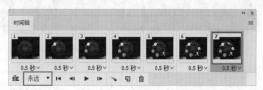

图16-78

步骤 06 单击"播放"按钮，即可查看播放效果，如图16-79所示。

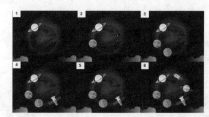

图16-79

步骤 07 编辑完视频图层后，可以将动画存储为GIF文件，以便在Web上观看。执行"文件>导出>存储为Web和设备所用格式（旧版）"命令，将制作的动态图像进行输出。在弹出的"存储为Web和设备所用格式"窗口中设置"格式"为GIF，"颜色"为256。在左下角单击"预览"按钮，可以在Web浏览器中预览该动画（在这里的图像查看区域也可以更准确地查看为Web创建的预览效果）。单击底部的"存储"按钮，并选择输出路径，即可将文档存储为GIF格式动态图像，如图16-80所示。

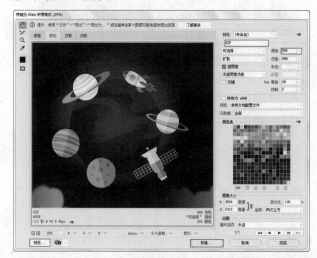

图16-80

练习实例：制作帧动画

文件路径	资源包\第16章\练习实例：制作帧动画
难易指数	★★★★★
技术掌握	帧动画的制作方法

案例效果

案例效果如图16-81所示。

图16-81

操作步骤

步骤01 执行"文件>打开"命令，打开包含多个图层的素材"1.psd"，如图16-82所示。执行"窗口>时间轴"命令，打开"时间轴"面板，如图16-83所示。

扫一扫，看视频

图16-82　　　　　　　图16-83

步骤02 在"时间轴"面板中，打开中间的创建模式下拉列表框，从中选择"创建帧动画"选项，如图16-84所示。此时"时间轴"面板转换为"帧动画"模式，如图16-85所示。

图16-84　　　　　　　图16-85

步骤03 在帧动画模式的"时间轴"面板中设置第一帧的帧延迟时间为0.1秒，如图16-86所示。设置循环次数为"永远"，如图16-87所示。

图16-86　　　　　　　图16-87

步骤04 单击6次"复制所选帧"按钮，如图16-88所示。

步骤05 单击"时间轴"面板中的第一帧，然后在"图层"面板中隐藏除了"背景"和"1"之外的所有图层，如图16-89所示。此时"时间轴"面板如图16-90所示。

图16-88

图16-89　　　　　　　图16-90

步骤06 单击"时间轴"面板中的第二帧，然后在"图层"面板中只显示"背景"图层和"2"图层，如图16-91所示。此时"时间轴"面板如图16-92所示。

图16-91　　　　　　　图16-92

步骤07 依此类推，依次将各个帧的显示内容分别调整为不同的动物图案，如图16-93所示。

图16-93

步骤08 单击"播放"按钮▶，可以看到每个图层上的动物图案再依次展示出来，如图16-94所示。

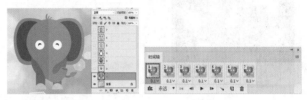

图16-94

步骤09 执行"文件>导出>存储为Web所用格式（旧版）"命令，在弹出的窗口中设置"格式"为GIF，单击"存储"按钮，完成文件的存储，如图16-95所示。

图16-95

中文版Photoshop CC从入门到精通（微课视频版）

综合实例：制作时间轴动画

文件路径	资源包\第16章\综合实例：制作时间轴动画
难易指数	★★★★★
技术掌握	创建时间轴动画

案例效果

案例效果如图16-96～图16-99所示。

图16-96　　　图16-97　　　图16-98　　　图16-99

操作步骤

步骤01 执行"文件>打开"命令，打开包含多个图层的素材"1.psd"，如图16-100所示。执行"窗口>时间轴"命令，打开"时间轴"面板，如图16-101所示。

扫一扫，看视频

图16-100　　　　　　　图16-101

步骤02 单击创建模式下拉列表框右侧的▼按钮，在弹出的下拉列表框中选择"创建视频时间轴"选项，如图16-102所示。此时"时间轴"面板中自动显示了文档图层的帧持续时间和动画属性，如图16-103所示。

图16-102　　　　　　　图16-103

步骤03 在"时间轴"面板中，将光标移动到工作区域指示器上，按住鼠标左键向左拖动到"01:00f"的位置，如图16-104所示。

步骤04 选中"图层1"的图层持续时间条，将光标移动到最右侧，按住鼠标左键向左拖动到"01:00f"的位置，如图16-105所示。以同样的方式移动其他图层的图层持续时间条，如图16-106所示。

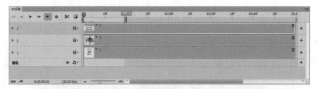

图16-104

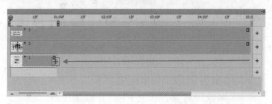

图16-105

步骤05 在"时间轴"面板中选择"图层2"，单击该图层前面的▶按钮，展开属性列表；接着将当前时间指示器拖曳到第0:00:00:01帧的位置；单击"不透明度"属性前面的"时间-变换秒表"按钮，设置一个关键帧，

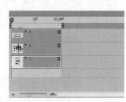

图16-106

如图16-107所示。在"图层"面板中选择图层2，设置"不透明度"为0%，如图16-108所示。

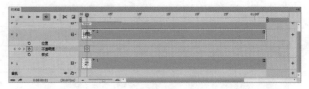

图16-107

步骤06 将当前时间指示器拖曳到最后一个帧的位置上，在"图层"面板中选择"图层2"，并设置"不透明度"为100%，如图16-109所示。此时"时间轴"面板中会自动生成一个关键帧，如图16-110所示。

图16-108　　　　　　　图16-109

图16-110

步骤07▶在"时间轴"面板中选择"图层3"，单击该图层前面的▶按钮，展开属性列表；接着将当前时间指示器▦拖曳到第0:00:00:01帧的位置；单击"位置"属性前面的"时间-变换秒表"按钮🕐，设置一个关键帧，如图16-111所示。在"图层"面板中选中"图层3"，将光标移至画面中，将"图层3"向上移动至画面外，此时画面中不再显示"图层3"，如图16-112所示。

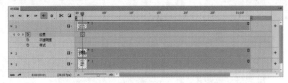

图16-111

步骤08▶将当前时间指示器▦拖曳到最后一个帧的位置上，在"图层"面板中选择"图层3"，在画面中将"图层3"向下移动到之前的位置，如图16-113所示。此时"时间轴"面板中会自动生成一个关键帧，如图16-114所示。

图16-112　　　　　　　图16-113

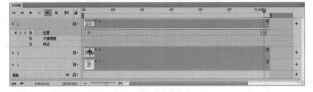

图16-114

步骤09▶在"时间轴"面板中单击"播放"按钮▶，可以观察到人像由透明到不透明，文字由上到下移动的动画效果。最终效果如图16-115～图16-118所示。

图16-115　　　　图16-116　　　　图16-117　　　　图16-118

步骤10▶文件制作完成后，执行"文件>导出>渲染视频"命令，打开"渲染视频"窗口，在"位置"选项组中单击"选择文件夹"按钮，选择文件存储位置；在中间的下拉列表中框选择Adobe Media Encoder，将文件输出为动态影片；在"范围"选项组中选中"工作区域"单选按钮；最后单击"渲染"按钮，如图16-119所示。

图16-119

文档的自动处理

本章内容简介：

本章主要讲解了几种能够减少工作量的快捷功能。例如，"动作"就是一种能够将在一个文件上进行的操作。"复制"到另外一个文件上的功能；"批处理"功能能够快速对大量的图片进行相同的操作（如调色、裁切等）；而"图片处理器"功能则能够帮助我们快速将大量的图片尺寸限定在一定范围内。熟练掌握这些功能的使用，能够大大减轻工作负担。

重点知识掌握：

- 记录动作与播放动作
- 载入动作库文件
- 使用批处理快速处理大量文件

通过本章学习，我能做什么？

通过本章的学习，我们可以轻松应对大量重复的工作，如快速处理一大批偏色的扫描图片、为一批写真照片进行批量的风格化调色、将大量图片转换为特定尺寸、特定格式等等。总的来说，遇到大量、重复的工作，可以尝试运用本章所学的知识来解决。

17.1 动作：自动处理文件

"动作"是一个非常方便的功能，通过使用"动作"可以快速为不同的图片进行相同的操作。例如处理一组婚纱照时，想要使这些照片以相同的色调出现，使用"动作"功能最合适不过了。"录制"其中一张照片的处理流程，然后对其他照片进行"播放"，快速又准确，如图17-1所示。

图17-1

17.1.1 认识"动作"面板

在Photoshop中可以储存多个动作或动作组，这些动作可以在"动作"面板中找到，"动作"面板是进行文件自动化处理的核心工具之一，在动作面板中可以进行"动作"的记录、播放、编辑、删除、管理等操作。执行"窗口>动作"菜单命令（快捷键Alt+F9），打开"动作"面板，如图17-2所示。在"动作"面板中罗列的动作也可以进行排列顺序的调整、名称的设置或者是删除等，这些操作与图层操作非常相似。

图17-2

- 切换项目开/关✔：如果动作组、动作和命令前显示有该图标，代表该动作组、动作和命令可以执行；如果没有该图标，代表不可以被执行。
- 切换对话开/关▣：如果命令前显示该图标，表示动作执行到该命令时会暂停，并打开相应命令的对话框，此时可以修改命令的参数，单击"确定"按钮可以继续执行后面的动作。
- 停止播放/记录■：用来停止播放动作和停止记录动作。
- 开始记录●：单击该按钮，可以开始录制动作。
- 播放选定的动作▶：选择一个动作后，单击该按钮可以播放该动作。
- 创建新组▢：单击该按钮，可以创建一个新的动作组，以保存新建的动作。
- 创建新动作▣：单击该按钮，可以创建一个新的动作。
- 删除🗑：选择动作组、动作和命令后单击该按钮，可以将其删除。

【重点】17.1.2 动手练：记录"动作"

在Photoshop中能够被记录的内容很多，例如绝大多数的图像调整命令，部分工具（选框工具、套索工具、魔棒工具、裁剪、切片、魔术橡皮擦、渐变、油漆桶、文字、形状、注释、吸管和颜色取样器），以及部分面板操作（历史记录、色板、颜色、路径、通道、图层和样式）都可以被记录。

扫一扫，看视频

步骤 01 执行"窗口>动作"菜单命令或按下快捷键Alt+F9，打开"动作"面板。在"动作"面板中单击"创建新动作"按钮▣，如图17-3所示。然后在弹出的"新建动作"对话框设置"名称"，为了便于查找也可以设置"颜色"，单击"记录"按钮，开始记录操作，如图17-4所示。

步骤 02 接下来可以进行一些操作，"动作"面板中会自动记录当前进行的一系列操作，如图17-5所示。操作完成后，可以在"动作"面板中单击"停止播放/记录"按钮■停止记录，可以看到当前记录的动作，如图17-6所示。

图17-3

图17-4

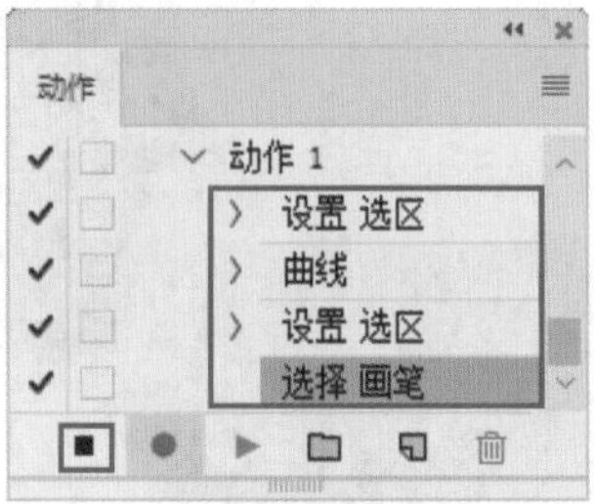

图17-5

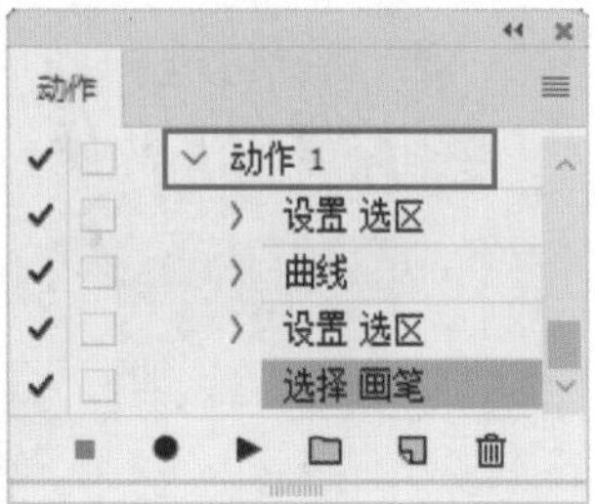

图17-6

中文版Photoshop CC从入门到精通（微课视频版）

【重点】17.1.3 动手练：对其他文件使用"动作"

"动作"新建并记录完成后，就可以对其他文件播放"动作"了。"播放动作"可以对图像应用所选动作或者动作中的一部分。

步骤01 打开一张图像，如图17-7所示。接着选择一个动作，然后单击"播放选定的动作"按钮 ▶，如图17-8所示，随即会进行动作的播放，画面效果如图17-9所示。

图17-7　　　　　图17-8　　　　　图17-9

步骤02 也可以只播放动中的某一个命令。单击动作前方 ▶ 按钮展开动作，选择一个条目，单击"播放选定的动作"按钮 ▶，如图17-10所示。即可从选定条目进行动作的播放，如图17-11所示。

图17-10　　　　　图17-11

> 提示：设置动作播放的速度。
>
> 在"回放选项"对话框中可以设置动作的播放速度，也可以将其暂停，以便对动作进行调试。在"动作"面板菜单中执行"回放选项"命令，打开"回放选项"对话框，如图17-12所示。
>
>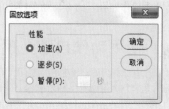
>
> 图17-12
>
> - 加速：以正常的速度播放动作。在加速播放动作时，计算机屏幕可能不会在动作执行的过程中更新（即不出现应用动作的过程，而直接显示结果）。
> - 逐步：显示每个命令的处理结果，然后再执行动作中的下一个命令。
> - 暂停：选择该选项，并在后面设置时间以后，可以指定播放动作时各个命令的间隔时间。

17.1.4 在动作中插入菜单项目

插入菜单项目是指在动作中插入菜单中的命令，这样可以将很多不能录制的命令插入到动作中。在面板菜单中执行"插入菜单项目"命令，打开"插入菜单项目"对话框，如图17-13所示。执行想要插入的命令，执行完成后单击"确定"按钮，这样就可以将命令插入到相应命令的后面。

图17-13

添加新的菜单命令之后可以通过在动作面板中双击新添加的菜单命令，并设置弹出窗口中的参数即可。

17.1.5 在动作中插入停止

并不是所有的动作都可以被记录下来，例如使用画笔工具、加深工具、减淡工具、锐化工具、模糊工具等。想要在操作过程中进行一些无法被记录的操作时，就可以使用"插入停止"命令。

步骤01 在"动作"面板中，选择需要插入停止的命令上单击，然后单击"面板菜单"按钮 ≡，执行"插入停止"命令，如图17-14所示。随即会弹出"记录停止"窗口，在该窗口中输入提示信息，并勾选"允许继续"选项，单击"确定"按钮，如图17-15所示。

步骤02 此时"停止"动作就会插入到"动作"面板中，如图17-16所示。接着进行播放动作，当播放到"停止"动作时Photoshop会弹出一个"信息"窗口，在该窗口中如果单击"继续"按钮，则不会停止，并继续播放后面的动作；单击"停止"按钮则会停止播放当前动作。停止后可以进行其他操作，如图17-17所示。

图17-14　　　　　图17-15

 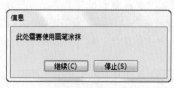

图17-16　　　　　图17-17

17.1.6　在动作中插入路径

在记录动作的过程中，绘制的路径形状是不能够被记录的，使用"插入路径"可以将路径作为动作的一部分包含在动作中。

在文件中绘制需要使用的路径，如图17-18所示。然后在"动作"面板中选择一个命令，单击"面板菜单"按钮 ≡，执行"插入路径"命令，如图17-19所示。随即在所选动作的下方会出现"设置工作路径"命令，如图17-20所示。

图17-18　　　　　　图17-19　　　　　　图17-20

练习实例：使用动作自动处理

文件路径	资源包\第17章\练习实例：使用动作自动处理
难易指数	★★★★★
技术掌握	使用动作自动处理

案例效果

案例效果如图17-21～图17-24所示。

图17-21　　　　　　图17-22

图17-23　　　　　　图17-24

操作步骤

步骤01 执行"文件>打开"命令，打开素材"1.jpg"，如图17-25所示。将背景图层复制3份，执行"窗口>动作"命令，打开"动作"面板，单击 ≡ 按钮，执行"载入动作"命令，如图17-26所示。

扫一扫，看视频

图17-25　　　　　　图17-26

步骤02 然后在弹出的"载入"窗口中选择已有的动作素材文件，如图17-27所示。此时动作面板如图17-28所示。

步骤03 选择复制的图层，在打开的"动作"面板中单击"反转片"动作，接着单击面板的下方的"播放选定动作"按钮 ▶ 播放动作，如图17-29所示。此时画面效果如图17-30所示。

步骤04 选择复制的另外一个图层，继续在"动作"面板选中"单色图像"动作，接着单击"播放选定动作"按钮 ▶，

如图17-31所示。画面效果如图17-32所示。

图17-27　　　　　　图17-28

图17-29　　　　　　图17-30

图17-31　　　　　　图17-32

步骤05 选中最后一个复制的图层，在"动作"面板选中"高彩"动作，并在面板的下方单击"播放选定动作"按钮 ▶，如图17-33所示。画面效果如图17-34所示。

图17-33　　　　　　图17-34

在Photoshop中"动作"面板显示着一些动作，除此之外，还可以在动作面板菜单中看到其他一些动作列表，可以载入这些动作来使用。除此之外还可以将录制好的"动作"以动作库的形式，导出为独立的文件。这样可以在不同的电脑间使用相同的动作进行图像处理，同时也方便储存。而如果从别处获取到了"动作库"文件，也可以通过"动作"面板菜单中的命令进行载入使用。

17.2.1　使用其他的动作

在Photoshop中提供了一些预设的动作以供用户使用，可以在"动作"面板中将预设动作载入。

步骤 01 打开一张素材图片，如图17-35所示。接着执行"窗口>动作"命令，打开"动作"面板。接着单击面板菜单按钮 ，在菜单的底部可以看到预设的动作选项，在这里执行"图像效果"命令，如图17-36所示。

图17-35　　　　　图17-36

步骤 02 在"动作"面板中打开该动作组，然后单击选择一个动作，单击"播放选定的动作"按钮 ▶，如图17-37所示。动作播放完成后，画面效果如图17-38所示。

图17-37　　　　　　　　图17-38

举一反三：使用内置的动作制作金属文字

步骤 01 选择文字图层，如图17-39所示。打开"动作"面板，单击"面板菜单"按钮 ，执行"文字效果"命令，将其载入到"动作"面板中，如图17-40所示。

图17-39　　　　　图17-40

步骤 02 展开"文字效果"动作，单击选择"拉丝金属（文字）"动作，单击"播放选定的动作"按钮 ▶ 进行动作的播放，如图17-41所示。文字效果如图17-42所示。

图17-41　　　　　　　　图17-42

17.2.2　存储为动作库文件

"编辑完的'动作'可以存储吗？我想下次重复使用。"答案是可以的。我们能够在"动作"面板中完成此项操作。

 提示：将动作存储为TXT文本。

按住 Ctrl+Alt 组合键的同时执行"存储动作"命令，可以将动作存储为 TXT 文本，在该文本中可以查看动作的相关内容，但是不能载入到 Photoshop 中。

在"动作"面板中单击选择动作组，接着单击 按钮，执行"存储动作"命令，如图17-43所示。弹出"另存为"窗口，在该窗口中设置合适的名称、格式，单击"保存"按钮，如图17-44所示。随即完成存储操作，如图17-45所示。

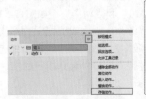

图17-43　　　　　　　　图17-44　　　　　　图17-45

　　"动作"能够进行存储，那么同样能够把外部的".atn"动作库文件载入进来。不仅如此，还可以在网站上下载并载入动作。

步骤01 打开一张图片，如图17-46所示。执行"窗口>动作"命令打开"动作"面板，单击"面板菜单"按钮 ≡，执行"载入动作"命令，如图17-47所示。

图17-46

图17-47

步骤02 在弹出的"载入"窗口中选择动作，单击"载入"按钮，如图17-48所示。随即该工作就被载入到"动作"面板中，即可进行播放等操作，如图17-49所示。画面效果如图17-50所示。

图17-48

图17-49

图17-50

> **提示：复位与替换动作。**
> 　　复位动作：在面板菜单中执行"复位动作"命令可以将"动作"面板中的动作恢复到默认的状态。
> 　　替换动作：在面板菜单中执行"替换动作"命令可以将"动作"面板中的所有动作替换为硬盘中的其他动作。

【重点】17.3　动手练：自动处理大量文件

　　在工作中经常会遇到将多张数码照片调整到统一尺寸、调整到统一色调或者制作批量的证件照等情况。如果一张一张地进行处理，非常耗费时间与精力。使用批处理命令可以快速地、轻松地处理大量的文件。

扫一扫，看视频

步骤01 首先需要准备一个动作，如图17-51所示。接着将需要将批处理的图片放置在一个文件夹中，如图17-52所示。

图17-51

图17-52

步骤02 执行"文件>自动>批处理"命令，打开"批处理"窗口。因为批处理需要使用动作，而且上一步我们先准备了动作。所以首先设置需要播放的"组"和"动作"，如图17-53所示。接着需要设置批处理的"源"，因为我们把图片都放在了一个文件夹中，所以设置"源"为"文件夹"，单击"选择"按钮，在弹出的"浏览文件夹"窗口中选择相应的文件夹，然后单击"确定"按钮，如图17-54所示。

* 选择"文件夹"选项并单击下面的"选择"按钮时，

可以在弹出的对话框中选择一个文件夹。

图17-53

图17-54

* 选择"导入"选项时，可以处理来自扫描仪、数码相机、PDF文档的图像。
* 选择"打开的文件"选项时，可以处理当前所有打开的文件。
* 选择Bridge选项时，可以处理Adobe Bridge中选定的文件。
* 勾选"覆盖动作中的打开命令"选项时，在批处理时可以忽略动作中记录的"打开"命令。
* 勾选"包含所有子文件夹"选项时，可以将批处理应用到所选文件夹中的子文件夹。
* 勾选"禁止显示文件打开选项对话框"选项时，在批处理时不会打开文件选项对话框。
* 勾选"禁止颜色配置文件警告"选项时，在批处理时会关闭颜色方案信息的显示。

步骤 03 设置"目标"选项。因为需要将处理后的图片放置在一个文件夹中，所以设置"目标"设置为"文件夹"，单击"选择"按钮，在弹出的"浏览文件夹"窗口中选择或新建一个文件夹，然后单击"确定"按钮完成选择操作。勾选"覆盖动作中的'存储为'命令"，如图17-55所示。设置完成后，单击"确定"按钮，接下来就可以进行批处理操作。处理完成后，效果如图17-56所示。

图17-55

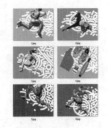
图17-56

- 覆盖动作中的"存储为"命令：如果动作中包含"存储为"命令，则勾选该选项后，在批处理时，动作的"存储为"命令将引用批处理的文件，而不是动作中指定的文件名称和位置。当勾选"覆盖动作中的'存储为'命令"选项后，会弹出"批处理"窗口，如图17-57所示。

图17-57

- 文件名称：将"目标"选项设置为"文件夹"后，可以在该选项组的6个选项中设置文件的名称规范，指定文件的兼容性，包括Windows(W)、Mac OS(M)和Unix(U)。

17.4 图像处理器：批量限制图像尺寸

　　使用"图像处理器"可以快速、统一地将选定的图片对格式、大小等选项进行修改，极大地提高了工作效率。在这里就以将图片设置统一尺寸为例进行讲解。

步骤 01 将需要处理的文件放置在一个文件夹内，如图17-58所示。执行"文件>脚本>图像处理器"命令，打开"图像处理器"窗口。首先设置需要处理的文件，单击"选择文件夹"按钮，在弹出的"选择文件夹"窗口中选择需要处理文件所在的文件夹，如图17-59所示。

图17-58

图17-59

步骤 02 选择一个存储处理图像的位置。单击"选择文件夹"按钮，在弹出的"选择文件夹"窗口中选择一个文件夹，如图17-60所示。设置"文件类型"，其中有"存储为JPEG""存储为PSD"和"存储为TIFF"3种。在这里勾选"存储为JPEG"选项，设置图像的"品质"为5，因为需要调整图像的尺寸，所以勾选"调整大小以适合"选项，然后设置相应的尺寸，如图17-61所示。

图17-60

图17-61

提示：图片处理的尺寸。

　　在"图像处理器"窗口中进行尺寸的设置，如果原图尺寸小于设置的尺寸，那么该尺寸不会改变。也就是说在图形调整尺寸后是按照比例进行缩放，不是进行剪裁或不等比缩放。

步骤 03 如果需要使用动作进行图像的处理，可以勾选"运行动作"选项（因为本案例不需要，所以无需勾选），如图17-62所示。设置完成后单击"图像处理器"窗口中的"确定"按钮。处理完成后打开存储的文件夹，即可看到处理后的图片，如图17-63所示。

图17-62

图17-63

提示：将"图形处理器"窗口中所做配置进行存储。

　　设置好参数配置以后，可以单击"存储"按钮，将当前配置存储起来。在下次需要使用到这个配置时，就可以单击"载入"按钮来载入保存的参数配置。

综合实例：批处理制作清新美食照片

文件路径	资源包\第17章\综合实例：批处理制作清新美食照片
难易指数	★★★★★
技术掌握	批处理

案例效果

案例效果如图17-64所示。

图17-64

操作步骤

步骤01 如图17-65所示为需要处理的原图。无需打开素材图像，但是需要载入已有的动作素材。执行"窗口>动作"命令打开"动作"面板，单击"面板菜单"按钮执行"载入动作"命令，如图17-66所示。然后在弹出的"载入"窗口中选择已有的动作素材文件，如图17-67所示。此时动作面板效果如图17-68所示。

扫一扫，看视频

1.jpg　　2.jpg　　3.jpg

4.jpg　　5.jpg

图17-65

步骤02 执行"文件>自动>批处理"命令打开"批处理"窗口，先设置"组"为"组1"，"动作"为"动作1"，设置

"源"为"文件夹"，单击"选择"按钮，在弹出的窗口中选择该文件配套的文件夹，单击"确定"按钮完成选择，如图17-69所示。在"批处理"窗口中设置"目标"为"文件夹"，单击"选择"按钮。在弹出的窗口中选择一个文件夹，单击"确定"按钮完成设置，如图17-70所示。

图17-66　　　　图17-67　　　　图17-68

图17-69

图17-70

步骤03 设置完成后单击"批处理"窗口中的"确定"按钮。此时被批量处理的照片如图17-71～图17-75所示。

图17-71　　　　图17-72

图17-73　　　　图17-74　　　　图17-75

中文版Photoshop CC从入门到精通（微课视频版）